工业和信息化部“十四五”规划教材

光电探测技术与应用

郝晓剑　主　编

刘文耀　武锦辉　副主编

毕开西　侯钰龙　李中豪
安国文　刘　来　参　编

電子工業出版社

Publishing House of Electronics Industry

北京 · BEIJING

内 容 简 介

本书以编者多年从事光电探测技术及其应用方面的研究为基础，结合编者在光电探测技术领域的最新研究成果，以及参考近年来光电探测技术的最新成果编写而成。本书主要内容包括光电探测技术基础理论、光电探测系统中的常用光源、光电发射器件、光电导探测器件、半导体结型光电器件、光电成像器件、红外探测器件、微纳光学探测器件、典型光电探测系统、光电探测新技术及应用。全书体系完整、概念清晰，力争做到引导读者正确掌握光电探测器件的基本原理、使用技巧和光电探测系统的设计思想与方法。

本书力求为测控技术与仪器、电子科学与技术、光电信息科学与工程、电子信息工程、智能感知工程等专业的本科生，以及仪器科学与技术、光学工程、电子科学与技术、信息与通信工程等专业的研究生和工程技术人员提供光电探测系统分析与设计的基本理论、先进的前沿技术和最新方法。

图书在版编目（CIP）数据

光电探测技术与应用 / 郝晓剑主编. -- 北京 : 电子工业出版社, 2024. 9. -- ISBN 978-7-121-48767-5

Ⅰ. TN215

中国国家版本馆 CIP 数据核字第 2024VT4952 号

责任编辑：郭穗娟
印　　刷：中煤（北京）印务有限公司
装　　订：中煤（北京）印务有限公司
出版发行：电子工业出版社
　　　　　北京市海淀区万寿路 173 信箱　　邮编　100036
开　　本：787×1092　1/16　印张：21.5　　字数：550.4 千字
版　　次：2024 年 9 月第 1 版
印　　次：2024 年 9 月第 1 次印刷
定　　价：79.80 元

凡所购买电子工业出版社图书有缺损问题，请向购买书店调换。若书店售缺，请与本社发行部联系，联系及邮购电话：(010)88254888，88258888。

质量投诉请发邮件至 zlts@phei.com.cn，盗版侵权举报请发邮件至 dbqq@phei.com.cn。

本书咨询联系方式：(010)88254502，guosj@phei.com.cn。

前　言

在现代科学技术中，光电探测技术以激光器、红外探测器件、微纳光学探测器件、光纤器件、固体成像器件等现代光电子器件为基础，是涉及光学、电子学、精密机械、计算机、仪器科学的跨领域学科，它在国民经济和国防建设中占有十分重要的地位。利用光电探测技术，能将人眼不易或不可看见的 X 射线、紫外线辐射、红外线辐射和极微弱的光信号，甚至瞬变的目标景物逼真地再现或记录下来，从而弥补人眼在空间、时间、能量和光谱分辨能力上的局限性。光电探测器件是光电探测系统的一个重要组成部分。在探测过程中，光电探测器件的作用是发现信号、测量信号，并为随后的应用提取某些必需的信息。光电探测技术不仅具有重要的军用价值，而且具有广阔的民用市场，它渗透到科学实验和工程技术的各个领域，是科学实验和工程技术检测的基础。

编者在综合考虑国内外光电探测技术新的发展成果与趋势的基础上，编写了本书。本书强调光电探测技术的系统性，在内容上，以光电探测系统设计思想和方法为导航，介绍光电探测系统涉及的基础理论、光源、光电探测器件及其典型应用；同时根据创新设计要求，介绍光、机、电相结合的几个典型光电探测系统的设计方法和实现过程。本书力求反映光电探测技术领域的新思想、新工具、新手段，通过实际应用范例，将最新的科研成果融入本书供读者借鉴，使读者循序渐进地理解和掌握光电探测系统设计的主要理论、方法、知识点及最新发展成果，旨在提升读者的光电探测系统设计及应用能力。

本书的编写分工如下：第 1 章由中北大学毕开西编写，第 2 章由中北大学侯钰龙编写，第 3 章由中北大学李中豪编写，第 4 章和第 9 章的 9.4 节由中北大学刘文耀编写，第 5 章、第 9 章的 9.1～9.3 节、9.5 节和第 10 章由中北大学郝晓剑编写，第 6 章由中北大学武锦辉编写，第 7 章由中北大学安国文编写，第 8 章由中北大学刘来编写；郝晓剑负责统稿。

在编写本书的过程中，编者参阅了很多文献，在此向这些文献的作者表示谢意。同时，感谢本书责任编辑郭穗娟及电子工业出版社其他编辑的辛勤工作和热情帮助。

本书得到了中北大学省部共建动态测试技术国家重点实验室、电子测试技术国防科技重点实验室、仪器科学与动态测试教育部重点实验室等科研教学平台的资助，在此表示衷心感谢。

尽管全体编者都尽心尽力，但终因水平有限，书中难免存在不足或疏漏之处，恳请广大读者批评指正。

编　者

2024 年 1 月

目　　录

第 1 章　光电探测技术基础理论

1.1　光电探测系统概述

光电探测系统是指以光波作为信息和能量的载体而实现传感、传输、检测等功能的测量系统。它在各个领域特别是在军事、国防领域取得了很大的成功，并已经渗透到许多科学领域，得到迅猛发展。光电探测技术是建立在现代光、机、电等科技成果基础上的综合学科，它所涉及的基础理论和工程技术内容十分广泛。光电探测系统的典型组成如图 1.1 所示，它包括光源（或辐射源）、信息载体、光电传感器以及信息处理装置。

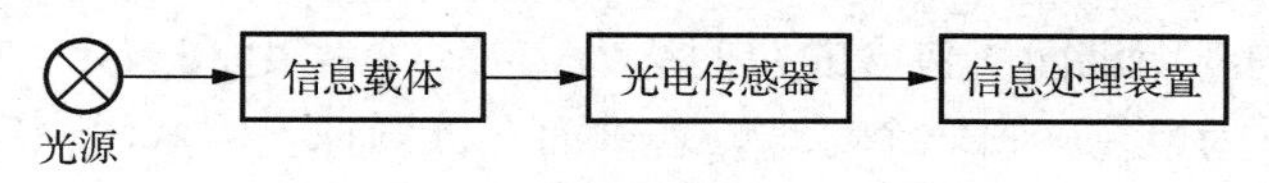

图 1.1　光电探测系统的典型组成

1.2　辐射度学和光度学

为了对光辐射进行定量描述，需要引入计量光辐射的物理量。而对于光辐射的探测和计量，使用辐射度单位和光度单位两套不同的单位体系。

在辐射度单位体系中，辐射通量（又称辐射功率）或辐射能是基本量，它是只与辐射客体有关的量，其基本单位是瓦特（W）或焦（J）。辐射度学适用于整个电磁波段。

光度单位体系是一套反映视觉亮暗特性的光辐射计量单位，被选作基本量的不是光通量而是发光强度，其基本单位是坎德拉（cd）。光度学只适用于可见光波段。

以上两类单位体系中的物理量在物理概念上是不同的，但所用的物理符号是相互对应的。为了区别，在对应的物理量符号标注下角标：下角标“e”表示辐射度单位体系中的物理量，下角标“v”表示光度单位体系中的物理量。下面重点介绍辐射度单位体系中的物理量。光度单位体系中的物理量可比照理解。

1.2.1　辐射度学

1. 辐射度量

1）辐射能

辐射能是指以辐射形式发射或传输的电磁波（主要指紫外线、可见光和红外线）能量。辐射能一般用符号 Q_e 表示，其单位是焦耳（J）。

2）辐射通量

辐射通量 Φ_e 被定义为单位时间发射、传输或接收的辐射能，即

$$\Phi_e = \frac{dQ_e}{dt} \tag{1-1}$$

其单位为瓦特（W）或焦耳每秒（J/s）。

3）辐射出射度

辐射出射度 M_e 是用来反映物体辐射能力的物理量，它被定义为辐射体单位面积发射的辐射通量，即

$$M_{\mathrm{e}}=\frac{\mathrm{d}\Phi_{\mathrm{e}}}{\mathrm{d}S} \tag{1-2}$$

辐射出射度 M_e 单位为 $\mathrm{W/m^2}$。

4）辐射强度

辐射强度 I_e 被定义为点辐射源在给定方向上发射的在单位立体角内的辐射通量，用 I_e 表示，即

$$I_{\mathrm{e}}=\frac{\mathrm{d}\Phi_{\mathrm{e}}}{\mathrm{d}\Omega} \tag{1-3}$$

辐射强度 I_e 的单位为 W/sr。

一个任意形状的封闭锥面所包含的空间称为“立体角”，用 Ω 表示。立体角的求法如下：以锥顶为球心，以 r 为半径，画一个圆球，若锥面在该圆球上的截面积等于 r^2，则该立体角为一个“球面度”（sr）。立体角及球面度示意如图 1.2 所示。

因为整个空间球面面积为 $4\pi r^2$，所以整个空间球面度为

$$\Omega=4\pi r^2/r^2=4\pi\ (\mathrm{sr}) \tag{1-4}$$

由辐射强度的定义可知，若一个置于各向同性均匀介质中的点辐射体向所有方向发射的总辐射通量是 Φ_e，则该点辐射体在各个方向的辐射强度 I_e 是常量，即

$$I_{\mathrm{e}}=\frac{\Phi_{\mathrm{e}}}{4\pi} \tag{1-5}$$

对于一个圆锥面（见图 1.3），当其半顶角为 α 时，圆锥面所包含球缺面积为

$$A=2\pi rh=2\pi r^2(1-\cos\alpha) \tag{1-6}$$

则圆锥面所包含的立体角为

$$\Omega=2\pi(1-\cos\alpha)=4\pi\sin^2\left(\frac{\alpha}{2}\right) \tag{1-7}$$

若 α 值很小，则式（1-7）可以简化为

$$\Omega=\pi\alpha^2 \tag{1-8}$$

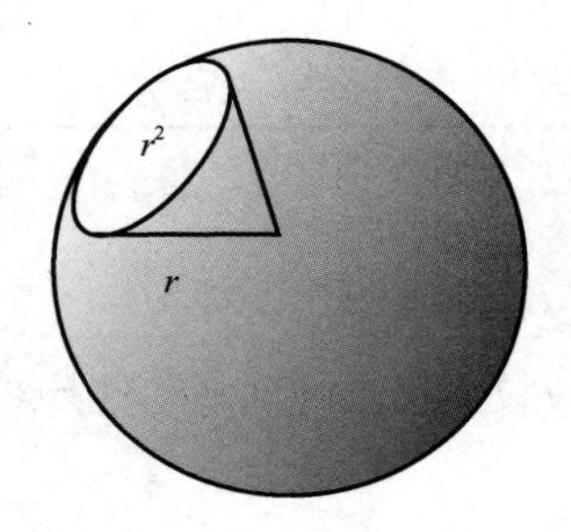

图 1.2　立体角及球面度示意

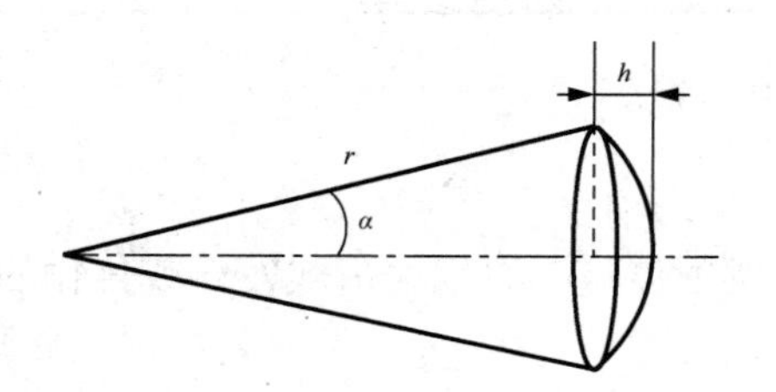

图 1.3　圆锥面所包含的立体角

5）辐射亮度

辐射亮度 L_e 被定义为面辐射源在某一给定方向上的辐射通量，其示意如图 1.4 所示。

$$L_e = \frac{dI_e}{dS\cos\theta} = \frac{d^2\Phi_e}{d\Omega dS\cos\theta} \tag{1-9}$$

式中，θ 为给定方向和辐射源面元法线之间的夹角，单位为 W/sr·m^2。

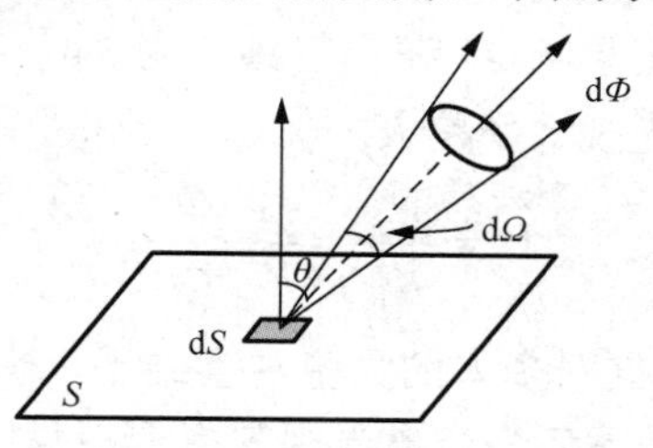

图 1.4　辐射亮度示意

6）辐射照度

在接收面上的辐射照度 E_e 被定义为照射在面元 dA 上的辐射通量 dΦ_e 与该面元的面积 dA 之比，即

$$E_e = \frac{d\Phi_e}{dA} \tag{1-10}$$

辐射照度的单位为 W/m^2。

7）单色辐射度量

对于单色光辐射，同样可以采用上述物理量表示，只不过均把它们定义为单位波长间隔内对应的辐射度量，并且对所有辐射量 X 来说，单色辐射度量与辐射度量之间均满足下式：

$$X_e = \int_0^\infty X(\lambda)d\lambda \tag{1-11}$$

1.2.2 光度学

由于人眼的视觉细胞对不同频率的辐射有不同响应，因此用辐射度单位描述的光辐射不能正确地反映人眼的视觉细胞的亮暗感觉。光度单位体系是一套反映视觉亮暗特性的光辐射计量单位，在光频区域光度学的物理量可以用与辐射度学的基本物理量 Q_e、Φ_e、I_e、M_e、L_e、E_e 对应的 Q_v、Φ_v、I_v、M_v、L_v、E_v 表示，其定义完全一一对应。其对应关系见表 1-1。

表 1-1　常用辐射度量和光度量之间的对应关系

辐射度量				对应的光度量			
物理量名称	符号	定义或定义式	单位	物理量名称	符号	定义或定义式	单位
辐射能	Q_e		J	光量	Q_v	$Q_v=\int\Phi_v dt$	lm·s
辐射通量	Φ_e	$\Phi_e=dQ_e/dt$	W	光通量	Φ_v	$\Phi_v=\int I_v d\Omega$	lm
辐射出射度	M_e	$M_e=d\Phi_e/dS$	W/m^2	光出射度	M_v	$M_v=d\Phi_v/dS$	lm/m^2
辐射强度	I_e	$I_e=d\Phi_e/d\Omega$	W/sr	发光强度	I_v	基本量	cd
辐射亮度	L_e	$L_e=dI_e/(dS\cos\theta)$	W/m^2·sr	光亮度/亮度	L_v	$L_v=dI_v/(dS\cos\theta)$	cd/m^2
辐射照度	E_e	$E_e=d\Phi_e/dA$	W/m^2	光照度/照度	E_v	$E_v=d\Phi_v/dA$	lx

此外，还要引入光视效能。光视效能用于描述某一波长的单色光辐射通量可以产生多少相应的单色光通量。光视效能 K_λ 被定义为同一波长下测得的光通量与辐射通量的比值，即

$$K_\lambda = \frac{\Phi_{v\lambda}}{\Phi_{e\lambda}} \tag{1-12}$$

光视效能的单位为流明/瓦特，即 lm/W。

通过对标准光度观察者的实验测定，在辐射频率为 540×10^{12}Hz（波长为 555nm）处，K_λ 有最大值 K_m=683 lm/W。单色光视效率是 K_λ 与 K_m 的比值，即归一化的结果，它被定义为

$$V_\lambda = \frac{K_\lambda}{K_m} = \frac{1}{K_m}\frac{\Phi_{v\lambda}}{\Phi_{e\lambda}} \tag{1-13}$$

国际照明委员会（CIE）根据对多人的大量观察结果，确定了人眼对各种波长光的平均相对灵敏度，把它作为“标准观察者”光谱光视效率或视见函数，其曲线如图 1.5 所示。其中，$V(\lambda)$ 表示明视觉的光谱光视效率，$V(\lambda)'$ 表示暗视觉的光谱光视效率。

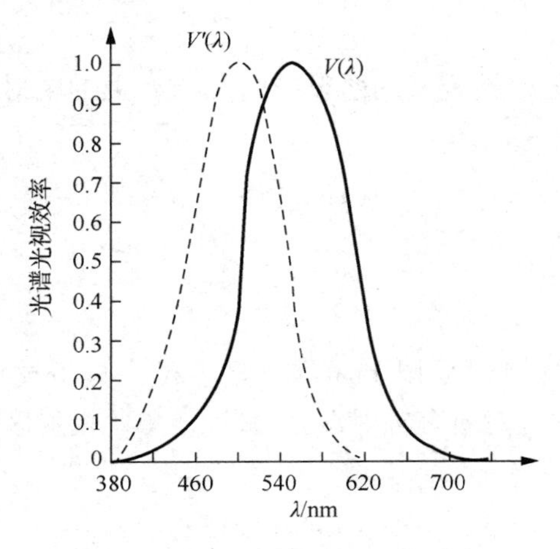

图 1.5　光谱光视效率曲线

表 1-2 给出了人眼的明视觉光谱光视效率数值。

表 1-2　人眼的明视觉光谱光视效率数值（最大值=1）

波长/nm	V(λ)	波长/nm	V(λ)	波长/nm	V(λ)
380	0.00004	510	0.503	640	0.175
390	0.00012	520	0.710	650	0.107
400	0.0004	530	0.862	660	0.061
410	0.0012	540	0.954	670	0.032
420	0.0040	550	0.995	680	0.017
430	0.0116	560	0.995	690	0.0082
440	0.023	570	0.952	700	0.0041
450	0.038	580	0.870	710	0.00210
460	0.060	590	0.757	720	0.00105
470	0.091	600	0.631	730	0.00052
480	0.139	610	0.503	740	0.00025
490	0.2088	620	0.381	750	0.00012
500	0.323	630	0.265	760	0.00006

辐射度学和光度学的物理量换算关系如图 1.6 所示。

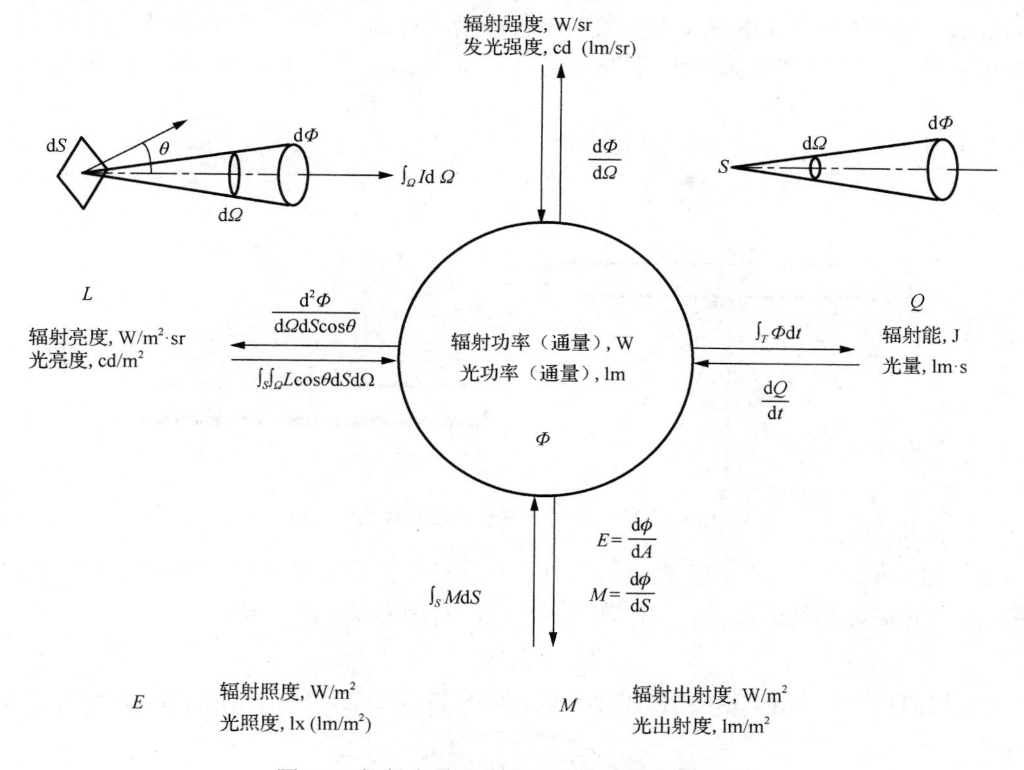

图 1.6 辐射度学和光度学的物理量换算关系

1.2.3 辐射度学与光度学的基本定律

1. 辐射照度的余弦定律

点光源光能量的传输如图 1.7 所示，与光束成θ角的表面积S'和它在垂直传播方向上的投影S对O点所张的立体角Ω是相同的。在该立体角内，点光源发出的辐射通量不随传输距离的变化而变化，则

$$E=\frac{\Phi}{S}, \qquad E'=\frac{\Phi}{S'}$$

因为$S=S'\cos\theta$，所以

$$E'=E\cos\theta \tag{1-14}$$

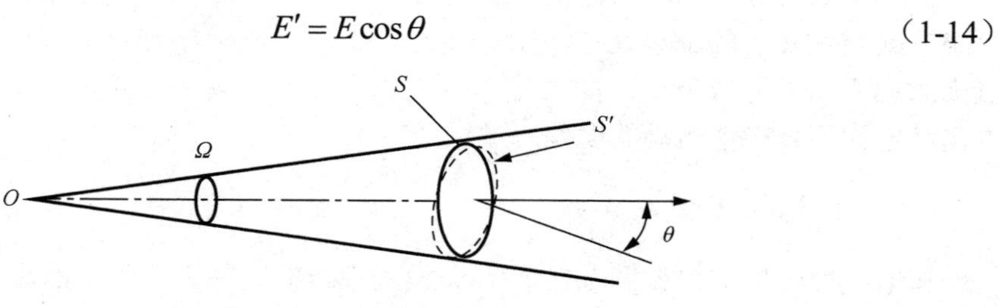

图 1.7 点光源光能量的传输

任一表面上的辐射照度随该表面法线和辐射能传输方向之间夹角的余弦而变化，该变化规律称为辐射照度的余弦定律。

该定律相对完全漫反射体而言，称为朗伯余弦定律。朗伯表面是一个使入射光均匀漫射的表面，从不同角度观察该表面，其明暗程度是一样的。例如，乳白玻璃、聚四氟乙烯（Teflon）、毛石英玻璃都可被当作朗伯表面。图 1.8 所示为光在朗伯表面发生折射和反射的情况。

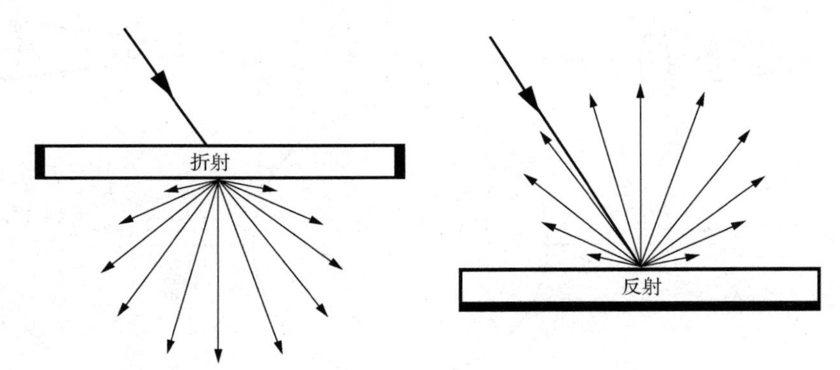

图 1.8　光在朗伯表面发生折射和反射的情况

朗伯表面的余弦定律如图 1.9 所示，当法线方向上的辐射强度为 I_0 时，表面积为 dA 的辐射表面上的辐射亮度为 $I_0/\mathrm{d}A$ 。对于朗伯表面，$I_\theta/\mathrm{d}A = I_\theta(\mathrm{d}A\cos\theta)$，因此

$$I_\theta = I_0\cos\theta \tag{1-15}$$

朗伯表面在某方向上的辐射强度随与该方向和表面法线之间夹角的余弦变化而变化。

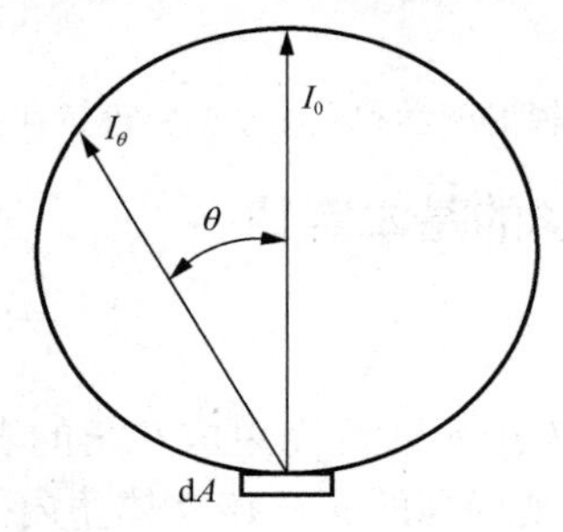

图 1.9　朗伯表面的余弦定律

2. 距离平方反比定律

在一定的立体角内，所张的立体角截面积与球半径平方成正比。若无能量损失，则点光源在此空间发出的辐射通量不变。因此，点光源在传输方向上某点的辐射照度和该点到点光源的距离平方成反比。如果是非点光源，其尺寸较小，距表面足够远，那么用距离平方反比定律不会产生明显的误差。

3. 辐射亮度守恒定律

辐射亮度守恒定律如图 1.10 所示。设光束传输路径上有两个面源，即面源 1 和面源 2，它们的面积分别为 dA_1 和 dA_2，通过 dA_1 的光束都通过 dA_2。

$$\mathrm{d}\Omega_1 = \frac{\mathrm{d}A_2\cos\theta_2}{r^2},\qquad \mathrm{d}\Omega_2 = \frac{\mathrm{d}A_1\cos\theta_1}{r^2} \tag{1-16}$$

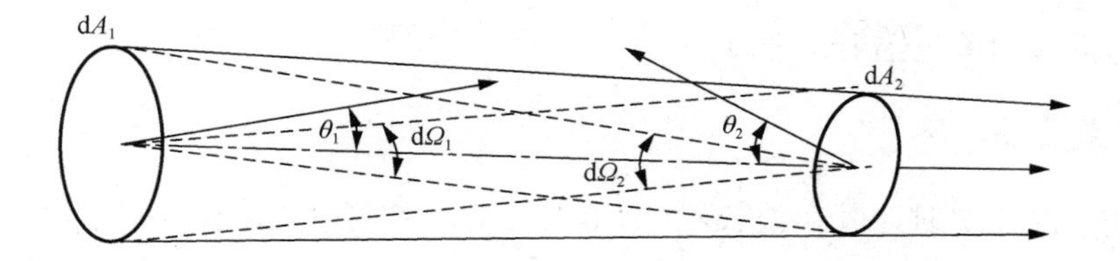

图 1.10　辐射亮度守恒定律

把面源 1 作为光源，则面源 2 接收的辐射通量：

$$d^2\Phi_{12} = L_1 dA_1 \cos\theta_1 d\Omega_1 = L_1 dA_1 \cos\theta_1 \frac{dA_2 \cos\theta_2}{r^2} \tag{1-17}$$

面源 2 的辐射亮度：

$$L_2 = \frac{d^2\Phi_{12}}{d\Omega_2 dA_2 \cos\theta_2} = \frac{d^2\Phi_{12}}{dA_2 \cos\theta_2 dA_1 \cos\theta_1 / r^2} \tag{1-18}$$

将辐射通量代入上式，得

$$L_1 = L_2 \tag{1-19}$$

可见，辐射能在传输介质中没有损失时辐射亮度是恒定的。

1.2.4　黑体辐射

任何 0K 以上温度的物体都会发射各种波长的电磁波，这种由于物体中的分子、原子受到热激发而发射电磁波的现象称为热辐射。热辐射具有连续的辐射谱，波段包括远红外线波段和紫外线波段，并且辐射能按波长分布的情况主要决定于物体的温度。

1. 单色吸收比和单色反射比

任何物体向周围发射电磁波的同时，也吸收周围物体发射的辐射能。当辐射能发射到不透明的物体表面上时，一部分能量被吸收，另一部分能量从表面反射（若物体是透明的，则还有一部分能量透射）。

吸收比：被物体吸收的能量与入射的能量之比称为该物体的吸收比。在波长λ～λ+dλ范围内的吸收比称为单色吸收比，用 $\alpha_\lambda(T)$ 表示。

反射比：被物体反射的能量与入射的能量之比称为该物体的反射比。在波长λ～λ+dλ范围内的反射比称为单色反射比，用 $\rho_\lambda(T)$ 表示。对于不透明的物体，其单色吸收比和单色反射比之和等于 1，即

$$\alpha_\lambda(T) + \rho_\lambda(T) = 1 \tag{1-20}$$

若物体在任何温度下，对任何波长的辐射能的吸收比都等于 1，即 $\alpha_\lambda(T) \equiv 1$，则称该物体为绝对黑体（简称黑体）。

2. 基尔霍夫辐射定律

在同样的温度下，各种不同物体对相同波长的单色辐射出射度与单色吸收比的比值都相等，并等于该温度下黑体对同一波长的单色辐射出射度，即

$$\frac{M_{\lambda 1}(T)}{\alpha_{\lambda 1}(T)} = \frac{M_{\lambda 2}(T)}{\alpha_{\lambda 2}(T)} = \cdots = M_{\lambda b}(T) \tag{1-21}$$

式中，$M_{\lambda b}$ 为黑体的单色辐射出射度。

3. 普朗克公式

当黑体处于温度 T 时，其在波长λ处的单色辐射出射度由普朗克公式给出，即

$$M_{\lambda b}(T)=\frac{2\pi hc^2}{\lambda^5(\mathrm{e}^{hc/\lambda kT}-1)} \tag{1-22}$$

式中，h 为普朗克常数；c 为真空中的光速；k 为玻耳兹曼常数。

令 $C_1=2\pi hc^2$，$C_2=hc/k$，则式（1-22）可改写为

$$M_{\lambda b}(T)=\frac{C_1}{\lambda^5}\frac{1}{\mathrm{e}^{C_2/\lambda T}-1}(\mathrm{W/cm\cdot\mu m}) \tag{1-23}$$

$C_1=(3.741832\pm0.000020)\times10^{-12}(\mathrm{W\cdot cm^2})$，它被称为第一辐射常数；

$C_2=(1.438786\pm0.000045)\times10^{4}(\mathrm{\mu m\cdot K})$，它被称为第二辐射常数。

图 1.11 为不同温度条件下黑体的单色辐射出射度（辐射亮度）随波长变化的曲线。由该图可知：

（1）对应任一温度，单色辐射出射度随波长连续变化且只有一个峰值，对应不同温度的曲线不相交。因而温度能唯一确定单色辐射出射度的光谱分布和辐射出射度（对应曲线下的面积）。

（2）单色辐射出射度随温度的升高而增大。

（3）单色辐射出射度的峰值随温度的升高向短波方向移动。

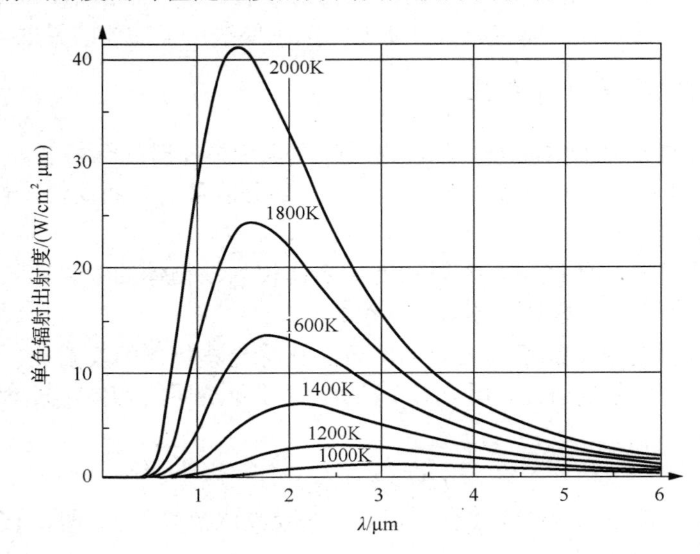

图 1.11　不同温度条件下黑体的单色辐射出射度随波长变化的曲线

4. 瑞利-琼斯公式

当 λT 很大时，

$$\mathrm{e}^{C_2/\lambda T}\approx1+\frac{C_2}{\lambda T}$$

可得到适合于长波长区的瑞利-琼斯公式，即

$$M_{\lambda b}(T)=\frac{C_1}{C_2}T\lambda^{-4} \tag{1-24}$$

在 $\lambda T>7.7\times10^5(\mu m\cdot K)$ 时，瑞利-琼斯公式计算结果与普朗克公式计算结果的误差小于 1%。

5. 维恩公式

当 λT 很小时，

$$e^{C_2/\lambda T}-1\approx e^{C_2/\lambda T}$$

可得到适合于短波长区的维恩公式，即

$$M_{\lambda b}(T)=C_1\lambda^{-5}e^{-C_2/\lambda T} \tag{1-25}$$

在 $\lambda T<2698(\mu m\cdot K)$ 时，维恩公式计算结果与普朗克公式计算结果的误差小于 1%。

6. 维恩位移定律

对式（1-23）取波长 λ 的导数并令其等于零，则单色辐射出射度最大值对应的波长 λ_m 为

$$\lambda_m T=2897.9(\mu m\cdot K) \tag{1-26}$$

式（1-26）就是著名的维恩位移定律。

7. 斯特藩-玻耳兹曼定律

$$M_{\lambda b}(T)=\sigma T^4 \tag{1-27}$$

其中，$\sigma=5.670\times10^{-8}(J/m^2\cdot s\cdot K^4)$ 为斯特藩-玻耳兹曼常数。斯特藩-玻耳兹曼定律表明，黑体的辐射出射度只与黑体的温度有关，而与黑体的其他性质无关。

1.3 半导体基础知识

1.3.1 半导体结构

1. 电子的共有化运动

晶体中大量的原子集合在一起（如 Si 原子：0.235nm，5×10^{22} 个/cm^2），使离原子核较远的壳层发生交叠，这种现象称为电子的共有化。电子的共有化运动示意如图 1.12 所示。

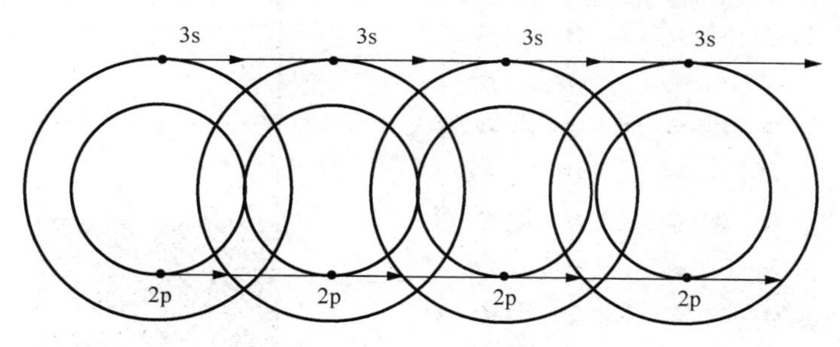

图 1.12 电子的共有化运动示意

2. 能带的形成

电子的共有化会使本来处于同一能量状态的电子产生微小的能量差异。例如，组成固体的 N 个原子在某一能级上的电子本来都具有相同的能量，因共有化状态而使它们不仅受自身原子核的作用，而且还受到周围其他原子核的作用，因而具有各自不同的能量。于是，一个电子能级因为受到 N 个原子核的作用而分裂成多个靠得很近的能级。这些新的能级之间的差异很小，具有一定的宽度，称为能带。原子能级分裂成能带示意如图 1.13 所示。

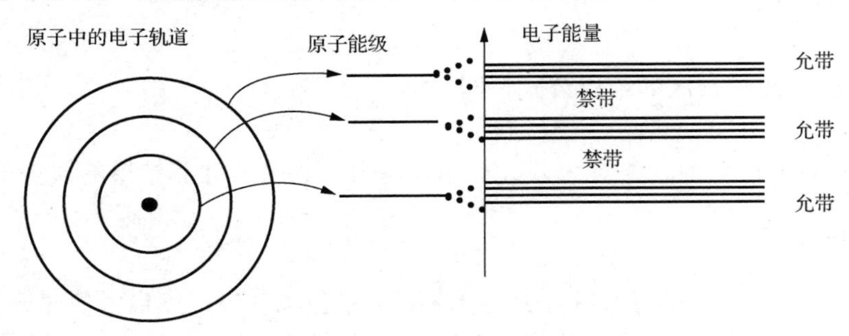

图 1.13 原子能级分裂成能带示意

原子中的能带可分为以下几种：

禁带（Forbidden Band，FB）：允许被电子占据的能带称为允带，允带之间的区域是不允许被电子占据的，此区域称为禁带。

价带（Valence Band，VB）：原子中最外层的电子称为价电子，与价电子能级相对应的能带称为价带。

导带（Conduction Band，CB）：价带以上能量最低的允带称为导带。

3. 半导体的能带结构

在本征半导体中共价键上的电子所受束缚力较小，它会因为受到热激发而跃过禁带，占据价带上面的能带。电子从价带跃迁到导带后，导带中的电子成为自由电子。价带中的电子跃迁到导带后，价带中出现电子的空缺而成为自由空穴。导电的自由电子和自由空穴统称载流子。本征半导体硅晶体的结构及能带结构如图 1.14 所示。

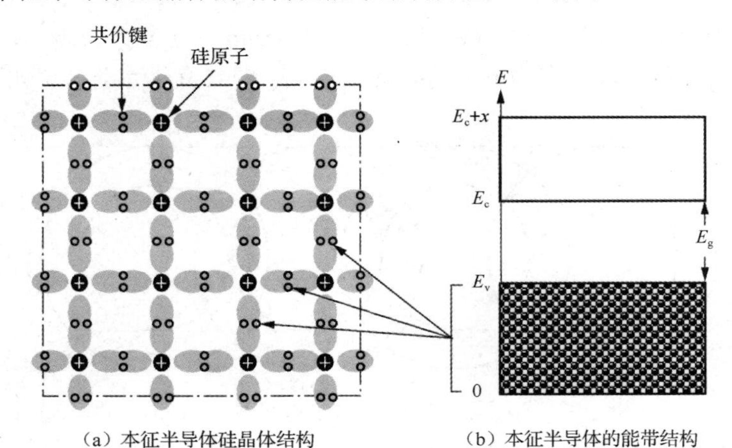

图 1.14 本征半导体硅晶体的结构及能带结构

若在本征半导体硅（或锗）晶体中掺入微量的 5 价元素，如砷，则砷原子取代硅晶体中少量的硅原子，占据晶格上的某些位置，形成如图 1.15 所示的 N 型半导体晶体的结构及能带结构。由该图可知，磷原子最外层有 5 个价电子，其中 4 个价电子分别与邻近的 4 个硅原子形成共价键结构，多余的 1 个价电子在共价键之外，只受到磷原子对它微弱的束缚。因此，在室温下该电子即可获得挣脱束缚所需要的能量而成为自由电子并游离于晶格之间。失去电子的磷原子成为不能移动的正离子。磷原子因可以释放 1 个电子而被称为施主原子，又称施主杂质。在本征半导体中，每掺入 1 个磷原子就可产生 1 个自由电子，而本征激发产生的空穴的数目不变。这样，在掺入磷的半导体中，自由电子的数目就远远超过了空穴数目，成为多数载流子（简称多子），空穴则为少数载流子（简称少子）。显然，这种情况下，主要是电子参与导电，因此这种半导体称为电子型半导体，简称 N 型半导体。

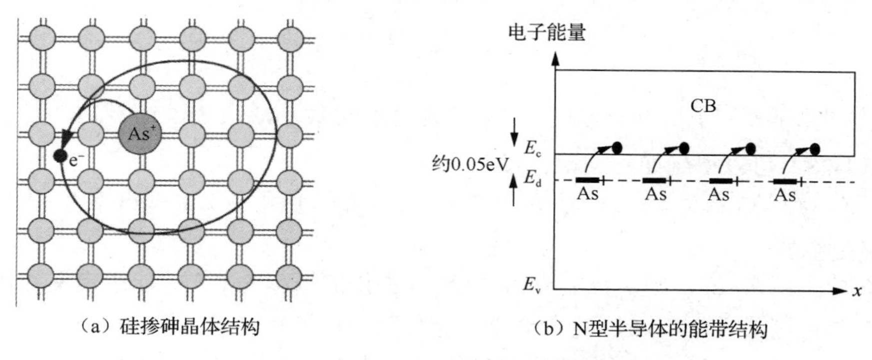

（a）硅掺砷晶体结构　　（b）N型半导体的能带结构

图 1.15　N 型半导体的晶体结构及能带结构

在本征半导体硅（或锗）中，若掺入微量的 3 价元素，如硼，这时硼原子就取代晶体中的少量硅原子而占据晶格上的某些位置，形成如图 1.16 所示的 P 型半导体的晶体结构及能带结构。由该图可知，硼原子的 3 个价电子分别与其邻近的 3 个硅原子中的 3 个价电子组成完整的共价键，而与其相邻的另一个硅原子的共价键中缺少 1 个电子，出现 1 个空穴。这个空穴被附近硅原子中的价电子填充后，使 3 价的硼原子获得了 1 个电子而变成负离子。同时，邻近共价键上出现 1 个空穴。由于硼原子起着接收电子的作用，因此它被称为受主原子，又称受主杂质。在本征半导体中每掺入 1 个硼原子就可以提供 1 个空穴，当掺入一定数量的硼原子时，就可以使半导体中的空穴数量远大于本征激发电子的数量，成为多数载流子，而电子则成为少数载流子。显然，这种情况下主要是空穴参与导电。因此，这种半导体称为空穴型半导体，简称 P 型半导体。

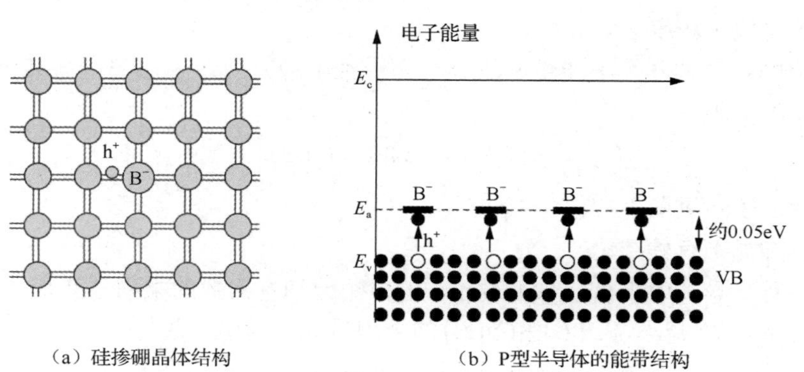

（a）硅掺硼晶体结构　　（b）P型半导体的能带结构

图 1.16　P 型半导体的晶体结构及能带结构

1.3.2 半导体中的载流子浓度

1. 热平衡状态下的载流子浓度

所谓平衡半导体或处于热平衡状态的半导体，是指无外界（如电压、电场、磁场或温度梯度等）作用影响的半导体。在这种情况下，半导体材料的所有特性均与时间无关。平衡状态是研究半导体物理特性的起点。

在热平衡状态下，半导体中能级被电子占据的概率分布服从费米统计规律，能量为 E 的能级被电子占据的概率为

$$f_n(E)=\frac{1}{1+\exp\left(\frac{E-E_f}{kT}\right)} \tag{1-28}$$

式中，E_f 为费米能级；T 为绝对温度；k 为玻耳兹曼常数，$k=1.38\times10^{-23}$ J/K。

由式（1-28）可以得到如下结论：

T=0K 时，若 $E<E_f$，则 $f_n(E)=1$；$E>E_f$，则 $f_n(E)=0$ 电子全部占据 E_f 以下的能级，E_f 以上能级是空的。

$T>0$K 时，若 $E=E_f$，则 $f_n(E)=0.5$，把电子占据的概率为 0.5 的能级定义为费米能级。

若 $E<E_f$，则 $f_n(E)>0.5$，说明比费米能级低的能级被电子占据的概率大于 0.5。

若 $E>E_f$，则 $f_n(E)<0.5$，说明比费米能级高的能级被电子占据的概率小于 0.5。比 E_f 能量高得越多的能级，电子占据的概率越小。

在价带中，若电子占据的概率为 1（被电子占满），则空穴占据的概率为 0，即不存在空穴。空穴占据的概率也就是不被电子占据的概率，则空穴占据的概率为

$$f_p(E)=1-f_n(E)=\frac{1}{1+\exp\left(\frac{E_f-E}{kT}\right)} \tag{1-29}$$

导带中电子（关于能量）的分布为导带中的有效量子态密度与某个量子态被电子占据的概率的乘积。

$$n(E)=N(E)f_n(E) \tag{1-30}$$

其中，$N(E)$ 为导带中的有效量子态密度，在整个导带能量范围对上式积分，便可得到导带中单位体积的总电子浓度。

同理，价带中空穴（关于能量）的分布为价带中的有效量子态密度与某个量子态被空穴占据的概率的乘积。

$$p(E)=N(E)\left[1-f_n(E)\right] \tag{1-31}$$

上述关系的表示见图 1.17。

还可以推导如下有关结论：

（1）在每种半导体中平衡状态下载流子的电子数和空穴数的乘积与费米能级无关。

（2）禁带宽度 E_g 越小，$n(E)$ 和 $p(E)$ 的乘积越大，导电性越好。

（3）半导体中的载流子浓度随温度的增大而增大。

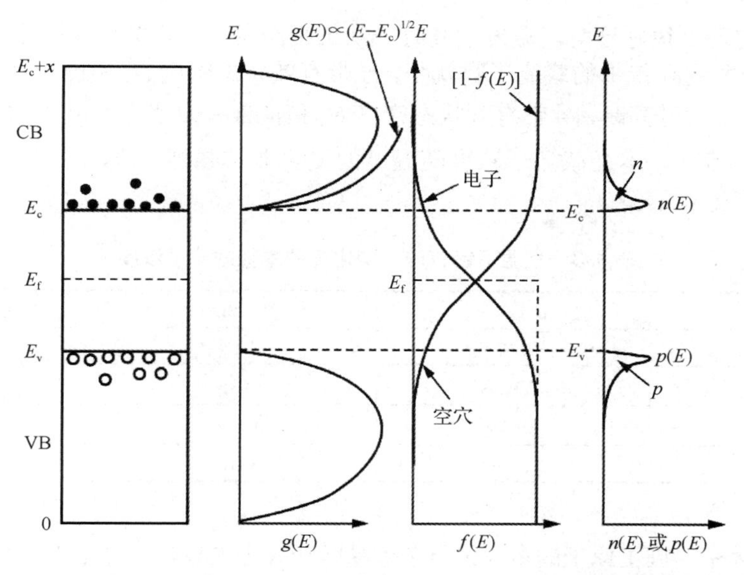

图 1.17 半导体中的能级分布、能级密度、费米分布函数和载流子浓度

本征半导体的电中性要求导带中的电子浓度等于价带中的空穴浓度。如果定义本征半导体的费米能级为E_f，本征载流子浓度为n_i，那么平衡状态下的电子浓度和空穴浓度分别为n_0和p_0，则

$$n_0 = n_i = N_c \exp\left[\frac{-(E_c - E_f)}{kT}\right] \tag{1-32}$$

和

$$p_0 = n_i = N_v \exp\left[\frac{-(E_f - E_v)}{kT}\right] \tag{1-33}$$

其中，$N_c = 2\left(\dfrac{2\pi m_n^* kT}{h^2}\right)^{\frac{3}{2}}$，称为导带有效状态密度；$N_v = 2\left(\dfrac{2\pi m_p^* kT}{h^2}\right)^{\frac{3}{2}}$，称为价带有效状态密度；$E_c$为导带底的能量；$E_v$为价带顶的能量；$m_n^*$和$m_p^*$分别为电子和空穴的有效质量；玻耳兹曼常数$k = 1.38\times10^{-23}\,\text{J/K}$；$h$为普朗克常数，$h = 6.626\times10^{-34}\,\text{J}\cdot\text{s} = 4.135\times10^{-15}\,\text{eV}\cdot\text{s}$；$T$为绝对温度。

上述两种状态密度函数N_c和N_v不仅与载流子的有效质量有关，还与温度有关。有效质量越大，状态密度也越大；温度越高，状态密度也越大。

本征半导体载流子浓度的表达式可以由式（1-32）和式（1-33）相乘得到，即

$$n_i^2 = N_c N_v \exp\left[\frac{-(E_c - E_f)}{kT}\right]\exp\left[\frac{-(E_f - E_v)}{kT}\right] \tag{1-34}$$

或

$$n_i^2 = N_c N_v \exp\left[\frac{-(E_c - E_v)}{kT}\right] = N_c N_v \exp\left(\frac{-E_g}{kT}\right) \tag{1-35}$$

$E_g = E_c - E_v$是禁带宽度，硅的禁带宽度为 1.12eV。对于给定的半导体材料，当温度恒定时，本征载流子浓度为定值，与费米能级无关。由式（1-35）可知，本征载流子浓度与温

度有关，这从物理上很好理解。温度升高时，从价带激发（跃迁）到导带中的载流子数多；反之，从价带激发到导带中的载流子数就少。导带有效状态密度 N_c 和价带有效状态密度 N_v 都跟温度有关。温度升高时，导带有效状态密度 N_c 和价带有效状态密度 N_v 都会增大以便可以接纳更多的载流子。本征载流子浓度随温度的变化非常强烈。室温下锗、硅、砷化镓的本征载流子浓度见表 1-3。

表 1-3　室温下锗、硅、砷化镓的本征载流子浓度

参数	锗（Ge）	硅（Si）	砷化镓（GaAs）
E_g/eV	0.67	1.12	1.35
m_p^*	$0.56m$	$1.08m$	$0.068m$
m_e^*	$0.37m$	$0.59m$	$0.50m$
n_i /cm^{-3}	2.1×10^{13}	1.3×10^{10}	1.1×10^{7}

注：$m=9.11\times10^{-31}$ kg

N 型半导体中，施主原子的多余价电子容易跃迁并进入导带，导带中的电子浓度高于本征半导体的电子浓度。在室温下，施主原子基本上都发生电离，导带中的电子浓度表示为

$$n = N_d + n_i \approx N_d \tag{1-36}$$

式中，N_d 为掺入 N 型半导体中的施主原子浓度。

空穴浓度为

$$p = \frac{n_i^2}{N_d} \tag{1-37}$$

N 型半导体的费米能级可以表示为

$$E_{fN} = E_f + kT\ln\frac{N_d}{n_i} \approx E_i + kT\ln\frac{N_d}{n_i} \tag{1-38}$$

P 型半导体的受主原子容易从价带中获得电子，使价带中的自由空穴浓度高于本征半导体中的自由空穴浓度。

在室温下，价带中的空穴浓度 p 表示为

$$p = N_a + p_i \approx N_a \tag{1-39}$$

电子浓度表示为

$$n = \frac{n_i^2}{N_a} \tag{1-40}$$

式中，N_a 为掺入 P 型半导体中的受主原子浓度。

P 型半导体的费米能级可以表示为

$$E_{fP} = E_i - kT\ln\frac{N_a}{n_i} \tag{1-41}$$

但对于非本征半导体，

$$n_0 p_0 = N_c N_v \exp\left(-\frac{E_g}{kT}\right) \tag{1-42}$$

无论是本征半导体还是经掺杂的非本征半导体，在热平衡状态下 n_0 和 p_0 的乘积总是常数，都等于本征半导体的载流子浓度的平方 n_i^2 。虽然这个关系看起来简单，但它却是热平

衡状态下的基本公式，也是热平衡状态下的基本条件。本征半导体和掺杂半导体中的费米能级如图 1.18 所示。

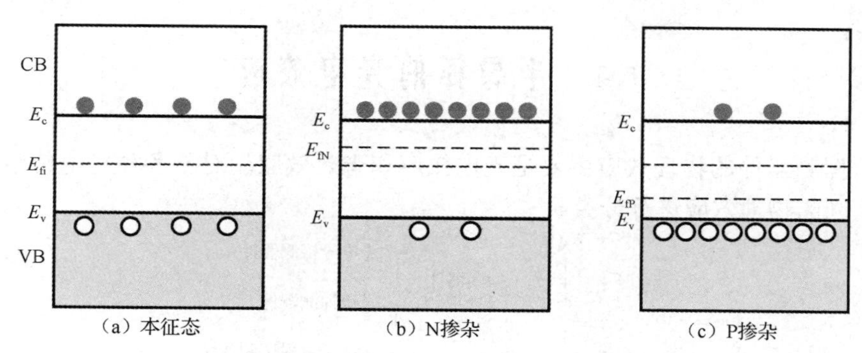

图 1.18　本征半导体和掺杂半导体中的费米能级

2. 非平衡状态下的载流子浓度

半导体材料受到光照时，载流子浓度增大。当光照停止时，光生载流子就不再产生，而载流子浓度因电子和空穴的复合逐渐减小，最后达到热平衡状态下的浓度值。电子和空穴复合机制分为直接复合与间接复合，而间接复合又可分为体内复合与表面复合，如图 1.19 所示。

（1）直接复合。这类复合是指导带中的电子直接落入价带与空穴复合，导致电子-空穴对的消失；其逆过程为由于热激发等原因，价带中的电子以一定的概率跃迁到导带上，产生电子-空穴对。

（2）间接复合。这类复合通过禁带中的杂质及缺陷间接复合，可分为电子俘获、空穴俘获、电子发射和空穴发射。

光生载流子停留在自由状态的时间是不相等的，光生载流子的平均生存时间称为光生载流子的寿命 τ 。

3. 载流子的扩散和漂移

半导体的局部位置受到光照时，因其吸收光子而产生光生载流子，造成局部位置的载流子浓度比平均浓度高。此时，载流子从浓度高的点向浓度低的点运动，这种现象称为过剩载流子的扩散，并且扩散电流密度正比于光生载流子的浓度梯度，如图 1.20 所示。

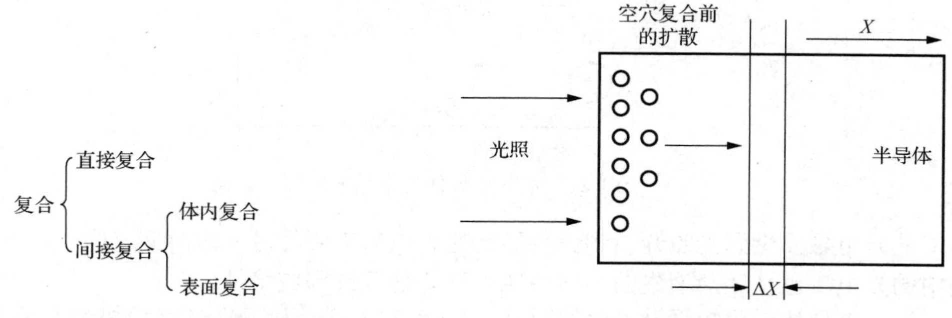

图 1.19　电子和空穴复合机制的分类

图 1.20　过剩载流子的扩散

载流子在外电场作用下，电子向正电极方向运动，空穴向负电极方向运动，这种现象称为载流子漂移。在弱电场作用下，半导体中的载流子漂移运动服从欧姆定律。

1.4 半导体的光电效应

光辐射探测器件的物理效应主要是光电效应和光热效应。对于各种光电传感器件，均可以根据不同的物理效应进行分类。

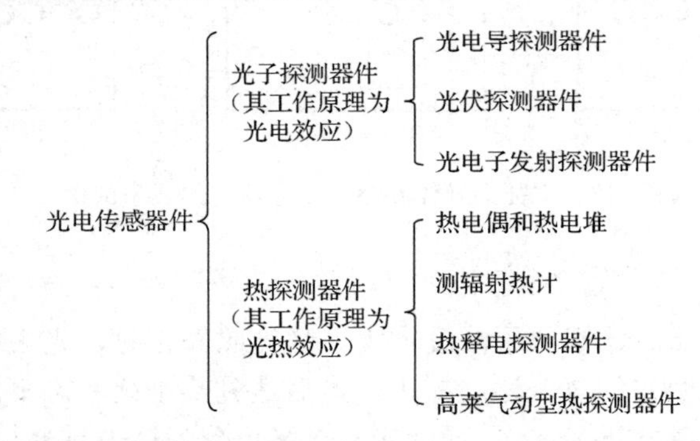

光电效应分为内光电效应和外光电效应（又称光电发射效应），其中内光电效应又可以分为光电导效应和光生伏特效应（简称光伏效应）。

1.4.1 光电导效应

因光照度变化而引起半导体电导变化的现象称光电导效应。当用光照射半导体时，半导体吸收光子的能量，使非传导态电子变为传导态电子，从而使载流子浓度增大，导致半导体电导率增大。

没受到光照时，半导体为暗态，此时半导体具有暗电导；受到光照时半导体为亮态，此时半导体具有亮电导。如果给半导体施加外电压，通过其中的电流有暗电流与亮电流之分。亮电导与暗电导之差称为光电导，亮电流与暗电流之差称为光电流。本征半导体光电导效应原理示意如图 1.21 所示。

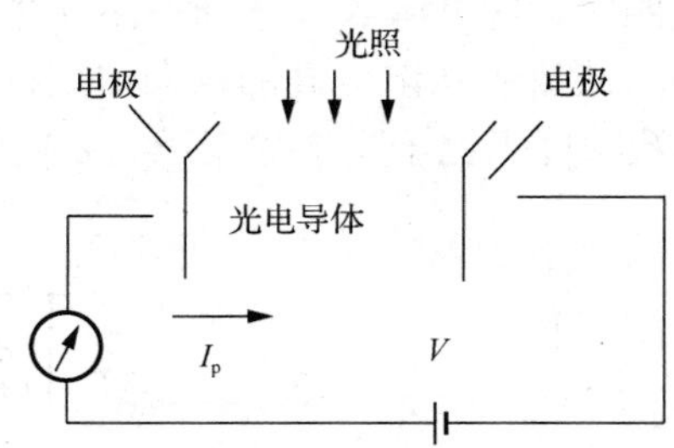

图 1.21 本征半导体光电导效应原理示意

从光电导体受到光照开始到获得稳定的光电流需要经过一定时间。同样，光照停止后，其中的光电流也是逐渐消失的，这些现象称为弛豫过程或惰性。

当光电导体受到矩形脉冲光照时，常用上升时间 τ_r 和下降时间 τ_f 描述其弛豫过程的长短。τ_r 表示光生载流子浓度从零增长到稳态值的 63%时所需的时间，τ_f 表示从停止光照到光生载流子浓度衰减到稳态值的37%时所需的时间。光电导体受到矩形脉冲光照时的弛豫过程如图1.22所示。

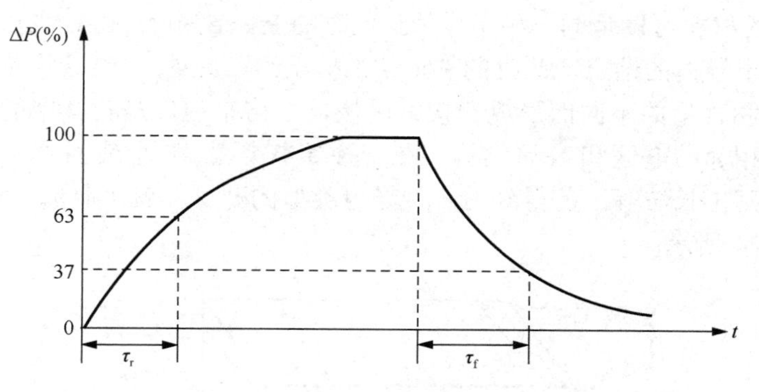

图1.22 光电导体受到矩形脉冲光照时的弛豫过程

当入射光的光功率按正弦规律变化时，光生载流子浓度（对应于输出光电流）与光功率-频率变化的关系曲线是低通特性曲线，说明光电导体的弛豫特性限制了光电器件对调制频率高的光功率的响应。光电导体受到正弦光照时的弛豫过程如图1.23所示。

$$\Delta n=\frac{\Delta n_0}{\sqrt{1+(\omega\tau)^2}} \tag{1-43}$$

式中，Δn_0为中频时非平衡状态下的载流子浓度；ω为圆频率，$\omega=2\pi f$；τ为非平衡状态下的载流子的平均寿命，这里把它称为时间常数。

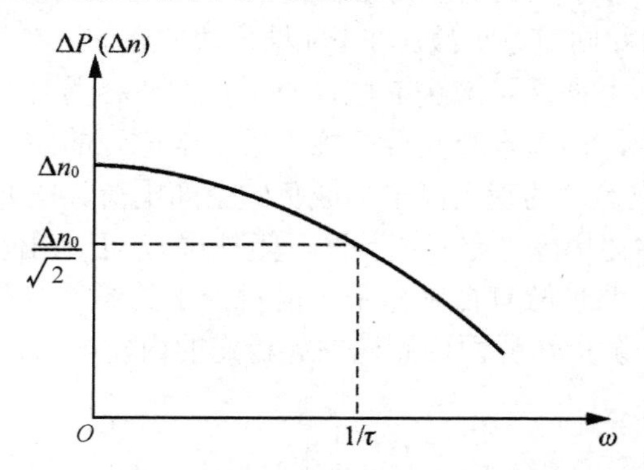

图1.23 光电导体受到正弦光照时的弛豫过程

可见，Δn随ω的增大而减小，当$\omega=1/\tau$时，$\Delta n=\frac{\Delta n_0}{\sqrt{2}}$，称此时的$f=\frac{1}{2\pi\tau}$为上限截止频率或带宽。

光电增益与带宽之积为一个常数，表明材料的光电灵敏度与带宽是矛盾的：若材料的光电灵敏度高，则其带宽窄；若材料的带宽高，则其光电灵敏度低。此结论对光电效应现象有普遍性。

1.4.2 光伏效应

光伏效应是一种内光电效应，光子在激发时能产生光电压。当导体材料两端短接时，能得到短路电流。这种效应是基于两种导体材料相接触形成内建势垒，光子激发的光生载流子被内建电场扫向势垒两边，从而产生光电压。

1. PN 结的形成

制作PN结的材料可以是同一种半导体，此时的PN结为同质结；也可以是两种不同的半导体或金属与半导体的结合，此时的PN结为异质结。此处，“结合”是指一个单晶体内部因杂质的种类和含量的不同而形成的接触区域，严格来说，是指其中的过渡区。一个单晶体中存在紧密相邻的P区和N区结构。在一种导电类型（P型或N型）半导体上用合金法、扩散法、外延生长法等工艺得到另一种导电类型的薄层，就可制成PN结。半导体PN结的结构如图1.24所示。

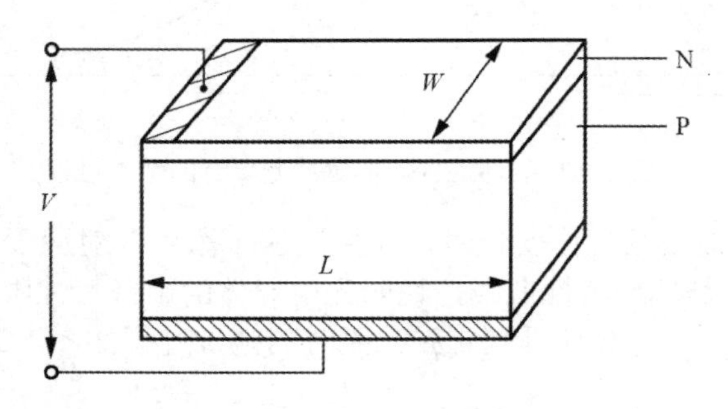

图1.24　半导体PN结的结构

可用一块半导体经掺杂形成P区和N区，从而得到同质结。由于杂质的激活能量ΔE很小，在室温下杂质差不多都电离成受主离子和施主离子。在P区或N区和区交界面处因存在载流子的浓度差，故彼此向对方扩散。在PN结形成的瞬间，在N区的电子为多子，在P区的电子为少子，使电子由N区扩散到P区，电子与空穴相遇时发生复合，这样，在N区的结面附近电子变得很少，剩下未经复合的施主离子形成正的空间电荷。同样，空穴由P区扩散到N区后，由不能运动的受主离子形成负的空间电荷。在P区与N区界面两侧产生不能移动的离子区（也称耗尽区、空间电荷区、阻挡层），于是出现空间电荷层，形成内建电场。此电场对两区多子的扩散有抵制作用，而对少子的漂移有帮助作用，直到扩散流等于漂移流时，扩散达到平衡，在界面两侧建立起稳定的内建电场，如图1.25所示。

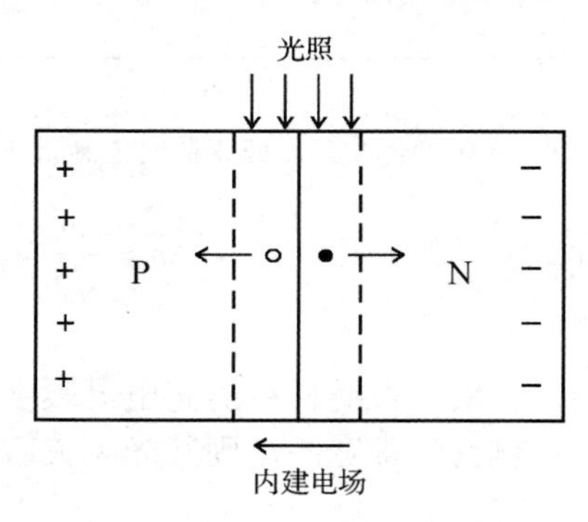

图1.25　内建电场的形成过程

2. PN 结光电效应

PN结受光照产光生载流子，使PN结两端产生光电压。P区的光生空穴和N区的光生电子属于多子，它们被势垒阻挡而不能通过 PN 结。只有 P 区的光生电子和 N 区的光生空穴与结区的电子空穴对（少子）扩散到结电场附近时，才能在内建电场的作用下漂移过结区，即光电流。PN 结光伏器件的结构如图 1.26 所示，在基片的表面形成一层薄反型层 P 层，在 P 层上做一个小的欧姆电极，使整个 N 型半导体底面成为欧姆电极。

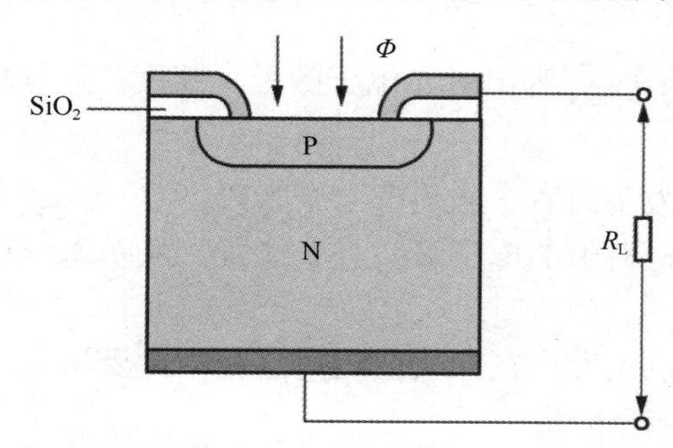

图 1.26　PN 结光伏器件的结构

光照下的 PN 结电流方程：

$$I = LWJ = I_0\left[\exp\left(\frac{qV}{kT}\right)-1\right]-I_{\mathrm{p}} \tag{1-44}$$

式中，$I_0 = LWJ_0$ 为反向饱和电流；LW 为材料的截面积。

若入射光的辐射通量为 $\varPhi$，则光电流为

$$I_{\mathrm{P}} = q\frac{\eta\varPhi}{h\nu} \tag{1-45}$$

在短路电流（相当于 $R_{\mathrm{L}}=0$）情况下，$V=0$，则

$$I_{\mathrm{sc}} = -I_{\mathrm{P}} \tag{1-46}$$

在开路电压（相当于 $R_{\mathrm{L}}\to\infty$）情况下，$I=0$，则

$$V_{\mathrm{oc}} = \frac{kT}{q}\ln(I_{\mathrm{P}}/I_0+1) \tag{1-47}$$

1.4.3　光电发射效应

金属或半导体受光照时，如果入射的光子能量 $h\nu$ 足够大，那么它和物质中的电子相互作用，使电子从材料表面逸出，这种现象称为光电发射效应，也称外光电效应。它是真空光电器件光电阴极的物理基础。

外光电效应的两个基本定律如下。

1. 光电发射第一定律——斯托列托夫定律

当照射到光电阴极上的入射光频率或频谱成分不变时，饱和光电流（单位时间内发射的光电子数量）与入射光的发光强度成正比，即

$$I_k = S_k F_0 \tag{1-48}$$

式中，I_k 为饱和光电流；S_k 为入射光的发光强度；F_0 为光电阴极对入射光的灵敏度。

2. 光电发射第二定律——爱因斯坦定律

光电子的最大动能与入射光的频率成正比，而与入射光的发光强度无关，即

$$\frac{1}{2}m_e v_{max}^2 = h\nu - W \tag{1-49}$$

式中，m_e 为光电子的质量；v_{max} 为出射光电子的最大速度；h 为普朗克常数；W 为发射体材料的逸出功。

如图 1.27 所示，光电发射过程大致可分三个阶段：

（1）光射入材料后，材料中的电子吸收光子能量，从基态跃迁到能量高于真空能级的激发态。

（2）受激电子从受激点出发，在向表面运动过程中，受激电子免不了要与其他电子或晶格发生碰撞，而失去一部分能量。

（3）到达表面的电子，如果仍有足够的能量克服表面势垒对电子的束缚（逸出功）时，那么它可从表面逸出。图 1.27 中的 d_{esc} 表示光电子逸出深度。

可见，良好的光电发射材料应该具有以下特点：

① 对光的吸收系数大，以便体内有较多的电子受到激发。

② 受激电子最好发生在表面附近。这样，在受激电子的表面运动过程中，其损失的能量少。

③ 材料的逸出功要小，使到达真空界面的电子能够比较容易地逸出。

另外，作为光电阴极的材料，还要求它有一定的电导率，以便能够通过外电源补充因光电发射而失去的电子。

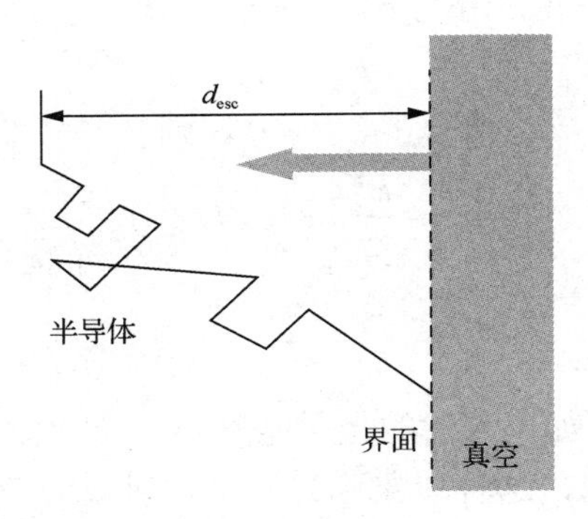

图 1.27　光电发射过程

1.5　光热效应

当光照射到理想的黑体上时，黑体将所有波长的光能量全部吸收，并把光能量转换为热能，称为光热效应。热能增大，导致吸收体的物理性能和力学性能变化，如温度、体积、电阻、热电动势等，通过测量这些变化可确定光能量或光功率的大小。这类器件统称热探测器件，利用光热效应的热探测器件包括热电偶、热电堆和热释电探测器件等。

1.5.1 热电偶和热电堆

1. 温差电效应

将两种不同的金属相连接，构成闭合电路。当两个接头存在温差时，该电路中将存在温度梯度和化学势梯度，因而同时产生热流和粒子流，出现交叉现象，这种现象就是温差电效应。其原理如图 1.28 所示，在图 1.28 中，由 A、B 两种金属连接成的热电偶电路，在两个接头保持不同的温度 T 和 $T+\Delta T$，该电路中的两个接点产生电势差，并且该电势差与两个接头的温度差 ΔT 成正比，即 $\Delta U=\varepsilon\Delta T$，其中，$\varepsilon$ 是温差电动势系数，它与材料及温度有关。图 1.28 中的 J_e 表示电流密度。

2. 热电偶

热电偶是一种基于第一热电效应——赛贝克（Seebeck）效应原理的温差电元件。由两种不同材料组成的热电偶如图 1.29 所示。

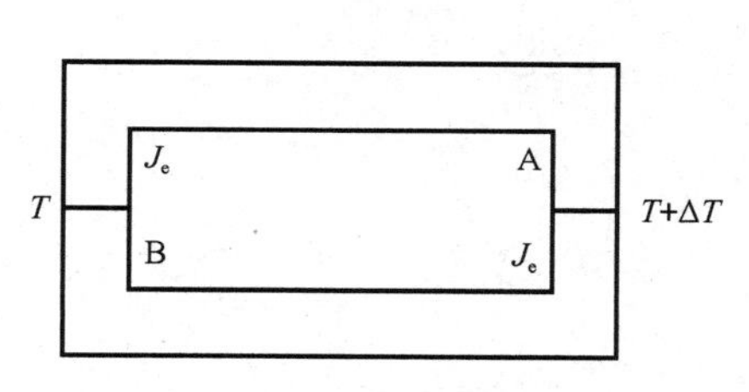

图 1.28 温差电效应原理

图 1.29 由两种不同材料组成的热电偶

1）接触电动势

当导体的两个接触面（或接点）的温度为 T 和 T_0 时，其接触电动势的表达式为

$$E_{AB}(T)=\frac{kT}{e}\ln\frac{N_A}{N_B} \tag{1-50}$$

$$E_{AB}(T_0)=\frac{kT_0}{e}\ln\frac{N_A}{N_B} \tag{1-51}$$

在热电偶回路中，总接触电动势为

$$E_{AB}(T)-E_{AB}(T_0)=\frac{k}{e}(T-T_0)\ln\frac{N_A}{N_B} \tag{1-52}$$

T、T_0 为导体两个接触面的温度；N_A、N_B 为导体 A 和导体 B 的自由电子密度。

2）温差电动势（汤姆逊效应）

温差电动势是因同一导体的两端温度不同（存在着温度梯度）而产生的电动势。电子由温度高的 T 端向温度低的 T_0 端扩散，使得 T 端失去一些电子而带正电荷，T_0 端得到一些电子而带负电荷，两端便产生一定的电位差：

$$E_A(T,\ T_0)=\int_{T_0}^{T}\sigma_A\mathrm{d}T \tag{1-53}$$

$$E_B(T,\ T_0)=\int_{T_0}^{T}\sigma_B\mathrm{d}T \tag{1-54}$$

在热电偶电路中，总温差电动势为

$$E_{\mathrm{A}}(T,\ T_0)-E_{\mathrm{B}}(T,\ T_0)=\int_{T_0}^{T}(\sigma_{\mathrm{A}}-\sigma_{\mathrm{B}})\,\mathrm{d}T \tag{1-55}$$

T、T_0 为导体两端的热力学温度；σ_{A}、σ_{B} 为导体 A 和导体 B 的汤姆逊系数。

3）热电偶的总热电动势

在热电偶电路中，总热电动势=总接触电动势+总温差电动势，即

$$E_{\mathrm{AB}}(T,\ T_0)=\frac{k}{e}(T-T_0)\ln\frac{N_{\mathrm{A}}}{N_{\mathrm{B}}}+\int_{T_0}^{T}(\sigma_{\mathrm{A}}-\sigma_{\mathrm{B}})\,\mathrm{d}T \tag{1-56}$$

3. 热电堆

为了提高热电偶的灵敏度，可将多个热电偶串联组成热电堆，热电堆的基本工作原理如图 1.30 所示。

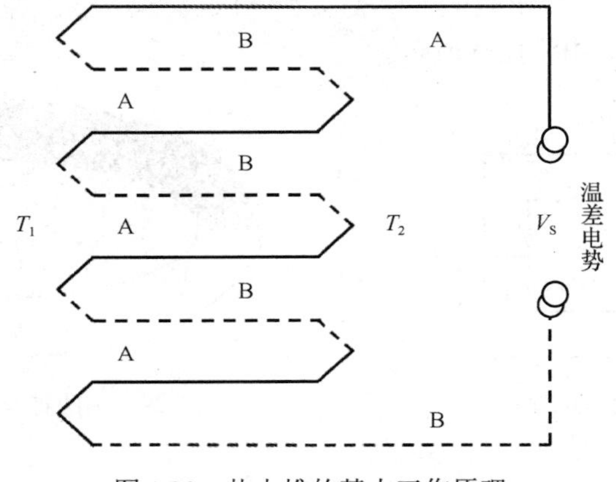

图 1.30　热电堆的基本工作原理

热电堆的输出电压（输出温差电动势）是多个热电偶的输出电压之和。热电堆不仅可用作温度传感器，而且也可以用作长波长光（红外线和远红外线）的光电探测器件。

在作为光电探测器件使用时，热电堆的工作原理不同于量子光电探测器件，而是一种热光电探测器件：在结构上把热电偶一端的表面涂上黑色薄膜，让它大量吸收光，产生热量，而把热电偶另一端（参考极）罩住，有时还涂上一层反射薄膜，不让它吸收光，使这一端温度与环境温度相同，然后通过测量热电堆的温差电动势，即可检测出长波长光的辐射强度。为了提高灵敏度和响应速度，热电堆往往采用薄膜制作。此外，热电堆通常被置于真空中或者惰性气体中。

1.5.2　热释电探测器件

有一种晶体为热电晶体，这种晶体具有自发极化的特性。所谓自发极化，就是指在自然条件下，因晶体的某些分子正负电荷中心不重合而形成一个固有的偶极矩，进而在垂直极轴的两个端面上造成大小相等而符号相反的面束缚电荷。偶极矩原理如图 1.31 所示。

当温度变化时，晶体中离子间的距离和键角发生变化，从而使偶极矩发生变化。也就是说，自发极化强度和面束缚电荷发生变化，在垂直于极轴的两个端面之间出现极小的电压变化，即产生了热释电效应。

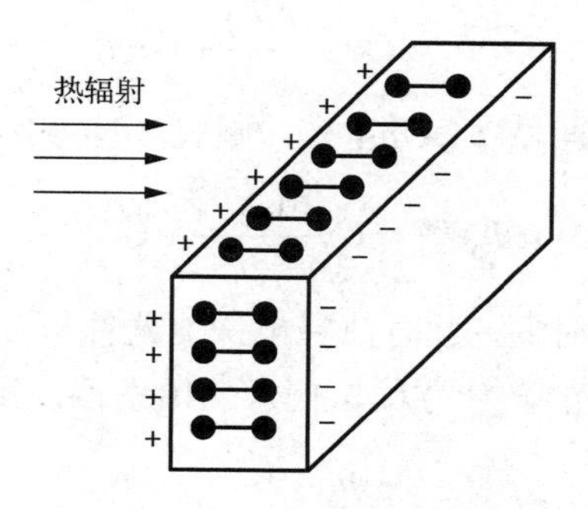

图 1.31 偶极矩原理

利用热释电效应原理制成的探测器件称为热释电探测器件。常用的热释电材料有硫酸三甘肽（TGS）、铌酸锶钡（SBN）、钽酸锂（LT）、钛酸铅陶瓷（PT）、钛酸锆酸铅陶瓷（PZT）等。

热释电探测器件是一种新型热探测器件，广泛应用于热辐射和从可见光到红外线波段激光的探测。其在亚毫米波段的应用更受重视，这是因为其他性能较好的应用于亚毫米波段的热探测器件都要在液氦温度下才能工作。

其电压灵敏度为

$$R_V = \frac{U_{\mathrm{L}}}{P_0} = \frac{A\beta\omega R_{\mathrm{L}}\alpha}{G\cdot\sqrt{1+\omega^2\tau_{\mathrm{e}}^2}\sqrt{1+\omega^2\tau_{\mathrm{H}}^2}} \tag{1-57}$$

$$R_V = \frac{A\beta\alpha}{\omega C_{\mathrm{d}} H} \tag{1-58}$$

式中，U_{L}为输出电压有效值；P_0为光功率幅值；A为热电晶体极板面积；β为热电系数；R_{L}为负载电阻；α为热敏元件吸收系数；G为热敏晶体的热导率；τ_{e}为热释电探测器件电路时间常数；τ_{H}为热释电探测器件时间常数；H为热敏元件热容量；ω为入射光调制频率；C_{d}为热释电探测器件有效电容。

当受到光照时，热释电探测器件输出信号的形成包括两个阶段：第一阶段将辐射能转换成热能，即入射光辐射能引起温升；第二阶段将热能转换成各种形式的电能，即各种电信号的输出。

热释电探测器件在无辐射能作用的情况下，与环境温度处于平衡状态，其温度为 T_0。当辐射功率为Φ_{e}的光照射热释电探测器件表面时，设热敏元件吸收系数为α，则热释电探测器件吸收的辐射功率为$\alpha\Phi_{\mathrm{e}}$。其中一部分辐射功率使热释电探测器件的温度升高，另一部分辐射功率补偿热释电探测器件与环境热交换而损失的能量。设单位时间热释电探测器件的内能增量为$\Delta\Phi_{\mathrm{i}}$，该内能的增量为温度变化的函数，即

$$\Delta\Phi_{\mathrm{i}} = C_\theta \frac{\mathrm{d}(\Delta T)}{\mathrm{d}t} \tag{1-59}$$

式中，C_θ为热容。

设单位时间通过传导损失的能量$\Delta\Phi_\theta = G\Delta T$，其中，$G$为热敏晶体的热导率。

根据能量守恒原理，热释电探测器件吸收的辐射功率应等于其内能增量与热交换能量之和，即

$$\alpha \Phi_{\mathrm{e}} = C_\theta \frac{\mathrm{d}(\Delta T)}{\mathrm{d}t} + G\Delta T \tag{1-60}$$

设入射光为正弦波且辐射通量$\Phi_{\mathrm{e}} = \Phi_0 \mathrm{e}^{\mathrm{j}\omega t}$，则式（1-60）可改写为

$$\alpha \Phi_0 \mathrm{e}^{\mathrm{j}\omega t} = C_\theta \frac{\mathrm{d}(\Delta T)}{\mathrm{d}t} + G\Delta T \tag{1-61}$$

若选取开始辐射时为初始时间，此时热释电探测器件与环境处于热平衡状态，即$t=0$，$\Delta T = 0$。求解式（1-61）所示的微分方程，代入初始条件，得到热传导方程，即

$$\Delta T(t) = -\frac{\alpha \Phi_0 \mathrm{e}^{-\frac{G}{C_\theta}t}}{G + \mathrm{j}\omega C_\theta} + \frac{\alpha \Phi_0 \mathrm{e}^{\mathrm{j}\omega t}}{G + \mathrm{j}\omega C_\theta} \tag{1-62}$$

$\tau_T = \dfrac{C_\theta}{G} = R_\theta C_\theta$ 称为热敏元件的热时间常数，$R_\theta = \dfrac{1}{G}$，称为热阻。

热释电探测器件的热时间常数一般介于毫秒与秒之间，它与该探测器件的大小、形状和颜色等参数有关。

当$t >> \tau_T$时，式（1-62）等式右边的第一项可以忽略，则温度的变化为

$$\Delta T(t) = \frac{\alpha \Phi_0 \tau_T \mathrm{e}^{\mathrm{j}\omega t}}{C_\theta (1 + \mathrm{j}\omega \tau_T)} \tag{1-63}$$

式（1-63）为正弦变化的函数，其幅值为

$$|\Delta T| = \frac{\alpha \Phi_0 \tau_T}{C_\theta \left(1 + \omega^2 {\tau_T}^2\right)^{\frac{1}{2}}} \tag{1-64}$$

由上述公式可得到以下结论：

（1）热敏元件吸收交变辐射能所引起的温升与热敏元件吸收系数成正比。因此，几乎所有的热敏元件都被涂黑。

（2）该温升又与工作频率ω有关，ω增高，其温升下降，在低频时（$\omega\tau_T \ll 1$），与热导率G成反比，即

$$|\Delta T| = \frac{\alpha \Phi_0}{G} \tag{1-65}$$

因此，减小热导率是增高温升、提高灵敏度的好方法。但是热导率与热时间常数成反比，提高温升将使热释电探测器件的惯性增大，时间响应变长。

当$\omega\tau_T >> 1$时，即频率很高或热释电探测器件的惯性很大时，式（1-65）可近似为

$$|\Delta T| = \frac{\alpha \Phi_0}{\omega C_\theta} \tag{1-66}$$

结论：温升与热导率无关，与热容成反比，并且随频率的增大而衰减。

当$\omega = 0$时，由式（1-62）得

$$\Delta T(t) = \frac{\alpha \Phi_0}{G}(1 - \mathrm{e}^{-\frac{t}{\tau_T}}) \tag{1-67}$$

式（1-67）表明，由初始零值开始随时间t增加，当$t \to \infty$时，温升ΔT达到稳定值；当$t = \tau_T$时，温升达到稳定值的63%。因此，τ_T为热释电探测器件的热时间常数。

1.6 光电探测器件的噪声和主要特性参数

光电探测器件是一种可由入射光引起可度量的光电效应或温度变化等物理效应的器件。按照工作原理和结构，对常用的光电探测器件进行分类，如图 1.32 所示。

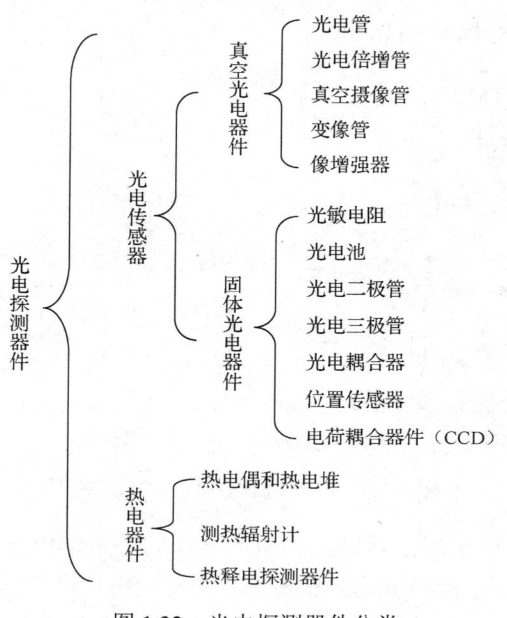

图 1.32 光电探测器件分类

1.6.1 光电探测器件的噪声

光电流或光电压实际上是指在一定时间间隔内的平均值，输出信号在该平均值上下随机起伏，如图 1.33 所示。这种具有随机的、瞬间的幅度且不能预知的起伏信号称为噪声。

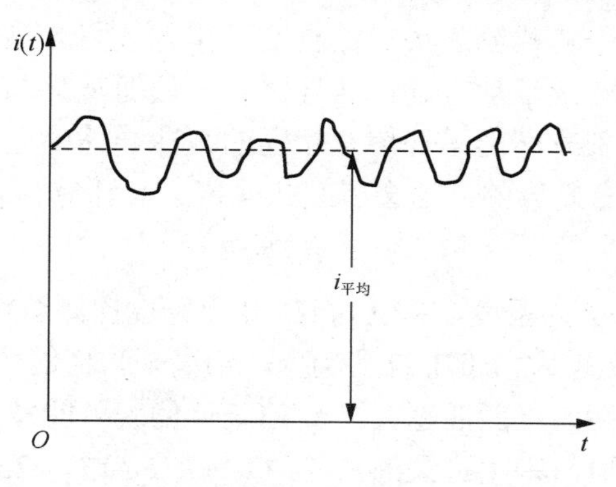

图 1.33 输出信号的随机起伏

1. 噪声均方值

噪声在平均值附近起伏变化，相对于平均值有正有负。为衡量信号偏离平均值的大小，可用单位时间内差值平方的积分描述。

设直流电流值为

$$I = i_{\text{平均}} = \frac{1}{T}\int_0^T i(t)\mathrm{d}t \tag{1-68}$$

设噪声电流均方值为

$$\overline{i_{\mathrm{n}}^2} = \overline{\Delta i(t)^2} = \frac{1}{T}\int_0^T \left[i(t) - i_{\text{平均}}\right]^2 \mathrm{d}t \tag{1-69}$$

独立、互不相关的多个噪声的总和为

$$\overline{i_{\text{n总}}^2} = \overline{i_{\mathrm{n}1}^2} + \overline{i_{\mathrm{n}2}^2} + \cdots + \overline{i_{\mathrm{n}k}^2} \tag{1-70}$$

2. 光电探测系统噪声的分类

一般光电探测系统的噪声可分为三类，如图 1.34 所示。

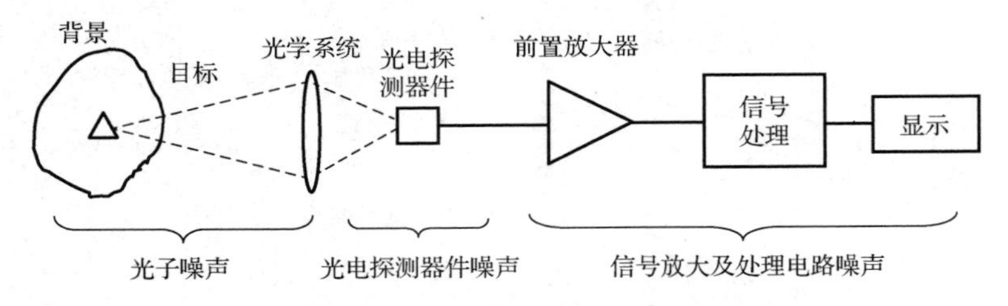

图 1.34　光电探测系统噪声的分类

（1）光子噪声。该噪声包括信号辐射产生的噪声和背景辐射产生的噪声。

（2）光电探测器件噪声。该噪声包括热噪声、散粒噪声、产生-复合噪声、$1/f$ 噪声和温度噪声等。

（3）信号放大及处理电路噪声。

3. 光电探测器件的噪声源性质及其计算公式

1）热噪声

通常，导体和半导体中的载流子在一定温度下作无规则的热运动。当载流子作热运动时，它与原子频繁碰撞而改变运动方向。从导体某一截面观察，该截面两个方向上都有一定数量的载流子穿过，其长时间的平均值是相同的，即导体中无净电流。但每一瞬间穿过某一截面的载流子数量是有差异的，这会引起热噪声。其计算公式为

$$\overline{v_{\mathrm{n}}^2} = 4kT\Delta fR \tag{1-71}$$

式中，k 为玻耳兹曼常数；T 为温度，单位为 K；R 为光电探测器件电阻值；Δf 为通带宽度。

由式（1-71）可知，R 越大，带电粒子越少，偏离平均值的可能性越大。T 的起伏与热运动有关，温度高，不平衡的可能性越大。Δf 的统计偏差可能发生在短时间间隔内。

热噪声是与频率无关而与带宽有关的白噪声。例如，当 $T = 25$℃，R=1kΩ，Δf=1000MHz 时，$\overline{v_{\mathrm{n}}^2} = 128\mu\mathrm{V}$，其他条件不变，而 Δf=1000Hz 时，$\overline{v_{\mathrm{n}}^2} = 0.128\mu\mathrm{V}$。

2）散粒噪声

散粒噪声是光电子从阴极表面逸出时和 PN 结中载流子通过结区的随机性引起的，其噪声电流均方值的计算公式为

$$\overline{i_n^2}=2qI\Delta f \tag{1-72}$$

式中，q 为电子电量；I 为通过光电探测器件的电流平均值；Δf 为光电探测系统的带宽。散粒噪声也是与频率无关而与带宽有关的白噪声。

3）产生–复合噪声

产生–复合噪声可由下式计算：

$$\overline{i_n^2}=\frac{4I^2\tau\Delta f}{N_0\left[1+(2\pi f\tau)^2\right]} \tag{1-73}$$

式中，I 为平均电流；N_0 为总自由载流子数量；τ 为载流子寿命；f 为频率。

4）$1/f$ 噪声

噪声功率谱与频率近似成反比，故称为 $1/f$ 噪声，其均方值可由下式计算：

$$\overline{i_n^2}=\frac{cI^\alpha}{f^\beta}\Delta f \tag{1-74}$$

式中，$\alpha\approx 2$；$\beta=0.8\sim1.5$；c 为比例常数。

产生 $1/f$ 噪声的机理很复杂，目前尚无明确的解释，但是大多数光电探测器件的 $1/f$ 噪声的频率在 200～300Hz 以上，已经衰减为很低的水平了，可以忽略不计。

5）温度噪声

因光电探测器件自身吸收和传导等热交换而引起的温度起伏称为温度噪声。温度噪声的均方值计算公式为

$$\overline{i_n^2}=\frac{4kT^2\Delta f}{G[1+(2\pi f\tau_T)^2}\tag{1-75}$$

式中，G 为光电探测器件的热导率；τ_T 为光电探测器件的热时间常数。

上述各种噪声的功率分布可以用图 1.35 表示，即光电探测器件噪声功率谱。由该图可知，当频率很低时，$1/f$ 噪声占主导地位；当频率在中间范围时，产生–复合噪声较为明显；当频率较高时，散粒噪声和热噪声占主导地位，即白噪声占主导地位，其他噪声较小。

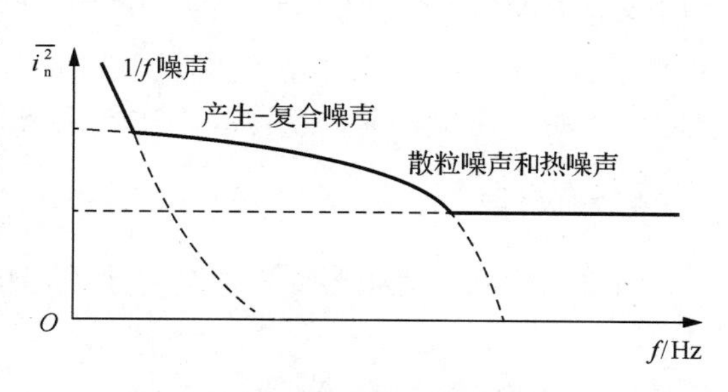

图 1.35 光电探测器件噪声功率谱

1.6.2 光电探测器件的主要特性参数

1. 响应度（积分灵敏度）

光电探测器件输出信号的电压 V_s 或电流 I_s 与入射光辐射通量之比称为响应度，其计算公式为

$$S_V=\frac{V_s}{\Phi_e} \quad \text{或} S_I=\frac{I_s}{\Phi_e} \tag{1-76}$$

其单位分别为 V/W 和 A/W 或者 V/lm 和 A/lm。

2. 光谱响应度

光电探测器件输出信号的电压$V_s(\lambda)$或电流$I_s(\lambda)$与入射光波长为λ的单色辐射通量之比。即光谱响应度，其计算公式为

$$S_V(\lambda)=\frac{V_s(\lambda)}{\Phi_e(\lambda)} \quad 或 \quad S_I(\lambda)=\frac{I_s(\lambda)}{\Phi_e(\lambda)} \tag{1-77}$$

3. 噪声等效功率（NEP）、探测率 D 和归一化探测率 D^*

光电探测器件的输出功率与噪声功率之比为 1 时，入射到光电探测器件的光信号功率称为噪声等效功率，又称最小可探测功率P_{min}。

$$\mathrm{NEP}=\frac{P}{V_s/V_n} \tag{1-78}$$

式中，V_n为噪声均方根电压值。

NEP 的倒数称为探测率 D，即

$$D=\frac{1}{\mathrm{NEP}} \quad (\mathrm{W}^{-1}) \tag{1-79}$$

归一化探测率 D^* 按下式计算：

$$D^*=\frac{\sqrt{A\cdot\Delta f}}{\mathrm{NEP}}=\frac{V_s/V_n}{P}\cdot\sqrt{A\cdot\Delta f} \quad (\mathrm{cm}\cdot\mathrm{Hz}^{\frac{1}{2}}\cdot\mathrm{W}^{-1}) \tag{1-80}$$

光电探测器件的 NEP 与其面积 A 和光电测量系统的带宽 Δf 乘积的平方根成正比，即 $\mathrm{NEP}\propto\sqrt{A\cdot\Delta f}$，为了消除 A 和 Δf 的影响，对式（1-80）进行归一化处理，得到归一化探测率 D^*。实际应用中，用此探测率代替探测率，本书沿用这一惯例。本书其他章在强调归一化时，就用“比探测率”名称或“归一化探测率”名称。

4. 响应时间

当输入阶跃型光信号时，光信号上升沿的输出电流按下式计算：

$$I_s(t)=I_0(1-\mathrm{e}^{\frac{-t}{t_1}}) \tag{1-81}$$

光电探测器件的响应时间如图 1.36 所示。其中，τ_r 为上升到稳态值 I_0 的 63%时的时间。τ_f 为下降到稳态值 I_0 的 37%时的时间。

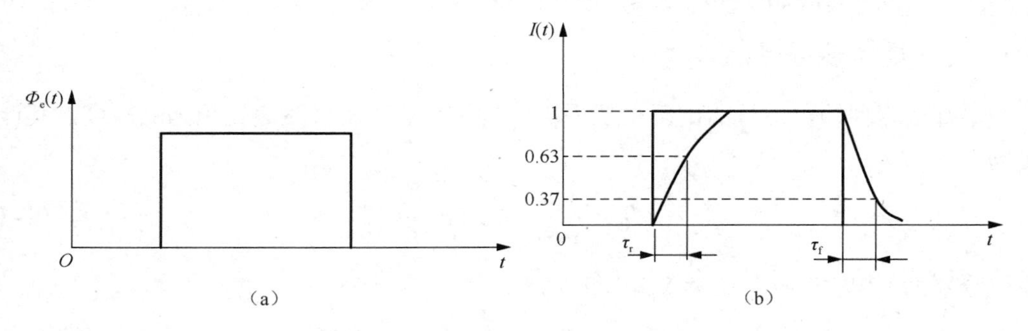

图 1.36 光电探测器件的响应时间

思考与练习

1-1　辐射度量和光度量之间有哪些区别？有哪些相同点？

1-2　一个氦-氖激光器（波长为632.8nm）发出的激光的光功率为1mW，激光束发散角为2mrad。该激光器的放电毛细管直径为1mm（最大光视效能$K_m = 683\text{lm/W}$，明视觉光谱光视$V(\lambda) = 0.2389$）。

（1）求该激光束的光通量、发光强度、光出射度和光亮度。

（2）如果该激光束投射在一个白色漫反射屏上的光斑面积为$9.5 \times 10^{-5}\text{m}^2$，且该漫反射屏的反射比为0.8，求该漫反射屏的光亮度。

1-3　用目视观察发射波长分别为435.8 nm和546.1 nm的两个发光体，它们的光亮度相同，均为3cd/m^2。如果为这两个发光体分别加装透射比为10^{-4}的光衰减器，判断此时目视观察的光亮度是否相同，为什么？计算通过光衰减器后辐射亮度的值，判断辐射亮度是否相同[$K_m = 683\text{lm/W}$，$V(435.8\text{nm}) = 0.0182$，$V(546.1\text{nm}) = 0.979$]。

1-4　功率为100 mW、峰值波长为630 nm的发光二极管的明视觉的光谱光视效率为0.265，若认为它是单色辐射波，求光通量（$K_m = 683\ \text{lm/W}$）。

1-5　假设一只白炽灯各向发光均匀，它被悬挂在离地面1.5m的高处，已知该白炽灯的光通量为848.2lm，求地面上的光照度。

1-6　说明光电探测系统的组成部分，列举你所知道的一个典型光电探测系统，说明其工作原理。

1-7　光电发射的基本定律是什么？它与光电导效应和光伏效应相比，本质区别是什么？

1-8　光电探测器件的主要特性参数有哪些？设计光电探测系统时，对所选择的光电探测器件应考虑哪些因素？

1-9　试述光电探测器件噪声源的性质和特征。

1-10　写出P型半导体和N型半导体的费米能级的表达式，分别画出P型半导体和N型半导体的能级结构图。

1-11　求在300K时N型硅半导体中的电子和空穴的浓度，以及其费米能级与本征半导体费米能级的能量差，画出其能带图。此时掺入N型硅半导体的施主原子浓度为$2.25 \times 10^{16}\text{cm}^{-3}$（在300K时，本征半导体自由电子浓度$n_i = 1.5 \times 10^{10}\text{cm}^{-3}$，$E_g = 1.12\text{eV}$）。

1-12　计算300K温度下掺入10^{16}cm^{-3}锑原子的硅片中电子和空穴的浓度，以及其费米能级与本征半导体费米能级的能量差，并画出其能带图（在300K时，本征半导体自由电子浓度$n_i = 1.5 \times 10^{10}\text{cm}^{-3}$，$E_g = 1.12\text{eV}$）。

1-13　比较热探测器件与光电探测器件的优点和缺点。

第 2 章　光电探测系统中的常用光源

一切能产生光辐射的辐射源，不论是天然的，还是人造的，都称为光源。自然光源是指自然界中存在的发光体，如太阳、恒星等。人造光源是人为将各种形式的能量（热能、电能、化学能）转化成辐射能的器件，其中利用电能产生光辐射的器件称为电光源。在一般光电探测系统中，电光源是最常见的光源。按照发光机理，光源可以分成如下几类：

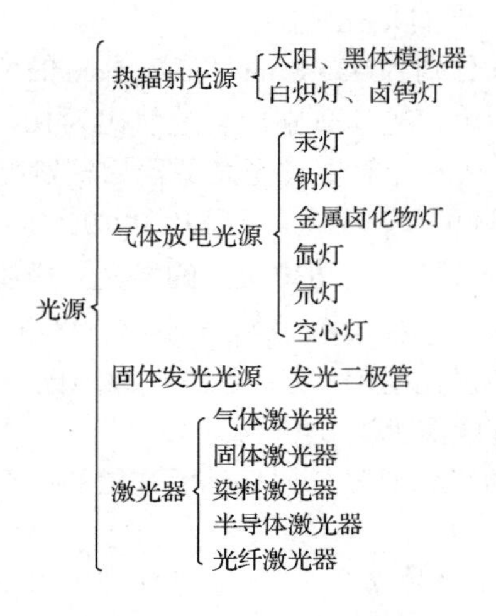

本章简要叙述常用光源的工作原理，介绍它们的重要特性与应用。为读者在设计光电探测系统时正确选用光源提供必要的依据。

2.1　光源的基本特性参数

2.1.1　辐射效率和发光效率

在给定波长 $\lambda_1 \sim \lambda_2$ 的光谱范围内，某一光源发出的辐射通量 Φ_e 与产生这些辐射通量所需的电功率 P 之比，称为该光源在规定光谱范围内的辐射效率 η_e，其可表示为

$$\eta_e = \frac{\Phi_e}{P} = \frac{\int_{\lambda_1}^{\lambda_2} \Phi_e(\lambda) \mathrm{d}\lambda}{P} \tag{2-1}$$

如果光电探测系统的光谱范围同样为 $\lambda_1 \sim \lambda_2$，那么应尽可能选用辐射效率 η_e 较高的光源。

某一光源所发射的光通量 Φ_v 与产生这些光通量所需的电功率 P 之比，就是该光源的发光效率 η_v，有

$$\eta_v = \frac{\Phi_v}{P} = \frac{K_m \int_{380}^{780} \Phi_e(\lambda) V(\lambda) \mathrm{d}\lambda}{P} \tag{2-2}$$

式中，K_m 为最大光谱视效能，按照国际实用温标 IPTS-68 的理论计算值，K_m=683lm/W；

$V(\lambda)$ 为明视觉光谱发光效率函数；积分上下限表示波长为 380～780nm 的可见光谱区；η_v 的单位为 lm/W（流明每瓦）。在照明领域或光度测量系统中，一般应选用发光效率 η_v 较高的光源。表 2-1 所列为一些常用光源的发光效率。

表 2-1 常用光源的发光效率

光源种类	发光效率/（lm/W）	光源种类	发光效率/（lm/W）
普通钨丝灯	8～18	高压汞灯	30～40
卤钨灯	14～30	高压钠灯	90～100
普通荧光灯	35～60	球形氙灯	30～40
三基色荧光灯	55～90	金属卤化物灯	60～80

2.1.2 光谱功率分布

自然光源和人造光源大都是由单色光组成的复色光。不同光源在不同光谱上辐射出不同的光谱功率，常以光谱功率分布描述。若令其最大值为 1，对光谱功率分布进行归一化，则归一化后的光谱功率分布称为相对光谱功率分布。

光源的光谱功率分布通常可分成 4 种经典的光谱功率分布，如图 2.1 所示。图 2.1（a）称为线状光谱，由若干条明显分隔的细线组成，如低压汞灯。图 2.1（b）称为带状光谱，它由一些分开的谱带组成，每个谱带中又包含许多细谱线，如高压汞灯、高压钠灯的光谱就服从这种光谱功率分布。图 2.1（c）为连续光谱，所有热辐射源的光谱都是连续光谱。图 2.1（d）是混合光谱，它由连续光谱与线谱、带谱混合而成，一般荧光灯的光谱就服从这种光谱功率分布。在选择光源时，对其光谱功率分布，应考虑测量对象的要求。

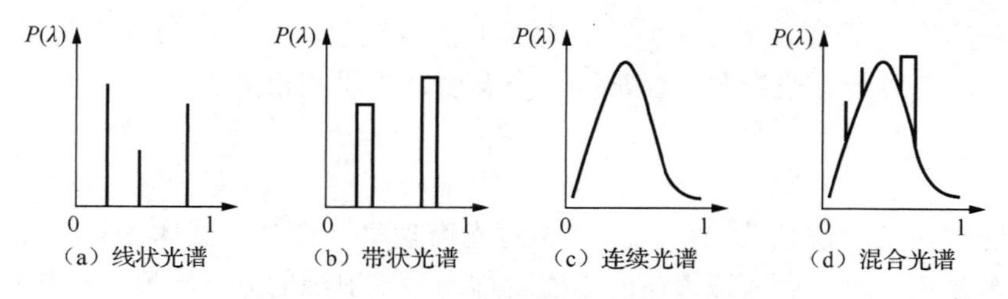

图 2.1 4 种经典的光谱功率分布

2.1.3 空间发光强度分布

对于各向异性光源，其发光强度在空间各方向上是不相同的。若在空间某一截面上，自原点向各径向选取矢量，则所选取矢量的长度与该方向的发光强度成正比。将各矢量的端点连接起来，就得到光源在该截面上的发光强度曲线，即配光曲线。图 2.2 是超高压球形氙灯的发光强度分布。

在光学仪器中，为了提高光的利用率，一般选择发光强度大的方向作为照明方向。为了进一步利用背面方向的光辐射，还可以在光源的背面安装反光罩，反光罩的焦点位于光源的发光中心。

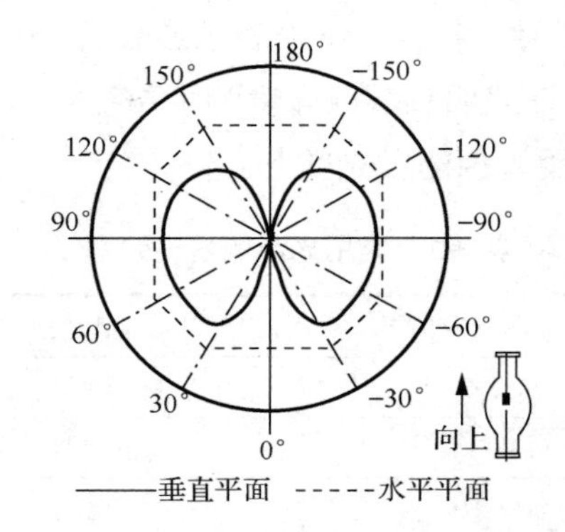

图 2.2　超高压球形氙灯的发光强度分布

2.1.4　光源的颜色

光源的颜色包含两个方面含义，即色表和显色性。人眼直接观察光源所看到的颜色称为光源的色表。例如，高压钠灯的色表呈黄色，荧光灯的色表呈白色。当用这种光源照射物体时，物体呈现的颜色（也就是物体反射光在人眼内产生的颜色感觉）与该物体在完全辐射体照射下所呈现的颜色的一致性，称为该光源的显色性。国际照明委员会（CIE）规定了 14 种特殊物体作为检验光源显色性的“实验色”。在我国国家标准中，增加了我国女性面部肤色的色样，作为第 15 种“实验色”。白炽灯、卤钨灯等几种光源的显色性较好，适用于辨色要求较高的场合，如彩色电影、电视的拍摄和彩色印刷等行业。高压汞灯、高压钠灯等光源的显色性差一些，一般用于道路、隧道、码头等辨色要求较低的场合。

2.1.5　光源的色温

黑体的温度决定了它的光辐射特性。对于非黑体辐射，其某些特性常可用黑体辐射的特性近似地表示。对于一般光源，经常用分布温度、色温或相关色温表示。

1. 分布温度

如果辐射源在某一波长范围内辐射的相对光谱功率分布，与黑体在某一温度下辐射的相对光谱功率分布一致，那么该黑体的温度就称为该辐射源的分布温度。在热辐射分析中，把光谱吸收比与波长无关的物体称为灰体。灰体对可见光波段的吸收和反射在各波长段表现为常数。可见，灰体是不具有选择性吸收和反射的物体。实际物体表面的辐射亮度 L_e 可用灰体模型表示，即

$$L_e(\lambda, T_v) = \varepsilon \frac{c_1}{\pi\lambda^5} \cdot \frac{1}{e^{c_2/\lambda T_v} - 1} \tag{2-3}$$

式中，T_v 为物体表面的分布温度；λ 为光谱波长；ε 为发射率；$c_1 = 3.7418 \times 10^{-16}\,\mathrm{W \cdot m^2}$；$c_2 = 1.4388 \times 10^{-2}\,\mathrm{m \cdot K}$。

2. 色温

若辐射源发射光的颜色与黑体在某一温度下辐射光的颜色相同，则黑体所在的这一温度称为该辐射源的色温。由于一种颜色可以由多种光谱分布产生，所以色温相同的光源的相对光谱功率分布规律不一定相同。

3. 相关色温

对于一般光源，它的颜色与任何温度下的黑体辐射的颜色都不相同，这时的光源用相关色温表示。在均匀色度图中，如果光源的色坐标点与某一温度下的黑体辐射的色坐标点最接近，那么该黑体的温度称为该光源的相关色温。

2.2 热辐射源

对于任何物体，只要其温度大于绝对零度，就会向外界辐射能，辐射能是由原子、分子的热运动能量转变而来的。物体依靠加热保持一定温度，使其内能不变而持续辐射的形式称为热辐射。为了维持辐射，需由外界提供能量。热辐射源是使发光物体的温度升到足够高而发光的光源，这类光源在辐射过程中不改变自身的原子、分子的内部状态，其辐射光谱是连续光谱，其辐射特性与温度有关。例如，炼铁炉上的一个铁块在开始加热时，铁块温度较低，此时，铁块呈暗红色；若继续加热，随着铁块温度的升高，铁块的颜色由暗红色逐渐变为炽白，而且发出的光也更加明亮。热辐射源遵循有关黑体的定律。

2.2.1 太阳与黑体模拟器

太阳可看成一个直径为 1.392×10^9m 的光球，它到地球的年平均距离是 1.496×10^{11}m。因此，从地球上观看太阳时，太阳的张角只有 0.533°。

大气层外的太阳光谱能量分布相当于 5900K 左右的黑体辐射，太阳的光谱能量分布曲线如图 2.3 所示，辐射峰值波长恰是人眼最敏感的波长 0.55μm。其平均辐射亮度为 2.01×10^7W/m^2·sr，平均光亮度为 1.95×10^9cd/m^2。

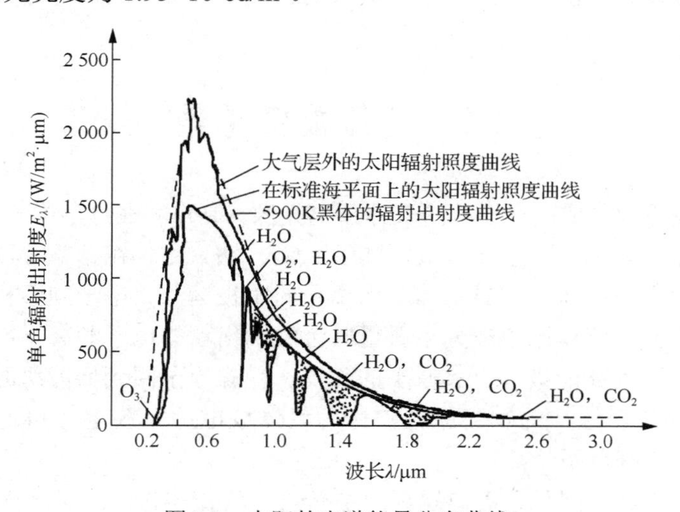

图 2.3 太阳的光谱能量分布曲线

图 2.3 中的一条曲线是在标准海平面上的太阳辐射照度曲线，其中的阴影部分表示大气的光谱吸收带。

到达地球上的太阳辐射要斜穿过一层厚厚的大气层，大气层使太阳辐射在光谱和空间分布、能量大小、偏振状态等方面都发生了变化。大气中的氧气（O_2）、水汽（H_2O）、臭氧

(O_3)、二氧化碳(CO_2)、一氧化碳(CO)和其他碳氢化合物(如 CH_4)都对太阳辐射能有选择地吸收，主要吸收红外线辐射能。可见光也受到大气衰减，但呈现白光。

在许多光电仪器或光电探测系统中，往往需要这样一种辐射源，即它的角度特性和光谱特性近似理想黑体的特性。这种辐射源常称为黑体模拟器，它是小孔空腔结构的辐射器，配有绝热层、测温和控温的传感器，可保持热平衡和调节温度，可以很好地实现辐射功能。黑体模拟器常用作标准光源，有多种规格。一般最高工作温度为 3000K，而实际工作温度大多在 2000K 以下，辐射峰值波长在红外线波段。因为过高的温度不仅要消耗大量的电功率，而且会加剧内腔表面材料的氧化。

2.2.2 白炽灯与卤钨灯

白炽灯是光电探测系统中最常用的光源之一，可用作各种辐射度量和光度量的标准光源。白炽灯的灯丝由钨丝做成，外套玻璃泡壳，由钨丝通电加热发出光辐射。受灯丝工作温度的限制，其色温约为 2800K。由于钨丝的熔点约为 3680K，进一步增加钨丝的工作温度会导致钨的蒸发率急剧上升，从而使其寿命骤减。辐射光谱限于透过玻璃泡壳的部分，波长为 0.4～3μm。其中可见光占 6%～12%。当白炽灯加上红外滤光片时，可作为近红外线光源。白炽灯发射的光谱是连续光谱。

若采用耐高温石英泡壳，在该泡壳内充入卤钨循环剂(如氯化碘、溴化硼等)，则在一定温度下可以形成卤钨循环，即蒸发的钨和泡壳附近的卤素合成卤钨化合物，而该卤钨化合物扩散到温度较高的灯丝周围时，又分解成卤素和钨。这样，钨就重新沉积在灯丝上，而卤素被扩散到温度较低的泡壁区域再继续与钨化合，这一过程称为钨的再生循环，这种灯称为卤钨灯。卤钨循环进一步提高了卤钨灯的寿命。卤钨灯的色温可达 3200K，辐射的波长为 0.25～3.5μm。发光效率可达 30lm/W(为白炽灯的 2～3 倍)，因此卤钨灯广泛用作光电仪器的白光源。

2.3 气体放电光源

利用气体放电原理制成的光源称为气体放电光源。制作时在灯泡中充入发光用的气体，如氢、氦、氖、氙、氪等，或金属蒸气，如汞、镉、钠、铟、铊、镝等。用电场激励出电子和离子，使灯泡中的气体变成导电体。当离子向阴极运动、电子向阳极运动时，从电场中得到能量，当它们与气体原子或分子碰撞时会激励出新的电子和离子。在这一过程中，有些内层电子会跃迁到高能级，引起原子的激发，受激原子回到低能级时就会发射出可见光或紫外线、红外线。这样的发光原理被称为气体放电，如放电灯和无极气体放电灯。

气体放电光源具有以下特点：

(1)发光效率高。比同瓦数的白炽灯的发光效率高 2～10 倍，因此具有节能的特点。

(2)结构紧凑。由于不依靠灯丝发光，可以把电极做得牢固紧凑、抗震、抗冲击。

(3)寿命长。一般比白炽灯寿命长 2～10 倍。

(4)可以选择辐射光谱，只要选用适当的发光材料即可。

由于上述特点，因此气体放电光源在光电探测系统和照明工程中得到广泛应用。下面介绍常用气体放电光源。

1. 汞灯

汞灯管内充的汞蒸气压强越高，汞灯的发光效率也越高，发射的光也由线状光谱向带状光谱过渡，如图 2.4 所示。其中，纵坐标为相对能量的百分数，横坐标为光波长。

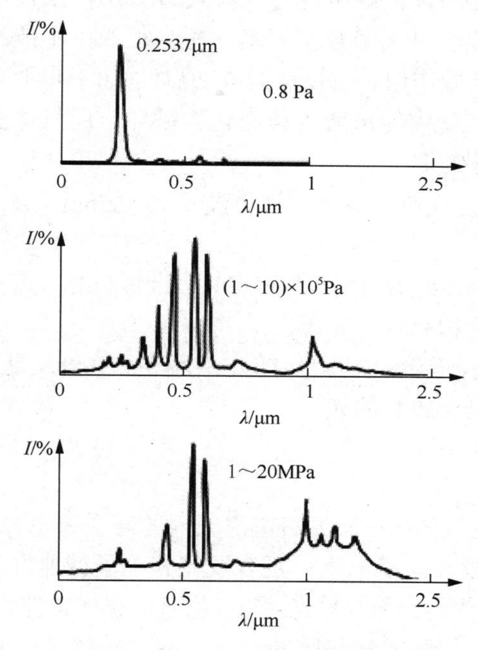

图 2.4　不同汞蒸气压强下汞灯光谱能量分布曲线

1）低压汞灯

低压汞灯主要辐射 253.7nm 紫外线光源，在其管壳外再加一个外管壳，在外管壳内壁涂覆合适的荧光粉时，253.7nm 的紫外线激发荧光粉发出可见光，这就是荧光灯。日常照明用的日光灯就是荧光灯的一种。

2）高压汞灯

当汞灯内的汞蒸气压强达到 1～5 个大气压时，汞灯电弧的辐射光谱就会产生明显变化。例如，光谱线增宽，紫外线辐射强度明显减小，可见光辐射强度增大，呈带状光谱，红外线光谱区出现弱的连续光谱。除了供照明，高压汞灯在光学仪器、光化反应、紫外线理疗、荧光分析等方面都有广泛的应用。

3）球形超高压汞灯

球形超高压汞灯被点燃时，灯内汞蒸气压强达到 1～20MPa（10～200 个大气压），电子与离子复合并发光、激光原子与正常原子碰撞发光更加强烈。紫外线辐射强度减小，可见光的辐射光谱线较宽，连续光谱增加，并且红外线辐射强度增大。球形超高压汞灯中的电极距离一般为毫米级，放电电弧集中在电极之间。因此，其电弧的光亮度很高，是很好的蓝绿光斑光源，常应用于光学仪器、荧光分析和光刻等方面。

2. 钠灯

钠灯与汞灯的原理相似，不过，钠灯放电管中充的是氖、氩混合气体与金属钠滴。低压钠灯发出波长为 589nm 和 589.6nm 的两条谱线的单色光源。高压钠灯的光接近白色，光亮度高，紫外线辐射强度小，常用于照明光源。

3. 金属卤化物灯

汞灯有比较高的发光效率，但缺少红色。有人曾试图在汞灯中加入经气体放电能产生红光的金属，但未成功。原因是大多数金属蒸气压强很低，不能产生有效的辐射，而且有的金属蒸气对石英泡壳有腐蚀作用。卤钨灯的成功启发人们利用金属卤化物的蒸气压强高、对石英泡壳无腐蚀作用、在管内能形成金属卤化物循环，向气体提供足够的金属原子。这样，就制成了多种金属卤化物灯。

（1）铊灯（碘化铊）：发绿色光，光谱峰值波长为535nm，发光效率高，是较好的水下照明光源。

（2）镝灯（碘化镝、碘化铊）：色温为6000K，近似日光，寿命为数百小时，是极好的电影、电视、摄影及早期照相制版的光源。

（3）钠铊铟灯（碘化钠、碘化铊、碘化铟）：色温为5500K，近似白色光源，寿命为100小时，用作显微投影仪和电影放映的光源。

4. 氙灯

氙灯原理：由充有惰性气体——氙的石英泡壳内的两个钨电极之间的高温电弧放电，气体原子被激发到很高的能级并大量电离；复合发光和电子减速发光大大加强，在可见光波段形成很强的连续光谱。其光谱分布与日光接近，色温为6000K左右，因此有“小太阳”之称。

氙灯可分为长弧氙灯、短弧氙灯和脉冲氙灯三种。当氙灯的电极间距为15～130cm时称为长弧氙灯，它的结构呈细管形。它的工作气压一般为一个大气压，发光效率为25～30lm/W，用于码头、广场、车站等大面积照明。当氙灯的电极间距缩短到毫米级时称为短弧氙灯。短弧氙灯内的氙气气压为1～2MPa，常用于电影放映、彩色摄影、早期照相制版、荧光分光光谱仪及模拟日光等场合。

脉冲氙灯的发光是不连续的且能在很短的时间内发出很强的光，它的结构形式有管形、螺旋形和U形三种，管内气压均在100kPa（约一个大气压）以下，通过高压电脉冲激发产生光脉冲。脉冲氙灯广泛用作固体激光器的光泵、早期照相制版、高速摄影和光信号源等方面。

5. 氘灯

氘灯的泡壳内充有高纯度的氘气，氘灯工作时，阴极电子发射，高速电子碰撞氘原子，激发氘原子产生连续的紫外线光谱（185～400nm）。氘灯的紫外线辐射强度大、稳定性好、寿命长，常用作连续紫外线光源。

6. 空心阴极灯

空心阴极灯也称原子光谱灯，根据所需的谱线选择相应的金属制作阴极材料；阴极和阳极密封在带有光学窗口的玻璃管内，玻璃管材料可选用石英玻璃或普通玻璃，具体根据辐射的原子光谱波长而定。空心阴极灯是原子吸收分光光谱仪必不可少的光源。由于这种灯在工作时阴极的温度并不高，辐射出的金属原子谱线很窄，辐射强度很大，稳定性好，因此，空心阴极灯用作对微量金属元素吸收光谱定性或定量分析的光源，以及用于光谱仪器波长的定标。

2.4 发光二极管

发光二极管（LED）的结构也是半导体PN结。向PN结正向注入电流，电子与空穴复合发光。发光二极管没有谐振腔，它的发光基于自发辐射，发出的是荧光，是非相干光。

发光二极管是一种极有竞争力的节能光源，它具有发光效率高、光色纯、能耗小、寿命长、可靠耐用、使用灵活、绿色环保等优点。

1962年，第一只红光发光二极管问世，接着黄光、绿光、橙光发光二极管被陆续开发出来，还开发出了用于检测、通信的发光二极管。早期的发光二极管的光亮度不高，常作为仪器仪表的指示灯、数字和字符显示数码管、室内遥控器的光源等。1993年，日本利亚公司的中村秀二成功研制出蓝光发光二极管，是发光二极管发展史上重要的里程碑。之后，研究人员又开发出了超高光亮度的红光/绿光/蓝光发光二极管，用于全彩大屏幕显示、交通信号灯显示、景观照明等。研究人员致力于高发光效率的白光发光二极管的开发，启动了节能环保的照明工程。

随着时代的发展，基于硅（Si）、锗（Ge）等无机材料的发光二极管技术日趋成熟，特别是超高光亮度的发光二极管和白光发光二极管，已给人们的生活带来巨大的变革。但是，无机材料也存在一些不足，例如，质量大、易碎，不利于大面积器件的制备，等等。未来，在柔性器件、可穿戴设备、大面积显示等领域，有机材料发光二极管将发挥越来越重要的作用。

2.4.1 无机材料发光二极管

1. 材料与构型

LED的材料主要是Ⅲ～Ⅴ族化合物半导体，如GaP、GaAs、GaN等，分为直接跃迁型材料和间接跃迁型材料。间接跃迁型材料的电子与空穴复合时，还伴随晶格振动，其发光效率比直接跃迁型材料差。GaP属于间接跃迁型材料，GaAs和GaN是直接跃迁型材料。

GaP的E_g=2.24eV，峰值波长为555nm，发出绿光，常用于光显示。

在GaAs中掺入Zn、O，峰值波长为700nm，发出红光，用于光电探测。

在GaAs中掺入N，根据N掺入量的不同，可发出绿光（峰值波长为568nm）或黄光（峰值波长为590nm）。

GaAs的E_g=1.43eV，峰值波长为867nm，可辐射近红外线，与硅光电探测器件形成最佳光谱匹配，成为各种遥控器、光电耦合器与光电探测系统的关键器件。

$GaAs_{1-x}P_x$是GaAs与GaP按（$1-x$）∶x比例混合的晶体。当x=0.4时，$GaAs_{0.6}P_{0.4}$发光效率高、响应速度快，记为GaAsP。其峰值波长为650nm，发出红光，应用较普遍。

由GaN制作的LED的有源区是InGaN多量子阱，随组分的差异可发出蓝光（450nm）和紫光（400nm）。

$In_xGa_{1-x}As$作为Ⅲ～Ⅴ族直接带隙半导体材料，其发光光谱可覆盖0.87～3.4μm的近红外线波段和短波红外线波段。其中，辐射峰值波长为1.3μm和1.55μm的两种半导体材料可用于短距离光纤通信。

为了提高发光二极管的性能，一般采用双异质结、量子阱结构。发光二极管可分为面发光二极管和边发光二极管。面发光二极管发光效率较高，边发光二极管易于与光纤耦合。

2. 主要工作特性

1）光谱特性

发光二极管的发光光谱直接决定着它的发光颜色。根据半导体材料的不同，目前能制造出红、绿、黄、橙、蓝等几种颜色的发光二极管，如表 2-2 所示。

表 2-2　几种发光二极管的光谱特性

材料	禁带宽度/eV	峰值波长/nm	颜色	外量子效率
GaP	2.24	565	绿	10^{-3}
GaP	2.24	700	红	3×10^{-2}
GaP	2.24	585	黄	10^{-3}
$GaAs_{1-x}P_x$	1.84～1.94	620～680	红	3×10^{-3}
GaN	3.5	440	蓝	10^{-4}～10^{-3}
$Ga_{1-x}Al_xAs$	1.8～1.92	640～700	红	4×10^{-3}
GaAs:Si	1.44	910～1030	红	0.1

图 2.5 所示为 $GaAs_{0.6}P_{0.4}$ 和 GaP 红色发光二极管的光谱能量分布。当 $GaAs_{1-x}P_x$ 中的 x 值不同时，发光光谱的峰值波长在 620～680nm 之间变化，其光谱半宽度为 20～30nm。

GaP 红色发光二极管的峰值波长约为 700nm，光谱半宽度约为 100nm，而 GaP 绿色发光二极管的峰值波长约为 565nm，光谱半宽度约为 25nm。另外，随着结温的上升，峰值波长将以 0.2～0.3nm/℃的比例向长波方向漂移，即发射波长具有正的温度系数。

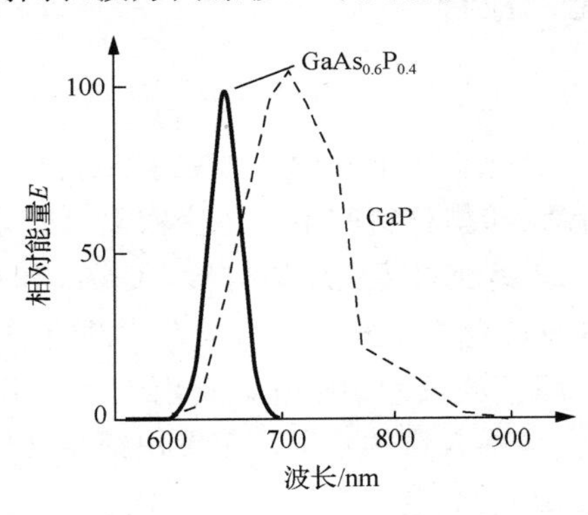

图 2.5　两种发光二极管的光谱能量分布

2）发光与电流的关系

发光二极管的电流-电压特性和普通发光二极管大体相同。对于正向特性，当电压小于开启电压时发光二极管几乎没有电流通过，电压一超过开启电压发光二极管就显示出欧姆导通特性，工作电流一般为 5～50mA。开启电压随半导体材料的不同而不同，例如，GaAs 的开启电压为 1.0V，GaP 的开启电压为 1.8V。在发光工作状态，压降为 0.3～0.5V，反向击穿电压一般在 5V 以上。

图 2.6 所示为 4 种发光二极管的光出射度与电流密度的关系曲线。从该图可以看出，$GaAs_{1-x}P_x$、$Ga_{1-x}Al_xAs$ 和 GaP 绿光发光二极管的光出射度与电流密度近似地成正比关系，不易饱和。而 GaP（掺杂 Zn、O）红光发光二极管则极易达到饱和。

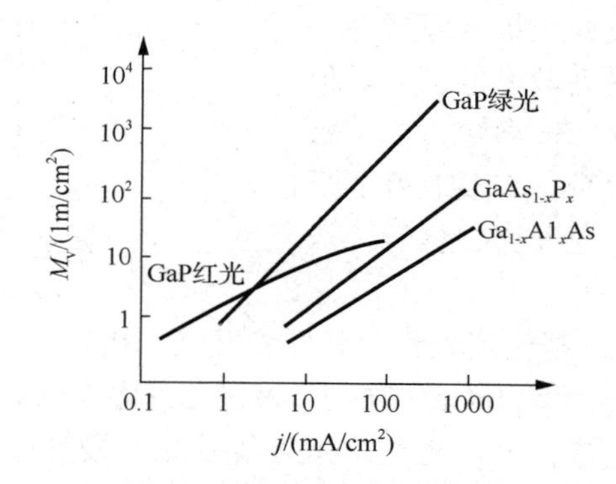

图 2.6　4 种发光二极管的光出射度与电流密度的关系曲线

3）响应时间

发光二极管的响应时间是表示反应速度的一个重要参数，尤其在脉冲驱动或电调制时显得十分重要。响应时间是指注入电流后发光二极管发光（上升）或熄灭（衰减）的时间。发光二极管的上升时间随着电流的增大近似地按指数级减小。

发光二极管可利用交流供电或脉冲供电获得调制光或脉冲光。当注入电流较低时，发光二极管的调制带宽主要受发光二极管结电容的限制，而在偏置电流较高时，调制带宽主要由注入有源区载流子的寿命决定。在相同的注入电流下，与面发光二极管相比，边发光二极管具有较小的载流子寿命。因此，面发光二极管的调制频率可达几十兆赫，边发光二极管的调制频率可达几十兆赫。这种直接调制技术使发光二极管在相位测距仪、能见度仪及短距离通信中获得应用。

普通光亮度的发光二极管体积小、机械强度高、寿命长（可超过 10 万小时）、耗电少，能与集成电路共用电源。此外，使用方便，可作为仪器仪表指示灯，还可用于数码显示和短距离光通信。

3. 白光发光二极管

现代社会的照明光源用量巨大，耗能极大，对环境的污染严重。超高光亮度的发光二极管研制成功，使人们迫切希望这种具有诸多优点的发光器件用于照明。1999 年 10 月，美国惠普（HP）公司的 R Haize 等人提出，半导体已在电子学方面完成了第一场革命，第二场革命将在照明领域发生。

实现半导体照明光源的途径之一就是要开发白光发光二极管。

1）InGaN/YAC-Ce 白光发光二极管

日本某公司首先选用发射波长为 460nm 的 InGaN 单量子阱蓝光发光二极管芯片（蓝宝石衬底），该芯片安装在支撑发光二极管的杯中，涂覆含有掺铈钇铝石榴石（YAG-Ce）荧光粉的环氧树脂或硅橡胶。该芯片发出蓝光，蓝光激发荧光粉产生较宽谱带的黄光，蓝光与黄光混合而成白光。白光发光二极管如图 2.7 所示，发光效率已达到 100lm/W。

2）RGB 发光二极管

采用 RGB 三种基色发光二极管组成白光照明光源，理论上可提供最高效率的白光。但对 RGB 三种色光比例要求严格，各色发光二极管发光随时间会有不同的改变，需要有好的反馈机制和调光技术。采用三色发光二极管，成本相对高一些。

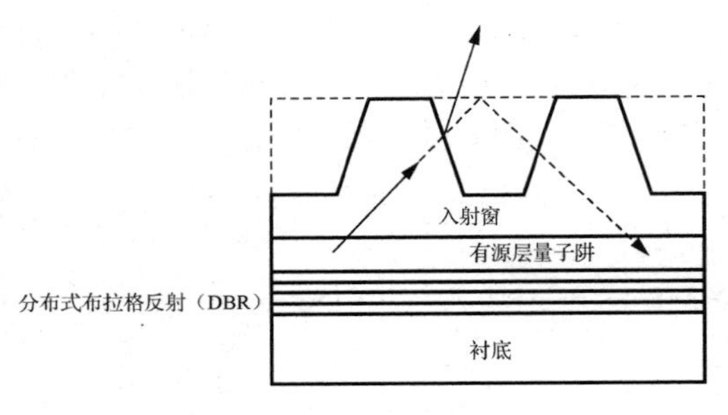

图 2.7　白光发光二极管

3）紫外线发光二极管/三基色荧光粉，紫外线发光二极管/二基色荧光粉

用紫外线 GaN 发光二极管或 InGaN 发光二极管芯片激发红、绿、蓝三基色荧光粉，产生红、绿、蓝色光并混合而成白光，也可用紫外线发光二极管激发二基色荧光粉组合成白光。二基色为互补色，如蓝色+黄色、绿色+品红、红色+青色等。

4）提高显色指数

白光发光二极管不仅需要发射白色光，而且要求它照射物体时能尽量逼真地呈现物体真实的颜色，即希望与太阳光媲美。显色指数是光源的显色性指标，国际照明委员会（CIE）把太阳的显色指数规定为 100。目前，已研发了多种技术，使白光发光二极管的显色指数可以大于 90，甚至达到 95。

5）大功率白光发光二极管

大功率白光发光二极管照明光源在近几年的发展速度非常惊人，从广场、道路、庭院等静止场所的照明光源到汽车前照灯等移动照明光源都使用这种光源，使照明工业得以迅速发展。白光发光二极管要实现照明，必须是大功率器件。为此，采用大面积芯片、多芯片组合、高取光设计、散热好的热学设计等，使白光发光二极管实现了 1W、3W、5W 功率。5W 白光发光二极管输出的白光达到 120lm。

实现白光发光二极管照明可以减少全球用于照明的电量的 50%，减少全球总耗电的 10%，如室内照明、道路照明、汽车用灯、矿灯等。全年合计节支 2500 亿美元，还可减少二氧化碳、二氧化硫等污染废气 3.5 万亿吨。

随着光电子学的发展，以 PN 结发光为中心的具有光电转换、存储、放大、光电双控、逻辑功能等性能的新型光电器件不断出现，进一步丰富了光电器件的品种。不过，许多方面还需进一步完善和发展。

2.4.2　有机材料发光二极管

有机材料发光二极管（Organic Light-Emitting Diode，OLED）。从发展历程看，有机材料发光二极管的发光材料主要分为三代。第一代为传统荧光材料，第二代为贵重金属类磷光材料，第三代为纯有机小分子的延迟荧光（Delayed Fluorescence，DF）材料。第一代传统荧光材料的极限效率是 25%，严重影响器件的效率。第二代贵重金属磷光材料理论上的内量子效率接近 100%，但激子淬灭效应导致其稳定性与寿命受到较大影响；此外，贵金属的高成本也限制其应用和推广。延迟荧光材料制备工艺简单，成本低，适合规模化生产，同时其理论上的内量子效率也可达到 100%，因此这种材料成为有机电致发光领域的研究热点。

1. 基本结构

有机材料发光二极管的基本结构包括由铟锡氧化物（Indium Tin Oxide，ITO）制成的阳极、金属材质的阴极，具有多个功能层，形成夹层结构。整个功能层包括了空穴注入层（Hole Injection Layer，HIL）、空穴传输层（Hole Transport Layer，HTL）、发光层（Emitting Layer，EML）、电子注入层（Electron Injection Layer，EIL）和电子传输层（Electron Transport Layer，ETL）。当电源电压达到适当值时，正极空穴与阴极电子便会在发光层中结合，产生光子，随其材料特性的不同，产生红色、绿色和蓝色（RGB）三原色，构成基本色彩。

阳极（ITO）
空穴注入层（HIL）
空穴传输层（HTL）
发光层（EML）
电子传输层（ETL）
电子注入层（EIL）
阴极（Metal）

图 2.8 有机材料发光二极管的基本结构

由于有机材料发光二极管的特性是自发光，不像薄膜晶体管（TFT）和液晶显示器（LCD）需要背光，因此可视度和光亮度都更高，并且不存在视角问题。相较于传统的发光二极管，有机材料发光二极管的驱动电压低，发光效率高，更为节能，并且响应快、质量小、厚度薄、构造简单、制造成本低，因此有机材料发光二极管被视为21世纪最具前途的产品之一。

2. 有机材料发光二极管显示屏的种类

1）无源矩阵有机材料发光二极管

无源矩阵（Passive Matrix）有机材料发光二极管为多层结构，包括有机阴极层和阳极层。这些功能层都具有条状结构，阴极线和阳极线按直角交叉方式排列，构成阵列。驱动电流在阴极线和阳极线的交叉点处激活有机材料发光二极管，使之发光，以扫描方式使阵列中的像素发光，每个像素都在短脉冲模式下工作，发光形式为瞬态发光。无源矩阵有机材料发光二极管的构造简单，以单色和多色产品居多。被动式有机材料发光二极管的制作成本及技术门槛较低，受驱动方式限制，其分辨率难以提升，通常其产品尺寸小于5.5英寸（1英寸=2.54厘米），多用于智能手表、MP4等产品。有机材料发光二极管显示屏如图2.9所示。

图 2.9 有机材料发光二极管显示屏

2）有源矩阵有机材料发光二极管

有源矩阵（Active Matrix）有机材料发光二极管的基础是有机物发光体，成千上万个红色、绿色、蓝色三基色光源被以特定形式安装在屏幕基板上，这些发光体被施加电压后会发出红光、绿光或蓝光。有源矩阵中的每个有机材料发光二极管都加装了薄膜晶体管和电容层，这样，在某一行某一列相交的那个像素通电激活时，像素中的电容层能够在两次刷新之间保持充电状态，从而实现更快速和更精确的像素发光控制。有源矩阵有机材料发光二极管还具有更快的刷新率，因此更适用于智能手机、计算机、电视机、电子广告牌等屏幕。相对于无源矩阵有机材料发光二极管，有源矩阵有机材料发光二极管的优势更加明显，实用性更强，普及得更快，已经发展成为主流的有机材料发光二极管技术。有源矩阵有机材料发光二极管显示屏如图 2.10 所示。

图 2.10　有源矩阵有机材料发光二极管显示屏

3）透明有机材料发光二极管

透明有机材料发光二极管的显示部件都是透明的，包括透明的阴极、阳极和基材。显示屏可以达到较高的透明度，并且与光的入射方向无关，可以较好地融入各种生活场景，提供充满科技感的体验。另外，这种有机材料发光二极管可以是无源矩阵结构，也可以是有源矩阵结构。无须借助外部光源，可实现独立自发光。透明有机材料发光二极管结构轻便，安装简易，可以应用在窗户显示、桌上显示、汽车显示和眼镜显示等需要半透光半反射光的场合。图 2.11 所示为小米公司生产的透明有机材料发光二极管显示屏。

图 2.11　小米公司生产的透明有机材料发光二极管显示屏

4）可折叠有机材料发光二极管

可折叠有机材料发光二极管是柔性有机材料发光二极管中“柔软度”最高的一种，以上介绍的几种有机材料发光二极管显示屏在成品后并不具备柔性。柔性有机材料发光二极管显示屏之所以具备柔性，是因为它没有采用传统有机材料发光二极管的玻璃基材，而是采用塑料或金属等材料作为基材。除了具备柔性，基材和结构的不同也让柔性有机材料发光二极管的防碎能力大增，同时也更加轻薄。图 2.12 所示为柔宇科技公司生产的可折叠有机材料发光二极管显示屏。

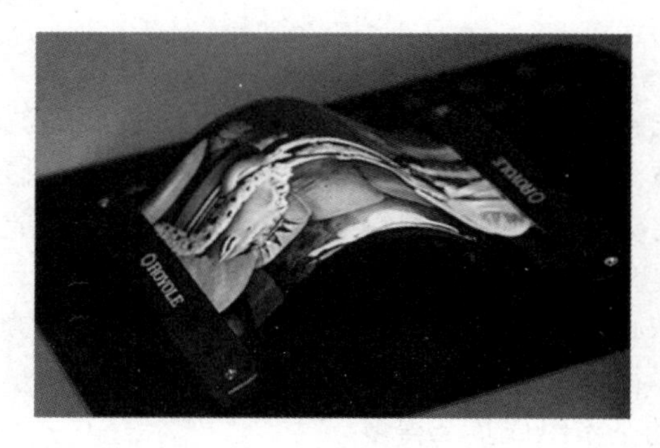

图 2.12　柔宇科技公司生产的可折叠有机材料发光二极管显示屏

2.5　激　光　器

1917 年，爱因斯坦提出受激辐射的概念，奠定了激光的理论基础。1958 年，美国科学家汤斯和肖洛用闪光灯照射一种稀土晶体时，发现晶体的分子会发出鲜艳的、始终集聚在一起的强光，由此提出了激光原理。受激辐射可以得到一种单色性好、光亮度很高的新型光源。1958 年，汤斯和肖洛发表了关于激光器的经典论文，奠定了激光发展的基础。1960 年，美国人梅曼（T. H. Maiman）发明了世界上第一台红宝石激光器（见图 2.13）。梅曼以红宝石晶体作为发光材料，用发光强度很高的脉冲氙灯作为激光光源，获得了人类有史以来的第一束激光。红宝石激光器发出的激光波长为 0.6943μm，脉冲宽度在 1ms 以内，输出功率一般可达 10kW，能量转换率为 0.1%，脉冲工作单色性差，相干长度仅为几毫米。20 世纪激光的诞生标志着人类对光子的掌握和利用进入了一个崭新的阶段，目前，已出现数百种激光器，这些激光器的输出波长介于近紫外线到远红外线，辐射功率为毫瓦到万瓦、兆瓦级。

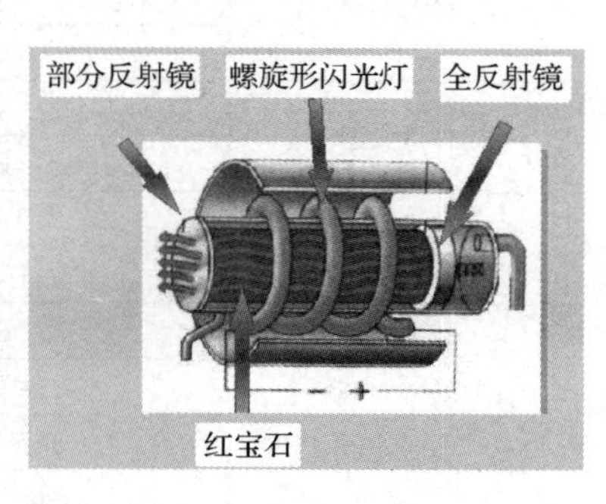

图 2.13　红宝石激光器

2.5.1　激光器的基本原理

激光器一般由工作物质、谐振腔和泵浦源组成，其基本组成如图 2.14 所示。常用的泵浦源是辐射源或电源，利用泵浦源能量将工作物质中的粒子从低能态激发到高能态，使处于高能态的粒子数大于处于低能态的粒子数，构成粒子数的反转分布，这是产生激光的必要条件。处于这一状态的原子或分子称为受激原子或分子。

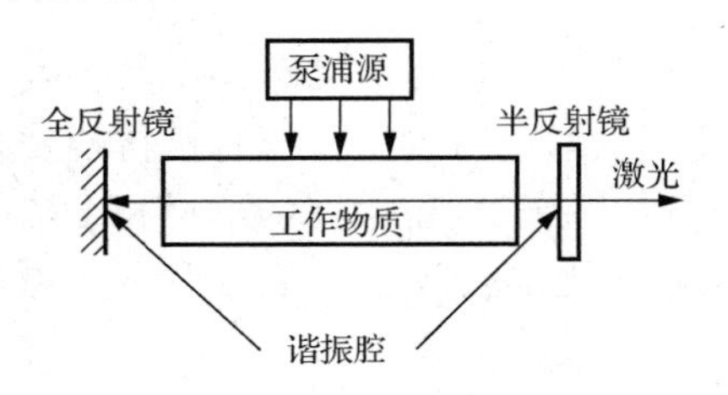

图 2.14　激光器的基本组成

当高能态粒子从高能态跃迁到低能态时产生辐射波，此辐射波通过受激原子时感应出相同相位和频率的辐射波。这些辐射波沿由两个平面镜构成的谐振腔来回传播时，沿轴线来回反射的次数最多，它会激发出更多的辐射波，从而使辐射能放大。这样，受激和经过放大的辐射波通过部分透射的平面镜输出谐振腔外，产生激光。

要产生激光，就得精心设计激光器的谐振腔，其中反射镜的镀层对激发的辐射波的波长必须有很高的反射率、很小的吸收率、很高的波长稳定性和力学强度。因此，实际应用的激光器比图 2.14 所示的基本组成复杂得多。

2.5.2　激光器的分类及应用

按工作物质分类，激光器可分为气体激光器、固体激光器、液体激光器、半导体激光器和光纤激光器。激光器的种类如表 2-3 所示。

表 2-3　激光器的种类

大　类	小　类	具 体 例 子
气体激光器	中性原子激光器	氦-氖激光器
	离子激光器	氩离子激光器、氪离子激光器
	分子激光器	二氧化碳激光器、氰化氢激光器
固体激光器	晶体激光器	红宝石激光器、钇铝石榴石激光器
	非晶体激光器	玻璃激光器
液体激光器	无机液体激光器	二氯氧化硒激光器
	有机液体激光器	染料激光器、螯合物激光器
半导体激光器	PN 结激光器	砷化镓（GaAs）激光器、锑化钙（CaSb）激光器
	电子束激励激光器	硫化镉（GdS）激光器、硫化锌（ZnS）激光器
	光激励半导体激光器	砷化镓 GaAs）激光器、碲化铅（PbTe）激光器
光纤激光器	掺稀土离子光纤激光器 受激拉曼散射光纤激光器 染料光纤激光器	掺 Er^{3+}、Tm^{3+}、Pr^{3+}光纤激光器

1. 气体激光器

气体激光器的工作物质为均匀性好的气体或金属蒸气，通过气体放电实现粒子数反转，所输出的光束质量相当高。代表性的气体激光器有氦-氖激光器、氩离子激光器和二氧化碳激光器。

1）氦-氖激光器

氦-氖激光器以氦气和氖气为工作物质，它是最早研制成功的一种气体激光器。在硬质玻璃或石英材料制成的激光管内充入压强为 1.32×10^3Pa 的氦气和压强为 13.21Pa 的氖气，激光管的电极被施加几千伏电压，使气体放电。在适当的放电条件下，氦气和氖气成为激活介质。如果在激光管的轴线上安装高反射率的多层介质膜反射镜组成谐振腔，就可以获得激光，主要输出波长有 0.6328μm、1.15μm 和 3.39μm，而 0.6328μm 波长的性能最好。一般条件下输出波长的稳定度在 10^{-6} 级，在高精度计量中采用稳频措施，最高稳定度可达 10^{-12} 以上。氦-氖激光器可应用于精密计量、全息术、准直测量、印刷与显示等领域。

氦-氖激光器的优点是单色性和相干性好，频率和输出幅度较稳定，结构简单，制造方便，造价低，输出可见红光，因此在光电探测中应用较广。其缺点是效率低，输出功率较小；与其他光源相比，所需电压较高，电源也较复杂；体积也较大。

2）氩离子激光器

氩离子激光器以氩气为工作物质，在大电流的电弧光放电或脉冲放电条件下工作。输出光谱为线状离子光谱。对于连续氩离子激光器，需要在大电流条件下运转，要求其放电管能承受高温和离子的轰击。因此，激光管内的放电管通道经常由石墨环、钨环或氧化铍材料制成，并在放电管的轴向上施加一均匀磁场。

氩离子激光器的主要输出波长有 0.5145μm、0.4880μm、0.4965μm、0.4765μm、0.4529μm，但功率主要集中在 0.5145μm 和 0.4880μm 两条谱线上。

3）二氧化碳激光器

二氧化碳激光器以二氧化碳气体为工作物质。在该激光器内除了充入二氧化碳，还充入氦气和氮气，以提高激光器的输出功率，激励方式通常有低气压纵向连续激励和横向激励两种。这类激光的输出谱线波长分布在 9～11μm，通常调整为 10.6μm。小型二氧化碳激光器可用于测距，大功率二氧化碳激光器可用于工业加工和热处理等。图 2.15 为美国相干公司生产的 K-500 型二氧化碳激光器，包括激光头、射频放大器和射频电缆，其规格及主要技术指标如下。

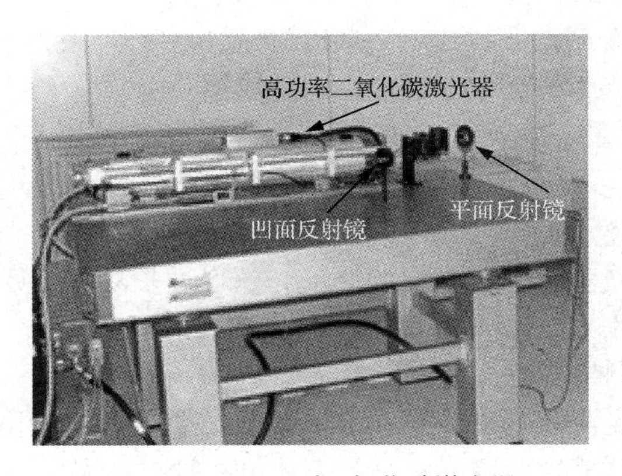

图 2.15　K-500 型二氧化碳激光器

平均输出功率为 500W，脉冲频率为 0～100kHz，光脉冲上升下降时间<90μs，脉冲能量范围为 25～1000mJ，脉冲最小周期为 10μs（相当于 100kHz 的频率），调制脉宽范围为 2～1000μs，输出波长为（10.6±0.2）μm，输出激光光斑直径为 12mm。

其他气体激光器还有氮分子激光器、准分子激光器等。氮分子激光器以氮分子为工作物质，输出波长约为 0.3371μm，可用于染料激光器泵浦源和作为化学、医学、生物样品荧光的激励光源。准分子激光器是一种特殊的分子激光器，以准分子为激活介质，具有很高的增益。这两种激光器的输出波长都在紫外区，是激光化学、激光生物学、非线性光学和激光医学研究领域非常有用的光源。

2. 固体激光器

固体激光器所使用的工作物质是具有特殊能力的、高质量的光学玻璃或光学晶体，这些工作物质被掺入具有发射激光能力的金属离子。这类激光器有脉冲输出激光器和连续输出激光器，主要优点是能量大、峰值功率高、结构紧凑、坚固可靠和使用方便。中小型固体激光器的基本结构如图 2.16 所示。代表性的固体激光器如下。

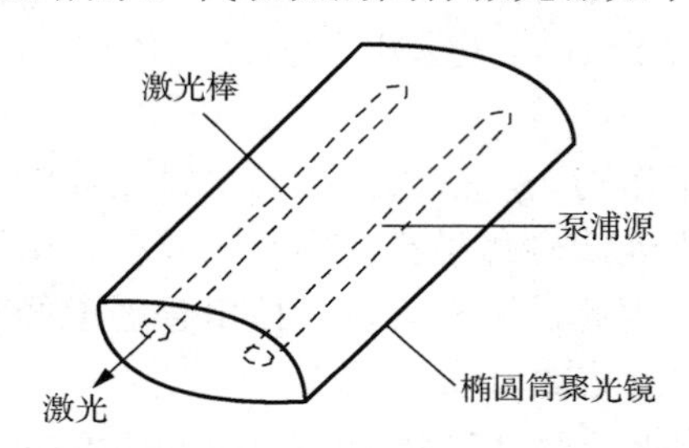

图 2.16　中小型固体激光器的基本结构

1）掺钕钇铝石榴石激光器

掺钕钇铝石榴石激光器是市场上和使用中常见的固体激光器，其基质晶体 $Y_3Al_5O_{12}$ 的热物理性能优良，使激光器既可连续工作又可产生高频率脉冲。输出波长为 1064nm，使用倍频技术后可输出 532nm 波长。已经实现千瓦级大功率输出，这类激光器广泛用于激光加工、激光医疗、科学研究。

2）玻璃激光器

玻璃激光器常用钕玻璃作为工作物质，它在闪光氙灯照射下，在近红外线光谱区 1.06μm 波长附近发射出很强的激光。钕玻璃的光学均匀性好，容易制成大尺寸的工作物质，用于制作大功率和大能量的固体激光器。目前，利用掺铒（Er）玻璃制成的激光器可产生对人眼安全的 1.54μm 的激光。玻璃激光器广泛用于测距、材料加工、皮秒快速过程和激光核聚变的研究。

3）掺饵钇铝石榴石激光器

掺饵钇铝石榴石激光器输出波长为 2.94μm，这个波长易被水吸收。这类激光器用于激光医疗；也可用作红外线光源。

4）掺钬钇铝石榴石激光器

掺钬钇铝石榴石激光器输出波长为 2.1μm。2.1μm 波长在大气窗区，因此，这类激光器可用于空间光通信。钬激光比钕激光更易被人体组织吸收，因此前者切割能力大为提高；它还可以用石英光纤传输，因而将代替钕激光用于医学。

5）掺钕铝酸钇激光器

铝酸钇（YAP）晶体在物理、化学、力学等性能方面都可以与钇铝石榴石（YAG）媲美，并且能掺入较高浓度的钕或其他稀土离子，储能较大、转换效率高。铝酸钇晶体为光学负双轴晶体，能获得线偏振光。按激光棒轴与晶轴的取向不同，这类激光棒分为 b 轴激光棒和 c 轴激光棒。b 轴激光棒输出波长为 1079nm 的连续激光，c 轴激光棒适于调 Q 脉冲激光，输出波长为1064nm。

6）掺钛蓝宝石激光器

蓝宝石的主要成分是Al_2O_3，在蓝宝石晶体中掺入适量的三价钛离子Ti^{3+}，可制成掺钛蓝宝石激光器。这类激光器输出的激光具有宽的调谐范围（700～1000nm，峰值波长800nm）。掺钛蓝宝石激光器是目前近红外光谱区性能最好的可调谐固体激光器，能量转换效率高，结构简单、性能稳定，寿命长，在工业、医疗、科学研究中应用广泛，并可实现飞秒脉冲。

7）激光二极管（LD）泵浦固体激光器

激光二极管泵浦固体激光器可实现高效率的能量转换。这类泵浦包括端面泵浦和侧面泵浦，端面泵浦将激光二极管阵列发射的激光聚焦，从激光棒的端面射入；控制聚焦系统可使聚焦光斑直径在50～100μm范围内变化，使之与激光基模TEM00的光斑直径一致。近年来，由于不断采用新的耦合技术，端面泵浦的固体激光器已获得百瓦级高功率激光输出。侧面泵浦也称横向泵浦，泵浦光从激光棒的侧面射入。由于激光棒的长度可延伸，侧面面积大，有足够的泵浦光传输至工作物质中，因此激光输出功率可由数瓦上升到数千瓦。市场上高功率的激光二极管泵浦固体激光器都使用侧面泵浦方式，输出功率可达6000W以上。

8）532nm绿光固体激光器

上述各种固体激光器的波长多在红外线波段。用非线性频率转换技术可得到短波长固体激光器。用激光二极管泵浦掺钕钒酸钇晶体得到1064nm激光，再用KTP磷酸氧钛钾晶体（KTP）进行腔内倍频，得到532nm绿光。

此外，人们还研究了用掺铯三硼酸锂（CLBO）作为非线性频率转换产生紫外固体激光器。

目前的一个研究趋势是激光二极管泵浦固体激光器与准相位匹配频率转换结合，以期制造出结构简单、小巧、价格便宜的可调谐激光器。

3. 液体激光器

染料激光器是液体激光器中最普遍采用的激光器。液体激光器的工作物质分为两类：一类是有机染料溶液，另一类是含有稀土金属离子的无机化合物溶液。液体激光器多用光泵激励，有时也以另一个激光器为激励源。液体激器输出波长可以在很宽范围内调谐，有极好的光束质量，可产生超短光脉冲，峰值功率达几百兆瓦。

染料激光器以染料为工作物质。染料溶解于某种有机溶液中，在特定波长光的激励下，能发出一定带宽的荧光光谱。某些染料溶液在足够强的光照度下，可成为具有放大特性的激活介质，在谐振腔内放入色散元件，通过调谐色散元件的色散范围，可获得不同的输出波长，这类染料激光器称为可调谐染料激光器。如果采用不同的染料溶液和激光光源，输出波长范围可达0.32～1μm。

4. 半导体激光器

半导体激光器是以半导体材料为工作物质的激光器，例如，Ⅲ～Ⅴ族化合物半导体（如GaAs）、Ⅱ～Ⅵ族化合物半导体（如CdS）和Ⅳ～Ⅵ族化合物半导体（如PbSnTe）等都可以作为这类激光器的工作物质。其中的PN结是激活介质，图2.17所示为砷化镓（GaAs）

同质结二极管半导体激光器的结构，两个与结平面垂直的半导体晶体的解理面构成谐振腔。该 PN 结通常用扩散法或液相外延法制成。外界激发源的激发方式包括 PN 结正向注入、电子束激发、光激发及粒子碰撞电离激发等。当激励足够强时，利用半导体晶体的解理面作为激光器谐振腔的反射面，可制成半导体激光器，根据材料和结构的不同，半导体激光器的输出波长为 0.33～44μm。

1）*P-I* 特性

半导体激光器的 *P-I* 特性曲线如图 2.18 所示。其中，受激辐射曲线与注入电流所在的横轴的交点就是该激光器的阈值电流，它表示半导体激光器产生激光所需的最小注入电流。当 $I<I_{th}$ 时，半导体激光器处于自发辐射阶段，输出光功率较小。当 $I>I_{th}$ 时，有激光输出，输出光功率急剧上升，此时 *P-I* 特性曲线的线性度好。此外，阈值电流还会随温度的升高而增大。阈值电流密度是衡量半导体激光器性能的重要参数之一，其数值与半导体材料、工艺、结构等因素密切相关。

半导体激光器是对温度很敏感的光电器件，温度升高，性能劣化。因此，实用的半导体激光器组件一般都配备半导体制冷器，用于控制温度，以稳定输出光功率和峰值波长。

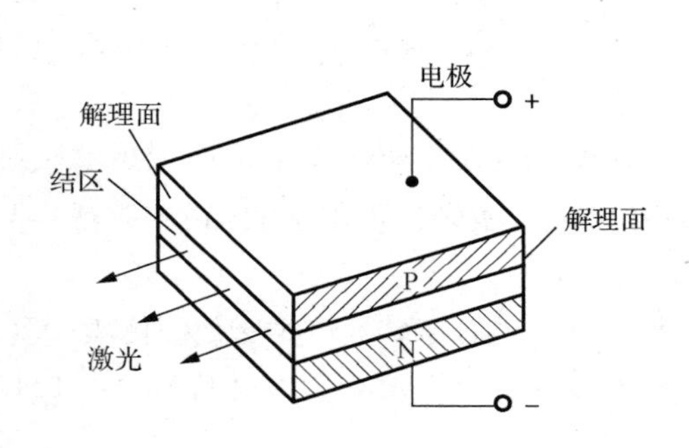

图 2.17　砷化镓（GaAs）同质结二极管半导体激光器的结构

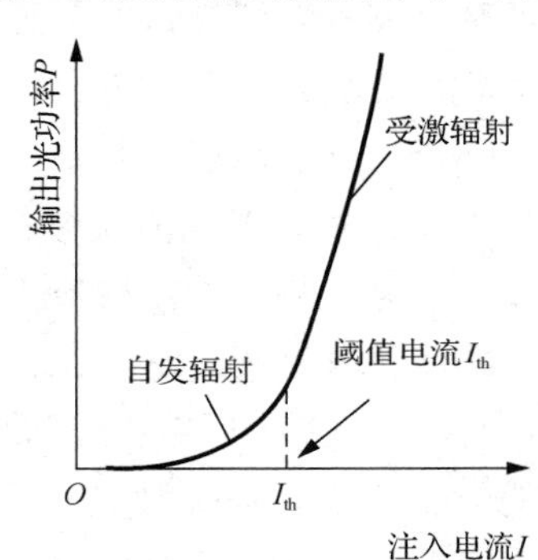

图 2.18　半导体激光器的 *P-I* 特性曲线

2）光谱特性

半导体激光器的光谱特性主要由激光器的纵模决定。法布里-珀罗谐振腔（F-P 谐振腔）半导体激光器由于光腔较长，因此腔内有多个纵模振荡。当注入电流低于阈值电流时，半导体激光器发出荧光，光谱很宽。当注入电流增大到阈值电流以上时，光谱突然变窄，发光强度急剧增加，此时半导体激光器发出多纵模激光。随着注入电流的增加，主模增益增加，边模增益受到抑制，使振荡模数减少。对于单纵模半导体激光器，由于只有一个纵模，因此其光谱更窄。半导体激光器的光谱如图 2.19 所示。

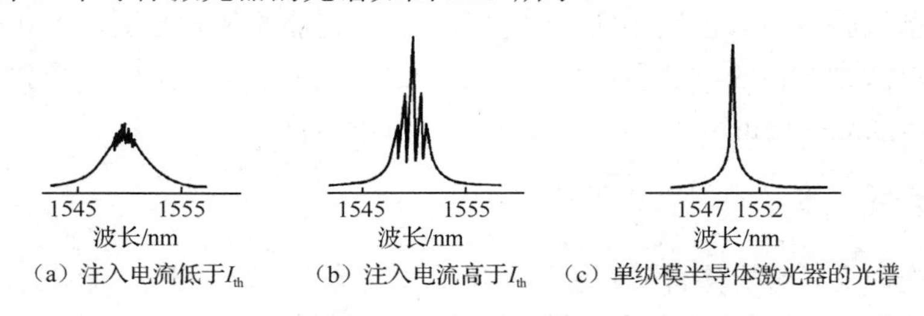

（a）注入电流低于I_{th}　（b）注入电流高于I_{th}　（c）单纵模半导体激光器的光谱

图 2.19　半导体激光器的光谱

半导体激光器是矩形光波导，由于有源区很薄，又采用掩埋条形结构，因此可将输出激光控制在基横模状态。但是光束发散角大且各向异性，使得输出光斑呈椭圆形。若有源区的厚度为 d，条形宽度为 w，则垂直方向和水平方向的光束发散角分别为

$$\theta_{//} \approx 2\arcsin\left(\frac{\lambda}{w}\right) \tag{2-4}$$

$$\theta_{\perp} \approx 2\arcsin\left(\frac{\lambda}{d}\right) \tag{2-5}$$

垂直方向的光束发散角为30°～40°，水平方向的光束发散角6°～8°。

3）调制特性

半导体激光器区别于其他激光器的重要特点是，它具有直接调制的能力，从而使它在光通信中得到广泛的应用。直接调制是指半导体激光器可由输入电流实现发光强度的调制，这是由它的 P-I 特性曲线的线性度及快速响应能力决定的。半导体激光器的调制电流可以用下式表示，即

$$I(t) = I_{\mathrm{B}} + I_{\mathrm{m}} f_{\mathrm{m}}(t) \tag{2-6}$$

式中，I_{B} 为偏置电流；I_{m} 为调制电流幅值；$f_{\mathrm{m}}(t)$ 为调制信号的形状。

模拟信号的调制直接用连续的模拟信号对光源进行调制。数字信号调制是脉冲编码调制（PCM）：先对连续的模拟信号取样、量化和编码，把它转换成一组二进制脉冲代码，用矩形脉冲1和0表示信号，如图2.20所示。在模拟信号调制中，选择 I_{B} 时要避免信号失真，要求 $I_{\mathrm{B}} > I_{\mathrm{th}}$。在数字信号调制中，要求 $I_{\mathrm{B}} \leqslant I_{\mathrm{th}}$，并且 I_{m} 应取得合适，以便在 P-I 特性曲线的线性区得到足够大的光脉冲，使调制效果较好。

半导体激光器芯片的调制频率很高，达到10GHz量级。

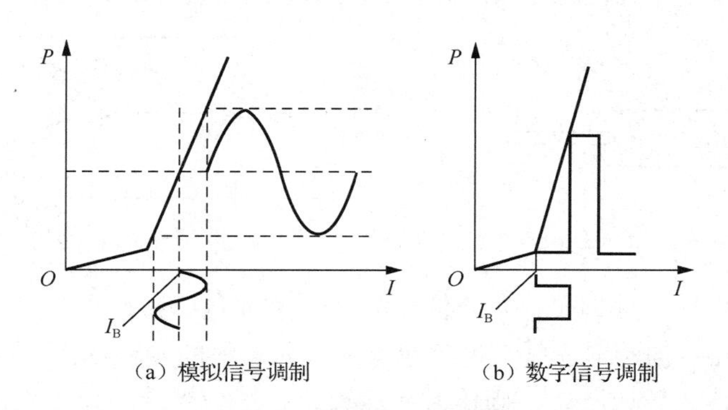

（a）模拟信号调制　（b）数字信号调制

图2.20　半导体激光器的调制

半导体激光器易于调制，效率高，寿命长。因此，半导体激光器成为光通信的光源，需求量极大。这类激光器不仅是光盘存储、光显示的重要器件，而且是激光印刷、信息处理、办公自动化设备的关键部件。此外，半导体激光器在激光加工、激光医疗中十分重要。

半导体激光器是目前最被重视的激光器。随着半导体技术的快速发展，各种新型的半导体激光器不断涌现。目前，可制成单模或多模、单管或列阵半导体激光器，输出波长为0.4～1.6μm，输出功率为几毫瓦至数百瓦。3种半导体激光器及其驱动电源如图2.21所示。

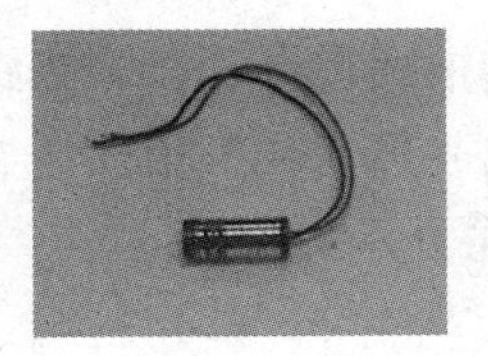

（a）输出波长为650nm，输出功率为5mW

（b）输出波长为535nm，输出功率为35mW

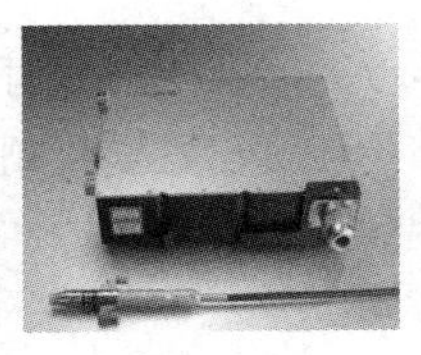

（c）输出波长为980nm，输出功率为500W

（d）激光器驱动电源

图 2.21　3 种半导体激光器及其驱动电源

5. 光纤激光器

光纤一般作为光传输的通路，是光通信的载体。它的基本结构包括纤芯、包层和护套，如图 2.22 所示。纤芯直径一般在几十微米以内，包层直径约为 125μm，纤芯的折射率大于包层的折射率，光基于全反射在纤芯中传输。

在光纤的纤芯中掺入适当浓度的稀土离子，如 Nd^{3+}、Er^{3+}、Pr^{3+}、Tm^{3+}、Yb^{3+}，掺稀土离子光纤经光泵浦产生光增益。这类光纤称为有源光纤，可作为激光器的工作物质。当光纤中的发光强度超过一定限值时，光纤的折射率随场强 E 发生变化，产生非线性光学效应。在波分复用（WDM）光传输中，需要避免非线性光学效应。在光纤器件中非线性光学效应大有可为，例如，受激拉曼散射可用于拉曼光纤激光器和激光放大器。

在光电集成电路（OEIC）中，各种光电器件模块必有光传输的通路，即光波导。光波导类似于光纤的纤芯，其折射率高于周围材料（衬底和包层）的折射率，限制光波在光波导中传播。光波导截面尺寸一般为微米级，可用光刻技术制得各种光波导，图 2.23 所示为 Y 形光波导。光波导可构成光分路器、耦合器、干涉仪、阵列波导光栅等大量光无源器件。向光波导中掺杂或造成非线性光学效应时，又可制备出多种光有源器件。

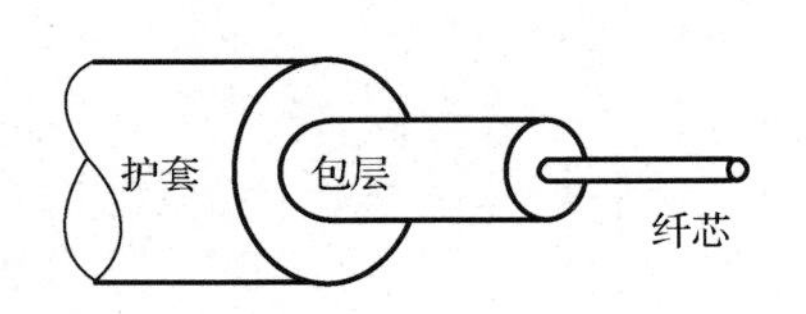

图 2.22　光纤的基本结构

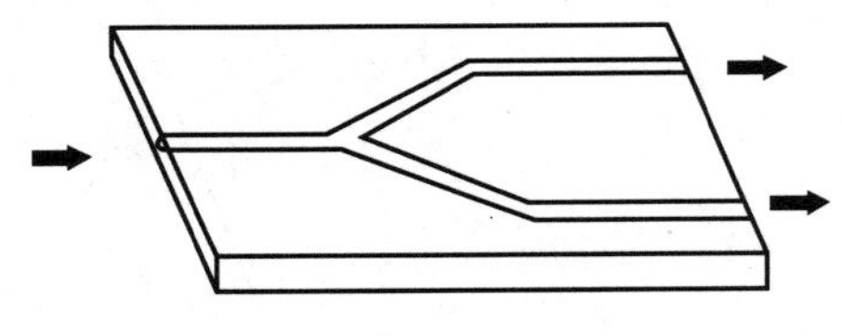

图 2.23　Y 形光波导

光纤激光器是指以光纤为工作物质的激光器，主要包括掺稀土离子光纤激光器、受激拉曼散射光纤激光器、向塑料光纤芯部或包层内溶入染料的染料-光纤激光器等。其中，掺稀土离子光纤激光器比较成熟。与固体激光器类似，掺杂光纤激光器也是由增益介质、谐振腔和泵浦源三部分组成的。

对于增益介质，光纤基质材料应用最多的是硅玻璃、氟化物玻璃与石英，视掺杂元素而定。光纤长度的典型值为 0.5～5m。光增益由掺杂离子决定，不同种类稀土离子的激光能级结构决定了不同的工作波长、激光运转方式和特点。对于掺 Nd^{3+}光纤激光器，可用波长为 807nm 的激光二极管泵浦，可在 900nm、1060nm、1350nm 三个波长上获得激光，还可实现 900～950nm、1070～1140nm 波长调谐。对于掺 Er^{3+}光纤激光器，用波长为 980nm、1480nm 的激光二极管泵浦，输出波长为 1550nm 的激光，该波长正是光纤通信波长。对于掺 Tm^{3+}光纤激光器，用波长为 795nm、980nm 的激光二极管泵浦，可输出波长为 1435～1500nm 的激光，该波长也是光纤通信波长；还可输出波长为 1700～2100nm、810nm 的激光，这类激光用于生物医学、光纤传感。对于掺 Pr^{3+}光纤激光器，用波长为 1017nm 的激光二极管泵浦，可输出波长为 1290～1315nm 的激光，该波长也是光纤通信波长。

最简单的谐振腔为 F-P 谐振腔，常将光纤端面抛光，对端面直接镀膜，使之成为腔镜。此外，还使用环形谐振腔，如图 2.24 所示。将耦合光纤中的两个端口（图 2.24 中的 3、4）连接起来，形成环形传输回路。

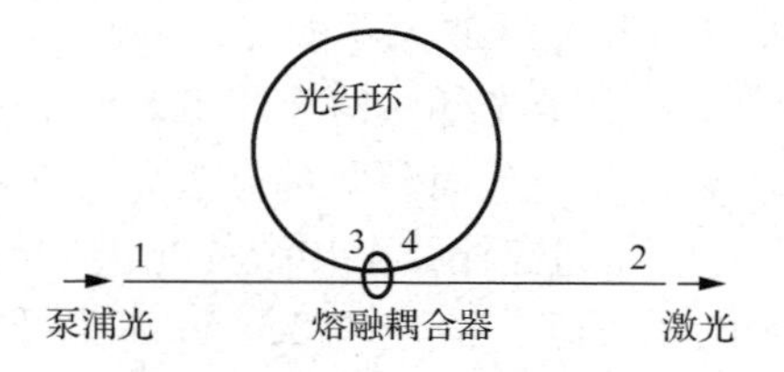

图 2.24 环形谐振腔

在增益光纤的两端熔接光纤布拉格光栅（FBG），构成光栅谐振腔，这类谐振腔有很好的选频作用，可得到窄线宽的稳定激光，是 WDM 通信系统的好光源。图 2.25 是掺 Er^{3+}光纤光栅激光器的组成，一对光纤布拉格光栅 FBG1、FBG2 熔接在一段长度为 2.75m 的掺 Er^{3+}光纤的两端，构成谐振腔，由 980nm 激光二极管泵浦。

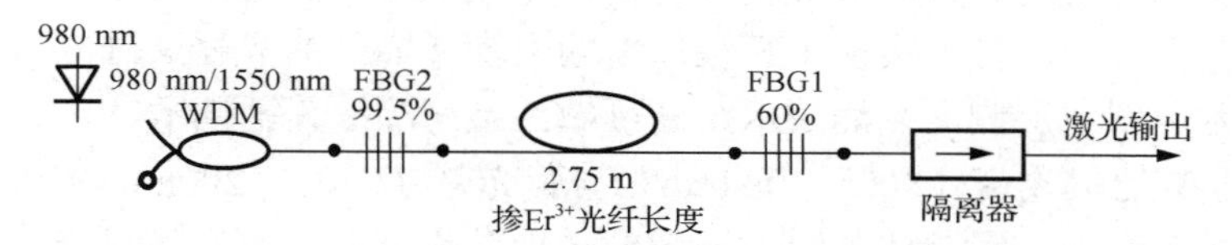

图 2.25 掺 Er^{3+}光纤光栅激光器的组成

光纤激光器使用包层泵浦光。常规光纤很细，进入纤芯的泵浦光不足，激光输出功率小，难以达到有效的泵浦。近年来，一个重要的突破是实现了双包层光纤技术。双包层光纤结构示意如图 2.26 所示。内包层直径为几百微米，是泵浦光的导管，大孔径（NA）的内包层可以接收更多的泵浦光。泵浦光在内外包层界面上全反射，反复穿过纤芯，不断激励工作物质。由于在整个光纤长度上都在进行泵浦，因此泵浦效率大大提高。

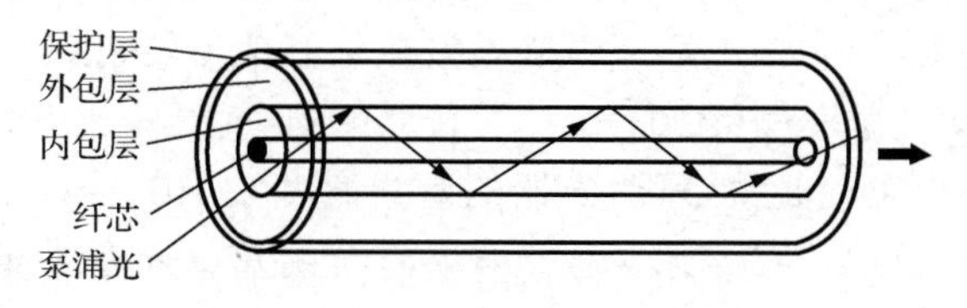

图 2.26 双包层光纤结构示意

为了使泵浦光更多地穿过纤芯、被激光物质吸收，内包层截面被设计成梅花形、六边形、D 形、正方形、矩形等多种形状。实测结果表明，矩形和 D 形内包层截面因具有 95%的耦合效率而得到广泛应用。目前，光纤激光器已能输出千瓦、万瓦级激光。

光纤激光器的优点如下：

（1）能量转换效率高，双包层光纤的光-光转换效率达 80%以上。

（2）光纤损耗小。激光场被约束在纤芯内，能产生很高的光亮度和峰值功率，功率阈值低，仅数毫瓦。

（3）光纤激光器波长范围为 380～3900nm，可以多波长运行，易调谐；激光束质量高，易实现单模、单频运转和超短脉冲输出。

（4）光纤细长，因而表面积大，易散热，无须专门制冷系统；光纤可被卷绕成小体积的光纤卷，使光纤激光器结构紧凑。

（5）耐强振动，抗高冲击力；工作寿命可达 10 万小时。

应用于通信系统的光纤激光器和光纤放大器如下：

（1）掺 Er^{3+}/Tm^{3+}/Pr^{3+}光纤激光器是光纤通信波段 1280～1620nm 的光源。

（2）光纤放大器主要由增益光纤和泵浦源两部分组成。在泵浦源的作用下，输入增益光纤的光信号被放大、增强。它使光通信线路上传统的光-电-光型中继器变革为全光型中继器，是光纤通信发展史上重要的里程碑。掺 Er^{3+}/Tm^{3+}/Pr^{3+}光纤放大器和拉曼光纤放大器对于光纤通信系统非常重要。

（3）光纤激光器和光纤放大器的增益光纤容易与传输光纤耦合。

（4）光纤激光器和光纤放大器与现有的光纤器件（如耦合器、偏振器和调制器）完全相容，可以组成完全由光纤器件构成的全光纤传输系统。

（5）光纤激光器可以作为光孤子源，是光孤子通信的理想光源。

光纤激光器的光束质量高，可实现大功率，无须水冷，结构紧凑小巧，对激光加工、激光医疗相当有吸引力。为了实现千瓦级以上的大功率光纤激光器，陆续开发了在石英光纤中掺 Yb^{3+}技术、双包层侧面泵浦技术、高可靠性泵浦源等关键技术。

Yb^{3+}具有很宽的吸收带（800～1064nm）与荧光带（970～1200nm），可选的泵浦源很多。不存在激发态吸收，因此从泵浦到发射的转换效率高；不存在浓度淬灭效应，可通过高浓度掺杂获得高增益。Yb^{3+}能级为简单的二能级，亚稳态寿命长，小功率泵浦就可在极窄的纤芯内形成高密度的粒子数反转，从而输出稳定的强激光。

2.5.3 激光的特性

1. 单色性

普通光源发射的光即使是单色光也有一定的波长范围。这个波长范围即谱线宽度，谱线宽度越窄，单色性越好。例如，氦-氖激光器发出波长为 632.8nm 的红光，对应的频率为 4.74×10^{14}Hz，它的谱线宽度只有 9×10^{-2}Hz；而普通的氦-氖气体放电管发出同样频率的光，其谱线宽度达到 1.52×10^{9}Hz，比氦-氖激光器的谱线宽度大 10^{10} 倍以上。因此，激光的单色性比普通光高 10^{10} 倍。目前，在普通单色气体放电光源中，单色性最好的是同位素氪灯，它的谱线宽度约为 5×10^{-3}Å。氦-氖气体激光器产生的激光谱线宽度小于 10^{-7}Å，它的单色性比同位素氪灯高几万倍。

2. 方向性

普通光源的光是均匀地射向四面八方的，因此照射的距离和效果都很有限。即使是定向性比较好的探照灯，它的照射距离也只有几千米。直径 1m 左右的光束在照射距离不到 10km 处就扩大为直径几十米的光斑了。而氦-氖气体激光器发射的光是一条细而亮的笔直光束。激光器的方向性一般用光束的发散角表示。氦-氖激光器的发散角可达到 3×10^{-4}rad，十分接近衍射极限（2×10^{-4}rad）。固体激光器的方向性较差，其发散角一般为 10^{-2}rad 量级；而半导体激光器的发散角一般为5°～10°。

3. 光亮度

激光器由于发光面小、发散角小，因此可获得高的光亮度。与太阳光相比，激光的光亮度可高出几个甚至十几个数量级。太阳光的光亮度约为2×10^3W/（$cm^2\cdot sr$），而常用的气体激光器发出的激光的光亮度为10^4～10^8W/（$cm^2\cdot sr$），固体激光器发出的激光的光亮度可达10^7～10^{11}W/（$cm^2\cdot sr$）。用这样的激光器代替其他光源，可解决由于弱光照度带来的低信噪比问题，也为非线性光学效应创造了前提。

4. 相干性

由于激光器的发光过程是受激辐射，单色性好，发散角小，因此有很好的空间和时间相干性。如果采用稳频技术，氦-氖稳频激光的谱线宽度可压缩到10kHz，相干长度可达到30km。因此，激光的出现使相干计量和全息术获得了革命性变化。

相干性在通信中也发挥越来越大的作用。对具有高相干性的激光，可以进行调制、变频和放大等。由于激光的频率一般都很高，因此可以提高通信频带，能够同时传送大量信息。用一束激光进行通信，原则上可以同时传递几亿路电话信息，并且通信距离远、保密性和抗干扰性强。

各种激光器的性能差异比较大，因此在选用时，还需根据实际的要求做出相应的选择。

2.6 新型光源

2.6.1 ASE光源

自发辐射放大（Amplification of Spontaneous Emission，ASE）光源基于掺铒光纤的自发辐射放大原理，它是一种广泛应用于光纤传感、通信设备生产和测试的光源。光源主体部分是增益介质掺铒光纤和一个高性能的泵浦激光器。此外，还包括波分复用器、隔离器和反射镜。图2.27所示为典型双通后向型ASE光源结构，泵浦源经过波分复用器后被注入掺铒光纤中，在掺铒光纤中沿前、后两个方向产生放大的自发辐射光。其中，前向传播的自发辐射光被末端反射镜反射，之后再次经过掺铒光纤实现二次放大，并且与后向传播的自发辐射光叠加，形成更强的后向输出功率，经波分复用器和隔离器作用后作为输出光源。

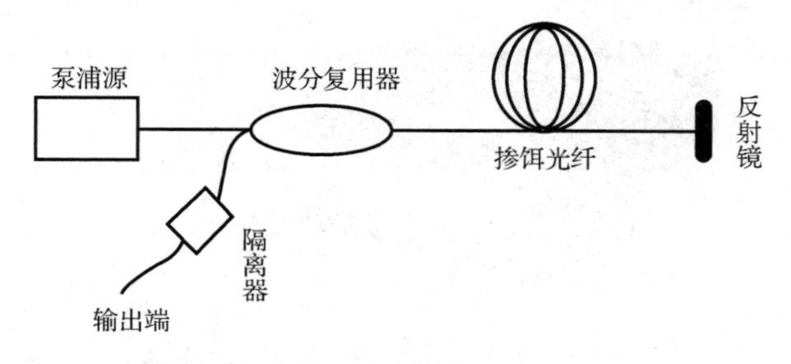

图2.27 典型双通后向型ASE光源结构

1. ASE 光源的主要特点

（1）较高的输出功率。ASE 光源利用掺铒光纤实现功率的二次放大，不仅可以得到高功率（上百毫瓦）的宽带输出，而且放大后的能量经光纤直接耦合输出，避免了额外耦合造成的功率损耗。

（2）优异的波长稳定性。由于稀土的能级比半导体二极管的能级稳定，因此 ASE 光源有较好的光谱稳定性。实验表明，ASE 光源中心波长的温度稳定性比超辐射二极管至少大一个数量级。

（3）低偏振输出。ASE 光源基于自发辐射原理，出射光具有低偏振特点。

2. ASE 光源的应用

在光纤传感方面，ASE 光源在输出功率、光谱宽度、波长稳定性以及寿命等方面的优势，使其成为光纤传感系统的理想光源。例如，光纤陀螺仪的光源必须是宽带光源，要求在整个光谱范围输出数十毫瓦相对稳定的光功率，ASE 光源满足了高精度光纤陀螺仪的使用需求。

在测试方面，ASE 光源广泛应用于光纤无源器件的生产与测试。例如，在光纤光栅、密集波分复用（DWDM）薄膜滤波器、粗波分复用（CWDM）薄膜滤波器、阵列波导光栅（AWG）、耦合器、隔离器、环形器等器件的光谱测试中采用 ASE 光源，与采用普通白光源或可调谐激光器单波扫描相比，可极大地提高测试效率，而且操作简单、测试精度高。

在光通信方面，随着各种通信产品的普及，对通信容量的要求也越来越高，以往 C 波段宽带光源无法满足人们对带宽的需求。随着光通信系统扩展到 L 波段，C+L 波段的宽谱 ASE 光源必将获得极大的应用。

2.6.2 超连续谱光源

超连续谱光源又称白光激光或白光超连续光源，这是一种新型激光器。超连续谱光源同时具有传统宽带光源的宽光谱特性和激光光源的方向性、高空间相干性、高光亮度的优点。超连续谱光源的特性使其拥有极为广泛的应用领域，如宽带照明与显示、光学相干层析、生物医学显微成像、光通信、光纤传感等，具有非常重要的研究与应用价值。现阶段超连续谱研究的成果丰硕，可见光和近红外线波段超连续谱光源技术比较成熟，国内已有相关商用产品面世，如图 2.28 为国内某公司生产的 SC-PRO-M 型超连续谱光源。

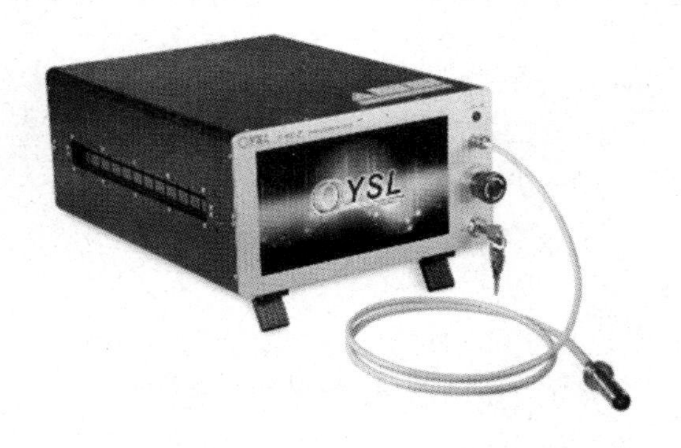

图 2.28　SC-PRO-M 型超连续谱光源

1. 超连续谱产生的原理

超连续谱的产生是激光与非线性介质相互作用的结果。使用一束高强度的超短脉冲通过非线性光纤（通常是光子晶体光纤），光纤的非线性光学效应（如自聚焦、自相位调制、交叉相位调制，四波混频等）使得出射光谱中产生许多新的频率成分，频谱被极大地展宽，谱线宽度从可见光一直连续扩展到红外线光谱区甚至紫外线光谱区，从而实现超宽的连续光谱输出。

超连续谱产生过程涉及众多非线性光学效应，很难单独对某一种效应的作用进行说明。目前研究超连续谱产生的物理现象时，基本使用广义非线性薛定谔方程，对光脉冲的时域和频域演化进行分析。

在超连续谱形成过程中，泵浦光的参数（工作波长、脉冲宽度、脉冲峰值功率等）和光子晶体光纤的特性（色散特性、非线性响应等），共同决定了哪些非线性光学效应可以发生或起到主要作用，也决定了最终输出的超连续谱的具体形式。

2. 超连续谱光源的分类

根据用来产生超连续谱的非线性光纤的不同，超连续谱光源大致可以分为以下三类：

（1）基于普通无源光纤的连续谱光源。其中，无源光纤包括普通的折射率导引光纤和常规的高非线性光纤等非增益光纤。这类超连续谱光源由泵浦激光器和无源光纤（非线性介质）两部分构成。泵浦光经过无源光纤的传输后，由于非线性光学效应导致光谱被展宽，从而产生了超连续谱。

（2）基于掺稀土离子光纤的超连续谱光源。这类超连续谱光源通常是一个非线性的光纤激光器/放大器，通过综合利用增益光纤中的激光增益特性和非线性光学效应，在能量从泵浦光向激光转移的同时，实现激光光谱的极大展宽。

（3）基于光子晶体光纤的超连续谱光源。这类超连续谱光源由泵浦光和光子晶体光纤两部分组成。经过合理设计的光子晶体光纤能够在拥有合适的色散特性的同时，还具有较高的非线性系数，非常适合用作产生宽带超连续谱的非线性介质。并且，基于这种方式的高功率超连续谱光源还可以在较宽的波段范围内实现单模运行。

思考与练习

2-1 普通白炽灯降压使用有什么好处？白炽灯的功率、光通量、发光效率、色温有何变化？

2-2 试比较卤钨灯、超高压短弧氙灯和超高压汞灯的发光性能。在普通紫外-可见光分光计（200～800nm）中，应怎样选择照明光源？

2-3 简述发光二极管的发光原理。发光二极管的外量子效应与哪些因素有关？

2-4 简述半导体激光器的工作原理，它有哪些特点？对工作电源有什么要求？

2-5 假设一只白炽灯各向发光均匀，它悬挂在离地面 1.5m 的高处，用照度计测得该白炽灯正下方地面的光照度为 30lx，求该灯的光通量。

2-6　一个氦-氖激光器（波长为632.8nm）发出的激光的光功率为2mW。该激光束的平面发散角为1mrad，该激光器的放电毛细管为1mm。

（1）求出该激光束的光通量、发光强度、光亮度、光出射度。

（2）若该激光束投射在10m远的白色漫反射屏上，该漫反射屏的发射比为0.85，求该屏上的亮度。

2-7　从黑体辐射曲线图可以看出，不同温度下的黑体辐射曲线的极大值对应的波长λ_m随温度T的升高而减小。试由普朗克公式导出

$$\lambda_m T = 常数$$

式中，常数为2.898×10^{-3}m·K。

第 3 章　光电发射器件

光电发射器件（真空光电器件）是基于光电发射效应的光电探测器件，它的结构特点是由一个真空管将辐射转换为电信号，核心元件是能够产生光电发射效应的光电阴极。光电发射器件包括真空光电二极管、光电倍增管、变相管、像增强器和电子束管等器件。由于光电发射器件具有极高的灵敏度、快速响应等特点，在微弱光信号的探测和快速消失的弱辐射脉冲信息的捕捉等方面具有相当大的应用价值。因此可应用于天文观测、材料工程、生物医学工程和地质地理分析等领域。

3.1　光 电 阴 极

能够产生光电发射效应的物体称为光电发射体，光电发射体在光电器件中常与阴极相连，因此又称光电阴极。光电阴极是光电发射器件的重要部件，它可吸收光子能量发射光电子，其性能直接影响整个光电发射器件的性能。下面介绍光电阴极的主要特性参数及用于制备光电阴极的材料。

3.1.1　光电阴极的主要特性参数

光电阴极的主要特性参数为灵敏度、量子效率、光谱效应和暗电流。

1. 灵敏度

光电阴极的灵敏度包括光谱灵敏度与积分灵敏度。

（1）光谱灵敏度。单色辐射通量入射到光电阴极时，其阴极电流 I_K 与入射的单色辐射通量 $\Phi_{e,\lambda}$ 之比称为光电阴极的光谱灵敏度 $S_{e,\lambda}$，即

$$S_{e,\lambda} = I_K / \Phi_{e,\lambda} \tag{3-1}$$

其单位为 μA/W 或 A/W。

（2）积分灵敏度。单色辐射通量入射到光电阴极时，阴极电流 I_K 与入射的单色辐射通量 $\Phi_{e,\lambda}$ 之比称为光电阴极的积分灵敏度 S_e，即

$$S_e = \frac{I_K}{\int_0^{\infty} \Phi_{e,\lambda} d\lambda} \tag{3-2}$$

其单位为 mA/W 或 A/W 。

当可见光波长范围内（380～780nm）的白光作用于光电阴极时，阴极电流 I_K 与可见光入射的辐射通量 $\Phi_{e,\lambda}$ 之比称为光电阴极的白光灵敏度 S_v，即

$$S_v = \frac{I_K}{\int_{380}^{780} \Phi_{e,\lambda} d\lambda} \tag{3-3}$$

其单位为 mA/lm 。

2. 量子效率

当光电阴极受特定波长λ的光照射时，在单位辐射作用下，单位时间内光电阴极发射的光电子数$N_{e,\lambda}$与入射的光子数$N_{p,\lambda}$之比称为光电阴极的量子效率η_λ（或称量子产额），即

$$\eta_\lambda = N_{e,\lambda} / N_{p,\lambda} \tag{3-4}$$

显然，量子效率和光谱灵敏度是一个物理量的两种表示方法，它们之间的关系可表示为

$$\eta_k = \frac{I_K / q}{\Phi_{e,\lambda} / h\nu} = \frac{S_{e,\lambda} hc}{\lambda q} = \frac{1240 S_{e,\lambda}}{\lambda} \tag{3-5}$$

式中，波长λ的单位为nm。

3. 光谱响应

光电阴极的光谱发射特性用光谱响应曲线描述。光电阴极的光谱灵敏度或量子效率与入射光波长的关系曲线称为光谱响应曲线。

光电阴极光谱响应的截止波长（单位为μm）：

$$\lambda_c = \frac{1.24}{E_{cp}} \tag{3-6}$$

式中，E_{cp}为光电阴极材料的功函数，单位为 eV。该式说明理想情况下光电阴极材料能否产生光电发射，实际上，光电子从阴极内部逸出表面经过以下三个过程：

（1）光电阴极内部电子吸收光子能量，被激发到真空能级以上的高能量状态。

（2）这些高能量的光电子在向表面运动的过程中，与其他电子碰撞，因散射而失去一部分能量。

（3）光电子到达表面时还要克服表面势垒才能最后逸出。

可见，一个良好的光电阴极应该满足三个条件：

（1）光电阴极表面对光辐射的反射量小而吸收量大。

（2）光电电子在向表面运动中受到的能量散射损耗小。

（3）光电阴极表面势垒低，电子逸出概率大。

许多金属和半导体材料都能产生光电效应。金属的反射系数大、吸收系数小、散射能量损失大、逸出功大，光谱响应对紫外线敏感。半导体材料的吸收系数大，散射能量损失少，其量子效率比金属大得多。

4. 暗电流

光电阴极中少数处于较高能级的电子在室温下获得了热能，从而产生热电子发射，形成暗电流。光电阴极的暗电流大小与光电阴极材料的光电发射阈值有关。一般情况下，光电阴极的暗电流极小，其强度相当于10^{-16}～10^{-18} A/cm^{2}的电流密度。

3.1.2 常用光电阴极材料

最早出现的光电阴极是银氧铯（Ag-O-Cs）光电阴极，于 1929 年由 Köller 首次实现。1936 年，Gölich 首先发现锑铯单碱光电阴极。除了可以构成单碱光电阴极，锑还可同时与碱金属中的若干元素构成双碱或多碱光电阴极，如 1955 年发现的锑钾钠铯光电阴极和钠钾锑光电阴极，以及 1963 年发现的钾铯锑光电阴极等。银氧铯光电阴极和多碱光电阴极等是靠“实验与运气”被发现的，与此不同的是，具有负电子亲和势（Negative Electron Affinity，NEA）的光电阴极完全是在理论预言下被发现的。按光电发射能力，光电阴极材料种类可分为 4 类：单碱/多碱锑化物光电阴极、银氧铯/铋银氧铯光电阴极、紫外线光电阴极、负电子亲和势光电阴极。图 3.1 所示为不同光电阴极材料的光谱响应曲线。

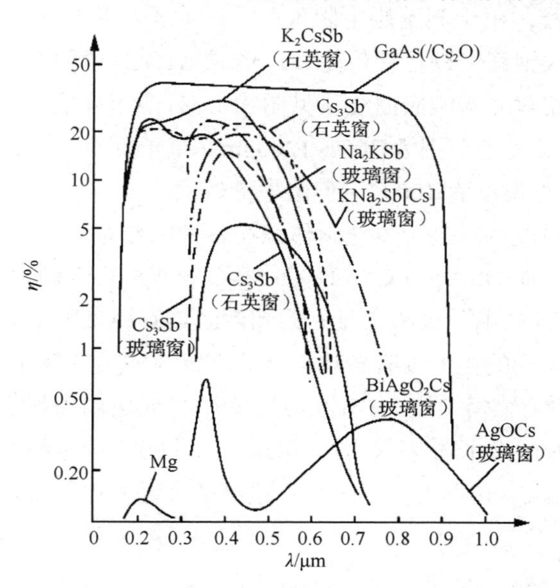

图 3.1 不同光电阴极材料的光谱响应曲线

1. 单碱/多碱锑化物光电阴极

单碱锑化物是由金属锑（Sb）与碱金属锂（Li）、钠（Na）、钾（K）、铷（Rb）、铯（Cs）中的一种物质化合，形成具有稳定光电发射阈值的发射体。其中以锑铯（Cs_3Sb）光电阴极最常用，它的制作方法非常简单：先在玻璃管的内壁上蒸镀一层厚度小于 1nm 的锑膜，然后在一定温度（130℃、170℃）下通入铯蒸气，两者反应生成 Cs_3Sb 化合物膜。如果再通入微量氮气，就会形成 Cs_3Sb（O）光电阴极，可进一步提高灵敏度和长波响应特性。

锑铯光电阴极的禁带宽度约为 1.6 eV，电子亲和势为 0.45 eV，光电发射阈值 E_{th} 约为 2 eV，表面氧化后光电发射阈值 E_{th} 略微减小，阈值波长将向长波延伸，长波限约为 650 nm，锑铯光电阴极对红外线不灵敏。锑铯光电阴极的峰值量子效率较高，一般可达 20%～30%，比银氧铯光电阴极高 30 多倍。

多碱锑化物光电阴极是由两种以上碱金属与锑化合形成的光电阴极。其峰值量子效率可达 30%，具有暗电流小、光谱响应范围宽的特点。其中，双碱锑化物光电阴极包括锑钾钠（Na_2KSb）光电阴极和锑铯钾（K_2CsSb）光电阴极等。锑钾钠铯（Na_2KSbCs）是最实用的一种三碱光电阴极材料，其光照灵敏度为150μA/lm，在从紫外线光谱区到近红外线光谱区，它都具有较高的量子效率，适用于制作宽带光谱测量仪。热电子发射电流密度为10^{-14}～10^{-16}A/cm^2，而且工作稳定性好，疲劳效应小。含铯的光电阴极材料通常使用温度不超过60℃，否则，铯被蒸发，导致光谱灵敏度显著降低，甚至被破坏而无法使用。

2. 银氧铯/铋银氧铯光电阴极

银氧铯（AgOCs）光电阴极是最早使用的高效光电阴极。它的特点是对近红外线灵敏。其制作过程如下：先在真空玻璃壳壁上涂上一层银膜，再通入氧气，通过辉光放电使银表面氧化。对于半透明银膜，由于其基层电阻太高，因此不能用放电方法，而用射频加热法形成氧化银膜，然后加入铯蒸气进行敏化处理，形成AgOCs薄膜。

银氧铯光电阴极的相对光谱响应曲线（见图3.1）有两个峰值，一个峰值在350nm处，另一个峰值在800nm处。光谱范围为300～1200nm。量子效率不高，峰值处的量子效率为0.5%～1%。银氧铯的工作温度为100℃，但暗电流较大。

对铋银氧铯光电阴极，可用各种方法制作。在各种制作方法中，这4种元素结合的次序可以有各种不同方式，如Bi-Ag-O-Cs、Bi-O-Ag-Cs、Ag-Bi-O-Cs等。将在近红外线光谱区具有高灵敏度的AgOCs光电阴极和在蓝光的光谱区具有高灵敏度的BiCsO光电阴极相结合，可以获得在整个可见光的光谱内有较均匀响应和高灵敏度的铋银氧铯光电阴极。

铋银氧铯光电阴极量子效率可达10%，约为Cs_3Sb光电阴极量子效率的一半，其优点是光谱响应与人眼相匹配，但长波限只有750nm。随着相关技术的发展，多碱光电阴极的灵敏度一般高于Bi-Ag-O-Cs光电阴极，因此它逐渐被多碱光电阴极取代。

3. 紫外光电阴极

通常来说，对可见光灵敏的光电阴极对紫外线也有较高的量子效率。但在某些应用场合，为了消除背景辐射的影响，要求光电阴极材料只对所探测的紫外线灵敏，对可见光无响应。这类材料通常称为日盲型光电阴极材料，也称紫外光电阴极材料，如碲化铯（CsTe）和碘化铯（CsI），这两种材料的长波限分别为320nm和200nm。例如，日盲型光电倍增管用于空间卫星，以便进行紫外线辐射信号的探测，还可用于原子分光光谱仪和核酸蛋白检测仪，以便进行紫外线光谱检测。

4. 负电子亲和势材料

常规的光电阴极材料都是正电子亲和势（PEA）材料，即表面的真空能级位于导带之上。如果对阴极半导体（III-V族）的表面进行特殊处理（如在重度掺杂P型硅片表面涂一层CsO_2膜），使表面区域能带弯曲，真空能级位于导带之下，从而使电子亲和势变为负值，经过这种特殊处理的光电阴极称为负电子亲和势光电阴极。其特点如下：可见光和红外线光谱区的量子效率高达50%～60%，光谱响应度均匀，热电子发射数量小，光电子的能量集中。缺点是工艺复杂，成本昂贵。

3.2 光电管与光电倍增管

3.2.1 光电管的结构及原理

光电管主要由光电阴极和阳极两部分组成，常常因被抽成真空而称为真空光电管，简称光电管。有时为了提高某种性能，在光电管壳内充入某些低压惰性气体，使之成为充气光电管。真空光电管和充气光电管都属于光电发射器件，简称光电管。充气光电管的结构及原理如图 3.2 所示，其中的阴极和阳极之间被施加一定的电压，并且阳极为正极，阴极为负极。

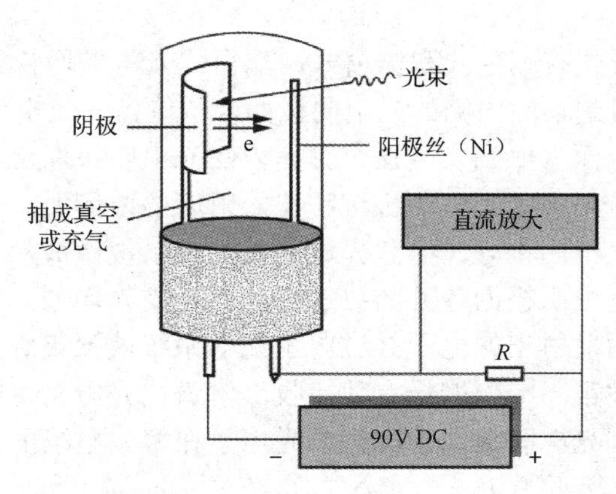

图 3.2 充气光电管的结构及原理

光照产生的光电子在电场的作用下向阳极运动，光电子在运动过程中因惰性气体原子的碰撞而发生电离。电离过程产生的新电子与光电子一起都被阳极接收，正离子向反方向运动，被阴极接收，因此在阴极电路内形成数倍于真空光电管的光电流。

由于半导体光电器件的发展，真空光电管基本上被半导体光电器件替代，因此，这里不再对光电管进行介绍。

3.2.2 光电倍增管的结构及原理

光电倍增管（Photo-Multiple Tube，PMT）是一种真空光电发射器件，它主要由入射光对应的光电阴极、电子光学系统、倍增极和阳极等部分组成。图 3.3 所示为光电倍增管的工作原理示意。从图 3.3 可以看出，当光子入射到光电阴极面上时，只要光子的能量高于光电发射阈值，光电阴极就会产生电子发射现象。发射到真空中的电子在电场和电子光学系统的作用下，经过电子限束器电极 F（相当于孔径光阑）聚集并加速运动到第一个倍增极 D_1 上，第一个倍增极在高动能电子的作用下，发射出比入射电子数目更多的二次电子（倍增发射电子）。第一个倍增极发射出的电子在第一与第二个倍增极之间电场的作用下，高速运动到第二个倍增极。同理，在第二个倍增极上产生电子倍增，经 N 级倍增极后，电子被放大 N 次。最后，被放大 N 次的电子被阳极接收，形成阳极电流 I_a，I_a 流过负载电阻 L_L 时产生电压降，形成输出电压 U_o。

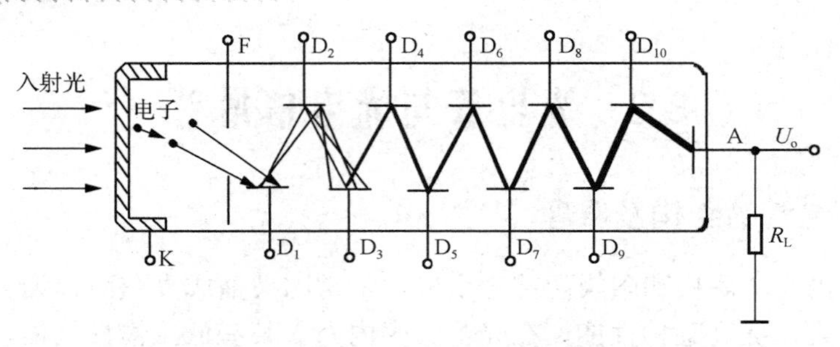

图 3.3　光电倍增管的工作原理示意

1. 光电倍增管的结构

1）入射窗

光电倍增管的结构形式有端窗式和侧窗式，端窗式光电倍增管如图 3.4（a）所示，光通过玻璃管壳的端面入射到端面内侧的光电阴极面上；侧窗式光电倍增管如图 3.4（b）所示，光通过玻璃管壳的侧面入射到安装在该管壳内的光电阴极面上。端窗式光电倍增管通常采用半透明材料的光电阴极，光电阴极沉积在入射床的内侧面。一般半透明光电阴极的灵敏度均匀性比反射式光电阴极好，而且光电阴极面可以被做成从几十平方毫米到几百平方厘米的光敏面。为使光电阴极面各处的灵敏度均匀，受光均匀，常把光电阴极面做成半球形。半球形光电阴极面发射出的电子经过电子光学系统被聚集到第一个倍增极的时间散差最小。因此，光电子被第一个倍增极有效接收。侧窗式光电倍增管的阴极是独立的，并且为反射型，光子入射到光电阴极面上产生的光电子在聚集电场的作用下汇集到第一倍增极，因此，光电子接收率接近于 1。

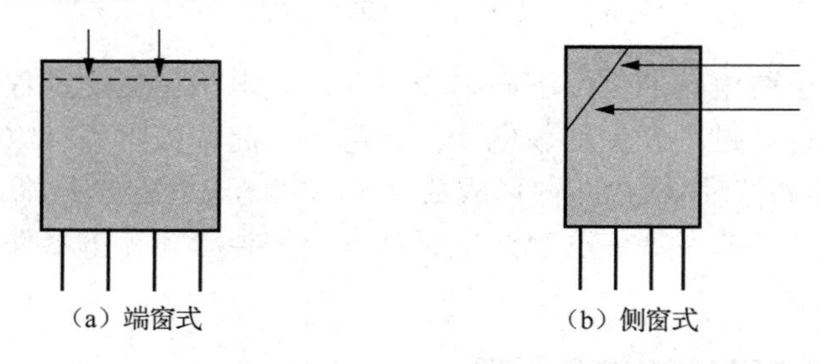

图 3.4　光电倍增管的结构形式

光电倍增管的入射窗是入射光的通道，入射窗材料对光子的吸收情况与波长有关，波长越短，吸收的光子越多。因此，光电倍增管的光谱特性的短波阈值取决于入射窗材料。光电倍增管常用的入射窗材料有硼硅玻璃、透紫外玻璃、石英、蓝宝石、氟化镁（MgF_2）等。

2）倍增极

光电倍增管中的倍增极一般由几级至 15 级组成。根据电子轨迹，倍增极又可分为聚焦式倍增极和非聚焦式倍增极两种。非聚焦式倍增极结构有百叶窗式结构［见图 3.5（d）］与盒栅式结构［见图 3.5（c）］两种；聚焦式倍增极结构有瓦片静电聚焦式结构［见图 3.5（b）］和鼠笼式结构［见图 3.5（a）］两种。

（1）鼠笼式结构。所有侧窗式光电倍增管及某些端窗式光电倍增管都采用鼠笼式结构的倍增极，其最大特点是结构紧凑，时间响应快。

（2）瓦片静电聚焦式结构。该结构的倍增极多数用于端窗式光电倍增管，其主要特点是时间响应很快，线性度好。

（3）盒栅式结构。该结构广泛应用于端窗式光电倍增管。其主要特点是光电子接收率增高，均匀性和稳定性好，但时间响应稍慢一些。

（4）百叶窗式结构。该结构适用于端窗式光电倍增管的倍增极，其倍增极有效工作面积很大，与大面积的光电阴极相配合，可以制成用于探测微弱光场的大型光电倍增管。这类光电倍增管的均匀性好，输出电流大且稳定，但响应时间慢，最高响应频率仅为几十兆赫。

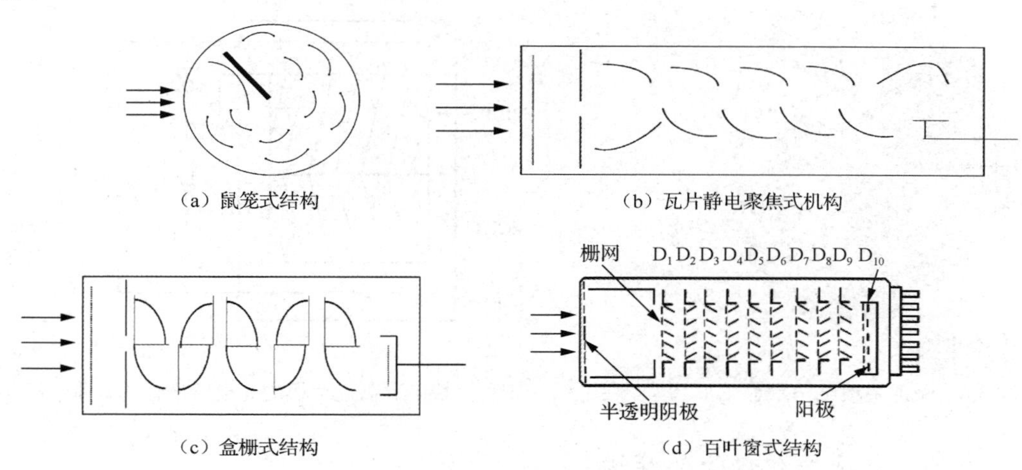

（a）鼠笼式结构　（b）瓦片静电聚焦式机构

（c）盒栅式结构　（d）百叶窗式结构

图 3.5　倍增极结构

3.2.3　微通道板光电倍增管的结构及原理

微通道板（Micro Channel Plate，MCP）是一种大面阵、高空间分辨率的电子倍增探测器件，具有非常高的时间分辨率，主要用作高性能夜视像增强器，广泛应用于各领域。如果用微通道板代替普通光电倍增管中的电子倍增器，就构成微通道板光电倍增管。这种新颖的光电倍增管尺寸大大缩小，电子渡越时间很短，阳极电流的上升时间几乎降低了一个数量级，可响应更窄的脉冲或更高频率的辐射。

微通道板以玻璃薄片为基板，在基板上布满微通道。微通道的内壁镀有高阻值的二次发射材料，施加高电压后内壁将出现电位梯度，光电阴极发出的一次电子轰击微通道的一端，发射出的二次电子因电场加速而轰击另一处，发射二次电子。这样连续多次发射二次电子，可获得约 10^4 的增益。

微通道板是由成千上万根直径为 15～40μm、长度为 0.6～1.6mm 的微通道组成的，这些微通道组成二维阵列，其结构示意如图 3.6 所示。

为了获得较高的增益，微通道的长度不能太长。由于微通道中存在残余正离子，这些正离子（与电子的移动方向相反）撞击管壁时将释放出更多的二次电子，因此有可能产生雪崩击穿；或者这些正离子在负极离开微通道，破坏光电阴极。因此，一般将微通道制成人字形或 Z 形，以减小正离子自由飞行的路程及其由正离子轰击发射的二次电子。带有两块串联微通道板的光电倍增管的基本电路如图 3.7 所示，光电倍增管的光电阴极和第一块微通道板的间距约为0.3mm，极间电压为150V；第二块微通道板和阳极的间距为1.5mm，极间电压为300V，所施加的偏置电压的变化只能改变微通道板上的电压，用于调节微通道板的总增益。

由于有很高的静电场和微通道结构，因此这类光电倍增管对磁场不敏感，特别是当磁场平行于光电倍增管轴线时，对光电倍增管几乎没有影响。当阳极采用多电极结构时，这类光电倍增管可用于检测位置信号。

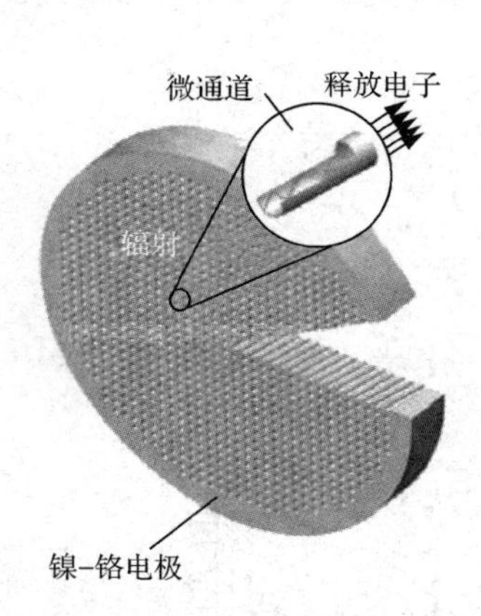

图 3.6　微通道板结构示意

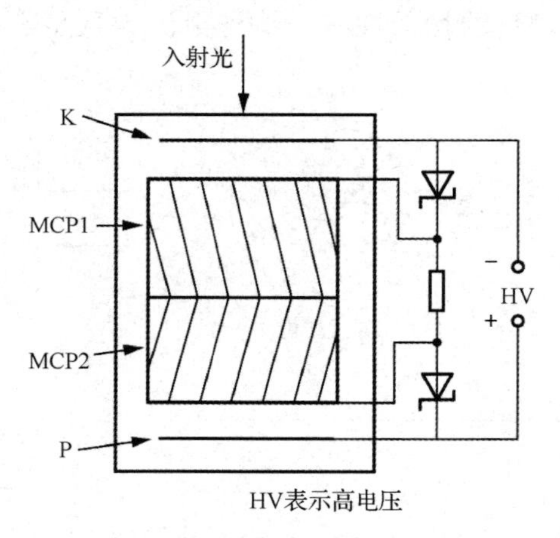

图 3.7　带有两块串联微通道板的光电倍增管的基本电路

1. 微通道板光电倍增管的结构

图3.8为微通道板光电倍增管的典型结构，它包括入射窗、光电阴极、两块微通道板和收集阳极。光子透过入射窗在光电阴极上产生光电子，光电子进入微通道板中的微通道与其内壁碰撞产生二次电子。这些二次电子在微通道内多次碰撞产生更多的二次电子，最终有大量的二次电子被阳极接收，从而得到放大的输出信号。

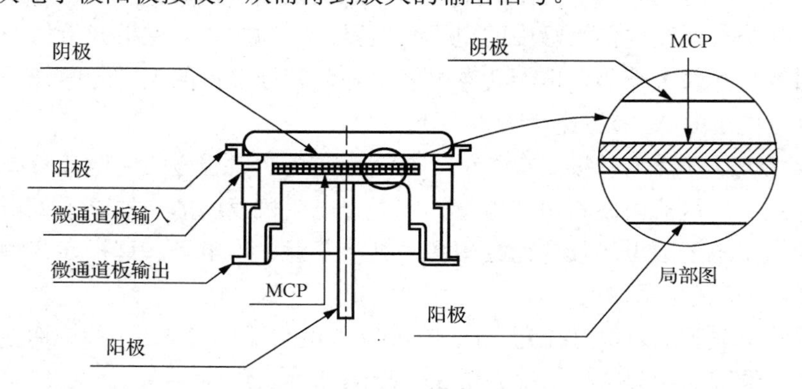

图 3.8　微通道板光电倍增管的典型结构（横截面）

而图3.9为典型微通道板光电倍增管的外形。微通道板到光电阴极的距离为2mm，构成所谓的近聚焦结构，两块微通道板的微通道轴向构成人字形结构，以获得更高的增益。图3.10为典型微通道板光电倍增管的电极引线及完整电路。

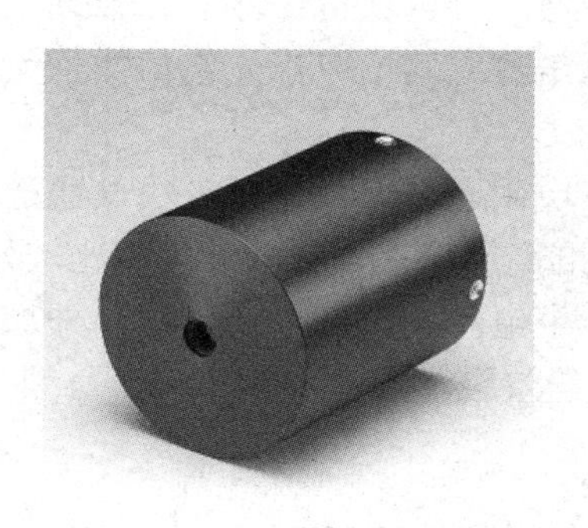

图 3.9 典型微通道板光电倍增管的外形

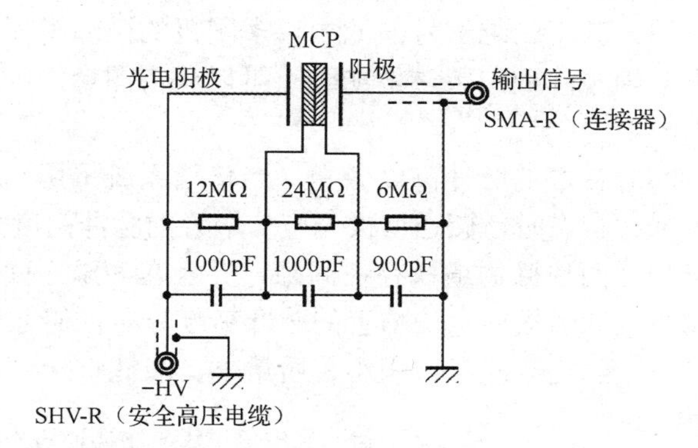

图 3.10 典型微通道板光电倍增管的电极引线及完整电路

2. 微通道板光电倍增管的分类

自 20 世纪 70 年代以来，由于市场需求的增加和相关技术的不断发展，适用于不同场合的不同型号和规格的微通道板光电倍增管得到迅速发展，由早期的 AgOCs（S-1）光电阴极和一块微通道板及单一阳极的简单结构发展到品种多样、性能齐全的微通道板光电倍增管系列。从光电阴极的种类来看，几乎所有微光像增强器的阴极都被成功地应用于微通道板光电倍增管的光电阴极之中，如银氧铯、双碱、多碱、锑铯、碲铯、金、碘化铯及负电子亲和势 GaAs/GaAlAs 光电阴极等；从倍增系统的结构来看，有由单一微通道板组成的结构、由两块微通道板组成的人字形微通道板结构、由三块微通道板组成的 Z 形微通道板结构。就后两种结构而言，又存在两块微通道板之间有无间隙及间隙是否施加电场的区别，而且微通道板本身又有不同孔径之分。为了进一步防止离子反馈，还需要在靠近光电阴极的微通道板的输入端蒸镀可以阻挡离子的薄膜，或者采用弯曲微通道的微通道板等；就阳极而言，有单阳极、多阳极和延迟线阳极之分。微通道板光电倍增管的工作状态可分为直流工作状态、脉冲工作状态和选通工作状态。就选通工作状态而言，可直接在光电阴极和微通道板之间施加选通电源或在光电阴极和微通道板之间增加一个选通栅网，甚至在微通道板输出端与阳极之间施加选通电压。

3. 微通道板光电倍增管的性能

微通道板光电倍增管除了具备普通倍增电极光电倍增管的应有性能，还因微通道板本身的快速时间响应、较好的脉冲高度分布和较强的抗磁场能力，以及前后近聚焦结构而具有更好的性能。下面简单介绍微通道板光电倍增管的主要性能。

（1）快速时间响应。微通道板光电倍增管的电子渡越时间等于或小于 0.5ns，上升时间等于或小于 0.3ns，脉冲半高宽度等于或小于 0.4ns，这些时间均在亚纳秒甚至几十皮秒，而普通倍增电极光电倍增管的上升时间一般为纳秒级。普通光电倍增管与微通道板光电倍增管的主要性能比较见表 3-1。

（2）良好的抗磁场能力。微通道板光电倍增管结构紧凑，从光电阴极发射出的光电子被加速入射到微通道板，经过微通道板倍增后被阳极接收，整个运动距离短，受磁场干扰小。因此，微通道板光电倍增管可以在横向磁场达 0.5kGs（1T=10000Gs）、纵向磁场达 5kGs 的条件下正常工作。

（3）获得二维信号的能力。多阳极的微通道板光电倍增管可以获得信号的二维分布，当众多阳极阵列的数量增加时，可以获得图像的细节，这是普通倍增电极光电倍增管无法实现的。

（4）良好的脉冲高度分布。当倍增系统采用两块或三块微通道板且最后一块微通道板处于饱和状态时，微通道板光电倍增管的脉冲高度分布为准高斯分布，脉冲分辨率比较好。如果相邻两块微通道板存在间隙，并且在间隙之间施加一个电场，就可以通过这个外加电场调节微通道板光电倍增管的脉冲高度分布，使之达到最佳效果。

（5）结构紧凑、体积小、质量小、能耗小。

表 3-1　普通光电倍增管与微通道板光电倍增管的主要性能比较

型号	产地	类型	灵敏度/（μA/LW）	工作电压/V	电流增益	上升时间/ns	暗电流/nA
GDB-404	华东电子	PMT	150	1000	6.7×10^4	15.0	2
R1387	日本浜松	PMT	150	1000	3.3×10^6	2.8	4
F4085	美国 ITT	PMT	175	5000	1.0×10^4	1.5	—
¢Y-117	俄罗斯	PMT	230	1660	1.0×10^5	5	2.5
F4129	美国 ITT	MCP-PMT	200	2680	1.0×10^6	0.25	2
R3809-50	日本浜松	MCP-PMT	70	3000	2×10^5	0.15	0.2
¢Y-165	俄罗斯	MCP-PMT	110	2400	1.0×10^5	0.3	3
GDB-602	55 所	MCP-PMT	120	2400	5×10^5	<0.3	<1
58501-4	美国 Burle	MCP-PMT	≥1200	2400	1.0×10^6	0.25	200cps①

注：① 10^{10}cps=1.0×10^{-9}A

3.3　光电倍增管的主要特性参数

1. 灵敏度

灵敏度是衡量光电倍增管质量的重要参数，它反映光电阴极材料对入射光的敏感程度和倍增极的倍增特性。光电倍增管的灵敏度通常分为阴极灵敏度和阳极灵敏度。

1）阴极灵敏度

一般情况下，定义光电倍增管的阴极电流 I_K 与入射的单色辐射通量 $\Phi_{e,\lambda}$ 之比为阴极灵敏度，即

$$S_{K,\lambda}=\frac{I_K}{\Phi_{e,\lambda}} \tag{3-7}$$

其单位为μA/W。

若入射光为白光，则以阴极电流 I_K 与所有入射光的辐射通量积分之比定义阴极灵敏度，记为 S_K，即

$$S_K=\frac{I_K}{\int_0^{\infty}\Phi_{e,\lambda}\mathrm{d}\lambda} \tag{3-8}$$

其单位为μA/W。当用光度单位描述光度量时，其单位为μA/lm。

2）阳极灵敏度

定义光电倍增管的阳极电流 I_a 与入射的单色辐射通量 $\Phi_{e,\lambda}$ 之比为阳极灵敏度，记为 $S_{a,\lambda}$，即

$$S_{a,\lambda}=\frac{I_a}{\Phi_{e,\lambda}} \tag{3-9}$$

其单位为A/W。

若入射光为白光，则其阳极灵敏度为

$$S_a=\frac{I_a}{\int_0^{\infty}\Phi_{e,\lambda}\mathrm{d}\lambda} \tag{3-10}$$

其单位为A/W。当用光度单位描述光度量时，其单位为A/lm。

2. 电流放大倍数

电流放大倍数（增益）体现光电倍增管的内增益特性，它不但与倍增极材料的二次电子发射系数 δ 有关，而且与光电倍增的级数 N 有关。理想光电倍增管的增益 G 与二次电子发射系数 δ 的关系为

$$G=\delta^N \tag{3-11}$$

当光电阴极发射出的电子被第一个倍增极接收时，设其接收系数为 η_1，并且每个倍增极都存在接收系数 η_i，那么，增益 G 计算公式应修正为

$$G=\eta_1(\eta_i\delta)^N \tag{3-12}$$

对于非聚焦式光电倍增管，其第一个倍增极接收系数 η_1 近似为90%，η_i 大于 η_1，但其值小于1。对于聚焦式光电倍增管，尤其是在阴极与第一个倍增极之间具有电子限束器电极F的光电倍增管，$\eta_i\approx\eta_1\approx1$，可以用式（3-11）计算增益 G。

对光电倍增极的二次电子发射系数 δ，可用经验公式计算。

对于锑化铯（Cs_3Sb）倍增极材料，其经验公式为

$$\delta=0.2U_{DD}^{0.7} \tag{3-13}$$

对于氧化的银镁合金（AgMgO[Cs]）倍增极材料，经验公式为

$$\delta=0.025U_{DD} \tag{3-14}$$

上式中的 U_{DD} 为倍增极的极间电压。

显然，上述两种倍增极材料的增益 G 与极间电压 U_{DD} 的关系式可由式（3-12）、式（3-13）和式（3-14）得到。

对于锑化铯倍增极材料：

$$G=(0.2)^N U_{DD}^{0.7N} \tag{3-15}$$

对于银镁合金倍增极材料：

$$G=(0.025)^N U_{DD}^N \tag{3-16}$$

当然，光电倍增管在电源电压确定后，对其电流放大倍数，可以从定义出发，通过测量阳极电流 I_a 与阴极电流 I_K 确定，即

$$G=\frac{I_a}{I_K}=\frac{S_a}{S_K} \tag{3-17}$$

式（3-17）给出了增益与灵敏度之间的关系。

3. 暗电流

光电倍增管在无辐射作用下的阳极输出电流为暗电流，记为I_d。暗电流决定了光电倍增管的极限灵敏度。在正常应用情况下光电倍增管的暗电流值为10^{-16}～10^{-10}A，这使光电倍增管成为所有光电探测器件中暗电流最小的器件。但是，影响光电倍增管暗电流的因素很多，有些因素可能会使暗电流增大，甚至使光电倍增管无法正常工作。因此，要特别注意这些影响因素。

影响光电倍增管暗电流的主要因素如下：

（1）欧姆漏电。欧姆漏电主要指光电倍增管的电极之间玻璃漏电、管座漏电和灰尘漏电等。欧姆漏电通常比较稳定，因此引入的抖动噪声较小。在低电压工作时，欧姆漏电成为暗电流的主要部分。

（2）热电子发射。光电阴极材料的光电发射阈值较低，容易产生热电子发射现象，即使在室温下，也会有一定的热电子发射数量，并被电子倍增系统倍增。这种热电子发射暗电流会严重影响低频率且小辐射强度光信号的探测。在光电倍增管正常工作状态下，热电子发射暗电流是暗电流的主要成分。根据 Richardson 的研究，热电子发射暗电流与温度 T 和光电发射阈值 E_{th} 的关系为

$$I_{dt} = AT^{\frac{\sigma}{4}} e^{-\frac{qE_{th}}{KT}} \tag{3-18}$$

式中，A 为常数。

可见，对光电倍增管进行降温是减小热电子发射暗电流的有效方法。例如，将采用锑铯光电阴极的光电倍增管从室温降低到 0℃，它的暗电流将下降 90%。

（3）残余气体放电。光电倍增管中高速运动的电子会使管中的气体电离，产生正离子和光子，它们也被倍增，形成暗电流。这种效应在工作电压高时特别严重，导致光电倍增管工作不稳定，尤其用作光子探测器件时，可能引起“乱真”脉冲的效应。降低光电倍增管的工作电压，会减小残余气体放电产生的暗电流。

（4）场致发射。当光电倍增管的工作电压高时，会导致管内电极尖端或棱角的场强太高而产生场致发射暗电流。显然，降低光电倍增管的工作电压，场致发射暗电流也将下降。

（5）玻璃管壳放电和玻璃荧光。在负高压下使用时，光电倍增管金属屏蔽层与玻璃管壳之间的电场很强，尤其是金属屏蔽层与处于负高压的阴极电场最强。在强电场下玻璃管壳可能产生放电现象或出现玻璃荧光，放电和荧光都会引起暗电流，而且还会严重破坏信号。因此，在负高压下应用时，应使金属屏蔽层与玻璃管壳之间的距离至少为 10～20mm。

4. 噪声

光电倍增管的噪声主要由散粒噪声和负载电阻的热噪声组成。负载电阻 R_a 的热噪声用 I_{na}^2 表示，其计算公式为

$$I_{na}^2 = \frac{4kT\Delta f}{R_a} \tag{3-19}$$

式中，k 为玻耳兹曼常数；T 为温度。

散粒噪声 I_{nK}^2 主要是由阴极暗电流 I_d、背景辐射电流 I_b 及信号电流 I_s 的散粒效应引起的。阴极散粒噪声电流计算公式可以表示为

$$I_{nK}^2 = 2qI_K\Delta f = 2q\Delta f(I_{sK} + I_{bK} + I_{dK}) \tag{3-20}$$

这个散粒噪声电流将被逐级放大，并在每一级都产生自身的散粒噪声。若第一个倍增极输出的散粒噪声电流为

$$I_{nD_1}^2 = (I_{nK}\delta_1)^2 + 2qI_K\delta_1\Delta f = I_{nK}^2\delta_1(1+\delta_1) \tag{3-21}$$

则第二个倍增极输出的散粒噪声电流为

$$I_{nD_2}^2 = (I_{nD_1}\delta_2)^2 + 2qI_K\delta_1\delta_2\Delta f = I_{nK}^2\delta_1\delta_2(1+\delta_2+\delta_1\delta_2) \tag{3-22}$$

依此类推，第 m 个倍增极输出的散粒噪声电流为

$$I_{nD_m}^2 = I_{nK}^2\delta_1\delta_2\delta_3\cdots\delta_m(1+\delta_m+\delta_m\delta_{m-1}+\cdots+\delta_1) \tag{3-23}$$

为简化问题，假设各个倍增极的发射系数都等于 δ（各个倍增极的电压相等时发射系数相差很小）时，则光电倍增管末级倍增极输出的散粒噪声电流为

$$I_{nD_m}^2 = 2qI_KG^2\frac{\delta}{\delta-1}\Delta f \tag{3-24}$$

δ 值通常为 3～6，$\dfrac{\delta}{\delta-1}$ 的值接近 1，并且 δ 越大，$\dfrac{\delta}{\delta-1}$ 的值越接近 1。因此，光电倍增管输出的散粒噪声电流计算公式可简化为

$$I_{nD_m}^2 = 2qI_KG^2\Delta f \tag{3-25}$$

总噪声电流为

$$I_n^2 = \frac{4kT\Delta f}{R_n} + 2qI_KG^2\Delta f \tag{3-26}$$

散粒噪声主要是由暗电流被倍增引起的。减小噪声和暗电流的常用有效方法是冷却。

由图 3.11 知，热电子发射是暗电流产生的主要原因。冷却光电倍增管，可降低从光电阴极和倍增极的热电子发射数量，这对微弱信号的探测或光子计数是十分重要的。目前，常用的半导体制冷器可把温度降低到 –20 ～ –30 ℃，使光电倍增管的信噪比提高一个数量级以上。

制冷对降低其他光电器件的噪声也很有效。使用制冷方法时，必须注意以下几个问题：

（1）光电阴极的光谱响应曲线会随温度而变化。因此，在光电仪器定标时，光电倍增管的工作温度必须和测量温度相同。

（2）光电阴极（如 CsSb）的电阻会随着温度的下降而很快增加，光电流会改变阴极的电位分布，从而影响第一个倍增极的光电子接收效率。

（3）冷却时要防止入射窗凝结水汽，以免引起入射光的散射，以免在管壳上引起高压电击穿和漏电流。

（4）制冷温度不能过低，否则，可能会引起光电阴极和倍增极材料的损坏，或者使玻璃管壳封结处裂开。

5. 伏安特性

1）阴极伏安特性

当入射到光电倍增管阴极面上的辐射通量一定时，阴极电流 I_K 与阴极和第一个倍增极之间的电压（简称阴极电压 U_K）关系曲线称为阴极伏安特性曲线。图 3.11 为不同辐射通量下的阴极伏安特性曲线。从该图中可知，当阴极电压较小时，阴极电流 I_K 随 U_K 的增大而增大，直到 U_K 大于一定值（几十伏特）后，阴极电流 I_K 才趋向饱和且与入射到阴极面上的辐射通量 $\Phi_{e,\lambda}$ 呈线性关系。

2）阳极伏安特性

当入射到光电倍增管阳极面上的辐射通量一定时，阳极电流 I_a 与阳极和末级倍增极之间的电压（简称阳极电压 U_a）关系曲线称为阳极伏安特性曲线。图 3.12 为不同辐射通量下的阳极伏安特性曲线。从阳极伏安特性曲线可以看出，阳极电压较小时（例如，小于 40V），阳极电流随阳极电压的增大而增大。当阳极电压较低时，被增大的电流不能完全被较低电压的阳极接收，这一区域称为饱和区。当阳极电压增大到一定程度后，被增大的电流已经能够完全被阳极接收，阳极电流 I_a 与入射到阳极面上的辐射通量 $\Phi_{e,\lambda}$ 呈线性关系，即

$$I_a = S_a \Phi_{e,\lambda} \tag{3-27}$$

此时，阳极电流与阳极电压的变化无关。因此，可以把光电倍增管的射出特性等效为恒流源。

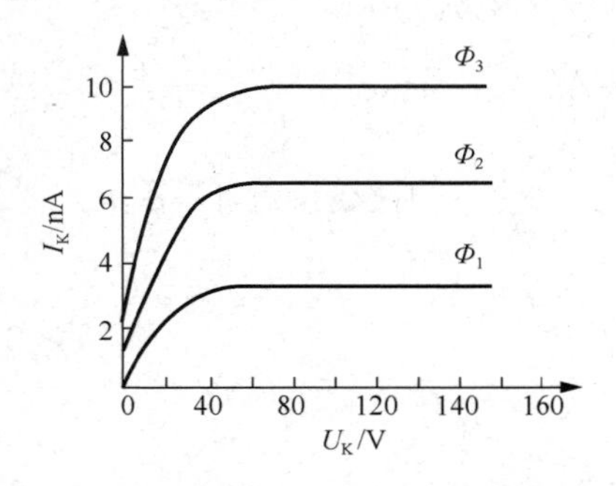

图 3.11　不同输射通量下的阴极伏安特性曲线

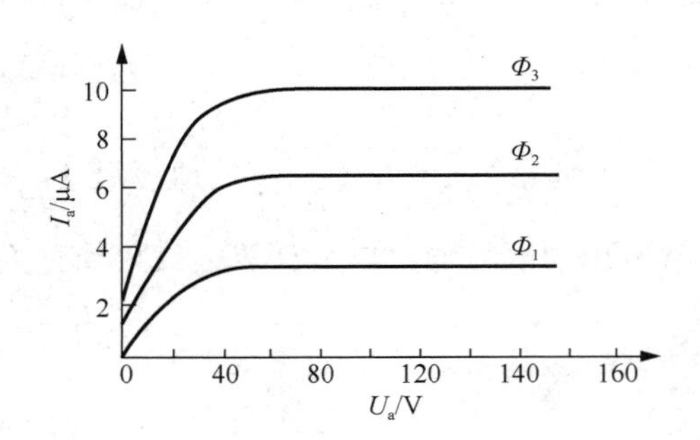

图 3.12　阳极伏安特性曲线

6. 线性

光电倍增管具有很宽的动态范围，能够在很大的发光强度变化范围内保持线性。但是，如果入射的辐射通量过大，输出电流就会偏离理想的线性。光电倍增管的线性一般由它的阳极伏安特性表示，线性是光电探测系统中的一个重要指标。线性不仅与光电倍增管的内部结构有关，还与供电电路及信号输出电路等有关。造成非线性的原因可分为两类：

（1）内因，即空间电荷、光电阴极电阻率、聚焦或接收效率等的变化。

（2）外因，光电倍增管输出电流在负载电阻上产生的压降对末级倍增极电压产生负反馈和电压的再分配，都可能破坏输出电流的线性。

3.4　光电倍增管的供电电路和信号输出电路

正确使用光电倍增管的关键在于其供电电路的设计。光电倍增管的供电电路有很多种，可以根据应用的情况设计出各具特色的供电电路。下面介绍常用的光电倍增管供电电路和信号输出电路。

3.4.1　供电电路

1. 锥形电阻分压电路

从光电倍增管的工作原理可知，它必须工作在高压状态下，而且光电倍增管对高压电源的稳定性要求比较高。一般电源电压的稳定性应比光电倍增管所要求的电压稳定性约高

10 倍。在精密的光辐射测量中，通常要求电源电压的不稳定性为 0.01%～0.05%。

光电倍增管的光电阴极和阳极之间的供电电压一般为 900～2000V，各个倍增极电压为 80～150V。光电倍增管各个电极的电位按照阴极、各个倍增极、阳极的次序递增，并建立了依次递增的可使电子加速的电场。要使光电倍增极具有稳定的增益，就需要在各个倍增极之间用稳定的电压差对电子进行加速。常用的供电电路为均分电压电路和锥形电阻分压电路。在高能物理等高脉冲输出应用时，光电倍增极的极间电压保持不变，随着入射的辐射通量的增大，输出电流会在某一点出现饱和。这是因为随着各个电极之间的电荷密度的增加，逐渐增强的空间电荷效应扰乱了电子束。为了降低空间电荷效应的影响，应适当提高施加在电荷密度较高的后几个倍增极和阳极上的电压，增强后几个倍增极和阳极的电压梯度。基于这种考虑，一般使用锥形电阻分压电路。使用锥形电阻分压电路所得的脉冲线性度比使用均分压电路提高了 5～10 倍。

2. 锥形电阻分压电路的接地方式

光电倍增极的供电电路有两种接地方式：阳极接地和阴极接地。

（1）当采用阳极接地时，供电电路为负高压供电电路，如图 3.13 所示。在负高压供电下，由于光电倍增极阳极电位与地接近，可将光电倍增极作为电流源，从阳极输出的电流或电压信号可直接与前置放大器耦合，不会损失直流成分。但是，将阳极接地会使光电倍增极的管壳与接地端或磁屏蔽筒的电场相作用，导致电子撞击管壳内壁，从而产生噪声。

（2）当采用阴极接地时，供电电路为正高压供电电路，如图 3.14 所示。由于光电倍增极阳极的高压会产生寄生电容，必须增加高压隔直电容，所以只能在脉冲工作方式下使用。阳极高压的通断会对后续电路形成冲击，使信号处理较为复杂，在后续电路中需要增加保护稳压管。因此，只有在要求极高的信噪比和低本底噪声时才使用阴极接地。正高压可以减少光电倍增极阴极面附近的电场的干扰，也可以减少因电子轰击管壳内壁造成的荧光而带来的噪声。

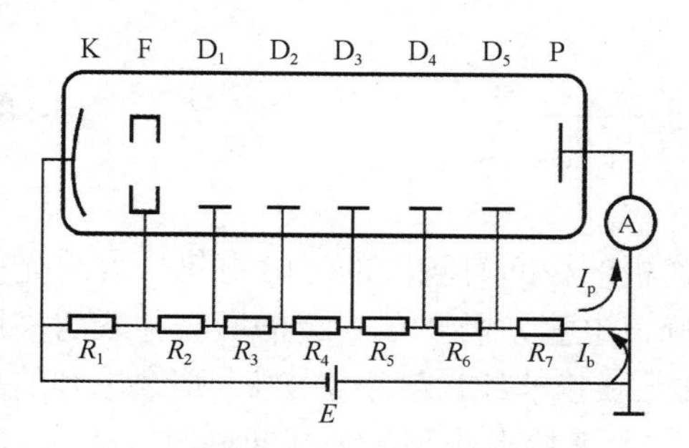

图 3.13　阳极接地时的负高压供电电路

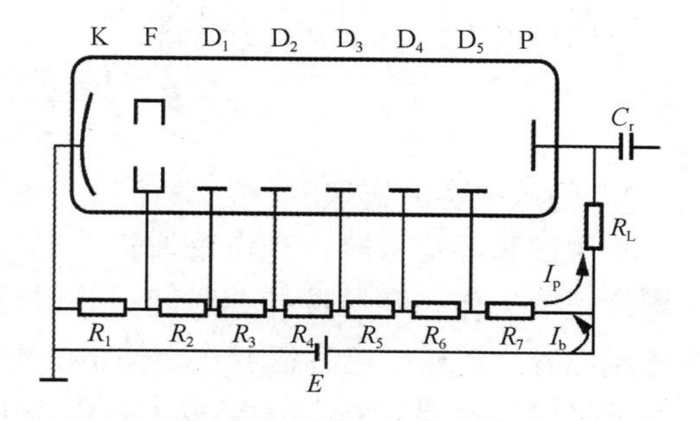

图 3.14　阴极接地时的负高压供电电路

3. 最佳工作电压

对于同一个光电倍增极，当工作电压上升时，脉冲计数率会迅速增加，这一特性称为坪特性。光电倍增极输出信号噪声幅度随着光电倍增极工作电压的变化而变化。当工作电压增大到一定程度后，若继续增大，脉冲计数率不再明显增加，此时，出现坪区。质量优良的光电倍增极坪区长且平坦，没有坪区的光电倍增极不能使用。光电倍增极最佳工作电压就是信噪比（SNR）最大的坪区，如图 3.15 所示。

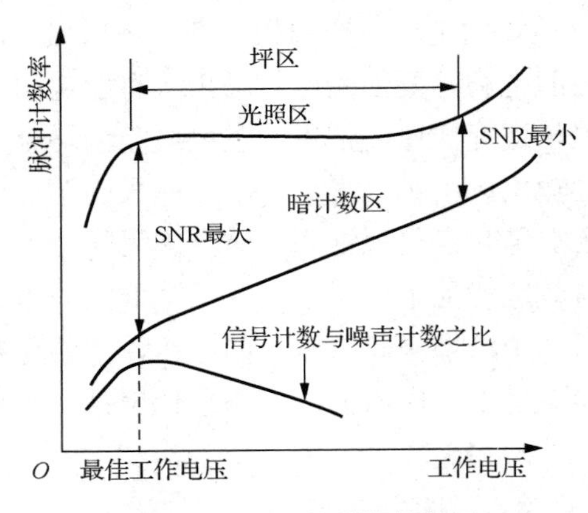

图 3.15　光电倍增极的坪区

4. 分压电阻和稳压电容的选择

1）分压电阻值的确定

采用锥形电阻分压电路时，随着光电倍增管倍增极电流的增大，分压器分流的电流越大，容易导致极间电压不稳定，尤其是靠近阳极的后几个倍增极会导致增益减小，光特性变差。若要求测量信号的非线性度小于 1%，则需要分压器电流是阳极最大电流的 50 倍以上，一般情况下，选取 $I_R \geqslant 10I_{\mathrm{a}}$，但是其值也不宜太大，否则，会导致分压电阻的功耗增大。分压电阻的功耗过大，会使光电倍增的管壳内温度明显升高，从而增加热电子发射数量，导致噪声增大。

对于锑化铯倍增极材料，根据式（3-15），光电倍增管的增益为

$$G=(0.2)^N U_{\mathrm{DD}}^{0.7N}$$

阳极电流 $I_{\mathrm{a}}=GS_{\mathrm{K}}\varPhi_{\mathrm{em}}$，其中 $\varPhi_{\mathrm{em}}$ 为入射到光电倍增管光敏面上的最大辐射通量。

根据 $I_R \geqslant 10I_{\mathrm{a}}$，可知分压电阻为

$$R_i=\frac{U_{\mathrm{DD}}}{I_R}\leqslant\frac{U_{\mathrm{DD}}}{10I_{\mathrm{a}}}=\frac{U_{\mathrm{DD}}}{GS_{\mathrm{K}}\varPhi_{\mathrm{em}}} \tag{3-28}$$

2）稳压电容的选取

在测试脉冲信号时，光电倍增管的后几个倍增极的极间有较大的瞬时电流。为使光电倍增管正常工作，在脉冲持续时间里获得较大的峰值电流，需要在末级倍增极并联耐高压的稳压电容。该稳压电容值取决于输出的电荷。如果要求非线性度小于 1%，那么电容的耐压值末级倍增极要达到 2000V 以上，稳压电容 C 的取值要求达到每个脉冲输出电荷的 100 倍以上，即

$$C>\frac{100I_{\mathrm{a}}\tau}{U_{\mathrm{DD}}} \tag{3-29}$$

式中，τ 为脉冲持续时间，U_{DD} 为倍增极的极间电压。

3.4.2 信号输出电路

1. 用负载电阻实现电流与电压的转换

光电倍增管的信号输出电路如图 3.16 所示。该电路中的负载电阻为 R_L，光电倍增管的输出电容（包括连接线电容等杂散电容）为 C_s，那么截止频率可以由式（3-30）给出，即

$$f_c = \frac{1}{2\pi C_s R_L} \tag{3-30}$$

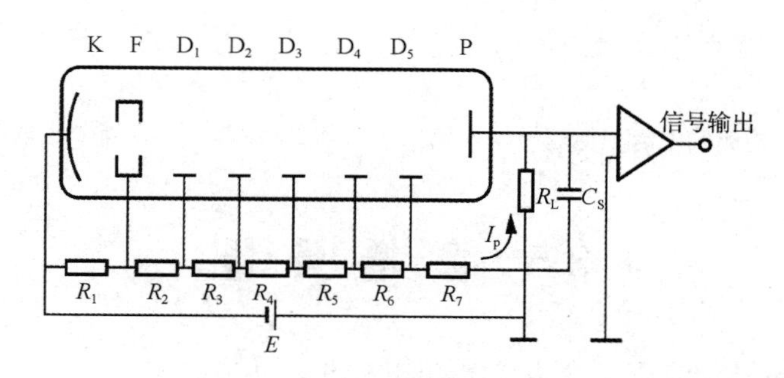

图 3.16 光电倍增管的信号输出电路

由此可见，即使光电倍增管和放大电路有较高的响应速度，其响应能力还是被限制在由后继输出电路决定的截止频率 f_c 以内。而且，如果负载电阻非必要地增大，就会导致末级倍增极与阳极之间电压的下降，增加空间电荷，使输出的信号线性度变差。

要确定一个最佳的负载电阻值，还必须考虑连接到光电倍增管上的放大器的输入阻抗 R_{in}。因为光电倍增管的有效负载电阻 R_0 为 R_L 和 R_{in} 的并联电阻，所以 R_0 的阻值要小于 R_L。

从上面的分析可知，选择负载电阻时要注意以下 3 个方面的问题：

（1）在频率响应要求比较高的场合，负载电阻应尽可能小一些。

（2）当对输出电流的线性度要求较高时，所选择的负载电阻应使输出电流在它上面产生的压降在几伏以下。

（3）负载电阻应比放大器的输入阻抗小得多。

2. 用运算放大器实现电流与电压的转换

图 3.17 为一个由运算放大器构成的电流与电压转换电路。由于该运算放大器的输入阻抗非常大，因此光电倍增管的输出电流被阻隔在运算放大器的反相输入端外。一方面，大部分输出电流流过反馈电阻 R_f，这样一个值为 I_pR_f 的电压就分配在 R_f 上。另一方面，该运算放大器的开环增益高达 10^5，其反相输入端的电位与正相输入端的电位（地电位）保持相等（虚地）。因此，该运算放大器的输出电压 U_o 等于分配在反馈电阻 R_f 上的电压，即

$$U_o = -I_p R_f \tag{3-31}$$

理论上，使用前置放大器进行电流与电压转换的精度可为该前置放大器的开环增益的倒数。

为防止光电倍增管输出高压，采用如图 3.18 所示的由一个电阻 R_p 和两个二极管 VD_1 及 VD_2 组成的保护电路，可以防止前置放大器被高压损坏。这两个二极管应有最小的漏电

流和结电容，通常采用一个小信号放大晶体管或场效应管（FET）的发射结。如果选用的 R_p 值太小，它将不能有效地保护电路；但是，如果其值太大，就会在测量大电流时产生误差。一般情况下，R_p 值的选择范围为几千欧至几十千欧。

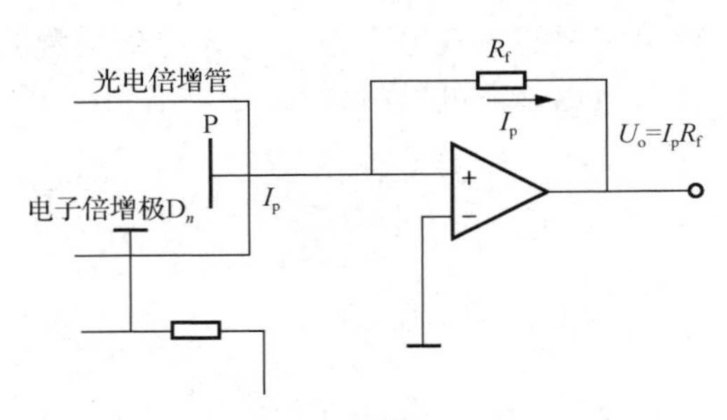

图 3.17　由运算放大器构成的电流与电压转换电路

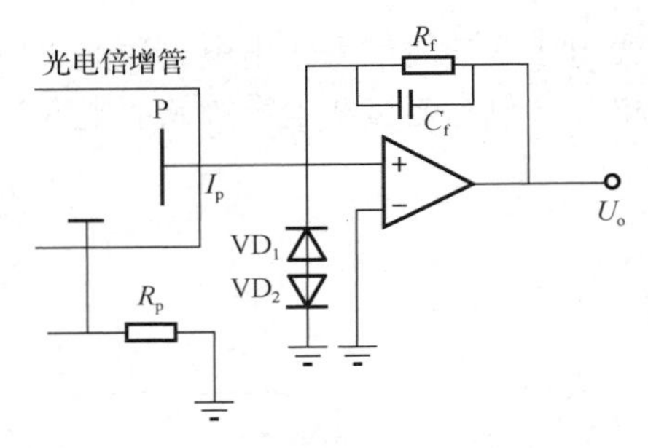

图 3.18　前置放大器的保护电路

3.5　像增强器

像增强器又称微光管或像管，其实物如图 3.19 所示。在狭义上，像增强器是能将微弱光（如夜空的星光）照射下的景物通过光电阴极的光电子转换、电子倍增器的增强和荧光屏的电光转换，显示成可见图像的一类成像器件；在广义上，像增强器是一类多波段、多功能的光电子成像器件，可用来对紫外线、红外线、近红外线、X 射线和 γ 射线照射下的景物进行探测、增强和成像，或者为电视摄像器件提供像增强前级器件，从而使它们在微光夜视/夜盲助视/天文观测/X 射线（或 γ 射线）成像、医疗诊断和高速电子摄影等技术中得到广泛应用。

图 3.19　像增强器实物

像增强器的物理机制是用光电子转换、电子倍增和电光显示过程的若干规律描述的。为了使微弱光或不可见的辐射图像通过光电成像系统变成可见图像，像增强器应能起到变换光谱、增强光亮度和成像的作用。像增强器从性能和结构上分为第一代像增强器、第二代像增强器、超二代像增强器、第三代像增强器和第四代像增强器，下面对这 5 类像增强器做简单介绍。

3.5.1　第一代像增强器

第一代像增强器通常由光电阴极、电子光学透镜和荧光屏等部件组成，光电阴极在景物输入光子的激发下，产生相应的光电子图像，从而将微弱光或不可见的辐射图像转换成电子图像。具体过程如下：在超高真空管内，电子光学系统对光电子施加很强的电场，使这些光电子获得能量，并受电子光学透镜聚焦（偏转），以高能量轰击荧光屏，使之发射出比入射光的发光强度大得多的光，从而产生人眼可见的相应光电子图像，实现光亮度的增强。第一代像增强器中所用的光电阴极为多碱光电阴极，常用的结构形式是透射式，因而这类阴极应该是半透明的，这可以通过选择透明的基材实现，常用的基材有玻璃和纤维面板等。此外，光电阴极的制作必须在真空中进行。

第一代像增强器有单级像增强器和多级像增强器，单级像增强器的光亮度往往不够高，需要使用多级像增强器实现光亮度的增强。多级像增强器是由单级像增强器耦合起来的，称为级联管。级联管的级间耦合现在全部采用光学纤维面板。为了增强图像的光亮度，必须注意荧光屏和后级光电阴极的光谱匹配，即荧光屏发射的光谱峰值与光电阴极的峰值波长接近，而最后一级荧光屏的发射光谱特性应与人眼的明视觉光谱光视效率曲线相一致。

3.5.2 第二代像增强器

第二代像增强器的研究始于20世纪60年代，以探索新的电子倍增器——微通道板开始，主要目的是克服第一代像增强在微光夜视方面的缺点。按聚焦方式，第二代像增强器分锐聚焦像增强器和近聚焦像增强器两种。

（1）锐聚焦像增强器。其结构类似单级像增强器，但在荧光屏前放置微通道板，称为倒像管。其工作原理如下：由光纤面板上的光电阴极发射电子图像，经静电透镜聚焦在微通道板上；微通道板将电子图像倍增后，在均匀电场作用下电子图像投射到荧光屏上。因为在荧光屏上所形成的像对于光电阴极来说是倒像，所以称为倒像管，它具有较高的分辨率和图像质量。若改变微通道板两端电压，则可改变其增益，这种倒像管还具有自动防强光的优点。

（2）近聚焦像增强器。其中的微通道板被近距离放在光电阴极和荧光屏之间，由光电阴极发射的光电子在电场作用下，到达微通道板输入端；经电子倍增和加速后，作用于荧光屏，输出图像。这类像增强器体积小、质量小、使用方便，但图像质量和分辨率较差。

3.5.3 超二代像增强器

超二代像增强器是在第二代像增强器的基础上，通过提高光电阴极的灵敏度（灵敏度由 300～400μA/lm 提高到 600μA/lm 以上），减小微通道板噪声因数，提高输出信噪比（改进微通道板的性能）和改善调制传递函数（Modulation Transfer Function，MTF），使分辨率和输出信噪比提高到接近第三代像增强器的水平。由于超二代像增强器取得进展，因此其微光夜视技术取得了很大的突破，在很多场合已取代第二代像增强器。

3.5.4 第三代及第四代像增强器

在第二代像增强器的基础上，将 Na_2KSb（Cs）三碱光电阴极置换为 GaAs 负电子亲和势光电阴极，并采用镀离子阻挡膜的微通道板，从而制成第三代像增强器。美国研制的 GaAs 负电子亲和势光电阴极型像增强器（第三代）的光电灵敏度比第二代像增强器提高了大约一个数量级，达到 1500μA/lm，在夜视中应用的视距提高约 50%。第三代像增强器具有高灵敏度、高分辨率、宽光谱响应范围、高传递特性、长寿命、结构紧凑、能与第二代像增强器互换等优点，可以充分利用夜间自然光源，在 10^{-3}lx 或更低的光照度下，具有更高的灵敏度。第三代像增强器的作用距离较第二代像增强器提高了 30%以上。大多数第三代像增强器的光电阴极的光谱响应范围为 500～900nm。在 20 世纪 90 年代初，负电子亲和势光电阴极又有新的进展，出现了向蓝光谱区延伸和向红外线光谱区延伸的负电子亲和势光电阴极，分别被称为蓝光加强负电子亲和势光电阴极和红外线加强负电子亲和势光电阴极，其灵敏度和光谱响应又有大幅度的提高和改善。此外，还有向红外线光谱区延伸的负电子亲和势光电阴极，其光谱区延伸到 1100 nm。

第四代像增强器由美国研制成功。美国研究人员在第三代像增强器的基础上，去掉其中的离子阻挡膜，并且对电源模块进行了改进，使像增强器的性能得到很大提高，可以使像增强器在 10^{-5}lx 的光照度下更好地工作。

3.6 光电发射器件的应用

3.6.1 光电倍增管的典型应用

光电倍增管具有极高的灵敏度和快速响应等特点，目前它是最常用的光电发射器件之一，可用于多场合。下面列举光电倍增管的典型应用。

1. 光谱测量

光电倍增管可以用来测量辐射光谱在狭窄波长范围内的辐射功率，广泛应用于生产过程的控制仪器、元素的鉴定分析仪器、各种化学分析仪器和冶金学分析仪器中。这些仪器中的光谱范围比较宽，例如，可见光分光光谱仪的波长范围为 380～800nm，紫外线-可见光分光光谱仪的波长范围为 185～800nm，因此需采用宽光谱范围的光电倍增管。为了能更好地与分光单色仪的长方形狭缝匹配，通常使用侧窗式光电倍增管。

发射光谱仪也用到光电倍增管，该光谱仪的基本原理示意如图 3.20 所示。采用电火花、电弧和高频高压对气体进行等离子激发、放电，使被测物中的原子或分子被激发发光从而形成被测光源；被测光源发出的光经狭缝进入光谱仪后，被凹面反光镜 1 聚焦到平面光栅上，光栅将其光谱展开，入射到凹面反光镜 2 上的发散光谱被凹面反光镜 2 聚焦到光电探测器件的光敏层上，光电探测器件将被测光谱能量转变为电流或电压信号。由于光栅转角是光栅闪耀波长的函数，因此测出光栅转角，便可获得被测光源的波长；发射光谱的波长分布与被测元素化学成分的信息关联，光谱的强度体现出被测元素化学成分的含量和浓度。用光电倍增管作为光电探测器件，不但能够快速地检测浓度极低的被测元素含量，还能检测瞬间消失的光谱信息。由于光电倍增管的光谱响应带宽的限制，因此在中、远红外线波段的光谱探测中，还要利用 $Hg_{1-x}Cd_xTe$ 系列光电导探测器件或硫酸三甘肽（TGS）等热释电探测器件等，作为红外探测器件。当然，利用电荷耦合元件（Charge Coupled Device，CCD）等集成光电器件探测光谱，实现多通道光谱特性的探测。

2. 光子计数

由于光电倍增管的放大倍数很大，所以常用来进行光子计数。使用光电倍增管探测极微弱的光场时，光子计数法是有效的方法，该方法在天文光度测量、化学发光和生物发光等领域有较多应用。

入射的光子在光电倍增器件上产生光电子，光电子经过倍增系统倍增产生脉冲信号，这种脉冲称为单光电子脉冲。计数电路探测到的脉冲幅度分布如图 3.21 所示。其中，幅度较小的脉冲是光电探测器件的噪声脉冲，主要成分是热噪声；幅度较大的脉冲是单光电子。通过鉴别电平，可以把幅度高于单光电子脉冲幅度的脉冲鉴别出来并输出，以实现光子计数。

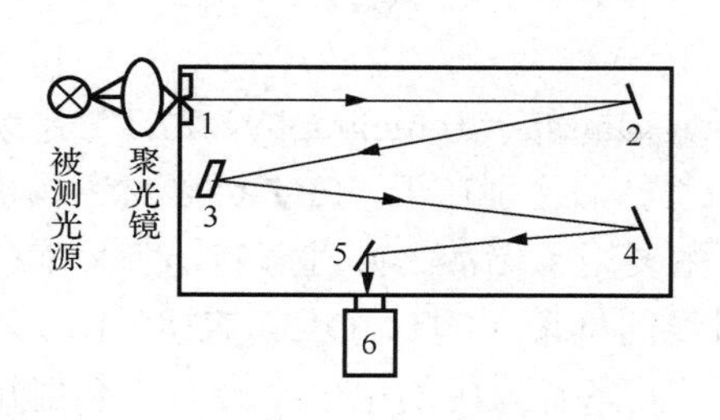

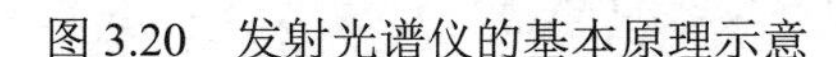

图 3.20 发射光谱仪的基本原理示意

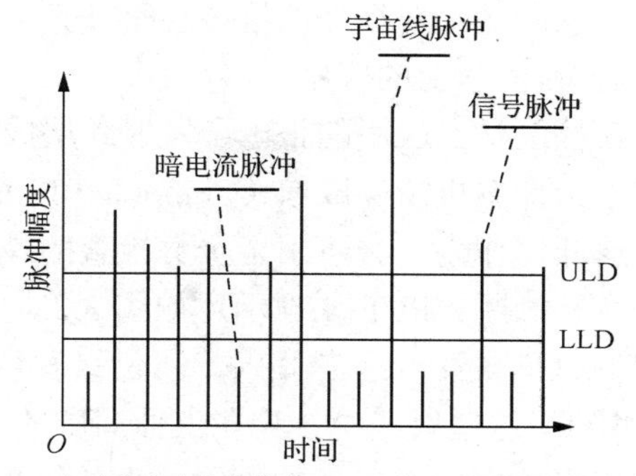

图 3.21 脉冲幅度分布

当可见光的光功率低于 1.0×10^{-12}～1.0×10^{-14}W 时，光电倍增管的光电阴极上产生的光电流不再是连续的。这时，光电倍增管输出离散的数字脉冲。当有一个光子发射到光电阴极上，就会产生一定数量的光电子。这些光电子在电场的作用下，经过倍增极倍增，输出相应的电脉冲。输出的电脉冲数量与光子数量成正比，对这些电脉冲进行计数，就能确定光子的数量。

光电倍增管光子计数器主要采用可逐个记录单光电子产生的脉冲数量的探测技术。常用的光子计数器主要由光电倍增管、宽带放大器、鉴别器、数模转换器组成，其原理如图 3.22 所示。由于输出脉冲的频率较高，因此采用数模转换器的计数器受自身速度的限制，其计数的精度和速度都比较有限。随着半导体技术和大规模可编程逻辑器件的发展，可在可编程逻辑器件内部构建计数器，以此作为计数单元可快速并精确地计数光子。

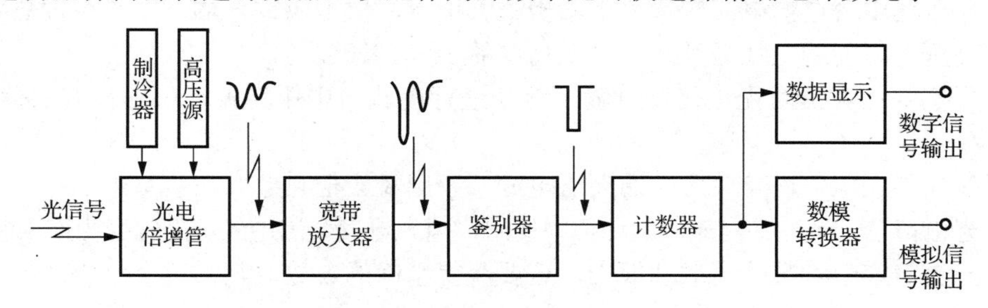

图 3.22 光子计数器原理

光子计数在需要高分辨率的光谱测量、非破坏性物质分析、高速现象检测、精密分析、大气污染物测量、生物发光、放射探测、高能物理、天文测光、光时域反射、量子密钥分发系统等领域广泛应用。国外已研制出一种不仅可以探测单光子的强度，还可以探测其位置的二维平面像探测器件。

3．射线探测

1）闪烁计数

闪烁计数应用于物质的年代分析和生物化学等领域。闪烁计数法是将闪烁晶体与光电倍增管结合在一起探测高能粒子的有效方法。当高能粒子辐射到闪烁晶体上时，产生光辐射并由光电倍增管转化为电信号。光电倍增管输出脉冲的幅度与高能粒子的能量成正比。

需要注意的是，选择光电倍增管时，必须考虑其与闪烁晶体的发光谱线相匹配。

2）在医学上的应用

在核医学上应用的正电子发射断层成像（Positron Emission Tomography，PET）系统与一般电子计算机断层成像（Computed Tomography，CT）的区别在于，PET 可以对生物机能进行诊断。作为一种可用于全身检查的技术，PET 主要用于癌症、心脏病甚至痴呆症的早期普查和诊断。PET 原理示意如图 3.23 所示，以射线同位素（C11、O15、N18、F18 等）标识的试剂被注入患者体内，同位素发射出的正电子同患者体内的电子结合时，发射出淬灭γ射线，这些射线由排列在人体周围的光电倍增管与闪烁晶体组合的探测器件接收，可以确定患者体内淬灭电子的位置，由计算机生成患者体内正电子同位素分布的断层图像。目前，PET 专用的超小型四角状、快速响应的光电倍增管已经批量生产。

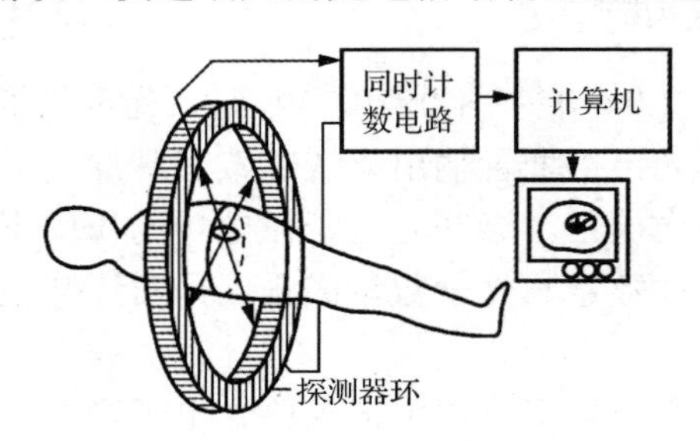

图 3.23　PET 原理示意

在测量中，除了要正确使用光电倍增管，还应注意以下几点：

（1）阳极电流要小于 1μA，以减缓光电倍增管疲劳和老化效应。

（2）分压器中流过的电流应远大于阳极最大电流，但不应过分加大，以免发热。

（3）高压电源的稳定性必须达到测量精度的 10 倍以上。

（4）用运算放大器对光电倍增管输出信号进行电流与电压转换，可获良好的信噪比和线性度。

（5）在使用光电倍增管前应接通高压电源，不用时应把它储存在暗室中。

（6）光电倍增管不能在有氦气的环境中使用，因为氦气会渗透到玻璃管壳内而引起噪声。

（7）光电倍增管参数的离散性很大，若要获得精确的参数，则需逐个测定。

3.6.2　像增强器的典型应用

像增强器广泛应用于微光夜视仪中。当对微光夜视仪系统的体积要求较严格时，可以选用高性能超二代像增强器；当对微光夜视仪系统的视距要求较高或对微光夜视仪系统进行改造时，也可以选用高性能超二代像增强器。

常用微光夜视仪在光学系统形式上主要分为两种：单通道和双通道。这两种形式的光学系统的基本结构大致相同，如图 3.24 所示。这类光学系统采用像增强器，成本相对较低，装配、调试、使用都很简单。为了得到与像增强器一致的辐射通量，物镜的通光口径需要大幅度提升，而且只能简单使用折反射式结构。微光夜视仪的光学原理如下：被观察目标所反射的自然微光（如星光）被物镜收集，聚焦在像增强器的光电阴极面上，在光电阴极面上形成一个倒立的像。从光电阴极面上射出的光电子经过光电倍增器的放大作用，轰击荧光屏上的荧光粉，在荧光屏上形成被观察目标的正像，正像经过目镜放大，供人眼观察。

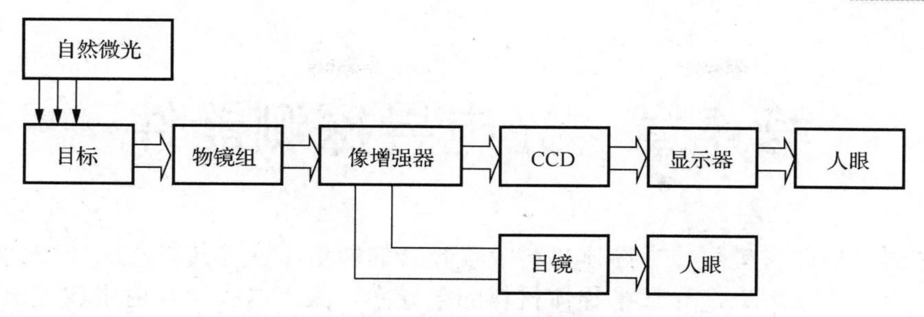

图 3.24 常用微光夜视仪的基本结构

思考与练习

3-1 试简述负电子亲和势光电阴极的能带结构。它具有哪些特点？

3-2 光电发射和二次电子发射有哪些不同？简述光电倍增管的工作原理。

3-3 真空光电倍增管的倍增极有哪几种结构？各有什么特点？

3-4 什么是光电倍增管的增益特性？光电倍增管的各个倍增极的发射系数 δ 与哪些因素有关？主要的因素是什么？

3-5 光电倍增管产生暗电流的原因有哪些？如何降低暗电流？

3-6 光电倍增管的供电电路分为负高压供电电路与正高压供电电路，试说明两种供电电路的特点。

3-7 光电倍增管的主要噪声是什么？在什么情况下热噪声可以被忽略？

3-8 如果 GDB235 的阳极最大输出电流为 2mA，那么入射到光电阴极面上的辐射通量不能超过多少？

3-9 如果光电倍增管 GDB44F 的光电阴极光照灵敏度为 0.5μA/lm，其阳极光照灵敏度为 50A/lm，长期使用时阳极的允许电流应限制在 2μA 以内。问：

（1）光电阴极面上允许的最大辐射通量是多少？

（2）当阳极电阻为 75kΩ 时，其最大的输出电压是多少？

第 4 章 光电导探测器件

当光照到半导体材料时，半导体材料吸收光子的能量，使非传导态电子变为传导态电子，引起载流子浓度增大，导致半导体材料的电导率增大。这类由辐射引起被照射半导体材料电导率变化的物理现象称为光电导效应。光电导探测器件是利用半导体材料的光电导效应制成的，由于光电导效应引起的电导率变化也表现为器件电阻值的变化，因此光电导探测器件也称为光敏电阻。光电导探测器件在军事和国民经济的各个领域有广泛的用途。例如，在可见光波段或近红外线波段，光电导探测器件主要用于射线的测量和探测、工业自动控制、光亮度计量等；在红外线波段，光电导探测器件主要用于导弹制导、红外热成像、红外遥感等方面。

4.1 光电导探测器件的工作原理与结构特点

光电导探测器件的是利用半导体材料的光电导特性与辐射通量的变化关系制作而成的。一般使用时，将光电导探测器件两端用导线连接成通路。当它受到不同辐射通量的光照时，在通路中形成大小不同的光电流或光电压，从而探测光照度的变化。

4.1.1 光电导原理

光电导探测器件的工作原理示意及其符号如图 4.1 所示。如果辐射通量为 $\Phi_{e,\lambda}$ 的单色光入射到半导体材料上时，波长为 λ 的单色光全部被吸收，那么光敏层单位时间（每秒）吸收的量子数为

$$N_{e,\lambda}=\frac{\Phi_{e,\lambda}}{h\nu l_x l_y l_z} \tag{4-1}$$

式中，l_x，l_y，l_z 分别为光敏层的高度、宽度、长度；h 为普朗克常数；ν 为频率。

光敏层每秒产生的电子数为

$$G_e=\eta N_{e,\lambda} \tag{4-2}$$

式中，η 为半导体材料的量子效率。

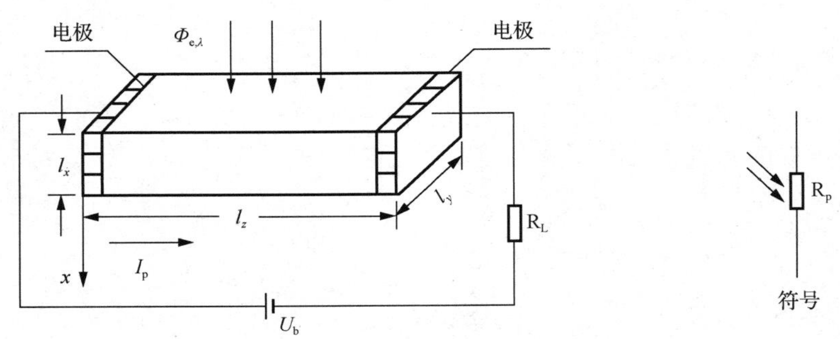

图 4.1 光电导探测器件的工作原理示意及其符号

在热平衡状态下，半导体材料的热激发电子产生率 G_t 与热激发电子复合率 r_t 相平衡。因此，光敏层内电子总产生率为

$$G_e + G_t = \eta N_{e,\lambda} + r_t \tag{4-3}$$

在光敏层内除了产生电子和空穴，电子与空穴同时也复合。当导带中的载流子复合率为 K_f、光电子浓度为 Δn、光生空穴浓度为 Δp、热激发电子浓度和热激发空穴浓度分别为 n_t 和 p_t 时，导带中的电子与价带中的空穴的总复合率可表示为

$$R = K_f(\Delta n + n_t)(\Delta p + p_t) \tag{4-4}$$

同样，热激发电子复合率 r_t 与导带内热激发电子浓度 n_t 及价带内热激发空穴浓度 p_t 的乘积成正比，即

$$r_t = K_f n_t p_t \tag{4-5}$$

在热平衡状态下，载流子的产生率和复合率相等，即

$$\eta N_{e,\lambda} + K_f n_t p_t = K_f(\Delta n + n_t)(\Delta p + p_t) \tag{4-6}$$

在非平衡状态下，载流子的时间变化率应等于载流子的总产生率与总复合率之差，即

$$\begin{aligned}\frac{d\Delta n}{dt} &= \eta N_{e,\lambda} + K_f n_t p_t - K_f(\Delta n + n_t)(\Delta p + p_t) \\ &= \eta N_{e,\lambda} - K_f(\Delta n\Delta p + \Delta p n_t + \Delta n p_t)\end{aligned} \tag{4-7}$$

在不同的辐射通量下，光电子浓度表示如下：

（1）在小辐射通量下，光电子浓度Δn 远小于热激发电子浓度 n_t，光生空穴浓度Δp 远小于热激发空穴浓度 p_t。考虑到本征吸收的特点：$\Delta n = \Delta p$，因此，根据式（4-7）所示的微分方程，并结合初始条件：当 $t = 0$ 时，$\Delta n = 0$，求解该微分方程，可得

$$\Delta n = \eta\tau N_{e,\lambda}\left(1 - e^{\frac{-t}{\tau}}\right) \tag{4-8}$$

式中，τ 为载流子的平均寿命。由式（4-8）可知，光电子浓度随时间按指数规律增大，当 $t \gg \tau$ 时，光电子浓度Δn 达到稳态值，即达到动态平衡状态。

设半导体材料的光电导为 g，l_x，l_y，l_z 为该半导体材料光敏层的高度、宽度和长度，则

$$g = \Delta\sigma l_x l_y = \frac{\eta\tau q\mu l_x l_y}{l_z} N_{e,\lambda} = \frac{\eta q\tau\mu}{h\nu l_z^2}\Phi_{e,\lambda} \tag{4-9}$$

式中，μ 为总迁移率，即电子迁移率 μ_n 与空穴迁移率 μ_p 之和；$\Delta\sigma$ 为半导体材料电导率的变化量；q 为电子电荷。

由此可得半导体材料在小辐射通量下的光电导灵敏度，即

$$S_g = \frac{dg}{d\Phi_{e,\lambda}} = \frac{\eta q\tau\mu\lambda}{hcl_z^2} \tag{4-10}$$

可见，S_g 与材料性质有关，其值与半导体材料两极之间的长度 l_z 的平方成反比。为提高光电导探测器件的光电导灵敏度 S_g，需要将光电导探测器件的形状制造成蛇形。

（2）在大辐射通量下，$\Delta n \gg n_t$，$\Delta n \gg p_t$，利用初始条件：$t = 0$ 时，Δn=0，求解非平衡状态载流子时间方程，可得如下公式：

$$\Delta n = \left(\frac{\eta N}{K_f}\right)^{\frac{1}{2}} \tanh\left(\frac{t}{\tau}\right) \tag{4-11}$$

显然，在大辐射通量下，半导体材料的光电导与入射光辐射通量之间的关系为

$$g = q\mu\left(\frac{\eta l_x l_y}{h\nu K_{\mathrm{f}} l_z^3}\right)^{\frac{1}{2}} \Phi_{\mathrm{e},\lambda}^{\frac{1}{2}} \tag{4-12}$$

由式（4-12）可知，两者的关系曲线为抛物线。

$$\mathrm{d}g = \frac{l_z}{2\left[q\mu\left(\frac{\eta l_x l_y}{h\nu K_{\mathrm{f}} l_z^3}\right)^{\frac{1}{2}} \Phi_{\mathrm{e},\lambda}^{\frac{1}{2}}\right]}\mathrm{d}\Phi_{\mathrm{e},\lambda} \tag{4-13}$$

式（4-13）表明，半导体材料的光电导不仅与该材料的性质有关，而且与入射光辐射通量有关，是非线性的。

综上所述，半导体材料的光电导与入射光辐射通量的关系如下：在入射光辐射通量很小的情况下两者呈线性关系；随着入射光辐射通量的增大，两者的线性度变差，当入射光辐射通量很大时，两者的关系曲线变为抛物线。

4.1.2 光电导探测器件的结构特点

由图 4.1 可知，在一块半导体材料的两端加上电极并从电极上连接引线，把它们封装在带有入射窗的金属或塑料外壳内，就组成光电导探测器件的基本结构。光电导探测器件在实际工作时需要外加电源和负载将光电流引出，但无极性之分。

以 N 型半导体材料制作的光电导探测器件为例。根据平衡状态下的半导体材料的电导率公式可知，若无光照时，本征半导体材料的电导率为σ_0，则光电导探测器件的暗电流为

$$I_{\mathrm{d}} = \frac{V\sigma_0 A}{l_z} = \frac{qAV\left(n_0\mu_{\mathrm{n}} + p_0\mu_{\mathrm{p}}\right)}{l_z} \tag{4-14}$$

式中，A为半导体横截面面积；V为施加的电压。

受到光照时，假定每单位时间产生N个电子-空穴对，它们的寿命分别为τ_{n}和τ_{p}，那么，由于辐射激发增加的电子和空穴浓度分别为

$$\Delta n = \frac{N\tau_{\mathrm{n}}}{Al_z} \quad 和 \quad \Delta p = \frac{N\tau_{\mathrm{p}}}{Al_z} \tag{4-15}$$

于是，半导体材料的电导率增加了$\Delta\sigma$，$\Delta\sigma = q\left(\Delta n\mu_{\mathrm{n}} + \Delta p\mu_{\mathrm{p}}\right)$，$\Delta\sigma$称为电导率变化量。由电导率变化引起的光电流为

$$I_{\mathrm{p}} = \frac{V\Delta\sigma A}{l_z} = \frac{qAV\left(\Delta n\mu_{\mathrm{n}} + \Delta p\mu_{\mathrm{p}}\right)}{l_z} = \frac{qNV}{l_z^2}\left(\tau_{\mathrm{n}}\mu_{\mathrm{n}} + \tau_{\mathrm{p}}\mu_{\mathrm{p}}\right) \tag{4-16}$$

由于光电导探测器件的光电流I_{p}与l_z的平方成反比，因此在设计光电导探测器件时常设法减小l_z。把光电导探测器件的光敏层做成蛇形，把电极做成梳状。这样，既可以保证有较大的受光表面，又可以减小电极之间的距离，从而减小极间电子渡越时间，有利于提高光电导灵敏度。根据光电导探测器件的设计原则，可以设计出如图 4.2 所示的 3 种光电导探测器件的基本结构。

图 4.2（a）所示为梳状结构，在由玻璃制成的绝缘衬底上蒸镀梳状金属膜而制成梳状结构，或者绝缘衬底表面蚀刻成互相交叉的梳状槽，在梳状槽内填入黄金或石墨等导电物质，在其表面涂敷一层光敏材料。图 4.2（b）所示为蛇形结构，在绝缘衬底上直接涂敷光

敏材料膜后而制成蛇形结构。图 4.2（c）所示为刻线结构，在绝缘衬底上镀一层薄的金属箔，将其刻成栅状槽，然后在栅状槽内填入光电导探测器件材料层而制成刻线结构。

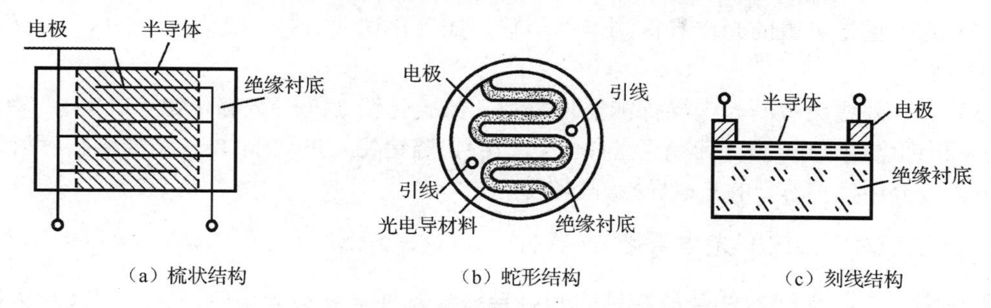

（a）梳状结构　（b）蛇形结构　（c）刻线结构

图 4.2　3 种光电导探测器件的基本结构

4.2　光电导探测器件材料及结构特点

光电导探测器件材料多为本征半导体材料，常用光电导探测器件材料的主要特性参数（禁带宽度、光谱响应范围和峰值波长）见表 4-1。这些材料经过适当掺杂其他成分，能够增强光电导效应型光敏电阻，因此其应用较广泛。图 4.3 所示为蛇形光电导探测器件剖面结构示意。

表 4-1　常用光电导探测器件材料的主要特性参数

光电导探测器件材料	禁带宽度 E_g/eV	光谱响应范围（$\lambda_1-\lambda_2$）/nm	峰值波长 λ_{p-p}/nm
硫化镉（CdS）	2.45	400～800	515～550
硒化镉（CdSe）	1.74	680～750	720～730
硫化铅（PbS）	0.40	500～3000	2000
碲化铅（PbTe）	0.31	600～4500	2200
硒化铅（PbSe）	0.25	700～5800	4000
硅（Si）	1.12	450～1100	850
锗（Ge）	0.66	550～1800	1540
锑化铟（InSb）	0.16	1000～7000	5500
砷化铟（InAs）	0.33	1000～4000	3500

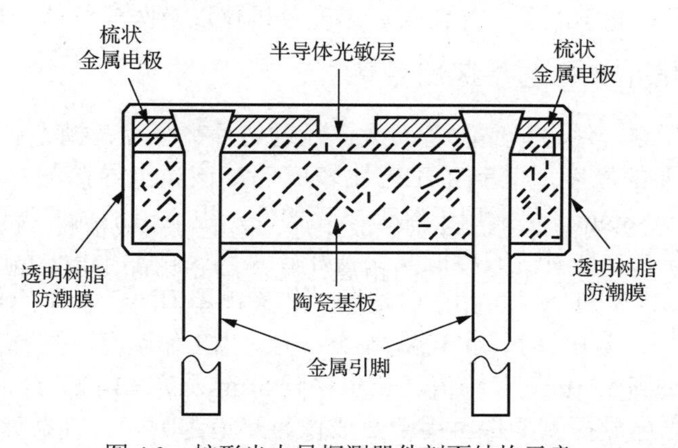

图 4.3　蛇形光电导探测器件剖面结构示意

光电导探测器件材料按光谱特性及最佳工作波长范围，基本上可分为 3 类。

（1）对紫外线灵敏的光电导探测器件材料，如硫化镉（CdS）和硒化镉（CdSe）等。

（2）对可见光灵敏的光电导探测器件材料，如硫化铊（TiS）、硫化镉（CdS）和硒化镉（CdSe）等。

（3）对红外线灵敏的光电导探测器件材料，如硫化铅（PbS）、碲化铅（PbTe）、硒化铅（PbSe）和锑化铟（InSb）、碲镉汞（$Hg_{1-x}Cd_xTe$）、碲锡铅（$Pb_{1-x}Sn_xTe$）和锗掺杂材料等。

下面，介绍几种典型的光电导探测器件。

1. 硫化镉（CdS）光电导探测器件

硫化镉光电导探测器件是最常见的光电导探测器件，它的光谱响应特性最接近人眼光谱光视效率，它在可见光波段范围内灵敏度最高，输出信号幅值较大，价格便宜，因此被广泛应用于灯光的自动控制及相机的自动测光等。常采用蒸发、烧结或黏结的方法制备硫化镉光电导探测器件材料，在制备过程中把 CdS 和 CdSe 按一定的比例配制；或者在 CdS 中掺入微量杂质铜（Cu）和氯（Cl），使它既具有本征光电导探测器件的光谱响应特性，又具有杂质光电导探测器件的光谱响应特性，还可使硫化镉光电导探测器件的光谱响应范围向红外线光谱区延伸，其对应的峰值波长变长。硫化镉光电导探测器件的峰值波长为 0.52μm，其亮暗电导比在 10lx 的光照度下可达 10^{11}（一般约为 10^6）数量级，它的时间常数与入射光的光照度有关，在 100lx 的光照度下约为几十毫秒。根据光谱响应范围和工作电压的不同，常见的硫化镉光电导探测器件类型可以分为 UR-74A、UR-74B、UR-74C 三类。

2. 硫化铅（PbS）光电导探测器件

硫化铅光电导探测器件是对近红外线波段最灵敏的光电导探测器件，它的光谱响应和归一化探测率 D^* 与工作温度有关：随着工作温度的降低，其峰值波长和长波限将向红外线波段延伸，并且归一化探测率 D^* 增加。在室温下工作时它的响应波长可达 3μm，峰值归一化探测率 $D_\lambda^* = 1.5\times10^{11}\,\text{cm}\cdot\text{Hz}^{1/2}/\text{W}$。被冷却到 195K（干冰温度）时，它的响应波长可达 4μm，归一化探测率 D^* 可提高一个数量级。它的主要缺点是响应时间太长，室温条件下的响应时间为 100～300μs，低温下（如 77K）的响应时间可达几十毫秒。常用真空蒸发或化学沉积的方法制备硫化铅光电导探测器件，其中的光电导体为微米级厚度的多晶薄膜或单晶硅薄膜。由于硫化铅光电导探测器件对 2μm 波长附近的红外线的探测灵敏度很高，因此，它可应用于气体检测、光学测温、光谱仪、湿度分析仪以及医疗气体分析等领域。

3. 锑化铟（InSb）光电导探测器件

锑化铟光电导探测器件由单晶制备而成，经过切片、磨片、抛光后，采用腐蚀的方法把单晶减薄到所需要的厚度，其制备工艺比较成熟。该光电导探测器件的光敏层尺寸为 0.5mm×0.5mm～8mm×8mm，可适用于制造单元器件，也适用于制造阵列器件。

锑化铟光电导探测器件对应的峰值波长刚好在大气窗口 3～5μm 光谱段，因此得到广泛应用。在温室下其长波限可达 7.5μm，峰值归一化探测率 $D_\lambda^* = 1.2\times10^9\,\text{cm}\cdot\text{Hz}^{1/2}/\text{W}$，时间常数为 2×10^{-2}μs。被冷却至 0℃时，D^* 可提高 2～3 倍，当工作温度降低到液氮温度（77K）时，长波限由 7.5μm 减小到 5.5μm，其峰值波长也移到 5μm，$D^* = 1\times10^{11}\,\text{cm}\cdot\text{Hz}^{1/2}/\text{W}$，响应时间约为 1μs。此类光电导探测器件可用于热成像、热追踪制导、辐射计及傅里叶变换红外（FTIR）光谱仪等领域。

4. 碲镉汞（$Hg_{1-x}Cd_xTe$）系列光电导探测器件

碲镉汞系列光电导探测器件是目前所有光电探测器件中性能最优良且最有应用前景的探测器件，尤其是对4～8μm波段的探测更为重要。它由化合物CdTe和HgTe两种材料的混合晶体制备而成，其中，x是指Cd组分含量，是可变禁带宽度的三元系材料的典型代表。在光电导体中，由于配制Cd组分含量的不同，可得到不同的禁带宽度E_g，从而制造出波长响应范围不同的碲镉汞系列光电导探测器件。一般组分含量x的变化范围为0.18～0.4，该系列相对应的光电导探测器件的长波限为1～30μm，常用的有1～3μm、3～5μm、8～14μm三种波长范围的光电导探测器件。例如，$Hg_{0.8}Cd_{0.2}Te$光电导探测器件的光谱响应范围为8～14μm，峰值波长为10.6μm，可与CO_2激光器的激光波长相匹配；又如，$Hg_{0.72}Cd_{0.28}Te$光电导探测器件的光谱响应范围为3～5μm，与锑化铟光电导探测器件相比，其归一化探测率D^*大一个数量级，它是目前近红外线探测器件、中红外线探测器件中性能最优良的光电导探测器件。可用于热成像、二氧化碳激光探测、FTIR光谱仪、导弹制导及光谱探测等领域。

4.3 光电导探测器件的主要特性参数

光电导探测器件是测量端与信息处理系统的中间环节，它负责把光信号变换为电信号。光电导探测器件具有灵敏度高、光谱响应特性好、使用寿命长、稳定性高、体积小及制备工艺简单等特点，在各个领域得到广泛应用。因此，对光电导探测器件的主要特性参数的测试和理解非常重要。下面介绍光电导探测器件的主要特性参数及其测量方法，其主要特性参数包括光电流、光电导增益、光谱响应特性、光电特性、伏安特性、时间响应、前历效应、温度特性等。

4.3.1 光电流及光电导增益

光电导探测器件在室温下，没受到光照且经过一定时间测量的电阻值称为暗电阻，此时在给定电压下流过的电流称暗电流。光电导探测器件在某一光照度下的电阻值，称为该光照度下的亮电阻，此时在给定电压下流过的电流称亮电流。光电流即亮电流与暗电流之差。光电导探测器件的暗电阻越大、亮电阻越小，则性能越好。也就是说，暗电流越小，光电流越大，这样的光电导探测器件的灵敏度越高。实际使用的光电导探测器件的暗电阻往往超过1MΩ，甚至高达100MΩ，而亮电阻则在几千欧以下，暗电阻与亮电阻之比为10^2～10^6。可见，光电导探测器件的灵敏度很高。

光电导增益G是表征光电导探测器件特性的一个重要参数，它表示长度为l_z的光电导体两端施加电压V后，由光照产生的光生载流子在电场作用下形成的外部光电流与光电子形成的内部电流(qN)之间的比值。由式（4-17）可得

$$
\begin{aligned}
G &= \frac{I_p}{qN} = \frac{V}{l_z^2}\left(\mu_n\tau_n + \mu_p\tau_p\right) = \frac{V}{l_z^2}\mu_n\tau_n + \frac{V}{l_z^2}\mu_p\tau_p \\
&= G_n + G_p \qquad (4\text{-}17)
\end{aligned}
$$

式中，$G_n = \frac{V}{l_z^2}\mu_n\tau_n$，为光电导探测器件中的电子增益系数；$G_p = \frac{V}{l_z^2}\mu_p\tau_p$，为光电导探测器件中的空穴增益系数。

因为速度为v_n的光电子在两个电极间的渡越时间$t_n = l_z/v_n$，又根据$v_n = \frac{\mu_n V}{l_z}$，所以渡越时间可表示为

$$t_n = \frac{l_z}{v_n} = \frac{l_z^2}{\mu_n V} \tag{4-18}$$

电子增益系数还可以表示为

$$G_n = \frac{\tau_n}{t_n} \tag{4-19}$$

同样，空穴增益系数的另一种表示形式为

$$G_p = \frac{\tau_p}{t_p} \tag{4-20}$$

在半导体中，电子和空穴的寿命是相同的，若用载流子的平均寿命τ表示它们的寿命，即$\tau = \tau_n = \tau_p$，则本征光电导探测器件的光电导增益可写成

$$G = G_n + G_p = \frac{\tau}{t_n} + \frac{\tau}{t_p} = \tau\left(\frac{1}{t_n} + \frac{1}{t_p}\right) \tag{4-21}$$

令

$$\frac{1}{t_{dr}} = \frac{1}{t_n} + \frac{1}{t_p}$$

式中，t_{dr}称为载流子渡越极间距离l_z所需的有效渡越时间，于是

$$G = \frac{\tau}{t_{dr}} \tag{4-22}$$

从上面分析可知，光电导增益可看成一个载流子的平均寿命τ与该载流子在光电导探测器件两个电极间距的有效渡越时间t_{dr}之比。因此只要载流子的平均寿命大于有效渡越时间，光电导增益就可大于1。减少两个电极的间距l_z，适当提高工作电压，对提高G值有利。若$G>1$，则单位时间流过光电导探测器件的电荷数大于光电导探测器件内部激发的电荷，从而使电流得到放大。光敏层被做成蛇形，电极被做成梳状就是因为这些形状既可以保证有较大的受光表面积，又可以减小极间距离，从而既可减小电子极间渡越时间，又有利于提高灵敏度。

4.3.2 光电特性

光电导探测器件的光电流与入射光辐射通量之间的关系称为光电特性，式（4-23）代表光电流与单色入射光的辐射通量之间的关系，即

$$I_p = q\frac{\eta \Phi_e(\lambda)}{h\nu} \cdot \frac{\tau}{t_{dr}} \tag{4-23}$$

光电导探测器件在小辐射通量和大辐射通量下表现出不同的光电特性。在小辐射通量下，τ和t_{dr}保持不变，$I_p(\lambda)$与$\Phi_e(\lambda)$成正比，即保持线性关系。在大辐射通量作用下，τ与光电子浓度有关，t_{dr}也会随电子浓度变大或出现升温而变化，因此，$I_p(\lambda)$与$\Phi_e(\lambda)$偏离线性关系而呈非线性关系。一般采用下列关系式表示：

$$I_p(\lambda)=S_g V\Phi^{\gamma} \quad 或 \quad I_p(\lambda)=S_g V E^{\gamma} \tag{4-24}$$

式中，S_g 为光电导灵敏度，它与光电导探测器件材料有关；V 为外加电源电压；Φ 为入射光辐射通量；E 为入射光的光照度；γ 为随光度量变化的指数，称光电转换因子。

事实上，在实际应用的光照度范围内（10^{-1}～10^{4}lx），有可能制造出 γ 接近于 1 的光电导探测器件。此时，在从弱光照度到强光照度的过程中，光电导探测器件的光电特性可用在“恒定电压”下流过它的光电流 I_p 与作用在其上的光照度 E 的关系曲线描述。图 4.3 所示为硫化镉（CdS）光电导探测器件的光电（I_p-E）特性曲线。

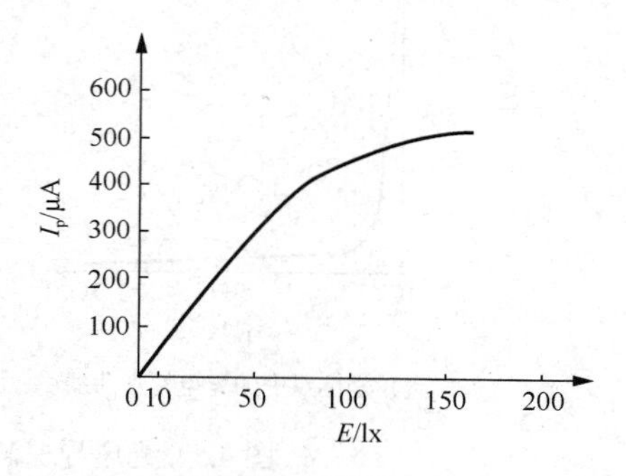

图 4.4 硫化镉光电导探测器件的光电（I_p-E）特性曲线

由图 4.4 可知，其光电特性曲线是由线性渐变到非线性的。当光照度很低时，该曲线近似线性；随着光照度的增大，线性度变差，当光照度达到很大时，该曲线近似抛物线。在小辐射通量作用下，当 $\gamma=1$ 时，称为线性光电导；随着入射光辐射通量的增大，γ 值减小；当入射光辐射通量很大时 γ 值降低到 0.5，称为非线性光电导。

由式（4-24）可知在恒定电压作用下，流过光电导探测器件的光电流为

$$I_p=S_g VE=g_p V \tag{4-25}$$

式中，g_p 称为光电导探测器件的光电导。

当光电导探测器件在黑暗中时，热激发产生的载流子使它具有一定的光电导，该光电导称为暗电导，用 g_d 表示，一般暗电导值都很小（或暗电阻值都很大）。当光电导探测器件受到光照时，它的光电导将变大，这时的光电导称为亮电导，用 g 表示。对于光电导探测器件，光电导随光照度的变化越大，其灵敏度越高。

因此，光电导探测器件的光电导等于亮电导与暗电导之差，即

$$g_p=g-g_d \tag{4-26}$$

若考虑光电导探测器件暗电导所产生的电流，则流过光电导探测器件的总电流为

$$I=I_p+I_d=g_p V+g_d V=S_g EV+g_d V=(S_g E+g_d)V=gV \tag{4-27}$$

式中，I 为亮电流；I_d 为暗电流；g_d 为暗电导；g 为亮电导。

光电导的单位为“西门子”，简称“西”，符号为S。

在实际使用中，常常将光电导探测器件的电阻和光照度的关系曲线，用来替代光电导探测器件的光电特性曲线，如图 4.5 所示。以典型的硫化镉光电导探测器件为例，其在直角坐标系中的光电特性曲线如图 4.5（a）所示，其在对数坐标系中的光电特性曲线如图 4.5（b）所示。从图 4.5（a）可知，随着光照度的增大，电阻值迅速下降，然后逐渐趋向饱和。但在对数坐标系中的某一光照度范围内，电阻与光照度的特性曲线基本上是直线，即式（4-24）中的 γ 值保持不变。因此，γ 值也可以看作对数坐标系中电阻与光照度特性曲线的斜率，即

$$\gamma=\frac{\lg R_A-\lg R_B}{\lg E_B-\lg E_A} \tag{4-28}$$

式中，R_A 和 R_B 分别为光照度 E_A 与 E_B 对应的光电导探测器件的电阻值。γ 值为绝对值，如果选取 $E_B = 10E_A$，那么上式可简化为

$$\gamma = \lg\frac{R_A}{R_B} \tag{4-29}$$

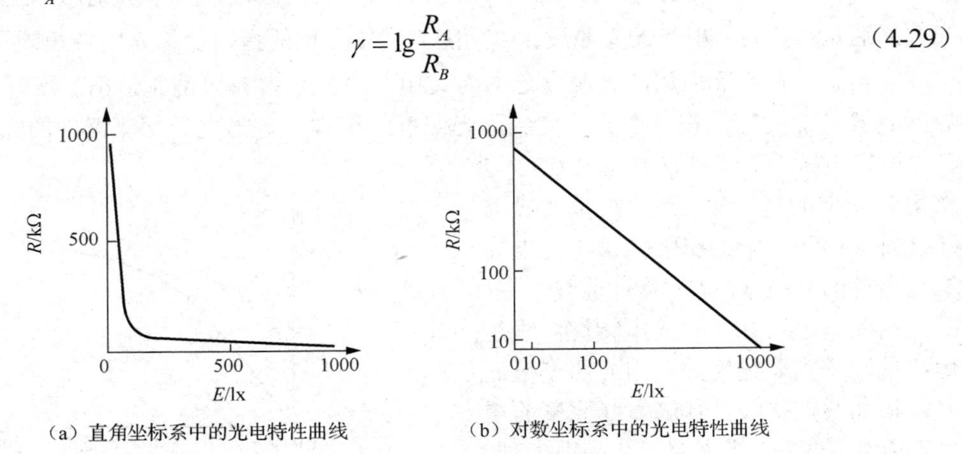

（a）直角坐标系中的光电特性曲线　　（b）对数坐标系中的光电特性曲线

图 4.5　光电导探测器件的光电特性曲线

一般来说，γ 值大的光电导探测器件的暗电阻也高。如果同一个光电导探测器件在某一光照度下通过几个测量点所计算出的 γ 值都相同，就说明该光电导探测器件线性度较好（完全呈线性是不可能的）。显然，在说明一个光电导探测器件的 γ 值时，一定要说明它的光照度范围，否则，没有意义。

4.3.3　光谱特性

光电导探测器件对入射光的光谱具有选择性，即光电导探测器件对不同波长的入射光有不同的灵敏度。光电导探测器件的相对光谱灵敏度与入射光波长的关系称为光敏电阻的光谱特性，也称光谱响应。光电导探测器件的光谱特性主要由光敏材料禁带宽度、杂质电离能、材料掺杂比和掺杂浓度等因素决定。图 4.6 为由几种不同材料制成的光电导探测器件的光谱特性曲线。对于不同波长，光电导探测器件的灵敏度是不同的，而且由不同材料制成的光电导探测器件的光谱特性曲线也不同。

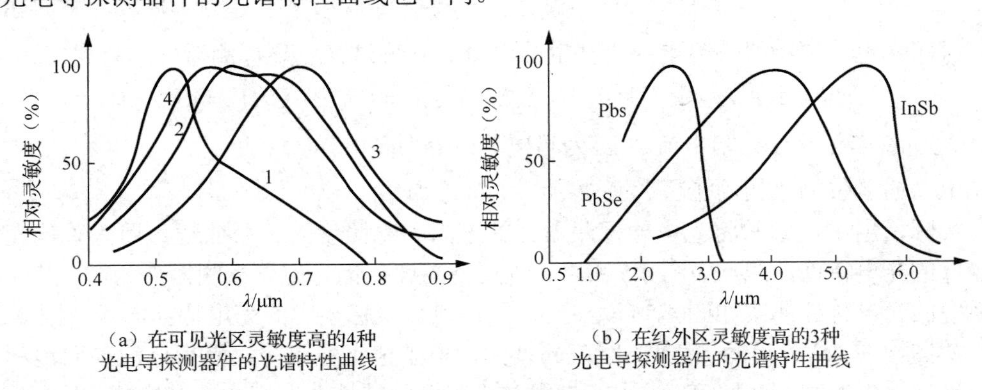

（a）在可见光区灵敏度高的4种光电导探测器件的光谱特性曲线　　（b）在红外区灵敏度高的3种光电导探测器件的光谱特性曲线

1—硫化镉单晶；2—硫化镉多晶；3—硒化镉多晶；4—硫化镉与硒化镉的混合多晶

图 4.6　由几种不同材料制成的光电导探测器件的光谱特性曲线

由图 4.6 可知，由硫化镉单晶、硫化镉多晶、硒化镉多晶、硫化镉与硒化镉的混合多晶等制成的几种光电导探测器件的光谱特性曲线覆盖了整个可见光光谱区，峰值波长为 515～720nm。这与人眼的光谱光视效率$V(\lambda)$曲线的范围和峰值波长（555nm）是很接近的。因此，这几种光电导探测器件可用于人眼观察的仪器，如相机、光照度计、光谱仪等。不过，它们的形状与$V(\lambda)$曲线不完全一致。直接使用时，这些曲线形状与人眼的视觉观察到的形状还有一定的差距，因此必须增加滤光片进行修正，使其特性曲线与$V(\lambda)$曲线完全符合。

可用光谱响应度描述光电导探测器件对不同波长光谱的响应程度，其单位为 A/W。光谱响应度表示在某一特定波长下，输出光电流（或电压）与入射光辐射通量之比。设输出光电流为

$$I_{\mathrm{p}}(\lambda)=qNM=q\frac{\eta\Phi_{\mathrm{e}}(\lambda)}{h\nu}\cdot M=q\frac{\eta\Phi_{\mathrm{e}}(\lambda)}{h\nu}\cdot\frac{\tau}{t_{\mathrm{dr}}} \tag{4-30}$$

则光谱响应度为

$$\begin{aligned}S(\lambda)&=\frac{I_{\mathrm{p}}(\lambda)}{\Phi_{\mathrm{e}}(\lambda)}=\frac{q\eta\Phi_{\mathrm{e}}(\lambda)}{h\nu}\cdot\frac{\tau}{t_{\mathrm{dr}}}\cdot\frac{1}{\Phi_{\mathrm{e}}(\lambda)}\\&=\frac{q\eta\tau}{h\nu t_{\mathrm{dr}}}=\frac{q\eta\lambda}{hc}\cdot\frac{\tau}{t_{\mathrm{dr}}}=\frac{q\eta\lambda}{hc}\cdot G\end{aligned} \tag{4-31}$$

从上式可以看出，增大光电导增益可得到很高的光谱响应度。实际上，常用的光电导探测器件的光谱响应度小于 1A/W，原因是产生高增益的光电导探测器件电极间距很小，致使光电导探测器件的集光面积太小而不实用。延长载流子寿命也可提高光电导增益，但这样会减小光谱响应度。因此，在光电导探测器件中，光电导增益与光谱响应度是相矛盾的。

4.3.4 伏安特性

光电导探测器件的本质是电阻，符合欧姆定律。因此，它具有与普通电阻相似的伏安特性，但是它的电阻值是随入射光度量而变化的。利用图 4.1 所示的电路可以测出在不同光照度下施加在光电导探测器件两端的电压V与流过它的光电流I_{p}的关系曲线，称为光电导探测器件的伏安特性曲线。图 4.7 所示为典型硫化镉光电导探测器件的伏安特性曲线，显然，它符合欧姆定律。图 4.7 中的虚线为允许功耗线或额定功耗线，实际使用时应不使光电导探测器件的实际功耗超过额定值。在设计光电导探测器件的转换电路时，应把光电导探测器件的工作电压或电流控制在额定值之内。

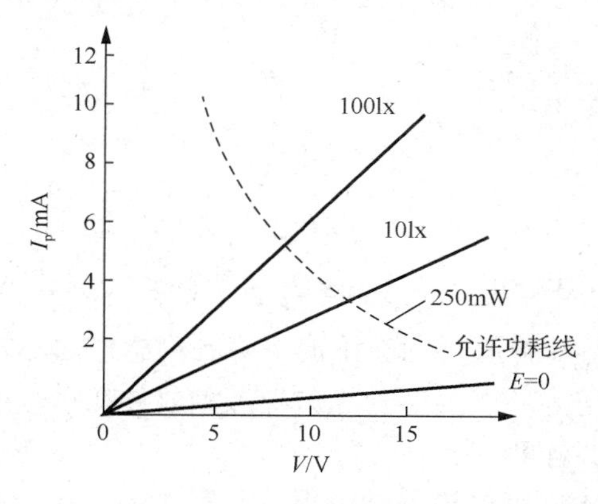

图 4.7 典型硫化镉光电导探测器件的伏安特性曲线

4.3.5 时间响应及频率特性

光电导效应是非平衡状态下载流子效应，因此存在一定的弛豫现象。弛豫现象反映了光电导体对光强变化的快慢程度，也成为它的惯性。光电导探测器件的时间响应比其他光电器件差（惯性大）一些，频率响应低一些，而且具有特殊性。当用一个理想方波脉冲辐射光电导探测器件时，光电子有一个产生的过程，电导率变化量$\Delta\sigma$经过一定的时间才能达到稳定值。当停止辐射时，复合光生载流子也需要时间，这些都是光电导探测器件惯性的表现。

光电导探测器件的惯性与入射光辐射通量的大小有关，下面分别进行讨论。

1）在小辐射通量下的时间响应

光电导探测器件在小辐射通量下的时间响应如图 4.8 所示，在这种情况下，设入射光辐射通量$\Phi_e(t)$为可用下式表示的光脉冲：

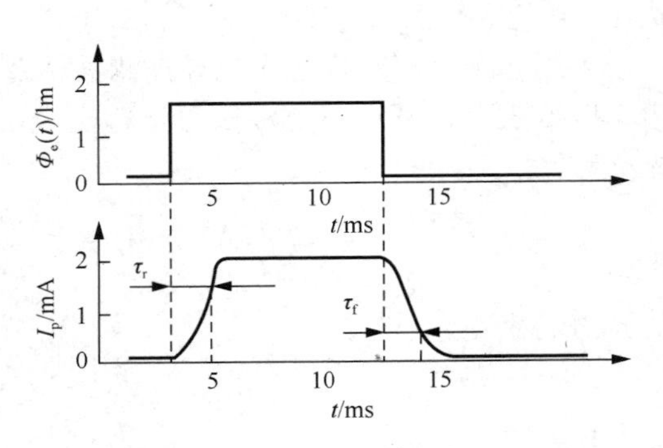

图 4.8 光电导探测器件在小辐射通量下的时间响应

$$\Phi_e(t)=\begin{cases}0 & t=0\\ \Phi_{e0} & t>0\end{cases} \tag{4-32}$$

本征光电导探测器件在非平衡状态下的电导率变化量$\Delta\sigma$和光电流I_p随时间变化的规律分别如式（4-33）和式（4-34）所示。

$$\Delta\sigma=\Delta\sigma_0\left(1-e^{-\frac{t}{\tau}}\right) \tag{4-33}$$

$$I_p=I_{p0}\left(1-e^{-\frac{t}{\tau}}\right) \tag{4-34}$$

上述两式中，$\Delta\sigma_0$与I_{p0}分别为小辐射通量下电导率变化量和光电流的稳态值。显然，当$t\gg\tau$时，$\Delta\sigma=\Delta\sigma_0$，$I_p=I_{p0}$；当$t=\tau=\tau_r$时，$\Delta\sigma=0.63\Delta\sigma_0$，$I_p=0.63I_{p0}$。$\tau_r$定义为光电导探测器件的上升时间，即光电导探测器件的光电流上升到稳态值I_{p0}的 63%时所需的时间。

停止辐射时，则

$$\Phi_e(t)=\begin{cases}\Phi_{e0} & t=0\\ 0 & t>0\end{cases} \tag{4-35}$$

同样，可以推导出停止辐射时电导率变化量和光电流随时间变化的规律，即

$$\Delta\sigma=\Delta\sigma_0 e^{-\frac{t}{\tau}} \tag{4-36}$$

$$I_p=I_{p0}e^{-\frac{t}{\tau}} \tag{4-37}$$

当$t=\tau=\tau_f$时，$\Delta\sigma=0.37\Delta\sigma_0$，$I_p=0.37I_{p0}$；当$t>>\tau$时，$\Delta\sigma$与$I_p$均下降为零。

在辐射停止后，光电导探测器件的光电流下降到稳态值的 37%时所需的时间称为光电导探测器件的下降时间，记为τ_f。显然，光电导探测器件在小辐射通量下，$\tau_r\approx\tau_f$。

2）在大辐射通量下的时间响应

在大辐射通量下，无论本征光电导探测器件还是杂质光电导探测器件，其电导率变化

量的变化规律为

$$\Delta\sigma = \Delta\sigma_0 \tanh\frac{t}{\tau} \tag{4-38}$$

其光电流的变化规律为

$$I_\text{p} = I_{\text{p}0} \tanh\frac{t}{\tau} \tag{4-39}$$

显然，当$t >> \tau$时，$\Delta\sigma = \Delta\sigma_0$，$I_\text{p} = I_{\text{p}0}$；当$t = \tau = \tau_\text{r}$时，$\Delta\sigma = 0.76\Delta\sigma_0$，$I_\text{p} = 0.76I_{\text{p}0}$。在大辐射通量下，光电导探测器件的光电流上升到稳态值的 76%时所需的时间τ_r被定义为光电导探测器件的上升时间。

当停止辐射时，光电导探测器件内的光电子和光生空穴需要通过复合才能恢复到辐射作用前的稳定状态。随着复合的进行，光生载流子数密度减少，复合率下降。因此，停止辐射的过渡过程远远大于入射光辐射的过程。

停止辐射时电导率变化量和光电流的变化规律可表示为

$$\Delta\sigma = \Delta\sigma_0 \frac{1}{1+\frac{t}{\tau}} \tag{4-40}$$

$$I_\text{p} = I_{\text{p}0} \frac{1}{1+\frac{t}{\tau}} \tag{4-41}$$

由式（4-39）和式（4-41）可知，当$t = \tau = \tau_\text{f}$时，$\Delta\sigma = 0.5\Delta\sigma_0$，而$I_\text{p} = 0.5I_{\text{p}0}$；当$t >> \tau$时，$\Delta\sigma$与$I_\text{p}$均下降到零。因此，当停止辐射时，光电导探测器件的光电流下降到稳态值的 50%时所需的时间称为光电导探测器件的下降时间，记为τ_f。

光电导探测器件在大辐射通量下的时间响应如图 4.9 所示，其中大辐射通量$\Phi_\text{e}(t)$为方波脉冲。

不同程度的时间响应过程在一定程度上影响了光敏电阻对交变辐射的频率特性。当光电导探测器件受到交变辐射时，其输出信号将随入射光频率的增大而减小。图 4.10 所示为 4 种典型的光电导探测器件的频率特性曲线，从该曲线不难看出，硫化铅（PbS）光电导探测器件的频率特性稍好些，但是，它的频率也超过 10^4Hz。由于每种材料的响应时间各不相同，因此存在各自不同的截止频率。

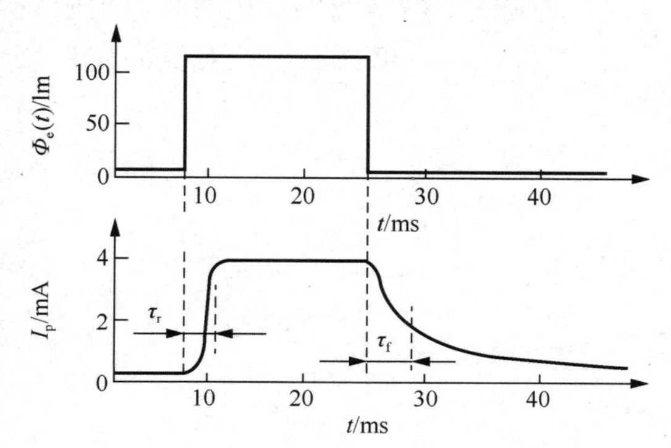

图 4.9　光电导探测器件在大辐射通量下的时间响应

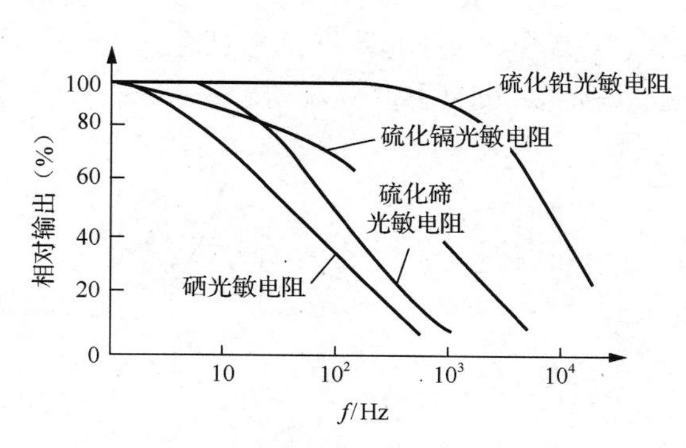

图 4.10　4 种典型的光电导探测器件的频率特性曲线

4.3.6 前历效应

测试前光电导探测器件所处的状态（无光照或有光照）对自身特性有一定的影响。大多数光电导探测器件在稳定的光照度下，电阻值有明显的漂移现象，而且经过一段时间后复测，电阻值还有变化，这种现象称为光电导探测器件的前历效应。前历效应又分为暗态前历效应和亮态前历效应。所谓暗态前历效应是指被测光电导探测器件在无光照条件下放置一段时间（如 3min），然后在 1lx 的光照度下测量它在不同时刻的电阻值。例如，测量光照 1s 后的电阻值 R_1，求出 R_0/R_1 的比值（R_0 为稳态时的电阻值），这就是暗态前历效应。显然，这个比值越大越好。所谓亮态前历效应是指被测光电导探测器件在有光照条件下存放 24 小时，当光照度与该光电导探测器件工作时所达到的光照度不同时，所表现出的一种滞后现象。例如，先测量其在 100lx 的光照度下的电阻值 R_1，再把它在 1000lx 的光照度下放置 15min，重新测量其在 100lx 的光照度下的电阻值 R_2。此时，电阻值变化的百分比为

$$\beta = \frac{R_2 - R_1}{R_1} \times 100\% \tag{4-42}$$

显然，这个百分比越小越好。

图 4.11 是硫化镉光电导探测器件的暗态前历效应曲线。当它突然受到光照后表现为暗态前历越长，相对光电流上升越慢。一般情况下，工作电压越低，暗态前历效应越显著。

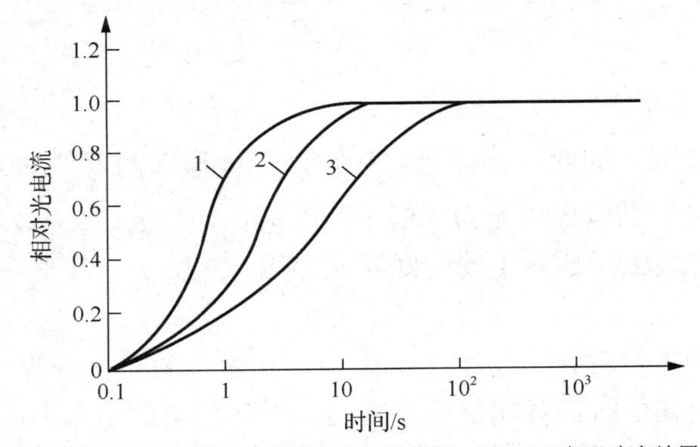

1—在黑暗中放置 3min 后；2—在黑暗中放置 60min 后；3—在黑暗中放置 24h 后

图 4.11 硫化镉光电导探测器件的暗态前历效应曲线

图 4.12 为硫化镉光电导探测器件的亮态前历效应曲线。一般情况下，相对亮电阻由高光照度状态变为低光照度状态且达到稳定值时所需的时间，比由低光照度状态变为高光照度状态需要的时间短。

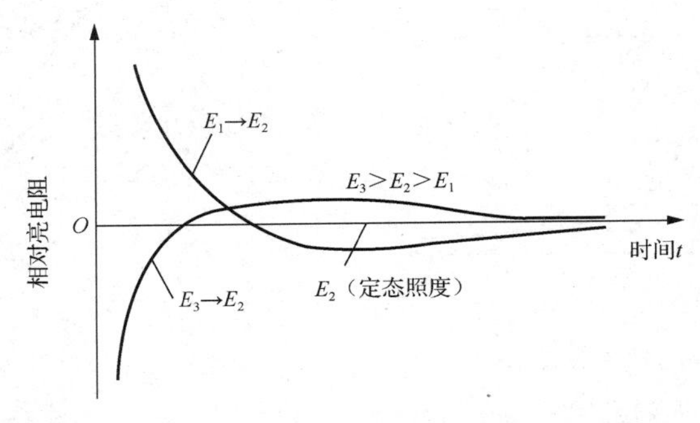

图 4.12 硫化镉光电导探测器件的亮态前历效应曲线

4.3.7 温度特性

光电导探测器件为多数载流子导电的光电器件，具有复杂的温度特性。光电导探测器件的温度特性与光电导探测器件材料有着密切的关系，由不同材料制作的光电导探测器件有着不同的温度特性。图 4.13 所示为硫化镉（CdS）与硒化镉（CdSe）光电导探测器件在不同光照度下的温度特性曲线。以室温（25℃）的相对电导率变化量为 100%，观测光电导探测器件的相对电导率变化量随温度的变化关系，可以看出光电导探测器件的相对电导率变化量随温度的升高而下降，光电响应特性随着温度的变化较大。因此，在温度变化大的情况下，应采取制冷措施。降低或控制光电导探测器件的工作温度是提高光电导探测器件工作稳定性的有效办法，尤其对远红外线的探测更重要。

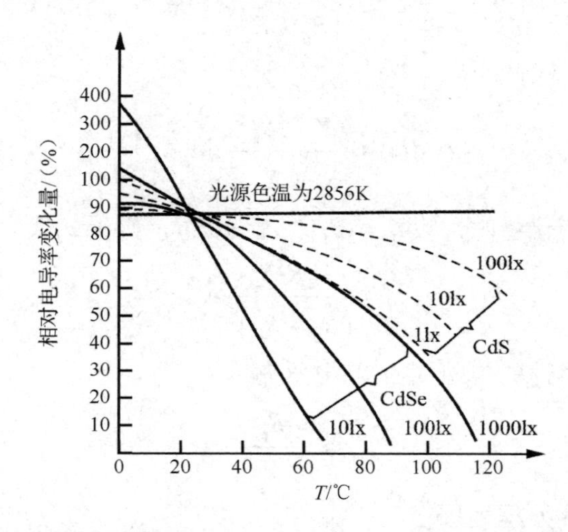

图 4.13 硫化镉与硒化镉光电导探测器件在不同光照度下的温度特性曲线

4.4 光电导探测器件的转换电路

光电导探测器件的电阻值或电导随入射光辐射通量的变化而改变，因此，可以用光电导探测器件将光学信息变换为电学信息。但是，电阻（或电导）值的变化信息不能直接被人们所接收，必须将电阻（或电导）值的变化转换为电流或电压信号输出，完成这个转换工作的电路称为光电导探测器件的偏置电路或转换电路。

4.4.1 基本偏置电路

光电导探测器件的基本偏置电路如图 4.14 所示。设在某一光照度 E_V 下，光电导探测器件的电阻为 R_p，光电导为 g，则流过负载电阻 R_L 的电流为

$$I_L = \frac{V_b}{R_p + R_L} \tag{4-43}$$

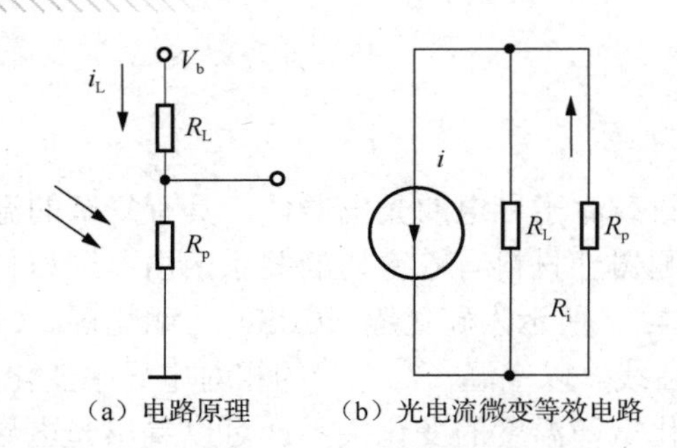

（a）电路原理　（b）光电流微变等效电路

图 4.14　光电导探测器件的基本偏置电路

若用微分方程表示，则上式改写为

$$\mathrm{d}I_L = -\frac{V_b}{\left(R_p + R_L\right)^2}\mathrm{d}R_p \tag{4-44}$$

而 $\mathrm{d}R_p = -R_p^2 S_g \mathrm{d}E_V$，因此

$$\mathrm{d}I_L = \frac{V_b R_p^2 S_g}{\left(R_p + R_L\right)^2}\mathrm{d}E_V \tag{4-45}$$

在用微分方程表示变化量时，设 $i_L = \mathrm{d}I_L$，$e_V = \mathrm{d}E_V$，则上式改写为

$$i_L = \frac{V_b R_p^2 S_g}{\left(R_p + R_L\right)^2} e_V \tag{4-46}$$

施加在光电导探测器件的电阻 R_p 上的电压为

$$V_p = \frac{R_p}{R_p + R_L} \tag{4-47}$$

因此，光电流的微分方程为

$$i = V_p S_g e_V = \frac{V_b R_p}{R_p + R_L} S_g e_V \tag{4-48}$$

将式（4-48）代入式（4-46），得

$$i_L = \frac{R_p}{R_p + R_L} i \tag{4-49}$$

由上式可以得到图 4.14（b）所示的光电流的微变等效电路。

负载电阻 R_L 两端的输出电压为

$$V_L = R_L i_L = \frac{R_p R_L}{R_p + R_L} i = \frac{V_b R_p^2 R_L S_g}{\left(R_p + R_L\right)^2} e_V \tag{4-50}$$

由式（4-50）可以看出，当电路参数确定后，输出电压信号与入射光的辐射通量呈线性关系。

4.4.2　恒流偏置电路

在简单偏置电路中，当 $R_L >> R_p$ 时，流过光电导探测器件的电流基本不变，此时的偏置电路称为恒流偏置电路。然而，光电导探测器件自身的电阻值已经很高，如果要满足恒流偏置的条件，就难以满足电路输出阻抗的要求。为此，可引入图 4.15 所示的恒流偏置电路。

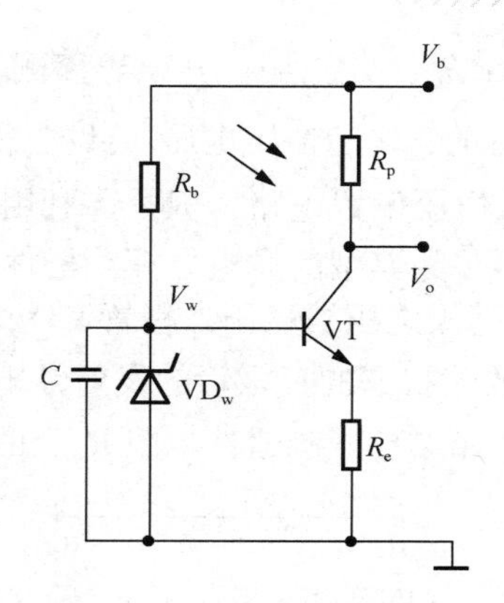

图 4.15　恒流偏置电路

该电路中的稳压管 VD_w 用于稳定三极管的基极电压，可知 $V_b = V_w$。流过三极管发射极的电流为

$$I_e = \frac{V_w - V_{be}}{R_e} \tag{4-51}$$

式中，V_w 为稳压二极管的稳压值；V_{be} 为三极管发射结电压，在三极管处于放大状态时该电压基本为恒定值；R_e 为固定电阻。

由此可知，发射极电流 I_e 为恒定电流。三极管在放大状态下的集电极电流与发射极电流近似相等，因此流过光电导探测器件的电流为恒流。

在三极管恒流偏置电路中，输出电压为

$$V_o = V_b - I_c R_p \tag{4-52}$$

对式（4-52）求微分，得

$$\mathrm{d}V_o = -I_c \mathrm{d}R_p \tag{4-53}$$

由于 $R_p = \frac{1}{g_p}$，$\mathrm{d}R_p = -\frac{1}{g_p^2}\mathrm{d}g_p$，而 $\mathrm{d}g_p = S_g E_V$，因此 $\mathrm{d}R_p = -S_g R_p^2 \mathrm{d}E_V$，将其代入式（4-53），得

$$\mathrm{d}V_o = \frac{V_w - V_{be}}{R_e} R_p^2 S_g \mathrm{d}E_V \tag{4-54}$$

或

$$u_o \approx \frac{V_w}{R_e} R_p^2 S_g e_V \tag{4-55}$$

显然，恒流偏置电路的电压灵敏度为

$$S_V = \frac{V_w}{R_e} R_p^2 S_g \tag{4-56}$$

由式（4-56）可知，恒流电路的电压灵敏度与光电导探测器件的电阻值的平方成正比，与光电导灵敏度成正比。

4.4.3　恒压偏置电路

在简单偏置电路中，若 $R_L << R_p$，则施加在光电导探测器件电阻 R_p 上的电压近似为电源电压 V_b，即不随入射光辐射通量变化的恒定电压，此时的偏置电路称为恒压偏置电路。显然，简单的偏置电路很难构成恒压偏置电路。但是，利用三极管很容易构成光电导探测器件的恒压偏置电路。图 4.16 所示为典型的光电导探测器件恒压偏置电路。图 4.16 中，处于放大工作状态的三极管 VT 的基极电压被稳压二极管 VD_w 稳定在稳压值 V_w，而三极管发射极的电位 $V_E = V_w - V_{be}$。处于放大状态的三极管的发射结电压 V_{be} 近似为 0.7V。因此，当 $V_w >> V_{be}$ 时，$V_E \approx V_w$，即施加在光电导探测器件电阻 R_p 上的电压为稳压值 V_w。

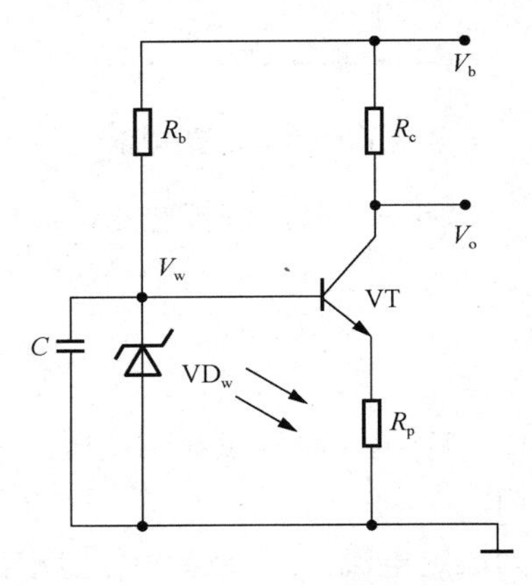

图 4.16　典型的光电导探测器件恒压偏置电路

光电导探测器件在恒压偏置电路的情况下，其输出的光电流 I_p 与处于放大状态下的三极管发射极电流 I_e 近似相等。因此，恒压偏置电路的输出电压为

$$V_o = V_b - I_c R_c \tag{4-57}$$

对式（4-57）求微分，可得到输出电压的变化量，即

$$dV_o = -R_c dI_c = -R_c dI_e = R_c S_g V_w d\Phi \tag{4-58}$$

式（4-58）说明，恒压偏置电路的输出电压信号与光电导探测器件的电阻 R_p 无关。

4.5　光电导探测器件的应用实例

与其他光电探测器件不同，光电导探测器件为无极性的器件，因此，它可直接在交流电路中作为光电传感器完成各种光电控制。但是，在实际应用中光电导探测器件主要还是在直流电路中用作光电探测器件与控制器件。光电导探测器件的应用分为两类：自动控制装置与光电探测设备。其中自动控制装置包括生产线上的自动送料、自动门装置、航标灯、路灯、应急自动照明、自动给水停水装置；光电探测设备包括生产安全装置、烟雾火灾报警装置、相机自动曝光装置、红外测温仪等。具体应用实例如下。

4.5.1　自动调光台灯控制电路

光线太弱或太强都会对人的眼睛造成伤害，而光电导探测器件可以根据外界光照度的强弱改变台灯的光亮度，这样可以保护眼睛。

自动调光台灯能根据周围环境光照度的强弱自动调整台灯的光亮度。当环境光照度弱时，台灯的光亮度就增大；当环境光照度强时，台灯的光亮度就减小。

自动调光台灯控制电路如图 4.17 所示，该电路采用光电导探测器件 R_G。其工作原理如下：交流电压经电桥整流后，一路电压经 R_1 由稳压管 VD 钳位后，得到脉动直流电压，供控制电路使用；另一路电压施加到电灯 H 和可控硅（晶闸管）VS 两端。改变可控硅 VS 的导通角，即可改变电灯 H 的光亮度；电灯 H 中通过的电流是脉动直流电流。自动调光台灯控制电路使用脉动直流电源，可保证输出的触发脉冲与可控硅 VS 的阳极电压同步。

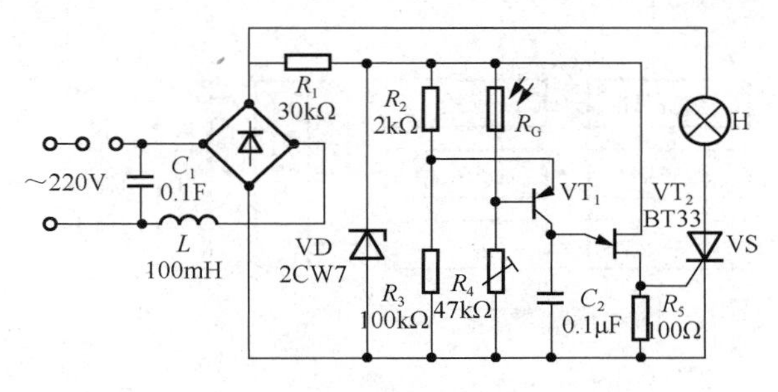

图 4.17 自动调光台灯控制电路

由三极管 VT_1 和电阻 R_2、R_3 等组成误差放大器，其中，VT_1 起到一个可变电阻的作用。由 VT_2 和电容 C_1 等组成张弛振荡器，作为 VS 的触发电路。当光电导探测器件 R_G 处的光照度发生变化时，例如，改变光电导探测器件和电灯 H 的距离，使光电导探测器件 R_G 处的光照度降低，则 R_G 的电阻值增大，VT_1 的基极电位降低，其集电极电流增大，从而使 C_2 的充电时间缩短，使触发脉冲相位前移、可控硅 VS 的导通角增大，电灯 H 的光亮度增大；反之，当光电导探测器件 R_G 处的光照度增大时，会使电灯 H 的光亮度减小。可见，若光电导探测器件 R_G 处的光照度基本保持不变，则可实现自动调光的目的。

同上分析，在光电导探测器件位置不变的情况下，当电源电压发生波动时，也能使电灯 H 的光亮度保持不变，起到稳光作用。其中 C_1 和电感 L 组成噪声滤波电路，可抑制对其他电子设备的射频干扰。

4.5.2 声光控制延时电路

声光控制延时电路与前文所述的自动调光台灯控制电路有相似之处。声光控制延时电路主要由声控电路、光控电路、延时电路和电子开关等部分组成。其中，声控电路主要完成在光线不足的条件下，通过拾音器接收外界的声音信号，同时把接收来的声音信号转换成微弱的电信号，经过放大和处理后触发门电路，开启电子开关，电灯发光。电灯发光的同时，延时电路开始工作，达到电路预设的延时时间后，延时电路触发电子开关断开，电灯熄灭。光控电路由感光器件光敏电阻、反相电路和门电路组成，当外界光照度较强时，光敏电阻值变小，门电路驱动电子开关断开；当外界光照度逐渐减弱时，光敏电阻值不断增大，当阻值到达临界值时，声光控制延时电路就具备了开启条件。当有声音信号时，声控电路、延时电路就会再次启动。声光控制延时电路的设计框图如图 4.18 所示。该电路就是将声音和光信号接收并识别后，转换成电子开关的驱动信号，以控制照明设备。

如图 4.19 所示，声光控制延时电路由声控电路、光控电路、逻辑电路、延时电路、执行电路、电源六部分组成。在光线不足且无声环境下，三极管 9014 处于饱和状态，输出低电平；与非门 A 输出高电平，与非门 B 输出低电平；二极管 4148 截止，与非门 C 输入低电平，输出高电平；与非门 D 输出低电平，可控硅截止，电灯熄灭。在光照度较强的环境中，光敏电阻处于低阻状态，与非门输入低电平，与非门 A 输出高电平，后续电路状态同上。在光照度偏弱且有声环境下，在输出信号负半周使三极管 9014 进入截止状态，输出高电平；与非门 A 输出低电平，与非门 B 输出高电平；二极管 4148 导通，对电容充电，很快达到高电平；与非门 C 输出低电平，与非门 D 输出高电平，可控硅导通，电灯发亮。声音消失后，电容继续放电，保持与非门输入高电平。当电位逐步降低时，与非门 C 反转，电灯熄灭。

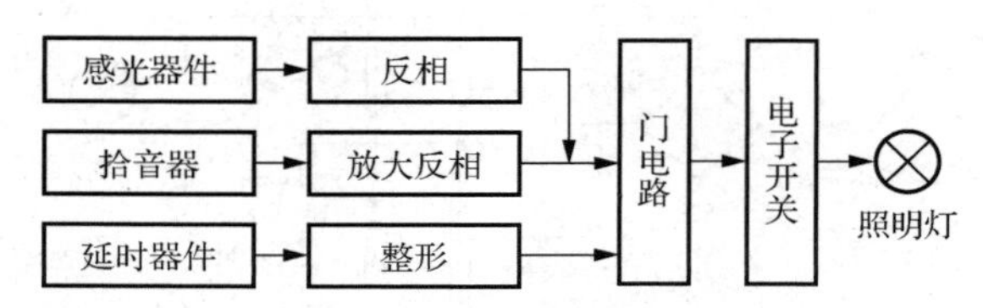

图 4.18　声光控制延时电路的设计框图

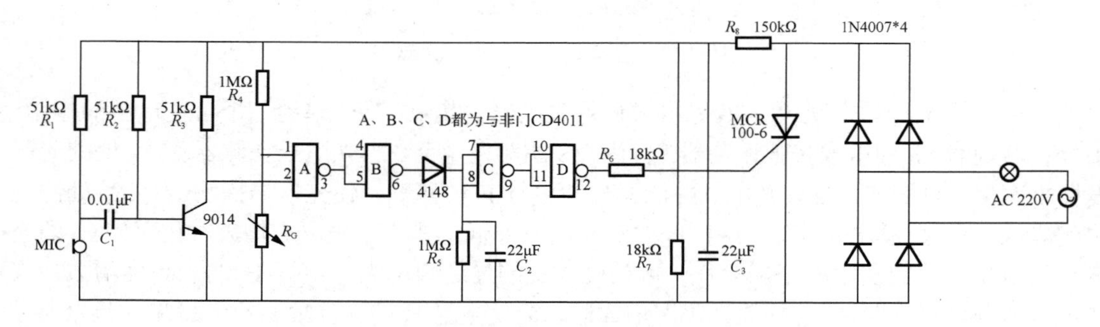

图 4.19　声光控制延时电路

4.5.3　火焰探测报警器

图 4.20 所示为火焰探测报警器电路，其中采用光电导探测器件。该电路所用的硫化铅（PbS）光电导探测器件的暗电阻值为 1MΩ，亮电阻值为 0.2MΩ（在 1mW/cm^2 的光照度下测试），峰值波长为 2.2μm，该波长恰好为火焰的峰值辐射光谱。

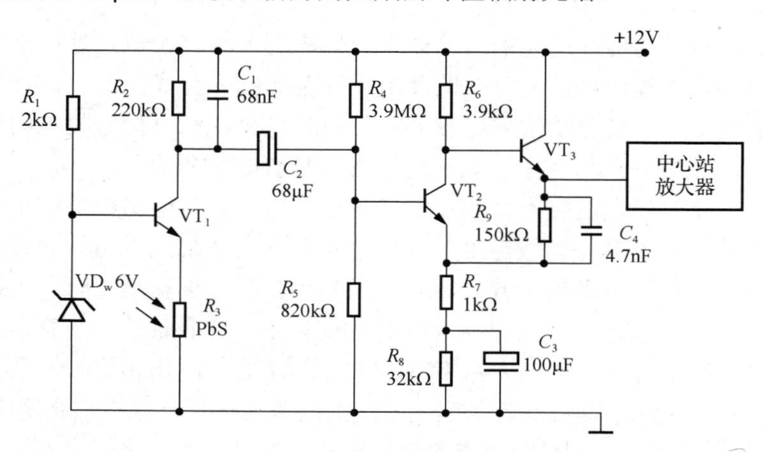

图 4.20　火焰探测报警器电路

在图 4.20 中，由三极管 VT_1、电阻 R_1、电阻 R_2 和稳压二极管 VD_w 构成基于光电导探测器件 R_3 的恒压偏置电路。该恒压偏置电路方便更换光电导探测器件，只要保证光电导灵敏度 S_g 不变，输出电路的电压灵敏度就不会因为光电导探测器件的电阻值变化而变化，从而使前置放大器的输出信号稳定。当被探测物体的温度高于燃点或被点燃发生火灾时，该物体将发出波长接近 2.2μm 的辐射（或“跳变”的火焰信号），该辐射被硫化铝光电导探测器件 R_3 接收，使前置放大器的输出信号跟随“跳变”的火焰信号，并经电容 C_2 耦合，输送到由三极管 VT_2 和 VT_3 组成的高输入阻抗放大器进行放大。“跳变”的火焰信号被放大后输送到中心站放大器，由中心站放大器发出火灾警报信号或执行灭火动作（例如，喷淋出水或灭火泡沫）。

4.5.4 相机自动曝光控制电路

由光敏电阻构成的相机自动曝光控制电路如图 4.21 所示，该电路又称电子快门，常用于相机中。其中光电导探测器件常采用与人眼光谱响应接近的硫化镉（CdS）光敏电阻。经典的相机自动曝光控制电路包括由光敏电阻 R、开关 K 和电容 C_1 构成的充电电路，时间检出电路（电压比较器），三极管 VT 构成的驱动放大电路，电磁铁 M 带动的快门叶片（执行单元）等。

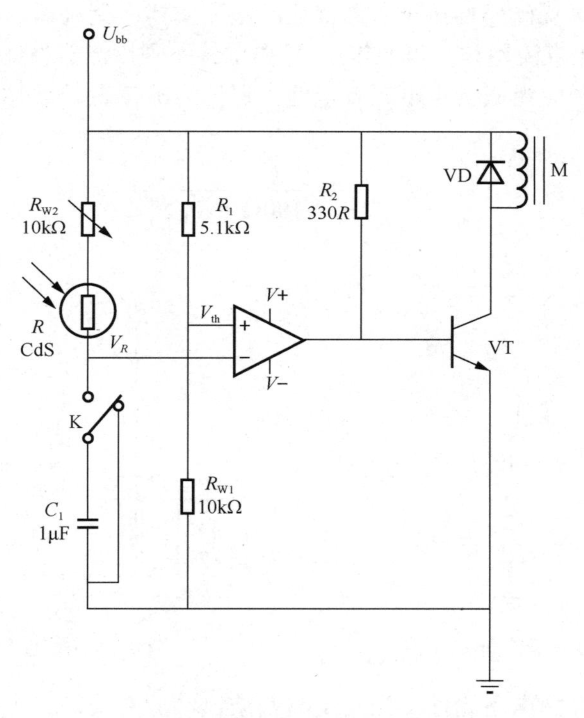

图 4.21　由光敏电阻构成的相机自动曝光控制电路

在初始状态，开关 K 处于如图 4.21 所示的位置，电压比较器正输入端的电位为 R_1 与 R_{W1} 分电源电压 U_{bb} 所得的阈值电压 V_{th}（一般为 1～1.5V），而电压比较器的负输入端的电位 V_R 近似为电源电位 U_{bb}。显然，电压比较器负输入端的电位高于正输入端的电位，电压比较器输出为低电平，三极管 VT 截止，电磁铁不吸合，快门叶片闭合。当按动快门的按钮时，开关 K 与光敏电阻 R 及 R_{W2} 构成的测光与充电电路接通。这时，电容 C_1 两端的电压 U_C 为 0，由于电压比较器的负输入端的电位低于正输入端而使其输出为高电平，使三极管 VT 导通，电磁铁带动快门叶片打开快门，相机开始曝光。快门打开的同时，电源电位 U_{bb} 通过电位器 R_{W2} 与光敏电阻 R 向电容 C_1 充电，并且充电的速度取决于景物的光照度，景物光照度越高，光敏电阻 R 的值越低，充电速度越快。当电容 C_1 两端的电压 U_C 充电到一定的电位（$V_R \geqslant V_{th}$）时，电压比较器的输出电压将由高变低，三极管 VT 截止而使电磁铁断电，快门叶片关闭。

4.5.5 热电制冷型红外测温仪

热电制冷型红外测温仪采用碲镉汞系列光电导探测器件，其敏感波长变化范围为 0.4～1.8μm。这里介绍典型的 J15D 型碲镉汞系列光电导探测器件，它是光电导红外探测器件，敏感波长为 3～5μm，即其电阻变化正比于入射的红外线辐射强度。其中的光电导探测器件驱动电路如图 4.22 所示。电阻变化率ΔR_D转换为电压变化率ΔV，两者与偏置电流 I_B 的关系：$\Delta V = I_B \times \Delta R_D$。偏置电流的优化与探测器件的尺寸和光谱响应的特性有关。

碲镉汞系列光电导探测器件是低阻抗器件，要求使用具有低电压噪声的前置放大电路。J15D 型碲镉汞系列光电导探测器件使用的最优化前置放大电路如图 4.23 所示。偏置电阻 R_B 的合理选择为光电导探测器件提供了最优化的电流偏置，交流耦合电容 C 阻碍直流偏置进入前置放大器，防止直流饱和。电源电压 V 提供该系列探测器件偏置电流和前置放大器的驱动电能，并且电源应为低噪声电源或电池，保证直流偏置的波动较小。其中，直流偏置与各参数关系如下：

$$I_B = \frac{V}{R_B + 100\Omega + R_D} \tag{4-59}$$

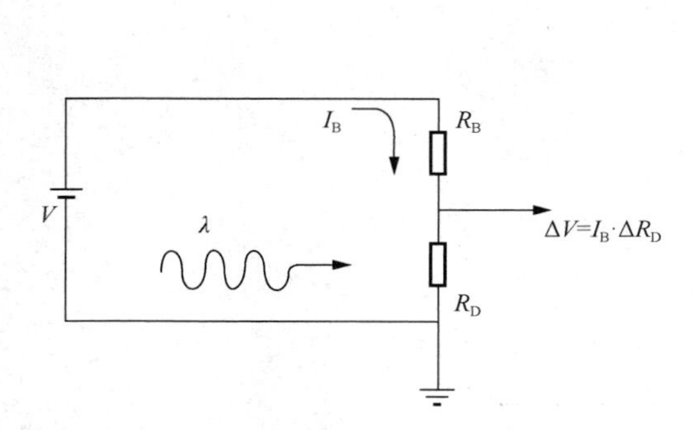

图 4.22　光电导探测器件驱动电路

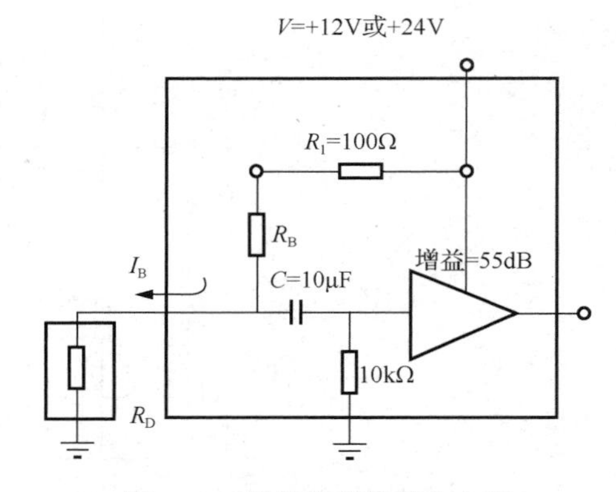

图 4.23　最优化前置放大电路

该芯片是一个光导型电阻元件，当有一与其波段响应对应的红外线辐射源投射在光敏元件上时，其电导增大，通过偏置电路将其电导的变化转换成电压的变化。对入射信号进行调制，即可获得一个交流的信号电压。因此该探测器件工作时必须有偏置电路，一般采用恒流电源。

该系列探测器件芯片的噪声输出一般比较低，其值为几十 nV/Hz$^{1/2}$。偏置电路的组成应确保低噪声，串联电阻应采用低噪声电阻（如金属膜电阻）。在一定范围内，偏置电流增大，该系列探测器件的电压响应度随之增大，其噪声也随之增大，每个器件均有达到最佳信噪比的最佳工作偏置电流。

思考与练习

4-1 试说明为什么本征光电导探测器件在越微弱的辐射信号下，时间响应越长，灵敏度越高。

4-2 对于同一种型号的光敏电阻来说，在不同光照度和不同环境温度下，其光电导灵敏度与时间常数是否相同？为什么？如果光照度相同而温度不同时，情况又会如何？

4-3 设某只 CdS 光敏电阻的最大功耗为 30mW，光电导灵敏度 $S_g = 0.5 \times 10^{-6} \mathrm{S/lx}$，暗电导 $g_0 = 0$。试求当该 CdS 光敏电阻上的偏置电压为 20V 时的极限光照度。

4-4 在如图 4.24 所示的照明灯控制电路中，将习题 4-3 中的 CdS 光敏电阻用作光电传感器。若已知继电器绕组的电阻为 5kΩ，该继电器的吸合电流为 2mA，电阻 $R = 1k\Omega$。求使继电器吸合所需要的光照度。要是继电器在光照度为 3lx 时吸合，应如何调整电阻 R？

4-5 在如图 4.25 所示的恒流偏置电路中，已知反向偏置电压（相当于电源电压）$V_{\mathrm{b}} = 12\mathrm{V}$，$R_{\mathrm{b}} = 820\Omega$，$R_{\mathrm{e}} = 3.3\Omega$，三极管 VT 的放大倍率不小于 80，稳压二极管的输出电压为 4V，光照度为 40lx 时，输出电压为 6V；光照度为 80lx 时，输出电压为 8V（设光电导探测器件在照度 30～100lx 之间的γ值不变）。

试求：（1）输出电压为 7V 时的光照度。

（2）该电路的电压灵敏度（V/lx）。

4-6 在如图 4.25 所示的恒压偏置电路中，已知 VD_{W} 为 2CW12 型稳压二极管，其稳定电压值为 6V，设 $R_{\mathrm{b}} = 1k\Omega$，$R_{\mathrm{e}} = 510\Omega$，三极管的电流放大倍率不小于 80，反向偏置电压（相当于 V_{b} =12V 电源电压），当 CdS 光电导探测器件的光敏层上的光照度为 150lx 时，恒压偏置电路的输出电压为 10V，光照度为 300lx 时输出电压为 8V，试计算输出电压为 9V 时的光照度（设该光电导探测器件在光照度 100～500lx 之间的γ值不变）。光照度为 500lx 时的输出电压为多少？

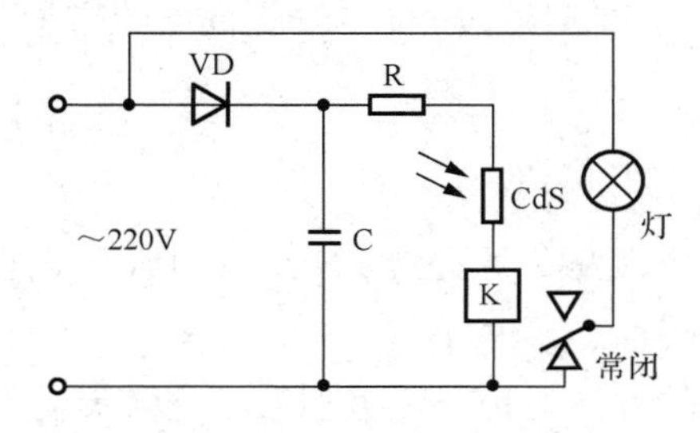

图 4.24 照明灯控制电路

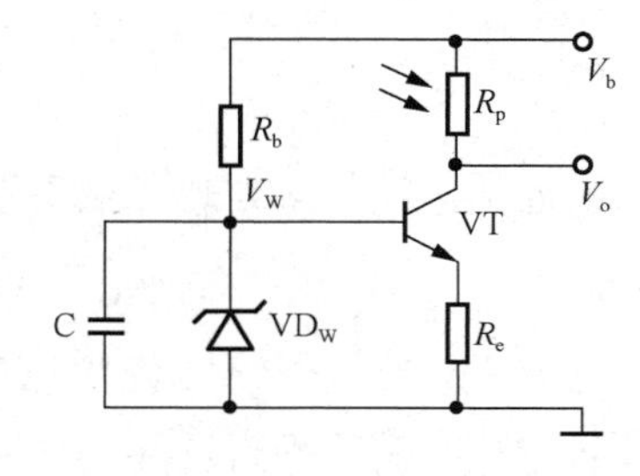

图 4.25 恒流偏置电路

4-7 参考图 4.20 所示的火灾探测报警器电路，设 $V_{\mathrm{b}} = 12\mathrm{V}$，其他电路参数见图 4.20。如果 PbS 光敏电阻的暗电阻值为 1MΩ，在辐射照度为 1mW/cm^2 情况下的亮电阻值为 0.2MΩ，那么作为前置放大器的三极管 $\mathrm{VT_1}$ 集电极电压的变化量为多少？

第5章　半导体结型光电器件

半导体结型光电器件（以下简称结型光电器件）是利用光生伏特效应工作的光电探测器件，光生伏特效应与光电导效应同属于内光电效应，结型光电器件（也称光生伏特器件）与光电导探测器件（也称均质型器件，如光敏电阻）相比，两者的导电机理不同，光生伏特效应是少数载流子导电的光电效应，而光电导效应是多数载流子导电的光电效应，这使得结型光电器件在许多性能上与光电导探测器件有很大的差别。其中，结型光电器件的暗电流小、噪声低、响应速度快、光电特性的线性度好及受温度的影响小等特点是光电导探测器件所无法比拟的，而光电导探测器件对微弱辐射信号的探测能力和光谱响应范围又是结型光电器件望尘莫及的。

归功于以上特点，结型光电器件应用非常广泛，一般应用于精密光学仪器、光度色度测量、光电自动控制、光电开关、报警系统、电视传真、图像识别等方面。

按结种类的不同，结型光电器件可分为PN结型光电器件、PIN结型光电器件和肖特基结型光电器件等。本章以PN结型光电器件为主，介绍它们的结构、工作原理及特性，并在此基础上介绍一些特殊用途的结型光电器件。因为不同场合运用的结型光电器件的偏置电路的形式不同，所以本章在介绍结型光电器件的工作原理及特性的基础上，还介绍偏置电路的原理以及结型光电器件的选用。

5.1　结型光电器件的基本原理

5.1.1　热平衡状态下的PN结

在P型材料（或N型材料）中掺入施主杂质（或受主杂质），使它变成N型材料（或P型材料），在两种材料交接处形成PN结。为方便讨论，设想PN结是由两种材料直接接触而形成的，在无光照时，在热平衡状态下，PN结中的漂移电流等于扩散电流，因此流过PN结的总电流为零。但是，当对其施加电压时，结内平衡被破坏，此时流过PN结的正向电流方程为

$$I_{\mathrm{D}} = I_0 \mathrm{e}^{\frac{qV}{kT}} - I_0 \tag{5-1}$$

式中，V为外加电压；k为玻耳兹曼常数，$k \approx 1.38 \times 10^{-23}\,\mathrm{J/K}$；$T$为温度。

式（5-1）等号右边第一项$I_0 \mathrm{e}^{\frac{qV}{kT}}$代表正向电流，电流从P区经过PN结流向N区，它与外加电压V有关。当$V>0$时，它将迅速增大；当$V=0$时，I_{D}等于零，即平衡状态；当$V<0$时，它趋向于零。第二项I_0代表反向饱和电流，它的方向与正向电流相反，它随反向偏置电压的增大而增大，逐渐趋向饱和值，故称反向饱和电流，它也是温度的函数，即随着温度的升高其值有所增大。

5.1.2　光照下的PN结

1. PN结光电效应和两种工作模式

当光照射PN结时，只要入射光子能量大于材料禁带宽度，就会在结区产生电子-空穴

对。这些非平衡载流子在内建电场的作用下，空穴顺着电场运动，电子逆电场运动，PN 结处于开路状态，最后在 N 区边界聚集光电子，在 P 区边界聚集光生空穴，产生了一个与内建电场方向相反的光生电场，即在 P 区和 N 区之间产生了光电压，这就是光生伏特效应。

结型光电器件在光照射下，从理论上说，可用于正向偏置、零偏置和反向偏置。但实践证明，当用于正向偏置时，结型光电器件呈现单向导电性（和普通二极管一样），没有光电效应产生，只有在反向偏置或零偏置时，才产生明显的光电效应。

当工作在零偏置的开路状态时，PN 结型光电器件产生光生伏特效应，这种工作原理称为光伏工作模式。当工作在反向偏置状态时，无光照时电阻很大，电流很小；在光照下，电阻变小，电流变大，而且流过它的光电流随光照度变化而变化。从外表上看，PN 结型光电器件与光敏电阻一样，同样具有光电导工作模式，但它们的工作原理不同。因此，当结型光电器件用作光电探测器件时，可在反向偏置的光电导工作模式或零偏置的光伏工作模式下工作。

2. 在光照下 PN 结的电流方程

在光照下，若 PN 结外电路连接负载电阻 R_L［见图 5.1（a）］，则此时的 PN 结内出现两种方向相反的电流：一种是光激发产生的电子-空穴对在内建电场作用下形成的光电流 I_p，光电流与光照度有关，其方向与 PN 结反向饱和电流 I_0 相同；另一种是因光电流 I_p 流过负载电阻 R_L 产生电压降，相当于在 PN 结施加正向偏置电压，从而产生正向电流 I_D，总电流是两者之差。图 5.1（b）所示为 PN 结在光伏工作模式下的等效电路。

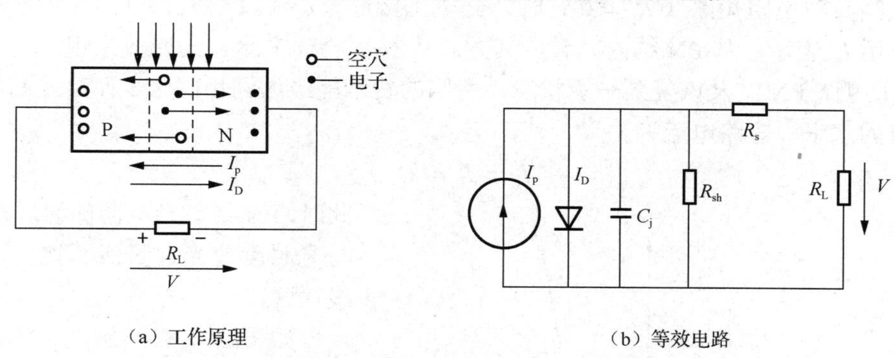

（a）工作原理　　（b）等效电路

图 5.1 有光照时 PN 结工作原理及其等效电路

在图 5.1 中，I_p 为光电流，I_D 为正向电流，C_j 为结电容，R_s 为串联电阻，R_{sh} 为 PN 结的漏电阻，又称动态电阻或结电阻，它比 R_L 和 PN 结的正向电阻大得多，故流过它的电流很小，一般可忽略不计。这样，流过负载 R_L 的总电流 $I_L = I_D - I_p$。因为 I_D 与 PN 结上的外加电压 $V = I_L(R_L + R_s)$ 有关，所以由式（5-1）可知，$I_D = I_0 e^{\frac{qV}{kT}} - I_0$，其中 I_0 为反向饱和电流。由此可知，

$$I_L = I_D - I_p = I_0\left(e^{\frac{qV}{kT}} - 1\right) - I_p \tag{5-2}$$

有时，为便于讨论，式（5-2）也可以写成

$$I_L = I_p - I_D = I_p - I_0\left(e^{\frac{qV}{kT}} - 1\right) \tag{5-3}$$

式（5-3）没有改变原理，只是对电流的正方向作相反的设定，式（5-2）是以 PN 结的正向电流 I_D 的方向为正向的，而式（5-3）是以光电流 I_p 的方向为正向的。由于 I_p 与光照度有关，并随光照度的增大而增大，因此可用下式计算光电流，即

$$I_p = S_E \cdot E \tag{5-4}$$

式中，S_E 为光电灵敏度（也称光照灵敏度）；E 为入射光的光照度。因此，式（5-2）可改写为

$$I_L = I_0\left(e^{\frac{qV}{kT}} - 1\right) - S_E \cdot E \tag{5-5}$$

下面分析两种情况：

（1）当负载电阻 R_L 断开（$I_L = 0$）时，P 区对 N 区的电压称为开路电压，用 V_{oc} 表示，由式（5-3）得

$$V_{oc} = \frac{kT}{q}\ln\left(1 + \frac{I_p}{I_0}\right) \tag{5-6}$$

一般情况下，$I_p >> I_0$，因此

$$V_{oc} \approx \frac{kT}{q}\ln\left(\frac{I_p}{I_0}\right) \approx \frac{kT}{q}\ln\left(\frac{S_E \cdot E}{I_0}\right) \tag{5-7}$$

由上式可知，在一定温度下，开路电压与光电流的对数成正比。

（2）当负载电阻短路（$R_L = 0$）时，光电压接近零，流过结型光电器件的电流称为短路电流，用 I_{sc} 表示，从 PN 结内部看，其方向从 N 区指向 P 区。此时光生载流子不再聚集于 PN 结两侧，PN 结又恢复到平衡状态，两侧的费米能级达到相同水平而势垒高度恢复到无光照时的水平，短路电流为

$$I_{sc} = I_p = S_E \cdot E \tag{5-8}$$

此时，PN 结型光电器件的短路电流 I_{sc} 与光照度或光通量成正比，可得最大线性区。

如果给 PN 结施加一个反向偏置电压 V_b，这个外加电压所建立的电场方向与 PN 结的内建电场方向相同，PN 结的势垒高度由 qV_D（V_D 为内建电势差）增加到 $q(V_D + V_b)$，使光照产生的电子-空穴对在强电场作用下更容易产生漂移，从而提高结型光电器件的频率特性。

根据以上分析，按式（5-2）可画出 PN 结型光电器件在不同光照度下的伏安特性曲线，如图 5.2 所示。

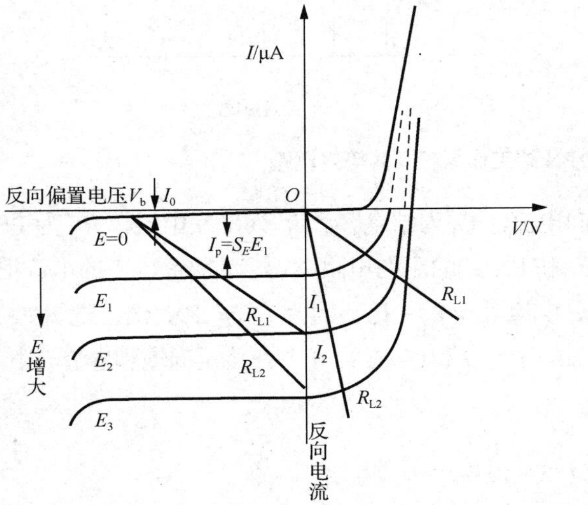

图 5.2 PN 结型光电器件在不同光照度下的伏安特性曲线

无光照时，PN 结型光电器件的伏安特性曲线与一般二极管的伏安特性曲线相同。受光照后，光电子-空穴对在电场作用下形成大于 I_0 的光电流，并且方向与 I_0 相同。因此，其伏安特性曲线沿电流轴向下平移，平移的幅度与光照度的变化成正比，即 $I_p = S_E \cdot E_1$，当在 PN 结上施加反向偏置电压时，暗电流随反向偏置电压的增大有所增大，最后等于反向饱和电流 I_0，而光电流 I_p 几乎与反向偏置电压的大小无关。

5.2 硅光电池

按光电池的用途，它可分为两大类：太阳能光电池和测量型光电池。太阳能光电池主要用作负载的电源，对它的要求主要是转换效率高、成本低。由于它具有体积小、质量小、可靠性高、寿命长等特点，因此它不仅成为航天工业上的重要电源，还被广泛地应用于供电困难的场所和人们的日常便携电器中。

测量型光电池的主要功能是作为光电探测器件的电源，即在不施加偏置电压的情况下将光信号转换成电信号。对它的要求是线性范围宽、灵敏度高、光谱响应合适、稳定性好、寿命长，它被广泛地应用于光度仪、色度仪、光学精密计量仪等测试设备中。

光电池的基本结构就是一个 PN 结。根据制作 PN 结材料的不同，目前光电池分为硒光电池、硅光电池、砷化镓光电池和锗光电池四大类。下面介绍硅光电池的基本结构、工作原理及特性参数。

5.2.1 硅光电池的基本结构

按基材的不同，硅光电池分为 2DR 型硅光电池和 2CR 型硅光电池。图 5.3（a）所示为 2DR 型硅光电池的基本结构，它以 P 型硅作为基材（在本征型材料中掺入三价元素硼、镓等），然后在基材上扩散磷而形成 N 型并把基材作为受光面。2CR 型硅光电池则以 N 型硅作为基材（在本征型硅材料中掺入五价元素磷、砷等），然后在基材上扩散硼而形成 P 型并把基材作为受光面。构成 PN 结后，经过各种工艺处理，分别在基材和光敏面上制作电极，涂上二氧化硅保护膜，即可制成硅光电池。

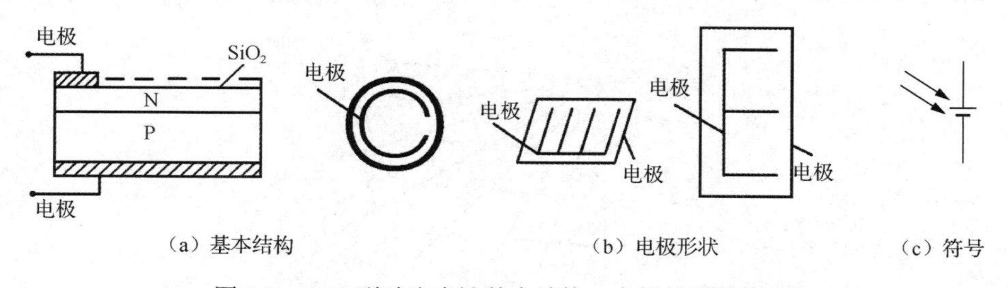

图 5.3 2DR 型硅光电池基本结构、电极形状及符号

一般硅光电池受光面上的电极形状大都做成如图 5.3（b）所示的梳齿状或 E 字形，目的是便于透光和减小硅光电池的内电阻。硅光电池的光敏面被涂上一层二氧化硅，一方面起到防潮、防尘等保护作用，另一方面可以减小硅光电池表面对入射光的反射量，增大入射光的吸收量。

5.2.2 硅光电池的工作原理

当光照射 PN 结时，耗尽区内的光电子和空穴在内建电场的作用下，分别向 N 区和 P 区运动。硅光电池的工作原理示意如图 5.4 所示，由欧姆定律可知，闭合回路中负载电阻 R_L 上产生的输出电压 U 满足式（5-9），即

$$U = I_L R_L \tag{5-9}$$

式中，I_L 为闭合回路的输出电流。由图 5.4 可知，硅光电池的输出电流 I_L 按下式计算，即

$$I_L = I_p - I_D = I_p - I_0\left(e^{\frac{qV}{kT}} - 1\right) \tag{5-10}$$

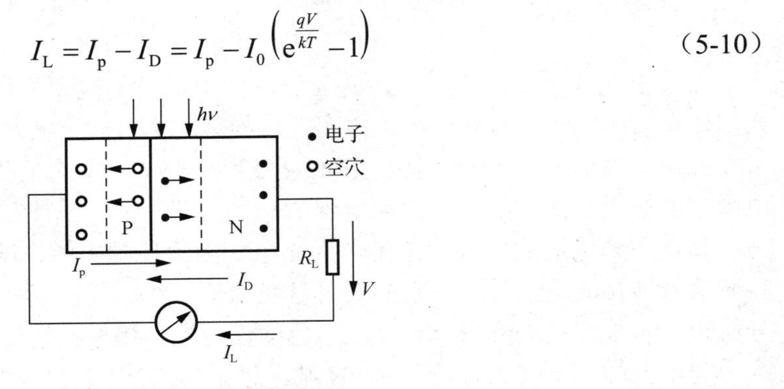

图 5.4　硅光电池的工作原理示意

5.2.3 硅光电池的特性参数

1. 光照特性

硅光电池的光照特性主要有伏安特性、光照度-电流电压特性和光照度-负载特性。硅光电池的伏安特性曲线就是输出电流和电压随负载电阻变化的曲线，即在某一光照度下（或光通量），对应不同的负载电阻值测得的输出电流和电压的关系曲线。图 5.5 为不同光照度下硅光电池的伏安特性曲线，与图 5.2 所示的 PN 结型光电器件的伏安特性曲线相比，硅光电池工作在其伏安特性曲线的第四象限。若硅光电池工作在反向偏置状态，则其伏安特性曲线将延伸到第三象限，与图 5.2 所示类似。

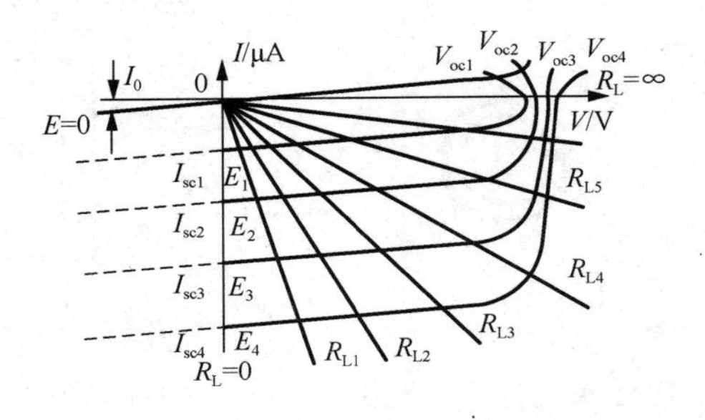

图 5.5　不同光照度下硅光电池的伏安特性曲线

硅光电池的电流方程同式（5-3），即

$$\begin{aligned} I_L &= I_p - I_D = I_p - I_0\left(e^{\frac{qV}{kT}} - 1\right) \\ &= S_E E - I_0\left(e^{\frac{qV}{kT}} - 1\right) \end{aligned} \tag{5-11}$$

当 $E=0$ 时，

$$I_L = -I_0\left(e^{\frac{qV}{kT}}-1\right) = -I_D \tag{5-12}$$

式中，I_D 的计算公式与式（5-1）相同；I_0 为反向饱和电流。

当 $I_L=0$ 时，$R_L=\infty$（开路）。此时伏安特性曲线与电压轴交点的电压通常称为硅光电池开路时两端的开路电压，以 V_{oc} 表示，由式（5-5）解得

$$V_{oc} = \frac{kT}{q}\ln\left(\frac{I_p}{I_0}+1\right) \tag{5-13}$$

同样，当 $I_p >> I_0$ 时，

$$V_{oc} \approx \left(\frac{kT}{q}\right)\ln\left(\frac{I_p}{I_0}\right) \tag{5-14}$$

当 $R_L=0$（伏安特性曲线与电流轴的交点）时，所测得的电流称为硅光电池短路电流，简称短路电流，以 I_{sc} 表示，其计算公式为

$$I_{sc} = I_p = S_E \cdot E \tag{5-15}$$

式中，S_E 为硅光电池的光电灵敏度（又称光电响应度）；E 为入射光的光照度。

从式（5-13）和式（5-15）可知，硅光电池的短路电流 I_{sc} 与入射光的光照度成正比，而开路电压 V_{oc} 与入射光的光照度的对数成正比，三者关系曲线如图 5.6 所示。

在线性度测量中，硅光电池通常以电流形式使用，故短路电流 I_{sc} 与光照度（或光通量）呈线性关系，这是硅光电池的重要光照特性。图 5.7 所示为硅光电池的光照度-负载特性曲线。

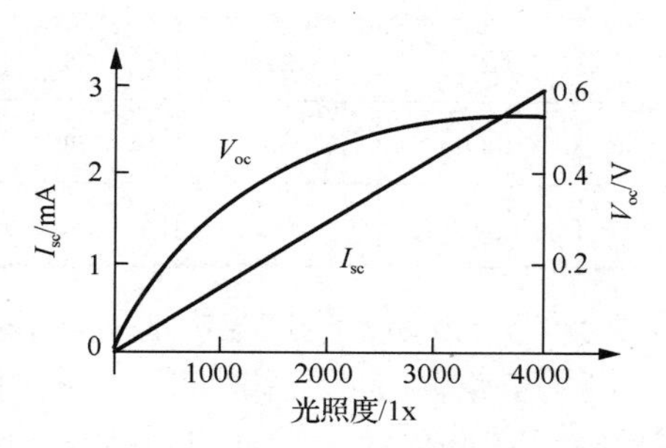

图 5.6 硅光电池的 V_{oc}、I_{sc} 与光照度的关系曲线

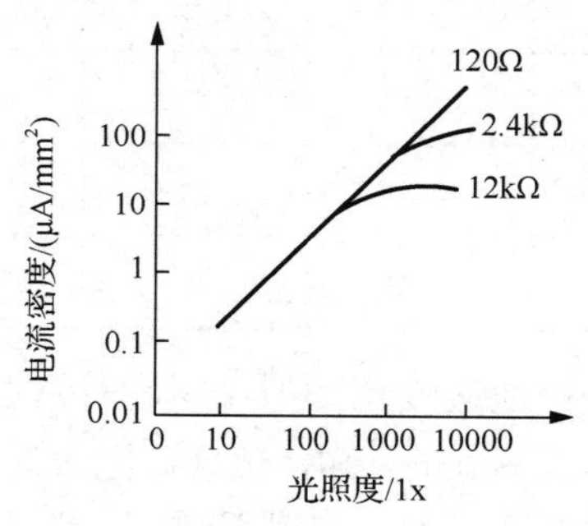

图 5.7 硅光电池的光照度-负载特性（电流密度）曲线

2. 光谱特性

一般硅光电池的光谱特性是指，在入射光辐射通量保持一定的条件下，硅光电池所产生的短路电流与入射光波长之间的关系。一般用相对响应表示，长波限取决于硅光电池材料的禁带宽度 E_g，短波限则受硅光电池材料表面反射损失的限制，其峰值波长不仅与材料有关，而且随制备工艺及使用环境温度的不同而不同。图 5.8 所示为 2CR 型硅光电池的光谱特性曲线，其响应范围为 0.4～1.1μm，峰值波长为 0.8～0.9μm。

3. 频率特性

对于结型光电器件，由于载流子在 PN 结区内的扩散、漂移、产生与复合都要有一定的

时间，所以当光照度变化很快时，光电流的变化滞后于光照度变化。当用矩形脉冲光照时，可用光电流上升时间 t_r 和下降时间 t_f 表示光电流滞后于光照度的程度。国内生产的 3 种 2CR 型硅光电池的时间响应见表 5-1。由表 5-1 可以得到以下结论：

（1）若要得到小的响应时间，必须选用阻值小的负载电阻 R_L。

（2）硅光电池的光敏面的面积越大，响应时间越大，因为硅光电池的光敏面的面积越大，结电容 C_j 越大。在给定负载电阻 R_L 时，时间常数 $\tau = R_L C_j$，其值就越大。因此，若要求小的响应时间，则必须选用光敏面小的硅光电池。

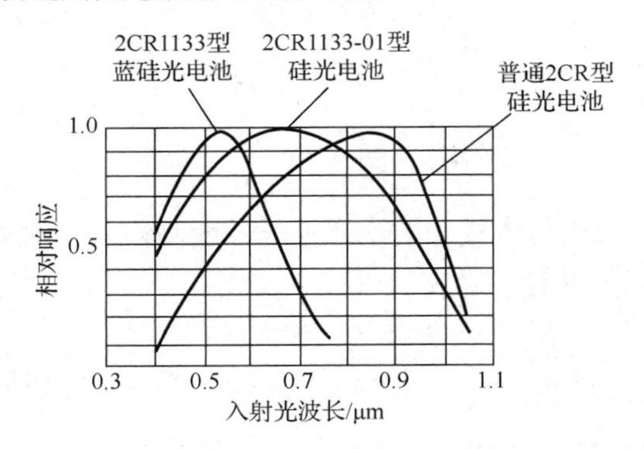

图 5.8　2CR 型硅光电池的光谱特性曲线

表 5-1　国内生产的 3 种 2CR 型硅光电池的时间响应

型　号	面积/mm²	负载电阻 R_L=100Ω		负载电阻 R_L=500Ω		负载电阻 R_L=1kΩ	
		t_r /μs	t_f /μs	t_r /μs	t_f /μs	t_r /μs	t_f /μs
2CR21	5×5	15	15	20	20	25	25
2CR41	10×10	15	17	35	40	60	70
2CR41	10×20	30	40	60	80	150	150

硅光电池接收正弦型光照度时常用频率特性曲线表示，图 5.9 所示为硅光电池的频率特性曲线。由图 5.9 可知，负载电阻大时频率特性变差，减小负载电阻可减小时间常数 τ、提高频率响应，但是负载电阻 R_L 的减小会使输出电压降低。因此，在实际使用时视具体要求而定。

总的来说，由于硅光电池光敏面的面积大，结电容大，因此其频率响应较低。为了提高频率响应，硅光电池可在光电导工作模式下使用。

4. 温度特性

硅光电池的温度特性曲线主要指在光照下硅光电池的开路电压 V_{oc} 与短路电流 I_{sc} 随温度变化的情况。硅光电池的温度特性曲线如图 5.10 所示，由图 5.10 可以看出，开路电压 V_{oc} 具有负温度系数，即随着温度的升高，V_{oc} 值反而减小，其值为 2～3mV/℃；短路电流 I_{sc} 具有正温度系数，即随着温度的升高，I_{sc} 值增大，其值为 10^{-5}～10^{-3}mA/℃。

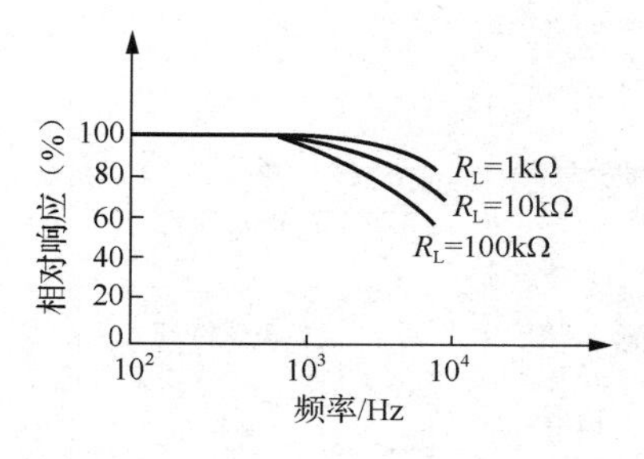

图 5.9 硅光电池的频率特性曲线

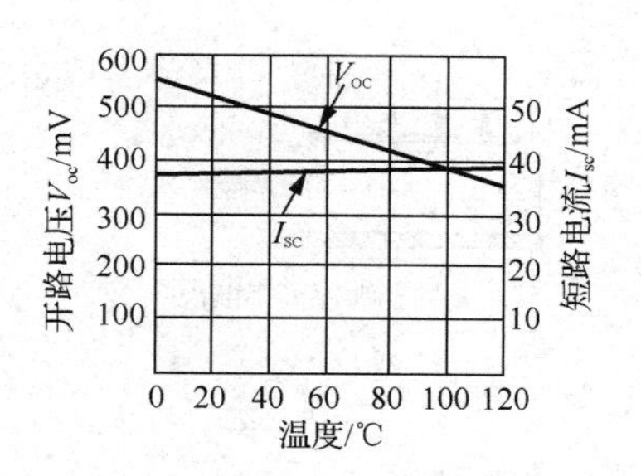

图 5.10 硅光电池的温度特性曲线

当硅光电池受强光照射时，可能会因晶格受到破坏而导致结型光电器件损坏。因此，硅光电池作为光电探测器件使用时，为保证测量精度应考虑温度变化对它的影响。

5.3 硅光电二极管

硅光电二极管是最简单、最具有代表性的结型光电器件，它与硅光电池一样，都是基于 PN 结的光电效应而工作的，它主要用于可见光及红外线光谱区。硅光电二极管通常在反向偏置条件下工作，即光电导工作模式，这样可以减小光生载流子的渡越时间及结电容，可获得较宽的线性输出信号和较高的响应频率，硅光电二极管适用于测量甚高频调制的光信号。硅光电二极管也可用在零偏置状态，即光伏工作模式，这种工作模式的突出优点是暗电流等于零。后继线路采用电流电压转换电路，线性范围扩大。因此，硅光电二极管得到广泛应用。

可用于制作硅光电二极管的材料很多，有硅、锗、砷化镓、碲化铅等，但目前在可见光谱区应用最多的是硅光电二极管。下面以硅光电二极管为例，介绍其基本结构、工作原理、电流方程和基本特性等。

5.3.1 硅光电二极管的基本结构

硅光电二极管可分为以 P 型硅为衬底的 2DU 型硅光电二极管与以 N 型硅为衬底的 2CU 型硅光电二极管。图 5.11（a）所示为 2DU 型硅光电二极管的结构。在高电阻轻度掺杂 P 型硅片上通过扩散或注入的方式，生成很浅（厚度约为 1μm）的 N 型层，形成 PN 结。为保护光敏面，在 N 型硅的上表面氧化生成极薄的 SiO_2 保护膜，它既可保护光敏面，又可增加结型光电器件对光的吸收率。

2CU 型硅光电二极管采用 N 型硅材料作基材，在 N 区的一面扩散三价元素硼而生成重度掺杂 P 型层，P 型层和 N 型层相接处形成 PN 结，从其中引出电极。为保护光敏面，同样可在光敏面上涂上 SiO_2 保护膜，使用时施加反向电压。

图 5.11（b）所示为硅光电二极管的工作原理示意，图 5.11（c）所示为硅光电二极管的电路符号。其中，水平方向的小箭头表示正向电流的方向，光电流的方向与之相反；前级为光照面，后级为背光面。

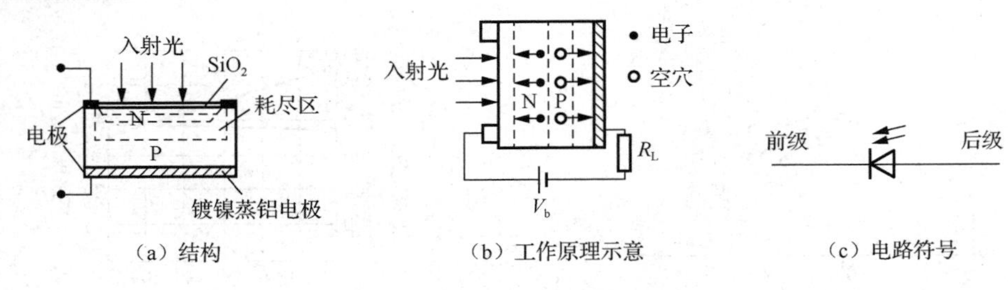

（a）结构 （b）工作原理示意 （c）电路符号

图 5.11　2DU 型硅光电二极管

5.3.2　硅光电二极管的工作原理

硅光电二极管的工作原理与硅光电池相似。如果应用于光伏工作模式，其机理与硅光电池基本相同，都属于 PN 结型光生伏特效应。但是它与硅光电池比较，略有不同，具体如下：

（1）就制作衬底材料的掺杂浓度而言，硅光电池的掺杂浓度较高，为每立方厘米 10^{16}～10^{19} 个原子，而硅光电二极管掺杂浓度为每立方厘米 10^{12}～10^{13} 个原子。

（2）硅光电池的电阻率低，为 0.1～0.01Ω/cm，而硅光电二极管电阻率为 1000Ω/cm。

（3）硅光电池在零偏置下工作，而硅光电二极管通常在反向偏置下工作。

（4）一般情况下，硅光电池的光敏面的面积比硅光电二极管的光敏面的面积大得多。因此，硅光电二极管的光电流小得多，通常为微安级。

硅光电二极管通常用在反向偏置的光电导工作模式。当硅光电二极管在无光照时，若给 PN 结施加一个适当的反向偏置电压，则反向偏置电压加强了内建电场，使 PN 结空间电荷区变宽，势垒增大，流过 PN 结的电流变小，该电流是由少数载流子的漂移运动形成的。

当硅光电二极管受到光照且满足条件 $h\nu \geqslant E_g$ 时，在结区产生的光生载流子受内建电场影响，光电子被吸引向 N 区，光生空穴被吸引向 P 区。于是，在外加电压的作用下形成以少数载流子漂移运动为主的光电流。显然，光电流比无光照时的反向饱和电流大得多，如果光照度越强，那么在同样条件下产生的光生载流子越多，光电流越大；反之，光电流越小。

当硅光电二极管与负载电阻 R_L 串联时，在 R_L 的两端可得到随光照度变化的电压信号，从而达到将光信号转变成电信号的目的。

5.3.3　硅光电二极管的电流方程

在无辐射作用的情况下（如暗室中），PN 结型硅光电二极管的伏安特性曲线与普通 PN 结型光电二极管的伏安特性曲线一样，如图 5.12 所示。

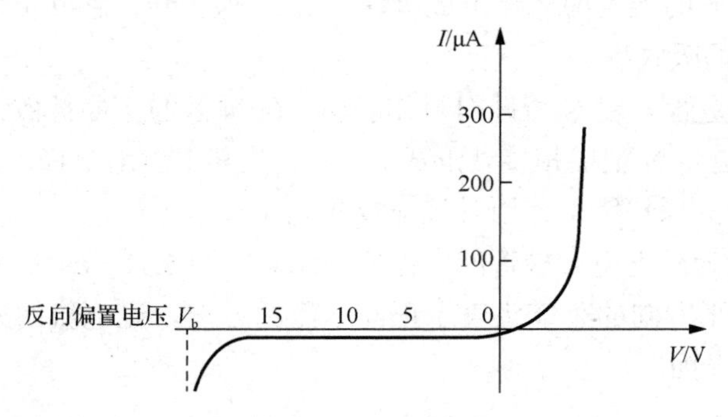

图 5.12　PN 结型硅光电二极管的伏安特性曲线

其电流方程为

$$I = I_{\mathrm{D}}(\mathrm{e}^{\frac{qV}{kT}} - 1) \tag{5-16}$$

式中，V 为施加在 PN 结型硅光电二极管两端的电压；T 为 PN 结型硅光电二极管的温度；k 为玻耳兹曼常数；q 为电子电荷。显然，I_{D} 和 V 均为负值（反向偏置时），且 $|V| \geqslant kT/q$（室温下 $kT/q \approx 0.26\mathrm{mV}$，很容易满足这个条件）的电流，称为反向电流或暗电流。

当光辐射作用到如图 5.11（b）所示的硅光电二极管上时，产生的光电流方程为

$$I_{\mathrm{p}} = \frac{\eta q}{h\nu}\left(1 - \mathrm{e}^{-\alpha d}\right)\varPhi_{\mathrm{e}}(\lambda) \tag{5-17}$$

其方向应为反向。这样，硅光电二极管的电流方程为

$$I = -\frac{\eta q \lambda}{hc}\left(1 - \mathrm{e}^{-\alpha d}\right)\varPhi_{\mathrm{e}}(\lambda) + I_0\left(\mathrm{e}^{\frac{qV}{kT}} - 1\right) \tag{5-18}$$

式中，η 为光电材料的光电转换效率；α 为光电材料对光的吸收系数；d 为光电材料的厚度；$\varPhi_{\mathrm{e}}(\lambda)$ 为辐射通量。

根据朗伯-比尔比律，当光电材料厚度较小或光电材料对光的吸收系数较小时，可以忽略不计 $\mathrm{e}^{-\alpha d}$。

5.3.4 硅光电二极管的基本特性

根据式（5-18）所示的硅光电二极管全电流方程，可以得到如图 5.13 所示的硅光电二极管在不同偏置电压下的输出特性曲线，这些曲线反映了硅光电二极管的基本特性。

普通二极管工作在正向电压大于 0.7V 的情况下，而硅光电二极管必须工作在这个电压以下，否则，不会产生光电效应。也就是说，硅光电二极管的工作区域应在图 5.13 所示的第三象限与第四象限，这样处理很不方便。因此，重新定义电流与电压的正方向，把硅光电二极管的输出特性曲线旋转成图 5.14 所示的图形。重新定义的电流与电压的正向方向均与 PN 结内建电场的方向相同。

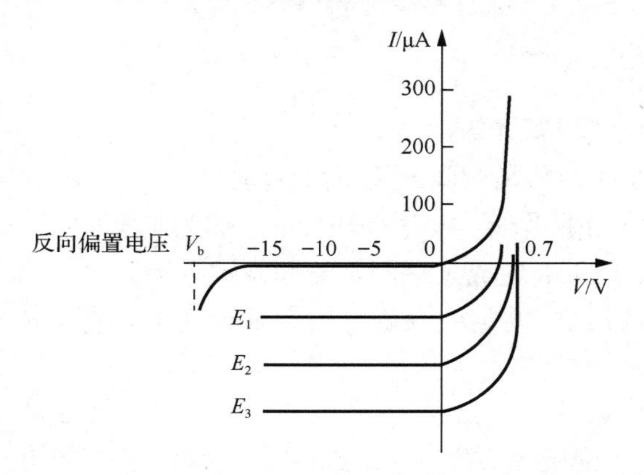

图 5.13 硅光电二极管在不同偏置电压下的输出特性曲线

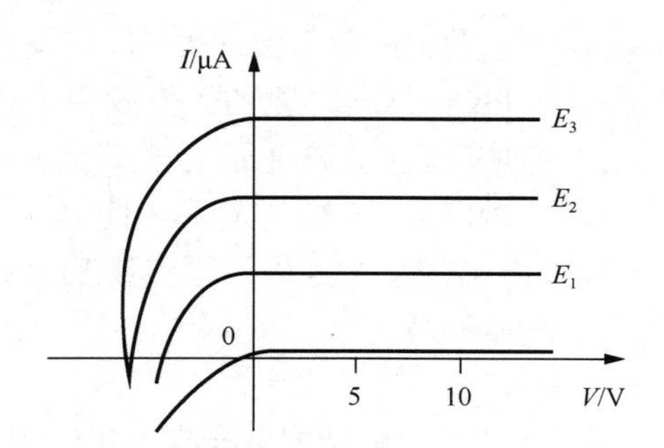

图 5.14 重新定义电流与电压的正方向后，硅光电二极管的输出特性曲线

1. 硅光电二极管的灵敏度

定义硅光电二极管的灵敏度为硅光电二极管的输出光电流与入射到光敏面上的辐射通

量的比值，即

$$S=\frac{I}{\Phi_{\mathrm{e}}(\lambda)}=\frac{\eta q\lambda}{hc}\left(1-\mathrm{e}^{-\alpha d}\right) \tag{5-19}$$

显然，当某波长为λ的辐射波作用于硅光电二极管时，其电流灵敏度为与材料有关的常数，表明硅光电二极管的光电转换特性呈线性关系。必须指出，电流灵敏度与入射光的波长λ的关系是很复杂的。因此，在定义硅光电二极管的电流灵敏度时，通常将其峰值响应波长下的电流灵敏度作为硅光电二极管的灵敏度。硅光电二极管的电流灵敏度与波长的关系曲线称为光谱响应曲线。

2. 光谱响应

以等功率的不同波长的单色辐射波作用于光电二极管时，其响应程度或电流灵敏度与波长的关系称为光电二极管的光谱响应。图 5.15 所示为由 4 种典型材料制作的光电二极管的相对光谱响应曲线。由相对光谱响应曲线可以看出，典型硅（Si）光电二极管光谱响应长波限约为 1.1μm，短波限接近 0.4μm，峰值响应波长约为 0.9μm。硅光电二极管光谱响应长波限受硅材料的禁带宽度E_{g}的限制，短波限受到材料 PN 结厚度对光吸收的影响，减小 PN 结的厚度可提高短波限的光谱响应。

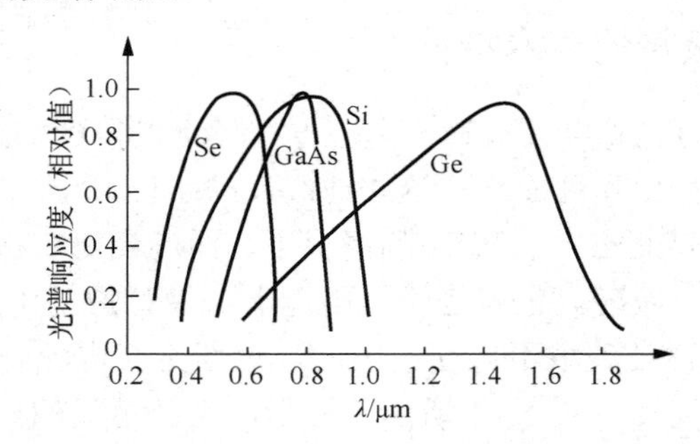

图 5.15 由 4 种典型材料制作的光电二极管的相对光谱响应曲线

3. 时间响应

以频率f调制的辐射波入射 PN 结型硅光电二极管光敏面时，

（1）在 PN 结区内产生的光生载流子渡越结区，所需时间τ_{dr}称为漂移时间。

（2）在 PN 结区外产生的光生载流子扩散到 PN 结区内，所需时间τ_{p}称为扩散时间。

（3）用 PN 结电容C_{j}、管芯电阻R_{i}及负载电阻R_{L}造成延迟，其时间常数为τ_{RC}。

设载流子在 PN 结区内的漂移速度为v_{d}，PN 结区的宽度为W，则载流子在 PN 结区内的最长漂移时间为

$$\tau_{\mathrm{dr}}=W/v_{\mathrm{d}} \tag{5-20}$$

一般情况下，PN 结型硅光电二极管内建电场强度E_{i}达到10^5V/cm 以上，载流子的平均漂移速度高于 10^7cm/s，PN 结区的宽度一般约为 100μm。由式（5-20）可知，漂移时间$\tau_{\mathrm{dr}}=10^{-9}\mathrm{s}$，为纳秒级。

由于入射光在PN结势垒区以外激发的光生载流子必须经过扩散运动，才能到达势垒区内，受内建电场的作用，分别被引向 P 区与 N 区。载流子的扩散运动往往很慢，即扩散时间τ_{p}很长，约为 100ns。因此，扩散时间是限制 PN 结型硅光电二极管时间响应的主要因素之一。

另一个因素是 PN 结电容 C_j 和管芯电阻 R_i 及负载电阻 R_L 构成的时间常数 τ_{RC}，该时间常数的计算公式为

$$\tau_{RC} = C_j(R_i + R_L) \tag{5-21}$$

普通 PN 结型硅光电二极管的管芯电阻 R_i 约为 250Ω，PN 结电容 C_j 常为几皮法。当负载电阻 R_L 小于 500Ω 时，时间常数 τ_{RC} 为纳秒级。但是，当负载电阻 R_L 很大时，时间常数 τ_{RC} 将成为影响 PN 结型硅光电二极管时间响应的一个重要因素，应用时必须注意这一点。

由以上分析可知，影响 PN 结型硅光电二极管时间响应的主要因素是 PN 结区外载流子的扩散时间 τ_p，如何扩大 PN 结区是提高 PN 结型硅光电二极管时间响应的重要措施。增大反向偏置电压，可以扩大 PN 结的耗尽区，但是反向偏置电压的增大会增大 PN 结电容，使时间常数 τ_{RC} 增大。因此，必须从 PN 结的结构设计方面考虑如何在不使反向偏置电压增大的情况下，使耗尽区扩大到整个 PN 结区，这样才能消除扩散时间。

4. 噪声

与光敏电阻一样，硅光电二极管的噪声也包含低频噪声 I_{nf}、散粒噪声 I_{ns} 和热噪声 I_{nT}。其中，散粒噪声是硅光电二极管的主要噪声。散粒噪声是由于电流在半导体内的散粒效应引起的，它与电流的关系式为

$$I_{ns}^2 = 2qI\Delta f \tag{5-22}$$

硅光电二极管的电流应包括暗电流 I_d、信号电流 I_s 和由背景辐射引起的背景光电流 I_b，因此，散粒噪声计算公式应为

$$I_{ns}^2 = 2q(I_d + I_s + I_b)\Delta f \tag{5-23}$$

根据电流方程，将式（5-18）代入式（5-23），忽略光电材料对光的吸收系数，可得

$$I_{ns}^2 = \frac{2q^2\eta\lambda(\varPhi_s + \varPhi_b)}{hc}\Delta f + 2qI_d\Delta f \tag{5-24}$$

式中，$\varPhi_s$ 为信号辐射通量；$\varPhi_b$ 为背景辐射通量。

另外，当考虑负载电阻 R_L 的热噪声时，硅光电二极管的噪声计算公式应为

$$I_{ns}^2 = \frac{2q^2\eta\lambda(\varPhi_s + \varPhi_b)}{hc}\Delta f + 2qI_d\Delta f + \frac{4kT\Delta f}{R_L} \tag{5-25}$$

目前，用于制造 PN 结型光电二极管的半导体材料主要有硅（Si）、锗（Ge）、硒和砷化镓等，用不同材料制造的光电二极管具有不同的特性。表 5-2 所列为由几种不同半导体材料制作的光电二极管的基本特性参数，供实际应用时选用。

表 5-2　由几种不同半导体材料制作的光电二极管的基本特性参数

型　号	材料	光敏面的面积 S/mm²	光谱响应 $\Delta\lambda$/nm	峰值波长 λ_T/nm	时间响应 τ/ns	暗电流 I_d/μA	光电流 I_p/μA	反向偏置电压 V_b/V	功耗 P/mW
2AU1A～D	Ge	0.08	0.86～1.8	1.5	≤100	10000	30	50	15
2CU1A～D	Si	16π	0.4～1.1	0.9	≤100	200	0.8	10～50	300
2CU2	Si	0.49	0.5～1.1	0.88	≤100	100	15	30	30
2CU5A	Si	π	0.4～1.1	0.9	≤50	100	0.1	10	50

续表

型 号	材料	光敏面的面积 S/mm^2	光谱响应 $\Delta\lambda$/nm	峰值波长 λ_T/nm	时间响应 τ/ns	暗电流 I_d/μA	光电流 I_p/μA	反向偏置电压 V_b/V	功耗 P/mW
2CU5B	Si	π	0.4～1.1	0.9	≤50	100	0.1	20	50
2CU5C	Si	π	0.4～1.1	0.9	≤50	100	0.1	30	150
2DU1B	Si	12.25π	0.4～1.1	0.9	≤100	≤100	≥20	50	100
2DU2B	Si	12.25π	0.4～1.1	0.9	≤100	100～300	≥20	50	100
2CU101B	Si	0.2	0.5～1.1	0.9	≤5	≤10	≥10	15	50
2CU201B	Si	0.78	0.5～1.1	0.9	≤5	≤50	≥10	50	50
2DU3B	Si	12.25π	0.4～1.1	0.9	≤100	300～1000	≥20	50	100
PIN09A	Si	0.06	0.5～1.1	0.9	≤4	50	≥10	25	10
PIN09B	Si	0.2	0.5～1.1	0.9	≤4	50	≥10	25	15
PIN09C	Si	0.78	0.5～1.1	0.9	≤4	300	≥20	25	30
UV102BK	Si	4.2	0.25～1.1	0.88	≤100	0.1	5	—	—
UV105BK	Si	30	0.25～1.1	0.88	≤100	1	28	—	—
UV-110BK	Si	102	0.25～1.1	0.88	≤100	3	150	—	—
2CUGS1A	Si	5.3	0.4～1.1	0.9	≤50	10	140	30	150
2CUGS1B	Si	1.44	0.4～1.1	0.9	≤50	10	50	30	100

5.4 硅光电三极管

5.4.1 硅光电三极管的基本结构

硅光电三极管是在硅光电二极管的基础上发展起来的，它和普通三极管相似，有两种结构类型，即NPN型和PNP型。用N型硅材料为衬底制作的硅光电三极管结构为NPN型，称为3DU型NPN硅光电三极管；用P型硅材料为衬底制作的硅光电三极管结构为PNP型，称为3CU型PNP硅光电三极管。3DU型NPN硅光电三极管的结构、工作原理和电路符号如图5.16所示。从该图可以看出，此类光电三极管虽然只有两个电极（只有集电极和发射极，通常不把基极引出来），但仍然称为硅光电三极管，因为它们具有普通三极管的两个PN结结构和电流的放大功能。

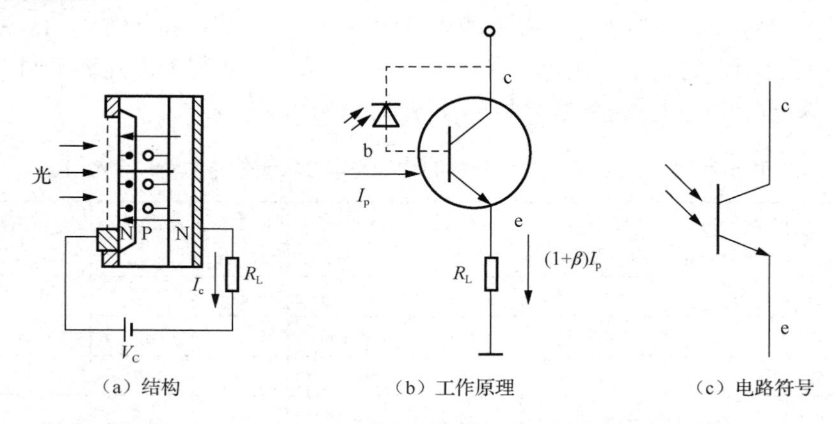

图5.16　3DU型硅光电三极管的结构、工作原理和电路符号

下面以3DU型NPN硅光电三极管为例，说明硅光电三极管的基本结构。在图5.16（a）中以N型硅片作衬底，扩散硼而形成P型，再扩散磷而形成重度掺杂N层，并涂覆SiO_2作为保护层。在重度掺杂的N侧开窗，引出一个电极，作为集电极c，由中间的P型层引出一个电极，作为基极b，也可以不引出（由于硅光电三极管的信号是由光照引起的，所以一般不需要基极引线），而在N型硅片的衬底上引出一个电极，作为发射极e，由此构成一个硅光电三极管。

5.4.2 硅光电三极管的工作原理

硅光电三极管的工作原理分为两个部分：一是光电转换；二是光电流放大。工作时各个电极所施加的电压与普通三极管相同，即需要保证集电极反向偏置，发射极正向偏置。光电转换过程在集-基PN结区内进行，与一般光电二极管相同。光激发产生的电子-空穴对在反向偏置的PN结内建电场的作用下，电子流向集电区被集电极所收集，而空穴流向基区与正向偏置的发射结发射的电子流复合，形成基极电流，此时$I_{\mathrm{b}}=I_{\mathrm{p}}$，基极电流被集电结放大$\beta$倍，这与普通三极管的放大原理相同。不同的是，普通三极管是由基极向发射结注入空穴载流子，控制发射极的扩散电流，而硅光电三极管是由注入发射结的光电流控制的。集电极输出的电流为

$$I_{\mathrm{c}}=\beta I_{\mathrm{b}}=\beta I_{\mathrm{p}}=\beta\frac{\eta q}{h\nu}\left(1-\mathrm{e}^{-\alpha d}\right)\Phi_{\mathrm{e}}(\lambda) \tag{5-26}$$

由此可见，在原理上完全可以把硅光电三极管看成一个由硅光电二极管与普通三极管结合而成的组合件，如图5.16（c）所示。在实际的生产工艺中也常采用这种形式，以便获得更好的线性度和更大的线性范围。

3CU型硅光电三极管在原理上和3DU型硅光电三极管相同，只是它的基材是P型硅，工作时集电极被施加负电压，发射极被施加正电压。

为了改善频率响应，减小体积，提高增益，常将光电二极管、光电三极管或普通三极管制作在一个硅片上构成集成光电器件。图5.17所示为集成光电器件的3种形式。

图5.17（a）所示为光电二极管-光电三极管集成光电器件，由于其中的光电二极管的反向偏置电压不受光电三极管集电结电压的控制，因此它比3DU型NPN硅光电三极管具有更大的动态范围。图5.17（b）所示为光电三极管-光电三极管集成光电器件，它具有更高的电流增益（电流灵敏度）。图5.17（c）所示为达林顿光电三极管。

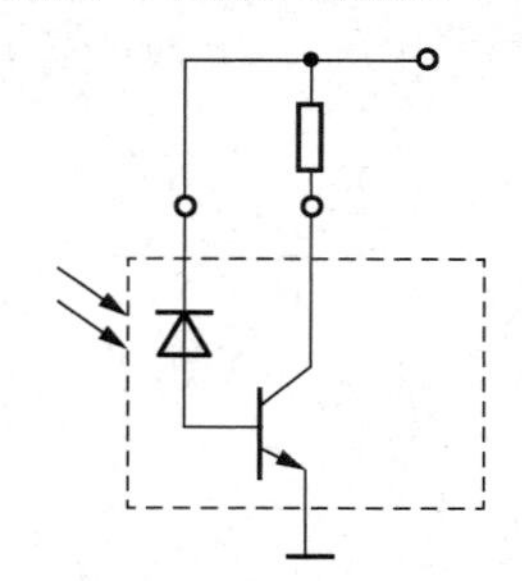

（a）光电二极管-光电三极管集成光电器件

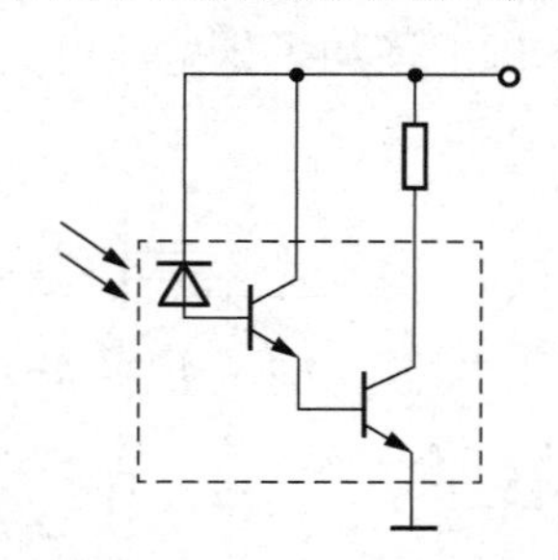

（b）光电三极管-光电三极管集成光电器件

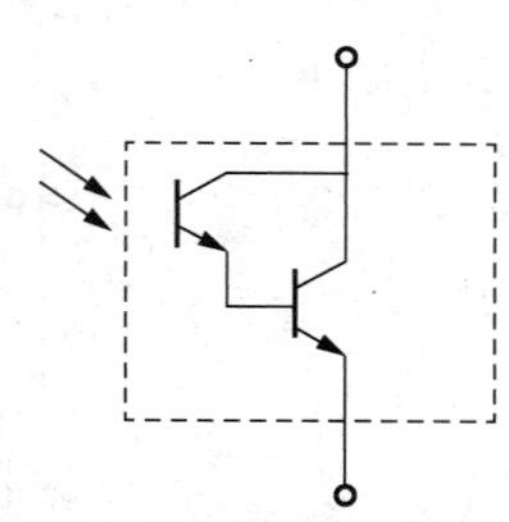

（c）达林顿光电三极管

图5.17 集成光电器件的3种形式

5.4.3 硅光电三极管的基本特性

1. 伏安特性

图 5.18 所示为硅光电三极管在不同光照度下的伏安特性曲线。从这些伏安特性曲线可以看出，硅光电三极管在偏置电压为零时，无论光照度多强，集电极电流都为零，这说明硅光电三极管必须在一定的偏置电压作用下才能工作。偏置电压要保证硅光电三极管的发射结处于正向偏置，而集电结处于反向偏置。随着偏置电压的增高，硅光电三极管的伏安特性曲线趋于平坦。

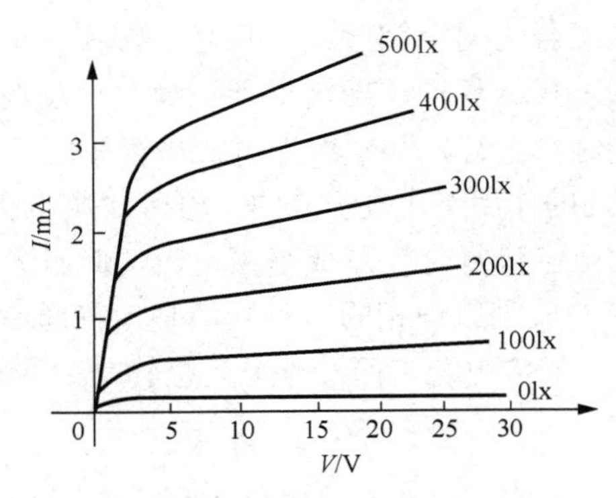

图 5.18　硅光电三极管在不同光照度下的伏安特性曲线

伏安特性曲线的弯曲部分为饱和区，在饱和区，由于硅光电三极管集电结的反向偏置电压太低，因此集电极的收集能力低，造成硅光电三极管饱和。为此，应使硅光电三极管工作在偏置电压大于 5V 的线性范围。

2. 时间响应（频率特性）

硅光电三极管的时间响应常与 PN 结的结构及偏置电路等参数有关。为分析硅光电三极管的时间响应，需要画出图 5.19 所示的硅光电三极管的输出电路及其微变等效电路。图 5.19（a）所示为硅光电三极管的输出电路，图 5.19（b）为其微变等效电路。由微变等效电路可以看出，产生电流 I_p 的电流源、发射结电阻 R_{be}、发射结电容 C_{be} 和集电结电容 C_{bc} 构成的部分微变等效电路为硅光电二极管的微变等效电路。这表明硅光电三极管的微变等效电路是在硅光电二极管的微变等效电路基础上增加了集电结电流 I_c、集-射结电阻 R_{ce}、等效电容 C_{ce} 和负载电阻 R_L。

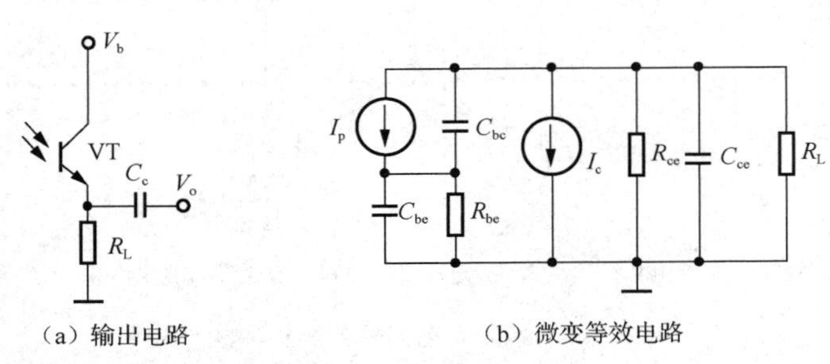

（a）输出电路　　（b）微变等效电路

图 5.19　硅光电三极管的输出电路及其微变等效电路

选择适当的负载电阻，使其满足 $R_L < R_{ce}$，这时可以得到硅光电三极管电路的输出电压，即

$$V_o = -\frac{\beta R_L I_p}{\left(1+\omega^2 R_{be}^2 C_{be}^2\right)^{\frac{1}{2}}\left(1+\omega^2 R_L^2 C_{ce}^2\right)^{\frac{1}{2}}} \tag{5-27}$$

可见，硅光电三极管的时间响应由以下 4 个部分组成：

（1）光生载流子对发射结电容 C_{be} 和集电结电容 C_{bc} 的充放电时间。

（2）光生载流子渡越基区所需要的时间。

（3）光生载流子被收集到集电极的时间。

（4）输出电路的负载电阻 R_L 与等效电容 C_{ce} 所构成的延时时间。

总时间常数为上述 4 项时间之和，因此，硅光电三极管比硅光电二极管的响应时间长得多。

硅光电三极管常用于各种光电控制系统，其输入信号多为光脉冲信号，因而硅光电三极管的时间响应是非常重要的参数，直接影响硅光电三极管的质量。为了提高硅光电三极管的时间响应，应尽可能地减小发射结阻容时间常数 $R_{be}C_{be}$ 和时间常数 $R_L C_{ce}$。

不同负载电阻 R_L 下硅光电三极管的时间响应与集电极电流 I_c 的关系曲线如图 5.20 所示。从该曲线可以看出，硅光电三极管的时间响应不但与负载电阻 R_L 有关，而且与硅光电三极管的输出电流有关。增大其输出电流可以缩短时间响应，提高硅光电三极管的频率响应。

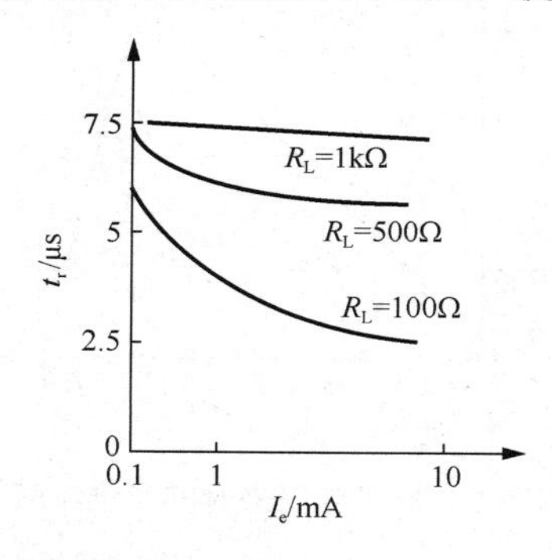

图 5.20　不同负载电阻下硅光电三极管的时间响应与集电极电流的关系曲线

3. 温度特性

硅光电二极管和硅光电三极管的暗电流 I_d 与亮电流 I_L 均随温度而变化。由于硅光电三极管具有电流放大功能，所以其暗电流 I_d 和亮电流 I_L 受温度的影响比硅光电二极管大得多。硅光电二极管和硅光电三极管的温度特性如图 5.21 所示。其中，图 5.21（a）所示为硅光电二极管（型号为 2CU1 和 2CU3）和硅光电三极管（型号为 3DU4）暗电流 I_d 的温度特性曲线，从该曲线可以看出，随着温度的升高暗电流增长很快；图 5.21（b）所示为硅光电二极管（型号为 2CU5）和硅光电三极管（型号为 3DU3）亮电流 I_L 的温度特性曲线，从该曲线可以看出，硅光电三极管亮电流 I_L 随温度的变化比硅光电二极管明显。暗电流的增加使输出的信噪比变差，不利于弱光信号的检测。在进行弱光信号的检测时，应考虑温度对硅光电二极管/三极管输出信号的影响，必要时，应采取恒温或温度补偿等措施。

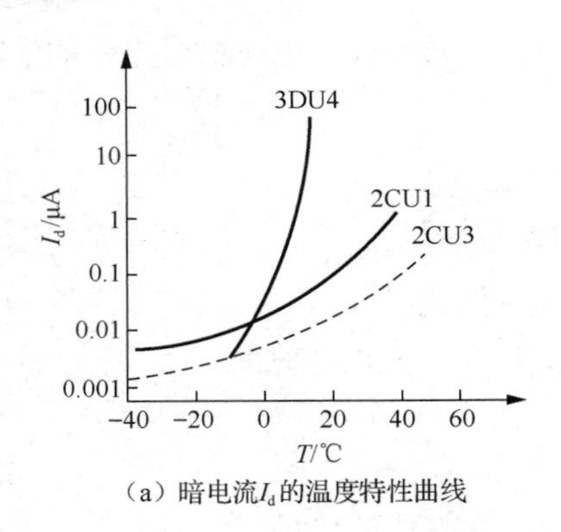

（a）暗电流I_d的温度特性曲线

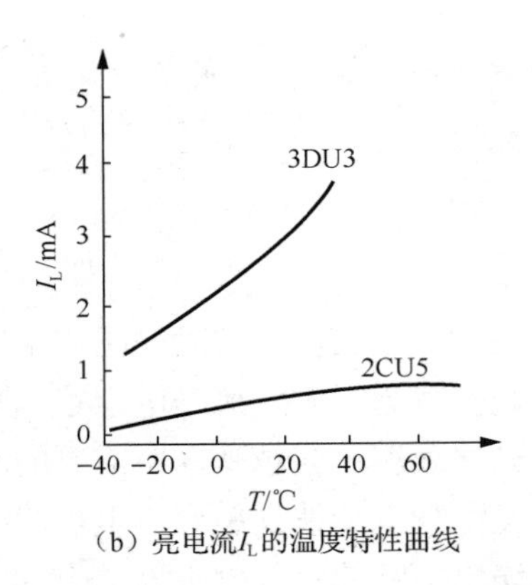

（b）亮电流I_L的温度特性曲线

图 5.21　硅光电二极管和硅光电三极管的温度特性曲线

4. 光谱响应

硅光电三极管与硅光电二极管具有相同的光谱响应。图 5.22 所示为 3DU3 型硅光电三极管的光谱响应特性曲线，它的光谱响应范围为 0.4～1.0μm，峰值波长为 0.85μm。对于硅光电二极管，减小 PN 结的厚度可以使短波段波长的光谱响应得到提高。因此，利用 PN 结的这个特性可以制造出具有不同光谱响应的结型光电器件，如光（蓝光）敏结型光电器件和色敏结型光电器件等。

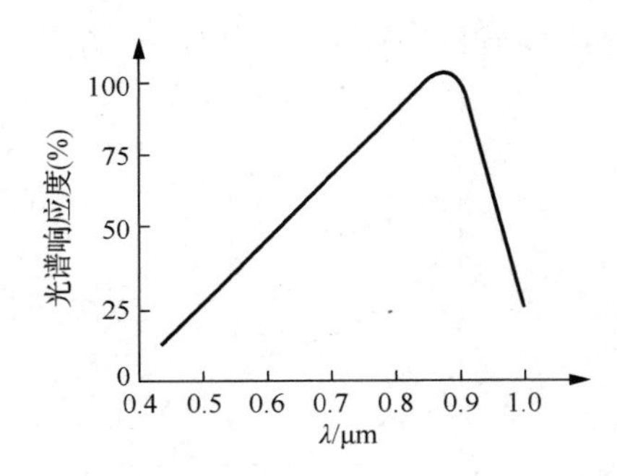

图 5.22　3DU3 型硅光电三极管的光谱响应特性曲线

表 5-3 所列为典型硅光电三极管的特性参数。在应用时，要注意它的极限参数——反向击穿电压V_{cem}和V_{ce}，不能使其工作电压超过V_{cem}，否则，将损坏硅光电三极管。

表 5-3　典型硅光电三极管的特性参数

<table>
<tr><th>型　号</th><th>反向击穿电压 V_{cem}/V</th><th>最高工作电压 V_{ce}/V</th><th>暗电流 I_d/μA</th><th>亮电流 I_L/mA</th><th>时间响应 τ/μs</th><th>峰值波长 $λ_m$/nm</th><th>最大功率 P_{max}/mW</th></tr>
<tr><td>3DU111</td><td>≥15</td><td>≥10</td><td rowspan="7">≤0.3</td><td rowspan="3">0.5～1.0</td><td rowspan="7">≤6</td><td rowspan="7">880</td><td>30</td></tr>
<tr><td>3DU112</td><td>≥45</td><td>≥30</td><td>50</td></tr>
<tr><td>3DU113</td><td>≥75</td><td>≥50</td><td>100</td></tr>
<tr><td>3DU121</td><td>≥15</td><td>≥10</td><td rowspan="2">1.0～2.0</td><td>30</td></tr>
<tr><td>3DU123</td><td>≥75</td><td>≥50</td><td>100</td></tr>
<tr><td>3DU131</td><td>≥15</td><td>≥10</td><td rowspan="2">≥2.0</td><td>30</td></tr>
<tr><td>3DU133</td><td>≥75</td><td>≥50</td><td>100</td></tr>
<tr><td>3DU4A</td><td>≥30</td><td>≥20</td><td>1</td><td>5</td><td>5</td><td>880</td><td>120</td></tr>
<tr><td>3DU4B</td><td>≥30</td><td>≥20</td><td>1</td><td>10</td><td>5</td><td>880</td><td>120</td></tr>
<tr><td>3DU5</td><td>≥30</td><td>≥20</td><td>1</td><td>3</td><td>5</td><td>880</td><td>100</td></tr>
</table>

5.5　结型光电器件的偏置电路

PN 结型光电器件的偏置电路一般有自偏置电路、反向偏置电路和零偏置电路。在不同偏置电路下，PN 结型光电器件工作在特性曲线的不同区域，表现出不同的特性，使光电转换电路的输出信号具有不同的特征。为此，掌握结型光电器件的偏置电路是非常重要的。

5.5.1　反向偏置电路

在偏置电路中当施加在结型光电器件上的偏置电压方向与内建电场方向相同时，该偏置电路称为反向偏置电路。所有结型光电器件都可以进行反向偏置。图 5.23 所示为结型光电探测器件的反向偏置电路和电路符号。结型光电器件在反向偏置状态下，PN 结势垒区变宽，有利于光生载流子的漂移运动，使结型光电器件的线性范围和光电转换的动态范围变宽。因此，反向偏置电路被广泛应用于线性光电探测与光电转换。

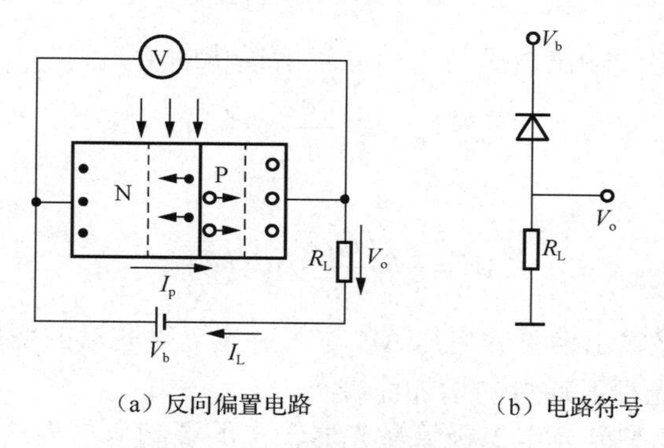

（a）反向偏置电路　　　　（b）电路符号

图 5.23　结型光电器件的反向偏置电路和电路符号

1. 反向偏置电路的输出特性

在如图 5.23（a）所示的反向偏置电路中，$V_b >> kT/q$ 时，流过负载电阻 R_L 的电流为

$$I_L = I_p + I_D \tag{5-28}$$

输出电压为

$$V_o = V_b - I_L R_L \tag{5-29}$$

结型光电器件的反向偏置电路的输出特性曲线如图 5.24 所示。从该特性曲线不难看出，结型光电器件的反向偏置电路的输出电压的动态范围取决于反向偏置电压（相当于电源电压）V_b 与负载电阻 R_L，电流 I_L 的动态范围也与 R_L 有关。因此，应用时要注意选择合适的 R_L，以获得所需要的电流和电压动态范围。

2. 输出电流、输出电压与入射光辐射通量的关系

由式（5-28）可以求得反向偏置电路的输出电流与入射光辐射通量的关系，即

$$I_L = \frac{\eta q \lambda}{hc} \varPhi_e(\lambda) + I_D \tag{5-30}$$

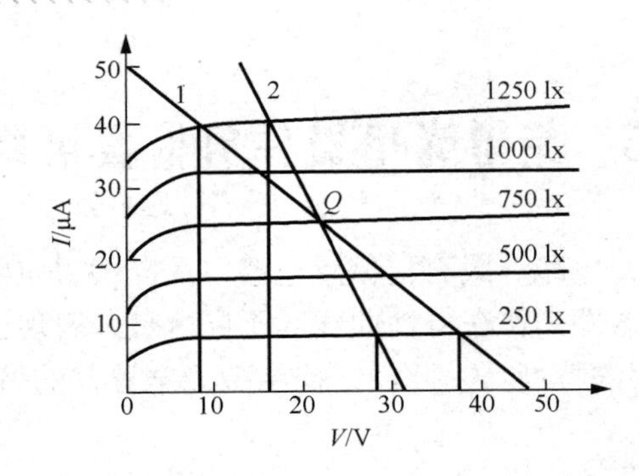

图 5.24　结型光电器件的反向偏置电路的输出特性曲线

由于制造结型光电器件的半导体材料一般都为高电阻轻度掺杂的材料（太阳能电池除外），因此暗电流都很小，可忽略不计。那么其反向偏置电路的输出电流与入射光辐射通量的关系可简化为

$$I_{\mathrm{L}}=\frac{\eta q\lambda}{hc}\varPhi_{\mathrm{e}}(\lambda) \tag{5-31}$$

同样，反向偏置电路的输出电压与入射光辐射通量的关系为

$$V_{\mathrm{o}}=V_{\mathrm{b}}-R_{\mathrm{L}}\frac{\eta q\lambda}{hc}\varPhi_{\mathrm{e}}(\lambda) \tag{5-32}$$

输出信号的电压为

$$\Delta V=-R_{\mathrm{L}}\frac{\eta q\lambda}{hc}\Delta\varPhi_{\mathrm{e}}(\lambda) \tag{5-33}$$

上式表明，反向偏置电路输出信号的电压ΔV与入射光辐射通量的变化成正比，变化方向相反，即输出电压随入射光辐射通量的增加而减小。

【例 5.1】 使用 2CU 型硅光电二极管激光器输出的调制信号为$\varPhi_{\mathrm{e}}(\lambda)=20+5\sin\omega t$（单位为μW）时，若已知电源电压为15V，2CU 型硅光电二极管的光电流灵敏度$S_{\mathrm{i}}=0.5\mu\mathrm{A}/\mu\mathrm{W}$，结电容$C_{\mathrm{j}}=3\mathrm{pF}$，引线分布电容$C_{\mathrm{i}}=7\mathrm{pF}$。试求负载电阻$R_{\mathrm{L}}=2\mathrm{M}\Omega$时该电路的偏置电阻$R_{\mathrm{B}}$，并计算输出电压最大时的最高截止频率。

解：首先，求出入射光辐射通量的最大值：

$$\varPhi_{\max}=20+5=25(\mu\mathrm{W})$$

然后，求出 2CU 型硅光电二极管的最大输出光电流：

$$I_{\mathrm{pm}}=S_{\mathrm{i}}\varPhi_{\max}=12.5(\mu\mathrm{A})$$

设输出电压最大时的偏置电阻为R_{B}，则

$$R_{\mathrm{B}}//R_{\mathrm{L}}=\frac{V_{\mathrm{b}}}{I_{\mathrm{pm}}}=1.2(\mathrm{M}\Omega)$$

可知

$$R_{\mathrm{B}}=3\mathrm{M}\Omega$$

输出电压最大时的最高截止频率为

$$f_{\mathrm{c}}=\frac{1}{\tau}=\frac{R_{\mathrm{L}}+R_{\mathrm{B}}}{R_{\mathrm{L}}R_{\mathrm{B}}(C_{\mathrm{j}}+C_{\mathrm{i}})}\approx 83(\mathrm{kHz})$$

3. 反向偏置电路的设计与计算

反向偏置电路的设计与计算常采用图解法，下面通过具体例题讨论这类电路的设计与计算的方法。

【例 5.2】 已知某型号光电三极管的伏安特性曲线如图 5.25 所示。当入射光辐射通量为正弦调制量，即 $\Phi_e(\lambda)=55+40\sin\omega t$，并且单位为 lm 时，要得到 5V 的输出信号电压，应该如何设计该光电三极管的光电转换电路，并画出其输入信号和输出信号的波形图，分析输入信号和输出信号之间的相位关系。

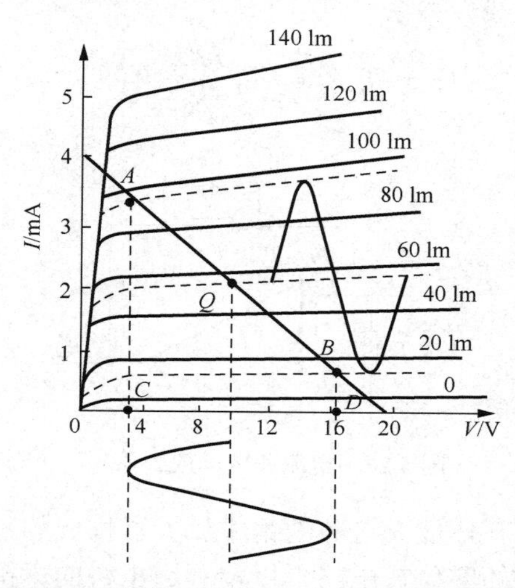

图 5.25 某型号光电三极管的伏安特性曲线及其反向偏置电路图解法

解： 首先，根据本例题的要求，找到入射光辐射通量的最大值与最小值：

$$\Phi_{\max}=55+40=95(\text{lm}),\quad \Phi_{\min}=55-40=15(\text{lm})$$

在图 5.25 所示的伏安特性曲线中画出光通量的变化波形，补充必要的特性曲线。

然后，根据本例题对输出电压的要求，确定该光电三极管的集电极电压的变化范围。本例题要求输出电压为 5V，指的是有效值，集电极电压变化范围应为双峰值，即

$$V_{ce}=2\sqrt{2}V\approx14(\text{V})$$

在 $\Phi_{\max}$ 特性曲线上找到靠近饱和区与线性区的临界点 A，过 A 点作垂线交于横坐标轴的 C 点，在横坐标轴上找到满足本例题对输出信号幅度要求的另一点 D，过 D 点作垂线交于 $\Phi_{\min}$ 特性曲线的 B 点，过 A 点和 B 点作一条直线，该直线即负载线。负载线与横坐标轴的交点对应反向偏置电压（相当于电源电压）V_b，负载线的斜率为负载电阻 R_L。于是，可知

$$V_b=20\text{V},\quad R_L=5\text{k}\Omega$$

最后，画出输入信号与输出信号电压的波形图。从该波形图中可以看出，输出信号与输入信号（入射光信号）为反向关系。

5.5.2 零偏置电路

结型光电器件在自偏置的情况下，若负载电阻为零，则该偏置电路称为零偏置电路。结型光电器件在零偏置下，输出的短路电流 I_{sc} 与入射光辐射通量呈线性关系，因此，零偏置电路是理想的电流放大电路。

图 5.26 所示为由高输入阻抗放大器构成的近似零偏置电路的电流和电压放大原理。其中 I_{sc} 为短路电流，R_i 为结型光电器件的内阻，集成运算放大器的开环放大倍数 A_0 很高，使得该放大器的等效输入电阻很低，结型光电器件相当于被短路，那么

$$R_i \approx \frac{R_f}{1+A_0} \tag{5-34}$$

一般集成运算放大器的开环放大倍数 A_0 高于 10^5，反馈电阻 $R_f \leqslant 100\text{k}\Omega$，则该放大器的等效输入电阻 $R_i \leqslant 10\Omega$。因此，可认为图 5.26 中的电路为零偏置电路，其中的放大器的输出电压 V_o 与入射光辐射通量呈线性关系：

$$V_o = -I_{sc}R_f = -R_f\frac{\eta q\lambda}{hc}\Phi_e(\lambda) \tag{5-35}$$

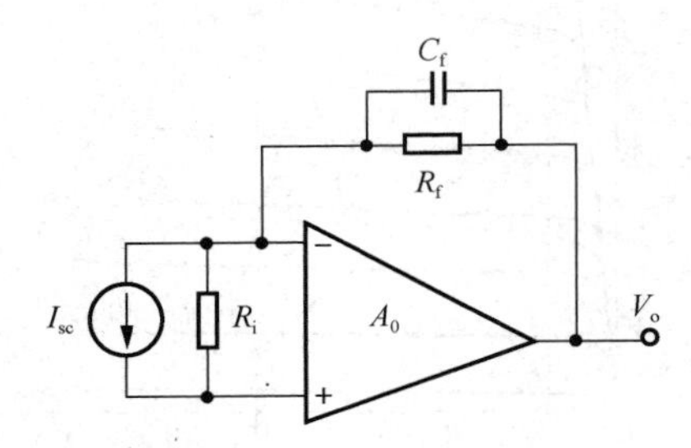

图 5.26　电流和电压放大原理

除了上述利用具有很高开环放大倍数的集成放大器构成的零偏置电路，还可以利用由变压器的阻抗变换功能构成的零偏置电路，以及利用电桥的平衡原理设置直流或缓变信号的零偏置电路。但是，这些零偏置电路都属于近似的零偏置电路，它们都具有一定大小的等效偏置电阻，当信号电流较强或辐射强度较高时，将使其偏离零偏置。因此，零偏置电路只适用于微弱辐射信号的探测，不适合辐射强度较高的信号探测领域。如果要获得大范围的线性光电信号转换，就应该尽量采用结型光电器件的反向偏置电路。

5.5.3　其他光电转换电路

集成运算放大器广泛应用于光电转换电路，尤其是在大多数微弱光信号的检测中，它与光电器件的组合器件因结构简单、使用方便而得到广泛应用。几种硅光电二极管与集成运算放大电路的典型连接方式，如图 5.27 所示。

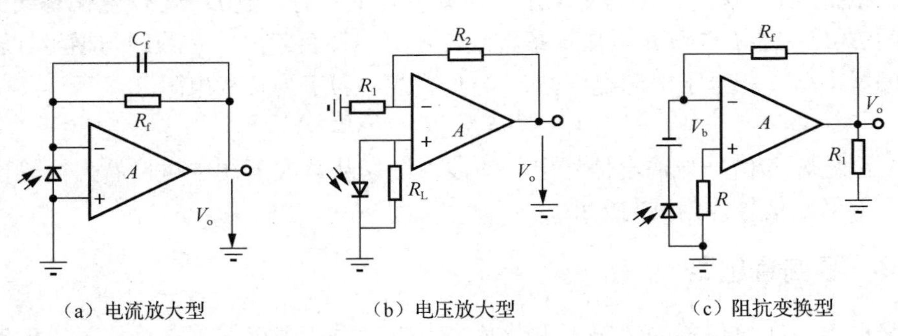

图 5.27　硅光电二极管和集成运算放大器的连接方式

1. 电流放大型

图 5.27（a）是电流放大型集成运算放大器光电转换电路，硅光电二极管和集成运算放大器的两个输入端同极性相连，集成运算放大器的两个输入端之间的输入阻抗 Z_{in} 是硅光电二极管的负载电阻，可表示为

$$Z_{in} = R_f/(A_{电流}+1) \tag{5-36}$$

式中，$A_{电流}$ 为集成运算放大器的开环放大倍数；R_f 为反馈电阻。

当 $A_{电流}=10^4$ 且 $R_f=100\text{k}\Omega$ 时，$Z_{in}=10\Omega$，可以认为硅光电二极管处于短路工作状态，它能输出近于理想的短路电流。处于电流放大状态的集成运算放大器的输出电压 V_o 与输入短路电流 I_{sc} 成比例关系：

$$V_o = I_{sc}R_f = R_f S_E E \tag{5-37}$$

即输出电压与入射光的光照度成正比。此外，电流放大器的输入阻抗低，响应速度较高，噪声较低，信噪比高，因而被广泛应用于微弱光信号的变换。

2. 电压放大型

图 5.27（b）是电压放大型集成运算放大器光电转换电路，硅光电二极管的正端连接在集成运算放大器的正端，集成运算放大器的漏电流比光电流小得多，具有很高的输入阻抗。当负载电阻 R_L 为 1MΩ以上时，运行于硅光电池状态下的硅光电二极管接近开路状态，可以得到与开路电压成正比的输出电压，即

$$V_o = A_{电压}V_{oc} \tag{5-38}$$

式中，$A_{电压}=\dfrac{(R_2+R_1)}{R_1}$，即该电路的电压放大倍数。

把式（5-6）代入上式，得

$$V_o \approx A_{电压}\cdot\frac{kT}{q}\ln(S_E E/I_0) \tag{5-39}$$

3. 阻抗变换型

反向偏置硅光电二极管或 PIN 结型硅光电二极管具有恒流源性质，内阻很大，并且饱和光电流与入射光的光照度成正比。在很高的负载电阻下可以得到较大的输出信号电压，但是，如果将这种处于反向偏置状态下的硅光电二极管直接连接到实际的负载电阻上，就会因阻抗的失配而削弱信号的幅度。因此，需要用阻抗变换器将高阻抗的电流源变换成低阻抗的电压源，然后再把它与负载连接。图 5.27（c）所示的以场效应管为前级的运算放大器就是这样的阻抗变换器，该电路中的场效应管具有很高的输入阻抗，光电流是通过反馈电阻 R_f 形成压降的，其电路的输出电压为

$$V_o = -IR_f \approx -I_p R_f = -R_f S_E E \tag{5-40}$$

V_o 与入射光的光照度成正比，当实际的负载电阻 R_L 与运算放大器连接时，运算放大器的输出阻抗 R_o 较小，当 $R_L >> R_o$ 时，负载功率为

$$P_o = \frac{V_o^2 R_L}{(R_o+R_L)^2} \approx \frac{V_o^2}{R_L} = \frac{R_f^2 I_p^2}{R_L} \tag{5-41}$$

此外，还可计算出硅光电二极管直接与负载电阻连接时，负载电阻上的功率等于 $I_{p}^{2}R_{L}$ 。比较以上两种情况可知，采用阻抗变换器可以使输出功率提高 $(R_{f}/R_{L})^{2}$ 倍。例如，当 $R_{L}=1\,\text{M}\Omega$，$R_{f}=10\,\text{M}\Omega$时，输出功率提高 100 倍。虽然这种电路的时间特性较差，但是把它用在信号带宽没有特殊要求的缓慢变化的光信号检测中，可以得到很高的功率放大倍数。因此，此类电路适用于光功率很小的场合。

5.6 特殊结型光电二极管

5.6.1 PIN 结型光电二极管

PIN 结型光电二极管又称快速光电二极管，在原理上和普通光电二极管一样，都是基于 PN 结的光电效应工作的。所不同的是结构，PIN 结型光电二极管的结构特点是在 P 型半导体和 N 型半导体之间夹着一层较厚的本征半导体，其结构与外形如图 5.28 所示。它是用高阻 N 型硅片作为 I 层，然后把它的两面抛光，在抛光后的两面分别进行 N 层和 P 层杂质扩散，在两面制作欧姆接触而得到 PIN 结型光电二极管。

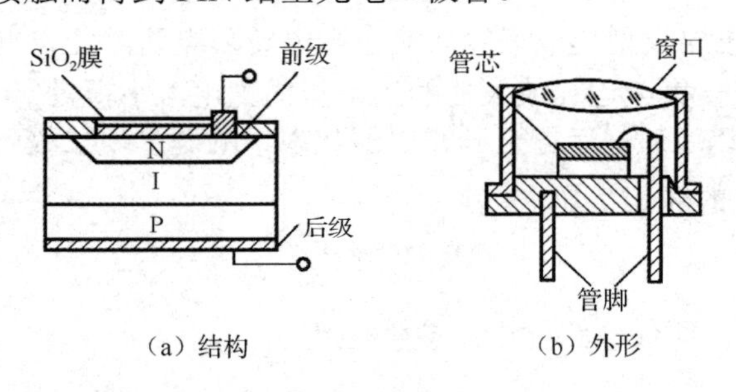

（a）结构　　（b）外形

图 5.28　PIN 结型光电二极管结构与外形

PIN 结型光电二极管因为有较厚的 I 层，所以 PN 结的内建电场就基本上全集中于 I 层中，使 PN 结的结间距离变大，结电容变小。由于工作在反向偏置状态，随着反向偏置电压的增大，结电容变得更小，从而提高了 PIN 结型光电二极管的频率响应。目前，PIN 结型光电二极管的结电容一般为几皮法甚至更小，上升时间 t_r=1～3ns，最高达 0.1ns。

由于 I 层较厚，又工作在反向偏置状态，因此耗尽区的宽度增加。这不仅提高了量子效率，而且提高了长波灵敏度；在反向偏置状态下工作，PIN 结型光电二极管可承受较高的反向偏置电压，使线性输出信号范围变宽。因此，PIN 结型光电二极管具有响应速度快、灵敏度高、长波的响应度大的特点。

5.6.2 雪崩光电二极管

PIN 结型光电二极管虽然提高了 PN 结型光电二极管的时间响应，但是光电灵敏度没有得到改善。因此，为了提高 PN 结型光电二极管的光电灵敏度，研究者设计了雪崩光电二极管。

1. 结构

如图 5.29 所示为 3 种不同结构的雪崩光电二极管。图 5.29（a）所示为 P 型 N 结构，即在 P 型硅片上扩散杂质浓度大的 N^+层而制成该结构。图 5.29（b）所示为 N 型 P 结构，即在 N 型硅片上扩散杂质浓度大的 P^+层而制成该结构；这两种结构都需要在硅片上蒸涂金属铂，以形成硅化铂保护环。图 5.29（c）所示为 PIN 结构，这种结构的雪崩光电二极管不需要设置保护环，这主要是因为它在较高的反向偏置电压作用下，耗尽区可以扩大至整个 PN 结区，形成保护功能（具有很强的抗击穿功能）。目前，PIN 结构的雪崩光电二极管在市场上最常见。

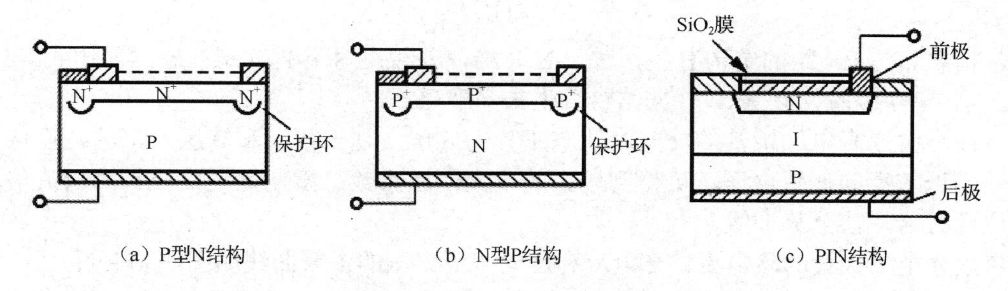

（a）P型N结构　（b）N型P结构　（c）PIN结构

图 5.29　3 种不同结构的雪崩光电二极管

2. 工作原理

雪崩光电二极管是一种具有内增益的光电器件，它利用光生载流子在强电场内的定向运动，产生雪崩效应获得光电流的增益。

在雪崩过程中，光生载流子在强电场作用下，进行定向高速运动。在运动过程中，具有较高动能的光电子或空穴与晶格原子碰撞，使晶格原子电离而产生二次电子-空穴对；二次电子-空穴对在强电场的作用下获得足够的动能，又使晶格原子电离而产生新的电子-空穴对，此过程以类似雪崩的方式持续下去。因电离而产生的载流子数量远大于光激发产生的光生载流子数量，雪崩光电二极管的输出电流迅速增大。其电流倍增系数 M 定义为

$$M = I/I_0 \tag{5-42}$$

式中，I 为倍增后的输出电流；I_0 为倍增前的输出电流。

电流倍增系数 M 与碰撞电离率有密切的关系。碰撞电离率可表示为一个载流子在电场作用下，漂移单位距离所产生的电子-空穴对数量。实际上，电子电离率 α_n 和空穴电离率 α_p 是不完全一样的，它们都与电场强度有密切关系。

由实验可知，碰撞电离率 α 与电场强度 E 的关系式可以近似为

$$\alpha = A\mathrm{e}^{-\left(\frac{b}{E}\right)^m} \tag{5-43}$$

式中，A、b、m 都为与材料有关的系数。

假定 $\alpha = \alpha_n = \alpha_p$ 时，可以推导出电流倍增系数与碰撞电离率的关系式，即

$$M = \frac{1}{1 - \int_0^{x_D} \alpha \mathrm{d}x} \tag{5-44}$$

式中，x_D 为耗尽区的宽度。

式（5-44）表明，当

$$\int_0^{x_D} \alpha \mathrm{d}x \to 1 \tag{5-45}$$

时，$M \to \infty$。因此，式（5-45）为发生雪崩击穿的条件。其物理意义如下：在强电场作用下，

当通过耗尽区的每个载流子平均能产生一对电子-空穴时，就发生雪崩击穿现象。当 $M\to\infty$ 时，PN 结上所施加的反向偏置电压就是雪崩击穿电压 V_{BR}。实验表明，在反向偏置电压略低于击穿电压时，也会发生雪崩击穿现象，不过 M 值较小。此时，M 随反向偏置电压 V 的变化情况可由经验公式近似表示，即

$$M=\frac{1}{1-(V/V_{BR})^n} \tag{5-46}$$

式中，指数 n 与 PN 结的结构有关。对于 N^+P 结，$n\approx2$；对于 P^+N 结，$n\approx4$。由式（5-46）可知，当 $V\to V_{BR}$ 时，$M\to\infty$，PN 结将发生击穿现象。

目前，雪崩光电二极管的反向偏置电压分为低压（几十伏）和高压（可达几百伏）两种。适当调节反向偏置电压，可得到较大的电流倍增系数，雪崩光电二极管的电流倍增系数可达几百倍，甚至数千倍。

雪崩光电二极管的暗电流、光电流和反向偏置电压的关系曲线如图 5.30 所示。

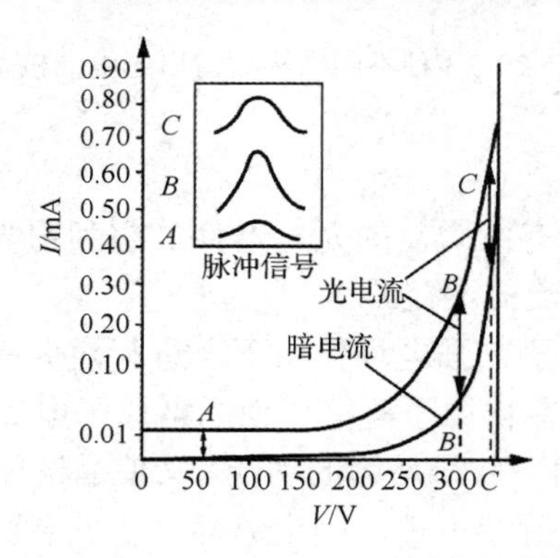

图 5.30　雪崩光电二极管的暗电流、光电流和反向偏置电压的关系曲线

由图 5.30 可知，当反向偏置电压增大时，输出的亮电流（光电流和暗电流之和）按指数增大。当反向偏置电压较低时，不产生雪崩击穿现象，即无光电流倍增。在这种情况下，当光脉冲信号入射时，产生的光电流脉冲信号很小（*A* 点波形）。当反向偏置电压增大至 *B* 点对应值时，光电流倍增，此时光电流脉冲信号增大到最大值（*B* 点波形）。当偏置电压接近雪崩击穿电压时，雪崩电流维持自身流动，暗电流迅速增加，雪崩放大倍率减小，光电流灵敏度随反向偏置电压的增大而减小（*C* 点波形）。因此，雪崩光电二极管的最佳工作点应在雪崩击穿点附近。有时为了减少暗电流，可将工作点向左移动，虽然灵敏度降低一些，但暗电流和噪声特性会得到改善。

从图 5.30 可以看出，在雪崩击穿点附近光电流随反向偏置电压变化的曲线较陡，当反向偏置电压发生较小变化时，光电流将发生较大变化。另外，在雪崩过程中，施加在 PN 结上的反向偏置电压易产生波动，影响增益的稳定性。因此，在确定工作点后，对反向偏置电压的稳定度要求较高。

5.6.3　半导体色敏探测器件

半导体色敏探测器件是半导体光敏传感器件中的一种，它是基于内光电效应将光信号转换为电信号的光辐射探测器件。不论是光电导探测器件还是光生伏特效应探测器件，它们都用于检测一定波长范围内光的强度，或者说光子的数目。而半导体色敏探测器件可直

接测量从可见光到红外线波段内单色辐射波的波长，半导体色敏探测器件是近年来出现的一种新型光敏器件。

1. 结构和等效电路

半导体色敏探测器件相当于两个结深不同的光电二极管的组合，因此它又称光敏双结二极管。其结构和等效电路如图 5.31 所示。

图 5.31 中的 P^+NP 半导体不是三极管，而是结深不同的两个 PN 结二极管，浅结深的二极管是 P^+N 结；深结深的二极管是 PN 结。当有入射光照射时，P^+、N、P 三个结区及其势垒区都吸收光子，但效果不同。例如，这些结区或势垒区对紫外线波段的吸收系数大。在此，浅结深的光电二极管对紫外线的灵敏度高，而红外线主要在深结区被吸收。因此，深结深的光电二极管对红外线的灵敏度较高。由此可知，半导体中的不同区域对不同的波长具有不同的灵敏度。这种特性可以用来测量入射光的波长。将两个结深不同的光电二极管组合，就可以构成用于测定波长的半导体色敏探测器件。在具体应用时，应先对半导体色敏探测器件进行标定，即在不同波长的光照下，测定该探测器件中的两个光电二极管短路电流比 I_{SD_1}/I_{SD_2}。其中，I_{SD_1} 是浅结深光电二极管的短路电流，在短波区该电流值较大；I_{SD_2} 是深结深光电二极管的短路电流，在长波区该电流值较大。因此，上述短路电流比值与入射单色光波长的关系就可以较容易确定。根据标定的结果，只要测出某一单色光入射时的短路电流比，就可确定该单色光的波长。

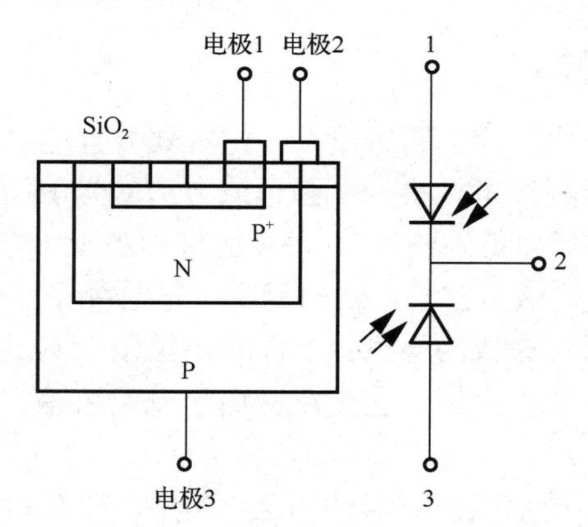

图 5.31 半导体色敏探测器件的结构和等效电路

2. 基本特性

1）光谱特性

半导体色敏探测器件的光谱特性是指该探测器件所能检测的波长范围，不同型号半导体色敏探测器件的光谱特性略有差别。下面以国产 CS-1 型半导体色敏探测器件为例，其光谱特性曲线如图 5.32（a）所示，该探测器件所能探测的波长范围是 400～1000nm；其中 VD_1 代表浅结深光电二极管，VD_2 代表深结深光电二极管。

2）短路电流比-波长特性

短路电流比-波长特性体现半导体色敏探测器件对波长的识别能力，该特性可用于确定被测波长。还是以上述国产 CS-1 型半导体色敏光器件为例，其短路电流比-波长特性曲线如图 5.32（b）所示。

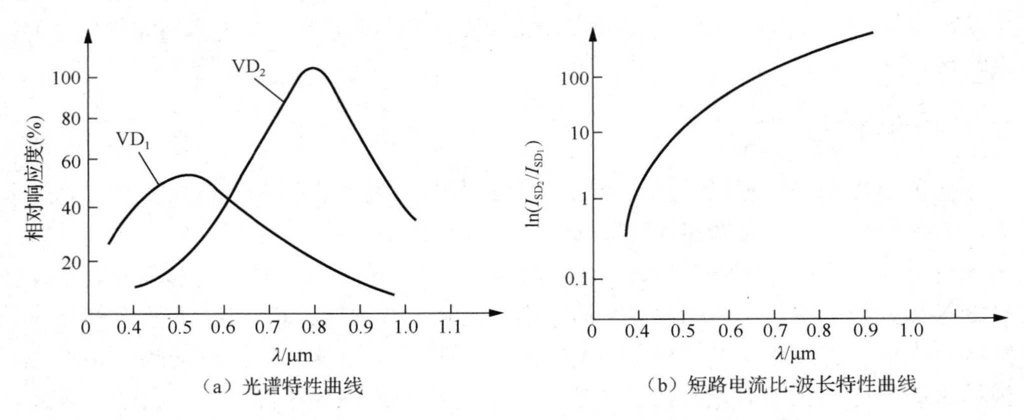

（a）光谱特性曲线　　（b）短路电流比-波长特性曲线

图 5.32　半导体色敏探测器件的光谱特性曲线和短路电流比-波长特性曲线

3）温度特性

半导体色敏探测器件的两个光电二极管是制作在同一块材料上的，具有相同的温度系数。这种内部补偿作用使半导体色敏探测器件的短路电流比对温度不十分敏感，因此通常可不考虑温度的影响。

5.7　象限探测器件和位置敏感探测器件

5.7.1　象限探测器件

象限探测器件是指在一块硅片上制造出按一定方式排列的、具有相同光电特性的光电器件阵列，利用集成电路光刻技术，将一个圆形或方形的光敏面分隔成几个面积相等、形状相同、位置对称的区域（背面仍为整片），每个区域相当于一个光电器件。由光电器件阵列组成的变换装置不仅具有光敏点密集、结构紧凑、光电特性一致性好、调节方便等优点，而且可以完成分立元件所无法完成的检测。下面介绍象限探测器件。象限探测器件可以用来确定光斑在二维平面上的位置坐标，它广泛应用于光电跟踪、光电准直、图像识别和光电编码等场合。

图 5.33 所示为 3 种典型的象限探测器件示意。其中，图 5.33（a）所示为二象限探测器件，它的制作原理如下：在一个 PN 结型光电二极管（或光电池）的光敏面上，通过光刻的方法制成两个面积相等的 P 区（前级为 P 型硅），形成一对特性参数极为相近的 PN 结型光电二极管（或光电池）。这类光电二极管（或光电池）组合件具有一维位置的检测功能，即具有二象限的检测功能。当被测光斑落在二象限探测器件的光敏面上时，光斑偏离的方向或大小就可以被二象限检测电路检测出来。图 5.34 所示为光斑中心位置的二象限检测电路。在图 5.34（a）中，光斑偏向 P_2 区，P_2 区的电流大于 P_1 区的电流，放大器将输出大于 0 的正电压，该电压的大小反映光斑偏离的程度。若光斑偏向 P_1 区，输出电压将为负电压，负电压的大小反映光斑偏向 P_1 区的程度。由二象限探测器件组成的电路具有一维位置的检测功能，因此在薄板材料的生产中，该电路常被用来检测和控制边沿的位置，以便把薄板材料卷整齐。

四象限探测器件［见图 5.33（b）］具有二维位置的检测功能，它可以完成光斑在 X 轴和 Y 轴两个方向偏离程度的探测。

采用四象限探测器件测定光斑的中心位置时，可根据四象限探测器件坐标轴线与测量系统基准线之间安装角度的不同，用下面不同的电路形式进行测定。

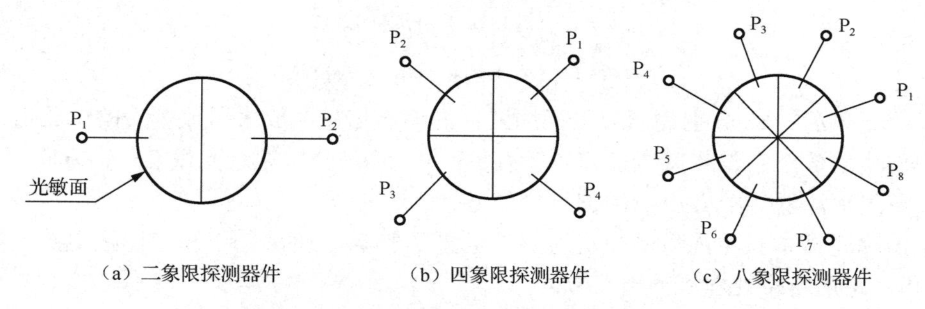

图 5.33　3 种典型的象限探测器件示意

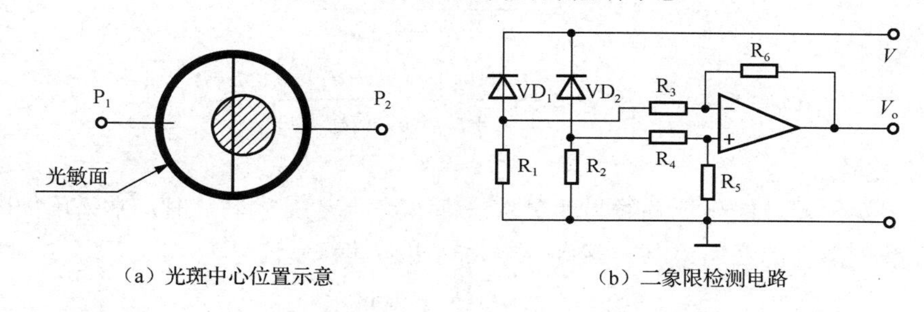

图 5.34　光斑中心位置的二象限检测电路

1）和差电路

当四象限探测器件坐标轴线与测量系统基准线之间的安装角度为 0°（四象限探测器件坐标轴线与测量系统基准线平行）时，采用如图 5.35 所示的四象限探测器件的和差电路。首先，用加法器计算相邻象限输出信号之和；其次，计算输出信号之差；最后，通过除法器获得偏差值。

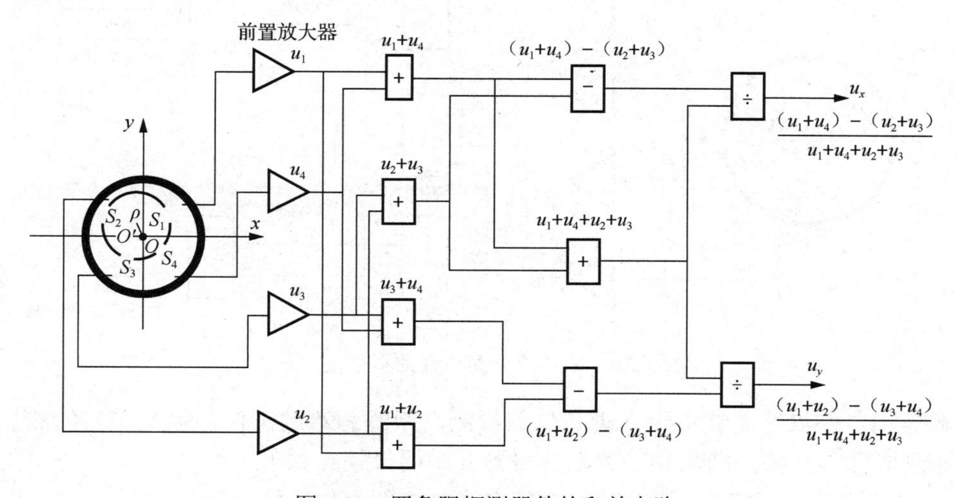

图 5.35　四象限探测器件的和差电路

设光斑的形状是弥散圆，该圆半径为r，光密度均匀，投影在四象限探测器件的每个象限上的面积分别为S_1、S_2、S_3、S_4，光斑中心O'点相对四象限探测器件中心O点的偏移量$OO'=\rho$（可用直角坐标x，y表示），由运算电路输出偏移量信号u_x和u_y，它们分别表示如下：

$$u_y = K\left[\left(u_1+u_2\right)-\left(u_3+u_4\right)\right] \tag{5-47}$$

$$u_x = K\left[\left(u_1+u_4\right)-\left(u_2+u_3\right)\right] \tag{5-48}$$

式中，u_1、u_2、u_3、u_4分别为四象限探测器件的输出信号经放大器放大后的电压值；K为放大器的放大倍数，它与光斑直径和功率有关；u_x、u_y分别表示光斑在x轴方向和y轴方向偏移四象限探测器件中心O点的偏移量信号。

为了消除光斑本身总能量的变化对测量结果的影响，通常采用和差比幅电路（除法电路），经和差比幅电路处理后输出信号为

$$\begin{cases} u_y = K\dfrac{\left(u_1+u_2\right)-\left(u_3+u_4\right)}{u_1+u_2+u_3+u_4} \\ u_x = K\dfrac{\left(u_1+u_4\right)-\left(u_2+u_3\right)}{u_1+u_2+u_3+u_4} \end{cases} \tag{5-49}$$

2）直差电路

当四象限探测器件的坐标轴线与测量系统基准线的夹角为45°时，常采用如图5.36所示的四象限探测器件的直差电路。该直差电路输出的偏移量信号为

$$\begin{cases} u_y = K\dfrac{\left(u_2-u_4\right)}{u_1+u_2+u_3+u_4} \\ u_x = K\dfrac{\left(u_1-u_3\right)}{u_1+u_2+u_3+u_4} \end{cases} \tag{5-50}$$

这种电路简单，但是它的灵敏度和线性度等特性相对较差。

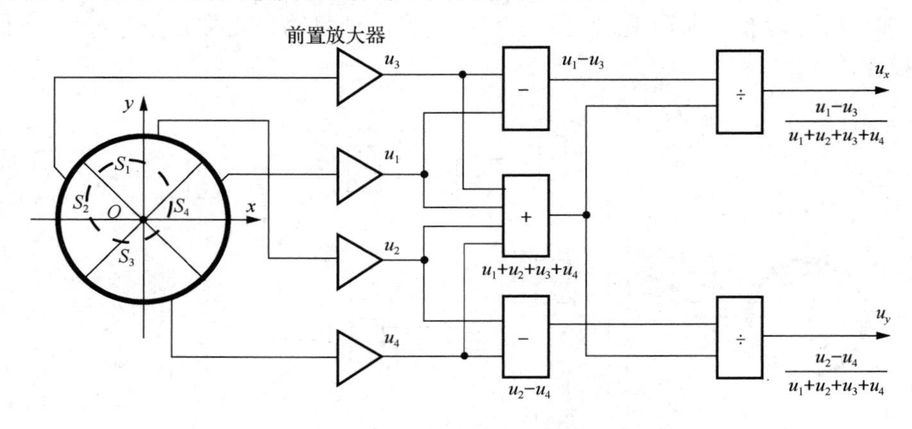

图5.36　四象限探测器件的直差电路

象限探测器件虽然能够用于光斑相位的探测、跟踪和对准工作，但是，它的测量精度受到象探测器件本身缺点的限制。象限探测器件的明显缺点如下：

（1）光刻分割区将产生盲区，盲区会使微小光斑的测量受到限制。

（2）若被测光斑全部落入某一象限光敏面，输出信号将无法体现光斑位置，因此它的

测量范围受到限制。

（3）测量精度与光源的发光强度及其偏移密切相关，使测量精度的稳定性受到限制。

八象限探测器件［见图 5.33（c）］的分辨率虽然比四象限探测器件的分辨率高，但是，仍解决不了上述的缺点。

表 5-4 所示为典型的四象限探测器件的特性参数。

表 5-4 典型的四象限探测器件的特性参数

特性参数	响应范围/μm	峰值响应/μm	最高工作电压 U_{max}/V	每个象限暗电流 I_d/μA	每个象限亮电流 I_L/μA	亮电流均匀性（%）	光敏面直径/mm
测试条件			$I_R=I_d$	U_{max} 以下 $E_v=0$	U_{max} 以下 E_v=1000lx		
2CU301A	0.4～1.1	0.9	20	≤0.3	≥8	≤15	2
2CU301B	0.4～1.1	0.9	20	≤0.5	≥8	≤15	5

5.7.2 位置敏感探测器件

位置敏感探测器件（PSD）是一种对入射到光敏面上的光斑位置敏感的光电器件，其输出信号与光斑在光敏面上的位置有关。它与象限探测器件相比较，具有以下特点：

（1）它对光斑的形状无严格要求，即输出信号与光斑的聚焦无关，只与光斑的能量中心位置有关，方便测量。

（2）光敏面无须分割，消除了盲区，可连续测量光斑位置，位置分辨率高，一维 PSD 的位置分辨率可达 0.2μm。

（3）可同时检测位置和发光强度——PSD 输出的总光电流与入射光的发光强度有关，而各个信号电极输出的光电流之和等于总光电流。因此，利用总光电流可求得入射光的发光强度。

PSD 已被广泛地应用于激光自准直、光斑位移量和振幅的测量，以及平板平行度的检测和二维位置测量等。下面介绍 PSD 的工作原理和位置表达式，以及一维 PSD 和二维 PSD。

1. PSD 的工作原理和位置表达式

图 5.37 所示为一个 PIN 结型 PSD 的断面结构示意，该 PSD 包含三层，上面为 P 层，下面为 N 层，中间为 I 层。这三层被制作在同一个硅片上，P 层除了作为光敏层，还作为均匀的电阻层。

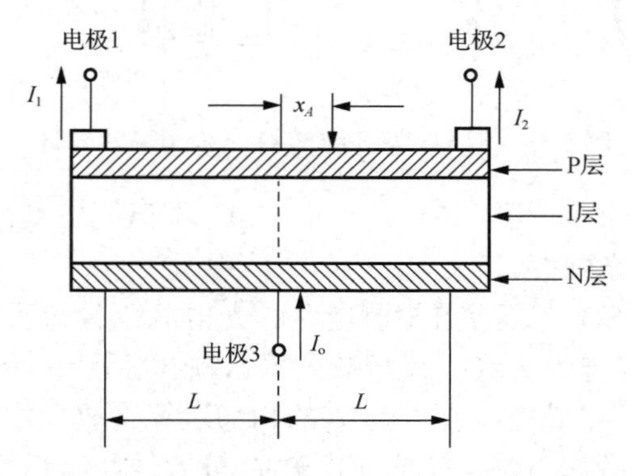

图 5.37 PIN 结型 PSD 的断面结构示意

当入射光照射到 PSD 的光敏面上时，在入射位置就产生与光能成比例的电荷，此电荷作为光电流通过电阻层（P 层）由电极输出。由于 P 层的电阻是均匀的，所以由电极 1 和电极 2 输出的电流分别与光斑到各电极的距离（电阻值）成反比。设电极 1 和电极 2 间的距离为 $2L$，电极 1 和电极 2 输出的光电流分别为 I_1 和 I_2，则电极 3 输出的电流为总电流 I_o，且 $I_o = I_1 + I_2$。

若以 PSD 的中心点作为原点时，设光斑离中心点的距离为 x_A，则

$$\begin{cases} I_1 = I_o \dfrac{L - x_A}{2L} \\ I_2 = I_o \dfrac{L + x_A}{2L} \\ x_A = \dfrac{I_2 - I_1}{I_2 + I_1} L \end{cases} \tag{5-51}$$

根据式（5-51），可确定光斑中心对于 PSD 中心的位置 x_A，它只与电流 I_1、I_2 两者的和、差及比值有关，而与总电流无关，即与入射光辐射通量的大小无关。

2. 一维 PSD

一维 PSD 主要用来测量光斑在一维（X 轴）方向上的位置或位置移动量。图 5.38（a）是 S1543 型一维 PSD 结构，其中电极 1 和电极 2 为信号电极，电极 3 为公共电极。光敏面大多是细长矩形。图 5.38（b）为 S1543 型一维 PSD 的等效电路，它由并联电阻 R_{sh}、电流源（I_p 所示位置）、理想二极管 VD、结电容 C_j 和横向分布电阻 R_D 组成。被测光斑在光敏面上的位置由式（5-52）计算得到，即

$$x_A = \frac{I_2 - I_1}{I_2 + I_1} L \tag{5-52}$$

此时总电流为 I_3，即

$$I_3 = I_2 + I_1 \tag{5-53}$$

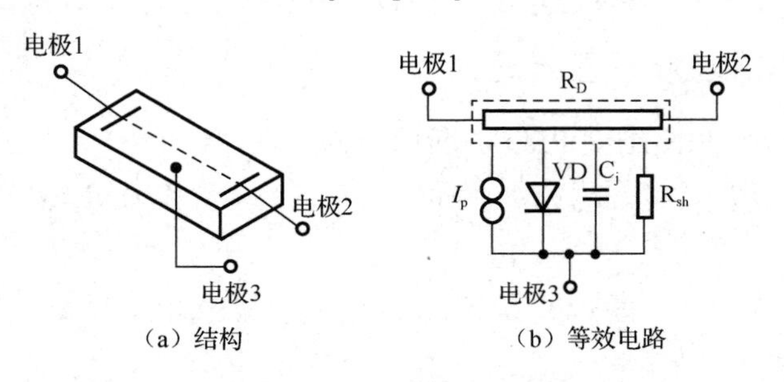

图 5.38　S1543 型一维 PSD 结构和等效电路

由式（5-52）和式（5-53）可以看出，一维 PSD 不但能检测光斑中心在一维空间的位置，而且能检测光斑的发光强度。

图 5.39 所示为一维 PSD 光斑位置检测电路。光电流 I_1 经过反相放大器 A_1 放大后分支输送到放大器 A_3 与 A_4，光电流 I_2 经过反相放大器 A_2 放大后也分支输送到放大器 A_3 与 A_4。放大器 A_3 作为加法电路，完成光电流 I_1 与 I_2 的相加运算（放大器 A_5 用来调整运算后信号的相位）；放大器 A_4 作为减法电路，完成光电流 I_2 与 I_1 的相减运算。最后，用除法电路计

算出（I_2-I_1）与（I_1+I_2）的商，即可得出光斑在一维 PSD 光敏面上的位置信号 x。光敏面长度为 L，可通过调整放大器的放大倍率，利用标定的方式进行综合调整。

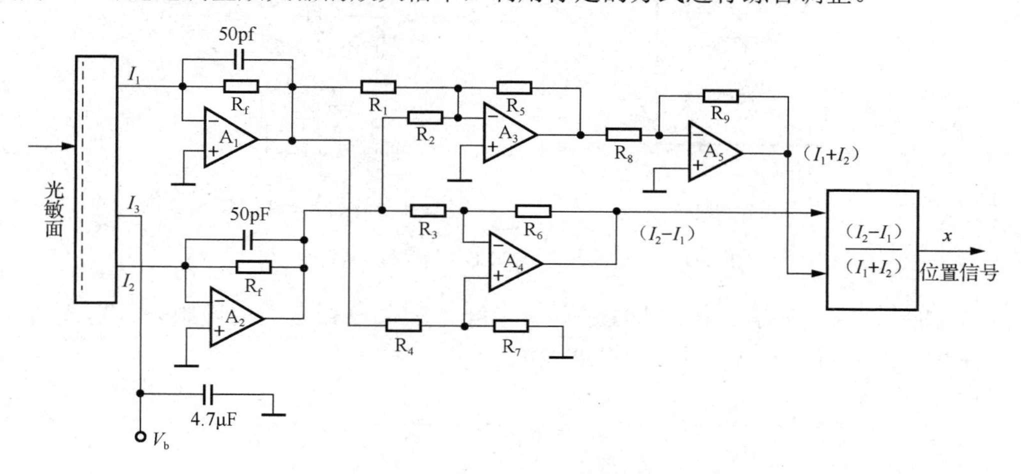

图 5.39　一维 PSD 光斑位置检测电路

3. 二维 PSD

二维 PSD 用来测定光斑在平面上的二维坐标（x，y），它的光敏面是方形的，比一维 PSD 多一对电极，其结构如图 5.40（a）所示。在方形 PIN 结型硅片的光敏面上设置两对电极，位置分别为 x_1、x_2 和 y_1、y_2，公共电极常连接电源 V_b。二维 PSD 的等效电路如图 5.40（b）所示，它由并联电阻 R_{sh}、电流源、理想二极管 VD、结电容 C_j 和两个方向的横向分布电阻 R_D 构成。由该等效电路可以看出，光电流 I_p 由两个方向的四路电流分量构成，即 I_{x_1}、I_{x_2}、I_{y_1}、I_{y_2}。这些电流被作为位移信号输出。

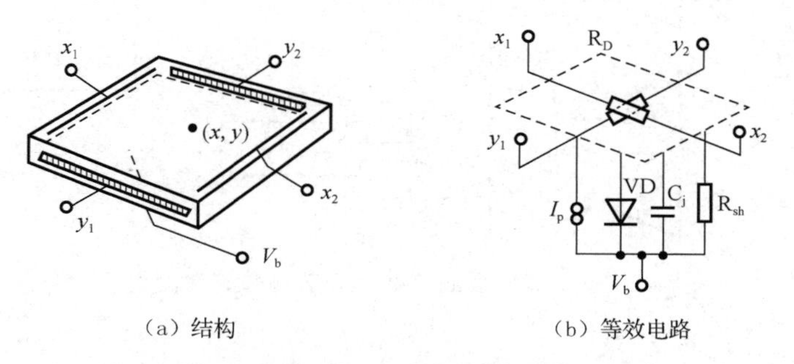

（a）结构　　（b）等效电路

图 5.40　二维 PSD 的结构和等效电路

当光斑落到二维 PSD 上时，光斑中心位置的坐标值可分别表示为

$$x=\frac{I_{x_2}-I_{x_1}}{I_{x_2}+I_{x_1}}L,\qquad y=\frac{I_{y_2}-I_{y_1}}{I_{y_2}+I_{y_1}}L \tag{5-54}$$

需要指出的是，式（5-54）是近似计算公式，当光斑在二维 PSD 中心位置时，该计算公式是准确的；当光斑距离 PSD 中心较远接近边缘时，该计算公式的误差较大。为了减小测量误差，对二维 PSD 进行改进。改进后的二维 PSD 结构和等效电路如图 5.41 所示。改进后的二维 PSD 的四个电极的引出线分别从四个对角线端引出，这种结构的优点是使光斑在边缘的测量误差大大减小。

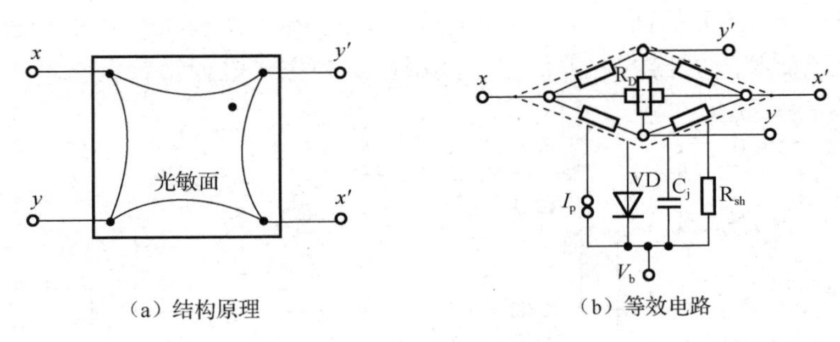

（a）结构原理　　（b）等效电路

图 5.41　改进后的二维 PSD 结构和等效电路

改进后的二维 PSD 等效电路比改进前多了 4 个相邻电极之间的电阻，入射光斑（如图 5.41 中黑点）位置（x，y）的计算公式变为

$$x=\frac{\left(I_{x'}+I_{y}\right)-\left(I_{x}+I_{y'}\right)}{I_{x}+I_{x'}+I_{y}+I_{y'}}L,\qquad y=\frac{\left(I_{x'}+I_{y'}\right)-\left(I_{x}+I_{y}\right)}{I_{x}+I_{x'}+I_{y}+I_{y'}}L \tag{5-55}$$

根据式（5-55），可以设计出二维 PSD 的光斑位置检测电路。图 5.42 所示为基于改进后的二维 PSD 光斑位置检测电路。该电路利用加法器、减法器和除法器对各分支电流进行加、减和除的运算，以便计算出光斑在 PSD 中的位置坐标。

在图 5.42 所示电路中加入数据采集模块，该模块将二维 PSD 光斑位置检测电路所测得的 x 与 y 的位置信息输入计算机。在计算机软件的支持下，完成光斑位置的检测工作。

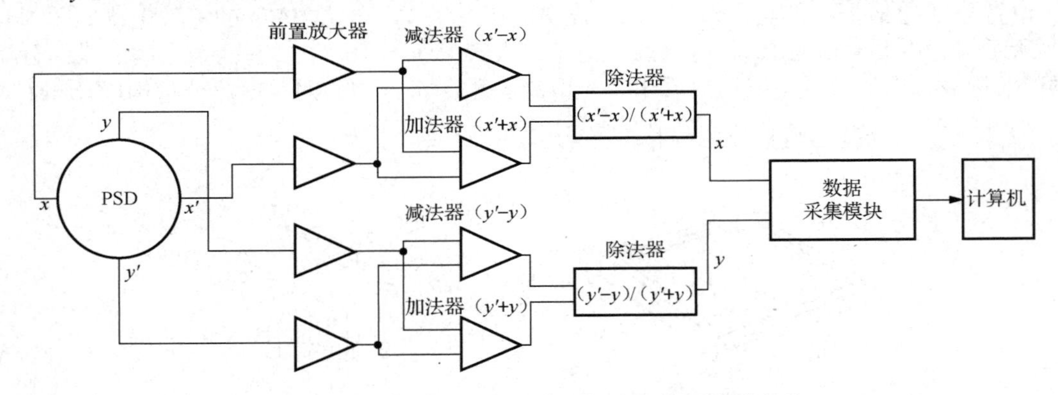

图 5.42　基于改进后的二维 PSD 光斑位置检测电路

4. PSD 的基本特性参数

表 5-5 所示为几种典型 PSD 的基本特性参数，供应用时参考。PSD 属于特种光电器件，它的基本特性与一般光电器件基本相同。例如，光谱响应、时间响应和温度响应等与前面讲述的 PN 结型光电器件相同。作为位置传感器，PSD 有位置检测特性，PSD 的位置检测特性近似于线性。图 5.43 所示为典型一维 PSD（S1544）位置检测误差特性曲线，由该曲线可知，越接近中心位置，测量误差越小。因此，利用一维 PSD 检测光斑位置时，应尽量使光斑靠近该光电器件的中心位置。

表 5-5　几种典型 PSD 的基本特性参数

维数	型号	封装	有效面积/mm²	光谱响应范围/nm	峰值波长/nm	偏置电压/V	峰值灵敏度/W	位置检测误差（典型）/μm	位置分辨率（典型）/μm	极间电阻（典型）/kΩ	暗电流/nA（当 V_b=10V 时）	结电容/pF（当 V_b=10V 时）	上升时间/μs（当 V_b=10V 时）	最大光电流/μA（当 V_b= 10V，R_L=1kΩ 时）
一维	S1543	金属	1×3	300～1100	900	20	0.6	±15	0.2	100	1	6	4	160
	S1771	陶瓷	1×3					±15	0.2	100	1	6	4	160
	S1544		1×6					±30	0.3	100	2	12	8	80
	S1545		1×12					±60	0.3	200	4	25	18	40
	S1662		13×13					±100	6	10	100	300	8	1000
	S1532		2.5×33					±125	7	25	30	150	5	1000
	S2153	塑料	1×3	700～1100	900	20	0.55	±15	0.2	100	1	6	4	160
二维	S1300	陶瓷	13×13	300～1100	900	20	0.5	±80	6	10	1000	200	8	1
	S1743	陶瓷	4.1×4.1	300～1100	900	20	0.6	±50	3	10	20	25	2.5	1
	S1200		1.3×1.3					±150	10	10	1000	300	8	1
	S1869		2.7×2.7					±300	20	10	2000	650	20	1
	S2044	金属	4.7×4.7	300～1100	900	20	0.6	±40	2.5	10	1	35	3	1
	S1880	陶瓷	12×12					±80	6.0	10	50	350	12	1
	S1881		22×22					±150	12	10	100	1200	40	1

注：（1）一维 PSD 的光斑位置检测误差表示从器件位置中心向两侧延伸到距中心 75%处的误差值；

（2）二维 PSD 的光斑位置检测误差分 A 区（中心区）和 B 区（边缘区）的误差，本表所列的误差为 A 区误差。关于 B 区误差，请查有关手册。

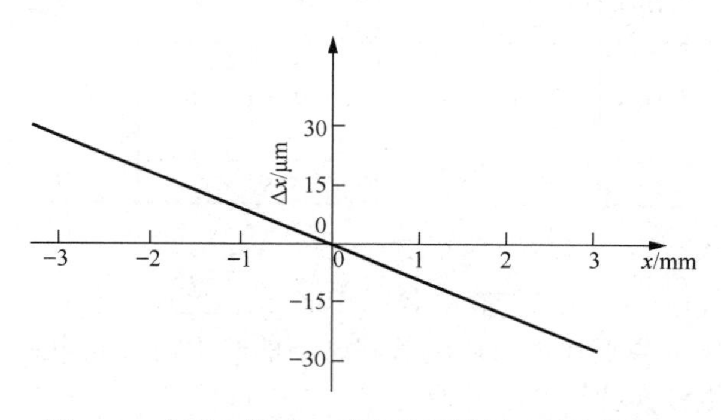

图 5.43　典型一维 PSD 光斑位置检测误差特性曲线

5.8　结型光电器件的特性参数与选用

结型光电器件的种类很多，功能各异。掌握各种结型光电器件的特性参数，有利于在实际工程中正确地选用结型光电器件。

5.8.1 结型光电器件的特性参数

结型光电器件的特性参数如表 5-6 所示。在实际应用中，并不是对结型光电器件所有的特性都有严格的要求，常常是对结型光电器件的某些特性有要求而对另外的特性要求不严或根本不做任何要求。例如，使用结型光电器件进行火灾探测与报警时，对该光电器件的光谱响应和灵敏度的要求很严，而对响应速度则要求很低。因此，要根据具体情况选用具有不同特性参数的结型光电器件。

表 5-6 结型光电器件的特性参数

结型光电器件	光谱响应/nm			灵敏度/lm	输出电流/mA	光电响应线性	动态特性		电源及偏置	暗电流与噪声	应用
	短波长	峰值	长波长				频率响应/MHz	上升时间/μs			
CdS 光敏电阻	400	640	900	$\sim 10^{-3}$	$10\sim 10^{2}$	非线性	0.001	200～1000	交/直流	较低	集成或分立的光电开关
CdSe 光敏电阻	300	750	1220	$\sim 10^{-3}$	$10\sim 10^{2}$	非线性	0.001	200～1000	交/直流	较低	
PN 结型光电二极管	400	750	1100	0.3～0.6	≤1.0	线性度好	≤10	≤0.1	三种偏置	最低	光电探测
硅光电池	400	750	1100	0.3～0.8	1～30	线性度好	0.03～1	≤100	—	较低	—
PIN 结型光电二极管	400	750	1100	0.3～0.6	≤2.0	线性度好	≤100	≤0.002	反向偏置	最低	高速光电探测
GaAs 光电二极管	300	850	950	0.3～0.6	≤1.0	线性度好	≤100	≤0.002	反向偏置	最低	高速光电探测
HgCdTe 光电二极管	1000	与 Cd 组分有关	12000	—	—	线性度好	≤10	≤0.1	反向偏置	较低	红外线探测
3DU 型硅光电三极管	400	880	1100	0.1～2	1～8	线性度差	≤0.2	≤5	反向偏置	低	光电探测与光电开关
3DU 型复合硅光电三极管	400	880	1100	2～10	2～20	线性度差	≤0.1	≤10	反向偏置	较高	光电开关
光控可控硅	400	880	1100	—	$50\sim 10^{3}$	线性度更差	≤0.01	≤10	—	高	光电开关

下面对结型光电器件的主要特性参数进行比较。

（1）光电转换的线性。光电二极管（包括 PIN 结型光电二极管与雪崩光电二极管）的线性度最好，其他依次为零偏置或反向偏置状态下的光电池、光电三极管、复合光电三极管等。光敏电阻的光电转换的线性度最差。

（2）动态范围。动态范围分为线性动态范围与非线性动态范围。反向偏置状态下的光电二极管线性动态范围最大，光电池、光电三极管、复合光电三极管的线性动态范围较大。

（3）灵敏度。光敏电阻的灵敏度最高，其他依次为雪崩光电二极管、复合光电三极管和光电三极管。光电二极管的灵敏度最低。

（4）频率响应或时间响应。PIN 结型光电二极管与雪崩光电二极管的频率响应最快，其他依次为光电三极管、复合光电三极管和光电池。时间响应最慢的是光敏电阻，它不但惯性大，而且还具有很强的前历效应。

（5）光谱响应。光谱响应主要与结型光电器件的材料有关，视具体情况而定。一般来说，光敏电阻的光谱响应范围比结型光电器件的光谱响应范围大，尤其在红外线波段光敏电阻的光谱响应更为突出。

（6）供电电源与应用的灵活性。光敏电阻没有极性，可用于交流/直流电源。光电池无须外加电源就能进行光电转换，但线性度很差，而其他结型光电器件必须在直流偏置电源下才能工作。因此，光电池的应用灵活性较高，光敏电阻与其他结型光电器件的应用灵活性较差，但它们都适合在低压下工作。

（7）暗电流与噪声。光电二极管的暗电流最小，光敏电阻、光电三极管、复合光电三极管和光电池的暗电流较大，放大倍率大的多极复合光电三极管及大面积的光电池的暗电流最大。

光敏电阻的噪声源有三种，而其他结型光电器件的噪声源只有一种，但是，这并不能说明光敏电阻的噪声最大。具有高放大倍率的复合光电三极管与光敏面的面积较大的光电池的噪声最大。

5.8.2 结型光电器件的选用

在实际工程中，选用结型光电器件时，需要注意一些事项与应用技巧或方法。在很多要求不太严格的应用场合中，可采用任何一种结型光电器件。不过，在某些情况下，需要选用某种结型光电器件。例如，当需要定量测量光源的发光强度时，选用光电二极管比选用光电三极管更合适，因为测量发光强度时对光电转换特性的线性动态范围的要求比对灵敏度的要求高。但是在要求对弱辐射信号进行探测时（如发光点的探测），对微弱光场的探测能力要求高。这时，必须考虑灵敏度、光谱响应和噪声等特性，对结型光电器件的响应速度则不必过多地考虑。因此，首选光敏电阻。

当测量对象为高速运动的物体时，结型光电器件的时间响应成为首要因素，而灵敏度和线性度成为次要因素。例如，当探测 10^{-7}s 的光脉冲是否到来时，必须选用响应时间小于 10^{-7}s 的 PIN 结型光电二极管作为探测器件，此时光谱响应带宽与灵敏度的高低成为次要因素。

当然，在有些情况下选用不同类型结型光电器件都可以实现光电转换任务。例如，对速度并不太快的物体进行速度的测量、机械量的非接触尺寸测量等，可选用光电二极管、光电三极管、光电池、光敏电阻等低响应速度的结型光电器件，然后根据器件体积、成本、电源等情况，选用最合理的结型光电器件。

为了提高转换效率，无畸变地把光学信息转换成光电信号，不仅需要合理选用结型光电器件，还必须考虑光学系统和电子处理系统的设计，使每个环节相互匹配，以及使相关的单元器件都处于最佳的工作状态。

选用结型光电器件的基本原则归纳如下。

（1）结型光电器件必须和辐射信号源及光学系统在光谱特性上实现匹配。例如，若被测波长处于紫外线波段，则需选用专门的紫外光电探测器件或光电倍增管（PMT）；对于可见光，可选用光敏电阻或结型光电器件；对红外线波段的信号，可选用光敏电阻或红外响应的结型光电器件。

（2）结型光电器件的光电转换特性或动态范围必须与入射光辐射通量相匹配。需要注意的是，结型光电器件的光敏面要与入射光的光束匹配。因此，光源必须照射到结型光电器件的有效位置，如果有效位置发生变化，那么测量电路的光电灵敏度将发生变化。例如，太阳能电池具有大的光敏面，一般把它用于对杂散光或没有达到聚焦状态的光束的探测。又如，光敏电阻是一个可变电阻，受光照部分的电阻会降低，设计时，必须使两个电极之间的全部电阻体受到光照，以便有效地利用全部光敏面。光电二/三极管的光敏面只是结区附近一个极小的面积，故一般把透镜作为光的入射窗，并使入射光经透镜聚焦到光敏面的灵敏点上。光电池的光敏面的面积较大，输出的光电流与光敏面的面积较小的其他类型的光电器件相比，在入射光晃动的情况下影响小些。一般要使入射光辐射通量的变化中心处于结型光电器件的光电特性的线性范围内，以确保获得良好的线性度。对微弱的光信号，结型光电器件必须有合适的灵敏度，以确保一定的信噪比与输出足够强的信号。

（3）结型光电器件的时间响应特性必须与光信号的调制形式、信号频率及波形相匹配，以确保转换后的信号不产生频率失真，避免引起输出波形失真。当然，转换电路的频率响应特性也要与之匹配。

（4）结型光电器件的转换电路必须与其他应用电路的输出阻抗良好地匹配，以保证其具有足够大的转换系数、线性范围、信噪比及快速的动态响应等。

（5）为保证结型光电器件长时间连续工作时的可靠性，必须注意所选结型光电器件的特性参数和使用环境等。一般在长时间连续工作的条件下，要求结型光电器件的参数应高于工作环境的要求，并留有足够的余地，能够保证其在最恶劣的环境下正常工作。另外，还需要考虑结型光电器件工作环境的设计（如制冷系统等的设计），以便满足其长时间连续工作的要求。当结型光电器件的工作条件超过其最大容限值时，结型光电器件的特性将急剧恶化，特别是当工作电流超过容限值时，往往会发生永久性的损坏。工作环境温度也有容限值，当工作环境温度超过容限值时，结型光电器件内部的温度积累将引起光电特性缓慢恶化，最终损坏结型光电器件。总之，保证结型光电器件工作在额定条件下，是使其稳定且可靠地工作的必要条件。

思考与练习

5-1　写出硅光电二极管的全电流方程，说明各项的物理意义。

5-2　比较 2CU 型硅光电二极管和 2DU 型硅光电二极管的结构特点。

5-3　为什么在光照度增大到一定程度后，硅光电池的开路电压不再随入射光的光照度的增大而增大？硅光电池的最大开路电压是多少？为什么硅光电池的有载输出电压总小于相同光照度下的开路电压？

5-4　结型光电器件有几种偏置电路？各有什么特点？

5-5　在室温为 300K 时，已知 2CR21 型硅光电池（光敏面的面积为 5mm×5mm）辐射照度为 100mW/cm^2 时的开路电压为 $V_{oc}=550\text{mV}$，短路电流 $I_{sc}=6\text{mA}$。

（1）求室温情况下辐射照度降低到 50mW/cm^2 时的开路电压 V_{oc} 与短路电流 I_{sc}。

（2）当将该硅光电池安装在如图 5.44 所示的偏置电路中时，若测得的输出电压 $V_o=1\text{V}$，求此时光敏面上的辐射照度。

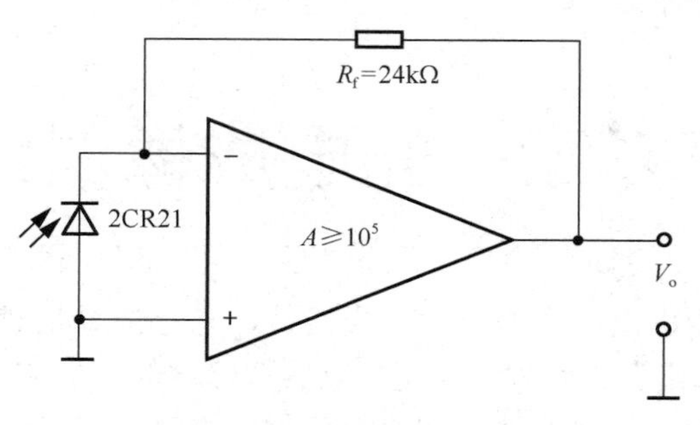

图 5.44 习题 5-5

5-6 已知 2CR44 型硅光电池的光敏面的面积为 10mm×10mm，在室温为 300K，辐射照度为 100mW/cm^2 时的开路电压 $V_{oc}=550\text{mV}$，短路电流 $I_{sc}=28\text{mA}$。试求辐射照度为 200mW/cm^2 时的开路电压 V_{oc}、短路电流 I_{sc}、获得最大功率的最佳负载电阻 R_L、最大输出功率 P_m 和转换效率 η_m。

5-7 已知硅光电三极管的光电转换电路及其伏安特性曲线如图 5.45 所示。已知光敏面上的光照度变化量 $e=120+80\sin\omega t$（单位为 lx），为使该硅光电三极管的集电极输出电压信号为不小于 4V 的正弦信号，求所需要的负载电阻 R_L、反向偏置电压（相当于电源电压）V_b 及该电路的电流、电压灵敏度，并画出该硅光电三极管输出电压的波形。

5-8 利用 2CU2 型硅光电二极管和 3DG40 型硅光电三极管构成如图 5.46 所示的探测电路。已知 2CU2 型硅光电二极管的电流灵敏度 $S_i=0.4\mu\text{A}/\mu\text{W}$，其暗电流 $I_d=0.2\mu\text{A}$；3DG40 型硅光电三极管的电流放大倍率 $\beta=50$，最高入射光辐射功率为 400μW 时的拐点电压为 1.0V。求入射光辐射功率最大时的电阻 R_c 与输出电压 V_o 的幅值。当入射光辐射功率为 50μW 时，输出电压的变化量为多少？

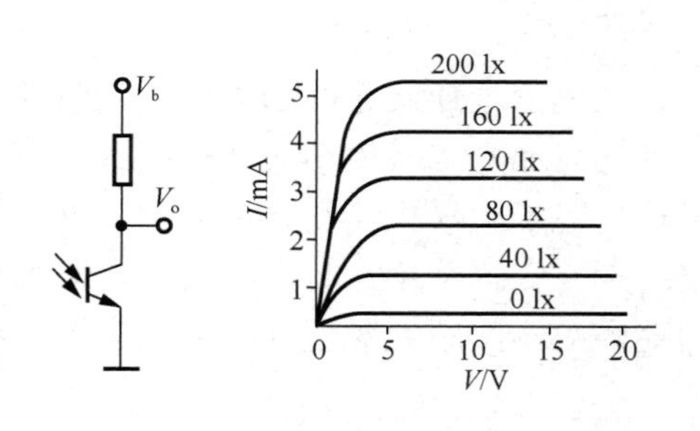

图 5.45 习题 5-7

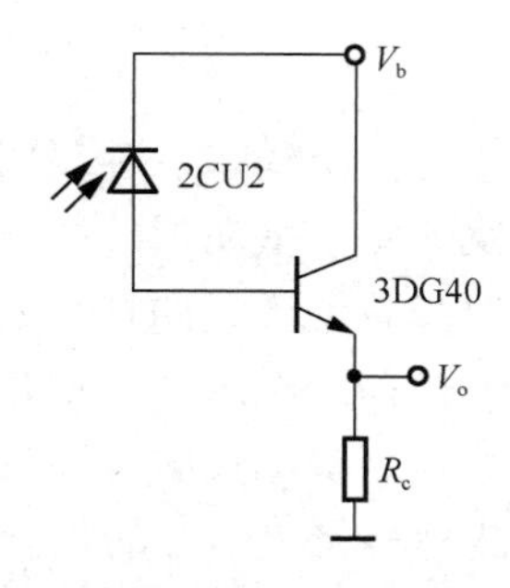

图 5.46 习题 5-8

5-9 试说明四象限探测器件的功能及其应用。

5-10 画图说明用四象限探测器件检测光斑的二维偏移量的测量方法。

5-11 什么是位置敏感探测器件（PSD）？PSD 有几种基本类型？试设计一维 PSD 以探测光斑在被测物上的位置。

5-12 为什么越远离 PSD 几何中心位置的光斑，其位置检测的误差越大？

第 6 章　光电成像器件

光电成像器件是指能输出图像信息的一类器件，它包括真空成像器件和固体成像器件两类，也可以分为像管和摄像管两种，常见光电成像器件的分类如图 6.1 所示。真空成像器件结构复杂，体积大，固体成像器件只需要特殊的结构和电路，以读出电信号，然后显示成像，因此其体积较小。光电成像器件广泛应用于医学影像及工业上的图像测量、微小尺寸及质量检验、干涉图样的判读，也可以作为机器视觉中的瞄准、定位、跟踪、识别和控制机构等，是现代测量技术的重要发展方向之一。

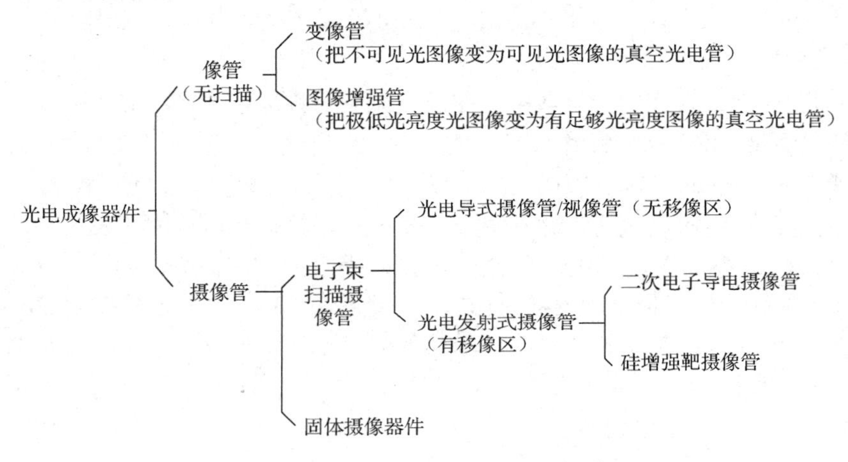

图 6.1　常见光电成像器件的分类

光电成像器件应具有三种基本功能：光电转换、光电信号存储和扫描输出。光图像投射到光电成像器件光敏面后，每个独立的光敏单元分别完成光电转换和在光敏面上形成电量的潜像。扫描装置形成的扫描线按一定的轨迹串行、逐点地采集这些转换后的电量，形成输出信号。扫描线经过某个像素的时间只占扫描周期（扫描整个光敏面所需时间）的极小部分，为了提高检测灵敏度，每个像素在扫描周期内应不间断地对转换后的电量进行积累，这种功能称为光电信号的积分存储。

6.1　真空成像器件

6.1.1　像管

像管是变像管和图像增强管的统称。变像管是指能够把不可见光图像变为可见光图像的真空光电管。图像增强管是指能够把极低光亮度的光图像变为有足够光亮度图像的真空光电管。像管和摄像管的主要区别是，像管内部没有扫描机构，不能输出电视信号。像管的使用就像望远镜的使用一样，观察者必须通过它直接面对景物。

像管有 3 个基本部分：

（1）光电转换部分，即光电阴极，它可以使不可见光图像或光亮度极低的光图像转换成光电子发射图像。

（2）电子光学部分，即电子透镜（有静电聚焦和磁聚焦两种形式），它可以使光电阴极发射出来的光电子发射图像在保持相对分布情况不变的情况下加速。

（3）电光转换部分，即荧光屏，它可以使发射到它上面的光电子发射图像转换成可见光图像。像管的结构示意如图 6.2 所示。

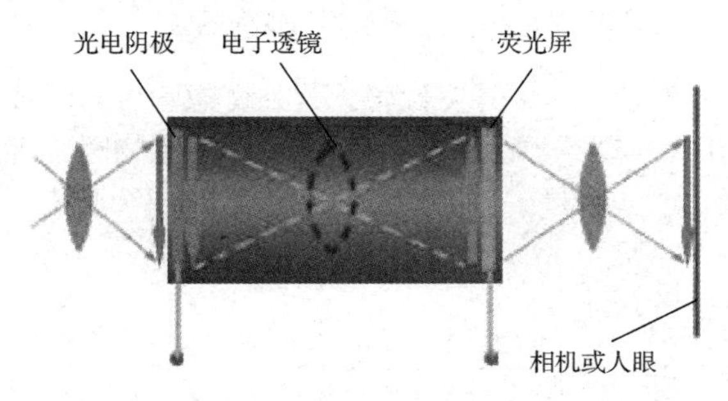

图 6.2　像管的结构示意

1. 变像管

图 6.3 为静电聚焦型变像管的基本结构示意，其中几个圆筒形的光电电极可形成对光电子进行聚焦和加速的电场，使光电子在荧光屏上呈倒立的像。静电聚集型变像管的各个电极电压之比保持不变，即使总电压稍有变化，光电子轨迹也基本不变。因此，多用电阻链分压的办法供给各个电极电压，同时减小了整个装置的质量和体积，但静电聚焦的球面像差较大，画面的中心部分和边缘部分的放大率不相等，图像会失真。因此，图 6.3 中的光电阴极大多被做成曲面状，以补偿静电聚焦引起的像差。但曲率变大时，焦距变小，使边缘部分的分辨率降低。因此，近年来多采用光纤面板，使其外侧为平面，内侧为球面，以解决光学透镜和电子透镜的像差问题。

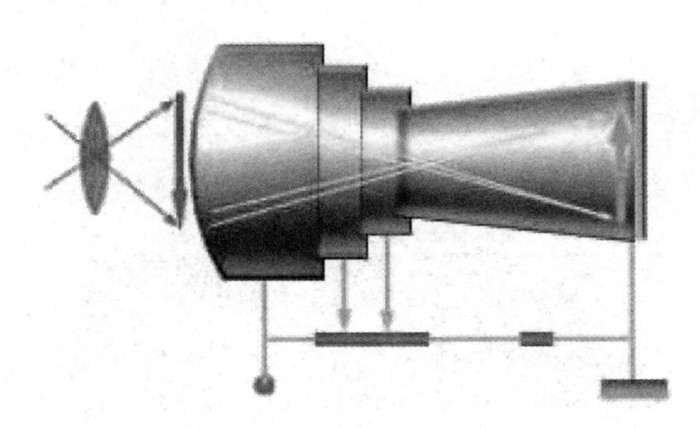

图 6.3　静电聚焦型变像管的基本结构示意

红外变像管多应用于军事、公安等方面，供夜间侦察用。在民用方面，红外变像管可用于暗室管理、物理实验、激光器校准和夜间观察生物活动等。另外，温度高于 400℃的物体都会发出大量的红外线，可通过红外变像管观察这些物体的图像。图 6.4 为红外变像管拍摄的图像。

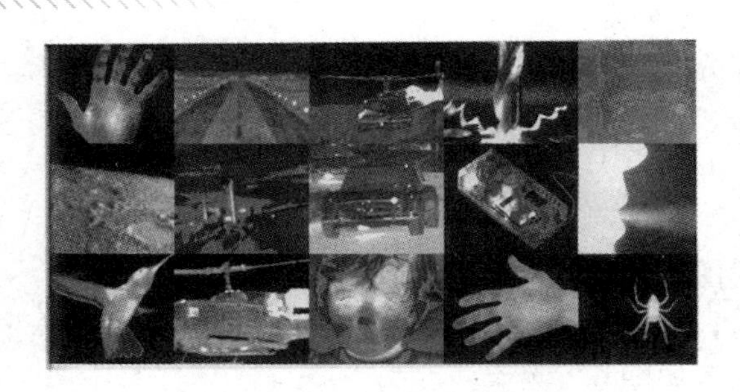

图 6.4 红外变像管拍摄的图像

用来接收紫外图像的像管称为紫外变像管。紫外变像管可以使波长大于 200nm 的紫外线变成光电子。紫外变像管与光学显微镜结合后，可用于生物医学等方面的研究。

2. 图像增强管

图像光亮度增益可按下式计算。

光通量增益：
$$K_{\Phi} = \Phi_{\mathrm{o}} / \Phi_{\mathrm{i}} \tag{6-1}$$

光亮度增益：
$$K_{\mathrm{L}} = M_{\mathrm{o}} / E_{\mathrm{i}} = K_{\Phi}(A_{\mathrm{i}} / A_{\mathrm{o}}) \tag{6-2}$$

光电子增益：
$$K_{\mathrm{p}} = n_{\mathrm{op}} / n_{\mathrm{ip}} \tag{6-3}$$

上式中，Φ_{o}、Φ_{i} 分别为输出光通量、输入光通量；M_{o}、E_{i} 分别为输出面的光出射度、输入面的光照度；A_{i}、A_{o} 分别为输入面和输出面的面积；n_{op}、n_{ip} 分别为输出的光子数和输入的光子数。

这里，所有的参数都是对可见光而言的，光源为色温 2856K 的白炽钨丝灯。

对图像增强管的光亮度增益，可做如下估计。对于 S-20 光电阴极，量子效率约为 10%，入射于荧光屏的电子能量由于技术原因只能加大到 20keV，平均 1 个高能电子可产生 500～1000 个光子，因此图像增强管的光亮度增益为 50～100。如果给图像增强管配备一个电子光学系统，那么考虑到透镜对光的吸收，这样小的光亮度增益无法使感光胶片产生清晰的图像。因此必须在像管内采取使光亮度增益提高的措施。

1）级联式图像增强管

为了增强图像的光亮度，采取的方法之一是，把几个独立的图像增强器串联，使其光亮度逐级增强。这种级联式图像增强管（见图 6.5）的光亮度增益可达 10^5。

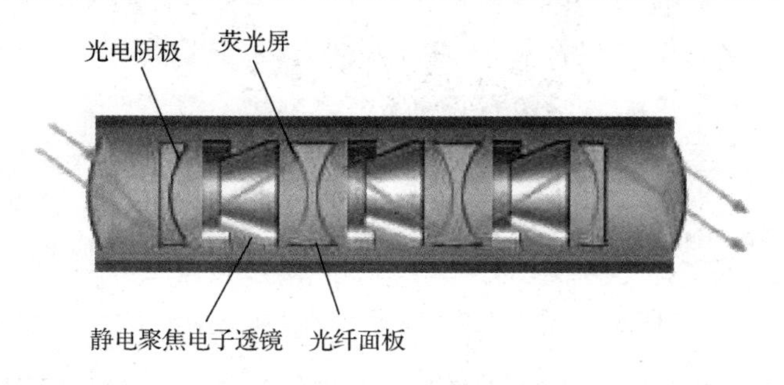

图 6.5 级联式图像增强管

2）微通道板式图像增强管

微通道板式图像增强管如图 6.6 所示。该管的核心部分是微通道板，它是由若干极细的微管道组成的，管径约十几微米。微管道是由高阻材料制成的，微管道的内壁材料为二次电子发射系数 $\delta>1$ 的材料。微通道板的厚度约几毫米，在它的两端施加较高的直流电压（约数千伏）后，在每个微管道内形成极强的电场。这时，当光电面发射的电子进入微管道后，在强电场作用下与管壁多次碰撞，从而得到电子倍增效果。一般直流电压为 10kV 的微通道板，可得到 $10^5 \sim 10^6$ 的光电子增益。这种增强管和级联式图像增强管比较，它在输入面和输出面之间没有电子光学系统，因此它的整体长度很短，体积很小，便于与其他光电器件配套使用。

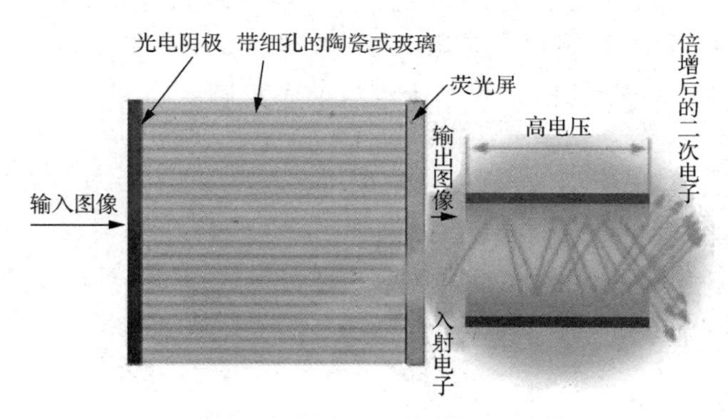

图 6.6　微通道板式图像增强管

6.1.2　摄像管

能够输出视频信号的一类真空光电管称为摄像管，其原理如图 6.7 所示。按结构分类，常把有移像区的摄像管称为光电发射式摄像管，它的光电转换部分和光信息存储部分是由独立的两部分完成的，彼此分离，总称为移像区。把没有移像区的摄像管称为光电导式摄像管或视像管，它的两部分功能全由一个靶来完成。两者的电子枪部分基本相同。光电发射式摄像管的使用历史最早，信号质量也最高，但体积大，结构复杂，调整麻烦。因此，目前除了特殊场合（微光摄像领域），一般较少使用光电发射式摄像管。相比之下，光电导式摄像管的体积小，结构简单，部分信号质量也接近于光电发射式摄像管，因此，光电导式摄像管在早期电视领域用得较为普遍。

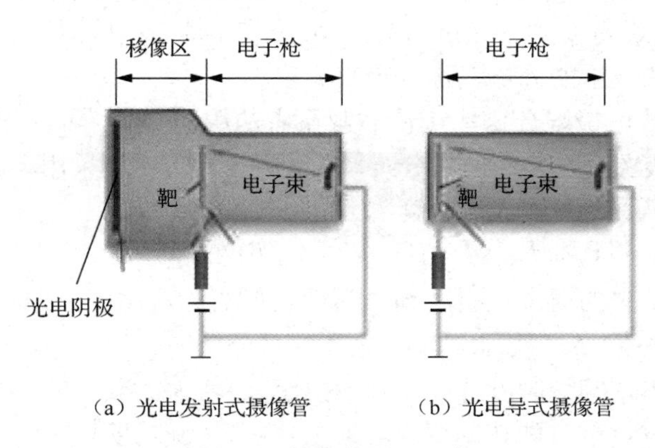

（a）光电发射式摄像管　　（b）光电导式摄像管

图 6.7　摄像管原理示意

1. 摄像管的主要参数

1）光电特性

摄像管输出的光电流与入射光的光照度的函数关系常表示为

$$I_{\mathrm{p}} = kE^{\gamma} \tag{6-4}$$

式中，I_{p}为光电流；E为光照度；k为比例系数；γ为光电转换因子。

由图 6.8 可知，在光电特性中最重要的参变量是γ。当$\gamma=1$时，表示I_{p}与E成正比例关系，此时，信号的灰度等级均匀。当$\gamma<1$时，信号存在均匀的灰度畸变，但此时在低光照度下的灵敏度相对增加，高光照度下的光电特性呈现一定的饱和状态。当$\gamma=1$时，有利于提高暗场时的信噪比；当$\gamma<1$时，有利于扩展动态范围；当$\gamma>1$时，摄像管是不适用的。

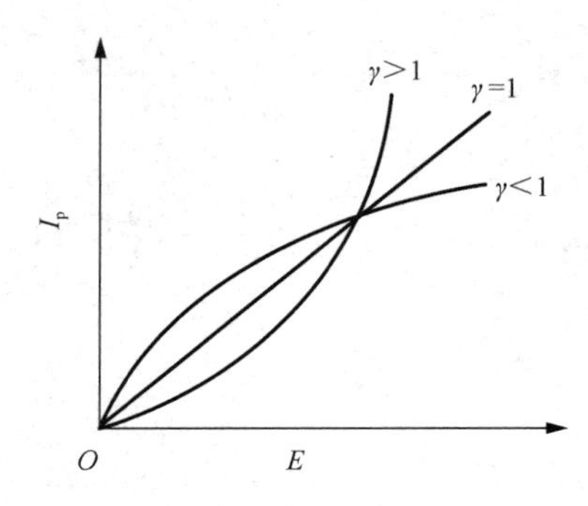

图 6.8　摄像管光电特性曲线

2）分辨率

摄像管的分辨率是指摄像管对于光图像细节的鉴别能力。一般有两种表示法，具体内容如下。

（1）极限分辨率。在最佳光照度下，使高对比度的黑白相间条形图案投射到摄像管的光敏面上，然后在监视器上观察可分辨的最高空间频率数。在电视中，通常是指在光栅高度范围内可分辨的最多电视行数（TVL/H），如图 6.9 所示。有时也采用“Lp（线对）/mm”作为单位，它等于可分辨的电视行数的一半除以靶的有效高度（mm）的商。例如，25mm的摄像管，靶面的有效高度约为 10mm，当可分辨的最多电视行数为 400 时，相当于20Lp/mm。按这种方法表示的分辨率称为极限分辨率。

（2）调制传递函数。极限分辨率是依靠观察者的眼睛来分辨的，因而带有一定的主观性，同时也不能反映摄像系统各部分对分辨率的影响。因此，多采用调制传递函数（MTF）。MTF 定义为输出调制度M_{o}与输入调制度M_{i}之比的百分数，即

$$\mathrm{MTF} = M_{\mathrm{o}} / M_{\mathrm{i}} \times 100\% = (A-B)/(A+B) \times 100\% \tag{6-5}$$

调制度是无线电学中的概念，引用到光学后它就成为对比度。调制度M定义为光信号最大值A和光信号最小值B之差与A和B之和的百分比。

图像在传送过程中，其调制度M是随空间频率的增大而减小的。如果把调制度的损失程度以百分数表示（设零频时的调制度为 100%），那么调制度与空间频率的关系曲线就是调制传递函数。能够用仪器测量 MTF，因此，它能客观地反映摄像管的分辨率。调制传递函数曲线如图 6.10 所示。

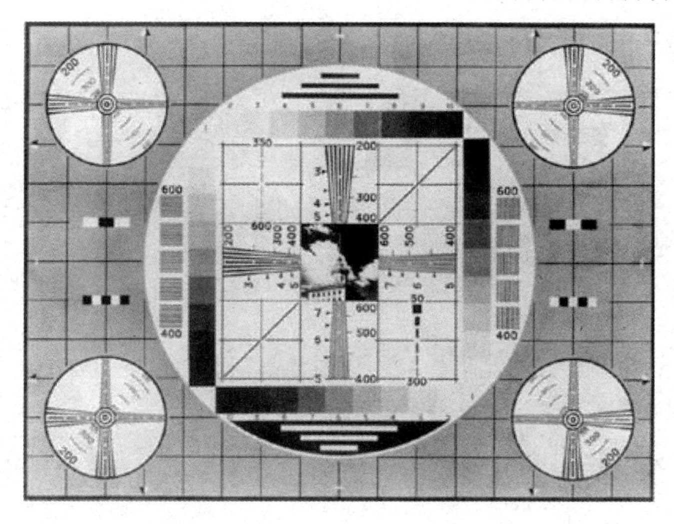

图 6.9 电视分辨率图

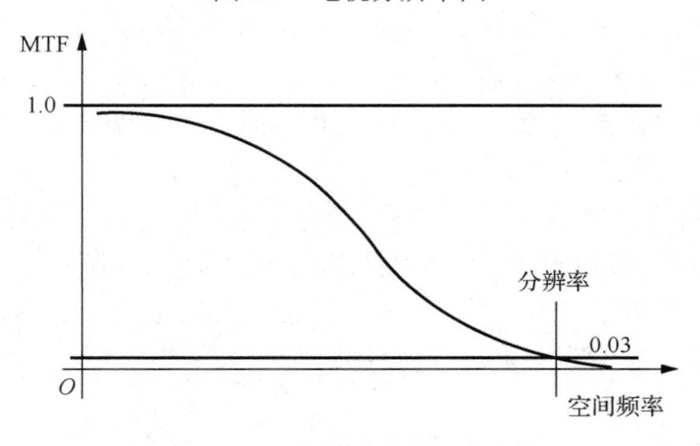

图 6.10 调制传递函数曲线

3）惰性

摄像管的光电流输出滞后于光信号输入的现象称为惰性，常用三场后残余信号的百分比表示惰性。这里所说的“场”是指电视场。按我国的电视制式，场周期为 20ms，三场后残余信号的百分比即光信号变化 60ms 后的输出信号与 60ms 的原输出信号的百分比。

6.2 固体成像器件

6.2.1 电荷耦合器件

电荷耦合器件（Charge-Coupled Device，CCD）是 1969 年由美国贝尔实验室（Bell Labs）的波义耳（Willard S. Boyle）和史密斯（George E. Smith）发明的。当时贝尔实验室正在发展影像电话和半导体气泡式内存。将这两种新技术结合起来后，波义耳和史密斯得到一种装置，他们把这种装置命名为“电荷‘气泡’元件”（Charge“Bubble”Devices）。这种装置的特性就是它能沿着一片半导体的表面传递电荷，波义耳和史密斯便尝试用它作为记忆装置。当时只能从暂存器用“注入”电荷的方式输入“记忆”，但随即他们发现光电效应能使这种元件表面产生电荷，从而组成数位影像。

CCD 图像传感器可直接将光学信号转换为模拟电流信号，电流信号经过放大和模数转换，实现图像的获取、存储、传输、处理和复现。其显著特点如下：

（1）体积小，质量小。

（2）功耗小，工作电压低，抗冲击，抗振动，性能稳定，寿命长。

（3）灵敏度高，噪声低，动态范围大。

（4）响应速度快，有自扫描功能，图像畸变小，无残像。

（5）可应用超大规模集成电路工艺技术生产，像素集成度高，尺寸精确，商品化生产成本低。

因此，对许多采用光学方法测量外径的仪器，都把 CCD 作为光电接收器。从功能上分类，CCD 可分为线阵列 CCD 和面阵列 CCD 两大类。

1. CCD 的工作原理

1）CCD 单元及其结构

CCD 单元与线阵列 CCD 如图 6.11 所示。CCD 单元就是一个由金属-氧化物-半导体组成的电容器，简称 MOS（Metal-Oxide-Semiconductor）结构。如果衬底接地，给金属极板施加一个正电压 U_G（栅极电压），那么金属极板和衬底之间就会产生一个电场。这个电场就会迫使半导体表面部分的空穴离开表面入地，从而在表面附近形成一个带负电荷的耗尽区，这个耗尽区称为表面势垒。表面势垒的深度近似地与金属极板上所施加的电压成正比（在形成反型层之前）。这时，电子在表面处的势能为 $E_p=-qU_s$。其中，U_s 称为表面势，即半导体表面对于衬底的电势差。如果以某种方式（电注入或光注入）向表面势垒中注入电子，那么这些电子将聚集于表面附近，称为电荷包。

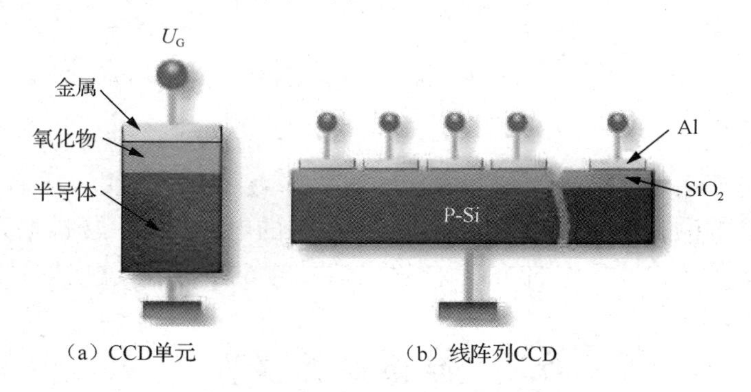

（a）CCD单元　（b）线阵列CCD

图 6.11　CCD 单元与线阵列 CCD

2）电荷包的储存

因为每个 CCD 单元都是一个电容器，所以它能储存电荷。但是，当有电荷包注入时，表面势垒深度将随之变浅，因为它始终要保持极板上的正电荷总量恒等于表面势垒中自由电荷与负离子的总和。每个极板下的表面势垒中所能储存的最大电荷量 Q 为

$$Q = C_{ox}U_G \tag{6-6}$$

式中，C_{ox} 为单位面积氧化层的电容。

3）电荷包的转移

CCD 中电荷包的转移是由各个极板下面的表面势垒不对称和表面势垒耦合引起的。将线阵列 CCD 各个极板分为三组，然后分别加以相位不同的时钟脉冲驱动，即得到所谓的三

相 CCD。这时，由于同一时刻三相脉冲的电平不同，各个极板下面所造成的表面势垒深度也不同，从而使电荷包沿着表面从电势能高的地方向电势能低的地方转移。

三相 CCD 的时钟电压波形刚好互相错开 $T/3$ 周期，因此时钟电压波形每变化 $T/3$ 周期，电荷包就转移过一个极板，每变化一个周期，即转移过三个极板。三相 CCD 的电荷包转移过程如图 6.12 所示。除了三相 CCD，还有二相 CCD、四相 CCD。

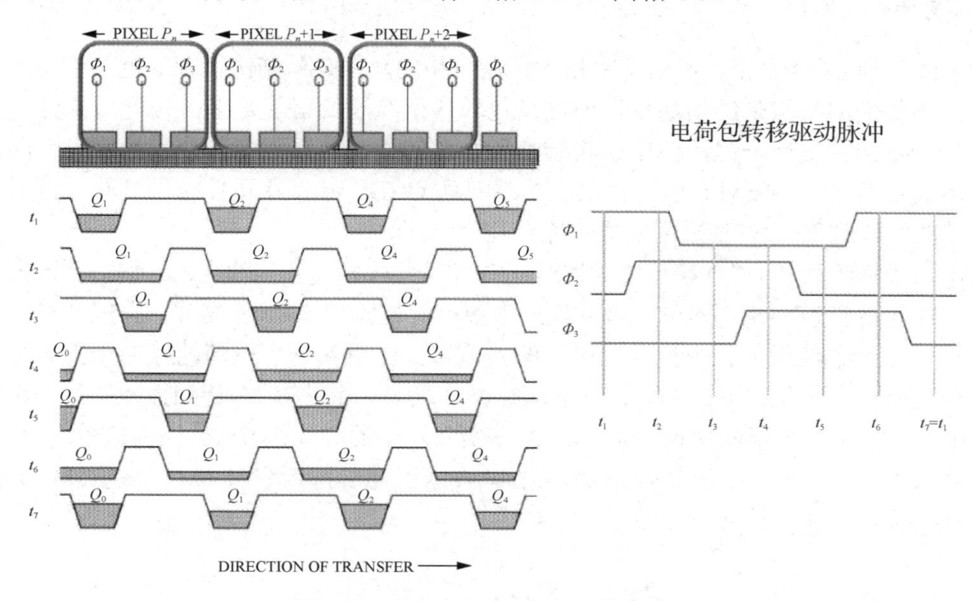

图 6.12　三相 CCD 的电荷包转移过程

二相 CCD 的时钟电压波形对称，但氧化层（SiO_2）的厚度不均匀，从而极板下面的表面势垒也不均匀。因此，电荷包也会沿着表面从电势能高的地方向电势能低的地方转移。对于二相 CCD，时钟电压波形每变化 $T/2$ 周期，电荷包将转移过一个极板，每变化一个周期，则转移过两个极板。由此可见，CCD 具有移位寄存器的功能。二相 CCD 的电荷包转移过程如图 6.13 所示。

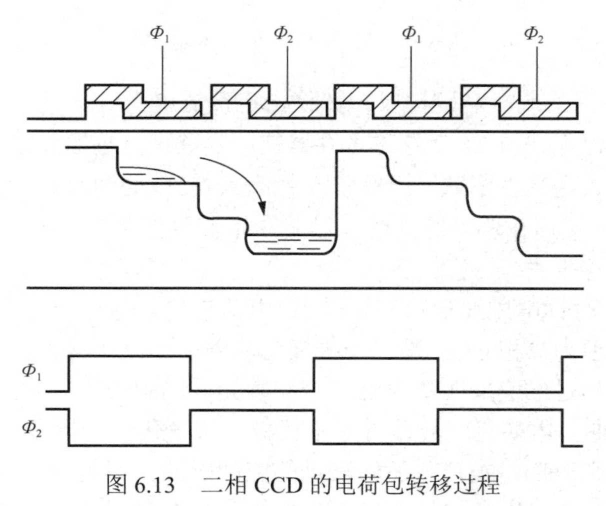

图 6.13　二相 CCD 的电荷包转移过程

实用固体成像器件是在一块硅片上同时制作出光电二极管阵列和CCD移位寄存器两部分。光电二极管阵列专门用来完成光电转换和光积分，CCD移位寄存器专门用来完成光生电荷转移。因为这种转移不是借助于外来的扫描，而是依靠驱动脉冲完成的，所以也称自扫描。根据光敏像素的排列方式，CCD分为线阵列CCD和面阵列CCD两大类。

2. 线阵列CCD

对于线阵列CCD来说，不论是三相的还是二相的，都有单侧传输和双侧传输两种结构形式。单侧传输的特点是结构简单，但电荷包转移所经过的极板数多，传输效率低。双侧传输的特点是结构复杂一些，但电荷包转移所经过的极板数只是单侧传输的一半，因此损耗小，传输效率高。一般对光敏元件数少的线阵列CCD，多采用单侧传输结构，而对光敏元件数多的线阵列CCD，多采用双侧传输结构。

光电二极管阵列和CCD移位寄存器统一集成在一块半导体硅片上，分别由不同的脉冲驱动。设衬底材料为P-Si，光电二极管阵列中各单元彼此被SiO_2隔离开，排成一行，每个光电二极管即一个像素。各个光电二极管的光电转换作用和光生电荷的存储作用与分立元件时的原理相同。线阵列CCD基本结构如图6.14所示，其中Φ_P（行扫描电压）为高电平时，各个光电二极管为反向偏置，光生的电子-空穴对中的空穴在PN结的内建电场作用下，通过衬底入地，而电子积存于PN结的耗尽区。在入射光的持续照射下，内建电场的分离作用也持续进行，从而积累光生电荷。

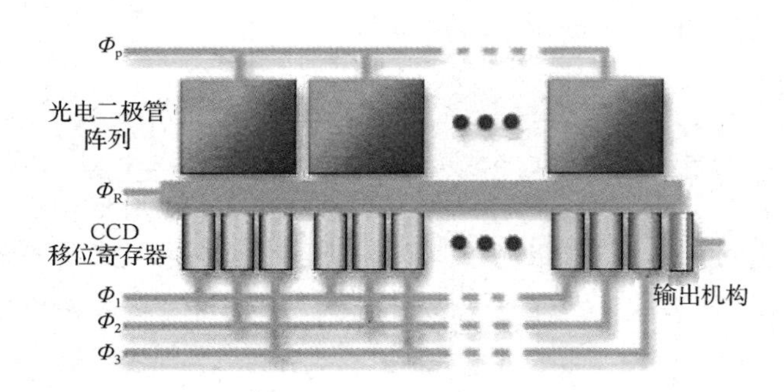

图6.14　线阵列CCD基本结构

转移栅（Φ_R）由铝条或多晶硅构成，转移栅连接低电平时，在它下面的衬底中将形成高势垒，使光电二极管阵列与CCD移位寄存器彼此隔离。转移栅连接高电平时，它下面衬底中的势垒被拆除，成为光生电荷（电荷包）并流入CCD的通道。这时，电荷包并行地流入CCD移位寄存器，然后在驱动脉冲的作用下，电荷包按照它在CCD中的空间顺序，通过输出机构串行地转移出去。

对于二相CCD，时钟电压波形每变化$T/2$，电荷包将转移过一个极板，变化一个周期，则转移过二个极板。因为二相CCD是二个极板对应着一个光敏元件，所以时钟波形变化一个周期，电荷包所转移过的空间距离也是一个光敏元件的中心距。对于三相CCD，时钟电压波形每变化$T/3$周期，电荷包就转移过一个极板；每变化一个周期，就转移过三个极板。时钟电压波形变化一个周期，电荷包所转移过的空间距离正好是一个光敏元件的中心距。

图6.15是DALSA公司生产的IL-P1-1024型线阵列CCD图像传感器，其性能指标如下。

图 6.15 IL-P1-1024 型线阵列 CCD 图像传感器

（1）分辨率：512/1024/2048/4096 像素。

（2）像素尺寸：10μm。

（3）光敏面尺寸：长度有 5.1 mm、10.2 mm、20.5 mm、41 mm 4 种，高度一般都为 10 μm 。

（4）帧频：87.3 kHz、46.1 kHz、23.7 kHz、12.0 kHz。

（5）读取速度：2×25 MHz（单像素输出速度，1 MHz 表示每秒输出 1024×1024 个像素）。

（6）响应度：13.8 V/（μJ/cm²）（峰值），这里用单个像元上输入的光能量（曝光量）下产生的信号电压表示响应度。

（7）动态范围：70 dB。

（8）封装形式：32 pin DIP。

3. 面阵列 CCD

在二维固体成像器件中，电荷包转移情况与线阵列器件类似，只是它的形式较多。有的结构简单，但成像质量不好；有的成像质量好些，但驱动电路复杂。目前，比较常用的形式是帧转移结构。二维固体成像器件电荷包帧转移结构如图 6.16 所示。该结构的光敏区是由光敏 CCD 构成的，其作用是光电转换和在自扫描正程时间内进行光积分；暂存区是由遮光的 CCD 构成的，它的位数和光敏区一一对应，其作用是在自扫描逆程时间内，迅速地将光敏区整帧的电荷包转移到暂存区暂存起来。然后，光敏区开始进行第二帧的光积分，而暂存区利用这个时间，将电荷包一次一行地转移给 CCD 移位寄存器，并且把它变为串行信号输出。当 CCD 移位寄存器将其中的电荷包全部输出后，暂存区的电荷包向下移动一行输入 CCD 移位寄存器。当暂存区的电荷包全部转移后，进行第二帧转移。

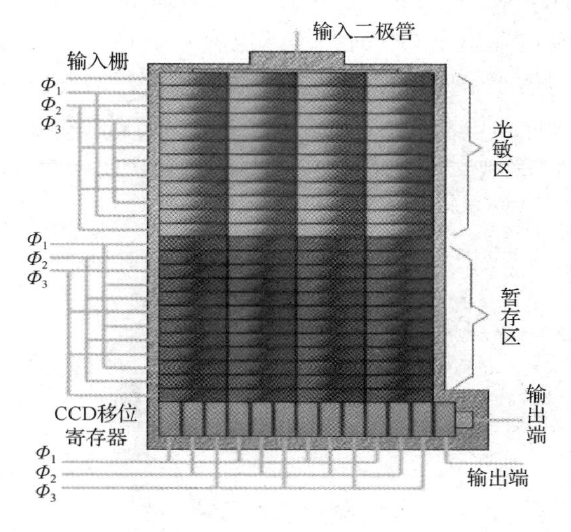

图 6.16　二维固体成像器件电荷包帧转移结构

CCD 电荷包输出机构的形式很多，有利用二极管的输出机构（见图 6.17）和选通积分型输出机构（见图 6.18）。其中最简单的是利用二极管的输出机构。

1）利用二极管的输出机构

在图 6.17 中，与 Φ_1、Φ_2、Φ_3 相连的电极称为栅极，与 OG 相连的电极称为输出栅，输出栅的右边就是输出二极管。输出栅和其他栅极一样，当施加正电压时，它下面的半导体也产生表面势垒。它的表面势垒介于 Φ_3 对应的表面势垒和输出二极管的耗尽区之间，能够把二者连通起来，因此可以通过改变 OG 上所加的电压控制它下面的通道。例如，电荷包已由 Φ_2 转入 Φ_3，当 Φ_3 下的表面势垒由深变浅时，OG 下的表面势垒正好也比较深，这时 Φ_3 对应的表面势垒中的电荷包就能够通过 OG 下的表面势垒转移到输出二极管的耗尽区。因为输出二极管是反向偏置的，内部有很强的自建电场，所以电荷包一进入二极管的耗尽区，即被迅速地转移，成为输出回路的电子流。当没有电荷包输出时，图 6.17 中的 a 点为高电平；当有电荷包输出时，电子流通过负载电阻而产生电压降，a 点为低电平。a 点电压降低的程度正比于电荷包所携带的电量，因此这个电压变化即构成输出信号。

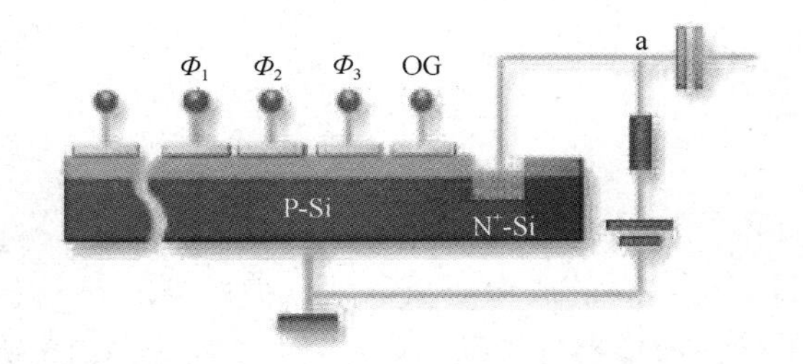

图 6.17　利用二极管的输出机构

2）选通积分型输出机构

选通积分型输出机构如图 6.18 所示，其中，VT_1 为复位管，R_1 为限流电阻，VT_2 为输出管，R_L 为负载电阻，C 为等效电容。在电荷包输出前，要先给 VT_1 的栅极施加一个窄的复位脉冲 Φ_R，这时，VT_1 导通，等效电容 C 充电，当其电压达到电源电压时，VT_2 的源极 S_2 的电压也接近电源电压。Φ_R 变为低电平以后，VT_1 截止，但 VT_2 在栅极电压的控制下仍为导通状态。当电荷包经过输出栅 OG 时，等效电容 C 放电，VT_2 的源极电压也随着下降，下降的程度正比于电荷包所携带的电量，即构成输出信号。

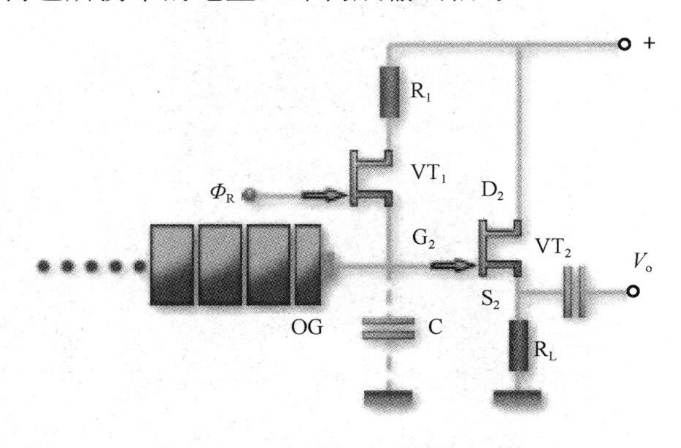

图 6.18　选通积分型输出机构

4. CCD 的性能参数

1）转移效率η和损耗率ε

电荷包从一个表面势垒向另一个表面势垒中转移需要一个过程。为了描述电荷包转移的不完全性，引入转移效率的概念。在一定的时钟脉冲驱动下，设电荷包的原电量为Q_0，转移到下一个表面势垒时电荷包的电量为Q_1，则转移效率η定义为

$$\eta = Q_1/Q_0 \times 100\% \tag{6-7}$$

损耗率ε表示残留于原表面势垒中的电量与原电量之比，其值可由式（6-8）计算：

$$\varepsilon = 1-\eta \tag{6-8}$$

如果线阵列 CCD 共有 n 个极板，那么总转移效率为η^n。

引起电荷包转移不完全的主要原因是表面态对电子的俘获和时钟频率过高，因此在使用表面沟道 CCD 时，为了减少损耗，提高转移效率，常采用偏置电荷技术，即在接收信息电荷之前，先给每个表面势垒都输入一定量的背景电荷，使表面态填满。这样，即使是零信息，表面势垒中也有一定量的电荷。因此，这种技术也称"胖零"（Fat Zero）技术。另外，对体内沟道 CCD，采取体内沟道的传输形式，有效避免了表面态俘获，提高了转移效率和速度。

2）时钟频率

CCD 是利用极板下半导体表面势垒的变化储存和转移信息电荷的，因此它必须工作于非热平衡态。若时钟频率过低，则热生载流子就会混入信息电荷包中而引起失真；若时钟频率过高，则电荷包来不及完全转移，表面势垒形状就变了。这样，残留于原表面势垒中的电荷就必然多，损耗率就必然大。因此，使用时，对时钟频率的上、下限要有一个大致的估计。

（1）时钟频率的下限f_L。f_L取决于非平衡载流子的平均寿命τ，一般为毫秒级。电荷包在相邻两个电极之间的转移时间t应小于τ。

对于三相 CCD，电荷包从前一个表面势垒转移到后一个表面势垒所需的时间为$T/3$，因此

$$f_L > 1/3\tau \tag{6-9}$$

对于二相 CCD，

$$f_L > 1/2\tau \tag{6-10}$$

（2）时钟频率的上限f_H。f_H取决于电荷包转移的损耗率ε，也就是说，电荷包的转移要有足够的时间，电荷包转移所需的时间应小于所允许的值。时钟频率上限f_H可进行如下估算，设τ_D为 CCD 表面势垒中电量因热扩散作用而衰减的时间常数，该常数与材料和极板的结构有关，一般为10^{-8}s 数量级。若使ε不大于要求的ε_0值，

对于三相 CCD，

$$f_H \leqslant -1/(3\tau_D)\ln\varepsilon_0 \tag{6-11}$$

对于二相 CCD，

$$f_H \leqslant -1/(2\tau_D)\ln\varepsilon_0 \tag{6-12}$$

3）光谱特性

现在固体成像器件中的感光元件都是用半导体硅材料制作的，因为相对灵敏度范围为 0.4～1.15 μm，所以其光谱特性曲线不像单个硅光电二极管的光谱特性曲线那样有尖锐的峰值，峰值波长为 0.65～0.9 μm。CCD 的光谱特性曲线如图 6.19 所示。

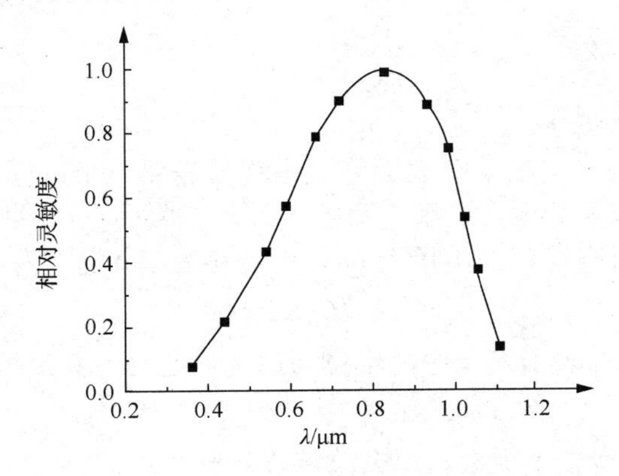

图 6.19　CCD 的光谱特性曲线

4）光电特性

在低光照度下，CCD 的输出电压与光照度呈良好的线性关系。当光照度超过 10000lx 时，输出电压呈现饱和现象。

5）CCD 的尺寸

目前采用的芯片大多数为 1/3 英寸和 1/4 英寸，CCD 靶面的大小、CCD 与镜头的配合情况将直接影响视场角的大小和图像的清晰度。CCD 的尺寸对照见表 6-1。

表 6-1　CCD 的尺寸对照

尺寸	靶面宽度/mm	靶面高度/mm	对角线长度/mm
1 英寸	12.7	9.6	16
2/3 英寸	8.8	6.6	11
1/2 英寸	6.4	4.8	8
1/3 英寸	4.8	3.6	6
1/4 英寸	3.2	2.4	4

5. CCD 的发展趋势

1）CCD 图像传感器的像面尺寸向集成化、轻量化方向发展

CCD 图像传感器芯片的制造和加工成本都很高，业界期望在一片 6.5 英寸的硅晶片上光刻出更多的 CCD 图像传感器芯片。随着光刻机技术的进步，在仍保持很高灵敏度的情况下，CCD 图像传感器的尺寸由 1/2 英寸发展到目前的 1/9 英寸。

2）向高像素数、高灵敏度、低噪声方向发展

虽然各种 CCD 图像传感器的像面尺寸逐渐减小，但它们的像素数不断增加，像素数已从早期的十多万像素增加到目前的几千万像素；并且具备很低的读出噪声和暗电流噪声，光照度低到 0.0003 lx 的入射光也能被 CCD 图像传感器检测到，其信号不会被噪声掩盖。

3）向光子转换效率更高、光谱响应范围更宽方向发展

将来，很微弱的入射光的照射情况都能被 CCD 图像传感器记录下来。如果在 CCD 图像传感器上搭配图像增强器及投光器，那么，即使在黑夜，远处的景物也能被拍摄到。此外，0.4～1.1μm 宽波长范围的光都能被检测到。

4）向工作电压降低、功耗减少方向发展

早期研制的 CCD 图像传感器的工作电压包括+24V、+22V、+17V 和+5V 等，目前通用

的 CCD 图像传感器的工作电压为+12V。为配合个人计算机摄像图像和网络图像的传输，现在的 CCD 图像传感器以+12V 和+5V 两种工作电压为主。

6.2.2 CMOS 图像传感器

CMOS 是 Complementary Metal Oxide Semiconductor（互补金属氧化物半导体）的缩写。20 世纪 70 年代，CCD 图像传感器和 CMOS 图像传感器同时起步。CCD 图像传感器由于灵敏度高、噪声低，逐步成为图像传感器的主流。但由于工艺上的原因，敏感元件和信号处理电路不能集成在同一块芯片上，造成由 CCD 图像传感器组装的摄像机体积大、功耗大。CMOS 图像传感器以其体积小、功耗低在图像传感器市场上独树一帜。但最初市场上的 CMOS 图像传感器一直没有摆脱光照灵敏度低和图像分辨率低的缺点，图像质量还无法与 CCD 图像传感器相比。

随着 CMOS 图像传感器光照灵敏度的提高，以及噪声的进一步降低，CMOS 图像传感器的图像质量可以达到或略微超过 CCD 图像传感器的水平，同时还具有体积小、质量小、功耗低、集成度高、价位低等优点。在一些领域，CMOS 图像传感器取代 CCD 图像传感器成为事实。由于 CMOS 图像传感器的应用，因此新一代图像系统的开发研制得到了极大的发展，并且随着经济规模的形成，其生产成本也得到降低。现在，这主要归功于图像传感器芯片设计的改进，以及亚微米级和深亚微米级的设计提高了像素。

更确切地说，CMOS 图像传感器是一个图像系统。一个典型的 CMOS 图像传感器通常包含一个图像传感器核心(将离散信号电平通过多路传输到一个单一的输出单元,这与 CCD 图像传感器很相似)、所有的时序逻辑、单一时钟及芯片内的可编程功能（如增益调节、积分时间、入射窗和模数转换器）。CMOS 图像传感器是一个包括图像阵列逻辑寄存器、存储器、定时脉冲发生器和转换器的系统。与传统的 CCD 图像系统相比，CMOS 的整个图像系统被集成在一块芯片上，这不仅降低了功耗，而且具有质量较小、占用空间小及总体价格更低的优点。CCD 图像传感器与 CMOS 图像传感器之间的特征比较见表 6-2。

表 6-2 CCD 图像传感器与 CMOS 图像传感器之间的特征比较

特征	CCD 图像传感器	CMOS 图像传感器
像素转移	电荷	电压
芯片输出	模拟信号	数字信号
相机输出	数字信号	数字信号
填充系数	高	中
系统噪声	低	中
系统复杂程度	高	低
传感器复杂程度	低	高
相机组成	传感器+多路驱动电路+镜头	传感器+镜头
研发成本	低	高
响应度	中	较高
动态范围	高	中
速度	中/高	较高
抗晕光	从无到高	高
功耗比	需外加电压，功耗高	直接放大，功耗低

1. CMOS 图像传感器分类

CMOS 图像传感器是将光信号转换为电信号的装置。按照像素分类，它主要分为两种类型，即无源像素 CMOS 图像传感器（PPS）和有源像素 CMOS 图像传感器（APS）。

1）无源像素 CMOS 图像传感器

光电二极管型无源像素 CMOS 图像传感器的结构如图 6.20 所示。由该图可知，当开关管 TX 打开后，光电二极管 VD 中的积累电荷流入读出列线中；在列线末端有一个放大器（图中未画出），该放大器把检测到的电荷转化为电压。

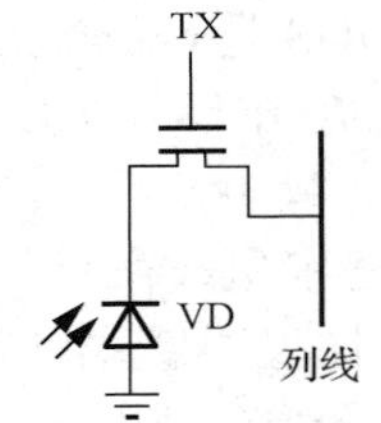

图 6.20 光电二极管型无源像素 CMOS 图像传感器的结构

PPS 结构简单、填充系数（有效光敏面的面积和单元面积之比）大，由于填充系数大及没有覆盖一层硅栅层，因此量子效率（积累电子与入射光子的比率）非常高。但是它的读出噪声非常大，而且 PPS 不利于向大型阵列发展，阵列规模很难超过 1000 像素×1000 像素，像素读出速率不高。这是因为上述两种情况都会增加线电容，若要更快地读出像素，则会导致更高的读出噪声。为解决 PPS 的噪声问题，一些制造商通过在芯片上集成模拟信号处理器，以减少固定模式噪声，取得很好的效果。还有一种无源像素图像传感器具有一个双关取样电路的列并行微分结构，可消除寄生电流的影响，减少了像素固定噪声和列间固定噪声。

2）有源像素 CMOS 图像传感器

有源像素 CMOS 图像传感器主要有光电二极管型有源像素 CMOS 图像传感器（PD-APS）和光栅型有源像素 CMOS 图像传感器（PG-APS）。有源像素 CMOS 图像传感器的结构如图 6.21 所示，图 6.21（a）是光电二极管型有源像素 CMOS 图像传感器的结构，该结构由光电二极管、复位管 RST、漏极跟随器 VT 和行选通管 RS 组成。入射光照射在光电二极管上产生信号电荷，这些电荷通过漏极跟随器缓冲输出，当行选通管选通时，电荷通过列总线输出；当行选通管关闭时，复位管 RST 打开，光电二极管复位。光电二极管型有源像素 CMOS 图像传感器适合大多数中低性能科学应用。图 6.21（b）是光栅型有源像素 CMOS 图像传感器的结构，该结构由光栅 PG、开关管 TX、复位管 RST、漏极跟随器 VT 和行选通管 RS 组成。当入射光照射在像素上时，光栅 PG 产生信号电荷，同时复位管 RST 打开，对势阱进行复位；复位完毕，复位管关闭，行选通管打开。势阱复位后的电势由此通路被读出并暂存起来，之后，开关管打开，入射光照射产生的电荷进入势阱并被读出。前后两次读出的电位差就是真正的图像信号。光栅型有源像素 CMOS 图像传感器的成像质量较高，适合高性能科学应用和低光照度应用。通常有源像素 CMOS 图像传感器比无源像素 CMOS 图像传感器有更多的优点，包括低读出噪声、高读出速度和能工作在大型阵列中。在考虑灵敏度、噪声、像素大小以及线性度的情况下，每种类型有源像素 CMOS 图像传感器都有各自的优缺点，要根据不同的应用做出不同的选择。

2. CMOS 图像传感器的组成

CMOS 图像传感器的组成如图 6.22 所示，它的主要组成部分是像敏单元阵列和 MOS 场效应管集成电路，而且这两部分是集成在同一块硅片上的。像敏单元阵列实际上是光电二极管阵列，它也有线阵列和面阵列之分。

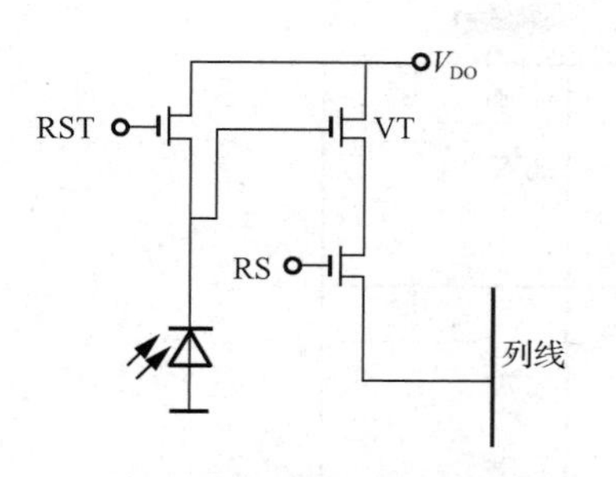

（a）光电二极管型有源像素CMOS图像传感器的结构

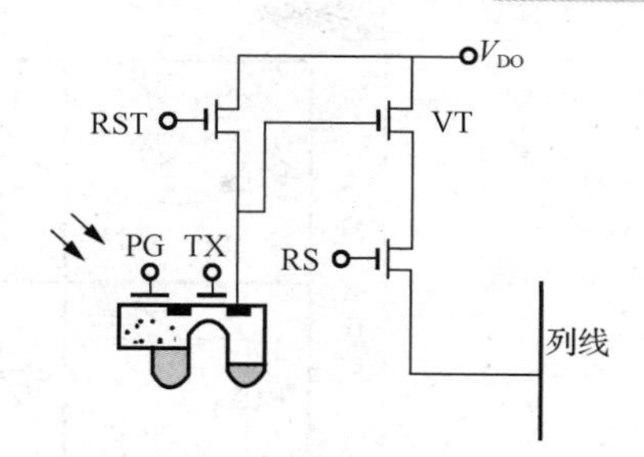

（b）光栅型有源像素CMOS图像传感器的结构

图 6.21　有源像素 CMOS 图像传感器的结构

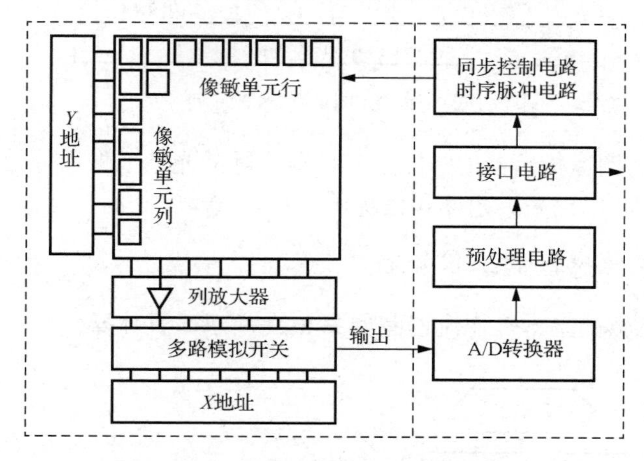

图 6.22　CMOS 图像传感器的组成

图 6.22 中的像敏单元阵列按 X 轴和 Y 轴方向排列成方阵，方阵中的每个像敏单元都有各自在 X 轴和 Y 轴方向上的地址，并可分别由两个方向的地址译码器进行选择；条纹一列像敏单元都对应一个列放大器，列放大器的输出信号分别输送到由 X 轴方向地址译码控制进行选择的多路模拟开关，并输送到输出放大器；输出放大器的输出信号输送到 A/D 转换器进行模数转换，经预处理电路处理后通过接口电路输出。时序信号发生器为整个 CMOS 图像传感器提供各种工作脉冲，这些脉冲均可受控于接口电路发来的同步控制信号。

图像信号的输出过程可通用 CMOS 图像传感器阵列原理说明，如图 6.23 所示。在 Y 轴方向地址译码器（可以采用移位寄存器）的控制下，依次接通每行像敏单元上的模拟开关（图中的 $S_{i,j}$），信号将通过行开关输送到列线上，再通过 X 轴方向地址译码器（可以采用移位寄存器）的控制，输送到放大器。由于设置了行与列开关，而它们的选通是由 X 轴和 Y 轴两个方向的地址译码器上所加的数码控制的，因此，可以采用 X 轴和 Y 轴两个方向以移位寄存器的开关工作，实现逐行扫描或隔行扫描的输出方式。也可以只输出某一行或某一列的信号，使其按与线阵列 CCD 相类似的方式工作；还可以选中需要观测的某些点的信号，如第 i 行第 j 列的信号。

在 CMOS 图像传感器的同一块芯片中，还可以设置其他数字处理电路。例如，可以进行自动曝光处理、非均匀性补偿、白平衡处理、γ 射线校正、黑电平控制等处理，甚至还可以将具有运算和可编程功能的 DSP 器件制作在一起，形成具有多种功能的器件。

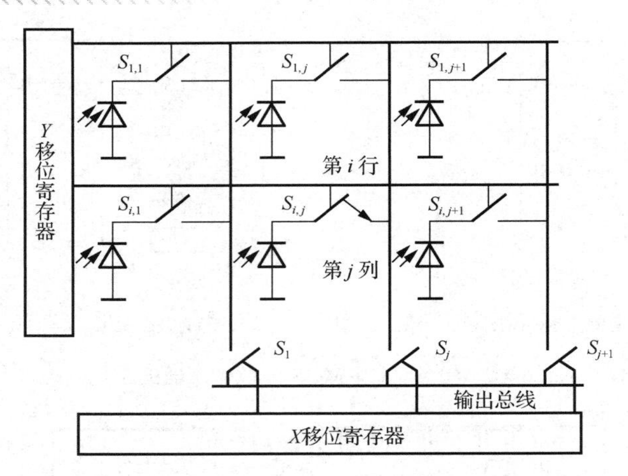

图 6.23 CMOS 图像传感器阵列原理

为了改善 CMOS 图像传感器的性能，在许多实际的光电成像器件结构中，像敏单元常与放大器制作成一体，以提高灵敏度和信噪比。

3. CMOS 图像传感器的工作流程

CMOS 图像传感器的基本工作流程图如图 6.24 所示。具体操作如下。

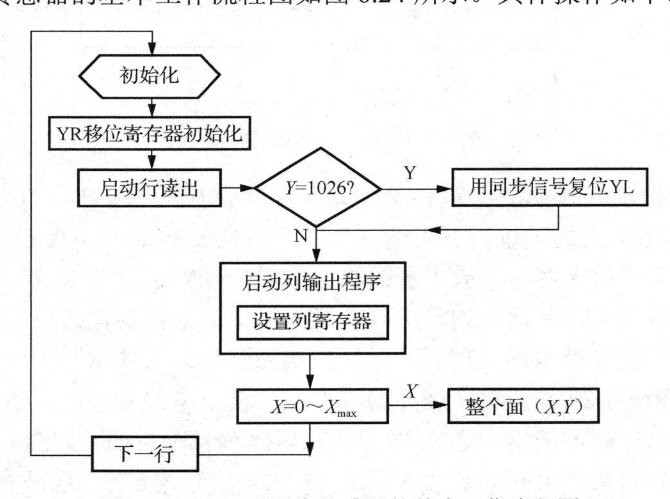

图 6.24 CMOS 图像传感器的基本工作流程图

（1）初始化。初始化时要确定 CMOS 图像传感器的工作模式，如输出偏置电压、放大器的增益、取景器是否开通，并设定积分时间。

（2）帧读出（YR）移位寄存器初始化。利用同步脉冲 SYNC-YR，可以使 YR 移位寄存器初始化。SYNC-YR 是行启动脉冲序列，在它的第一行启动脉冲到来之前，存在一个消隐期，在此时间内要发送一个帧启动脉冲。

（3）启动行读出。SYNC-YR 指令可以启动行读出，从第一行（Y=0）开始，直到 $Y=Y_{max}$ 为止；Y_{max} 等于行的像敏单元减去积分时间所占用的像敏单元。

（4）启动 X 移位寄存器。利用同步信号 SYNC-X，启动 X 移位寄存器开始读数，从 X=0 开始，直到 $X=X_{max}$ 为止；X 移位寄存器存储一幅图像信号。

（5）信号采集。A/D 转换器对一幅图像信号进行 A/D 信号采集。

（6）启动下一行读数。读完一行后，发出指令，接着进行下一行读数。

（7）帧复位。帧复位是由同步信号 SYNC-YL 控制的，从 SYNC-YL 开始到 SYNC-YR 出现的时间间隔就是曝光时间。为了不引起混乱，在读出信号之前应当确定曝光时间。

（8）输出放大器复位。为消除前一个像敏单元信号的影响，由脉冲信号 SIN 控制输出放大器的复位。

（9）设置采样/保持脉冲。为适应 A/D 转换器的工作，设置采样/保持脉冲，该脉冲由脉冲信号 SHY 控制。

实现上述工作流程需要一些同步脉冲信号，这些脉冲信号按时序利用脉冲的前沿（或后沿）触发，确保 CMOS 图像传感器按事先设定的程序工作。

4. CMOS 图像传感器的发展趋势

1）高分辨率

思特威（上海）电子科技股份有限公司于 2023 年推出了 8K 和 16K 两种高分辨率高速工业 CMOS 图像传感器——SC830LA 和 SC1630LA。高分辨率的图像传感器可以提供更加清晰的图像，给科研人员带来被观察对象的更多细节信息。高分辨率的图像传感器可以被应用于科研分析、军事研究等领域，同时高分辨率的图像传感器也可以被应用于日常使用的手机等智能电子设备上。例如，目前智能手机所搭载的 CMOS 图像传感器可以为用户提供超高分辨率，为手机拍摄爱好者提供了更加丰富的选择。著名的 Aptina Imaging（安森美）公司公布了两款新型 CMOS 图像传感器，其中型号为 AR1011HS 的图像传感器的总体像素输出值达到了 1000 万像素，单位像素尺寸仅为 3.4μm。AR1011HS 的图像质量更高。

2）高帧速率

美国 Vision Research 公司推出了新一代革命性产品——Phantom TMX 7510 高速相机，该相机在 1280 像素×800 像素（100 万像素）分辨率下的帧速率超过每秒 76000 帧。在降低分辨率时，高速相机将在标准模式下的帧速率超过每秒 74 万帧，在 FAST 模式下帧速率高达每秒 175 万帧，最短曝光时间为 95ns。

3）高动态范围

美国 Vision Research 公司推出的 Phantom TMX 7510 高速相机使用独特的背照式传感器，将金属元件放到传感器背面，以此方式处理光线问题。这些关键元件被移至传感器背面，将允许更多光线到达像素表面，提高感光灵敏度和量子效率。在日常生活中，自然界从黑夜到太阳高照的白天的动态范围接近 180dB，而目前常见的 CMOS 图像传感器还无法达到如此高的动态范围。高动态范围的图像传感器可以在每次采集数据时产生多个不同曝光时间的图像。可以从曝光时间较短的图像中采集到较为明亮的图像信息，从曝光时间较长的图像中采集到较为黑暗的图像信息。最后，通过图像合成算法将多个图像进行合成，就可以得到包含明暗图像信息的高动态图像。高动态范围的图像传感器在军事侦察、科学研究等领域都有着很重要的应用前景。

4）低噪声

目前，用于科学研究的高性能 CCD 图像传感器能达到的噪声水平为 3～5 个电子，而 CMOS 图像传感器的噪声水平为 300～500 个电子。

噪声是 CMOS 图像传感器存在已久的问题，也是目前 CMOS 图像传感器亟须解决的。随着半导体制备工艺的不断发展，CMOS 图像传感器的集成度越来越高，其面积也在不断地减小，很容易由于其内部电路结构设计问题而产生不同的干扰噪声，进而直接影响 CMOS 图像传感器的图像质量。因此，为了获得更好的图像质量，就需要不断地降低 CMOS 图像传感器中的噪声。

5）多功能、智能化、单芯片数字相机

CMOS 图像传感器的最大优势是它具有高集成度的技术条件。理论上，所有图像传感器所需的功能，如垂直位移、水平位移、时序控制、相关双采样、模数转换等，都可以集成在一块芯片上，以制成单芯片相机，而超大规模集成电路技术使集成功能成为可能。近年来，成都先进功率半导体股份有限公司生产的芯片集成了模拟信号处理功能的电路。这种模数转换和外围接口的集成使芯片的智能化程度更高，使单芯片数字相机的概念更加明确。

6.2.3 工业相机简介

下面简单介绍工业相机的分类和高端产品，具体应用在 6.3 节介绍。

1. 工业相机的分类

以固体成像器件为核心，可以制成多种类型的工业相机产品。这些工业相机应用于不同领域，其分类如下。

1）按照芯片结构分为 CCD 相机和 CMOS 相机

采用 CCD 芯片的工业相机称为 CCD 相机，采用 CMOS 芯片的工业相机称为 CMOS 相机。CCD 相机与 CMOS 相机的主要差异在于将光信号转换为电信号的方式。对于 CCD 图像传感器，光照到像元上时，像元产生电荷，电荷通过少量的输出电极传输并转换为电流，缓冲后输出信号。对于 CMOS 图像传感器，每个像元自身完成电荷到电压的转换，同时产生数字信号。选用工业相机时应考虑应用场合的具体需求和所选择相机的参数指标。

2）按照传感器结构分为面阵相机和线阵相机

有两种主要的传感器架构：面扫描和线扫描，相应的工业相机分别称为面阵相机和线阵相机。面阵相机通常用于在一幅图像采集期间工业相机与被成像目标之间没有相对运动的场合，如监控显示、直接对目标成像等，用一个事件触发（或条件的组合）实现图像采集。线阵相机用于在一幅图像采集期间工业相机与被成像目标之间有相对运动的场合，通常是连续运动目标成像或需要对大视场高精度成像。线阵相机主要用于蜷曲表面或平滑表面、连续产品的成像。

3）按照输出模式分为模拟相机和数字相机

模拟相机输出模拟图像信号，可以通过相应的模拟显示器直接显示图像，也可以通过采集卡进行模数转换后，形成数字图像信号；数字相机在相机内部完成模数转换，直接输出数字图像信号。随着数字技术的不断发展，模拟相机已被数字相机替代，数字相机具有通用性好、控制简单、更多图像处理功能，以及后续固件升级等的优势。数字相机的输出接口包括 LVDS 接口、Camera Link 接口、Firewire（IEEE 1394）接口、USB 接口和 GigE

接口。模拟相机分为逐行扫描和隔行扫描两种，隔行扫描相机又包含 EIA/NTSC/CCIR/PAL 等标准制式。

4）按照图像颜色分为彩色相机和黑白相机

黑白相机直接将光信号转换成图像灰度值，生成灰度图像；彩色相机能获得景物中的红色光、蓝色光、绿色光三个分量的光信号，输出彩色图像。彩色相机能够提供比黑白相机更多的图像信息。彩色相机的彩色图像实现方法主要有两种：棱镜分光法和 Bayer 滤波法。棱镜分光彩色相机的基本原理如图 6.25 所示。利用光学透镜将入射光的红色光、绿色光和蓝色光分量分离，在对应的三片传感器上分别将这三种颜色的光信号转换成电信号，最后对输出的数字信号进行合成，得到彩色图像。

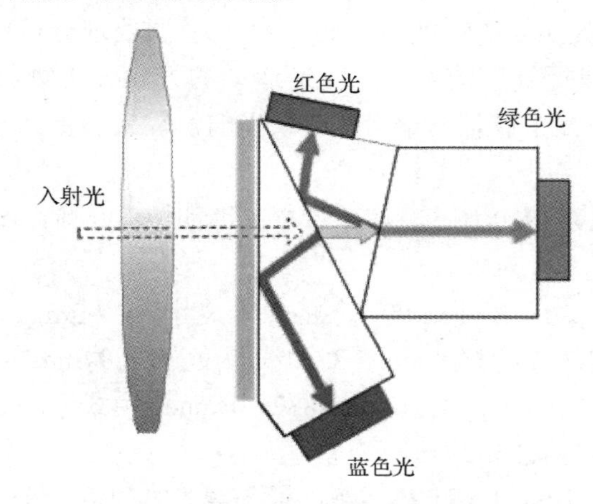

图 6.25 棱镜分光彩色相机的基本原理

2. 高端工业相机

高端工业相机主要由国外生产，高端工业相机包括美国 Vision Research 公司的 TMX 系列（见图 6.26）、德国 Optronis 公司的 CR 系列（见图 6.27）和日本 NAC 公司 HX 系列，这些高速一体化工业相机拍摄速度和分辨率均达到较高的水平。国外部分高端工业相机的参数见表 6-3。

图 6.26 TMX 7510 工业相机

图 6.27 CR3000x2 工业相机

表 6-3　国外部分高端工业相机的参数

产品型号	最大帧速率及分辨率	灵敏度	像素深度	存储容量
TMX 7510	76000 帧/秒，1280 像素×800 像素	ISO 200000	12bit	512GB
CR3000x2	5000 帧/秒，1696 像素×1710 像素	ISO 120000	8bit	8GB
HX-7s	850 帧/秒，2560 像素×1920 像素	ISO 80000	12bit	64GB

图 6.28 为美国 Vision Research 公司的 TMX 7510 工业相机的剖面图，该相机参数满足测试要求，体积小，系统可支持用户选定的 ROI（Region Of Interest）模式和其他更多的模式，能提供复杂的软件功能，可执行与高速相机匹配的评估、操纵、模型处理等功能。因此，该相机能提供一套独立的可实时测量的、能模型处理分析应用的复杂成像系统；还能以高速摄影的方式捕捉复杂图像，以慢速运动的方式分析物体状态。该相机广泛用于工业领域，如工业生产线的仪器检查、实时快速监测、实验室、军事用途等。具体参数如下：

（1）分辨率：1280 像素×800 像素，帧速率超过每秒 76000 帧，降低分辨率，使用 FAST 模式时，帧速率可达每秒 175 万帧。

（2）像素尺寸：18.5 μm；Binned 模式下的像素尺寸为 37 μm。

（3）传感器尺寸：23.7 mm×14.8 mm；对角线长度为 27.94mm，位深度为 12 位。

（4）连续可调分辨率（CAR）增量：256×32，Binned 模式下的 CAR 增量为 128×64。

（5）EMVA 1288 测量值：532 nm。

（6）最小曝光时间为 1μs，FAST 模式下的最小曝光时间可达 95 ns。

标准模式下的相关参数：

（1）量子效率：77.6%（黑白）；64.9%（彩色）。

（2）信噪比最大值：39.4 dB。

（3）绝对灵敏度阈值：31.8γ（黑白）；44.4γ（彩色）。

（4）饱和容量：8736e-（黑白）；9720e-（彩色）。

（5）暂态暗噪声：24.18e-。

（6）动态范围：51.0 dB。

Binned 模式下的相关参数：

（1）量子效率：72.0%。

（2）信噪比最大值：45.2 dB。

（3）绝对灵敏度阈值：98.9γ。

（4）饱和容量：33184e-。

（5）暂态暗噪声：70.69e-。

（6）动态范围：53.4 dB。

注意：在 Binned 模式下，该工业相机仅输出黑白图像。

在黑白单色的工作模式下，该工业相机采用背照式（BSI）全局快门 CMOS 图像传感器，其光谱响应曲线如图 6.29 所示，其峰值波长约为 532nm。因此，在选择光源时，为保证传感器量子效率最高，应尽量选择在该波长附近的光源。

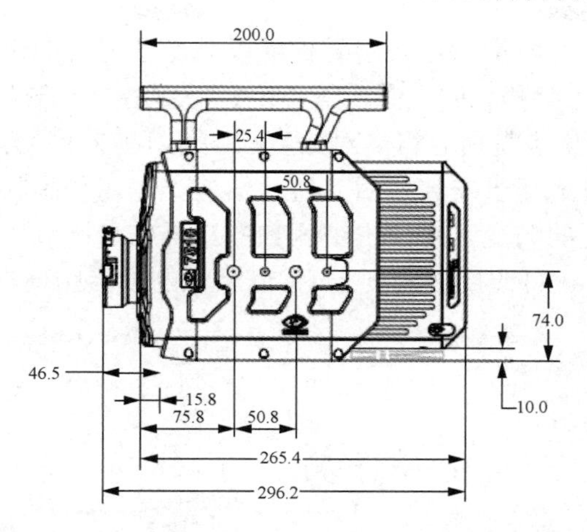

图 6.28　美国 Vision Research 公司的 TMX 7510 工业相机的剖面图（单位：mm）

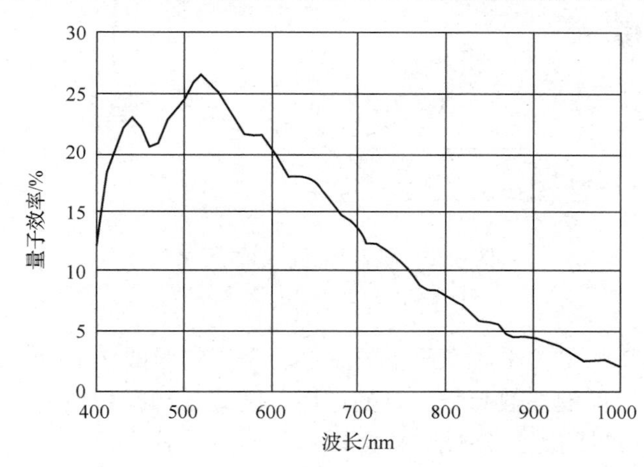

图 6.29　背照式全局快门 CMOS 图像传感器的光谱响应曲线

6.2.4　机器视觉系统的组成及应用

1. 机器视觉系统的组成

机器视觉系统的作用是提高生产的柔性和自动化程度。在一些不适合人工作业的危险工作环境或人工视觉难以满足要求的场合，常用机器视觉替代人工视觉。此外，在大批量工业生产过程中，用人工视觉检查产品质量时效率低且精度不高，而机器视觉检测方法不仅可以大大提高生产效率和生产的自动化程度，而且易于实现信息集成，该方法是实现计算机集成制造的基础技术。

机器视觉系统的组成如图 6.30 所示。下面，介绍其中的主要组成部分。

1）照明装置

照明是影响机器视觉系统输入信号的重要因素，它直接影响输入信号的质量和应用效果。目前，由于没有通用的适合机器视觉的照明装置，所以针对每个特定的应用实例，需要选择相应的照明装置，以使图像达到最佳效果。光源可分为可见光源和不可见光源，常用的几种可见光源是白炽灯、日光灯、水银灯和钠光灯。可见光源的缺点是光能不能保持稳定，如何使光能在一定程度上保持稳定，是实际应用中需要解决的问题。同时，需要考虑环境光有可能影响图像的质量，可采用防护屏以减少环境光的影响。照明方式包括背向照明、前向照明、结构光照明和频闪光照明等。其中，背向照明是指被测物放在光源和 CCD 相机之间，该照明方式的优点是能获得高对比度的图像；前向照明是指光源和 CCD 相机位于被测物的同侧，这种方式便于安装照明系统；结构光照明是指将光栅或线光源等投射到被测物上，根据它们产生的畸变，解调出被测物的三维信息；频闪光照明是指将高频率的光脉冲照射到被测物上，这种照明方式要求 CCD 相机的拍摄频率与光源同步。

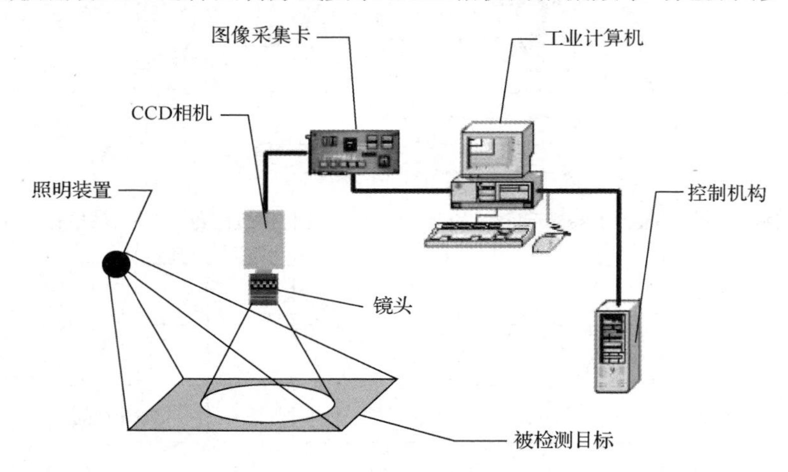

图 6.30　机器视觉系统的组成

2）镜头

镜头是机器视觉系统中关乎成像质量的主要因素，它对成像的分辨能力、对比度、景深、畸变和投影误差等关键参数起着重要的作用。因此，选择和使用镜头时，要明确关键参数含义。影响图像质量的因素分析见表 6-4。

表 6-4　影响图像质量的因素分析

图像质量的参数	影响图像质量的因素
分辨能力（Resolution）	镜头、CCD 相机、图像采集卡、显示器
对比度（Contrast）	镜头、照明光源、摄像机
景深（Depth of Field）	镜头
畸变（Distortion）	镜头
投影误差	镜头

镜头的主要参数如下：

（1）焦距。是指镜头光学后主点到焦点的距离，是镜头的重要性能指标。镜头焦距的长短决定着拍摄的成像大小、视场角大小、景深大小和画面的透视强弱。

（2）视场角。在光学仪器中，以光学仪器的镜头为顶点，被测目标的物像可通过镜头的最大范围的两条边缘构成的夹角，称为视场角。视场角的大小决定了光学仪器的视野范围，视场角越大，视野就越大，光学倍率就越小。通俗地说，目标物体超过这个角就不会被收在镜头里。

（3）光圈。一般用口径系数 f 表示，指镜头口径与焦距之比，$f/2.8$ 指 1：2.8。

（4）景深。在焦点前后各有一个容许弥散圆，这两个弥散圆之间的距离称为景深。

（5）分辨能力，是指能分清楚物体的能力。

（6）数值孔径，其英文简称为NA。

（7）调制传递函数（MTF）。MTF好的镜头有利于低对比度景物的再现，拍出的图像层次丰富、细节明显、质感细腻。

（8）畸变，也称失真。

按光学放大倍率及焦距划分，镜头可分如下3种。

（1）显微镜，如体视显微镜、生物显微镜、金相显微镜和测量显微镜。

（2）常规镜头，如鱼眼镜头（6～16mm）、超广角镜头（17～21mm）、广角镜头（24～35mm）、定焦镜头（45～75mm）、长焦镜头（150～300mm）、超长焦镜头（300mm以上）。

（3）特殊镜头如微距镜头、远距镜头、远心镜头、红外镜头、紫外镜头。

按其他性能划分，镜头可分为如下两种。

（1）固定焦距镜头。

（2）变焦镜头。

① 自动变焦。

② 手动变焦。

镜头的不同接口方式包括C接口（后截距为17.526mm）、CS接口（后截距为12.5mm）、F接口（尼康相机接口）、M42接口。

此外，还有哈苏、徕卡、AK。

3）图像采集卡

图像采集卡扮演一个非常重要的角色，直接决定了相机的接口，如黑白、彩色、模拟、数字等。

比较典型的是PCI或AGP兼容的图像采集卡，可以将图像迅速地传输到计算机存储器进行处理。有些图像采集卡有内置的多路开关，可以连接多个不同的摄像机，还会自动采集某一个摄像机抓拍到的信息。有些图像采集卡有内置的数字输入口，以触发图像采集卡捕捉信息，当采图像集卡抓拍图像时数字输出口就触发闸门。图6.31所示为NI-PCIe-1473R图像采集卡。

（1）模拟量图像采集卡。

① 标准视频信号采集：PAL、NTSC。

② 非标准视频信号采集。

（2）数字量图像采集卡。

① IEEE1394卡。

② RS-644 LVDS。

③ Channel Link LVDS。

④ Camera Link LVDS。

⑤ 千兆网图像传输卡/传输器。

图 6.31 NI-PCIe-1473R 图像采集卡（带 FPGA 图像处理的 Camera Link 接口）

2. 机器视觉系统的应用

1）印刷质量在线检测系统

印刷质量在线检测技术是现在印刷业重要的技术，是保证印刷质量的重要手段。在线检测系统应用于印刷品的缺陷检测，不仅提高了印刷自动化程度和印刷品的质量，而且大大降低了检测成本，提高了生产效率。

印刷质量在线检测系统的主要功能包括图像采集、逻辑控制、图像处理、图像传输、图像显示。其中，光源、黑白 CCD 相机、图像采集卡和模数转换器共同完成图像采集。数字信号处理器主要完成数字图像的读取、处理和输出。逻辑控制单元控制帧存地址信号与读写控制信号。图像处理程序/算法和标准图像信息均存储于 FLASH ROM 中。数字信号处理器内部的 CPU 访问同步动态存储器（SDRAM）中的图像信息，图像信息通过 PCI 总线传输至显示器。

印刷质量在线检测系统工作时，首先需要采集多幅印刷品图像，制作标准图像，将其输入计算机中。标准图像与被检测的印刷品图像经过预处理并配准之后，通过缺陷检测算法检测出印刷品的缺陷。其次，对缺陷进行分析、判断和识别。最后，输出缺陷结果。

图 6.32 所示为在线检测系统的硬件组成，图 6.33 所示为在线检测系统方案，图 6.34 所示为印刷质量在线检测系统实物图片。

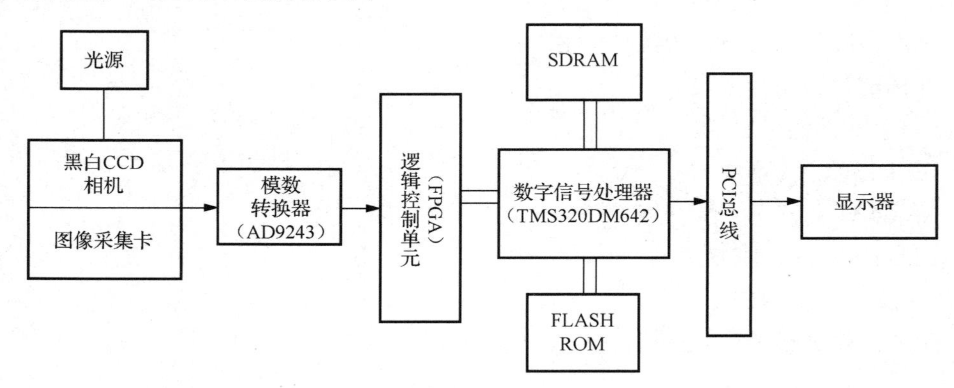

图 6.32 在线检测系统的硬件组成

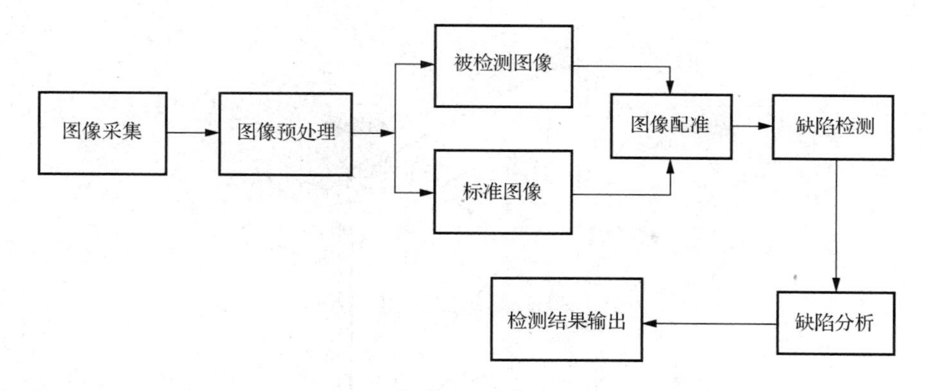

图 6.33 在线检测系统方案

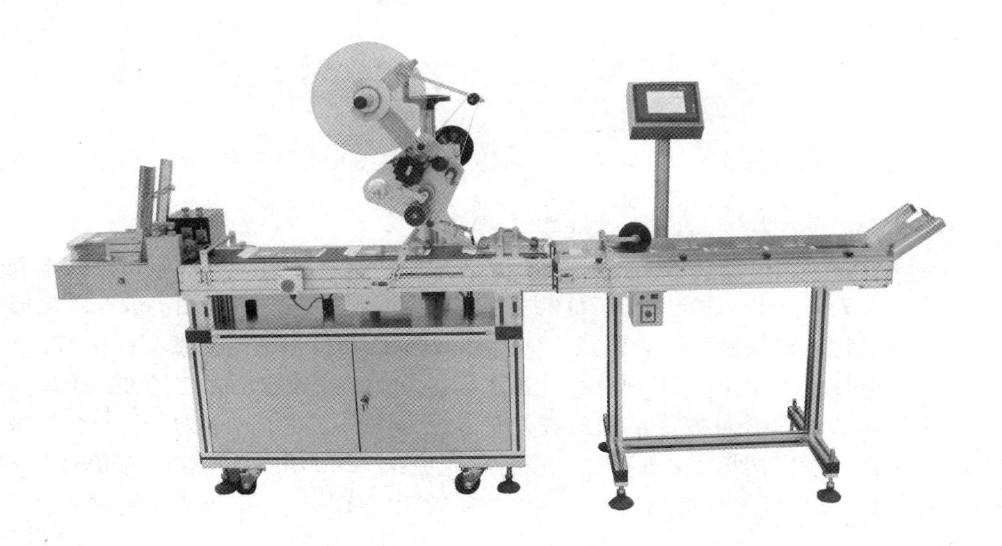

图 6.34 印刷质量在线检测系统实物图片

2）双 CCD 相机交汇弹着点坐标的测量

弹着点坐标测量是指测量弹着点与瞄准点在垂直和水平方向上的偏差量，该方法主要用于评价弹丸的散布特性。线阵列 CCD 相机交汇立靶密集度测量技术的理论测量精度高，能够获得弹丸穿幕图像，有利于事后分析，因此受到关注。双 CCD 相机交汇弹着点坐标测量系统原理示意如图 6.35 所示。

双 CCD 相机交汇弹着点坐标测量方法是一种不干扰弹丸飞行姿态的测量方法，该方法通过两个正交放置的 CCD 相机采集弹丸穿幕图像，通过对两个 CCD 相机拍摄的图像联立分析，获得弹着点坐标。在传统的弹着点坐标测量模型中，要求两个 CCD 相机的间距已知，或者两者的高度差已知，这使得测量结果不仅依赖于两个相机的自身参数，而且也与它们的相对位置有关。

两个 CCD 相机光轴在物空间交于一点，构成一个竖直的测量靶区，在成像范围内的任意点在两个 CCD 相机上各有一个像点与之对应。这样，任意点的坐标可以由相机上的像高表示。当目标通过靶面时挡光成像，就可以计算出弹着点坐标。利用像高及靶区参数，可以计算有效靶区的直角坐标。

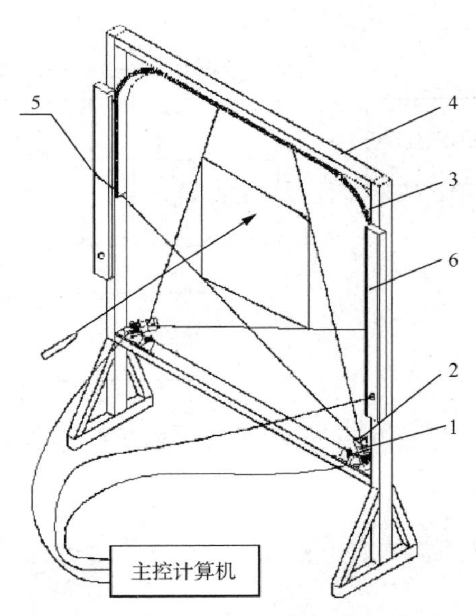

1—CCD 相机；2—光学镜头；3—光源；4—框架；5—触发源；6—触发接收器

图 6.35　双 CCD 相机交汇弹着点坐标测量系统原理示意

有效靶区直角坐标计算分析示意如图 6.36 所示，其中，O 点为坐标原点，C 点为弹着点，弹着点坐标为 $C(X,Y)$。第一个 CCD 相机放在 O_1 点，第二个 CCD 相机放在距离第一个 CCD 相机 d（也称基线长度）处的 P 点，Q 为两个 CCD 相机光轴的交点，O_1Q 和 PQ 分别为两个光轴。光轴 O_1Q 、光轴 PQ 与 X 轴的夹角均为 α，设成像位置与光轴的距离（也称像距）分别为 h_1 和 h_2，并且规定 h_1 和 h_2 在光轴之上为正，在光轴之下为负。O_1C 与水平线的夹角为 β_1，PC 与水平线的夹角为 β_2，O_1C 与光轴 O_1Q 的夹角为 γ，PC 与光轴 PQ 的夹角为 θ，两个 CCD 相机的焦距都为 f，基线与有效靶区底边的距离为 H。由此可知各夹角的计算公式，即

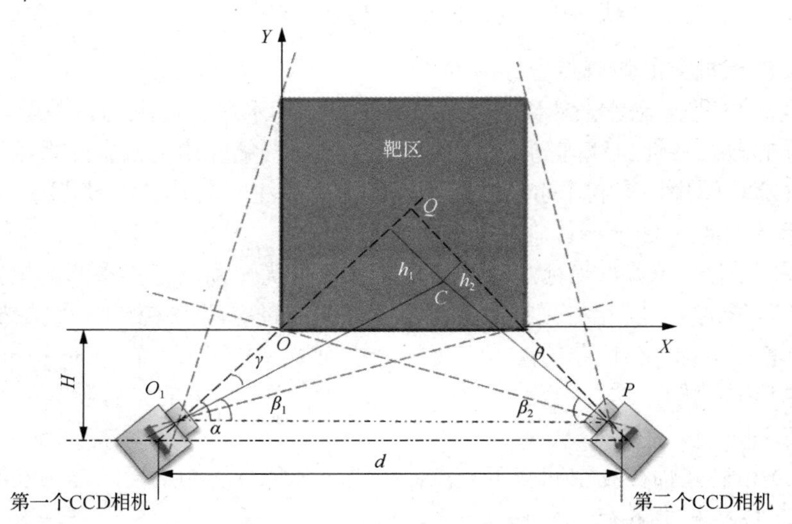

图 6.36　有效靶区直角坐标计算分析示意

$$\gamma = \arctan\left(\frac{h_1}{f}\right) \tag{6-13}$$

$$\theta = \arctan\left(\frac{h_2}{f}\right) \tag{6-14}$$

$$\beta_1 = \alpha - \gamma \tag{6-15}$$

$$\beta_2 = \alpha - \theta \tag{6-16}$$

由于h_1和h_2有正负之分，因此γ和θ也有正负之分（图6.36中C点对应的h_1和h_2均为正），而β_1和β_2恒为正（若其值为负，则说明测量点在X轴之下）。通过几何公式可以计算出弹着点在靶区的位置坐标，即

$$\begin{aligned} X = X\{h_1, h_2\} &= \frac{\tan\beta_2}{\tan\beta_1 + \tan\beta_2} d - \frac{d-4}{2} \\ &= \frac{\tan\left[\alpha - \arctan\left(\frac{h_2}{f}\right)\right]}{\tan\left[\alpha - \arctan\left(\frac{h_1}{f}\right)\right] + \tan\left[\alpha - \arctan\left(\frac{h_2}{f}\right)\right]} d - \frac{d-4}{2} \end{aligned} \tag{6-17}$$

$$\begin{aligned} Y &= \frac{\tan\beta_1 \times \tan\beta_2}{\tan\beta_1 + \tan\beta_2} d - H \\ &= \frac{\tan\left[\alpha - \arctan\left(\frac{h_1}{f}\right)\right] \times \tan\left[\alpha - \arctan\left(\frac{h_2}{f}\right)\right]}{\tan\left[\alpha - \arctan\left(\frac{h_1}{f}\right)\right] + \tan\left[\alpha - \arctan\left(\frac{h_2}{f}\right)\right]} d - H \end{aligned} \tag{6-18}$$

综合式（6-13）～式（6-18）可知，只要知道CCD相机的焦距f，同时测出基线长度d，测出夹角α和β，测出像距h_1和h_2，就可确定靶区内任意弹着点的坐标$C(X,Y)$。

3）高速相机在轻气炮冲击实验中的应用

轻气炮冲击实验是指利用轻气炮气室内瞬间释放的高压气体推动弹丸在真空炮管中高速运动，然后对靶体实施冲击作用。通常，轻气炮冲击实验采用的各种电测法无法获取弹丸在冲击过程中的连续运动姿态和速度变化情况、试样破坏及其飞溅物运动过程等诸多重要的信息。利用高速相机可以捕捉到物体在高速运动过程的动态，从而为高速动态实验提供丰富的信息，使实验研究更为深入。高速相机的种类较多，根据实验条件和要求，选用APX-RS型数字式高速彩色相机。该相机体积小，在空间有限的轻气炮冲击实验室中安装方便；其运用Photron公司领先的CMOS图像传感器技术，感光度高、分辨率高，并且具有ROI模式；采用电子快门，最快开启时间可达1 μs，有利于消除动态像移，获得清晰的图像。此外，该相机还具有适应性强的同步装置，能方便地与轻气炮的电测系统同步；在常用幅频条件下有2～6s的时间记录范围，适用于冲击实验记录时间较长的场合，能方便地观测弹丸碰靶前的飞行姿态、碰靶后的侵彻过程以及靶体被破坏及其飞溅的情况。因此，该相机是目前拍摄轻气炮冲击过程较理想的设备。由于该相机的电子快门开启时间很短，因此在密闭的靶室内需要强光源照明。为了顺利拍摄冲击过程中弹丸运动状态的变化和靶体被破坏的过程，采用1000 W零频卤钨灯作为背景光源。

该相机镜头至靶体中心线的垂直距离较短（仅为1m），并且观测范围较小。该相机配置直径为70mm的微距镜头，把进光量调到最大；根据弹丸速度、发光强度、记录时长等

条件，把拍摄速度设为每秒传输 30000 帧，分辨率为 256 像素×256 像素，预拍摄时长为实际拍摄时长的 1/3。轻气炮冲击实验系统主要由磁探针、高速相机和混凝土靶体等组成（见图 6.37）。轻气炮气室中的高压气体被突然释放，推动弹托及装配在弹托上的弹丸在真空炮管内高速运动。当弹丸通过磁探针时，磁探针输出电信号，由示波器显示测速波形。同时该电信号通过同步连接线给高速相机提供触发信号，使其自动触发并开始拍摄冲击过程的图像。上述实验为正冲击实验，弹丸与靶体冲击面垂直，即靶体的被冲击面倾角为 0°。圆柱形混凝土靶体的直径为 590mm、长度为 600mm。正冲击实验中的高速相机在 0～500μs 拍摄的图像如图 6.38 所示。图 6.38 中的 2 条明亮的光线为光源灯丝的亮光，图 6.38（a）～图 6.38（h）中的图像为弹丸冲击靶体前的图像，在 234μs 时弹头与靶面接触；图 6.38（i）～图 6.38（p）中的图像表示弹丸钻进靶体的过程。

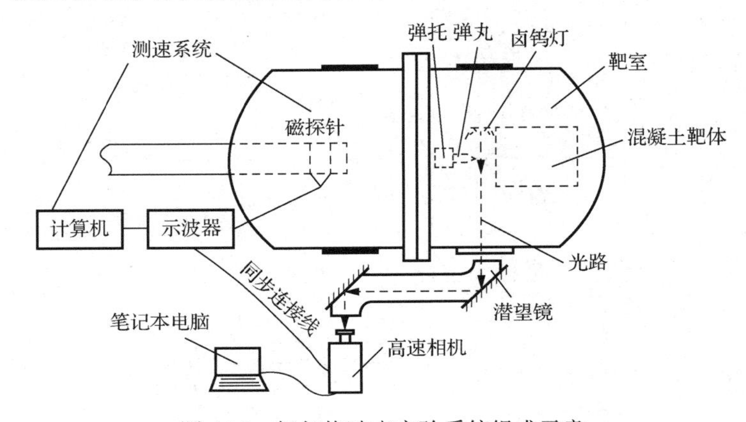

图 6.37 轻气炮冲击实验系统组成示意

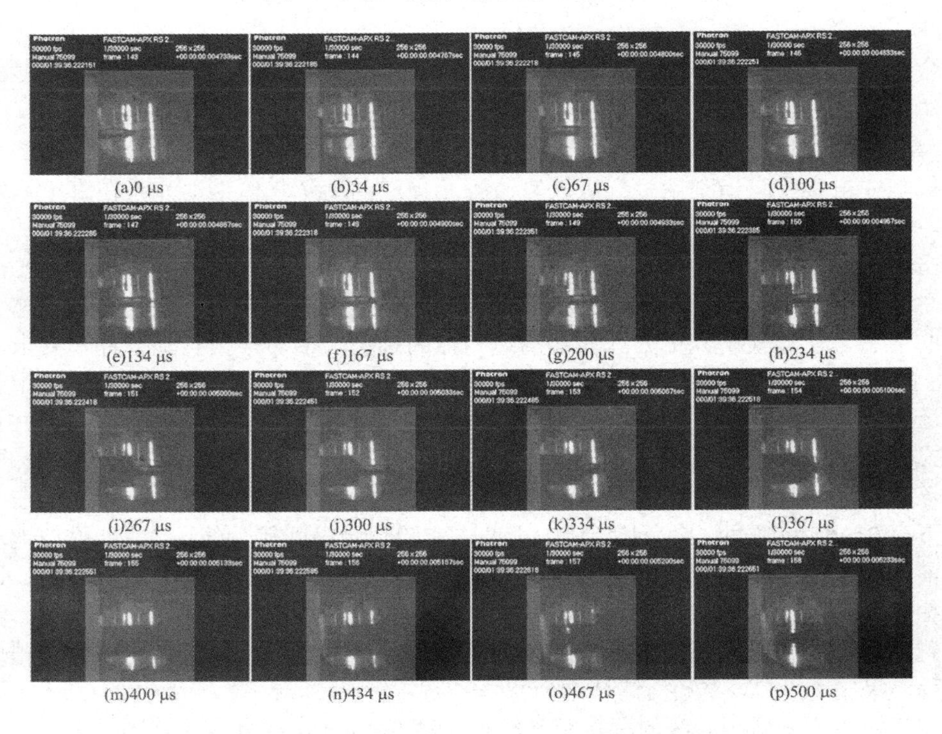

图 6.38 正冲击实验中的高速相机在 0～500μs 拍摄的图像

4）激光等离子体闪光的高速摄影实验

在大气中传输的高功率激光束经聚光镜聚集，当聚焦区域的电场强度足够大且激光功率密度超过空气击穿阈值时，电子与中性大气分子碰撞，导致碰撞电离。采用高速摄影可以对激光等离子体的形态演变进行研究，能够诊断激光等离子体初期的体膨胀速度和冲击波速度等参数。

为检测空气击穿产生的等离子特性，在实验中使用波长为1064nm、脉冲宽度为10ns、最大单脉冲能量为500mJ的Nd:YAG激光器（掺钕钇铝石榴石激光器），旋转半波片和偏振分光镜形成可连续调节激光能量的衰减器，旋转半波片可以对激光能量进行连续调节，同时不改变激光的偏振态。分光镜分出的10%激光能量进入能量计探头，以便监视单个脉冲激光的能量。通过对单个脉冲的监视，可以克服由于激光能量波动带来的误差。通过聚光镜聚集的激光诱导空气击穿，形成激光等离子体，同时会伴随耀眼的白光。使用双胶合消色差透镜对等离子体成像，双胶合消色差透镜可以保证等离子体的颜色不失真。激光等离子体成像于CCD相机之中。等离子区域相对于双胶合消色差透镜成物像关系，双胶合消色差透镜是为了克服衍射效应带来的误差。CCD相机（此处为高速相机）通过1394接口与计算机相连，编程软件调用CCD函数包，完成对所拍摄照片的存储。基于激光等离子体闪光的高速摄影实验装置如图6.39所示。

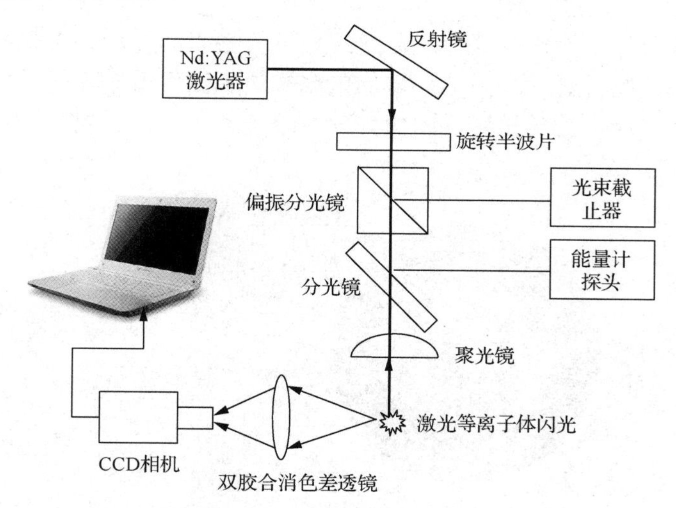

图6.39　基于激光等离子体闪光的高速摄影实验装置

6.3　工业相机的应用

6.3.1　条纹相机

条纹相机本质上是一种超高速探测器件，能捕获极短时间内发生的光反射现象，将输入光的时间轴转换成空间轴并成像在荧光屏上。

1. 基本组成与原理

条纹相机包括条纹管器件、高压供电系统、扫描控制系统、CCD相机记录系统和智能控制系统等。

条纹相机的基本组成与原理如图 6.40 所示。在条纹相机的工作过程中，光脉冲序列信号通过狭缝到达光电阴极并转化为电子。电子的数量与光脉冲强度成正比，电子经过栅极（加速栅网）电场加速、各聚焦极聚焦后进入扫描偏转板。扫描偏转板上加有高速的斜坡扫描电压，不同时间到达的电子将以不同的空间位置进入微通道板（MCP），再经过 MCP 的电子倍增后轰击荧光屏，最后通过 CCD 相机记录荧光屏上的条纹像。

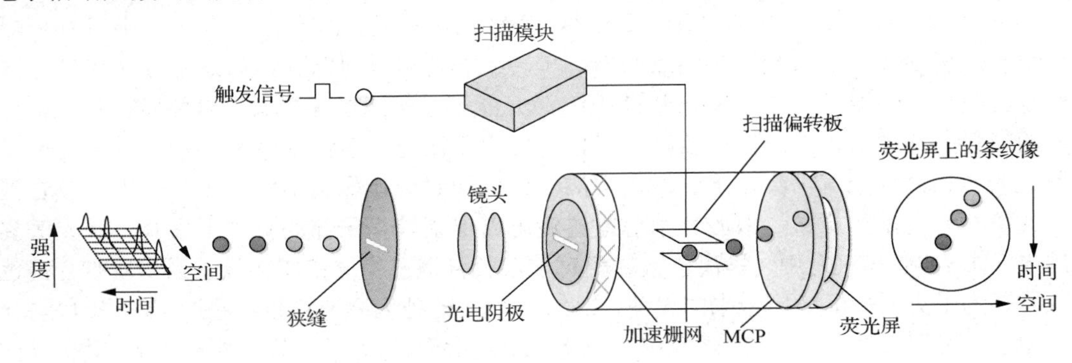

图 6.40　条纹相机的基本组成与原理

其中，条纹管器件（简称条纹管）是条纹相机的核心器件，是实现光信号的探测和记录的关键部分。以条纹管器件为基础，增加电源模块、图像采集模块构成条纹管组件，在条纹管组件基础上，增加光学模块、图像处理系统等，即可构成条纹相机，三者关系示意如图 6.41 所示。

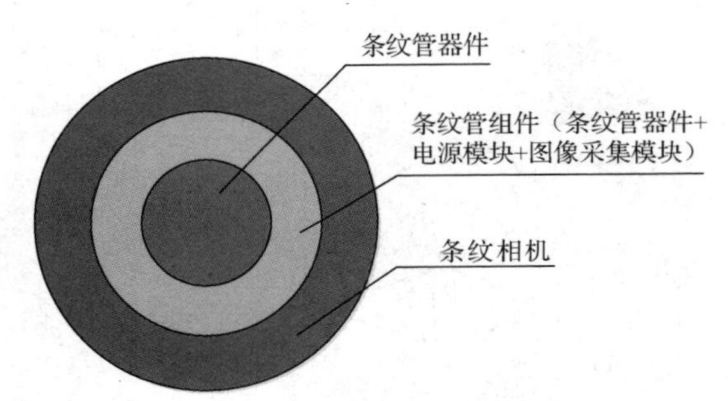

图 6.41　条纹管器件、条纹管组件及条纹相机关系示意

典型的条纹管器件由五个部分组成：光电探测及转换模块（光电阴极）、聚焦加速模块（电子光学系统）、倍增模块（微通道板）和图像输出模块（荧光屏），超高真空管壳提供了光电子飞行环境。条纹管器件内部包含光电阴极-加速栅网和微通道板（MCP）-荧光屏两个近聚焦单元。条纹管器件结构如图 6.42 所示。

条纹管器件工作时，被测信号经狭缝取样后，经电子光学系统聚焦成像，输送到条纹管器件的光电阴极表面，由光电阴极转化为与被测信号强度成正比的光电子。光电子经其中的电子光学系统加速、聚焦，通过扫描偏转板时受到随时间变化的偏转电压的作用，产生相应的偏转位移，飞越漂移区后到达微通道板输入面。经微通道板倍增后，在微通道板-荧光屏近聚焦单元获得能量后轰击荧光屏，使之发光，转化为可见光图像，被普通低速 CCD 相机采集。

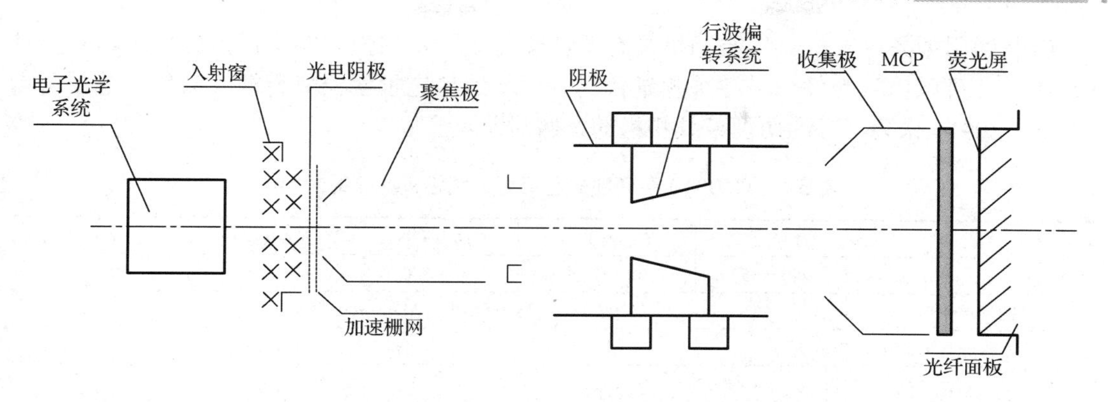

图 6.42 条纹管器件结构

扫描偏转板是实现条纹管器件超高时间分辨率的核心模块。不同时刻通过扫描偏转板的光电子受到的偏转电压的大小不同，产生相应的偏转位移，最终成像于荧光屏的不同区域，直至满屏。这样，在荧光屏垂直方向反映被测信号的时间信息，在荧光屏水平方向反映被测信号的空间信息。偏转电压变化越快，能够区分光电子先后顺序的能力越强，对应的时间分辨率越高，探测能力也越强。

2. 分类

根据用途，条纹相机可分为通用型条纹相机、近红外线条纹相机、X 射线条纹相机、高动态范围条纹相机和飞秒条纹相机，如图 6.43 所示。

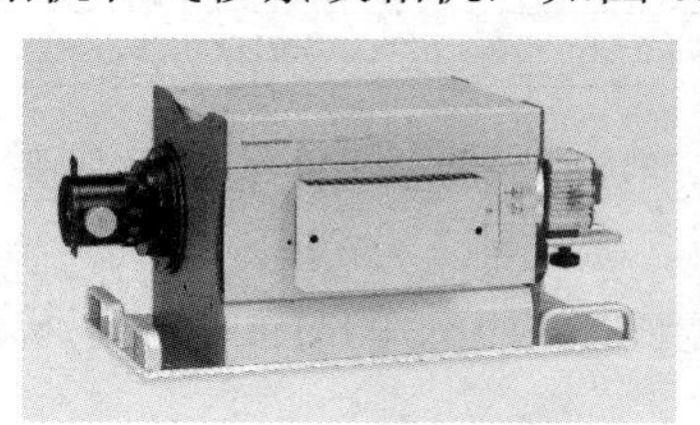

（a）通用型条纹相机

（b）近红外线条纹相机

（c）X射线条纹相机

（d）高动态范围条纹相机

（e）飞秒条纹相机

图 6.43 不同种类的条纹相机

（1）通用型条纹相机。这类相机具有单次曝光或同步扫描功能，覆盖皮秒至纳秒级时间范围，它可以作为配件满足各种测量目的。日本滨松光子学株式会社（简称滨松公司）生产的 C10910 系列部分通用型条纹相机的参数对照见表 6-5。

表 6-5　C10910 系列部分通用型条纹相机的参数对照

型号		C10910-01	C10910-02	C10910-03	C10910-04	C10910-05
光谱响应范围/nm		200～850	300～1600	115～850	280～920	200～900
扫描单元		M10911-01，M10911-02，M10912-01，M10913-11				
时间分辨率	M10911-01	<1ps			<4ps	<1ps
	M10911-02	<2ps			<4ps	<2ps
	M10912-01	<1ps			<4ps	<1ps
	M10913-11	<20ps			<20ps	<20ps
扫描重复频率	M10911-01	74～165MHz				
	M10911-02	250MHz				
	M10912-01	不大于 10kHz				
	M10913-11	不大于 4MHz				
扫描时间	M10911-01	100ps～1/6fs				
	M10911-02	200ps～1/6fs				
	M10912-01	100ps～50ns				
	M10913-11	1.2ns～1ms				
有效光电阴极长度/mm		4.46				
电源		交流电源，100～240V，50Hz/60Hz				

（2）近红外线条纹相机。这类相机可以检测和测量近红外线光谱区的荧光寿命，广泛应用于飞秒化学、瞬态吸收光谱、等离子诊断、激光测量学等领域。

（3）X 射线条纹相机。X 射线条纹相机能够以 0.5ps 的时间分辨率检测 10eV～10keV 的 X 射线。

（4）高动态范围条纹相机。高动态范围条纹相机具有 10000∶1 的动态范围。不同于传统的相机，高动态范围条纹相机即使在强光应用中波形也不会失真，可实现更高信噪比的单次曝光测量。C13410 系列高动态范围条纹相机的参数对照见表 6-6。

表 6-6　C13410 系列高动态范围条纹相机的参数对照

型号	C13410-01A	C13410-01B	C13410-02A	C13410-02B
光谱响应范围/mm	200～850nm		300～1060nm	
扫描单元	内部集成			
时间分辨率	大于 5 ps			
扫描重复频率	不大于 1kHz（在开发模式下）；不大于 100Hz（在通用模式下）			
扫描时间	0.5ns～1ms	0.5ns～10ms	0.5ns～1ms	0.5ns～10ms
有效光电阴极长度	17.48mm			
环境工作温度	0～40℃			
环境存储温度	-10～50℃			
电源	交流电源，100～240V，50Hz/60Hz			
功耗	≤100V·A			

（5）飞秒条纹相机。这是一种能实现飞秒分辨率的高速条纹相机，可实时测量亚皮秒级的变化过程。

由滨松公司生产的三种条纹相机的参数对照见表 6-7。

表 6-7　三种条纹相机的参数对照

名称	近红外线条纹相机	X 射线条纹相机	飞秒条纹相机
型号	C11293-02	C4575-03	C11853-01
光谱响应范围	1000～1650nm	10eV～10keV	280～850nm
扫描单元	内部集成		
时间分辨率	<20ps	<0.5ps	100fs（在波长为 800 nm 时）
扫描重复频率	20MHz	不大于 100Hz	100Hz
扫描时间	1ns～10ms	35ps～2ns	10ps～1ns
有效光电阴极长度	4.5mm	8.6mm	3.0mm

3. 条纹相机的应用

1）光通信

条纹相机在光通信中用于测量单模光纤色散（见图 6.44）。波长为 1.5μm 的激光二极管在同一时间产生具有不同波长的很多脉冲光，这些脉冲光被输入待测光纤。由于不同波长的脉冲光在光纤中的传输速率不同，因此当脉冲光在光纤中远距离传输后，依据不同光谱输出时间上的差异，利用条纹相机可以捕捉并获取其色散图形。

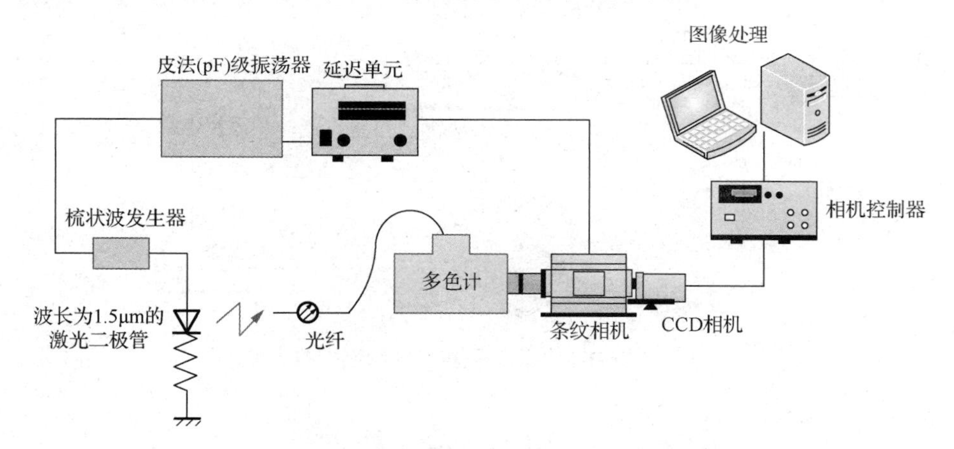

图 6.44　条纹相机在光通信中的应用

2）激光诱导放电

激光诱导放电技术是一种将激光能转化为电能并使其放电的技术，即将脉冲激光束聚焦到直流高压的电极之间，产生等离子体，诱导电极之间放电。利用条纹相机，可拍摄激光诱导放电过程（见图 6.45）。

3）高质量薄膜的制造

在制造氧化物超导高质量薄膜的过程中，激光激励目标产生的粒子散射到基板上，通过条纹相机拍摄的图像可以看出，其中有两种成分：一种成分以高速到达基板，另一种成分速度较慢，需要更长的时间才能到达基板。条纹相机在高质量薄膜制造中的应用如图 6.46 所示。

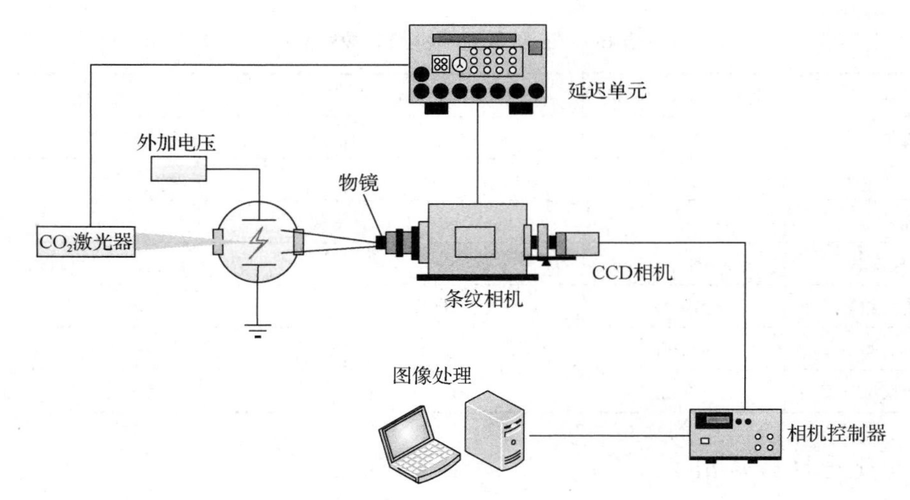

图 6.45　条纹相机在激光诱导放电中的应用

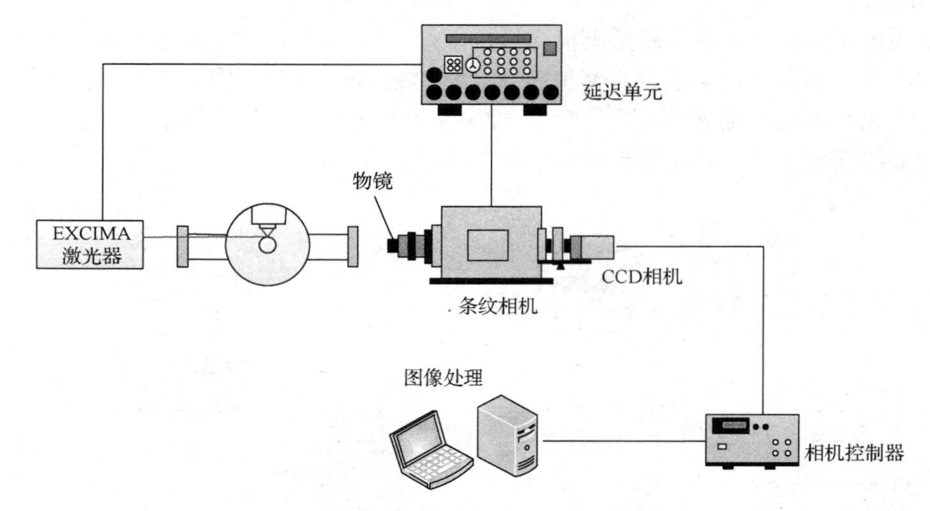

图 6.46　条纹相机在高质量薄膜制造中的应用

4）测量荧光寿命

测量分子及其聚合物的激发态在弛豫过程中产生的光现象，即测量荧光寿命，测量结果能有效地解释分子及其聚合物的结构和研究能量转移过程。通过分束器的被测光被快速光电二极管接收后，经延迟单元，作为条纹相机的触发信号。在被测光路上设计一个触发延迟时间的光学延迟线，触发信号的精确同步是利用延迟单元中的电学调整实现的。利用条纹相机的“调焦挡”进行信号光束位置的准直调整，通过观察出现在显示器上的条纹像，调节“速度挡”，以调整延迟时间，然后选定条纹像的分析范围。条纹相机测量荧光寿命的原理如图 6.47 所示。

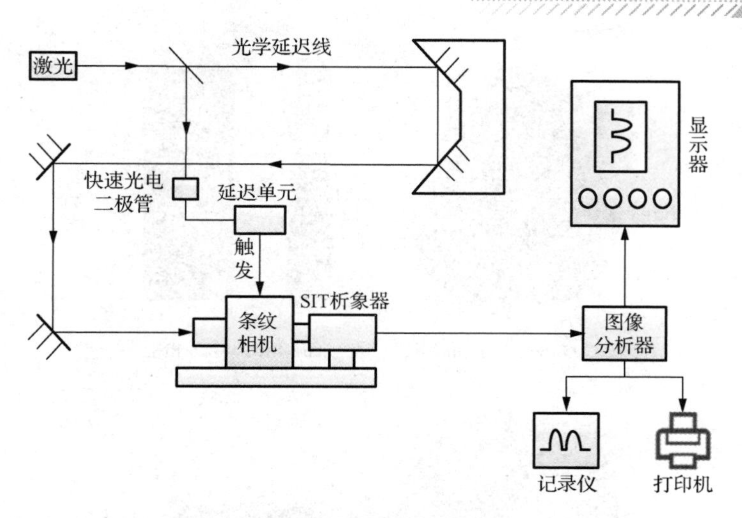

图 6.47 条纹相机测量荧光寿命的原理

6.3.2 立体相机

立体相机是拍摄具有立体效果照片的相机，常用的立体相机有全景相机、双目相机、光场相机和 TOF 相机。除此之外，还有三维扫描仪、多相机系统等。

1. 全景相机

全景相机由两个或多个鱼眼镜头组合而成，能够采集鱼眼镜头周围全方位的图像信息。鱼眼镜头的结构如图 6.48 所示。

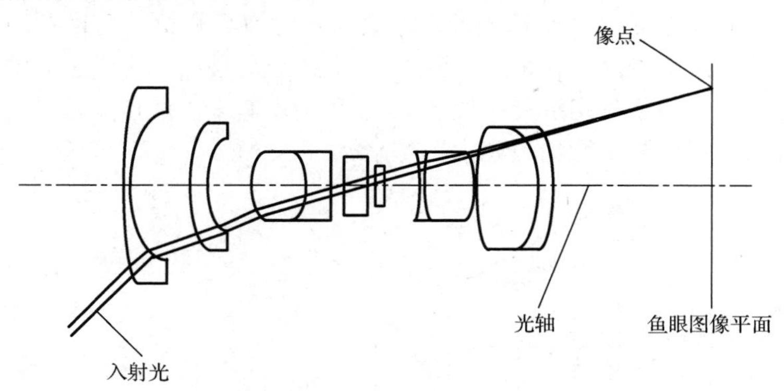

图 6.48 鱼眼镜头的结构

早期的全景相机多由 6 个以上的标准相机组成，通过图像拼接技术，将这些图像合成全景图像。现在的全景相机多由 2～4 个鱼眼镜头（广角镜头）组成，通过鱼眼图像的畸变校正技术、图像拼接技术和图像融合技术，将这些图像合成全景图像。针对不同的工作环境，国内外已经研制了不少图像采集效果优良的全景相机。在国外，比较知名的品牌有 Giroptic 和 Ricoh 等。在国内，对全景相机的研究虽然起步比较晚，但是发展速度非常快，比较突出的品牌有 Insta 360 和 Upano 等。常见的全景相机如图 6.49 所示。

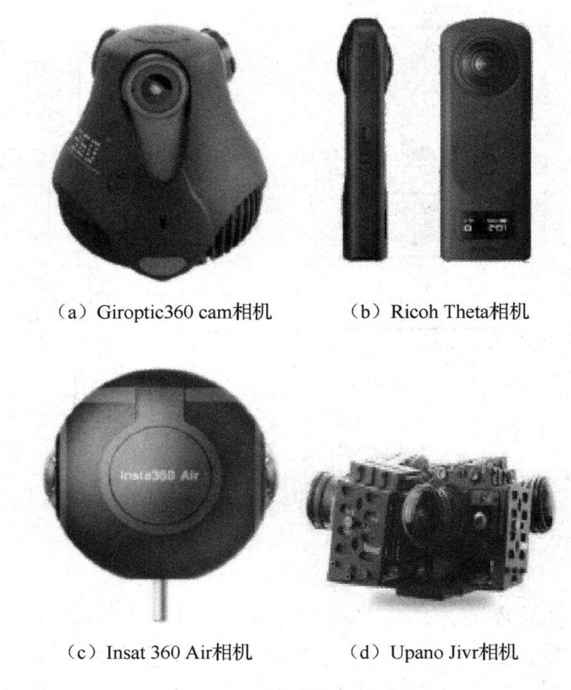

（a）Giroptic360 cam相机　（b）Ricoh Theta相机

（c）Insat 360 Air相机　（d）Upano Jivr相机

图 6.49　常见的全景相机

2. 双目相机

双目相机一般由左眼和右眼两个水平放置的相机组成，也可以做成上下双目。但是通常见到的主流双目相机都是左右结构的，对左右结构的双目相机，可以把两个相机都看作针孔相机。水平放置意味着两个相机的光圈中心都位于 X 轴上，它们之间的距离称为双目相机的基线长度。经典的双目相机模型如图 6.50 所示。其中，P 点为双目相机观察的特征点，$q_{左}$ 和 $q_{右}$ 是双目相机测量得到的 P 点图像坐标。

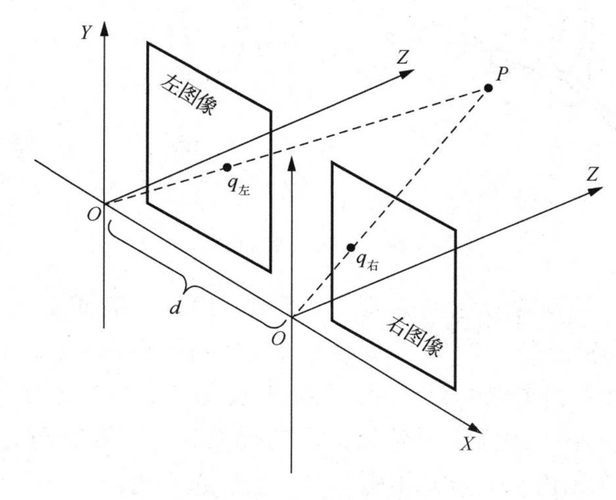

图 6.50　经典的双目相机模型

其中，FLIR 公司生产的 Bumblebee2 系列双目相机是一款用于快速构建立体视频及立体重建的双目/三目立体视觉组件。通过双目立体匹配计算，可实时得到场景深度信息和三维模型。该系列相机实物照片及其尺寸如图 6.51 所示。

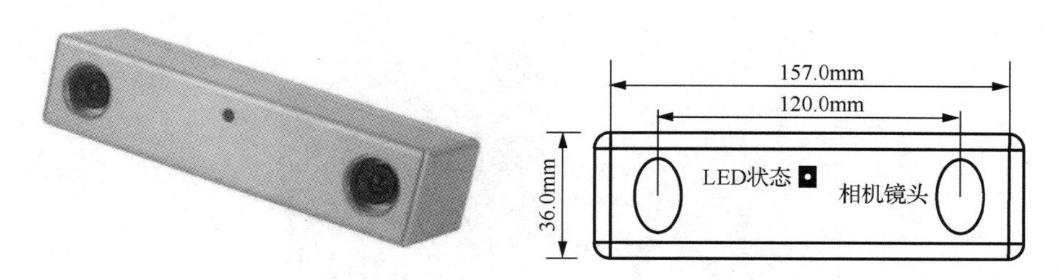

图 6.51　Bumblebee2 系列双目相机实物照片及其尺寸

3. 光场相机

光场相机是记录光场的光线方向和光量信息的相机，典型的光场相机是美国 Lytro 公司生产的初代光场相机，如图 6.52 所示。它的一端为 1.52 英寸的触摸屏，另一端为镜头。

图 6.52　Lytro 公司生产的初代光场相机

光场相机是通过在普通相机镜头（主镜头）焦距处增加微透镜阵列实现光线的记录的，光线通过主镜头后，照射到微透镜阵列上，并再次成像。微透镜阵列平面相当于传统相机的传感器并作为相机的采样平面，光场相机图像的分辨率和微透镜阵列的数目是一致的。那么，放在微透镜阵列后的感光元件，尽管只记录了光线的强度信息，却因其相对于某个微透镜的位置而记录了光线的方向信息。光场相机的结构如图 6.53 所示。

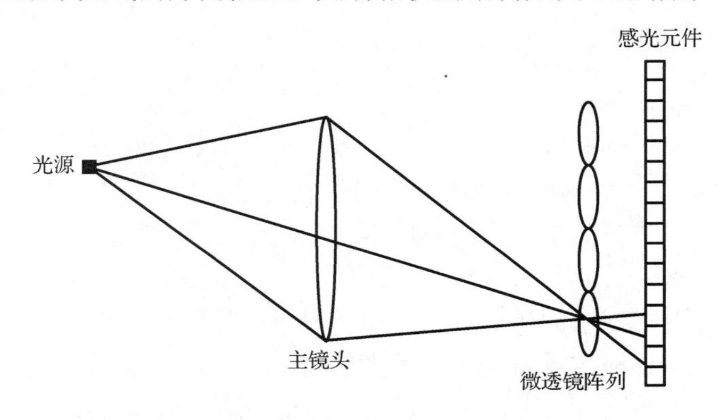

图 6.53　光场相机的结构

4. TOF 相机

TOF 相机（见图 6.54）通过测量光从探测器件的像元到物体表面之间的飞行时间进而确定深度信息，这种方法称为 TOF（Time Of Flight），直译为飞行时间。

图 6.54 TOF 相机

TOF 技术是一种主动的深度信息获取技术，依赖红外线激光器。测距时主动向探测场景发出照明光束，照射在被测物上并被反射，由 TOF 相机接收反射回来的调制光线，根据光线往返时间、光波脉冲相位差、光速、光脉冲频率等计算被测物的深度信息，其原理如图 6.55 所示。TOF 相机通常包括照射单元、光学透镜、成像传感器、控制单元、计算单元五部分。

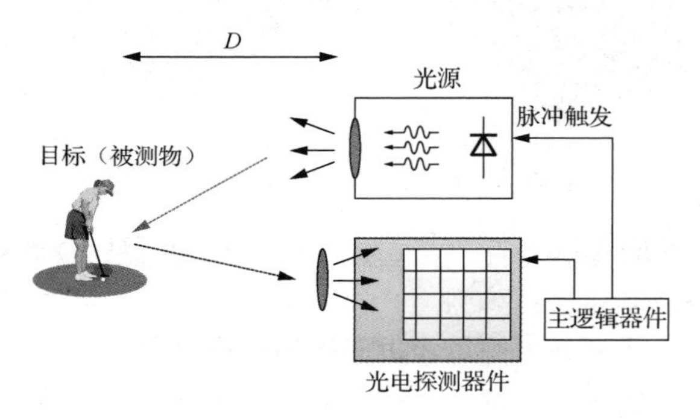

图 6.55 TOF 相机原理

5. 立体相机的应用

1）全景相机的应用

全景相机是指相机光轴在垂直方向上从一侧到另一侧扫描时进行广角摄影的相机，可做到 360° 无死角拍摄。全景相机特殊的构造使其能进行无盲区监控，广泛应用于民用、商用、警用或特殊领域。具体而言，全景相机的实际应用需求一般可分为高分辨率监控需求和标准分辨率监控需求。

（1）有高分辨率监控需求的场所一般指那些容易发生抢劫、盗窃等安全事件的场所，如银行、商场、超市等。这类场所需要高清晰的图像画质，不仅需要将整个作案过程全景监控录像，而且需要清晰地辨认嫌疑人的面孔，为后期的刑侦调查提供便利。

（2）有标准分辨率监控需求的场所只要求监控全范围局势，对视频细节要求不高，如空旷的广场、运动场馆、大范围的公共场所、交通路口、交通枢纽等。这类场所只需要清晰的大范围监控画面，从而实现监控调度，对视频质量要求并不高，而且也很难专门为监控摄像机建立更多的支点，一般在制高点设置一台全景相机，就可以满足应用需求。

2）双目相机的应用

双目相机的应用非常广泛，如专门针对双目立体视觉优化研发的立体视觉系统。目前双目相机主要应用于以下领域。

（1）农业领域。牛羊等活体动物体的测量、植物生长过程的三维监控、自动采摘机器人的导航、海洋生物的实时跟踪、农作物的联合自动收割、农产品加工过程的自动识别等都应用了双目相机。

（2）工业领域。自动包装机械手的引导、无人驾驶车的自动导航、生产过程的自动监控、工件立体尺寸的非接触式测量等也应用了双目相机。

（3）科研领域。空间物体的三维姿态识别、三维还原、运动目标的实时跟踪、人体三维信息数据库的快速建立、非接触式体感人机交互等也应用了双目相机。

（4）航天领域。无人机降落位置的预判、投弹靶场位置的判别、空间机器人的自动控制、飞机的自动加油等也应用了双目相机。

双目相机的应用举例如图 6.56 所示。

（a）空间机器人的自动控制

（b）非接触式体感人机交互

图 6.56 双目相机的应用举例

3）光场相机的应用

光场相机可以记录光线所有的方向信息，因此能够“聚焦”于场景的任意深度，获取丰富的场景信息并用于三维重建。光场相机可应用于专业立体摄影、立体显微术、立体图像制作、四维安全监控、自动光学检测、三维形貌检测、粒子图像测速（PIV）研究等。光场相机的应用举例如图 6.57 所示。

4）TOF 相机的应用

TOF 技术具有丰富的应用场景，在汽车、人脸识别、物流、安防监控、健康、游戏、娱乐、电影特效、3D 打印和机器人等诸多领域都有应用。具体应用如下：

（1）汽车应用。TOF 相机用于增加汽车的辅助功能和安全性，一般用于先进的汽车，例如事前碰撞检测和室内应用，以及错位（OOP）检测。

（2）人脸识别系统。TOF 相机的图像光亮度和深度信息可以通过模型连接起来，迅速且精准地完成人脸匹配和检测。

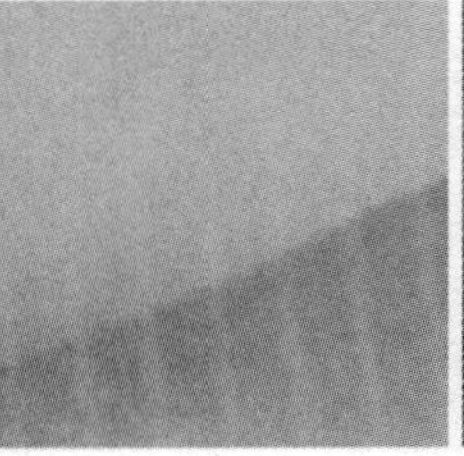
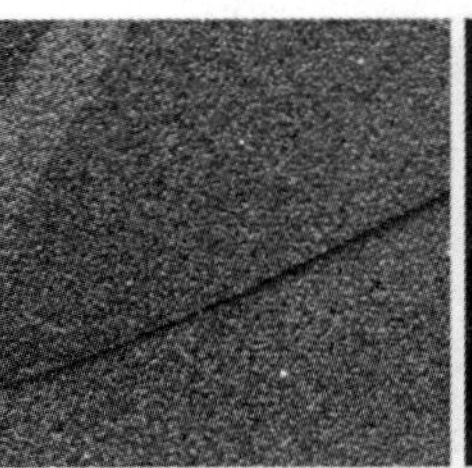
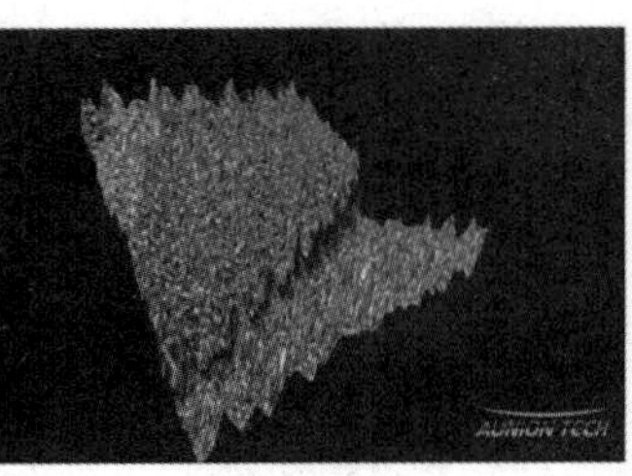

（a）太阳能电池检测

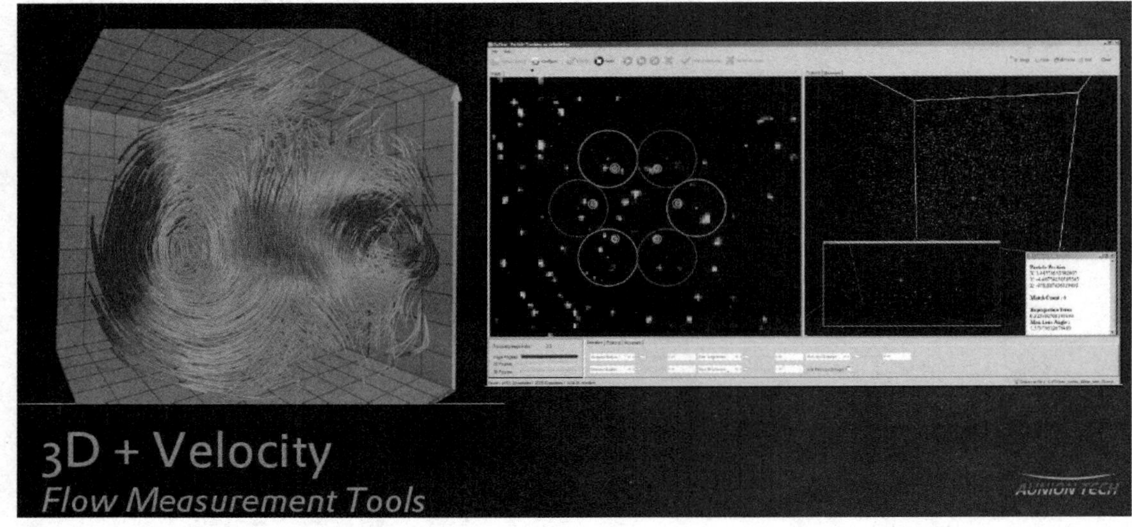

（b）流场分析

图 6.57　光场相机的应用举例

（3）物流行业。通过 TOF 相机可迅速获得包裹的抛重（体积），以优化装箱和进行运费评估。

（4）安防监控。TOF 相机利用景深进行人数统计，确定进入某区域的人数；通过对人流或复杂交通系统的人数统计，实现对安防系统数据的统计分析和设计，以及用于敏感地区检测对象的监视。

（5）机器视觉。TOF 相机可用于工业定位、工业引导和体积预估，以及替代工位上占用大量空间且基于红外线进行安全生产控制的设备。

（6）移动机器人。配有 TOF 相机的移动机器人可以非常迅速地绘制周围环境的地图，从而使其能够避开障碍物或跟随领导者。由于距离的计算很简单，因此仅使用很少的计算功能。

（7）人机界面和游戏。TOF 相机实时提供距离图像，因此很容易跟踪人类的运动。这使它可以与诸如电视之类的消费类设备进行新的交互，还可使用 TOF 相机与视频游戏机进行交互。

（8）医疗和生物。TOF 相机可用于人体足部矫形建模、病人活动/状态监控、手术辅助。

（9）地球表面地形。TOF 相机已用于获取地球表面地形的数字高程模型，用于地貌研究。

TOF 相机的应用举例如图 6.58 所示。

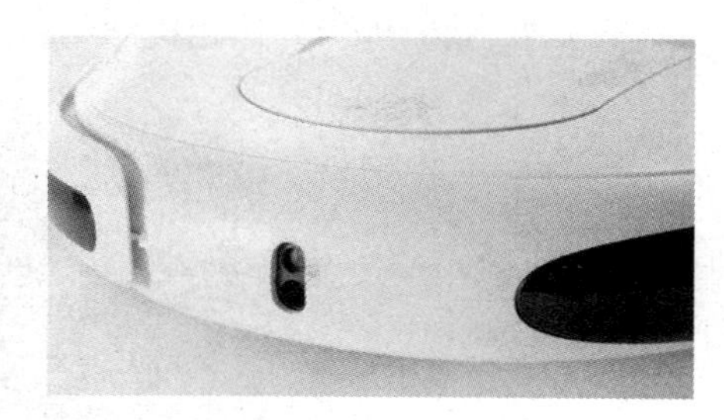

图 6.58 TOF 相机的应用举例

6.3.3 偏振相机

偏振相机是指在传感器的二极管上方增加一层偏振片的相机，该偏振片允许四个方向的光波同时透过，可检测光波的强度和偏振角。相比普通相机，偏振相机能发现被隐藏的材质属性，可以消除被测物各个方向的多余反射光，并且可提高透明度、高反射率材料的图像对比度，减小眩光，适用于交通监控、工业检测等。

1. 基本结构及原理

偏振相机主要包括偏振片、光学镜头、滤光片、面阵列 CCD 探测器件等。其中，光学镜头主要由大口径的前负透镜组和双胶合的后正透镜组构成，前负透镜组的主要作用是减小光束与光轴的夹角，尽量消除像散和畸变，为后正透镜组的聚焦成像做准备；后正透镜组对光束进行整理和聚焦，主要消除色差、球差和慧差。

图 6.59 为单个偏振方向的基本光路，来自目标的入射光经过线偏振器，进入三个相似的成像物镜，这三个物镜的光轴相互平行，在面阵列 CCD 探测器件处形成目标的图像。对于一个波段，偏振相机获取偏振图像信息的过程如下：启动相机曝光，曝光结束后，读取相机数据并传输到帧存储器，读取帧存储器数据到内存，再将内存数据存入硬盘。

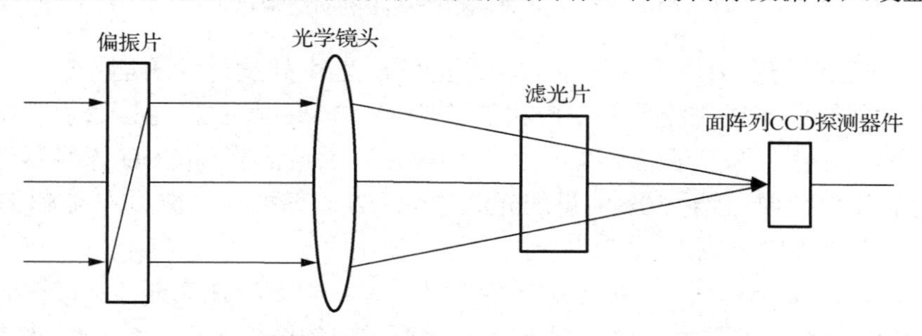

图 6.59 单个偏振方向的基本光路

2. 典型的偏振相机

一种典型的偏振相机是分光束的相机，利用棱镜分光器将一束入射光分为三束振幅相同的光，先经过各自的成像系统，再通过系统控制达到同时采集、同时成像的目的。因此，该相机也称三分束同时成像偏振相机，其实物照片如图 6.60 所示。

三分束同时成像偏振相机主要由一个光学镜头、三个方向（0°、45°和 90°）的偏振片、三个面阵列 CCD 探测器件组成。其中，分光棱镜内有两个镀膜层，其作用是保证棱镜只透射与反射入射光。图 6.61 所示为该相机的结构示意。

图 6.60　三分束同时成像偏振相机实物照片

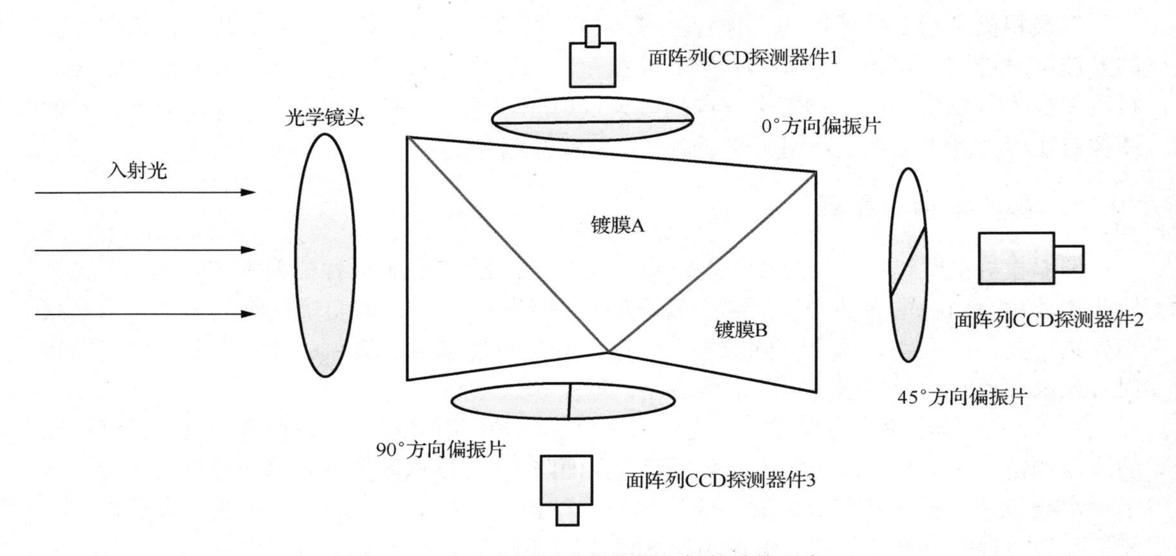

图 6.61　三分束同时成像偏振相机的结构示意

入射光经过光学镜头后进入分光棱镜，首先在镀膜 A 处反射 30%能量的光经过 90° 方向偏振片后被面阵列 CCD 探测器件 3 接收，形成 90° 方向的偏振图像；透射 70%能量的光到达镀膜 B 处，反射 50%能量的光经过 0° 方向偏振片后被面阵列 CCD 探测器件 1 接收，形成 0° 方向的偏振图像；透射 50%能量的光经过 45° 方向偏振片后被面阵列 CCD 探测器件 2 接收，形成 45° 方向的偏振图像。

通过对 0°、45°、90° 三个偏振方向图像的计算，可得到斯托克斯（Stokes）参数图像。为保证斯托克斯参数的可靠性，要求以上三个偏振方向的图像时间、空间、光谱等完全一致，时间的一致性通过偏振相机的同步采集系统的控制实现。图 6.62 所示为三分束同时成像偏振相机的成像系统组成示意。

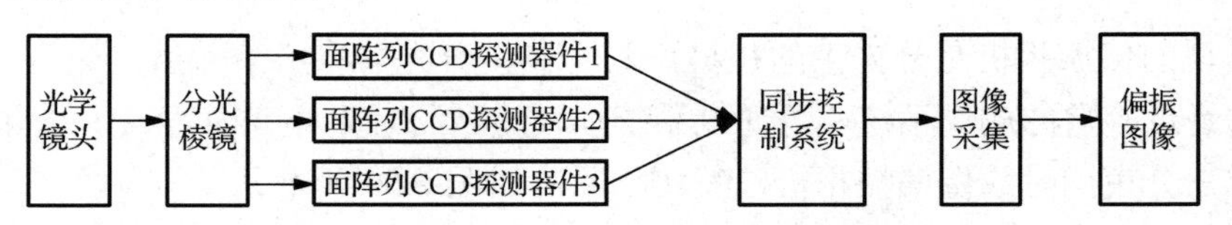

图 6.62　三分束同时成像偏振相机的成像系统组成示意

入射光进入分光棱镜后被分成三束光，同时到达三个面阵列 CCD 探测器件并成像。当这三个方向的图像都存储完毕后，同步控制系统发出下一次的采集信号，以此实现同时成像。得到三个偏振方向的图像后，计算获得斯托克斯参数图像，进而得到偏振度、偏振角等图像信息。

3. 偏振相机的应用

1）消除物体表面的强反光

消除物体表面的强反光是偏振相机的典型应用之一。在工业现场，通常需要对待测物进行打光处理，因为待测物表面经常会出现如图 6.63（a）中的强反光现象，即在图像上呈现为过度曝光现象，影响待测物的检测识别。偏振相机通过计算数据中的偏振分量强度后，从像素级别上滤除偏振信息，最终输出如图 6.63（b）中的非过度曝光图像。偏振相机除了在工业现场有实际需求，也应用于智能交通中。例如，由于前挡风玻璃的强光反射［见图 6.64（a）］，很难看清车内的乘员信息，通过偏振相机内部处理滤除偏振信息后，车内情况被清晰地捕捉到［见图 6.64（b）］。

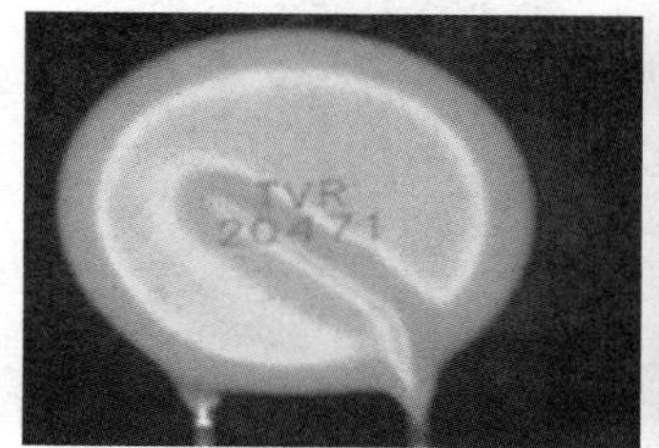

（a）强反光图像

（b）非过度曝光图像

图 6.63　工业现场中的消除强反光示例

（a）前挡风玻璃的强光反射

（b）滤除偏振信息后的车内情况

图 6.64　智能交通中的消除强反光示例

2）检测物体表面缺陷

物体表面缺陷的检测是工业现场常见的检测之一，传统上采用基于黑白光亮度的检测方法。例如，通过图像上的光亮度差异，判断手机贴膜上是否存在划痕，如图 6.65（a）所示。这种检测方法对光源的角度依赖性高，检测一个待测物时，往往需要多角度打光和多次拍摄，现场检测效率不高。图 6.65（b）是采用偏振相机输出的偏振度（DOP）信息得到的图像，DOP 信息相对物体表面缺陷表现出了非常高的灵敏度，采用 DOP 信息检测物体表面缺陷，可以减少系统复杂度，提高检测效率。

3）检测不同材质的物体

不同材质的物体对偏振光的响应（反射强度及电场方向的角度变化）存在差异。在一些基于灰度或彩色相机无法区分的场合，可以使用偏振相机。图 6.66 所示为不同相机拍摄的丛林中的一辆汽车照片，采用传统相机不易区分该汽车与周围的环境，而通过偏振相机输出的偏振角（AOP）信息，该汽车信息被突显出来，这在搜救设备上有很大的意义。

（a）通过图像上的光亮度差异判断手机贴膜上是否存在划痕　（b）采用DOP信息检测手机贴膜上的划痕

图 6.65　物体表面缺陷的检测

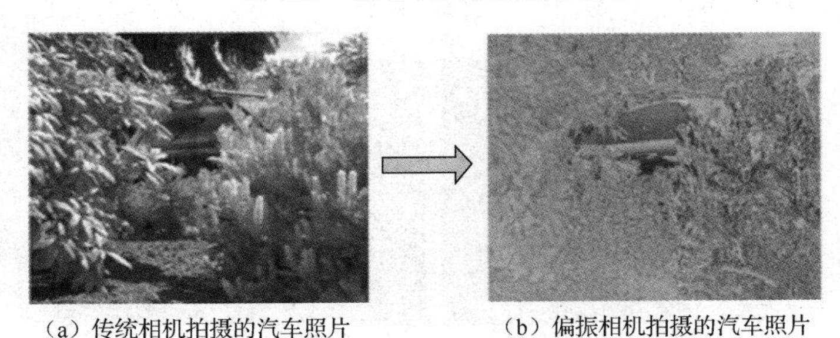

（a）传统相机拍摄的汽车照片　（b）偏振相机拍摄的汽车照片

图 6.66　不同相机拍摄的丛林中的一辆汽车照片

4）检测透明物体内部的应力

偏振相机还可应用于检测透明物体内部的应力。被测物内部应力的均匀性会影响透过被测物的偏振光，通过偏振相机输出的 DOP 信息或 AOP 信息，可以将被测物内部应力的分布可视化。图 6.67（a）所示为相机拍摄的照片，图 6.67（b）所示为偏振相机输出的 AOP 信息，清晰地反映了直尺内部应力的分布情况。

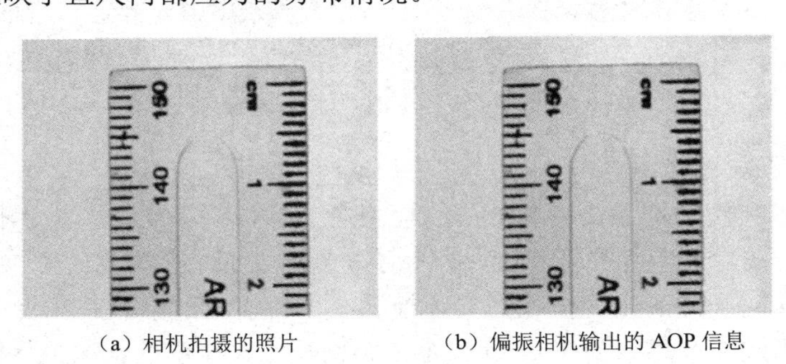

（a）相机拍摄的照片　（b）偏振相机输出的 AOP 信息

图 6.67　直尺内部应力的分布情况

6.3.4　光谱相机

光谱相机与普通相机不同，普通相机只能拍摄目标的形影图像，而光谱相机可以拍摄到各种物质的化学、物理性质。

20 世纪 80 年代，第一台光谱相机在美国被研制出来。光谱相机拥有多光谱相机、高光谱相机、超光谱相机等多种类型，其中多光谱相机可以在红外线、近红外线、紫外线等范围进行拍摄，利用滤光片、分光镜等设备，对光线进行过滤和分解，可以在感光胶片上形成目标在不同波长下的光谱图像，而且图像分辨率较高。

1. 基本结构及原理

图 6.68 所示为光谱相机的基本结构，光谱相机包含前置光学系统、声光可调谐滤波器（AOTF）、后置光学系统、CCD 相机、压电换能器的射频驱动电路、配有 CCD 相机驱动软件和电路控制软件的计算机。

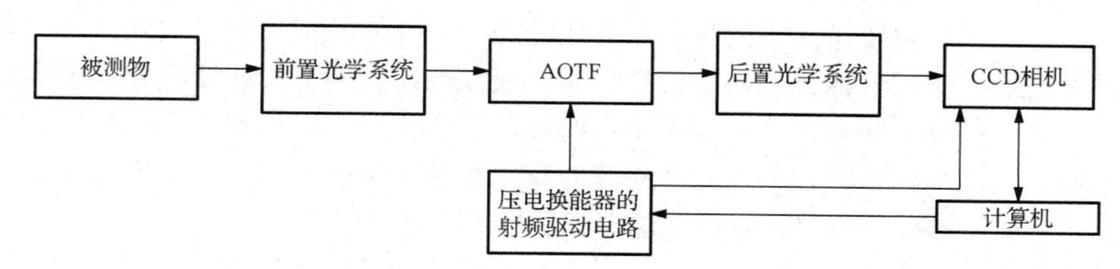

图 6.68 光谱相机的基本结构

由被测物发出或反射的光，被前置光学系统接收，入射到 AOTF 中；由计算机自动设置压电换能器的射频驱动电路发出的射频信号的频率和功率，压电换能器将电信号转换为同频率的超声波；当入射到 AOTF 的光与压电换能器产生的超声波满足切平面平行动量匹配条件时，将发生声光互作用；产生+1 级衍射光，出射 AOTF 后，由后置光学系统接收，并最终成像到 CCD 相机上；CCD 相机将采集的图像传输到计算机。

通过协调压电换能器的驱动信号和 CCD 相机采集图像的时序，可以实现多个光谱图像的连续采集。由声光驱动器按一定的时间间隔连续发送同步脉冲信号，当系统检测到该脉冲信号后进入图像采集程序，并检测帧头帧尾。系统将帧头帧尾之间的数据作为一幅图像进行存储，通过 USB 发送给上位机显示并存储。若没有检测到脉冲信号，则连续输出之前所保存的图像数据。

2. 典型的光谱相机

光谱相机是一种基于光谱成像原理的图谱获取系统。光谱相机的一个性能指标是光谱分辨率，是指其在接收到物体辐射光谱时可以分辨的最短波长。依据光谱分辨率的大小，可以将光谱相机分为多光谱相机、高光谱相机和超光谱相机三类。

（1）多光谱相机。这类相机的光谱范围较窄，光谱分辨率较小，一般为几个或十几个波段。多光谱相机常用于地物分类、成熟度检测等。

（2）高光谱相机。这类相机的光谱范围较窄，光谱分辨率适中，一般为几十到几百个波段。高光谱相机常用于资源勘探、军事侦察等。

（3）超光谱相机。这类相机的光谱范围最窄，光谱分辨率极高，一般为几千个波段。超光谱相机常用于化学成分检测。

下面，介绍典型的光谱相机——多光谱相机。多光谱相机一般由前置光学系统、狭缝、准直系统、分光装置、成像系统（包括光电探测器件）五部分组成，如图 6.69 所示。

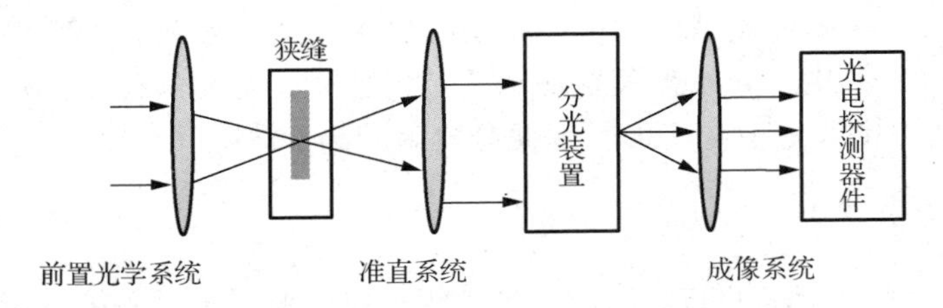

图 6.69　多光谱相机的组成

多光谱相机首先通过前置的望远物镜（前置光学系统）对目标成像，得到目标的二维空间信息。处于望远物镜像面上的狭缝与其后面的分光装置共同决定了成像系统的光谱分辨率，以及成像系统对目标光谱信息的收集并使成像系统得到目标的狭缝像。由准直系统得到平行光并入射分光装置，分光装置将不同波段的光分开，以得到所需的光谱。需要根据光谱分辨率设计分光装置，还需要考虑其对整个系统像差的影响。目标不同波段的光波经过成像系统就能够得到不同波段的图像，即目标的光谱维信息。

3. 光谱相机的应用

因为光谱的特点，光学系统能够在较大的波段区间成像清晰，同时每种物质在不同的波长光线下具有不同的反射率。利用每种物质在各个波长光线下的发射率变化现象，能够观察到物体之间微小的差别。光谱相机应用于农田勘察、环境、资源、水利等领域，取得了很大的成效。

（1）气象预测。随着科技发展的日新月异，人类需要更加准确、实时的气象预测。气象预测的任务主要为观察云层、大气等变化，多光谱相机能够利用各种物质具有不同的反射率这一特性，实时监测天气变化情况，探测地表温度等，进一步构建出人们所需的气象云图。

（2）土壤、环境监测。一般情况下，山区的耕地通常受到山脊线的影响，被划分为很多不同区域，每个区域都有独特的肥力、土壤类型等。以前，人们常常忽视土壤的这些差异，对多种生长情况的农作物均采用一样的种植模式。近年来，由于全球卫星定位系统（GPS）、地理信息系统（GIS）遥感技术等逐步运用到农业领域，可以方便地测量出各个区域之间的土壤差异。

（3）海洋监测。利用光谱相机实时监测海洋变化情况，其原理在于污染物、海水表层、砂石等物质的光谱特性具有较大的差异性，因此可以利用这种差异性调查和监测海陆分界、海洋表面温度等。

思考与练习

6-1　固体成像器件与真空摄像器件相比有什么特点？

6-2　简述一维 CCD 图像传感器的基本结构和工作过程。

6-3　N 位 CCD 是由 N 个 MOS 结构和相应的输入结构与输出结构组成的，画出以 P 型硅片为衬底的 CCD 单元结构图，并标出相应名称，简述当金属电极所加电压 $V_G<0$，$V_G>0$（但较小）和 $V_G>V_{th}$ 时 CCD 单元所对应的状态。

6-4 简述摄像管的分类、作用及其应具备的功能。

6-5 比较 CCD 图像传感器和 CMOS 图像传感器的优缺点。

6-6 试设计一个光源光谱测量系统方案（光谱范围为 400～800nm），简述测试原理，画出示意框图，注明所需光电探测器件的使用注意事项。

6-7 试设计一个圆形光纤直径光电测试方案（直径为 1mm），简述测试原理，画出示意框图，所需光电探测器件的使用注意事项。

6-8 用线阵列 CCD 探测器件测量桥梁振动，已知桥梁振动频率为 20Hz 以上，动幅度不大于 50mm。若要在距桥梁 100m 处测量，当选用焦距为 500mm 的镜头作为成像物镜时，该如何选择线阵列 CCD 探测器件？它的最低帧速率是多少？

6-9 CCD 的基本功能有哪些？在三相脉冲驱动中为什么采用三相交叠方式？试画出三相交叠驱动信号的相位关系。

6-10 列举一种采用面阵列（或线阵列）CCD 探测器件检测几何参数的具体应用。

6-11 详细分析条纹相机在光通信中的作用和工作过程。

6-12 思考全景相机、双目相机、光场相机、TOF 相机在工作过程中的相同点和不同点。

6-13 偏振相机与普通相机相比有什么特点?

6-14 三分束同时成像偏振相机有哪些具体应用?

6-15 简述光谱相机的基本结构及各类光谱相机的特点。

第 7 章　红外探测器件

7.1　红外探测器件分类

红外线是太阳光中众多不可见光的一种，是波长介于微波与可见光之间的电磁波，其波长为 0.76～1000μm。红外线是自然界中最为广泛的辐射，所有温度高于绝对零度（-273℃）的物体都不断地辐射红外线，红外线能量的大小与物体表面的温度和材料特性直接相关，物体表面的温度越高，其辐射的红外线能量越大。

如何检测红外线的存在，测定它的强弱并将它转变为其他形式的能量（多数情况下转变为电能），以便应用，这些是红外探测器件的主要任务。材料是制备红外探测器件的基础，没有性能优良的材料就制作不出性能优良的红外探测器件。

一个完整的红外探测系统包括红外敏感元件、红外线入射窗、外壳、电极引出线，以及按需要而增加的光阑、冷屏、场镜、光锥、浸没透镜和滤光片等，有的包括杜瓦瓶，有的包括前置放大器。按照探测机理的不同，红外探测器件可以分为热探测器件和光子探测器件两大类。

7.1.1　热探测器件

热探测器件吸收红外线辐射能后除了产生温升，还伴随某些物理性能的变化。通过测量这些物理性能的变化，可以测量出热探测器件吸收的能量或功率。常利用的物理性能变化有下列 4 种，利用其中一种就可以制备相应类型的热探测器件。

1. 热敏电阻

热敏物质吸收红外线辐射能后，温度升高，电阻值发生变化。电阻值变化的大小与其吸收的红外线辐射能成正比。利用物质吸收红外线辐射能后电阻值发生变化而制成的红外探测器件称为热敏电阻，热敏电阻常用来测量热辐射。

2. 热电偶

把两种不同的金属细丝或半导体细丝（或薄膜结构）连接成一个封闭环，当封闭环的一个接头吸热后，它与另一个接头存在温差，该封闭环就产生电动势，这种现象称为温差电现象。利用温差电现象制成的感温元件称为温差电偶，也称热电偶。温差电动势的大小与接头处吸收的辐射功率或冷热两个接头处的温差成正比，因此，通过测量热电偶温差电动势的大小，就能测量接头处吸收的辐射功率或冷热两个接头处的温差。

制造热电偶的材料有纯金属、合金和半导体，常用于直接测温的热电偶一般由纯金属与合金相配而成，如铂铑-铂热电偶、镍铬-镍铝热电偶和铜-康铜热电偶等，它们被广泛用于测量 1300℃以下的温度。用半导体材料制成的热电偶灵敏度比用金属制成的热电偶的灵敏度高，响应时间小，前者常用作红外线辐射能的接收元件。

将若干热电偶串联可制成热电堆。在相同的辐射照度下，与热电偶相比，热电堆可提供很大的温差电动势。因此，热电堆比单个热电偶应用更广泛。

3. 气体探测器件

气体在保持一定体积的条件下吸收红外线辐射能后温度升高、压强增大。压强大小的变化与气体吸收的红外线辐射功率成正比，由此，可测量被吸收的红外线辐射功率。利用上述原理制成的红外探测器件称为气体探测器件。例如，高莱管（Golay Cell）就是常用的一种气体探测器件。

4. 热释电探测器件

硫酸三甘肽（TGS）、钽酸锂（$LiTaO_3$）和铌酸锶钡（$Sr_xBa_{1-x}Nb_2O_6$）等晶体被红外线辐射时，温度升高，在某一晶轴方向上能产生电压。该电压大小与这些晶体吸收的红外线辐射功率成正比，利用这一原理制成的红外探测器件称为热释电探测器件。

除了上述 4 种热探测器件，还有利用金属丝的热膨胀、液体薄膜的蒸发等物理现象制成的热探测器件。

热探测器件是一种对任何波长的辐射都有响应的无选择性探测器件，但实际上对某些波长的红外线辐射能的响应偏低，等能量光谱响应曲线并不是一条水平直线，这主要是由于热探测器件材料对不同波长的红外线辐射能的反射和吸收存在差异。镀制一层良好的吸收层有助于改善吸收性能，增加对不同波长响应的均匀性。此外，热探测器件的响应速度取决于热探测器件的热容量和散热速度。减小热容量，增大热导率，可以提高热探测器件的响应速度，但响应度随之降低。

7.1.2 光子探测器件

光子探测器件吸收光子后发生电子状态的改变，从而引起几种电学现象，这些电学现象统称光子效应。测量光子效应的大小可以测定被吸收的光子数量。光子探测器件的主要特点是灵敏度高、响应速度快、具有较高的响应频率。但一般情况下，光子探测器件需要在低温下工作，所能探测的波段较窄。利用光子效应制成的红外探测器件称为光子探测器件。光子探测器件有下列 4 种。

1. 光电导探测器件

当半导体材料吸收入射光的光子后，半导体内有些电子和空穴从原来不导电的束缚状态转变到能导电的自由状态，从而使半导体的电导率增加，这种现象称为光电导效应。利用半导体的光电导效应制成的红外探测器件称为光电导探测器件（简称 PC 器件）。目前，光电导探测器件是种类最多、应用最广的一类光子探测器件。

2. 光伏探测器件

PN 结及其附近吸收光子后产生电子和空穴。在结区外，这些电子和空穴通过扩散进入结区；在结区内，受 PN 结的静电场的作用电子漂移到 N 区，空穴漂移到 P 区。N 区获得附加电子，P 区获得附加空穴，结区获得附加电势差。该电势差与 PN 结原有的势垒方向相反，这会降低 PN 结原有的势垒高度，使扩散电流增大，直到达到新的平衡为止。如果把半导体两端用导线连接起来，电路中就有反向电流流过，用灵敏电流计可以测量出该电流；如果 PN 结两端开路，可用高阻毫伏计测量出光电压。上述现象就是 PN 结的光伏效应。利用光伏效应制成的红外探测器件称为光伏探测器件（简称 PV 器件）。

3. 光磁电探测器件

在图 7.1 所示的半导体横向施加一个磁场，当半导体表面吸收光子后所产生的电子和空穴随即向半导体内部扩散。在扩散过程中由于受横向磁场的作用，电子和空穴分别向半导体两端偏移，在半导体两端产生电位差。这种现象称为光磁电效应，如图 7.1 所示。利用光磁电效应制成的红外探测器件称为光磁电探测器件（简称 PEM 器件）。目前使用的光磁电探测器件有 InSb 光磁电探测器件、InAs 光磁电探测器件和 HgTe 光磁电探测器件等。

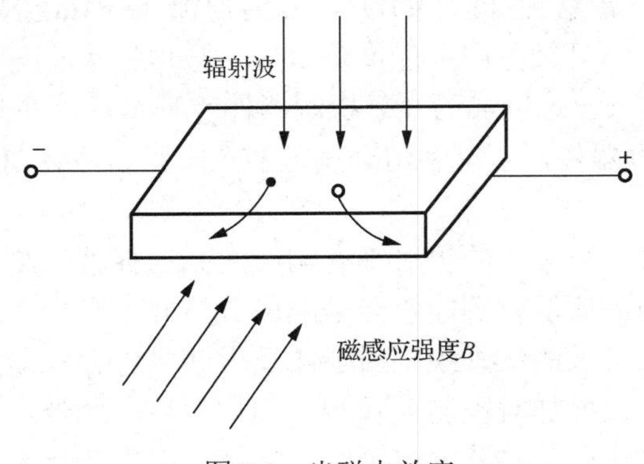

图 7.1　光磁电效应

7.1.3　红外探测器件的工作条件与性能参数

红外探测器件的性能参数与其具体工作条件有关，因此，在给出红外探测器件的性能参数时必须给出该探测器件的有关工作条件。

1. 工作条件

1）辐射源的光谱分布

许多红外探测器件对不同波长的响应度是不同的，因此，在描述红外探测器件性能时需要说明辐射源的光谱分布。如果是单色光，就要给出单色光的波长；如果是黑体，就要给出黑体的温度；如果辐射源经历了相当长距离的大气层和光学系统，就必须考虑大气的吸收和光学系统的反射等对能量造成的损失；如果辐射源经过调制，就应给出调制频率分布，当放大器通频带很窄时，只需给出调制的基频和幅值即可。给出红外探测器件的探测率时，一般需要注明是黑体探测率还是峰值探测率。

2）工作频率和放大器的噪声等效带宽

红外探测器件的响应度与其工作频率有关，红外探测器件的噪声与其工作频率和放大器的噪声等效带宽有关，因此，在描述红外探测器件的性能时，应给出该探测器件的工作频率和放大器的噪声等效带宽。放大器的噪声等效带宽 Δf 计算公式为

$$\Delta f = \frac{1}{G(f_0)}\int_0^{\infty} G(f)\mathrm{d}f \tag{7-1}$$

式中，$G(f)$ 为当工作频率为 f 时的功率增益；$G(f_0)$ 为功率增益峰值。对于单调谐回路，放大器的噪声等效带宽 Δf 大于按3dB衰减定义的带宽 B；对于多重调谐回路，Δf 接近 B。可从放大器的功率增益频谱曲线求得 Δf。

3）工作温度

许多红外探测器件，特别是由半导体制备的红外探测器件，其性能与工作温度有密切的关系。因此，在给出红外探测器件的性能参数时，必须给出该探测器件的工作温度。最重要的几个工作温度为室温（295K或300K）、干冰温度（194.6K，即固态 CO_2 的升华温度）、液氮沸点（77.3K）、液氦沸点（4.2K）。此外，还有液氖沸点（27.2K）、液氢沸点（20.4K）和液氧沸点（90K）。在实际应用中，除了将这些物质注入杜瓦瓶获得相应的低温条件，还可根据不同的使用条件采用不同的制冷器获得相应的低温条件。

4）光敏面的面积和形状

红外探测器件的性能与其光敏面的面积大小和形状有关。对探测率，虽然考虑到光敏面的面积影响而引入了面积修正因子，但实践中发现不同光敏面的面积和形状的同一类红外探测器件的探测率仍存在着差异。因此，给出红外探测器件的性能参数时应给出它的光敏面的面积。

5）红外探测器件的偏置条件

在一定直流偏压（偏流）范围内，光电导探测器件的响应度和噪声随偏压呈线性变化，但超出这一线性范围，响应度随偏压的增加而缓慢增加，噪声则随偏压的增加而迅速增大。光伏探测器件的最佳性能有时出现在零偏置条件下，有时却不出现在零偏置条件下。这说明红外探测器件的性能与偏置条件有关，因此，在给出红外探测器件的性能参数时应给出偏置条件。

6）特殊工作条件

给出红外探测器件的性能参数时，一般应给出上述工作条件。对于某些特殊情况，还应给出相应的特殊工作条件。例如，对受背景光子噪声限制的红外探测器件，应注明该探测器件的视场立体角和背景温度；对非线性响应（辐射产生的信号与入射光辐射功率不呈线性关系）的红外探测器件，应注明入射光辐射功率。

红外探测器件的性能可用一些参数描述，这些参数称为红外探测器件的性能参数。只有知道了红外探测器件的性能参数，才能设计红外系统，红外探测器件的性能由以下几个参数描述。

2. 性能参数

1）响应度

红外探测器件输出信号的均方根——均方根电压 V_S 或均方根电流 I_S 与入射光辐射功率的均方根 P 之比，该比值就是入射到红外探测器件上的单位均方根辐射功率所产生的均方根信号（电压或电流），称之为电压响应度 R_v 或电流响应度 R_i，即

$$R_v = \frac{V_S}{P} \text{ 或 } R_i = \frac{I_S}{P} \tag{7-2}$$

R_v 的单位为V/W，R_i 的单位为A/W。

响应度用于描述红外探测器件对辐射响应的灵敏度，是红外探测器件的一个重要的性

能参数。如果入射光辐射功率是恒定的，那么红外探测器件的输出信号也是恒定的，此时的响应度称为直流响应度，以 R_0 表示；如果辐射功率是交变的，那么红外探测器件输出交变信号，此时的响应度称为交流响应度，以 $R(f)$ 表示。

红外探测器件的响应度通常包括黑体响应度和单色光响应度两种。黑体响应度以 $R_{v,\mathrm{BB}}$（或 $R_{i,\mathrm{BB}}$）表示。常用的黑体温度为500K，光谱（单色光）响应度以 $R_{v,\lambda}$（或 $R_{i,\lambda}$）表示。在不需要明确是电压响应度或电流响应度时，可用 R_{BB} 或 R_λ 表示；在不需要明确是黑体响应度或光谱响应度时，可用 R_v 或 R_λ 表示。

2）噪声电压

红外探测器件存在噪声，噪声和响应度是决定红外探测器件性能的两个重要参数。噪声与测量噪声的放大器的噪声等效带宽 Δf 的平方根成正比。为了便于比较红外探测器件噪声的大小，常采用单位带宽的噪声 $V_\mathrm{n} = V_\mathrm{N}/\Delta f^{1/2}$。

3）噪声等效功率

当入射到红外探测器件上经过正弦调制的均方根辐射功率 P 所产生的均方根电压 V_S 正好等于红外探测器件的均方根噪声电压 V_N 时，这个辐射功率称为噪声等效功率，以NEP（或 P_N）表示，即

$$\mathrm{NEP} = P\frac{V_\mathrm{N}}{V_\mathrm{S}} = \frac{V_\mathrm{N}}{R_v} \tag{7-3}$$

当按上述定义时，NEP的单位为W。

当入射到红外探测器件上经过正弦调制的均方根辐射功率 P 所产生的均方根电压 V_S 正好等于该探测器件单位带宽的均方根噪声电压 $V_\mathrm{N}/\Delta f^{1/2}$ 时，这个辐射功率称为噪声等效功率，也可以按这种方式定义NEP，即

$$\mathrm{NEP} = P\frac{V_\mathrm{N}/\Delta f^{1/2}}{V_\mathrm{S}} = \frac{V_\mathrm{N}/\Delta f^{1/2}}{R_v} \tag{7-4}$$

一般来说，当考虑红外探测器件的噪声等效功率时不考虑噪声等效带宽的影响，当讨论归一化探测率 D^* 时才考虑噪声等效带宽 Δf 的影响而选取单位带宽。但是，按式（7-3）定义的NEP也在使用，请读者注意这一点。

噪声等效功率分为黑体噪声等效功率和光谱噪声等效功率两种。前者以 $\mathrm{NEP_{BB}}$ 表示，后者以 NEP_λ 表示。

4）探测率 D

用NEP基本上能描述红外探测器件的性能，但是，一方面，由于NEP是以红外探测器件能探测到的最小功率表示的，NEP越小，表示红外探测器件的性能越好，这与人们的习惯不一致；另一方面，由于在辐射能较大的范围内，红外探测器件的响应度并不与辐射照度呈线性关系，从小辐射照度下测得的响应度不能外推出大辐射照度下应产生的信噪比。为了克服上述两个方面存在的问题，引入探测率 D，它被定义为NEP的倒数，即

$$D = \frac{1}{\mathrm{NEP}} = \frac{V_\mathrm{S}}{PV_\mathrm{N}} \tag{7-5}$$

探测率 D 表示入射在红外探测器件上的单位辐射功率所获得的信噪比。这样，探测率 D 越大，表示该探测器件的性能越好。因此在对红外探测器件的性能进行比较时，用探测率 D 比

用 NEP 更合适些。D 的单位为 W^{-1} 。

5）归一化探测率 D^*

噪声等效功率 NEP 和探测率 D 与红外探测器件的面积 A_D 和放大器的噪声等效带宽 Δf 有关，因此，只知道前两个参数，还不能准确地比较出两个红外探测器件性能的优劣。大多数红外探测器件的 NEP 正比于该探测器件面积 A_D 的平方根和噪声等效带宽 Δf 的平方根，即

$$\mathrm{NEP} \propto \left(A_D \Delta f\right)^{1/2} \tag{7-6}$$

因为 $D = 1/\mathrm{NEP} \propto 1/\left(A_D \Delta f\right)^{1/2}$ ，所以上式可写成等式，即

$$D = D^* \frac{1}{\left(A_D \Delta f\right)^{1/2}} \tag{7-7}$$

可知，

$$\begin{aligned} D^* &= D\left(A_D \Delta f\right)^{1/2} \\ &= \frac{\left(A_D \Delta f\right)^{1/2}}{\mathrm{NEP}} = \frac{V_\mathrm{S}/V_\mathrm{N}}{P}\left(A_D \Delta f\right)^{1/2} \\ &= \frac{R_v}{V_\mathrm{N}}\left(A_D \Delta f\right)^{1/2} \end{aligned} \tag{7-8}$$

因为 D^* 消除了红外探测器件面积 A_D 和噪声等效带宽 Δf 的影响，所以称之为归一化探测率，单位为 $\mathrm{cm \cdot Hz^{1/2} \cdot W^{-1}}$ 。D^* 是式（7-8）中的比例常数，因此也称比探测率。D^* 实质上是红外探测器件单位面积上的单位辐射功率在放大器的单位带宽条件下所获得的信噪比。

对 D 和 D^* 的测量值，可用类似于 NEP 的标注方法标注。由于 D 已不常用，在不需要说明具体条件时，探测率就用 D^* 表述。

有的红外探测器件自身的噪声与由背景辐射带来的光子起伏所产生的光子噪声相比，可以忽略时，这种红外探测器件就达到了背景噪声限值，其探测率与视场角有关。为了消除视场角的影响，用 D^{**} 描述红外探测器件的性能。D^{**} 的计算公式为

$$D^{**} = \left(\frac{\Omega}{\pi}\right)^{1/2} D^* \tag{7-9}$$

式中，Ω 为红外探测器件的响应单元向挡板或冷屏所张开的有效立体角。在半角为 $\theta/2$ 的锥形中 D^* 为常数的特殊情况下，Ω 的计算公式为

$$\Omega = \pi \sin^2\left(\frac{\theta}{2}\right) \tag{7-10}$$

可知

$$D^{**} = D^{**} \sin\left(\frac{\theta}{2}\right) \tag{7-11}$$

当 $\theta = \pi$ 时，$D^{**} = D^*$ 。

上式说明，受背景光子噪声限制的红外探测器件的探测率与该探测器件的视场角有关，配置冷屏，以减小视场角，可以提高探测率。当视场角为 π 时，D^{**} 就是通常所说的归一化探测率 D^* 。在朗伯型探测器件前面用冷却孔得到受光子噪声限制的 D^* 和 D^*_λ 的相对增加值

如图 7.2 所示。从图 7.2 可看出，当$\theta > 120°$时，$D^{**} \approx D^*$；当$\theta < 60°$时，D^*随着θ的减小而迅速增大。

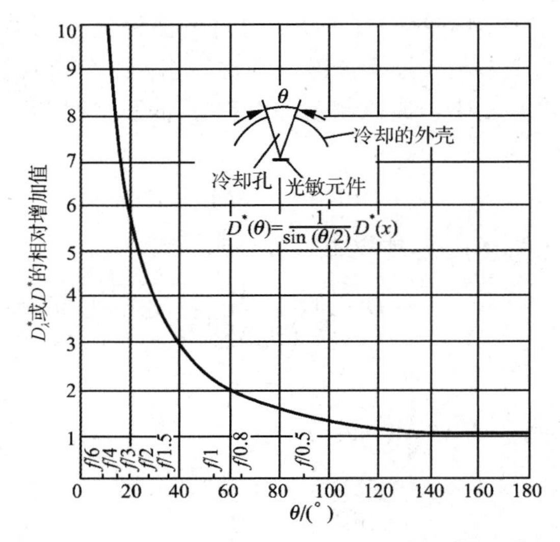

图 7.2　在朗伯型探测器件前面用冷却孔得到受光子噪声限制的D^*和D^*_λ的相对增加值

D^{**}对小视场角没有意义，因为视场角很小时由背景辐射引起的光子噪声很小，光子噪声不是红外探测器件的主要噪声，不满足背景限制条件。

以上几种探测率的表述容易混淆。其中，黑体探测率$D^*(T_{BB},f)$和峰值探测率$D^*_\lambda(\lambda_p,f)$是红外探测器件探测率的两种基本表示方式。若不加特殊说明，一般所说的探测率，就是黑体探测率$D^*(T_{BB},f)$或峰值探测率$D^*_\lambda(\lambda_p,f)$。

6）光谱响应

功率相等的不同波长的光线辐射在红外探测器件上产生的信号V_S（均方根电压）与波长λ的关系称为该探测器件的光谱响应（等能量光谱响应）。通常用单色光波长的响应度或探测率与波长的关系表示光谱响应，该响应曲线的纵坐标为$D^*_\lambda(\lambda,f)$，横坐标为波长λ。有时给出准确值，有时给出相对值。前者称绝对光谱响应，后者称相对光谱响应。测量绝对光谱响应时，需要校准辐射能的绝对值，实现这种情况比较困难；测量相对光谱响应时，只需相对校准辐射能测量，这种情况比较容易实现。

光子探测器件是基于其所用的半导体材料吸收光子产生自由载流子而工作的。入射光子的能量必须大于或等于本征半导体的禁带宽度或杂质半导体的杂质电离能。小于这个能量的光子将不会被吸收，因而不能产生光子效应。光子探测器件的光谱响应曲线在长波方向存在一个截止波长λ_c，它与半导体的禁带宽度的关系如式（7-3）所示。

光子探测器件的光谱响应包括等量子光谱响应和等能量光谱响应两种。由于光子探测器件的量子效率（光子探测器件接收辐射能后所产生的载流子数与入射的光子数之比）在响应波段内可视为小于 1 的常数，所以理想的等量子光谱响应曲线是一条水平直线，在λ_c处突然降为零。随着波长的增加，光子能量呈反比例下降，若要保持等能量条件，光子数必须呈正比例上升，因而理想的等能量光谱响应曲线是一条随波长增加而直线上升的斜线，到截止波长λ_c处降为零。一般所说的光子探测器件的光谱响应曲线是指等能量光谱响应曲线。图 7.3 是光子探测器件和热探测器件的理想等能量光谱响应曲线，即该图中 *A* 和 *B* 所代表的曲线。

光子探测器件的实际等能量光谱响应曲线（见图 7.4）与理想等能量光谱响应曲线有差异，随着波长的增加，光子探测器件的响应度（或探测率）逐渐增大（但不呈线性增加），到最大值时不是突然下降而是逐渐下降。响应度最大时对应的波长为峰值波长，以 λ_p 表示。通常将响应度下降到峰值波长的 50%处对应的波长称为截止波长，以 λ_c 表示。在一些文献中截止波长被注明为下降到峰值波长的 10%或 1%处对应的波长。

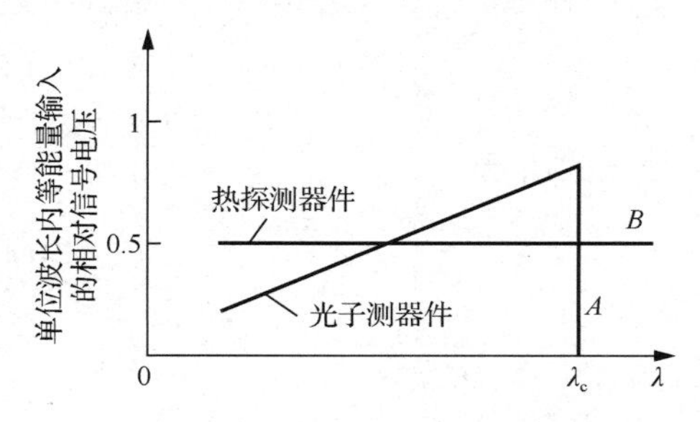

图 7.3　光子探测器件和热探测器件的理想等能量光谱响应曲线

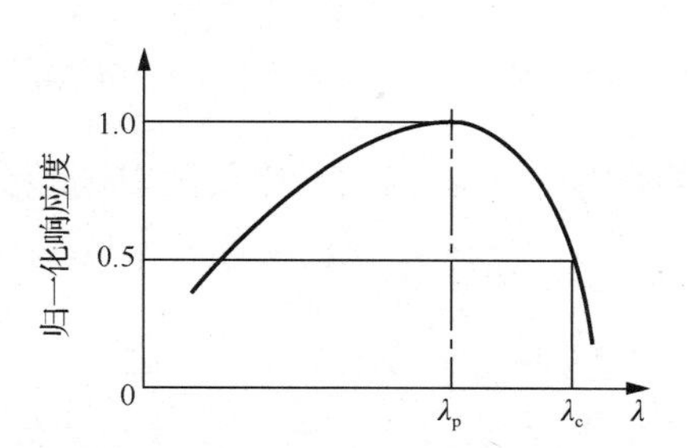

图 7.4　光子探测器件的实际等能量光谱响应曲线

7）响应时间

红外探测器件的响应时间（也称时间常数）表示红外探测器件对交变辐射功率响应的快慢。由于红外探测器件有惰性，因此它对红外线辐射功率的响应不是瞬时的，而是存在一定的滞后时间。红外探测器件对交变辐射功率的响应速度时快时慢，以时间常数 τ 来区分快与慢。

为了说明响应的快慢，假定在 $t=0$ 时刻，用恒定的辐射强度辐射红外探测器件，红外探测器件的输出信号电压从零开始逐渐上升，经过一定时间后达到一个稳定值。若在输出信号电压达到稳定值后停止辐射，则红外探测器件的输出信号电压不是立即降到零，而是逐渐下降到零（见图 7.5）。这个上升或下降的快慢反映了红外探测器件对交变辐射功率响应的速度。

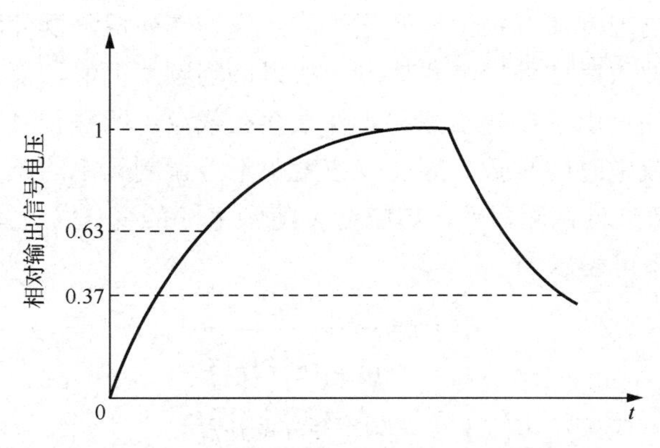

图 7.5　红外探测器件对交变辐射功率的响应

决定红外探测器件时间常数最重要的因素是自由载流子寿命（半导体的载流子寿命是过剩载流子复合前存在的平均时间，它是决定大多数半导体光子探测器件衰减时间的主要因素）、热时间常数和电时间常数。RC 电路的时间常数τ往往成为限制一些红外探测器件响应时间的主要因素。

受辐射时红外探测器件的输出信号按照指数关系上升，即在某一时刻以恒定的辐射强度辐射红外探测器件，其输出信号电压V_S按指数关系上升到某一恒定值V_0：

$$V_S = V_0\left(1-e^{-\frac{t}{\tau}}\right) \tag{7-12}$$

式中，τ为响应时间（时间常数）。

当$t=\tau$时，

$$V_S = V_0\left(1-\frac{1}{e}\right) = 0.63V_0 \tag{7-13}$$

取消辐射后输出信号电压随时间减少而下降，如下式所示。

$$V_S = V_0 e^{-\frac{t}{\tau}} \tag{7-14}$$

当$t=\tau$时，

$$V_S = \frac{V_0}{e} = 0.37V_0 \tag{7-15}$$

由此可知，响应时间τ的物理意义如下：当红外探测器件受到红外线辐射时，输出信号电压上升到稳定值的 63%时所需要的时间，或者取消红外线辐射后输出信号下降到稳定值的 37%时所需要的时间。τ越小，响应越快；τ越大，响应越慢。从对辐射功率的响应速度要求来看，τ越小越好，然而，对于像光电导探测器件，响应度与载流子寿命τ成正比（响应时间主要由载流子寿命决定），若τ小，则响应度也低。对 SPRITE 探测器，要求材料的载流子寿命τ比较大，才能工作。对红外探测器件响应时间的要求，应结合信号处理和红外探测器件的性能考虑。当然，这里强调的是响应时间由载流子寿命决定，而热时间常数和电时间常数不是响应时间的主要决定因素。事实上，不少红外探测器件的响应时间都是由电时间常数和热时间常数决定的。热探测器件的响应时间达到毫秒级，光子探测器件的时间常数在微秒级以下。

8）频率响应

红外探测器件的响应度随调制频率变化的关系称为红外探测器件的频率响应。当一定振幅的正弦调制辐射波入射红外探测器件时，如果调制频率很低，那么输出信号与频率无关；如果调制频率升高，由于在光子探测器件中存在载流子的复合时间或寿命，在热探测器件中存在着热惰性或电时间常数，因此响应度跟不上调制频率的迅速变化，导致高频响应度下降。对于大多数红外探测器件，响应度R随频率f的变化（见图 7.6）关系类似一个低通滤波器，两者关系可表示为

$$R(f) = \frac{R_0}{\left(1+4\pi^2 f^2\tau^2\right)^{\frac{1}{2}}} \tag{7-16}$$

式中，R_0为低频时的响应度；$R(f)$为f频率下的响应度。

式（7-16）仅适用于单分子复合过程的材料。所谓单分子复合过程是指复合率仅正比于过剩载流子浓度瞬时值的复合过程。这是大部分红外探测器件材料都服从的规律，因此式（7-16）是一个具有普遍性的计算公式。

在频率 $f < \dfrac{1}{2\pi\tau}$ 时，响应度与频率 f 无关；在较高频率时，响应度开始下降；在 $f = \dfrac{1}{2\pi\tau}$ 时，$R(f) = \dfrac{1}{\sqrt{2}} R_0 = 0.707 R_0$。此时对应的频率称为红外探测器件的响应频率，以 f_c 表示；在 $f > \dfrac{1}{2\pi\tau}$ 时，响应度随频率的增高呈反比例下降趋势。

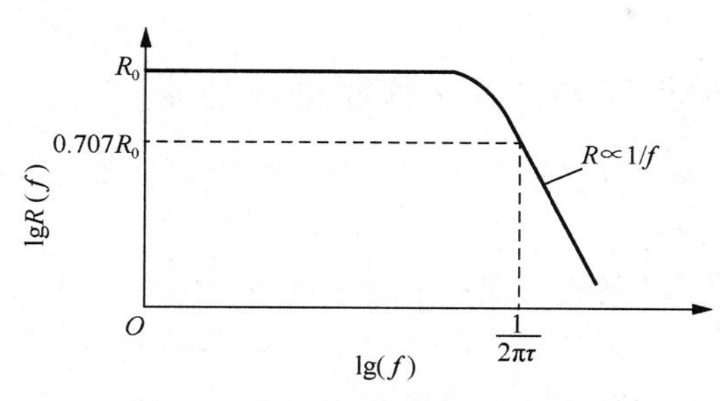

图 7.6 响应度与频率的关系曲线

有的红外探测器件（如在 77K 温度下工作的硫化铅光电导探测器件）具有两个时间常数，其中一个时间常数比另一个大得多。这种红外探测器件的响应度与频率的关系曲线如图 7.7 所示。有的红外探测器件在光谱响应的不同区域出现不同的时间常数，对某一波长的单色光，某一个时间常数是主要的，而对另一个波长的单色光，另一个时间常数成为主要的。在大多数实际应用中，不希望红外探测器件具有两个时间常数。

下面讨论探测率与频率的关系。因为探测率 D^* 所表示的是在单位带宽内由具有一定的光谱分布的单位辐射功率所产生的不依赖面积的信噪比，对于噪声不依赖频率（此类噪声称为内噪声，热噪声就是其中的一种）的红外探测器件，探测率与频率的关系和响应度与频率的关系具有同样的形式。但是，对于受电流噪声限制的红外探测器件，噪声电压随 $(1/f)^{1/2}$ 变化，探测率 D^* 与频率有如下的关系：

$$D^*(f) = \frac{Kf^{\frac{1}{2}}}{\left(1 + 4\pi^2 f^2 \tau^2\right)^{\frac{1}{2}}} \tag{7-17}$$

式中，K 为一个除频率 f 外包括其他参数在内的比例系数。

图 7.8 所示为受 $1/f$ 噪声限制的红外探测器件的探测率 D^* 与频率的关系曲线。

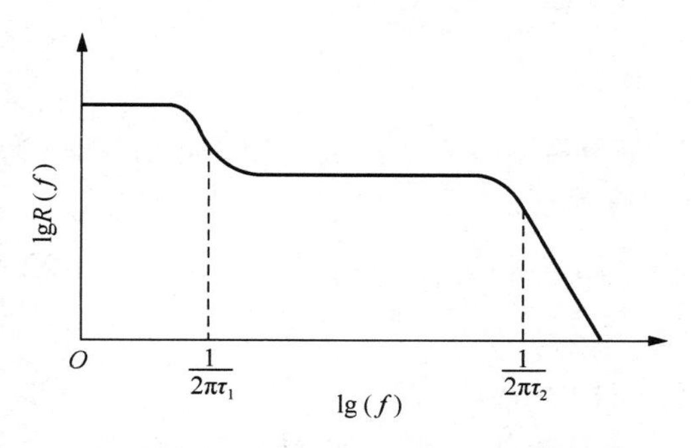

图 7.7 具有两个时间常数的红外探测器件的响应度与频率的关系曲线

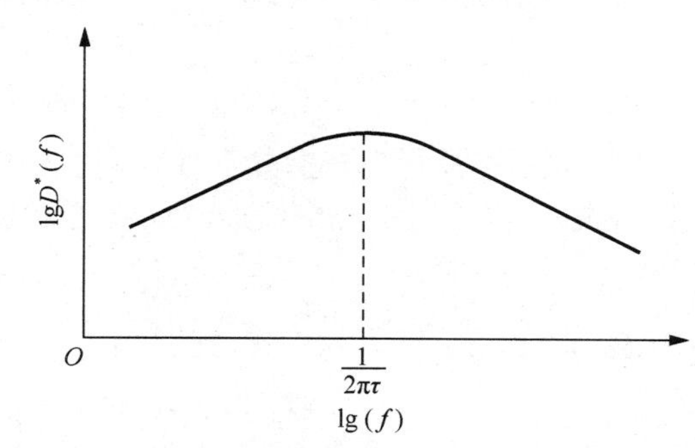

图 7.8 受 $1/f$ 噪声限制的红外探测器件的探测率 D^* 与频率的关系曲线

将 $D^*(f)$ 对 f 微分，并令其等于零，可得到最高探测率对应的频率，即

$$f_{\max}=\frac{1}{2\pi\tau} \tag{7-18}$$

7.2 常用红外探测器件

7.2.1 光电导红外探测器件的工作原理与性能分析

光电导探测器件可分为本征光电导探测器件和杂质光电导探测器件。

当入射光的光子能量大于或等于半导体的禁带宽度 E_g 时，电子从价带被激发到导带，同时在价带中产生同等数量的空穴，即产生电子-空穴对。电子和空穴同时对电导有贡献，这种情况称为本征光电导。本征半导体是一种高纯半导体，它的杂质含量很少，由杂质激发的载流子与本征激发的载流子相比可以忽略不计。

对于本征半导体，光生空穴运动的基本方程为

$$\frac{\partial\Delta p}{\partial t}=g+D_p\nabla^2(\Delta p)-\frac{\Delta p}{\tau} \tag{7-19}$$

上式等号右边第一项为光生空穴的产生率，第二项为扩散开的光生空穴，第三项为光生空穴的复合率；等号左边的 $\partial\Delta p/\partial t$ 为单位体积内光生空穴的增加率。

用足够的辐射强度辐射红外探测器件，开始时光生载流子从零开始增加，经过一定时间辐射后光生载流子趋于稳定，这一状态称为稳态。在稳态情况下，式（7-19）变为

$$D_p\nabla^2(\Delta p)+g-\frac{\Delta p}{\tau}=0 \tag{7-20}$$

求解上述微分方程，就可得到光生空穴浓度 Δp。红外探测器件的实际应用主要针对弱光照度情况，下面分两种情况讨论。

1. 忽略载流子浓度梯度及表面复合速度

忽略载流子浓度梯度意味着红外探测器件芯片内各处的载流子浓度是均匀的，也就是说，体激发率是均匀的。在很多场合下，这种简化只忽略了一些次要因素，其结果是适用的。在这种情况下，式（7-20）等号左边的第一项为零。于是，其解为

$$\Delta p=g\tau \tag{7-21}$$

式（7-21）说明，光生空穴浓度与体激发率 g 成正比。

以图 4.1 中的光电导探测器件为例，这里设该探测器件的长度为 l，宽度为 w，厚度为 d。若在 x 轴方向上施加的电场为 E_x，则光电流密度为

$$\Delta J_x=\Delta\sigma E_x=(\Delta\sigma_p+\Delta\sigma_n)E_x=(q\mu_p\Delta p+q\mu_n\Delta n)E_x \tag{7-22}$$

由于 $\Delta p=\Delta n=g\tau$，因此上式可改写为

$$\Delta J_x=q\Delta p\mu_p(1+\mu_n/\mu_p)E_x=(1+b)q\mu_p g\tau E_x \tag{7-23}$$

其中，$b=\mu_n/\mu_p$ 是电子迁移率与空穴迁移率之比。光电流为

$$\Delta I_x=\Delta J_x wd=q\mu_p(1+b)g\tau E_x wd \tag{7-24}$$

若该探测器件的电阻为R_0，则在该探测器件两端的光电压为

$$\Delta V = \Delta I_x R_0 = q\mu_{\mathrm{p}}\left(1+b\right)g\tau E_x \rho l \tag{7-25}$$

该探测器件的光谱电压响应度为

$$R_{v,\lambda} = \frac{\Delta V}{P_\lambda} = \frac{\Delta V}{E_\lambda wl} = \frac{q\mu_{\mathrm{p}}\left(1+b\right)g\tau\rho E_x}{E_\lambda w} \tag{7-26}$$

式中，ρ为该探测器件材料的电阻率；E_λ为该探测器件单位表面积上接收到的光谱辐射能，在表面吸收力很强、几微米内的光子几乎全部被吸收的情况下，平均体激发率为

$$\bar{g} = \frac{\eta\left(1-r\right)E_\lambda}{h\nu d} \tag{7-27}$$

将式（7-27）代入式（7-26），得

$$R_{v,\lambda} = \frac{\eta\left(1-r\right)\left(1+b\right)q\mu_{\mathrm{p}}\tau\rho E_x}{h\nu wd} \tag{7-28}$$

本征光电半导体的电阻率可表示为

$$\rho = \frac{1}{\sigma} = \frac{1}{\left(1+b\right)pq\mu_{\mathrm{p}}} \tag{7-29}$$

将式（7-29）代入式（7-28），得到本征光电导体的光谱电压响应度，即

$$R_{v,\lambda} = \frac{n\left(1-r\right)\tau E_x}{h\nu pwd} \tag{7-30}$$

式中，η为量子效率；r为该探测器件表面的反射比；ρ为无目标辐射时该探测器件材料的电阻率；p为无目标辐射时该探测器件材料的空穴浓度；τ为该探测器件材料载流子寿命。

该探测器件处于无目标辐射时也处于一定的背景辐射中，因此应考虑背景辐射对空穴浓度和电阻率的贡献。在这种情况下，p和ρ可分别表示为

$$p = p_{\mathrm{t}} + p_{\mathrm{b}} \tag{7-31}$$

$$\rho = \frac{1}{\sigma} = \frac{1}{\sigma_{\mathrm{i}} + \sigma_{\mathrm{b}}} \tag{7-32}$$

式中，p_{t}为热激发的载流子浓度；p_{b}为背景激发的载流子浓度；σ_{t}为热激发产生的电导率；σ_{b}为背景激发产生的电导率。

考虑到上述因素，式（7-32）和式（7-30）可分别改写为

$$R_{v,\lambda} = \frac{\eta\left(1-r\right)\left(1+b\right)q\mu_{\mathrm{p}}\tau\rho E_x}{\left(\sigma_{\mathrm{t}}+\sigma_{\mathrm{b}}\right)h\nu wd} \tag{7-33}$$

和

$$R_{v,\lambda} = \frac{\eta\left(1-r\right)\tau E_x}{\left(p_{\mathrm{t}}+p_{\mathrm{b}}\right)h\nu wd} \tag{7-34}$$

下面讨论各参数对该探测器件响应度的影响。

（1）响应度与载流子寿命τ的关系。响应度与载流子寿命τ成正比，增大τ，可以提高响应度。纯度高、缺陷少和位错密度低的半导体材料的复合系数小，载流子寿命长。

（2）响应度与载流子浓度的关系。无目标辐射时，半导体的载流子由热激发和背景激发产生。在热激发的载流子浓度p_{t}大于背景激发的载流子浓度p_{b}的温度范围内，可以采用制冷技术降低该探测器件的工作温度，减小p_{t}，提高响应度。当该探测器件的工作温度降

低到热激发的载流子浓度 p_t 远小于背景激发的载流子浓度 p_b 时，若进一步降低工作温度，则不能进一步降低总的载流子浓度，因而不能提高该探测器件的响应度。这时，该探测器件达到背景噪声限值。在这种情况下，增加滤光片，仅允许目标辐射通过，或用冷屏限制该探测器件的视场角。这些措施可降低背景激发载流子浓度和背景辐射所产生的光子噪声，提高该探测器件的响应度和探测率。

（3）响应度与外加电场 E_x 的关系。从响应度与电场强度的关系式看出，$R_{v,\lambda}$ 与 E_x 成正比。这个关系仅在场强较小的范围内成立。随着外加电场的增加，该探测器件所消耗的焦耳热增加，温度上升，热激发载流子浓度 p_t 增大，导致响应度下降。若同时考虑噪声，情况就更加复杂。施加偏置电流的光电导探测器件的噪声常以电流噪声为主，在一定场强范围内噪声与电场强度成正比，超过这一线性范围，噪声随场强的增加速度比信号随场强的增加速度快，信噪比迅速下降。可以说，施加偏置电流的光电导探测器件的性能与场强有关，存在一个最佳场强范围，场强过大会导致光电导探测器件的性能下降甚至损坏。各种类型探测器件的最佳场强范围可通过实验确定。

（4）光电导探测器件几何尺寸对其性能的影响。减小光电导探测器件厚度可以增大响应度。但厚度不能太小，否则，入射光的辐射不能完全被吸收。也就是说，要在 $\alpha d >> 1$ 的条件下，减小光电探测器件厚度 d 才能提高响应度。例如，锑化铟（InSb）光电导探测器件的吸收系数 $\alpha = 10^4 / \mathrm{cm}$，选取 $\alpha d = 10$（满足 $\alpha d >> 1$ 条件），则 $d = 10/10^4 \mathrm{cm}^{-1} = 10^{-3} \mathrm{cm} = 10 \mu\mathrm{m}$。由此可知，锑化铟光电导探测器件的厚度在 $10\mu\mathrm{m}$ 以下较好。当然，用块状晶体难以做到这么薄。

（5）响应度、量子效率 η 和光电导探测器件表面反射系数 r 的关系。从式（7-34）可以看出，高量子效率、低表面反射系数可以提高响应度。在光电探测器件表面镀上减反射膜（又称增透膜）可减少反射量，增大吸收量，提高光电导探测器件的量子效率和响应度。

2. 考虑载流子浓度梯度及表面复合速度

在载流子浓度梯度及表面复合速度不能忽略的情况下，通过计算可以得出光谱响应度为

$$R_{v,\lambda} = \frac{\Delta V}{P_\lambda} = \frac{\Delta V}{E_\lambda wl} = q\mu_p (1+b) \rho L E_x N \times \frac{\left[\frac{D}{L}\sinh\frac{d}{L} - s\left(1-\cosh\frac{d}{L}\right)\right]}{E_\lambda wd\left[\left(s^2+\frac{D^2}{L^2}\right)\sinh\frac{d}{L} + \frac{2sD}{L}\cosh\frac{d}{L}\right]} \tag{7-35}$$

式中，D 为载流子的扩散系数；L 为载流子的扩散长度；s 为载流子的表面复合速度；ρ 为光电导探测器件（芯片）材料的电阻率；N 为光电导探测器件吸收的光子数。

从式（7-35）可以看出：

（1）由于存在表面复合速度，响应度将下降，因此应尽可能减小表面复合速度。对光电导探测器件材料进行磨抛时，应尽量保证表面完整、清洁，做好的芯片表面应具有钝化保护膜。这样，可减小表面复合速度。

（2）响应度与芯片厚度的关系较复杂，但不难看出厚度 d 增大会降低响应度。

（3）当芯片厚度远小于载流子扩散长度（$d << L$）时，表面复合速度可以忽略不计，即 s 趋于零，式（7-35）简化为

$$R_{v,\lambda}=\frac{q\mu_{\rm p}\left(1+b\right)\rho L^2 NE_x}{E_\lambda wdD} \tag{7-36}$$

将 $N=\eta\left(1-r\right)E_\lambda/h\nu$ 和 $L^2=D\tau$ 代入上式，得

$$R_{v,\lambda}=\frac{\eta\left(1-r\right)\left(1+b\right)q\mu_{\rm p}\tau\rho E_x}{h\nu wd} \tag{7-37}$$

这正是式（7-28）所表示的可以忽略载流子浓度梯度和表面复合速度的情况。

7.2.2 扫积型红外探测器件原理与结构

扫积型（Signal Processing In The Element，SPRITE）红外探测器件属于光电导效应型探测器件，这种红外探测器件利用红外图像扫描速度与光生非平衡载流子双极运动速度相等的原理，可实现信号探测、时间延迟和积分三种功能，大大地简化焦平面外的电子线路，从而使这类红外探测器件的尺寸、质量、成本显著减小，提高工作的可靠性。扫积型红外探测器件是20世纪80年代英国人C.T.埃利奥特（C.T.Elliot）和布莱克本（A.Blockburn）等人为高性能快速实时热成像系统研制出的红外探测器件。

根据双极扩散、双极漂移理论，当红外线照射在两端施加了固定电压的N型半导体上时，光生载流子将经历产生、复合、扩散及漂移等过程，其浓度变化可写成如下形式：

$$\frac{\partial\Delta p}{\partial t}=D\frac{\partial^2\Delta p}{\partial x^2}-\mu E\frac{\partial\Delta p}{\partial t}-\frac{\Delta p}{\tau}+Q \tag{7-38}$$

其中的 D 和 μ 分别为双极扩散系数与双极迁移率。它们仅表示非平衡载流子浓度分布的扩散和漂移运动，这里的漂移是在电场 E 的作用下，因 $n\neq p$ 而造成的。若 $n=p,\mu=0$，则无漂移运动；若 $n>>p$，则 $\mu=\mu_{\rm p}$，即 Δp 以 p 的速度运动。在 Δp 的漂移过程中，为保持电中性，Δn 也跟着 Δp 沿同一方向一起运动。两者漂移过程的动力如图7.9所示。当有非平衡载流子存在时，电中性条件难以满足。在图7.9中，由于 Δn 和 Δp 不重合而产生附加电场，该附加电场因与电场 E 反向而被削弱。在被削弱的电场区，多子（电子）的漂移速度降低，而在该区的两端电子速度不变，导致左端的电子浓度降低，右端的电子浓度增加。这相当于 Δn 向右漂移，当 Δp 前进时，Δn 也跟着前进。用这种方法可以实现 Δp 分布的自动扫描，这种效应称为扫出效应。

由于扫出效应的存在，因此当样品受光照时，光信号会自动转移出去。利用这种效应，就可以实现光信号的积累和延迟叠加。图7.10所示SPRITE红外探测器件的工作原理示意，设光斑沿样品长度方向的扫描速度 $v_{\rm s}$ 与非平衡载流子的双极漂移速度 $v_{\rm d}$ 相等，即等于 μE。当光斑由位置1扫描到位置2时，其在位置1产生的 Δp_1 也在扫出效应作用下到达位置2，与光斑在位置2产生的 Δp_2 叠加在一起并向位置3运动。依次累加直至被作为信号读出为止，从而完成积累与延时。

可见，实现SPRITE红外探测器件的积累与延时的必要条件是红外图像的扫描速度等于非平衡载流子的双极漂移速度。双极漂移速度与材料的非平衡载流子迁移率和外加偏压大小有关，如果施加足够大的偏压，那么非平衡载流子将大部或全部被电场扫出。若电场强度过小，非平衡载流子的漂移长度小于SPRITE红外探测器件的长度，会使光生载流子在体内复合，尤其在图像扫描起始端体内复合更为显著。光生载流子渡越距离过长，因复合而损失较大。下面具体分析扫出效应。

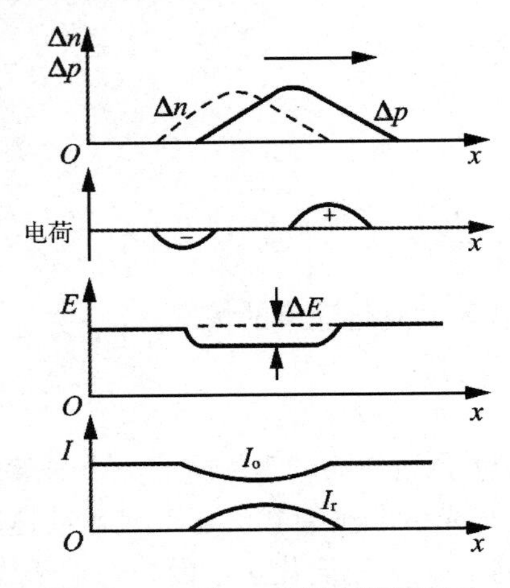

图 7.9　Δn 和 Δp 漂移过程的动力

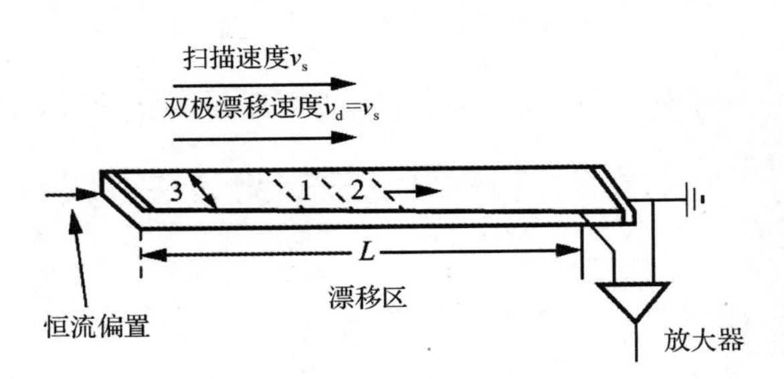

图 7.10　SPRITE 红外探测器件的工作原理示意

1. SPRITE 红外探测器件的响应度

设有一束稳定的红外线入射到 SPRITE 红外探测器件的 x_0 处，若忽略陷阱效应和表面复合速度，在强电场作用下忽略非平衡载流子的扩散，则沿该探测器件长度方向 x 处的光生载流子的稳态方程将简化为

$$\mu_{\mathrm{p}} E \nabla(\Delta p)+g-\frac{\Delta p}{\tau}=0 \tag{7-39}$$

在如图 7.10 所示的一维坐标系中，式（7-39）变为

$$\frac{\mathrm{d} \Delta p}{\mathrm{d} x}+\frac{\Delta p}{\mu_{\mathrm{p}} E_x \tau_{\mathrm{p}}}-\frac{g}{\mu_{\mathrm{p}} E_x}=0$$

$$\frac{\mathrm{d} \Delta p}{\mathrm{d} x}=-\frac{\Delta p}{\mu_{\mathrm{p}} E_x \tau_{\mathrm{p}}}+\frac{g}{\mu_{\mathrm{p}} E_x} \tag{7-40}$$

式（7-40）为一阶线性微分方程。求出通解并把它代入边值条件，当 $x=0, \Delta p=0$，可得

$$\Delta p=g \tau_{\mathrm{p}}\left(1-\mathrm{e}^{-\frac{x}{\mu_{\mathrm{p}} E_x \tau_{\mathrm{p}}}}\right) \tag{7-41}$$

当 $x=L$ 时，即红外图像扫描至读出区，式（7-41）可改写为

$$\Delta p=g \tau_{\mathrm{p}}\left(1-\mathrm{e}^{-\frac{L}{\mu_{\mathrm{p}} E_x \tau_{\mathrm{p}}}}\right) \tag{7-42}$$

空穴电流密度为

$$J_{\mathrm{p}}=q\left(\mu_{\mathrm{p}}+\mu_{\mathrm{n}}\right) \Delta p E_x=q \mu_{\mathrm{p}}(1+b) E_x g \tau_{\mathrm{p}}\left(1-\mathrm{e}^{-\frac{L}{\mu_{\mathrm{p}} E_x \tau_{\mathrm{p}}}}\right) \tag{7-43}$$

根据图 7.10 可知，光电流为

$$I_{\mathrm{p}}=J_{\mathrm{p}} w d=q \mu_{\mathrm{p}}(1+b) w d E_x g \tau_{\mathrm{p}}\left(1-\mathrm{e}^{-\frac{L}{\mu_{\mathrm{p}} E_x \tau_{\mathrm{p}}}}\right) \tag{7-44}$$

式中，w 为长条形芯片的宽度；d 为长条形芯片的厚度；L 为长条形芯片的长度。

若 R 为 SPRITE 红外探测器件长条形芯片的电阻，则开路电压为

$$\Delta V_{\mathrm{oc}}=I_{\mathrm{p}} R=q \mu_{\mathrm{p}}(1+b) \rho L E_x g \tau_{\mathrm{p}}\left(1-\mathrm{e}^{-\frac{L}{\mu_{\mathrm{p}} E_x \tau_{\mathrm{p}}}}\right) \tag{7-45}$$

光谱电压响应度为

$$R_{v,\lambda}=\frac{\Delta V_{oc}}{p}=\frac{\Delta V_{oc}}{E_{\lambda}wl}=\frac{q\mu_p(1+b)\rho E_x g\tau_p}{E_{\lambda}w}\left(1-e^{-\frac{L}{\mu_p E_x \tau_p}}\right) \tag{7-46}$$

对载流子的激发率，可选取平均体激发率，即

$$g=\bar{g}=\frac{\eta(1-r)E_{\lambda}}{h\nu d}\left(1-e^{-\alpha d}\right) \tag{7-47}$$

暗电阻率为

$$\rho=\frac{1}{q\mu_p(1+b)p} \tag{7-48}$$

把式（7-47）和式（7-48）代入式（7-46），可求得光谱电压响应度，即

$$R_{v,\lambda}=\frac{\eta(1-r)\tau_p E_x\left(1-e^{-\alpha d}\right)}{pwdh\nu}\left(1-e^{-\frac{L}{\mu_p E_x \tau_p}}\right) \tag{7-49}$$

式中，p 为空穴浓度。若背景激发和热激发同时产生空穴，则 $p=p_t+p_b$，那么式（7-49）变为

$$R_{v,\lambda}=\frac{\eta(1-r)\tau_p E_x\left(1-e^{-\alpha d}\right)}{(p_t+p_b)wdh\nu}\left(1-e^{-\frac{L}{\mu_p E_x \tau_p}}\right)=\frac{\eta(1-r)\tau_p E_x\left(1-e^{-\alpha d}\right)}{(p_t+p_b)wdh\nu}\left(1-e^{-\frac{t}{\tau_p}}\right) \tag{7-50}$$

式中，$t=\dfrac{L}{\mu_p E_x}$ 称为渡越时间，就是非平衡载流子中的空穴渡越 SPRITE 红外探测器件长条形芯片长度 L 所需要的时间。

2. 非平衡载流子的扫出效应

设一束稳定的红外线照射到 SPRITE 红外探测器件长条形芯片的 x 处（见图 7.10），在忽略陷阱效应、表面复合速度和扩散的情况下，激发的非平衡载流子中的空穴受电场的作用沿长度 L 的运动方程为

$$\mu_p E_x \frac{d\Delta p}{dx}=-\frac{\Delta p}{\tau_p} \tag{7-51}$$

解方程，得

$$\Delta p=ce^{-\frac{x}{\mu_p E_x \tau_p}} \tag{7-52}$$

当 $x=0$ 时，$\Delta p=\Delta p_0$，$c=\Delta p_0$，式（7-52）变为

$$\Delta p=\Delta p_0 e^{-\frac{x}{\mu_p E_{x\tau_p}}}=\Delta p_0 e^{-\frac{x}{L_d}} \tag{7-53}$$

式中，$L_d=\mu_p E_{x\tau_p}$，该值为非平衡载流子中的空穴漂移长度。由此可知，E_x 增大，漂移长度也随之增大，当电场强度 E_x 增大到非平衡载流子中的空穴的漂移长度 L_d 远大于 SPRITE 红外探测器件长条形芯片长度 L 时，非平衡载流子中的空穴可以延伸到整个探测器件，到达读出区，这就是非平衡载流子的扫出效应。

7.2.3 光伏红外探测器件的工作原理与性能分析

光伏红外探测器件的一般性分析见第 5 章 5.1 节“结型光电器件的基本原理”。

1. 光伏红外探测器件的探测率 D^*

光伏红外探测器件的光谱探测率 D_λ^* 可表示为

$$D_\lambda^* = \frac{\frac{S}{N}\left(A_\mathrm{D}\Delta f\right)^{\frac{1}{2}}}{P_\lambda} = \frac{\frac{I_\mathrm{sc}}{\left(\overline{i_\mathrm{N}^2}\right)^{\frac{1}{2}}\left(A_\mathrm{D}\Delta f\right)^{\frac{1}{2}}}}{\frac{hc}{\lambda\cdot A_\mathrm{D}E_\mathrm{p}}} \tag{7-54}$$

式中，$\frac{S}{N}$ 为信噪比。信号和噪声既可用电压形式表示，也可用电流形式表示；A_D 为光伏红外探测器件的面积；P_λ 为波长为 λ 的辐射波辐射在光伏红外探测器件上的功率；E_p 为光伏红外探测器件上的光子辐射照度；I_sc 为短路电流；$\left(\overline{i_\mathrm{N}^2}\right)^{\frac{1}{2}}$ 为均方根噪声电流。

光伏红外探测器件多以散粒噪声为主，当仅考虑散粒噪声时，式（7-54）可化为

$$D_\lambda^* = \frac{\eta q E_p A_\mathrm{D}\left(A_\mathrm{D}\Delta f\right)^{\frac{1}{2}}}{\frac{hc}{\lambda}E_\mathrm{p}A_\mathrm{D}\left\{2q\left[I_\mathrm{sc}+\frac{I_\mathrm{so}}{\beta}\left(\mathrm{e}^{\frac{qV}{\beta kT}}+1\right)\right]\Delta f\right\}^{\frac{1}{2}}} = \frac{\eta\lambda q A_\mathrm{D}^{1/2}}{hc\left\{2q\left[I_\mathrm{sc}+\frac{I_\mathrm{so}}{\beta}\left(\mathrm{e}^{\frac{qV}{\beta kT}}+1\right)\right]\right\}^{\frac{1}{2}}} \tag{7-55}$$

式中，I_so 为热平衡下的电流。在零偏压下，式（7-55）变为

$$D_\lambda^* = \frac{\eta\lambda q A_\mathrm{D}^{\frac{1}{2}}}{hc\left\{2q\left[I_\mathrm{sc}+\frac{2I_\mathrm{so}}{\beta}\right]\right\}^{\frac{1}{2}}} \tag{7-56}$$

当 $\frac{2I_\mathrm{so}}{\beta >> I_\mathrm{sc}}$ 时，光伏红外探测器件性能受热噪声限制，式（7-56）变为

$$D_\lambda^* = \frac{\eta\lambda q A_\mathrm{D}^{\frac{1}{2}}}{hc\left[2q\frac{2I_\mathrm{so}}{\beta}\right]^{\frac{1}{2}}} = \frac{\eta\lambda q^{\frac{1}{2}}}{2hc\left[\frac{I_\mathrm{so}}{\beta A_\mathrm{D}}\right]^{\frac{1}{2}}} \tag{7-57}$$

由于 $I_\mathrm{so} = \frac{\beta kT}{qR_0}$（$R_0$ 是 PN 结的零偏压电阻），因此式（7-57）变为

$$D_\lambda^* = \frac{\eta\lambda q\left(A_\mathrm{D}R_0\right)^{\frac{1}{2}}}{2hc\left(kT\right)^{\frac{1}{2}}} \tag{7-58}$$

改进光伏红外探测器件的制备工艺，可减小 I_so。当 $\frac{2I_\mathrm{so}}{\beta} << I_\mathrm{sc}$ 时，光伏红外探测器件受背景噪声限制，其探测率达到背景限制探测率，式（7-58）变为

$$D_\lambda^* = \frac{\eta\lambda q A_\mathrm{D}^{\frac{1}{2}}}{hc\left(2qI_\mathrm{sc}\right)^{\frac{1}{2}}} = \frac{\eta\lambda q A_\mathrm{D}^{\frac{1}{2}}}{hc\left(2q\eta qE_\mathrm{b}A_\mathrm{D}\right)^{\frac{1}{2}}} = \frac{\lambda}{hc}\left(\frac{\eta}{2E_\mathrm{b}}\right)^{\frac{1}{2}} \tag{7-59}$$

从式（7-58）可以看出，当光伏红外探测器件受热噪声限制时，提高探测率 D^* 的关键措施

是提高结电阻和结面积的乘积并降低该探测器件的工作温度。从式（7-59）可以看出，当光伏红外探测器件受背景噪声限制时，提高探测率的主要措施是减小该探测器件视场角等办法，以减少该探测器件接收的背景光子数。

7.2.4 肖特基势垒光电探测器件的工作原理

肖特基势垒光电探测器件主要指肖特基势垒光电二极管（又称金属-半导体光电二极管），其势垒不再是 PN 结，而是金属和半导体接触形成的阻挡层，即肖特基势垒。肖特基势垒二极管是以其发明人肖特基博士（Schottky）命名的，其英文名称为 Schottky Barrier Diode，简称 SBD。肖特基势垒光电二极管是一种热载流子二极管，是低功耗、大电流、超高速半导体器件。其反向恢复时间极短（可以小到几纳秒），正向导通压降仅 0.4V 左右，而整流电流可达到几千安培。这些优良特性是快恢复二极管所无法比拟的，中、小功率肖特基势垒光电二极管大多采用封装形式（见图 7.11）。

图 7.11　肖特基势垒光电二极管

肖特基势垒光电二极管在机械构造上与点接触二极管很相似，但它比点接触二极管耐用，而且功率更大。图 7.12（a）给出了肖特基势垒光电二极管的基本构造，图 7.12（b）是其等效电路。

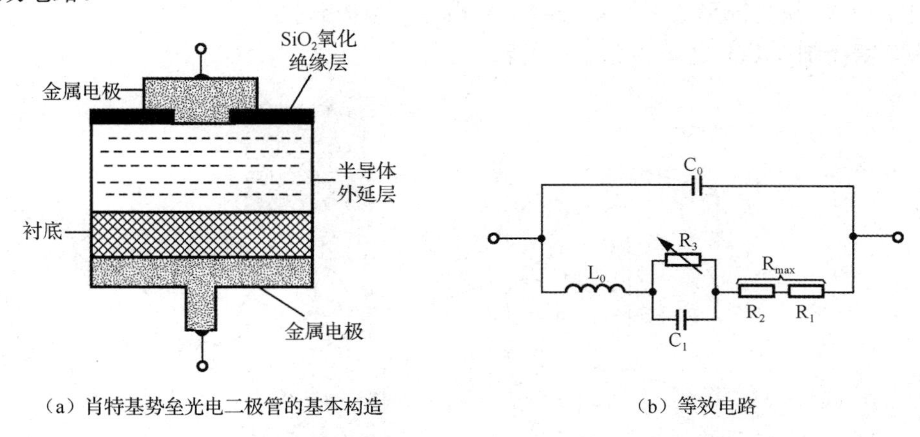

（a）肖特基势垒光电二极管的基本构造　　（b）等效电路

图 7.12　肖特基势垒光电二极管的基本构造及其等效电路

肖特基势垒光电二极管是以贵金属（金、银、铂等）A 为正极，以 N 型半导体基片 B 为负极，利用二者接触面上形成的势垒具有整流特性而制成的金属-半导体器件。因为 N 型半导体基片 B 中存在着大量的电子，而贵金属 A 中仅有极少量的自由电子，所以电子便从浓度高的 B 向浓度低的 A 中扩散。显然，贵金属 A 中没有空穴，也就不存在空穴自 A 向 B 的扩散运动。随着电子不断从 B 扩散到 A，B 表面电子浓度逐渐降低，表面电中性被破坏，于是就形成势垒，其电场方向为B→A。但在该电场作用下，A中的电子也会产生从A→B的漂移运动，从而削弱由于扩散运动而形成的电场。当建立起一定宽度的空间电荷区后，电场引起的电子漂移运动和由浓度不同引起的电子扩散运动达到相对的平衡，这时便形成了肖特基势垒。

典型的肖特基势垒光电二极管的内部电路结构以N型半导体为基片，在其上面形成用砷作为掺杂剂的N^-外延层，阳极（阻挡层）金属材料是钼。二氧化硅（SiO_2）用来消除边缘区域的电场，提高该二极管的耐压值。N型半导体基片B具有很小的通态电阻，其掺杂浓度较N^-外延层高100%。在基片B下边形成N^+阴极层，其作用是减小阴极的接触电阻。通过调整结构参数，可在基片与阳极金属之间形成合适的肖特基势垒。当施加正偏压E时，贵金属A和N型半导体基片B分别连接电源的正极与负极，此时势垒宽度变小。当施加负偏压$-E$时，势垒宽度变大。

肖特基势垒光电二极管的结构与PN结二极管的结构有很大的区别，通常将PN结二极管称作结二极管，而把金属-半导体二极管称作肖特基势垒光电二极管。近年来，采用硅平面化工艺制造的铝硅肖特基二极管也已问世，这不仅可以大量节省贵金属，而且大幅度降低成本，还改善参数的一致性。

肖特基势垒光电二极管仅用电子输送电荷，在势垒外侧无过剩非平衡载流子的积累，因此，不存在电荷储存问题，使开关特性获得明显改善。其反向恢复时间能缩短到10ns以内，但它的反向耐压值较低，一般不超过100V，因此适宜在低压、大电流情况下工作。利用肖特基势垒光电二极管的低压降这一特点，能够提高其在低压、大电流整流（或续流）电路的效率。

7.2.5 量子阱红外光子探测器件

量子阱红外光子探测器件（QWIP）是由非常薄的GaAs和$Al_xGa_{1-x}As$晶体层交叠而成的（见图7.13），在内部形成多个量子阱。采用分子束外延技术，可将GaAs和$Al_xGa_{1-x}As$晶体层的厚度控制在几分之一的分子层的精度。

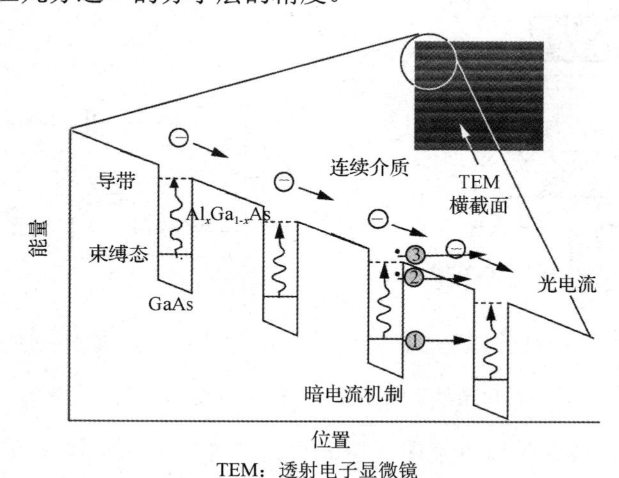

图7.13　量子阱红外光子探测器件结构

GaAs材料的带隙为1.35eV，通常不能制造波长大于0.92μm的量子阱红外光子探测器件。但量子阱内的电子可处于基态或初始激发态，即处于两种子能带，子能带之间的带隙较小。在光子激发下，电子由基态跃迁到初始激发态。量子阱红外光子探测器件的结构参数可保证受激载流子能从势阱顶部逸出，并在电场的作用下，被收集为光电流。图 7.14 所示为 QWIP 的光谱。

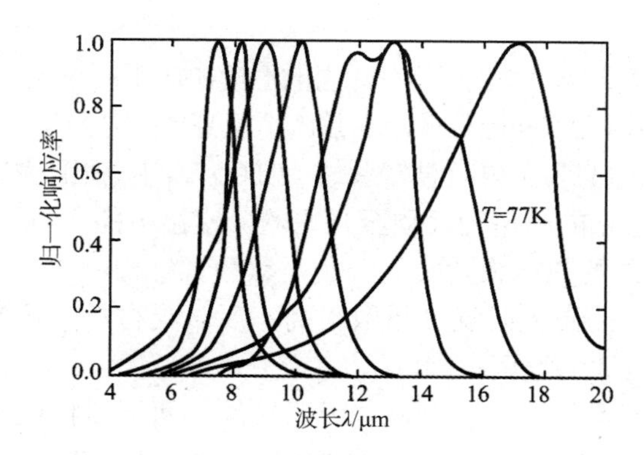

图 7.14　QWIP 的光谱

QWIP 响应的峰值波长是由量子阱的基态和激发态的能级差决定的，它的光谱响应与本征红外探测器件不同。QWIP 的光谱响应峰较窄且较陡，但它的峰值波长、截止波长可以被灵活且连续地“剪裁”，以便在同一块芯片上制造出双色、多色的成像面阵。

与其他光子探测器件相比，QWIP 独特之处在于它的响应特性可通过制造理想的束缚能级修正。改变晶体层的厚度，可改变量子阱的宽度，改变 $Al_xGa_{1-x}As$ 合金中 Al 的分子比，可改变势阱高度，从而在较大范围内调整子能带之间的带隙，QWIP 就可以响应 3～20μm 的辐射。此外，QWIP 可获得真正的“无噪声”固态光电倍增效应。

由于 QWIP 采用了 GaAs 生长和处理的成熟技术，可以制作成大规模的成像面阵。“度身定制”的量子阱阵列完全可以做到：每个 QWIP 具有要求的峰值响应，并且量子阱阵列中的每个 QWIP 可以和一个独立的光电倍增管相连。这样的阵列就好像是一个大数目的光电倍增管，不同的是，它有高的量子效率，可以工作在较长波长，并且结构尺寸较小功耗较低。QWIP 的缺点是光谱响应峰较窄，因此，研制宽波段的红外大规模面阵是发展趋势。可以预见，届时红外相机和可见光 CMOS 相机的差距将大大缩小。

7.3　常用热探测器件

物体吸收辐射能，晶格振动加剧，辐射能转换成热能，物体温度升高。由于物体温度升高，因此与温度有关的物理性能发生变化。这种物体吸收辐射能使其温度发生变化从而引起物体的物理性能和力学等性能相应变化的现象称为热效应。利用热效应制成的探测器件称为热探测器件。

由于热探测器件是利用辐射能引起物体的温升效应，它对任何波长的辐射都有响应，所以称热探测器件为无选择性探测器件，这是它同光子探测器件的一大差别。虽然热探测器件的发展历史比光子探测器件早，但目前一些光子探测器件的探测率已接近背景噪声限值，而热探测器件的探测率离背景噪声限值还有很大差距。

辐射能被物体吸收后转换成热，物体温度升高，伴随产生其他效应，如体积膨胀、电阻率变化或产生电流/电动势。测量这些性能参数的变化，就可知道辐射能的存在和大小，利用这种原理制成了热敏电阻、热释电探测器件和高莱管。

7.3.1 热敏电阻

热敏电阻的阻值随自身温度变化而变化，它的温度决定于所吸收的辐射能，以及工作时所加电流产生的焦耳热、环境温度和散热情况。热敏电阻基本上是用半导体材料制成的，有负电阻温度系数（NTC）热敏电阻和正电阻温度系数（PTC）热敏电阻两种。NTC 热敏电阻用得较多，这种热敏电阻在室温下的阻值为几欧至几兆欧，室温下的负电阻温度系数约为-0.04。

PTC 热敏电阻所用的材料分为两类：一类是钛酸钡结构的化合物，另一类是金刚石结构的半导体。前一类材料的正电阻温度系数很高；后一类材料的正电阻温度系数比较低，性能比较稳定，可用于较大的温度范围。

热敏电阻通常为两端器件，但也有三端或四端的。两端器件或三端器件属于直接加热型，四端器件属于间接加热型。通常把热敏电阻做得比较小，外形有珠状、环状和薄片状。用负温度系数的氧化物半导体（一般是锰、镍和钴的氧化物的混合物）做成的热敏电阻型测辐射热计常由两个元件组成：一个为主元件，正对窗口，接收红外线辐射；另一个为补偿元件，性能与主元件相同。这两个元件彼此独立，一同被封装于一个管壳内，不接收红外线时，它只起温度补偿作用。

薄片状热敏电阻一般为正方形或长方形，厚度约为 10μm，边长为 0.1～10mm，两端连接电极引线，表面被处理成黑色，以增加辐射能的吸收率。热敏元件芯片粘接在绝缘底板上（如玻璃、陶瓷、石英和宝石等），底板粘接在金属座上，以增加导热能力。热导率大，热时间常数相对较小，但同时降低了响应度。当采用调制辐射或探测交变辐射能时，响应时间短一些好；当采用直流辐射时，响应时间可以长一些，这时可将底板悬空并真空封装。

热敏电阻和光子探测器件一样可做成浸没式探测器件，这样，在保证所需视场角的前提下可缩小探测器件面积。因为缩小了面积的探测器件仍能接收到原视场角的辐射能，所以提高了探测器件的输出信号。但是，对于背景噪声起主要作用的红外系统（或红外探测器件），采用浸没技术不能提高其信噪比，因为增大输出信号的同时也必然增大输出噪声。目前，不少光子探测器件的信噪比已接近背景噪声限值，而热探测器件的信噪比离背景噪声限值还很远。

热敏电阻的应用较广，但基本的应用是测辐射热计。图 7.15 所示为热敏电阻型测辐射热计的结构示意。目前，室温下热敏电阻型测辐射热计的探测率 D^* 为 $10^8\ \text{cm}\cdot\text{Hz}^{1/2}/\text{W}$，时间常数为毫秒级。由于它的响应时间较长，因此不能在快速响应的红外系统中使用。热敏电阻型测辐射热计已成功地用于人造地球卫星的垂直参考系统中的水平扫描，在测温仪这类慢速扫描红外系统中有着广泛的应用。

1. 热电偶

热电偶是最古老的热探测器件之一，至今仍得到广泛的应用，热电偶是基于温差电效应工作的。在图 7.16 中，由两种不同材料的物体或材料相同而逸出功不同的物体构成闭环回路时，如果两个接点的温度不相同，该回路中就产生温差电动势，这就是温差电效应，也称塞贝克（Seebeck）效应。温差电动势的大小与两个接点的温差 ΔT 成正比，即

$$\varepsilon_{12}=\alpha_{12}\left(T-T_0\right)=\alpha_{12}\Delta T \tag{7-60}$$

式中，ε_{12}为温差电动势，下标“12”表示电流如图 7.16 所示方向流动；α_{12}为温差电动势率，它与构成热电偶的两种材料的费米能级有关。

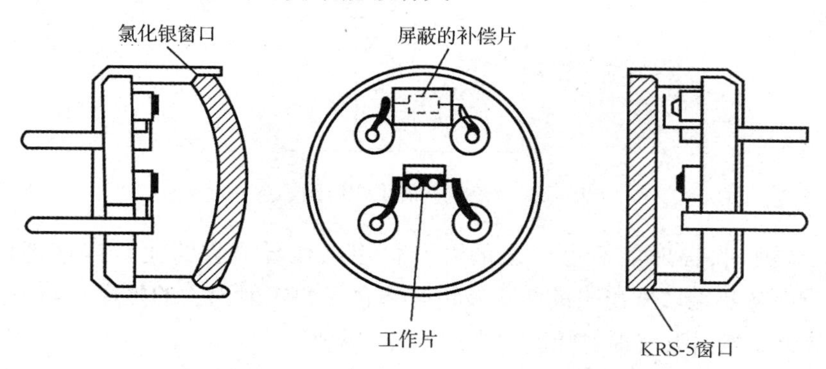

图 7.15 热敏电阻型测辐射热计的结构示意

图 7.17 所示为热电偶接触测温的常用电路。其中，T 为测温接点温度，T_0 为基准接点温度（一般情况下为 0℃或环境温度）。温差电动势率是温度的函数，一般给出的温差电动势是将基准接点温度 T_0 定为 0℃时的数据。若基准接点温度不是 0℃而是环境温度 T_0，则电位差计测得的温差电动势为

$$\varepsilon_{12}\left(T-T_0\right)=\varepsilon_{12}\left(T-0\right)-\varepsilon_{12}\left(T_0-0\right) \tag{7-61}$$

对其中的 $\varepsilon_{12}\left(T-0\right)$ 和 $\varepsilon_{12}\left(T_0-0\right)$，可从热电偶温差电动势表中查得。注意，从热电偶基准连接点至电位差计的两根连接线必须是性能相同的导线，否则，会引进附加电动势，造成测量误差。对于基准接点温度时为环境温度时的使用情况，也可接入基准接点温度修正装置进行修正。

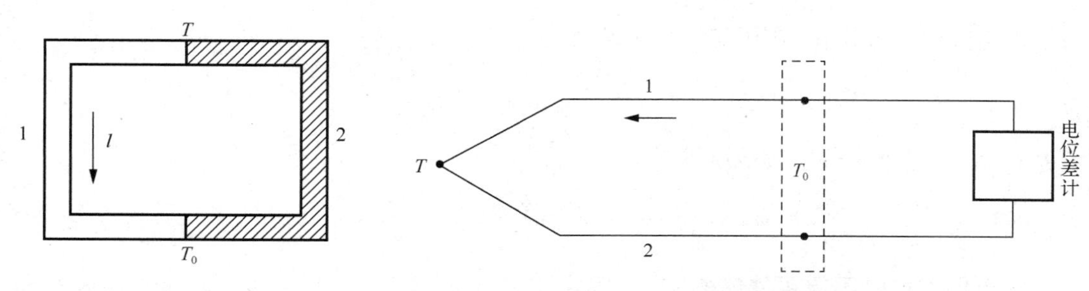

图 7.16 温差电效应　　　　图 7.17 热电偶接触测温的常用电路

热电偶结点常被做得很小，其表面需要处理成黑色。对于在辐射作用下产生的温差电动势，可用仪器直接测量。图 7.18 所示为热电偶的工作电路示意，其中 ε_{12} 为热电偶吸收辐射能产生的温差电动势，R 为热电偶的内阻，R_L 为负载电阻。热电偶的输出电流 I 可表示为

$$I=\frac{\varepsilon_{12}}{R+R_L}=\frac{\alpha_{12}\Delta T}{R+R_L} \tag{7-62}$$

在负载电阻 R_L 上的输出电压为

$$V=\frac{\alpha_{12}\Delta T}{R+R_L}R_L \tag{7-63}$$

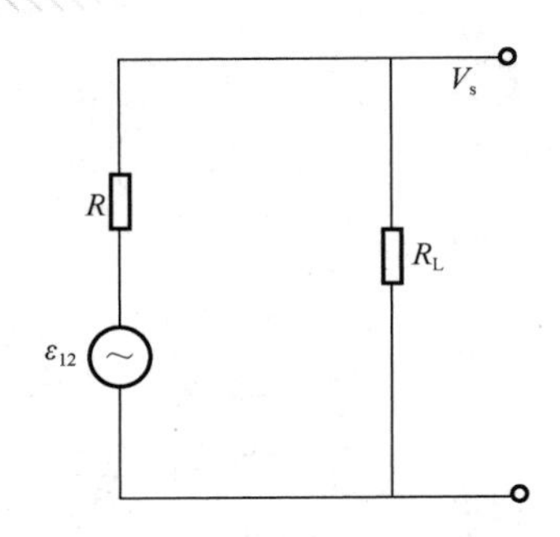

图 7.18　热电偶的工作电路示意

热电偶一端吸收辐射能后所产生的温升仍由热传导方程给出，但应考虑因帕尔贴（Peltier）效应而从热端散发出去的热量及由热端传导并辐射出去的热量。当考虑上述因素后，最终可导出热电偶吸收辐射能所产生的温升的幅值，即

$$|\Delta T(t)| = \frac{\alpha P_0}{G_c\left(1+\omega^2\tau_T^2\right)^{1/2}} \tag{7-64}$$

式中，$G_c = G + \frac{\alpha_{12}^2 T}{R + R_L}$；$\tau_T = C/G_c$；$T$ 为热电偶热端温度；P_0 为辐射能的幅值；

将式（7-63）代入式（7-64），则输出电压幅值为

$$|V_s| = \frac{\alpha_{12} R_L \alpha P_0}{(R+R_L)G_c\left(1+\omega^2\tau_T^2\right)^{1/2}} \tag{7-65}$$

热电偶的电压响应度为

$$R_v = \frac{|V_s|}{P_0} = \frac{\alpha\alpha_{12}R_L}{(R+R_L)G_c\left(1+\omega^2\tau_T^2\right)^{1/2}} \tag{7-66}$$

对于恒定辐射，$\omega = 0$，则恒定辐射响应度为

$$R_v = \frac{\alpha\alpha_{12}R_L}{G_c(R+R_L)} \tag{7-67}$$

若 $R << R_L$，则恒定辐射响应度为

$$R_v = \frac{\alpha\alpha_{12}}{G_c} \tag{7-68}$$

热电偶工作时不需要外加偏压，因而不存在电流噪声，它的主要噪声是温度噪声和热电偶自身电阻的热噪声。

2. 热电堆

由于单个热电偶提供的温差电动势比较小，满足不了某些应用场合的要求，所以常把几个或几十个热电偶串联组成热电堆。相比单个热电偶，热电堆可以提供更大的温差电动势。新型的热电堆采用薄膜技术制成，因此，称之为薄膜型热电堆。图 7.19 所示为 Sb-Bi 热电堆示意。

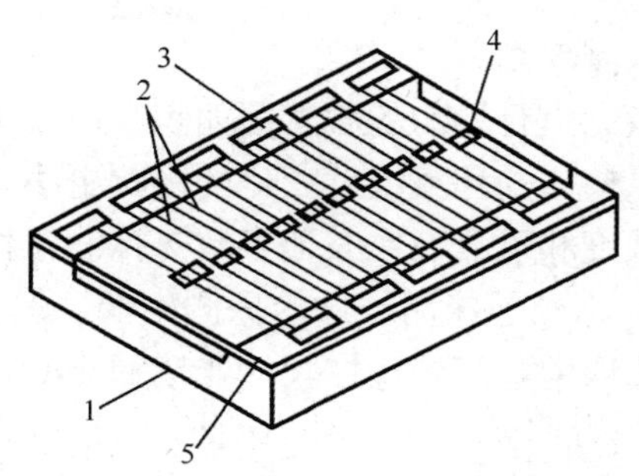

1—镀金的铜基体；2—Sb-Bi；3—参考结；4—接收结；5—薄膜

图 7.19 Sb-Bi 热电堆示意

热电堆的响应度可由单个热电偶的串联电路求出。设由 N 个性能相同的热电偶串联成热电堆，每个热电偶的温差电动势为 ε，则热电堆的温差电动势为 $N\varepsilon$，该串联电路的总电流为

$$I=\frac{N\varepsilon}{Nr+R_{\mathrm{L}}}=\frac{N\alpha_{12}\Delta T}{Nr+R_{\mathrm{L}}} \tag{7-69}$$

在负载电阻 R_{L} 上的输出电压为

$$V_{\mathrm{s}}=IR_{\mathrm{L}}=\frac{N\alpha_{12}\Delta TR_{\mathrm{L}}}{Nr+R_{\mathrm{L}}} \tag{7-70}$$

ΔT 仍由热传导方程求出，其幅值为

$$\left|\Delta T\left(f\right)\right|=\Delta T_0=\frac{\alpha P_0}{G_{\mathrm{c}}'\left(1+\omega^2\tau_T'^2\right)^{1/2}} \tag{7-71}$$

将式（7-71）代入式（7-70），得出热电堆吸收辐射能后产生的输出信号的幅值，即

$$\left|V_{\mathrm{s}}\right|=\frac{N\alpha_{12}\alpha P_0R_{\mathrm{L}}}{\left(Nr+R_{\mathrm{L}}\right)G_{\mathrm{c}}'\left(1+\omega^2\tau_T'^2\right)^{1/2}} \tag{7-72}$$

式中，G_{c}' 为热电堆总的等效热导率，其值为

$$G_{\mathrm{c}}'=G_{\mathrm{c}}+4\sigma T^3A+\frac{N\alpha_{12}^2T}{Nr+R_{\mathrm{L}}}$$

其中的 σ 为斯特藩-玻耳兹曼常数；A 为热电堆接收辐射能的面积；G_{c} 为热电堆的热导率；T 为热电堆热端温度。

热电堆的电压响应度为

$$R_v=\frac{\left|V_{\mathrm{s}}\right|}{NP_0}=\frac{\alpha_{12}\alpha R_{\mathrm{L}}}{\left(Nr+R_{\mathrm{L}}\right)G_{\mathrm{c}}'\left(1+\omega^2\tau_T'^2\right)^{1/2}} \tag{7-73}$$

7.3.2 热释电探测器件

热释电探测器件是发展较晚的一种热探测器件。目前，不仅单元热释电探测器件已成熟，而且多元列阵元件也成功地获得应用。与其他热探测器件相比，热释电探测器件具有以下优点：

（1）具有较宽的频率响应，工作频率接近兆赫，远超其他热探测器件的工作频率。一般热探测器件的时间常数典型值为 0.01～1s，热释电探测器件的有效时间常数低至 3×10^{-5}～10^{-4} s。

（2）热释电探测器件的探测率高。

（3）热释电探测器件可以有大且均匀的敏感面面积，而且工作时可以不外加偏压。

（4）与热敏探测电阻相比，它受环境温度变化的影响更小。

（5）热释电探测器件的强度和可靠性比其他多数热探测器件都好，易于制作。

热释电探测器件的探测率比光子探测器件的探测率低，但它的光谱响应范围宽，可在室温下工作，并且已在红外热成像、红外摄像管、非接触测温、入侵报警、红外线光谱仪、激光测量和亚米/毫米波测量等方面获得了应用。因此，它已成为一种重要的红外探测器件。

在自然界存在的 33 种对称晶体点群中，有 11 种对称晶体点群呈现中心对称，这类晶体是各向同性的。其余 21 种对称晶体点群是非中心对称的，这类晶体是各向异性的。在 21 种非中心对称晶体点群中有 20 种具有压电性，也就是说，在这类晶体上外加压力能产生电极化。在这 20 种压电晶体中又有 10 种为极性晶体，所谓极性晶体，就是指在外电场和应力为零的情况下晶体呈现自发极化。自发极化强度 P_s 是温度的函数，因此极化晶体又称热释电晶体。

晶体内部分子的正负电中心不重合、内部电偶极矩不等于零，是晶体产生电极化的原因。图 7.20 所示为极化材料模型。自发极化强度 P_s 用单位体积内的电偶极矩矢量和表示。

$$P_s = \frac{\sum \boldsymbol{p}}{\Delta V} = \frac{\sum \sigma \Delta A L}{\Delta V} = \frac{\sigma}{\cos\theta} \tag{7-74}$$

式中，σ 为面电荷密度；θ 为晶轴与极化面法线的夹角；$\boldsymbol{p}$ 为电偶极矩矢量；ΔA 为横截面的面积；ΔV 为极化晶体的体积。

当极化轴与晶轴为同一方向时，即 $\theta = 0°$ 时，则

$$P_s = \sigma \tag{7-75}$$

即极化轴与晶轴之间的夹角 $\theta = 0°$ 时，自发极化强度 P_s 在数值上等于面电荷密度。

有些热电体（能实现热释电效应的物质）的自发极化强度方向能被外电场改变，这类热电体称为铁电体，或称热电铁电体，如硫酸三甘肽（TGS）、铌酸锶钡（SBN）和钽酸锂（$LiTaO_3$）等。有些热电体，其自发极化强度方向不能被外电场改变，这类热电体称为热电非铁电体，如硫酸锂（$LiSO_4 \cdot H_2O$）等。铁电体必然具有热电性，而热电体不一定具有铁电性。铁电体除了具有热电性，还具有重要的特征：电畴和电滞回线。图 7.21 所示为一种最简单的电畴结构。铁电体通常由正负两种自发极化强度方向的区域组成，这种结构称为电畴。两个电畴之间的边界称为电畴壁。当外加电场时，晶体的电畴壁发生位移，与外加电场方向同向的自发极化区域向横向扩展。如果电场足够强，就可使整个晶体的自发极化强度方向与外加电场同向，这种晶体称为单畴体。

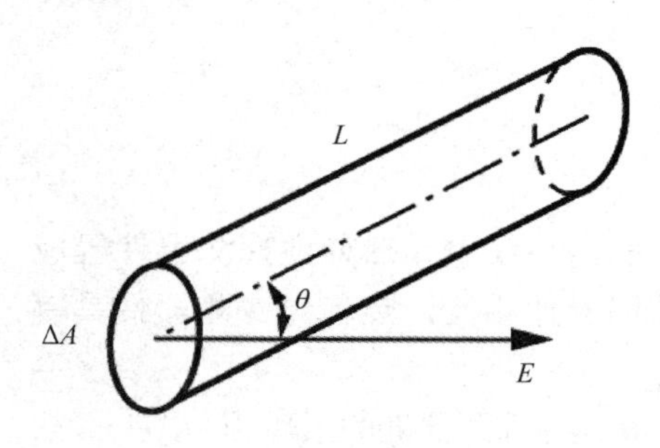

图 7.20　极化材料模型

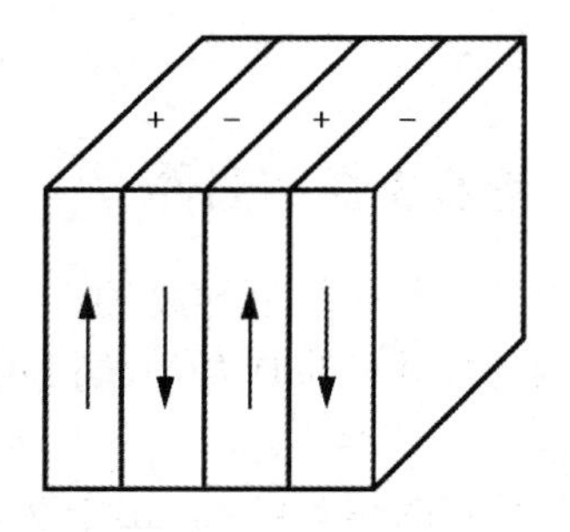

图 7.21　最简单的电畴结构（箭头表示自发极化强度方向）

图 7.22 所示为铁电体的电滞回线，即铁电体的电极化强度 P 与外加电场强度 E 的关系曲线。当外加电场强度 E 沿正方向由零开始增大时，电极化强度 P 也随之增大。E 继续增大直到 P 不再增大而达到饱和（见图 7.22 中的曲线 Oa ）。P 达到饱和后，减小 E，P 沿曲线 ab 下降而不是沿曲线 Oa 下降。当 $E=0$ 时，P 并不消失，这时存在的电极化强度为剩余极化强度，用 P_r 表示，如图 7.22 中的曲线 Ob 段。E 反向增大时，P 减小。当 $E=E_c$ 时，$P=0$，即电极化强度为零。E 反向继续增大，P 开始反向，并随反向电场强度 E 的增大达到反向饱和。若减小 E，则 P 由 a' 点对应值变至 b' 点对应值。若再正向增大 E，则 P 经 b' 点和 c' 点增大到 a 点对应值，曲线 $abca'$ 与曲线 $a'b'c'a$ 是对称的。

电滞回线饱和部分的延长线与极化强度 P 所在轴的交点对应的电极化强度就是自发极化强度 P_s。剩余极化强度 P_r 与自发极化强度 P_s 相差越大的铁电体越不容易形成单畴；P_s 与 P_r 相差越小（近似矩形电滞回线）的铁电体越容易形成单畴。

在稳定状态下，面电荷被体内的扩散电荷和体外的自由电荷中和，因此观察不到自发极化现象。当铁电体吸收红外线辐射能导致温度升高时，晶体内部热运动加剧，阻止电偶极子的正常取向，P_s 下降，面电荷密度也相应发生变化。在变化的瞬间，面电荷密度不能立即被体内的杂散电荷和体外的自由电荷中和，因此可作为电信号被读取，这就是热释电探测器件的工作原理。信号的大小与 P_s 及温度变化率有关。图 7.23 所示为 TGS 铁电体的 P_s 与 T 的关系曲线。从图 7.23 可以看出，温度升高，P_s 下降；当温度升至 T_c 时，$P_s=0$。这里，T_c 称为居里温度。不同材料的居里温度 T_c 不同，居里温度低的材料容易退极化，失去热释电性能。从稳定性考虑，居里温度高一些比较好。

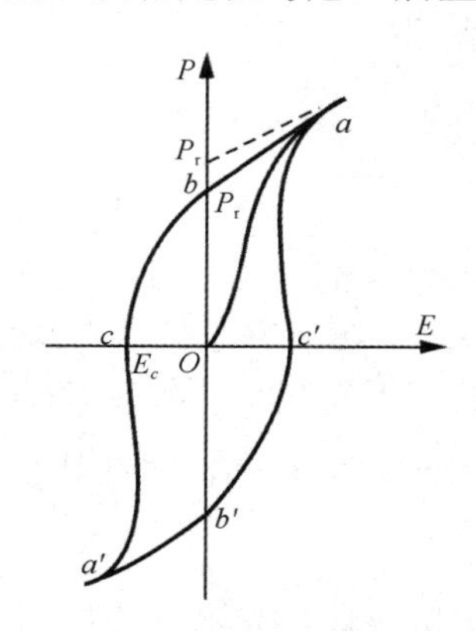

图 7.22 铁电体的电滞回线

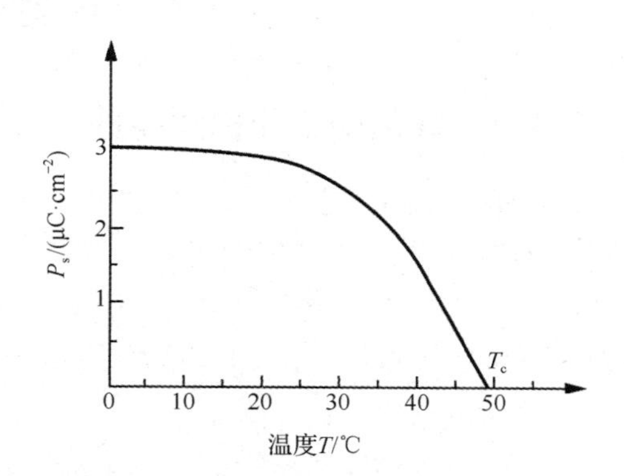

图 7.23 TGS 的 P_s 与 T 的关系曲线

7.3.3 高莱管

高莱管（Golay Cell）是气动探测器件的一种，其基本结构如图 7.24 所示。

当辐射能通过红外线入射窗到达吸收膜上时，辐射能被吸收并传给气室中的气体，气体温度升高且压力增大，从而使柔镜膨胀。为了测出柔镜的变形量，另用一个可见光源将光投射到柔镜背面的反射膜上。在没有进行红外线辐射时，气室内的气压稳定，柔镜处于正常状态，由柔镜背面反射的光因被光栅遮挡照射不到光电管上。当进行红外线辐射时，辐射能被吸收膜吸收并将吸收的能量传给气室，使气室温度升高，气室的气压增大，导致柔镜膜片变形，从而引起反射光线的移动，通过光栅到达光电管的光强发生变化，由此可检测出红外线辐射强度的大小。

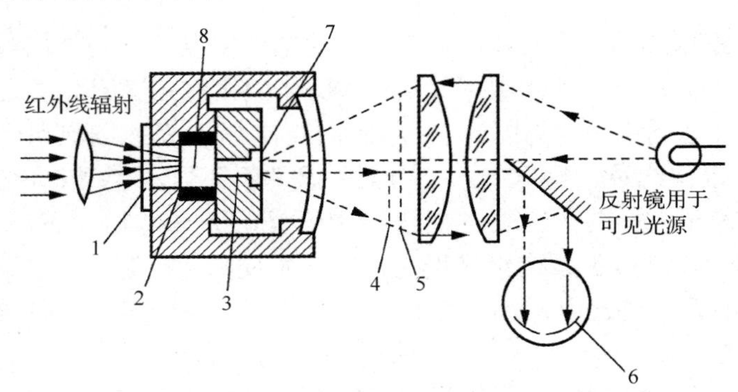

1—红外线入射窗；2—吸收膜；3—小管道；4—光栅图像；
5—光栅；6—光电管；7—柔镜（其背面镀反射膜）；8—气室

图 7.24　高莱管的基本结构

高莱管的结构复杂、笨重并容易破损，而且它应用了膜片的机械变形，因此响应速度慢，只适宜实验室使用。但这种探测器件的探测率 D^* 很高，可达 $1.7\times10^9\,\text{cm}\cdot\text{Hz}^{1/2}\cdot\text{W}^{-1}$，从可见光到毫米波均可使用，常用于光谱学中。除了采用柔性反射镜，还采用可变电容输出信号，即在柔性膜片附近放置一块固定的导体，它同膜片形成电容，当气室吸收辐射能使柔镜变形时电容发生改变，从而使输出信号发生变化。这种装置已用于探测辐射波和气体分析。

7.4　其他红外探测器件

7.4.1　锑化铟红外探测器件

锑化铟（InSb）是一种II-V族化合物半导体，它是由适量的铟和锑制成的单晶。锑化铟的禁带宽度在室温下为 0.18eV，相应的截止波长为 6.9μm；在 77K 温度下禁带宽度为 0.23eV，相应的截止波长约为 5.4μm。禁带宽度随温度的增大而减小，禁带宽度温度系数约为 $-2.3\times10^{-4}\,\text{eV/K}$。在 295K 温度下电子迁移率为 $60000\,\text{cm}^2/\text{V}\cdot\text{s}$，在 77K 温度下电子迁移率为 $30000\,\text{cm}^2/\text{V}\cdot\text{s}$。

常用的锑化铟红外探测器件的类型有光电导型和光伏型两种，光磁电型探测器件曾经被研制过，但未见正式使用的报道。

1. 光电导型锑化铟红外探测器件

将符合要求的光电导单晶材料按要求切成薄片，进行磨削、抛光和化学腐蚀，然后把薄片粘贴于衬底上，经过精细加工后制备成电极；在电极上焊接引线，把电极封装于杜瓦瓶。这样，就可制作出低温下工作的光电导型锑化铟红外探测器件。

工作温度为 295K、195K 和 77K 的三种光电导型锑化铟红外探测器件早有产品出售，性能最好的还是工作于 77K 温度下的低温光电导型锑化铟红外探测器件。室温下的光电导型锑化铟红外探测器件的噪声由热噪声限制，但在 77K 温度下工作的低温光电导型锑化铟红外探测器件具有明显的 $1/f$ 噪声。

2. 光伏型锑化铟红外探测器件

光伏型锑化铟红外探测器件的制备工艺，除了与光电导型锑化铟红外探测器件类似的制备工艺，还有重要的成结工艺和形成PN结台面工艺。一般是在N型锑化铟衬底上先用扩散、离子注入或外延等工艺形成一个P型层，再用光刻、化学腐蚀等方法形成台面，这样就形成了所要求的光敏面的面积的PN结。也有在P型锑化铟衬底上形成一个N型层的结构。

锑化铟的禁带宽度较窄，室温下难以产生光伏效应。因此，光伏型锑化铟红外探测器件总是在低温下工作，常用的工作温度为77K。

在77K温度下工作的光伏型锑化铟红外探测器件和光电导型锑化铟红外探测器件的探测率都已接近背景噪声限值，其性能参数已在前面做了介绍，它至今仍然是$3\sim5\mu m$波段广泛使用的一种性能优良的红外探测器件。锑化铟红外探测器件的制备工艺比较成熟，但保持性能长期稳定仍然是一个不容忽视的问题。

7.4.2 碲镉汞红外探测器件

碲镉汞（$Hg_{1-x}Cd_xTe$）材料是由CdTe和HgTe组成的固溶性三元化合物半导体，组分x表示CdTe占的克分子数。CdTe是一种半导体，在温度接近0 K时禁带宽度为1.6eV。HgTe是一种半金属，在接近0K温度时禁带宽度为$-0.3eV$。用这两种化合物组成的三元化合物的成分可以从纯CdTe到纯HgTe之间变化，当温度为77K且$x\approx0.2$时，$E_g\approx0.1eV$，相应的截止波长λ_c约为$12.4\mu m$。当x为0～1，温度为4.2～300K时，禁带宽度可近似地表示为

$$E_g(eV)\approx-0.25+1.59x+5.233\times10^{-4}T(1-2.08x)+0.327x^3 \tag{7-76}$$

当$x=0.135\sim0.203$时，禁带宽度可表示为

$$E_g(eV)=-0.30+5\times10^{-4}T+(1.91\times10^{-3}T)x \tag{7-77}$$

当$x=0.23\sim0.60$且温度为$100\sim300K$时，禁带宽度可精确地表示为

$$E_g(eV)=-0.303+1.73x+5.6\times10^{-4}T(1-2x)+0.25x^4 \tag{7-78}$$

选择不同的x值，就可制备出一系列不同禁带宽度的碲镉汞材料。由于大地辐射波的波长范围为$8\sim14\mu m$，因此，当$x=0.2$时，在77K温度下工作时的响应波长为$8\sim14\mu m$的材料特别值得关注。

碲镉汞材料除了禁带宽度可随组分x值调节还具有一些重要的性质：电子有效质量小，本征载流子浓度低等。由碲镉汞材料制成的光伏红外探测器件具有反向饱和电流小、噪声低、探测率高、响应时间短和响应频带宽等优点。目前已制备成室温下的工作响应波段为$1\sim3\mu m$、接近室温下的工作（一般采用热电制冷）响应波段为$3\sim5\mu m$和77K温度下的工作响应波段为$8\sim14\mu m$的光电导红外探测器件和光伏红外探测器件。室温下的工作响应波段为$1\sim3\mu m$的碲镉汞红外探测器件的探测率虽不如PbS红外探测器件的探测率高，但由于它的响应速度快，已成功地用于激光通信和测距。77K温度下的工作响应波段为$8\sim14\mu m$的碲镉汞红外探测器件主要用于热成像系统。

7.4.3 碲锡铅红外探测器件

碲锡铅（$Pb_{1-x}Sn_xTe$）是PbTe和SnTe的连续固溶体。在300K温度下，PbTe的禁带宽度为0.32eV，在12K温度下其禁带宽度为0.18eV。在300K温度下，SnTe的禁带宽度

为 0.18eV，在 12K 温度下其禁带宽度为 0.3eV。PbTe 的禁带宽度具有正温度系数，SnTe 的禁带宽度具有负温度系数。这两种化合物的禁带宽度的压力系数也相反，它们组成固溶体时具有特殊的能带结构，并且禁带宽度随温度和组分变化。在某一组分时 $E_{\text{g}}=0$，偏离这一组分就可制备得到不同禁带宽度的材料。E_{g} 与 T 和 x 的关系可表示为

$$E_{\text{g}}\left(x,T\right)=0.181+4.52\times10^{-4}T-0.568x+5.8x^{4} \tag{7-79}$$

$Pb_{1-x}Sn_{x}Te$ 材料可由生长单晶、气相外延、液相外延、高频溅射和真空沉积等多种工艺制备，这方面比较成熟的工艺是气相外延。根据碲锡铅的特殊能带结构，当温度低于 77K 时，响应波长可超过 $100\mu\text{m}$。目前，已制备出 77K 温度下响应波长达到 $20\mu\text{m}$ 和 12K 温度下响应波长达到 $30\mu\text{m}$ 的光伏红外探测器件，但目前碲锡铅红外探测器件仍主要用于 $8\sim14\mu\text{m}$ 波段。光电导红外探测器件的响应度不如光伏红外探测器件，这可能是由于前者缺乏低载流子浓度、高迁移率和长载流子寿命的材料。碲锡铅还是一种激光材料，由碲锡铅材料制成的电流调谐二极管激光器已在激光技术中获得重要的应用。

由于碲锡铅的折射率高 $\left(n\approx6\right)$，反射损失大，所以必须在其受光面蒸镀减反射膜（膜料一般为 ZnS）。碲锡铅红外探测器件和碲镉汞红外探测器件一样，是工作在 77K 温度下响应波长为 $8\sim14\mu\text{m}$ 的一种重要的光电探测器件。

碲锡铅的组分与电学性能较碲镉汞容易控制，组分改变 1%，碲锡铅的禁带宽度相应改变 0.005eV。碲镉汞的蒸气压力高，离解压力低，稳定性差，难以制备出组分均匀的单晶材料，而碲锡铅较碲镉汞易于制备。但碲锡铅的介电常数大，制成的光伏红外探测器件的结电容大，因而响应速度受到限制，碲镉汞光伏红外探测器件的结电容小，响应速度快。

业界对碲镉汞的研究较早，研究较深入，应用也较广泛。碲锡铅的研究较碲镉汞晚，但目前所制作的碲锡铅红外探测器件的探测率与碲镉汞红外探测器件的探测率相当。但由于碲锡铅材料的介电常数大，热膨胀系数与硅（Si）相差很大，用这种材料制作的多元列阵器件很难与硅器件匹配，所以目前碲锡铅红外探测器件未能得到进一步开发。

7.4.4 砷化镓红外探测器件

宽带锑化铟（InSb）红外探测器件的最大响应位于 $350\mu\text{m}$ 以上的长波范围，锗掺杂的砷化镓红外探测器件的长波限约为 $130\mu\text{m}$，锗测辐射热计虽然在整个远红外线光谱区都有响应，但响应速度较慢。在 $130\sim350\mu\text{m}$ 范围内需要一种快速、灵敏的光电探测器件，因为这一波段对低温背景的天文观察特别重要，激光也工作在这一波段。“窄带可调谐”锑化铟红外探测器件能满足这一要求，但需要对其施加磁场，使用不便。高纯外延砷化镓（GaAs）非本征光电导探测器件正是一种在 $100\sim350\mu\text{m}$ 范围内的快速灵敏的光电探测器件。

根据类氢模型，杂质能级的电离能 $\varepsilon_{\text{i}}\left(\text{eV}\right)$ 和玻尔半径 $\alpha\left(\text{cm}\right)$ 分别由式（7-80）和式（7-81）给出：

$$\varepsilon_{\text{i}}=\frac{2\pi^{2}m_{\text{n}}^{*}q^{4}}{h^{2}\varepsilon^{2}}=13.6\left(\frac{m_{\text{n}}^{*}}{m_{\text{e}}\varepsilon^{2}}\right) \tag{7-80}$$

$$\alpha=\frac{h^{2}\varepsilon}{4\pi^{2}m_{\text{n}}^{*}q^{2}}=5.29\times10^{-9}\left(\frac{m_{\text{e}}\varepsilon}{m_{\text{n}}^{*}}\right) \tag{7-81}$$

式中，m_{n}^{*} 为电子的有效质量；m_{e} 为电子质量；q 为电子电荷；ε 为相对介电常数。

砷化镓是一种直接禁带半导体，电子的有效质量为 $0.0665m_{0}$，相对介电常数约为 12.5。

根据式（7-80）计算得出施主的电离能$\varepsilon_D = 5.79\times10^{-3}$eV，相应的长波限为214μm。但实际的非本征GaAs光电导探测器件的长波限超过300μm。

从式（7-81）可以看出，小的电子有效质量和大的相对介电常数使施主的波函数增大。在GaAs中，大约10^{16}cm^{-3}的施主浓度就能使杂质能级并入导带而使在低温下的行为类似于金属。因为GaAs的能带结构简单，电子的有效质量小，相对介电常数大，可以认为所有的浅施主杂质能级差不多具有相同的电离能。

原子施主浓度为5×10^{13}cm^{-3}的外延砷化镓红外探测器件的光谱响应曲线在282μm处有一主峰。用77K温度下施主浓度为2×10^{14}cm^{-3}、受主浓度为4×10^{13}cm^{-3}、电子迁移率为153000cm$^2\cdot$V$^{-1}\cdot$s^{-1}的材料研制的砷化镓红外探测器件的探测率较高，在500K黑体、260Hz调制频率并加滤光片滤除波长短于150μm的辐射波的条件下，测得282μm处的噪声等效功率为5.3×10^{-13}W$\cdot$Hz$^{-1/2}$、响应度为2.4×10^5V$\cdot$W^{-1}、响应时间小于10^{-8}s，但由于该探测器件的阻抗较高，实际响应时间约为1μs。

7.4.5 光子牵引探测器件

光子牵引探测器件是一种新型的红外光子探测器件，目前主要用于CO_2激光探测。1970年第一次报道半导体中的光子牵引效应以后，光子牵引效应的研究受到了重视，后来研究者用锗、砷化铟和碲等材料制作出了光子牵引探测器件。

光子牵引效应是指光子与半导体中的自由载流子之间发生动量传递，载流子从光子获得动量而作相对于晶格的运动。在开路条件下，半导体试样两端产生电荷积累现象，形成电场，阻止载流子继续运动，由此在半导体试样两端形成电位差。这种的电位差称为光子牵引电压。业界根据上述原理制作出了光子牵引探测器件。

目前，对于CO_2激光来说，P型锗（Ge）是最好的光子牵引探测器材料。P型锗光子牵引探测器件（芯片）一般是长条形的，对纵轴方向，可选取[111]晶面方向或[100]晶面方向。锗试样经研磨和化学抛光（端面要求成光学平面），用合金形成欧姆接触。电阻率为2.3Ω$\cdot$cm、体积为$(1.5\times1.5\times20)$mm^{3}的P型锗光子牵引探测器件的响应度为3×10^{-6}V$\cdot$W^{-1}。若只考虑在该探测器件中起主要作用的热噪声，则其探测率在室温下应为1.4×10^3cm$\cdot$Hz$^{1/2}\cdot$W^{-1}，在77K温度下应为1.1×10^4cm$\cdot$Hz$^{1/2}\cdot$W^{-1}。与同一波长的其他探测器件相比，光子牵引探测器件的响应度和探测率都很低，因此它适用于探测室温等目标的辐射热，即只能探测强功率辐射热。但是，光子牵引探测器件有许多突出的优点：

（1）响应速度快，实际响应时间小于10^{-10}s。

（2）可在室温下工作，使用方便。

（3）无须外接电源，因而减小了噪声，简化了屏蔽噪声的过程。

（4）采用适当掺杂的P型锗，可控制光子牵引探测器件的吸收率（约为25%）和透射率（约为75%），因而这种探测器件可直接置于光路中作为激光监控器而无须使用分光器。

（5）可承受高的辐射功率，如CO_2激光器输出的大功率。

目前，10.6μm波段的光子牵引探测器件有P型锗光子牵引探测器件、P型碲光子牵引探测器件和N型砷化铟光子牵引探测器件，1.06μm波段的光子牵引探测器件有砷化镓光子牵引探测器件和双光子牵引的锑化铟探测器件等，其中最成熟的是P-Ge光子牵引探测器件。利用各种半导体中的光子牵引效应，可探测几乎所有红外线波长的辐射热，不过，光子牵引探测器件是否具有超过现有光电探测器件的优点，尚需实践证明。

7.4.6 MOS 探测器件

金属-氧化物-半导体（MOS）探测器件，实际上是一种表面势垒器件。在氧化物-半导体界面附近，半导体能带发生弯曲而形成表面势垒。在该势垒的耗尽区，光电子-空穴对产生光伏效应。因为耗尽区在半导体表面，因此光在高电场区被直接吸收，收集效率很高。

最初用 N 型锑化铟单晶试样（在 77K 温度时的载流子浓度约为$1\times10^{14}\text{cm}^{-3}$，霍尔迁移率大于$7\times10^{5}\text{cm}^{3}\cdot\text{V}^{-1}\cdot\text{s}^{-1}$），在其中的一个表面进行阳极氧化，形成厚约$500\,\text{Å}$的氧化层，在该氧化层上蒸镀厚约$100\,\text{Å}$的半透明镍膜，然后在该镍膜上蒸镀面积很小的金膜供焊接电极引线用。辐射波通过半透明镍膜和氧化层辐射到 N 型锑化铟试样上，在 77K 温度时的量子效率为 25%，这可能是受半透明镍膜的透过率和上述锑化铟试样反射所限制。面积为 0.1cm^2 的 MOS 探测器件，在 2π 视场角的条件下，$D_{\lambda_p}^{*}=4\times10^{9}\text{cm}\cdot\text{Hz}^{1/2}\cdot\text{W}^{-1}$，比光伏锑化铟探测器件约低两个数量级，光谱分布与锑化铟相同。后来选用杂质浓度为（4×10^{15}～2×10^{16}）cm^{-3}、厚约 2μm 的锑化铟多晶薄膜制成的表面势垒二极管，其在 77K 温度下的光谱响应与高纯度锑化铟单晶的光谱响应相似，峰值波长约为 4μm，峰值探测率为 $3\times10^{10}\text{cm}\cdot\text{Hz}^{1/2}\cdot\text{W}^{-1}$。

MOS 探测器件的探测率虽然不如同类材料的光伏探测器件的探测率高，但它具有制作方便、不需要高温扩散、采用阳极氧化工艺容易获得面积大且均匀性好的氧化层，适合作为多元器件及焦平面器件。

7.5 红外探测器件的原理及应用

7.5.1 红外夜视仪的原理及应用

红外夜视仪的作用就是将微小的光源信号进行增强放大，使其可见。像增强器是红外夜视仪的内部一个核心器件，像增强器性能的好坏直接决定夜视效果。红外夜视仪用像增强器一般分为 1 代、1 代+、2 代、2 代+、3 代等。理论上代数越高，其夜视效果越好。目前市面上销售的红外夜视仪都是主动式红外夜视仪。被动式红外夜视仪一般都不称夜视仪，都改名为红外热成像仪。

红外夜视仪又称微光夜视仪，现在市面上的夜视仪基本上都是红外夜视仪。有的在微光情况下，也就是在普通的夜晚室外，不需要红外灯作为辅助光源就可以夜视。有的在全黑的情况下，需要红外灯作为辅助光源，才能夜视。红外夜视仪的价格一般直接受到像增强器的代数影响。一般 2 代及以上的红外夜视仪价格都在 2 万元以上。目前在市面上销售的红外夜视仪主要以 1 代及 1 代+的红外夜视仪为主。

1. 红外夜视仪的原理

红外夜视仪的结构如图 7.25 所示。红外夜视仪通过物镜收集现有环境中存在的光（月光、星光或红外线）。这些微光进入光电阴极，光子变成电子。电子从微通道板前端入射后，便在微通道板内壁来回碰撞，激发出越来越多的电子，这些呈几何级数增加的电子被微通道板内壁的电压加速，使得从微通道板末端出射的电子获得很高的增益。这些电子轰击荧光屏，变成几何级数增加可见光。

1—物镜；2—光电阴极；3—微通道板；4—高压源；5—荧光屏；6—目镜

图 7.25 红外夜视仪的结构

2. 红外夜视仪的发展

1）1 代夜视仪

20 世纪 60 年代初，在多碱光电阴极（Sb-Na-K-Cs）、光学纤维面板的发明和同心球电子光学系统设计理论完善的基础上，研制成 1 代夜视仪，其单级像增强器可实现约 50 倍光亮度增益，三级级联的像增强器的光亮度增益可达到 5×10^4 ～ 5×10^5 倍。1 代夜视仪属于被动式，其特点是隐蔽性好、体积小、质量小、成品率高，便于大批量生产；技术上兼顾并解决了光学系统的平像场与同心球电子光学系统要求的球面物（像）面之间的矛盾，成像质量明显提高。其缺点是怕强光，有晕光现象。

2）2 代夜视仪

2 代夜视仪的主要特色是微通道板（MCP）被引入单级像增强器中，装有 1 个微通道板的单级像增强器的光亮度增益可达到 10^4～10^5 倍，同时，微通道板内壁是具有固定电阻的连续陶瓷基复合材料，因此，在恒定工作电压下，产生强电流输入时，产生恒定输出电流的自饱和效应，此效应正好克服了 1 代夜视仪的晕光现象。此外，2 代夜视仪的体积更小、质量更小，因此它成为目前国内夜视装备的主体。

3）3 代夜视仪

3 代夜视仪的主要特色是将透射式 GaAs 光电阴极和带 Al_2O_3 离子壁垒膜的微通道板引入近聚焦像增强器中。与 2 代夜视仪相比，3 代夜视仪的灵敏度增加了 4～8 倍，达到 $800\mu A/lm$ ～ $2600\mu A/lm$，寿命延长了 3 倍，对夜天光的光谱利用率显著提高，在漆黑（光照度为 $10^{-4}lx$）夜晚的目标视距延伸了 50%～100%。3 代夜视仪的工艺基础是超高真空、负电子亲和势光电阴极激活，双近聚焦、双铟圈密封、表面物理、表面化学和长寿命且高增益的微通道板技术等，又为发展 4 代夜视仪和长波红外光电阴极像增强器等高技术产品创造了良好的条件。

7.5.2 红外热成像仪的原理及应用

红外热成像仪是指通过非接触式探测红外线辐射能，并将其转换为热图像和温度值，进而显示在显示器上，并且可以对温度值进行计算的一种检测设备。红外热成像仪能够将探测到的热量精确量化，能够对发热的故障区域进行准确识别和严格分析。在自然界中，一切物体都可以辐射红外线，因此利用探测仪测定目标和背景之间的红外线热量差可以得到不同的红外图像，也称热图像。

目标的热图像与目标的可见光图像不同，它不是人眼所能看到的目标可见光图像，而是目标表面温度分布图像。换一句话说，红外热成像仪使人眼不能直接看到的目标表面温度分布，变成人眼可以看到的代表目标表面温度分布的热图像。

红外热成像仪的工作原理如下：由光学系统接收被测目标的红外线辐射能，经光谱滤波将红外线辐射能分布图形反映到焦平面上的红外探测器件阵列的各个光敏元件上，红外线辐射能被转换成电信号，由红外探测器件偏置与前置放大电路输出所需的放大信号，并注入读出电路，以便进行多路传输。高密度、多功能的 CMOS 多路传输器的读出电路能够执行稠密的线阵列和面阵列红外焦平面阵列的信号积分、传输、处理和扫描输出，并进行 A/D 转换，以便输入计算机进行图像处理。由于被测目标各部分的热图像分布信号非常弱，缺少可见光图像那种层次和立体感，因而需要进行一些图像光亮度与对比度的控制、实际校正与伪彩色描绘等处理。经过处理的信号输入视频信号中，进行 D/A 转换并形成标准的视频信号，最后通过电视屏幕或监视器显示被测目标的热像图。

1）第一代红外热成像技术

红外热成像技术的发展始于 20 世纪 50 年代，起初研究人员只能研制出基于单元器件的热成像仪，场频较低，只限于小范围应用。直到 20 世纪 70 年代，中长波碲镉汞（MCT）材料与光导型多元线阵列器件工艺成熟之后，才开始大量生产热像仪并用于装备军队。热像仪的种类繁多，可大致分为两类：一类是通用组件化的热像仪；另一类是按特殊要求设计的热像仪。

美国发展出 60 像元、120 像元与 180 像元光导线阵列器件并扫的通用组件化热成像体制。它们的帧频与电视兼容，也是隔行扫描制，每场只有 60 行、120 行和 180 行，并分别由同步扫描的 60 像元、120 像元和 180 像元发光二极管对应地显示每帧的图像。在欧洲，以英国的热成像仪为代表，它采用串并扫体制。它以扫积型光导 MCT 探测器件为基础构成了英国的第二类通用组件热成像仪。这是一种完全与电视兼容、分辨率与普通电视相同的热成像仪。不论是串扫、并扫或串并扫体制的热成像仪，都需要光机扫描。因此，这类热成像仪统称第一代热成像仪。

2）第二代红外热成像技术

近年来，大力发展不用光机扫描而用红外焦平面阵列（IRFPA）成像的热成像仪。由于去掉了光机扫描，这种用大规模焦平面成像的传感器被称为凝视传感器。它的体积小、质量小、可靠性高。在俯仰方向有数百单元以上的探测器件阵列，可得到更大张角的视场，还可采用特殊的扫描机构，用比通用热成像仪慢得多的扫描速度完成 360° 全方位扫描，以保持高灵敏度。这类探测器件主要包括锑化铟红外焦平面阵列、碲镉汞红外焦平面阵列、肖特基势垒探测器件红外焦平面阵列、非制冷红外焦平面阵列和多量子阱红外焦平面阵列等。此类热成像仪被称为第二代热成像仪。

3）第三代红外热成像技术

第三代红外热成像技术采用的红外焦平面阵列单元数已达到 320×240 单元或更高，其性能提高了近 3 个数量级。目前，3～5μm 波段的红外焦平面阵列的单元灵敏度比 8～14μm 波段的红外探测器件高 2～3 倍。可见，基于 320×240 单元的中波与长波热成像仪的总体性能指标相差不大。因此，3～5μm 波段的红外焦平面阵列在第三代红外热成像技术中显得格外重要。从长远看，高量子效率、高灵敏度、覆盖中波和长波的碲镉汞红外焦平面阵列仍是焦平面器件发展的首选。

热成像仪在军事和民用方面都有广泛的应用。随着红外热成像技术的成熟，以及各种低成本并适合民用的热成像仪的问世，红外热成像仪在国民经济各部门发挥的作用也越来越大。在工业生产中，许多设备常处于高温、高压和高速运转状态，应用红外热成像仪对这些设备进行检测和监控，既能保证设备的安全运转，又能发现异常情况，以便及时排除隐患。同时，利用红外热成像仪还可以进行工业产品质量控制和管理。此外，红外热成像仪在医疗、治安、消防、考古、交通、农业和地质等很多领域均有重要的应用，如建筑物漏热部位的查寻、森林火灾的探测、火源寻找、海上救护、矿石裂纹的判别、导弹发动机的检查、公安侦察和各种材料及其制品的无损检查等。

7.5.3 红外制导系统的原理及应用

红外制导系统是一种被动导弹制导系统，它利用被测目标辐射的红外线跟踪该目标。红外制导系统是无源设备，它并不向外提供任何迹象表明它们正在跟踪目标，这一点与雷达不同。这使得红外制导系统适合进行远距离偷袭，或者与前视红外系统或类似的信号系统配合使用进行远距离偷袭。在过去的二十几年中，大多数的美国空战损失都是由红外制导导弹造成的。因此，目前许多战斗机都携带曳光弹和红外干扰器，以消除这种威胁。

思考与练习

7-1 热探测器件与光子探测器件相比较各有什么优缺点？

7-2 红外探测器件的工作性能由特定工作条件下的性能参数确定。那么，影响其响应度、噪声等效功率、探测率的工作条件有哪些？

7-3 用什么性能参数描述红外探测器件对微弱信号的探测能力？

7-4 说明光电导探测器件的探测原理。

7-5 红外探测器件响应度的影响因素有哪些？

7-6 叙述热释电探测器件的工作原理。

7-7 从接收辐射能开始经过一定响应时间到达稳定状态的这一过程，热释电探测器件、光电导探测器件和热探测器件有什么不同表现？

7-8 热敏电阻红外探测器件与光电导红外探测器件在应用电路中的作用是完全相同的，但它们的物理过程不一样，请说明原因。

第 8 章　微纳光学探测器件

微纳光学是指当光学探测器件的特征尺寸达到微纳米级时，会出现很多宏观条件下没有的光学现象。利用微纳结构的光学特性，可以设计微纳光学探测器件和实现宏观器件难以实现的功能。由于微纳光学探测器件的特征尺寸与光波长相当，甚至小于光波长，因此很多传统光学的理论已经不再适用。针对不同的微纳结构，首先需要根据其尺寸、材料、形貌特征及应用场合等因素进行综合分析，然后选用适当的理论和方法，对其进行光学特性分析。微纳结构的光学理论称为微纳光学，也称微光学。顾名思义，就是研究微米、纳米尺度上的光学理论，包括微纳光学探测/显示器件的设计、制备工艺，以及利用这类器件实现光波的调控、发射、传输、变换和探测等。在信息时代，各个领域需要的光学系统的复杂性不断增加，不仅要求光学系统的集成度不断提高，还要求光学探测器件的功耗不断降低。因此，微型化、集成化是信息时代光学探测器件必然的发展方向。微纳光学领域的飞速发展是推动现代科技进步的重要力量。

8.1　光学微腔型探测器件

激光是 20 世纪最伟大的科学发现之一。爱因斯坦在 1917 年提出了受激辐射的概念，为激光的发现奠定了理论基础。1960 年，梅曼等人发明了第一台红宝石激光器。梅曼发明激光器的灵感主要来源于微波激射器，光学微腔的概念来源于微波谐振腔。在传统光学领域，维持光和物质的强相互作用需要非常高的光功率，需要使用庞大复杂的激光系统才能实现高光功率。而光学微腔型探测器件可以把光限制在微腔内，由于反射的作用，微腔内的能量不断累积，因此可以在很低的泵浦功率下实现光和物质的强相互作用。传统的激光谐振腔的尺寸远大于激光的工作波长，而微腔的“微”是指光学谐振腔的尺寸接近甚至小于激光的工作波长。光学微腔的主要应用集中在量子光学探测器件、量子电动力学探测器件、微腔激光器、光学传感器和微腔增强型光学探测器件等方面。

光学微腔是指尺度很小、在光波长量级上的光学谐振腔。光在微腔内传输时，只有满足谐振条件的波长才能在微腔内形成谐振。相关计算公式为

$$n_{\text{eff}} L = m\lambda_{\text{c}} \tag{8-1}$$

式中，n_{eff} 为光学微腔内介质的有效折射率；L 为光在微腔内往返一次的距离，即光程长度；m 为满足条件的整数；λ_{c} 为谐振波长。

另外，光学微腔的自由光谱范围为

$$\text{FSR} \approx \Delta\lambda_{\text{c}} = \frac{\lambda_{\text{c}}^2}{n_{\text{eff}} L} \tag{8-2}$$

与传统的谐振腔相比，光学微腔的光程长度 L 较小。因此，由式（8-2）可以看出，光学微腔的 FSR 相对来说大很多，有利于谐振波长的调谐。对于光学微腔，评估其性能的两个重要参数是品质因子 Q 和精细度 F。品质因子 Q 描述的是光学微腔对光子能量的存储能力，

即微腔内能量衰减到储存能量的 1/e 时所需的光学振荡周期数。其定义式为

$$Q=\omega_{\mathrm{c}}\frac{U}{\frac{\mathrm{d}U}{\mathrm{d}t}}=\frac{\lambda_{\mathrm{c}}}{\Delta\lambda} \tag{8-3}$$

式中，U 为光学微腔的总能量；ω_{c} 为谐振频率，$\Delta\lambda$ 为激光的线宽。

Q 值越高，光学微腔的能量衰减就越慢。光学微腔的精细度 F 反映了微腔内能量衰减到储存能量的 1/e 时光在微腔内循环的次数，其定义为

$$F=\frac{\mathrm{FSR}}{\delta\lambda} \tag{8-4}$$

一般来说，品质因子和精细度越大，意味着光学微腔存储能量的能力越好，激光的线宽越小，产生的激光相干性越好。因此，设计和制备具有高品质因子和高精细度的光学微腔在实际应用中具有重要意义。

在光学微腔中还有一个重要的现象称为珀塞尔效应（Purcell Effect）。珀塞尔效应是指量子系统的自发辐射率随环境的变化而增强的现象。20 世纪 40 年代，珀塞尔发现了这个效应。当原子进入光学微腔时，其自发辐射率会增强，增强的幅度由珀塞尔因子决定。珀塞尔因子的表达式为

$$F_{\mathrm{p}}=\frac{3}{4\pi^{2}}\left(\frac{\lambda_{\mathrm{c}}}{n}\right)^{3}\left(\frac{Q}{V}\right) \tag{8-5}$$

式中，$\frac{\lambda_{\mathrm{c}}}{n}$ 表示折射率为 n 的光学微腔材料内的有效光波长；Q 和 V 分别为光学微腔的品质因子与模式体积。由于光学微腔的 Q 值很高，模式体积很小，因此珀塞尔因子变得很高。在光学微腔中可以观测到很多传统谐振腔很难观测到的光学现象。

按照微腔对光限制原理的不同光学微腔可以分为以下 3 种类型：法布里-珀罗型微腔、回音壁型微腔和光子晶体型微腔，如图 8.1 所示。

图 8.1 常见的 3 种光学微腔

（1）法布里-珀罗型微腔。常规的法布里-珀罗型谐振腔由两块平行的玻璃板（相当于反射镜）组成，这两块玻璃板相对的内表面都具有高反射率，而法布里-珀罗型微腔是一种类似于这种结构的微型谐振腔，提供反射的部位可能是晶体材料的界面、层状堆叠结构的上下表面，或者是专门设计的反射层。这种微腔易于设计和制备，但是缺点比较明显，就是较难实现高品质因子。

（2）回音壁型微腔。回音壁型微腔的基本原理是声波的回音效应，根据全内反射的原理，在弯曲的高折射率介质界面也存在光学回音壁。在闭合的微腔边界内部，光能够一直被限制在腔内，从而保持稳定的传输模式。这种微腔通常是环形、球形或柱形的，其 Q 值极高，可达 10^{10}。其缺点是只有部分增益介质参与光功率放大，因而限制了它的应用。

（3）光子晶体型微腔。光子晶体是指一种介电材料呈周期排列的结构，其特征是具有光子带隙，能够抑制特定频率的光子传输。光子晶体型微腔是指在具有周期性结构的光子晶体中构造缺陷，光由于受到光子晶体禁带的影响而被限制在缺陷中，因此形成微腔。这种微腔具有体积小和 Q 值高的优点，其 Q 值可达 10^5。

此外，还有其他形式的微腔，如随机激光微腔。随机激光微腔一般由微纳光增益材料的端面反射形成，由于该微腔是随机产生的，因此不具有可控性，很难制作成微纳光学探测器件。

根据菲涅尔反射定律，若两种介质的折射率分别为 n_1 和 n_2，则对于垂直入射的光，由折射率 n_1 和 n_2 之差造成的反射率为

$$R = \left| \frac{n_1 - n_2}{n_1 + n_2} \right|^2 \tag{8-6}$$

由式（8-6）可知，对于折射率之差较大的两种介质，端面的反射足以为光学微腔提供反射，这也是很多没有反射层的光学微腔的反射方式。还有一种重要的反射方式为全内反射：光由光密介质射向光疏介质，当入射角 θ 大于临界角 θ_c 时，透射的折射光将消失，所有的入射光都被反射回光密介质，这种现象称为全内反射。图 8.2 所示为光在界面的全内反射示意。全内反射在光学微腔中的应用非常广泛，例如，回音壁型微腔的形成完全依赖全内反射。

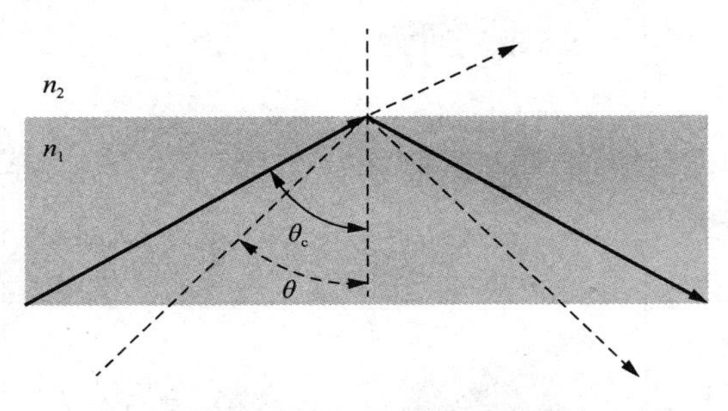

图 8.2　光在界面的全内反射示意

8.1.1　法布里-珀罗型微腔

常规的法布里-珀罗型微腔由两块平行的反射镜组成，其示意如图 8.3 所示。为了能够更好地理解谐振腔的工作原理，下面以一个法布里-珀罗型激光谐振腔作为示例。一般情况下，激光谐振腔内装有增益介质，用于产生光增益。而增益的能量来源称为泵浦或抽运。以电作为能量来源的，称为电泵浦，以光作为能量来源的，称为光泵浦。激光谐振腔的一

侧为全反射镜，另一侧为部分反射镜，以利于激光的出射。由于增益介质会产生多个谐振波长的激光，所以需要加入一块平面镜，以调节光程并做模式选择。由式（8-1）可知，通过微调谐振腔的光程长度 L，可微调谐振波长，也可通过调节模式选择平面镜的角度获得想要的波长。法布里-珀罗型微腔类似这种结构，也是通过两个端面反射实现光的反射和能量的储存。法布里-珀罗型激光谐振腔的 Q 值计算公式为

$$Q=\frac{2\pi nL}{\lambda(1-R)} \tag{8-7}$$

式中，n 为折射率；L 为光程长度；R 为谐振腔的反射率；λ 为激光工作波长。

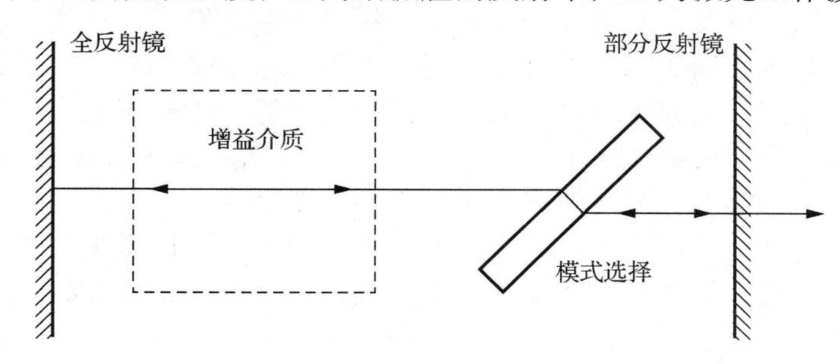

图 8.3　法布里-珀罗型激光谐振腔示意

从式（8-7）可以看出，法布里-珀罗型激光谐振腔的 Q 值和光程长度成正比，光程长度越大，Q 值越大。法布里-珀罗型微腔在量子光学和量子电动力学中有非常广泛的应用。图 8.4 是一个由法布里-珀罗型微腔构成的原子腔显微镜（简称腔镜），腔镜端面起菲涅尔反射作用。通过法布里-珀罗型微腔（以下简称微腔）和激光，可以显示单个铯原子在微腔中的运动，还可以反演得到其运动轨迹。当单个铯原子在微腔中运动时，一束弱激光从微腔的左侧入射，在微腔右侧出射并由光电探测器件探测入射光的强度。当铯原子运动时，由于微腔的传输特性改变，入射光的强度产生很大的变化，光电探测器件可以实时记录这种变化。反演算法根据微腔传输特性的改变，重建单个铯原子的运动轨迹，结果表明铯原子被机械力束缚在轨道上，这种情况与单光子有关。在这个实验中，原子腔显微镜在 10μs 的间隔内可获得 2μm 的空间分辨率。在观测期间，对铯原子运动的传感灵敏度已经接近标准量子极限。这个实验的原理和实际过程非常复杂，这里仅用来演示法布里-珀罗型微腔在量子电动力学中的强大功能。

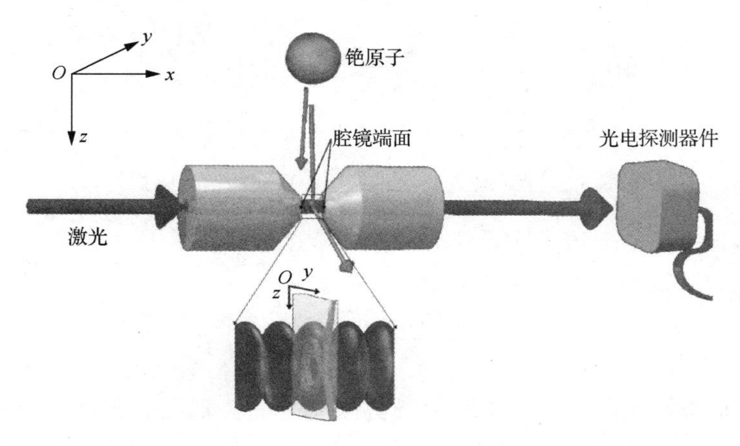

图 8.4　由法布里-珀罗型微腔构成的原子腔显微镜

8.1.2 回音壁型微腔

回音壁型微腔是近年来被广泛研究的一种微腔。其基本原理如下：光在具有旋转对称性的高折射率介质的封闭界面发生全内反射，满足入射角大于全内反射临界角的条件，沿着边界传播一周的光程是波长的整数倍，这种情况下的光可以一直被限制在微腔内保持稳定的行波传输。这种微腔称为回音壁型微腔。1910 年，瑞利爵士在伦敦圣保罗大教堂发现，如果有人在环形走廊低声耳语，那么稍后会听到相同的声音从背后传来。他认为这种效应的产生机理是声波沿环形走廊传播。在之后的几十年里，科研人员在介电球中观察到了回音壁型微波激射现象，以及在高抛光掺钐的氟化钙晶体微球腔中，观察到了脉冲激光振荡现象。1997 年，奈特等人通过热拉法制备了耦合效率高达 99.99%的锥形光纤耦合元件，解决了难以通过自由空间直接收集或利用高斯光束激发微腔产生回音壁光学模式的问题。回音壁型微腔具有体积小、能量密度高和线宽窄等优点。目前回音壁型微腔在量子光学器件、非线性光学器件和光子学器件等方面得到了广泛应用。回音壁型微腔与传统集成式光子学器件相结合，在构建下一代量子光学芯片方面极具前景。基于回音壁型微腔的飞秒光学频率梳可应用在时间计量、航空航天和光通信等领域。回音壁型微腔同时也可用于传感器，并具有品质因子高、灵敏度高、体积小、响应速度快和易于集成等优点。回音壁型微腔具有很多种形状，如微球、微环、微盘、微圆柱等。为了更好地理解回音壁谐振模式是如何形成的，下面以正六边形微盘为例，研究这样的结构可以存在多少种可能的谐振模式（见图 8.5）。首先，由六个端面形成的对称结构可以形成法布里-珀罗谐振模式，如图 8.5（a）和图 8.5（b）所示。其次，正六边形微盘的对称结构可在其中形成三种回音壁谐振模式，如图 8.5（c）、图 8.5（d）和图 8.5（e）所示。在一个具体的正六边形微盘微谐振腔中，具体哪种谐振模式占主导地位，还需要通过结构参数计算获得。

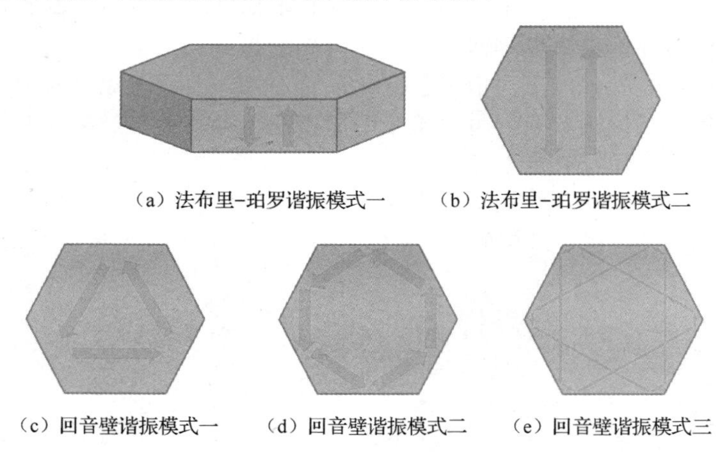

（a）法布里-珀罗谐振模式一　（b）法布里-珀罗谐振模式二

（c）回音壁谐振模式一　（d）回音壁谐振模式二　（e）回音壁谐振模式三

图 8.5　正六边形微盘谐振腔中可能的谐振模式

对于上面这种常见的多边形回音壁型微腔，其 Q 值的计算也很重要。对一个具有 m 个端面的多边形微腔来说，其 Q 值用以下公式计算，即

$$Q=\frac{\pi DmnR^{m/4}}{2\lambda\left(1-R^{m/2}\right)}\sin\left(\frac{2\pi}{m}\right) \tag{8-8}$$

式中，D 为多边形外接圆的直径；n 为材料的折射率；R 为端面的反射率；λ 为激光的工作波长。

8.1.3 光子晶体型微腔

随着基于对材料光学特性的调控及对光子的局域化难度越来越大，光子晶体的概念应运而生。1987 年，雅布罗诺维奇在讨论如何抑制自发辐射时提出了光子晶体的概念。几乎同时，约翰在讨论光子局域化时也独立提出了这一概念。如果将不同介电常数的材料按照一定的规则周期性排列，电磁波在其中传播时，因布拉格散射导致电磁波受到调制而形成能带结构，这种能带结构称为光子能带。光子能带之间可能出现带隙，即光子带隙。具有光子带隙的周期性介电结构就是光子晶体，三种光子晶体的结构示意如图 8.6 所示。因光子晶体具有良好的光子控制能力及局域化能力而成为最成功的微纳光子结构之一。光子晶体的小型化能够很好地实现微米甚至纳米级的光和物质的相互作用，已经在微纳光学、非线性光学和量子光学等领域得到了广泛的研究和应用。

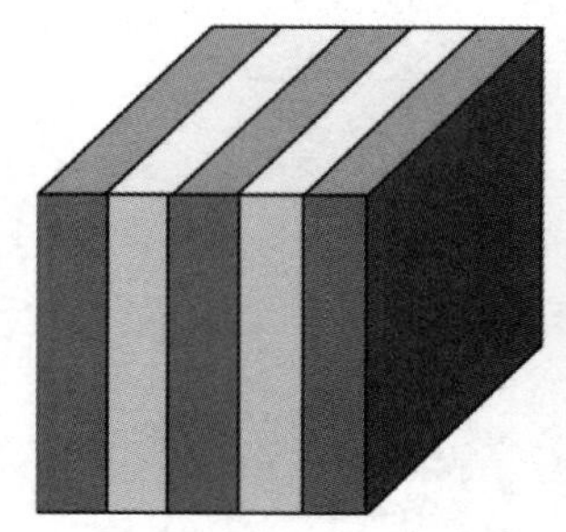
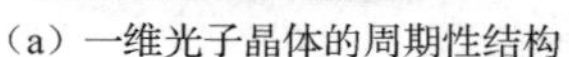
（a）一维光子晶体的周期性结构

（b）二维光子晶体的周期性结构

（c）三维光子晶体的周期性结构

图 8.6　三种光子晶体的结构示意

按照折射率不同的排列方向，可把光子晶体划分为一维光子晶体、二维光子晶体和三维光子晶体。一维光子晶体是指折射率仅在一个方向上呈现周期性变化，例如，布拉格光栅就是一维光子晶体的周期性结构，如图 8.6（a）所示。对于二维光子晶体结构来说，折射率在两个方向上呈现周期性变化且在第三个方向是不变的，如图 8.6（b）所示。对于三维光子晶体，折射率沿着三个方向呈现周期性变化，如图 8.6（c）所示。三维光子晶体可以实现无限大的品质因子和完全光子带隙，但是由于制备技术复杂，三维光子晶体目前还处于理论研究阶段。在完美周期性结构的二维光子晶体中，连续删除部分周期性结构，从而形成缺陷，就能够形成光波导，如光子晶体型微腔和光子晶体型光纤。由于光子晶体型微腔的结构复杂，对相关参数的计算需要更加复杂的算法。例如，需要采用时域有限差分法或有限元法计算光子晶体型微腔的相关参数。

8.1.4 光学微腔在光学探测中的应用

石墨烯作为最早被发现的二维材料，从发现之初就引起了业界极大的关注。石墨烯具有非常高的载流子迁移率和导热性能，已被广泛应用于锁模激光器、晶体管、电池、光伏、光催化和光探测器件等方面。作为光学探测器件材料，石墨烯的光吸收率较低（2.3%），需要研究新的方法以提高光吸收率并充分利用其独特的光学特性。把石墨烯与法布里-珀罗型微腔集成，作为光学探测器件，可提高石墨烯的光吸收效率。2012 年，维也纳理工大学报道了基于石墨烯和布拉格反射镜的微腔增强型光学探测器件。图 8.7（a）是该探测器件的结构示意，其中上布拉格反射镜由 7 对 SiO_2/Si_3N_4 层组成，其标称反射率为 89%；下布拉格反射镜由交替生长的 25 层 AlAs 和 $Al_{0.1}Ga_{0.9}As$ 组成，其反射率大于 99%。上下两面布拉格反射镜构成法布里-珀罗型微腔，石墨烯通过缓冲层夹在上下布拉格反射镜之间。图 8.7（b）是不同层的相对电场强度分布，从该图可以看出，相对电场强度在微腔的中间最强。上布拉格反射镜层数对上布拉格反射镜的反射率和微腔内石墨烯的光吸收率也有影响[见图 8.7（c）]。当层数小于 7 时，布拉格反射镜的层数越多，其反射率越高，石墨烯的光吸收率也越高。当层数超过 7 且继续增加时，吸收系数不升反降，主要是由于层数的增加会大大降低透射光的功率。也就是说，当上布拉格反射镜的反射率为 100%，入射光在上布拉格反射镜被全部反射，石墨烯的光吸收率为零。图 8.7（c）中的插图为下布拉格反射镜的反射率曲线，下布拉格反射镜在设计波长 850nm 附近具有平坦的高反射特性。

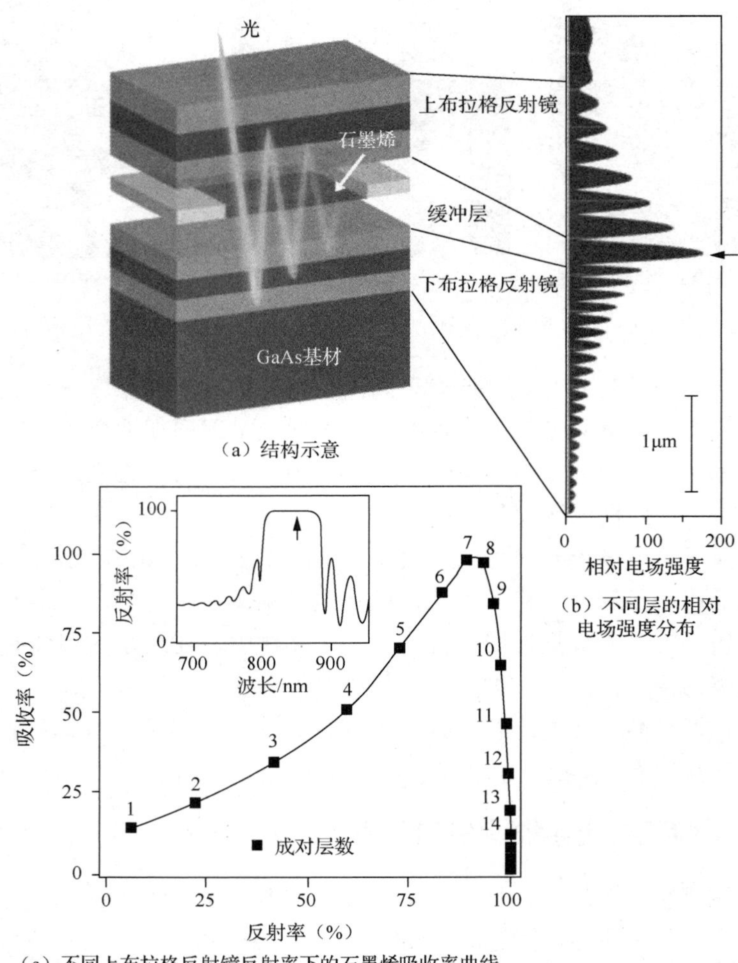

（a）结构示意

（b）不同层的相对电场强度分布

（c）不同上布拉格反射镜反射率下的石墨烯吸收率曲线

图 8.7　基于石墨烯和布拉格反射镜的微腔增强型光学探测器件

在有或没有光学微腔的情况下的石墨烯探测器件的光电响应曲线如图 8.8 所示。从该图可以看出，当没有光学微腔时，几乎看不到光电响应；有光学微腔辅助时，该探测器件具有很好的光电响应。这个结果在实验上证明，通过该方法石墨烯的光吸收率增强了 26 倍，吸收率达到 60%以上。最后实现了基于石墨烯的响应度为 21mA/W 的微腔增强型光学探测器件。如果感光材料是性能更好的半导体材料，利用这种探测器件结构，可以设计出对某一特定波长具有超高灵敏度的微纳光学探测器件。该特性也是此类光学探测器件一个难以克服的缺点，由于谐振腔具有频率选择性，因此可探测波长的范围很窄，只能用于特定波长附近的光学探测。

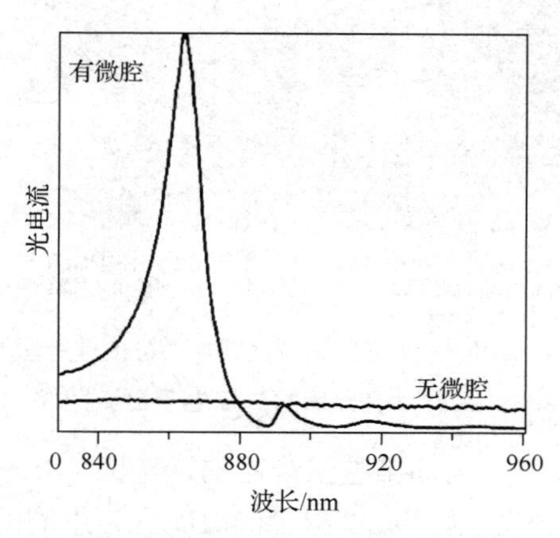

图 8.8　在有或没有微腔的情况下，石墨烯探测器件的光电响应曲线

8.1.5　光学微腔在激光器和传感器中的应用

微腔在激光器中也得到了广泛应用。例如，微腔激光器具有体积小、低阈值、高能量转化效率和高调制速率等优点，因此微腔激光器在光集成、光通信以及生物医学等领域具有很高的潜在应用价值。2015 年，华盛顿大学等研究机构联合报道了以光子晶体型微腔和单层二硒化钨（WSe_2）为增益介质的超低阈值微腔激光器。光子晶体型微腔是在光子晶体的周期结构上人为制造一个缺陷，让光可以在缺陷的位置形成导模，从而形成光学微腔。WSe_2 体材料是一种间接带隙半导体，但是通过一定技术手段（机械剥离），或者生长工艺（化学气相沉积）可以获得单层 WSe_2 膜材料。单层 WSe_2 膜材料与其体材料的性质有很大区别，单层 WSe_2 膜材料是直接带隙半导体，具有良好的发光性能、光电性能和光增益性能。单层 WSe_2 膜材料的厚度为 0.7～1nm，因此单层 WSe_2 膜材料可作为纳米级微腔激光器的增益介质。在图 8.9（a）中，通过机械剥离获得的单层 WSe_2 膜材料附着在 PMMA（聚甲基丙烯酸甲酯又称亚克力或有机玻璃）基材上，其中单层和多层的区别可以通过多种方法进行判断或测量。首先，可以通过原子力显微镜对样品厚度进行精确测量。其次，由于不同层数的 WSe_2 膜材料发出的荧光特性和拉曼光谱不同，可以通过表征样品的荧光特性或拉曼光谱判断层数。图 8.9（b）中的 GaP（磷化镓）光子晶体型微腔通过在周期结构上去掉 3 个连续型的孔来实现。由于 GaP 光子晶体的整体尺寸只有 6μm 左右，因此只能在光学显微镜下用物理方法把 GaP 光子晶体型微腔转移到单层 WSe_2 膜材料上。

（a）通过机械剥离获得的单层WSe_2膜材料的光学显微图像　（b）光子晶体型微腔和单层WSe_2膜材料组合后的扫描电子显微图像

图 8.9　单层 WSe_2 膜材料的光学显微图像、GaP 光子晶体型微腔与 WSe_2 膜材料组合后的扫描电子显微图像

图 8.10（a）中的上图是光子晶体微腔激光器的示意图，光子晶体型微腔在缺陷部分形成导模，图中的颜色深浅代表光场强度$|E|^2$。图 8.10（a）中间的插图是 WSe_2 的原子结构示意图，可以看出，单层 WSe_2 膜材料的原子结构为层状结构且厚度为 0.7nm。图 8.10（a）中的下图是光子晶体型微腔内垂直截面的光场强度分布，可以看出，这是完整的传导模式。由于该微腔激光器的腔非常小，在百纳米级，因此腔内有很强的珀塞尔效应。通过在光子晶体型微腔的表面覆盖单层 WSe_2 膜材料的方式，可为该微腔提供增益。在 130K 的温度下，该微腔激光器可以实现 27nW（纳瓦）的低激光阈值。当使用 632nm 波长的激光进行泵浦时，该微腔激光器的发射光谱的峰值波长为 740nm[见图 8.10（b）]。

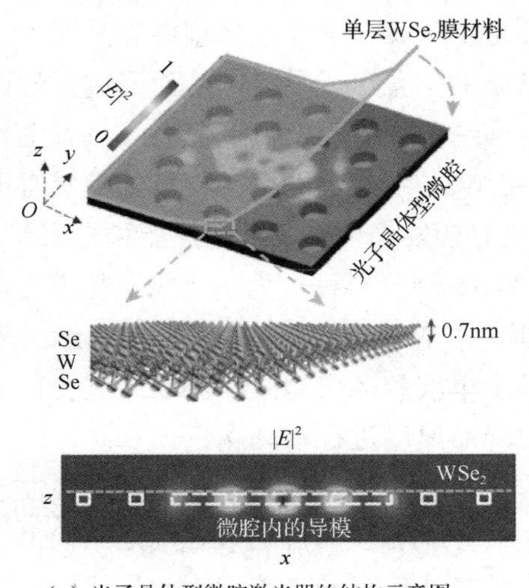

（a）光子晶体型微腔激光器的结构示意图以及微腔内导模分布图

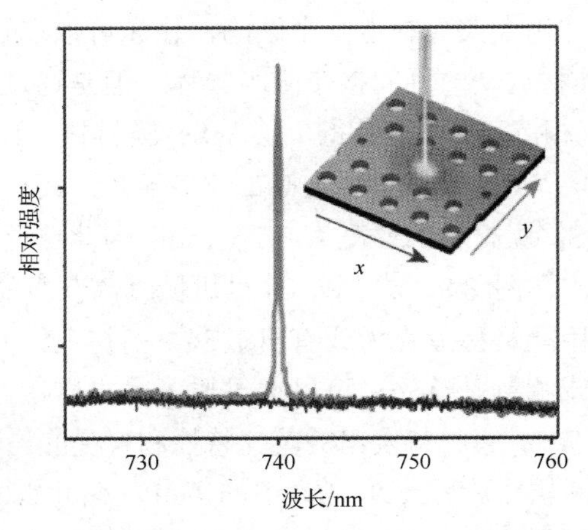

（b）微腔激光的受激发射光谱右上方的插图为受激发射时光传输方向示意图

图 8.10　光子晶体型微腔激光器

光学微腔作为生物传感器可以获得非常高的灵敏度，传感的主要方式为模式移动传感，其基本原理是光学微腔的谐振波长会随环境介电常数变化而改变。一般通过监测光学微腔的透过谱、反射谱或辐射谱得到光学微腔的谐振频率。以回音壁型微腔为例，模式移动是最常用的微腔传感机制。模式移动机制既可以用来检测单分子颗粒大小或物质的浓度信息，又可以得到微腔环境物理参数的变化（如温度、湿度、压强或者磁场等）信息。2002 年，洛克菲勒大学等机构第一次通过监测回音壁型微腔传感器谐振波长的移动，实现对水溶液中微量蛋白质的探测，实验装置如图 8.11（a）所示。由一台可调谐激光器通过耦合器把光耦合到光纤中，光纤的中间部分经过特殊处理，其包层被腐蚀，以产生消逝场。消逝场产生的沿表面传播的光耦合到一个石英微球中，石英微球是通过高温熔烧单模石英光纤所得到的。同时通过热电偶测量样品池温度的变化，对石英微球内产生的回音壁型微腔传感器谐振波长的变化用 InGaAs 光学探测器件探测。图 8.11（b）是石英微球和光纤的显微图像。从图 8.11（b）中可以看出，石英微球是一个椭球体，直径为 300μm 左右。图 8.11（c）是回音壁型微腔的透过谱，从图 8.11（c）中可知，由于该微球直径较大且不对称，因此有多个谐振模式，每个谐振模式表现为一个波谷。

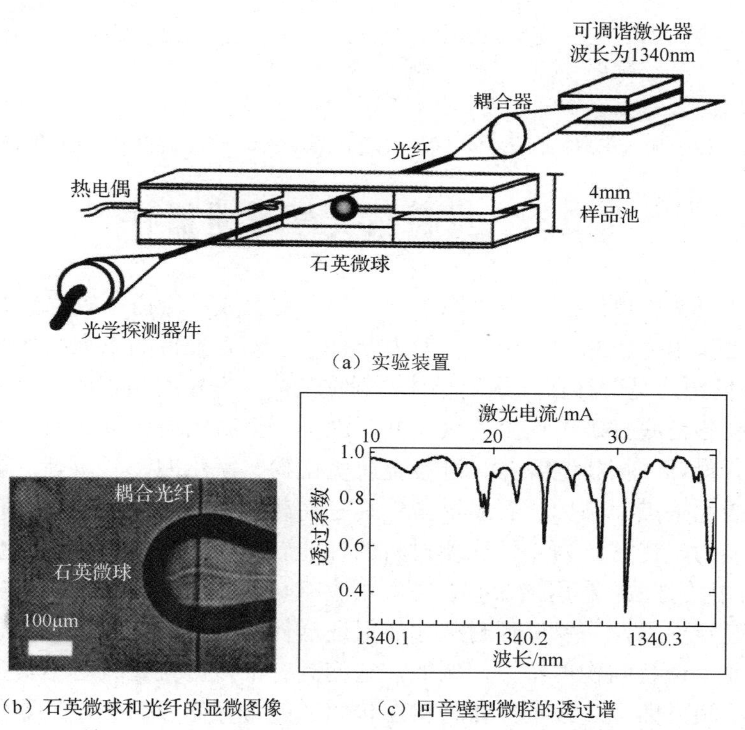

（a）实验装置

（b）石英微球和光纤的显微图像 （c）回音壁型微腔的透过谱

图 8.11 回音壁型微腔传感器

牛血清白蛋白（BSA）是一种可用于酶联免疫、金探针、化学发光、磁性颗粒法、聚合酶链式反应（PCR）等方面的诊断试剂，还可用于生化研究、遗传工程和医药研究。通过在样品池里加入牛血清白蛋白，用光学探测器件实时监测波长的变化。由于石英微球在吸附蛋白质以后体积变大，其谐振波长会向长波长方向移动。图 8.12 是加入牛血清白蛋白之后，谐振波长和电流随时间变化的曲线。在刚加入牛血清白蛋白时，由于石英微球的热收缩效应，因此谐振波长向短波长方向急剧偏移。随着牛血清白蛋白开始作用，谐振波长开始向长波长方向移动，最后谐振波长偏移了 0.021nm，达到饱和，即使最终加入的牛血清白蛋白浓度达到 1.5μM，谐振波长也不再变化。其中的插图是加入牛血清白蛋白的浓度和相对波长移动量关系曲线，当数值为 1 时，代表偏移量达到最大，此时传感器响应达到饱和。从该图中可以看出，可检测的最小饱和浓度只有 20nM。也就是说，该回音壁型微腔传感器的探测灵敏度可以达到 20nM 这样低的浓度。上述实验结果在微腔生物传感领域具有开创性意义。

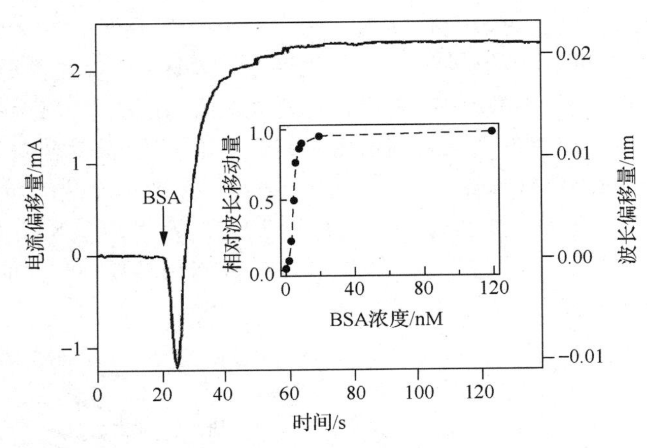

图 8.12　加入牛血清白蛋白（BSA）之后谐振波长和电流随时间变化的曲线

8.2　二维微纳光学探测器件

二维半导体材料由单原子层或少原子层或分子层组成，层内由较强的共价键或离子键连接，层间则由作用力较弱的范德瓦耳斯力结合。它们因独特的二维结构而具有奇特的物理特性。在 20 世纪，是否存在二维半导体材料成为一个非常有争议的话题。直至 2004 年，石墨烯的成功制备彻底打破了这个争议，并开创了一个新的研究领域。二维半导体材料种类丰富，包括石墨烯、拓扑绝缘体、过渡金属硫化物、氮化硼、黑磷等，这些二维半导体材料具有各自的优缺点。例如，石墨烯虽然具有高载流子迁移率，但是因石墨烯没有带隙而不具有发光能力，使它作为光学探测材料的性能较一般，需要各种的掺杂改性，或者如 8.1 节例子中所用的方法，利用谐振腔提高其吸收率。又如，黑磷虽然具有良好的光电性能，但是黑磷化学稳定性差，需要进行封装才能保证器件的性能稳定。二维半导体材料的低维特征使其具有非常奇特的物理特性，例如，它们具有很多传统材料所不具备的物理效应和光电性能。在应用方面，二维半导体材料在传感、能量存储、高频电子器件及生物医药等方面的研究取得了很大进展。同时二维半导体材料在非线性光学领域的研究也取得了重大突破，二维半导体材料作为脉冲激光的可饱和吸收体已经产业化。二维半导体材料在光电探测领域也得到了极大发展，各种新型二维微纳光学探测器件被研制出来。

8.2.1　二维肖特基结型光学探测器件

二硫化钼（MoS_2）作为过渡金属硫化物中的一种典型材料，因具有良好的热稳定性和优异的光电性能而获得广泛关注。图 8.13 给出了 MoS_2 原子结构示意，MoS_2 的相邻层依靠微弱的范德瓦耳斯力结合在一起，层间距为 6.5 Å，单层的 MoS_2 具有 3 个原子，其中中间的 Mo 原子平面将两个六角边平面的 S 原子隔开。MoS_2 有着载流子迁移率高、透光性强等优点，除此之外，MoS_2 还有个神奇的特性：对于不同层数的 MoS_2，其带隙有着不同的变化，从块体到单层，MoS_2 由间接带隙转变为直接带隙半导体。由于 MoS_2 之间由微弱的范德瓦耳斯力相连接，该力不同于其他材料之间的原子力，这使得 MoS_2 可以与其他材料直接进行复合而不用考虑晶格失配的缺陷，使其在很多方面都有着广泛的应用，尤其是在光电子、能量储存及光催化等方面。

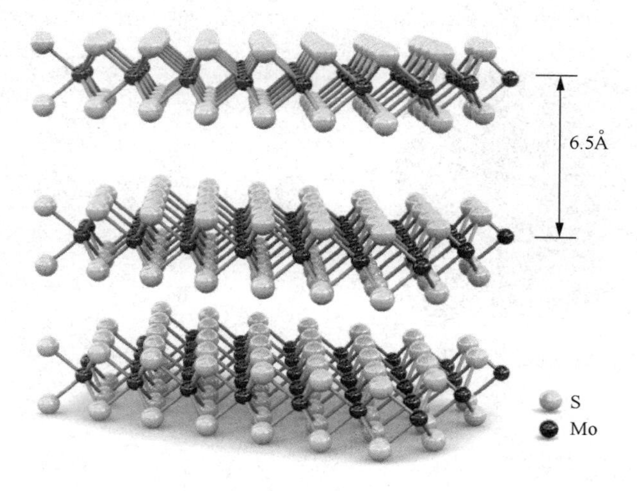

图 8.13　MoS_2 原子结构示意

由于 MoS_2 在光电方面具有优异的性能，因此它在光学探测器件领域被广泛研究。对于 MoS_2 材料而言，当它厚度小于 100nm 时，随着厚度逐渐减小，量子限域效应使 MoS_2 的能带从间接带隙转变为直接带隙，能带由 1.2eV 增加到 1.8eV。但是对于光学探测器件来说，单层二维半导体材料的光吸收性能较差，表面缺陷多。因此，想要获得更好的光电性能，需要折中选择带隙和层数。对于半导体光学探测器件来说，最简单的结构莫过于肖特基结型光学探测器件。这种探测器件只需要一种感光材料，感光材料产生的光电流通过两个金属电极导出，以便进行检测和信号处理。2013 年，一些机构联合报道了利用少层 MoS_2 薄膜和叉指电极制备肖特基结型光学探测器件，如图 8.14 所示。在图 8.14（a）中，通过两步热分解法获得的高结晶度的少层 MoS_2 薄膜生长在镀有 SiO_2 绝缘层的硅基材上，金电极的厚度为 100nm，该电极是通过电子束蒸发的方式沉积到器件表面上的。从图 8.14（b）中可以看出，MoS_2 薄膜的均一性非常好。从图 8.14（c）可以看出，MoS_2 薄膜边缘的厚度为 1.9nm。对于 MoS_2 来说，该厚度正好是 3 层 MoS_2 的厚度。其中 MoS_2 的层数信息还可以通过分析其拉曼光谱的方法获得，这里不再赘述。在实验中，3 层 MoS_2 可以吸收 10 %左右的入射光，对应的吸收系数为 $7.5\times10^5 cm^{-1}$。对于二维半导体材料来说，这是一个非常高的吸收系数。图 8.14（d）是肖特基结型光学探测器件的时域光响应曲线。测试所用光源为方波调制的 532nm 波长的激光，此时的偏置电压为 5V，入射光的光功率密度为 $2.0\times10^4 W/cm^2$。从图 8.14（d）中可以看出，该探测器件的时域响应时间在 70μs 左右，恢复时间在 110μs 左右。可见，其响应时间很快。进一步的研究表明，该肖特基结型光学探测器件在 532nm 的响应度为 0.57 A/W，探测率高于 10^{10} cm · $Hz^{1/2}$/W。该探测器件在 400～600nm 波长范围内都具有良好的光响应。同时，该探测器件在 200℃温度下仍具有良好的光电性能。

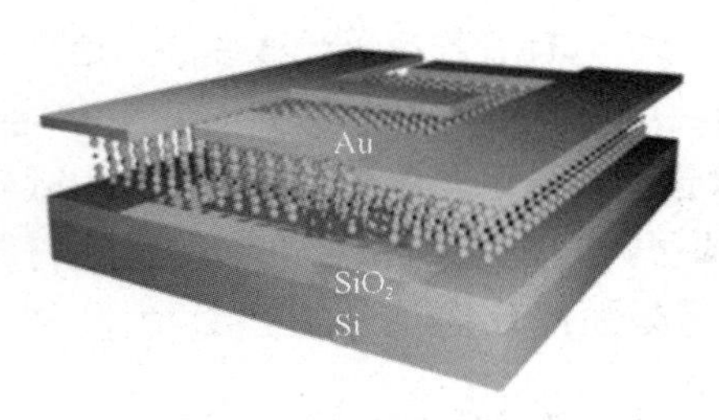

（a）基于MoS_2的肖特基结型光学探测器件的示意

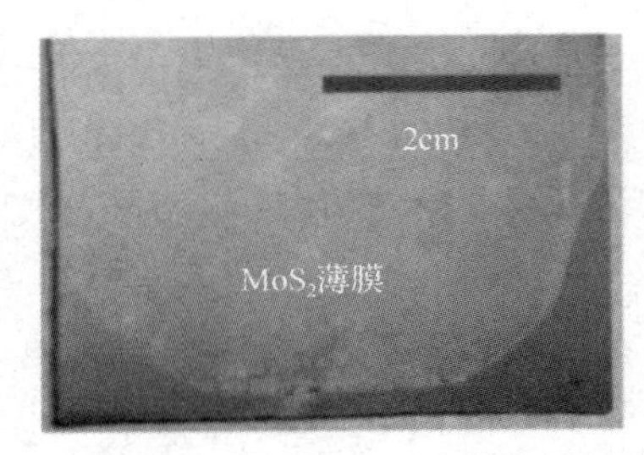

（b）实验中获得的大片的少层MoS_2薄膜光学显微图像

（c）少层MoS_2薄膜的原子力显微图像

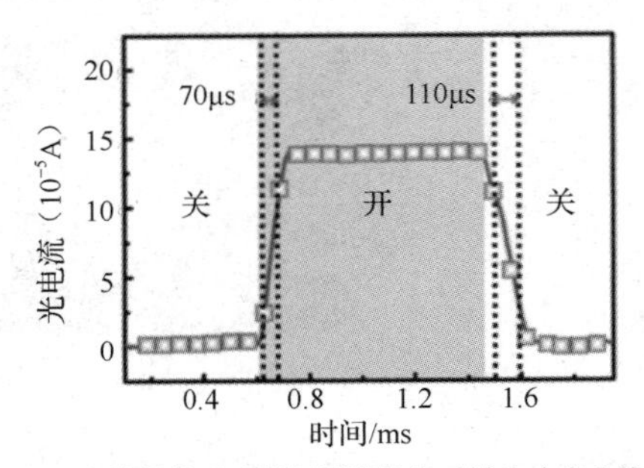

（d）肖特基结型光学探测器件的时域光响应曲线

图 8.14　肖特基结型光学探测器件

8.2.2　二维光电二极管

为了获得更小的暗电流和开关性能，常使用 PN 结型光电二极管，这类二极管是应用最广泛的光学探测器件。2018 年，韩国科学技术研究院等机构联合报道了基于 MoS_2 和 WSe_2 的垂直异质结型二维光电二极管，如图 8.15 所示。该探测器件所用的多层 MoS_2 和 WSe_2 是通过机械剥离获得的，两者都是二维半导体材料，不需要复杂的掺杂过程，通过堆叠即可制备高质量的 P-WSe_2/N-MoS_2 异质结。首先，在玻璃基材上以电子束刻蚀的方式，制作一个厚度为 10 nm 的铂（Pt）电极。其次，把机械剥离得到的多层 WSe_2 通过 PDMS（聚二甲基硅氧烷）压印模具的方式，转移到 Pt 电极上。再次，把机械剥离得到的 MoS_2 通过同样的方式和 WSe_2 部分重叠。最后，在 MoS_2 上利用电子束刻蚀的方式制作 Ti/Au 电极。制备得到的垂直异质结型二维光电二极管光学显微图像如图 8.15（b）所示。其中，WSe_2 和 MoS_2 的厚度分别为 25nm 和 18nm。这里并未使用单层二维半导体材料，主要是因为单层二维半导体材料的光吸收率低，而且转移的过程中容易破裂。

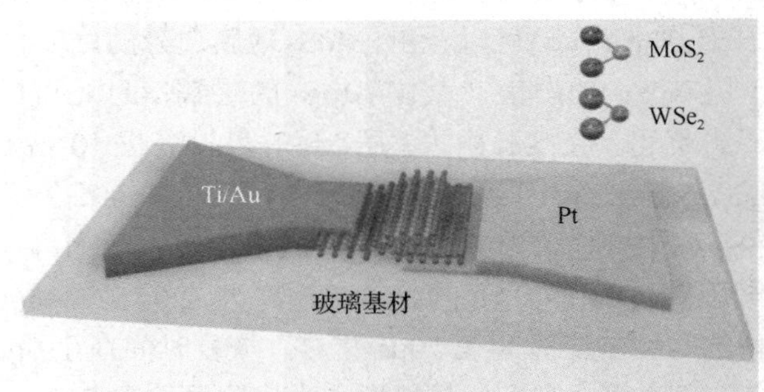

（a）基于MoS_2和WSe_2垂直异质结的二维光电二极管结构示意

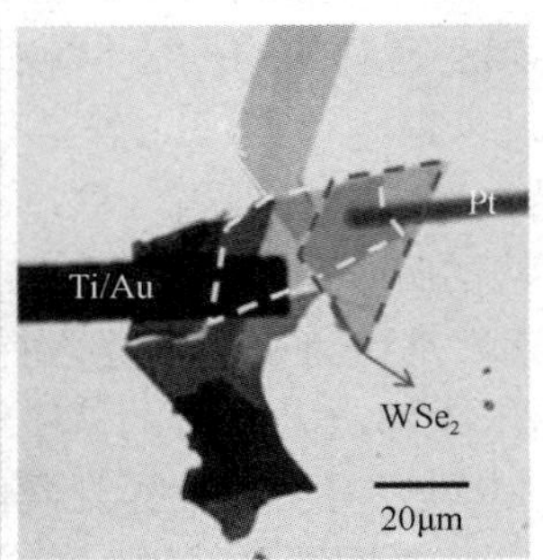

（b）制备得到的垂直异质结型二维光电二极管光学显微图像

图 8.15　垂直异质结型二维光电二极管

垂直异质结型二维光电二极管具有普通二极管的所有特性，如图 8.16 所示。图 8.16（a）是在没有光照的情况下，该二极管的伏安特性曲线。当电压为负值时，暗电流在 10^{-12}～10^{-11} A 之间，该二极管截止；当电压为正值时，该二极管导通，电流随电压迅速增大，当电压为 3V 时，电流达到 10^{-6}A。上述曲线表明，该二极管具有单向导通的特性和良好的开关特性且开关比达到 10^6，该二极管的理想因子 η 大约为 1.5。图 8.16（b）是在没有光照的情况下，输入振幅为±1V 的方波电压信号（图中的方波曲线）时输出的电流信号曲线（方波下方的曲线）。其中方波曲线的调制频率为 10Hz，方波下方曲线的调制频率为 100Hz。结果表明，该二极管具有良好的动态电流整流特性。为了验证该二极管的光电性能，使用固定的光功率密度（$100mW/cm^2$）测试在不同波长激光照射下该二极管的伏安特性曲线，如图 8.16 所示。从图中可以看出该二极管有较好的光响应。在光照条件下，其伏安特性曲线都不经过零点，说明该二极管有明显的光伏效应。图 8.16（d）是该二极管在 638nm 方波调制激光下的时域光响应曲线，激光的光功率密度为 $1W/cm^2$，表明该二极管具有良好的光响应。进一步研究表明，在 532nm 波长下该二极管的响应度为 0.17 A/W，功率线性响应区间为 $10^{-5}W/cm^2$～$1W/cm^2$，线性动态范围（相关参数的比值）为 123dB。

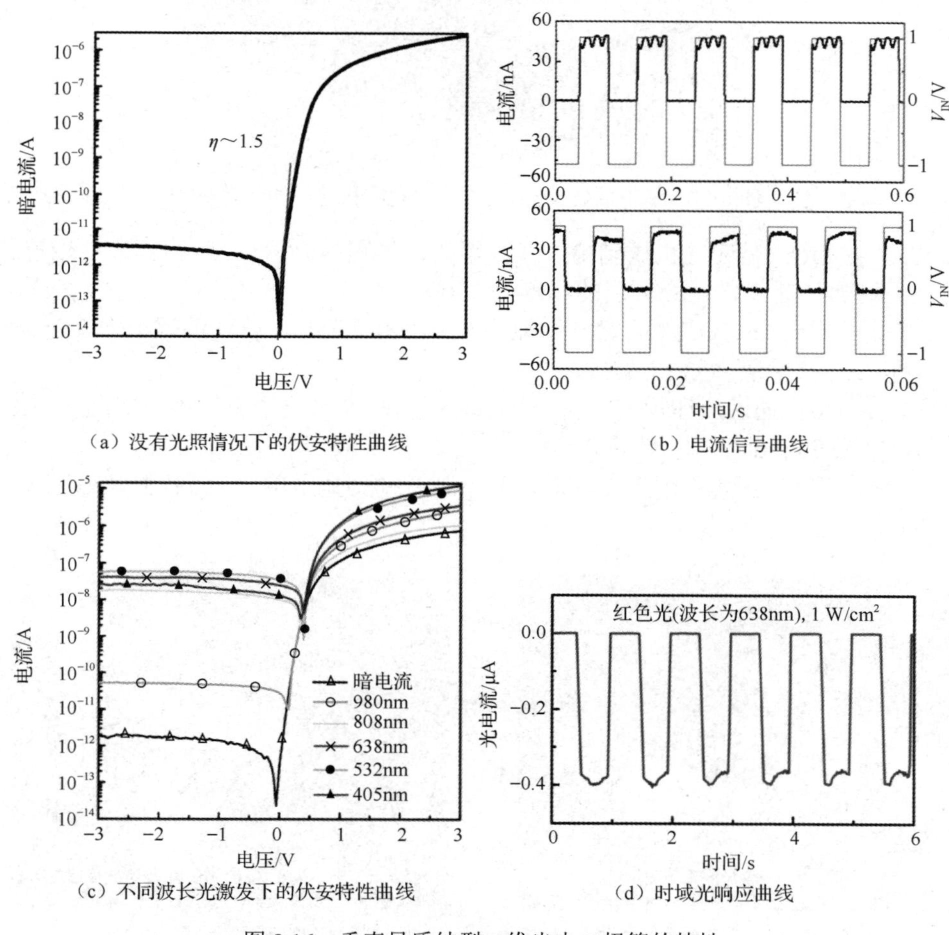

（a）没有光照情况下的伏安特性曲线

（b）电流信号曲线

（c）不同波长光激发下的伏安特性曲线

（d）时域光响应曲线

图 8.16 垂直异质结型二维光电二极管的特性

8.2.3 二维光电三极管

二维光电三极管除了具有很小的暗电流，还具有开关特性、电流放大特性和逻辑门特性。2013 年，瑞士洛桑联邦理工学院等机构联合报道了基于单层 MoS_2 的二维光电三极管，其结构示意如图 8.17 所示。其中，单层 MoS_2 和带有 SiO_2 绝缘层的掺杂硅组成垂直结构的三极管，MoS_2 上方的两个金（Au）电极和硅（Si）基材组成三极管结构。被探测的激光照射在单层 MoS_2 上时，会产生光电效应。

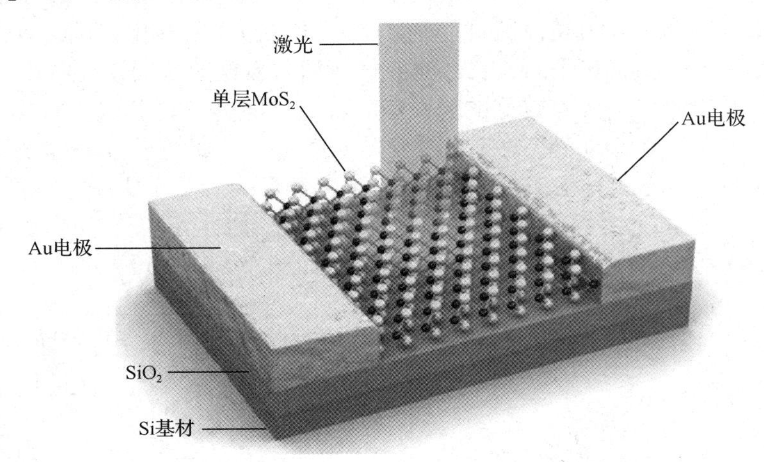

图 8.17 基于单层 MoS_2 的二维光电三极管结构示意

其中的单层 MoS_2 是通过机械剥离方式获得的，如图 8.18（a）所示。该三极管的基材是生长了 SiO_2 层的 Si 基材，SiO_2 层的厚度为 270 nm。

（1）把 Si 基材放在 5%浓度的氢氧化钾溶液中浸泡 30min，以便溶解小于 5 nm 厚度的 SiO_2，然后利用等离子氧清洁 Si 基材表面。

（2）把单层 MoS_2 通过压印模具转移到 Si 基材之后，通过电子束刻蚀方式制作 Au 电极，Au 电极的厚度为 90 nm。

（3）在干燥的氩气环境中退火 2 小时，就可制备得到基于单层 MoS_2 的光电三极管，如图 8.18（b）所示。

（a）通过机械剥离获得的单层MoS_2

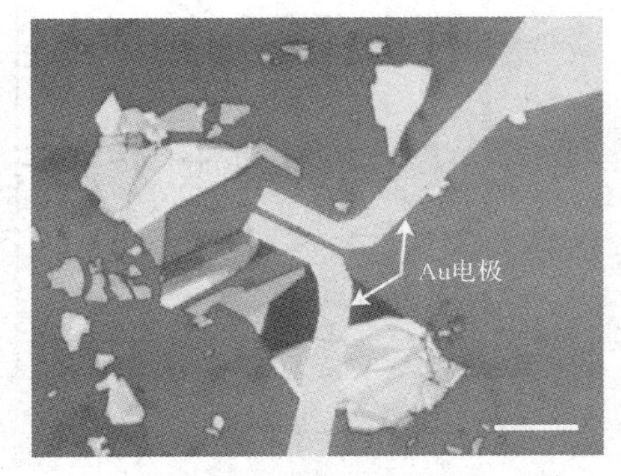

（b）制备得到的基于单层MoS_2的光电三极管

图 8.18 单层 MoS_2 和基于单层 MoS_2 的光电三极管

图 8.19 是基于单层 MoS_2 的光电三极管的电路原理示意。源极（Source）、漏极（Drain）和栅极（Gate）是三极管的三个工作电极，三极管的优点在于，当栅极电压为零时，源极和漏极的沟道之间不会产生有效电流。当栅极被施加电压时，源极和漏极的沟道之间聚集有效电荷，形成一条从源极到漏极的导通通道，这就是逻辑电路中的“0”和“1”。从图 8.19 中的物理尺寸可以看到，该三极管的尺寸非常小，在集成光子芯片领域具有很高的潜在应用价值。

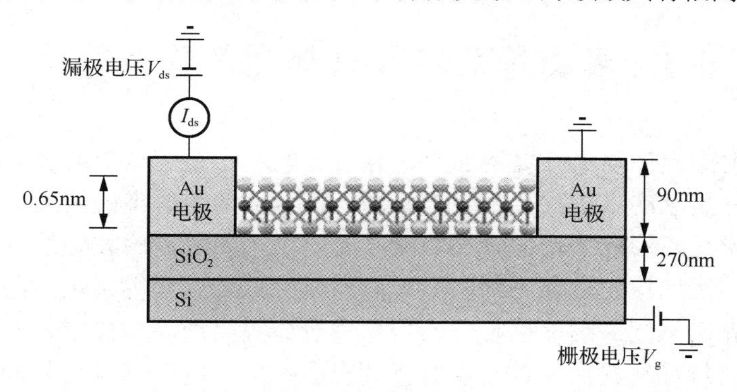

图 8.19 基于单层 MoS_2 的光电三极管的电路原理示意

光电性能是二维光电三极管的主要性能指标，基于单层 MoS_2 的光电三极管的光电性能如图 8.20 所示。当栅极电压从−70V 增大到+40V 时，在有光照和无光照两种情况下测量得到的漏极电流曲线如图 8.20（a）所示。从该曲线可以看出，在没有光照的情况下，该三极管为典型的 N 型沟道三极管，其开关的阈值电压为 22V。在有光照且源极与漏极偏压为 8V 时，关闭状态下的电流增大到 4μA。当栅极电压为−70V 时，改变源极与漏极偏压，使漏极电压分别为 1V、3V、5V、8V 并测出这 4 种漏极电压下该三极管的时域光响应曲线，如图 8.20（b）所示。此时，激光波长为 561nm，激光的光功率为 4.25μW，激光的开关时间为 100s，也就是 0.01Hz。从图 8.20（b）中可以看出，当源极与漏极偏压增大时，光响应也随之增强。该三极管的响应度可以达到 880A/W，对基于单层 MoS_2 的二维光电三极管来说这是一个很高的数值。此外，该三极管的响应时间为 4s，恢复时间为 9s 左右。这主要是由单层 MoS_2 的表面缺陷导致的，可通过表面改性提高响应速度。

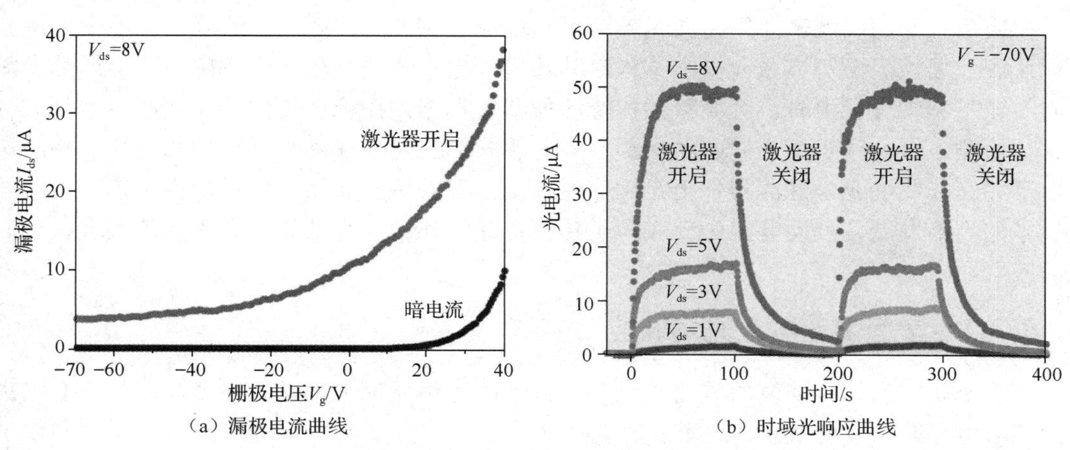

（a）漏极电流曲线　　（b）时域光响应曲线

图 8.20 基于单层 MoS_2 的光电三极管的光电性能

这里主要以 MoS_2 和简单结构的器件为例，其中一个原因是为了更好地理解二维半导体材料如何用于微纳光学探测器件，从而实现可比拟宏观器件的性能。另一个原因是 MoS_2 的热稳定性好，最有希望用于集成光电器件。当然，基于其他二维半导体材料的光学探测器件也有非常多的文献，在使用复杂结构、掺杂、改性等方式提高微纳光学探测器件的性能方面也有非常多的研究和文献。

8.3 表面等离激元微纳光学探测器件

当电磁波入射到金属与电介质界面时，导带上的电子被驱动，产生集体振荡，形成表面等离子体。这些运动的电子又会产生电磁场，在合适的入射电磁波频率下，表面等离子体和入射电磁波耦合，形成所谓的表面等离激元。由于入射电磁波必须有合适的频率与自由电子产生共振，因此这种现象也称表面等离激元共振。表面等离激元在体材料和微纳尺度上的表现形式有所不同，因此把它分为传导型表面等离激元和局域表面等离激元。金属微纳结构最主要的特征是，在入射光照射下其表面产生局域等离激元共振，从而产生很强的光学吸收和散射现象，并在其周围产生极强的电磁场。表面等离激元的理论研究最早可以追溯到 19 世纪末，经过一个多世纪的发展，表面等离激元的理论体系已经非常完备。特别是近年来，通过计算机数值模拟求解麦克斯韦方程组的方式，人们对表面等离激元的物理过程有了更深刻的认识。随着新型贵金属微纳材料和结构制备表征技术的发展，表面等离激元已发展成一门独立的学科。

表面等离激元具有很强的光场调控作用，主要表现在以下 3 个方面。

（1）表面等离激元具有局域场增强的特性，在金属与电介质界面处光子和自由电子的相互作用使光场在微纳尺度下的局域场能够极大地增强。

（2）由于表面等离激元具有亚波长特性，即其波长小于入射光的波长，以致入射光可以通过微纳级尺寸的金属孔获得突破衍射极限的能力。

（3）表面等离激元具有场强局域化特性，其场强在垂直于金属界面的方向上呈指数级衰减趋势，并且趋肤深度在纳米级。因此，在接近金属与电介质界面处将入射光限制在亚波长尺度。

在应用方面，局域表面等离激元效应可以增加金属表面的载流子浓度，可用于加速光催化反应。局域表面等离激元微纳结构对其环境介电常数的变化极为敏感，当金属纳米颗粒附着在生物大分子上时，会导致共振峰的偏移，根据共振峰位置的变化就能对生物大分子进行检测。金、银等贵金属的纳米颗粒具有优异的三阶非线性光学特性和超快的响应速度，已经在非线性光学探测器件上得到广泛应用。随着贵金属微纳材料制备工艺及微纳结构技术的不断发展，表面等离激元在光学传感、超快光学、光催化、光探测等领域得到广泛的应用。

8.3.1 表面等离激元光场调控

基于金属纳米结构的表面等离激元共振特性的应用原理大都是光场调控，如表面等离激元共振引起的局域场增强、远场散射增强等特性。

1. 表面等离激元的局域场增强

图 8.21（a）是表面等离激元原理示意。在金属与电介质界面处，由电磁场和表面电荷的相互作用产生的表面等离激元共振的动量为k_{SP}，该数值比自由空间的数值大（自由空间$k_0 = \omega / c$，其中ω为振动角频率；c为光速）。通过麦克斯韦方程组和近似边界条件可以得到k_{SP}，即

$$k_{SP} = k_0\sqrt{\frac{\varepsilon_d\varepsilon_m}{\varepsilon_d + \varepsilon_m}} \tag{8-9}$$

式中，ε_d和ε_m为电介质和金属的介电常数。

由于金属的相对介电常数一般为负值且为复数（虚部代表金属的吸收率），产生表面等离激元的金属与电介质的介电常数要满足一定条件。此外，表面等离激元只沿着金属表面传输，垂直于金属表面的电场［沿z轴方向的电场，见图 8.21（b），其中δ_d为光在介质中的衰减长度，约为光波长的一半；δ_m为光在金属中的衰减长度］呈指数级衰减趋势。也就是说，表面等离激元不具有辐射特性。因此，对于金属纳米颗粒来说，表面等离激元被限制在金属纳米颗粒的表面，因此称为局域表面等离激元［见图 8.21（c）］。利用金属纳米颗粒的局域表面等离激元共振，可以实现显著的近场增强。其在调控局域光场分布和光子态密度方面具有很大优势。利用金属纳米颗粒局域电磁场增强，可增大光与分子的相互作用，进而提高探测分子的拉曼散射信号的能力。利用表面等离激元增强的局域光子态密度，可有效地提高半导体材料中激子的自发辐射复合速率，从而增强半导体发光材料的发光效率，这些特性在提高半导体发光器件性能方面具有重要的应用前景。不仅如此，通过特殊设计的金属纳米结构表面等离激元共振在纳米尺度光场调控中表现出超强的调控能力，在高密度存储、超透镜、高分辨率成像等方面也有重要应用。此外，局域表面等离激元共振产生的相干光可用于制备等离激元纳米激光器。

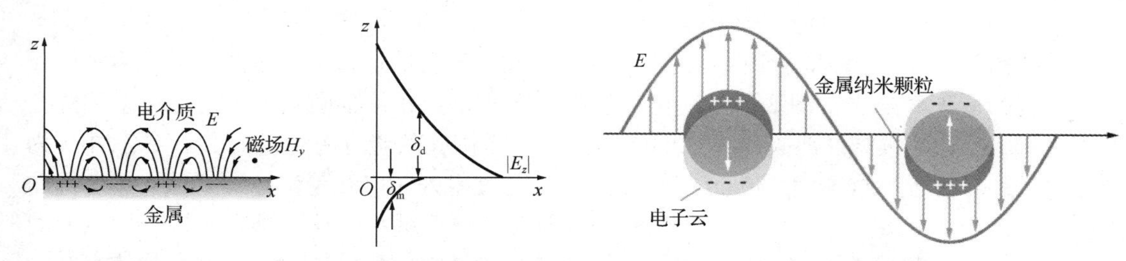

（a）表面等离激元原理示意　（b）沿z轴方向电场强度变化曲线　（c）金属纳米颗粒的局域表面等离激元示意

图 8.21　表面等离激元的局域场增强示例

2. 表面等离激元的远场散射增强

金属纳米结构的局域表面等离激元共振在远场表现出的散射增强特性也有重要的应用。其中一个重要应用是利用金属纳米结构光散射增强特性，提高太阳能电池的光能转化效率。传统太阳能电池增透膜的制备工艺复杂、可调控光谱范围有限，并且用于有源层厚度有限的薄膜太阳能电池上的效果一般。而在薄膜太阳能电池表面引入金属纳米颗粒作为亚波长散射单元，可以有效降低光反射、增加光吸收（见图 8.22）。此外，在获得同样的光吸收率的同时可大大减小薄膜太阳能电池光吸收层的厚度。利用这种方法可提高硅基光学

探测器件的光电性能，使光电流提升一个数量级。金属纳米颗粒共振的光散射性质在远场表现为共振峰，共振峰位置对金属纳米颗粒的尺寸、环境介电常数等参数具有很强的依赖性。基于这一性质，金属纳米颗粒在生物传感器、折射率传感器等领域也有重要的应用。

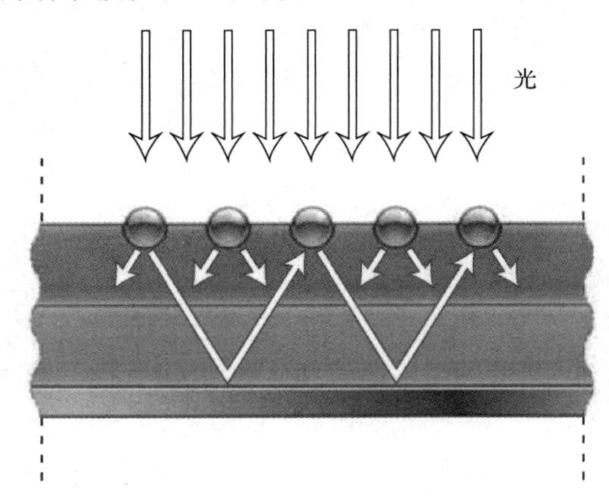

图 8.22　利用薄膜太阳能电池表面吸附金属纳米颗粒，以提高薄膜太阳能电池的吸光能力

8.3.2　亚波长微纳结构等离激元器件

1998 年，日本电气股份有限公司下的美国研究院等机构首次报道了周期性金属微纳圆孔阵列中的异常透射现象，并用表面等离激元的理论对该现象进行了解释。图 8.23 所示是孔直径（d）为 150nm、孔间距（a_0）为 0.9μm、厚度（t）为 200nm 的银纳米圆孔阵列的零阶透射谱。从图 8.23 中可以看出，中心波长在 326nm 的尖峰是银纳米圆孔的表面等离激元共振峰，当银纳米圆孔阵列的厚度增加并接近体材料时，该尖峰逐渐消失。透射谱令人称奇的地方在于长波长的透射峰逐渐增强，特别是在大于阵列圆孔间距（周期）a_0 的波谷（最小值）之后。其中还有一个最小值对应衬底界面对金属的影响 $\lambda = a_0\varepsilon^{1/2}$（$\varepsilon$是介质的介电常数）。当波长 $\lambda > a_0\varepsilon^{1/2}$ 时不再有衍射峰。最大的透射峰中心波长为 1370nm，该值几乎是圆孔直径的 10 倍。更令人称奇的是绝对透过率，实验测得的透过率比正常的透过率大，在波峰位置的透过率是正常的 2 倍多。进一步研究表明，金属纳米圆孔阵列的透过率和圆孔的表面积成正比。根据经典贝斯（Bethe）理论，单个圆孔的透过率为（r/λ）^{4}，其中 r 为圆孔的半径。对于孔直径为 150nm 的单个圆孔，透过率为 10^{-3} 数量级。对于像光栅这样的阵列结构来说，随着波长的增加，长波长的透射峰会单调减小。该结果表明，金属纳米圆孔阵列是一个有源器件，该现象具有很高的潜在应用价值。利用该现象可解决传统光学的衍射极限问题，得到更小的聚焦光斑，可用于表面等离激元光刻等方面。由于有效波长更小，因此利用异常透射现象在亚波长金属微纳结构中对光束进行调控具有巨大的优势。器件不但具有更小的空间尺寸和相互作用距离，而且局域场增强特性还可以有效地补偿光场能量的损失。在金属膜孔径的出射面增加不同形式凹槽或周期性光栅结构，通过改变凹槽或光栅的结构参数，可以对出射光场进行调控。利用典型结构的狭缝阵列，对结构阵列中狭缝的结构参数和介质进行调整，也可以实现对出射光场进行调控。该方法具有结构简单、便于集成扩展、对加工工艺要求相对较低等特点。基于表面等离激元共振模式的光波导就是利用光在金属介质层界面传播的特点，实现亚波长尺度、突破光学衍射极限的光传输。

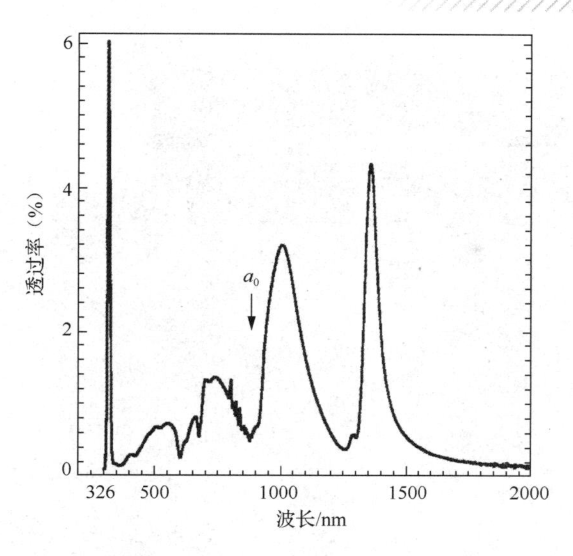

图 8.23 孔直径为 150nm、孔间距为 0.9μm、厚度为 200nm 的银纳米圆孔阵列的零阶透射谱

8.3.3 表面等离激元增强型光学探测器件

表面等离激元金属微纳结构基于两种机制促进光探测的应用：第一种机制是通过使用金属微纳结构的增强特性对有源层的光吸收进行有效控制，使调控波段的光子能量大于有源层的禁带宽度，于是，光子产生的电子-空穴对被外部电路收集从而形成光电流。其中，表面等离激元金属纳米结构作为光捕获天线，协助光学探测器件捕获更多的光，提供高度局域化的增强电磁场，提高有源层的光吸收能力，从而提高光学探测器件的响应速度。此外，由于光沿着金属电极/有源层吸收体界面传播，因此被激发的等离激元极化模式被有效地限制在有源层吸收体中。第二种机制是光电效应使等离激元结构产生热电子，这些热电子被注入半导体中，从而形成外部电路中的光电流。高速光学探测器件一直是光电探测器件研究领域的研究热点和难点，基于表面等离激元的光学探测器件，可以实现 100GHz 的超高带宽。2018 年，瑞士电磁场研究所报道了光通信波段具有 100GHz 带宽的表面等离激元增强型光学探测器件，如图 8.24 所示。其中，光通过硅波导时，利用消逝光耦合到金属/半导体狭缝波导中。金属/半导体狭缝波导是由非晶态锗（Ge）镶嵌在金（Au）狭缝上（金作为锗的侧面包层），形成的金-锗-金狭缝波导结构。当光子从硅波导耦合到金属/半导体狭缝波导时，光子被转化为表面等离激元。当表面等离激元在非晶态锗中传输时，能量被有效地限制在锗芯内。然后在两侧的金侧面包层上施加一个偏置电压（简称偏压），在锗芯内产生一个均匀的电场。因此，产生的电子-空穴对被电场有效地分离和加速。这些被分离的载流子向金一侧移动，产生与入射光强度成正比的光电流。非晶态锗限于自身的缺陷，在这里它只扮演 P 型半导体的角色。

图 8.25（a）是所设计的光学探测器件的扫描电镜显微图像，图 8.25（b）所示为金-锗-金狭缝波导的截面扫描电镜显微图像。从该图可以看出，非晶态锗平整、均匀地被填充到波导的狭缝中。图 8.25（c）是非晶态锗的拉曼光谱和体材料结晶锗拉曼光谱的对比，由该曲线可以确认光学探测器件所用的材料是非晶态锗。

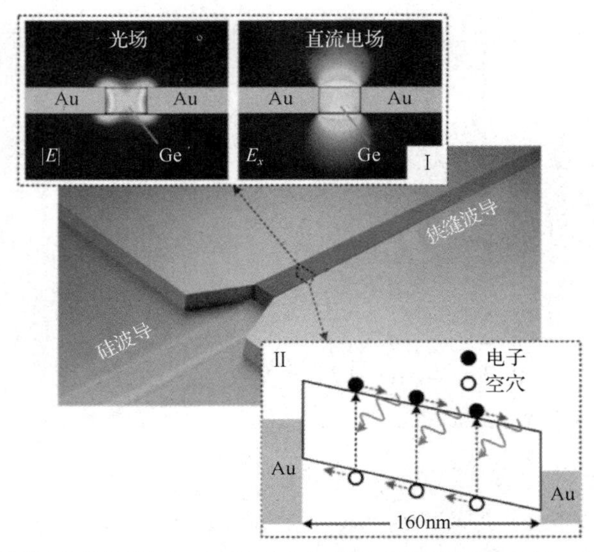

左上图 I 是光场和直流电场的强度分布，右下图 II 是电子和空穴在表面等离激元和电场作用下的运动原理

图 8.24　表面等离激元增强型光学探测器件的结构示意

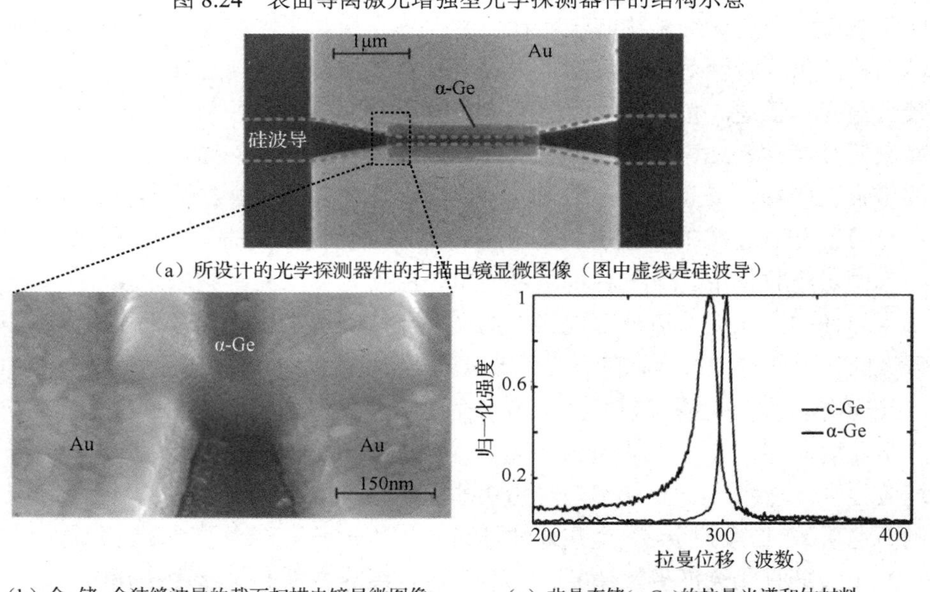

（a）所设计的光学探测器件的扫描电镜显微图像（图中虚线是硅波导）

（b）金-锗-金狭缝波导的截面扫描电镜显微图像

（c）非晶态锗(α-Ge)的拉曼光谱和体材料结晶锗(c-Ge)的拉曼光谱对比

图 8.25　表面等离激元增强型光学探测器件及其狭缝波导的截面电镜显微图像和两种锗材料的拉曼光谱对比

图 8.26（a）是表面等离激元增强型光学探测器件的伏安特性曲线，从该图可以看出，这类器件具有非常明显的光响应特性，并且具有较好的开关比。图 8.26（b）为该光学探测器件在不同偏压下，改变入射光的光功率所得到的光电流曲线。该曲线表明，在 0～300μW 范围内，该光学探测器件具有线性的光响应特性。当偏压增大时，该光学探测器件的内量子效率也在增大；当偏压为 7V 时，内量子效率可以达到 15.7%。接下来对该光学探测器件的带宽进行测试，测试带宽范围为 100MHz～100GHz。在 20GHz 以内，使用 1310nm 波长的

激光器和一个正弦波发生器进行测量。更高的带宽采用两束激光拍频的方式进行测量，测量原理如图 8.26（c）中的下图所示。图 8.26（c）中的上图是归一化频谱响应曲线，当带宽为 100GHz 时，该频谱响应曲线没有明显的衰减趋势。为了验证该光学探测器件的光响应特性，使用波长为 1316nm 的 72Gbit/s 信号源对其进行测试，得到的眼图如图 8.26（d）所示。此时的误码率为 1.6×10^{-2}，虽然误码率较高，但是该光学探测器件为原型器件，在未来的研究中可进行改进。综上所述可知，表面等离激元光学探测器件在超高带宽光探测中具有很高的应用价值。

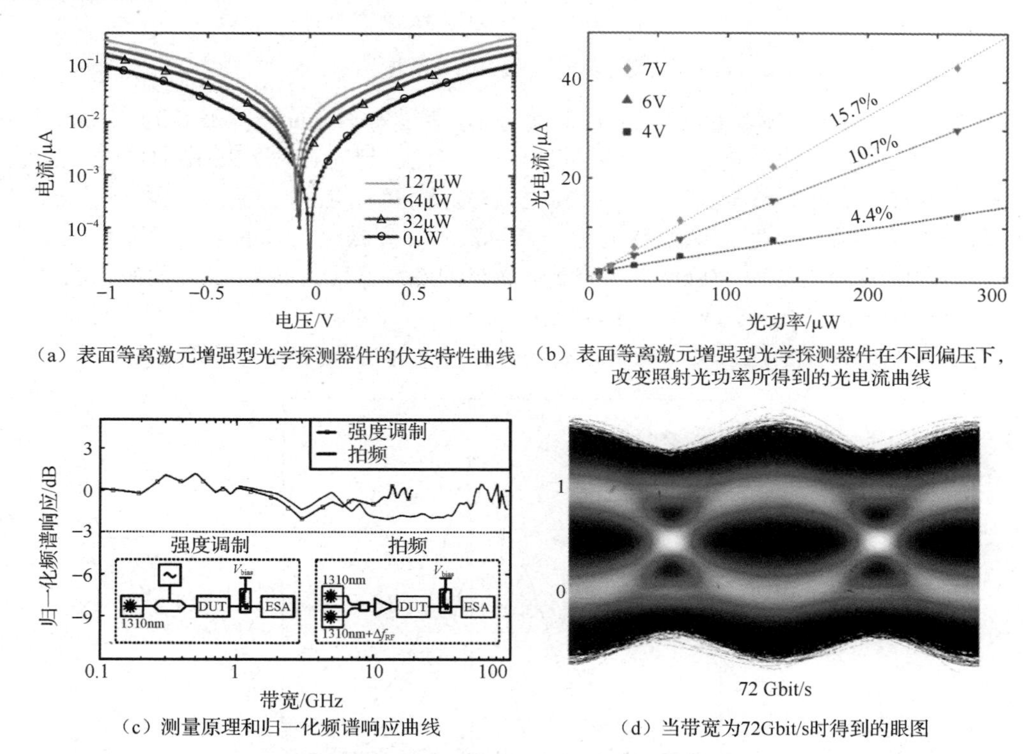

（a）表面等离激元增强型光学探测器件的伏安特性曲线

（b）表面等离激元增强型光学探测器件在不同偏压下，改变照射光功率所得到的光电流曲线

（c）测量原理和归一化频谱响应曲线

（d）当带宽为72Gbit/s时得到的眼图

图 8.26　表面等离激元增强型光学探测器件的特性示例

8.3.4　表面等离激元在纳米激光器和传感器中的应用

表面等离激元纳米激光器是贵金属表面等离激元一个非常重要的应用。相比于其他形式的微腔激光，表面等离激元可以把微腔尺寸控制在纳米级，并实现了迄今最小的纳米激光器。2009 年，诺福克州立大学等机构联合报道了基于金内核和染料掺杂二氧化硅的量子点纳米颗粒的表面等离激元纳米激光器。其中，产生表面等离激元的结构为球形金内核，等离激元纳米激光器的增益介质为 OG-488 染料。在金内核的表面包覆一层硅酸钠作为过渡层，然后把掺杂 OG-488 染料的二氧化硅包覆到金内核的外部［见图 8.27（a）］。由该纳米颗粒的透射电镜显微图像和扫描电镜显微图像可知，金内核的直径约为 14nm，被 OG-488 染料包覆后的纳米颗粒整体尺寸为 44nm 左右［见图 8.27（b）和图 8.27（c）］。对于常见的光学微腔来说，在这么小的空间上很难产生有效的光增益。但是对于表面等离激元的局域电场来说，可以在界面产生电场增强效应［见图 8.27（d）］。通过计算可知，理论上的受激发射波的波长为 525nm，Q 值为 14.8。

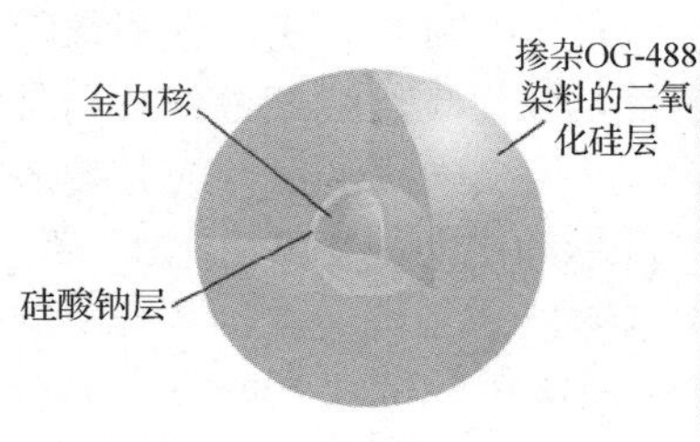

（a）等离激元纳米激光器结构示意

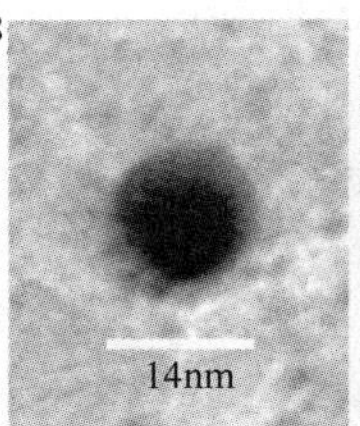

（b）透射电镜下金内核的形貌

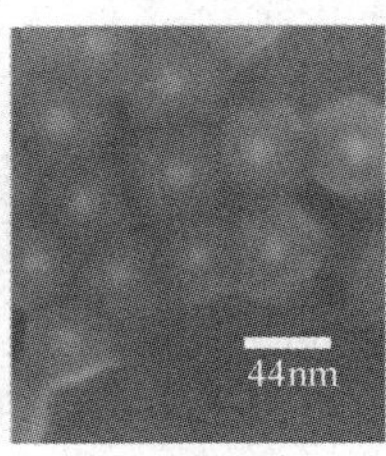

（c）扫描电镜下被染料包覆的纳米颗粒的形貌

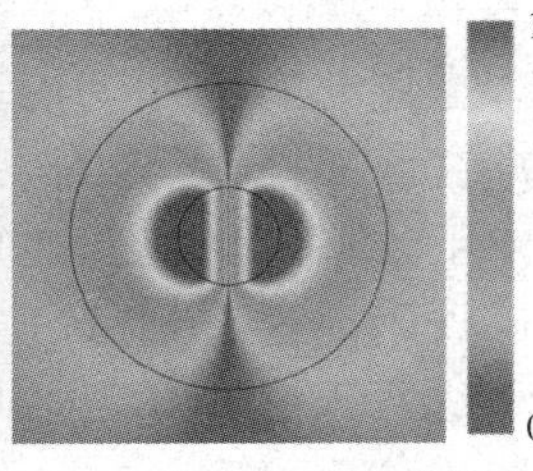

（d）数值模拟的等离激元谐振模式下的电场分布

图 8.27　表面等离激元在纳米激光器中的应用

图 8.28 中的曲线 1 为消光光谱，从该曲线可知，表面等离激元谐振波长为 520nm 左右，在短波长一侧宽边带是由金电子不同态之间的内部转化引起的。图 8.28 中的曲线 2 为激发光谱，曲线 3 为自发辐射光谱，曲线 4 为受激发射光谱。可以看出，表面等离激元和 OG-488 染料的激发光谱和受激发射光谱都有重叠，表明表面等离激元导致的电场增强有效发生。本实验中所用的泵浦激光为 488nm 脉冲激光，激光的脉冲宽度为 5ns。当泵浦激光的功率超过受激发射阈值时，激光振荡峰在 531nm 处出现（见曲线 4）。该实验在基于表面等离激元微腔激光应用中具有开创性意义，为基于表面等离激元微腔激光的研究奠定了基础。

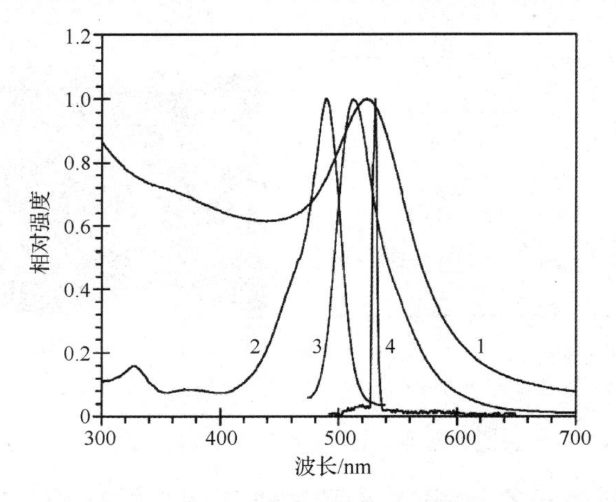

图 8.28　消光光谱、激发光谱、自发辐射谱和受激发射谱

自从 1983 年瑞典科学家利德贝格等首次将表面等离激元应用于气体检测和 IgG 抗体及其抗原相互作用的测定之后，表面等离激元在传感器领域也得到非常广泛的应用，例如，应用于生物传感器。生物传感器的基本原理是蛋白质分子吸附到金属薄膜表面，改变了表面等离激元的环境介电常数并体现在共振吸收峰的改变上。癌症早期检测一直是医学界要攻克的难题。2019 年，厦门大学等高校科研机构报道了可用于癌症早期检测的表面等离激元微流体生物芯片。相比于化学发光免疫分析、酶联免疫吸附测定等技术，该生物芯片的成本更低、灵敏度更高、可重复利用，具有很高的实用价值。癌胚抗原（CEA）是一种广谱肿瘤标志物，经大量的临床实践，发现不仅胃肠道的恶性肿瘤的癌胚抗原值会升高，在乳腺癌、肺癌及其他恶性肿瘤患者的血清中癌胚抗原值也会升高。因此，癌胚抗原监测在恶性肿瘤的诊断、治疗和康复过程中具有重要参考价值。该报道中的基于金纳米圆孔阵列的表面等离激元微流体生物芯片的制备流程如图 8.29 所示。首先是金纳米圆孔阵列的制备：

用聚合物图章从镍模板上复制纳米圆孔阵列，用纳米压印的方法，把携带纳米圆孔阵列的聚合物图章和涂有光刻胶的硅基材按压在一起，并在 3000kPa 的大气压和 65℃的温度条件下保持 1min；对硅基材用紫外线曝光并用等离子氧进行刻蚀，然后在硅基材上面沉积 5nm 厚的铬膜和 250nm 厚的金膜；在硅基材上形成金纳米圆孔阵列，可用于形成表面等离激元共振。其次是微流体芯片的制备：把直径为 150μm 的铜微丝固定在玻璃基材上，然后在它上面旋涂聚二甲基硅氧烷（PDMS）并在 60℃的温度下静置 3h；在 PDMS 和玻璃基材之间形成微流体通道之后，移除铜微丝；通过机械打孔的方式在微流体通道上制备液体出/入口以及探测室。最后通过激光切割或焊接的方式，把制备好的金纳米圆孔阵列和微流体芯片整合到一起，进行封装和功能化。

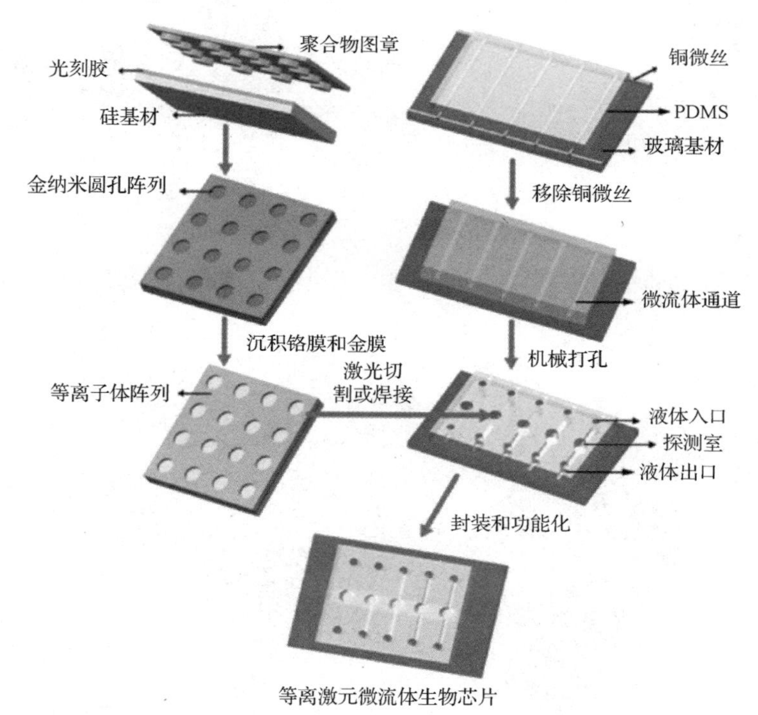

图 8.29 基于金纳米圆孔阵列的表面等离激元微流体生物芯片的制备流程

功能化主要是指对硫醇化改性的金纳米圆孔阵列［见图 8.30（a）］进行共价固定癌胚抗原的抗体，功能化流程图如图 8.30（b）所示。首先，用 1 mM 的巯基十一酸（MUA）乙醇溶液注入微流体芯片中并保持 3h；在金纳米圆孔阵列表面通过自组装的方式形成一层薄膜，用 400mM 的 1 乙基-3-（3-二甲氨基丙基）碳化二亚胺盐酸盐（EDC）和 100mM 的 N-羟基琥珀酰亚胺（NHS）注入微流体芯片中并保持 30min，用来激活 MUA 层，用去离子水清洗并去掉残余液体。其次，把 40μg/ml 的癌胚抗体（anti-CEA）注入芯片中保持 1h，使癌胚抗体固定在 MUA 层表面。最后，加入牛血清白蛋白（BSA），以阻断剩余的活性羧基对人血清中其他蛋白质的吸附，提高传感灵敏度。检测结束之后，加入盐酸（HCl），即可对该微流体生物芯片进行重复利用。

图 8.31 是基于金纳米圆孔阵列的表面等离激元微流体生物芯片的传感原理示意。从图 8.31 可以看出，该生物芯片可以同时进行多路测量。被测液体通过进口进入探测室，探测室上方的光纤将入射光引入探测室。入射光通过被测液体和金纳米圆孔阵列后被反射，

光纤再次收集反射光。通过测量和对比入射光与反射光的光谱，可以得知被测液体的吸收信息并判断被测液体内的生物分子信息。

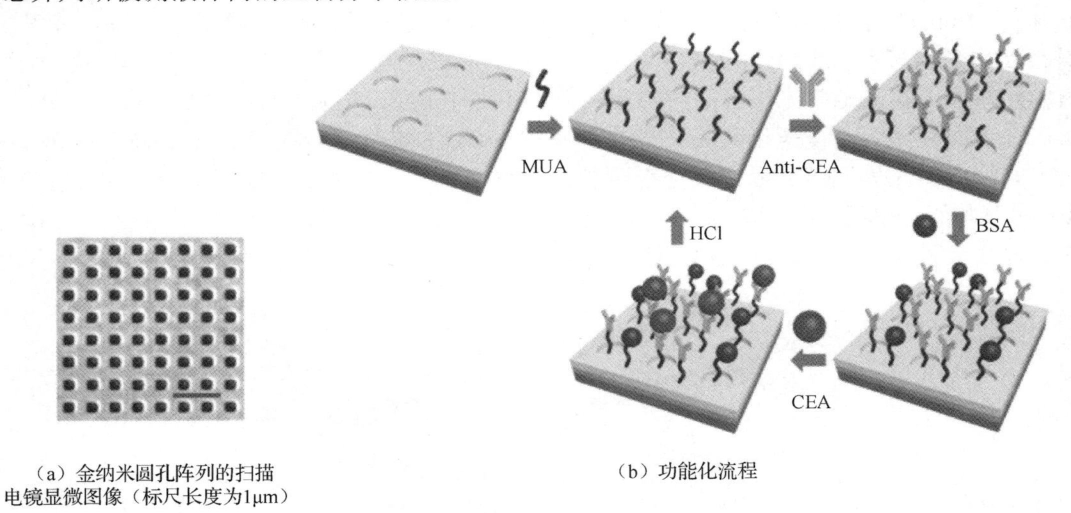

（a）金纳米圆孔阵列的扫描电镜显微图像（标尺长度为1μm）

（b）功能化流程

图 8.30　基于金纳米圆孔阵列的表面等离激元微流体生物芯片功能化、检测和重复利用的原理示意

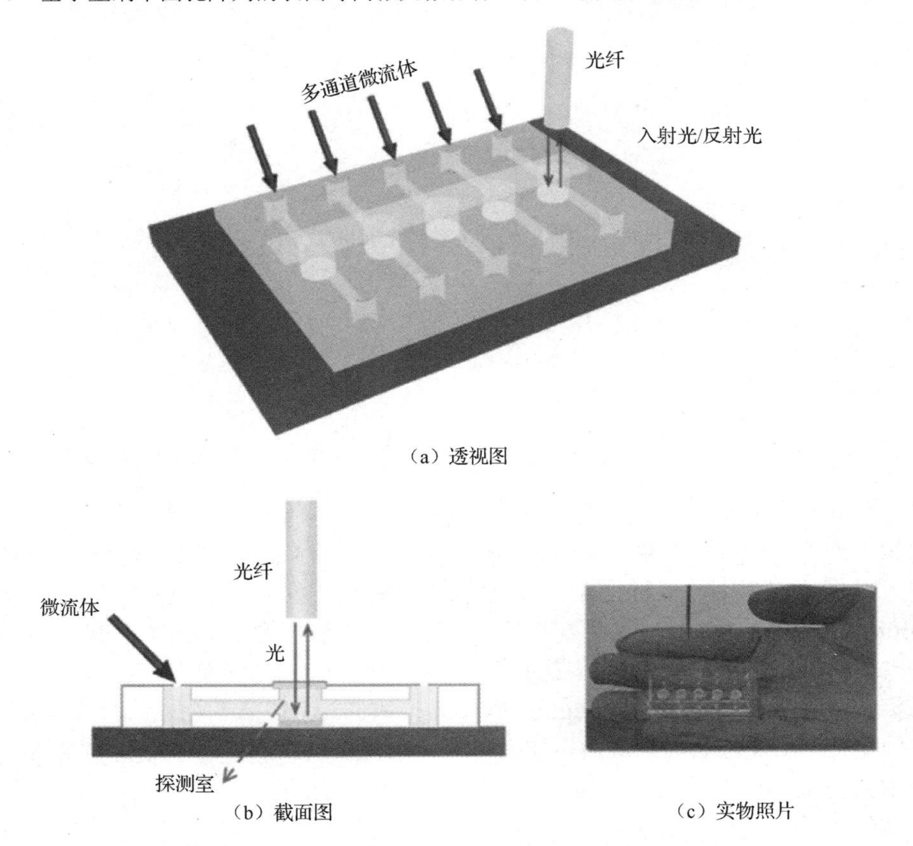

（a）透视图

（b）截面图

（c）实物照片

图 8.31　基于金纳米圆孔阵列的表面等离激元微流体生物芯片的传感原理示意

人的血液成分复杂，用于癌症早期诊断的生物芯片必须从血液中分辨出癌胚抗原。为了更好地测试该生物芯片的性能，在癌胚抗原被测液体中加入甲胎蛋白（AFP）或血清铁蛋

白（Fer）。不同生物样本对应的反射率曲线如图 8.32（a）所示，当只加入甲胎蛋白或血清铁蛋白时，反射率曲线的波谷并未移动；当加入癌胚抗原（CEA）后，反射率曲线的波谷明显移动，并且波长的移动基本不受加入的甲胎蛋白或血清铁蛋白的影响。随着癌胚抗原浓度的增大，在 5～40 ng/ml 的浓度范围内反射率曲线的波谷移动几乎呈线性关系，如图 8.32（b）所示，说明该生物芯片具有非常高的灵敏度和优异的传感特性。

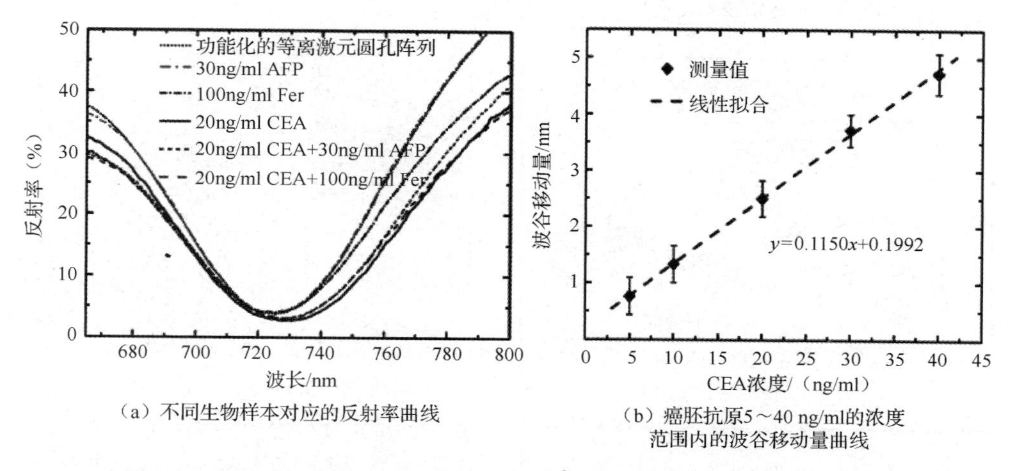

（a）不同生物样本对应的反射率曲线

（b）癌胚抗原5～40 ng/ml的浓度范围内的波谷移动量曲线

图 8.32 基于金纳米圆孔阵列的表面等离激元微流体生物芯片的性能测试

8.4 柔性微纳光学探测器件

传统的光学探测器件（芯片）一般以硅为载体，硅作为基材需要一定厚度，具有一定刚性且不可弯折。柔性光学探测器件是相对于传统硅基光学探测器件的新型器件，其典型特点是具有良好的柔韧性、延展性，甚至可自由弯曲或折叠。利用这些特性，能够将原本只能在硅基上实现的器件通过各种不同的工艺和技术制作在柔性衬底上，使之具备柔性。柔性微纳光学探测器件制备工艺中最关键的工艺就是器件柔性化，有两种方法可实现柔性化：第一种方法是使用现有的无机半导体材料和金属材料制作的微纳结构实现柔性化，第二种方法是直接采用聚合物材料、有机纳米材料、有机半导体材料实现柔性化。柔性微纳米光学探测器件发展的主要动力是人工智能和仿生学的发展。自然界的生物体几乎都具有柔韧性和弹性。柔性微纳光学探测器件在人工智能时代的可折叠智能设备、可穿戴设备、可植入芯片、生物医学等领域有很高的潜在应用价值。

8.4.1 基于传统无机半导体材料的柔性微纳光学探测器件

早期采用的柔性结构（见图 8.33）是直接在拉伸的聚合物衬底上制备的半导体薄膜，通过释放拉力使该薄膜具有波浪形结构，一般称这种柔性结构为波浪褶皱柔性结构，如图 8.33（a）所示。该薄膜结合聚合物柔性衬底能够承受一定的弯曲力和拉伸力，图 8.33（b）所示为典型的基于硅和 PDMS 的波浪褶皱柔性结构。此外，还有通过印刷技术在柔性 PDMS 薄膜上实现无机半导体电子器件，如硅基电子器件。这层带有硅基电子器件的柔性薄膜附着在具有波浪形结构的聚合物衬底上，以实现一定的柔性。岛桥柔性结构是一种广泛使用的柔性结构。岛桥（也称弧形桥）结构是指由电子器件单元（相当于岛）、可伸缩连接电路（相当于桥）和柔性衬底组成，如图 8.33（c）所示。其中的电子器件单元通常是微型硬质器件，如半导体光学探测器件、光电传感器。可伸缩连接电路通常由金电极或银电极组成，柔性衬底通常为 PDMS 等柔性材料。该结构在硬质衬底上制备而成，因此具有高稳定性，弯曲或波浪形的可伸缩连接电路可确保整个器件有足够的柔性、弯曲强度和耐拉伸性能，将具有岛桥柔性结构的电路［见图 8.33（d）］转移至具有一定预拉伸量的 PDMS 上。还有很多其他类型的柔性结构，如蛇形结构、自相似结构、螺旋结构等，这些内容在综述文献里都有详细介绍，这里不再赘述。

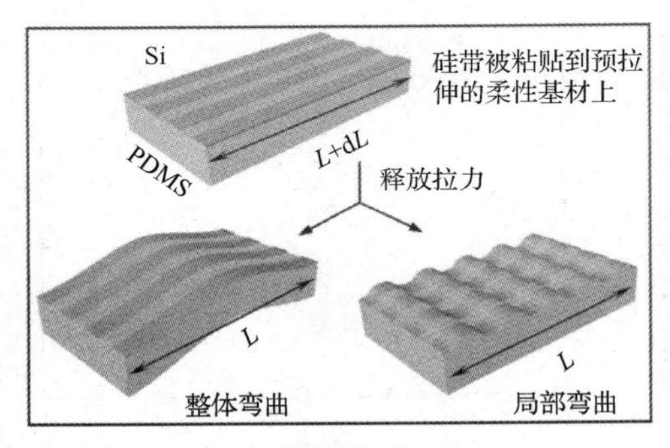

（a）波浪褶皱柔性结构

（b）典型的基于硅和PDMS的波浪褶皱柔性结构

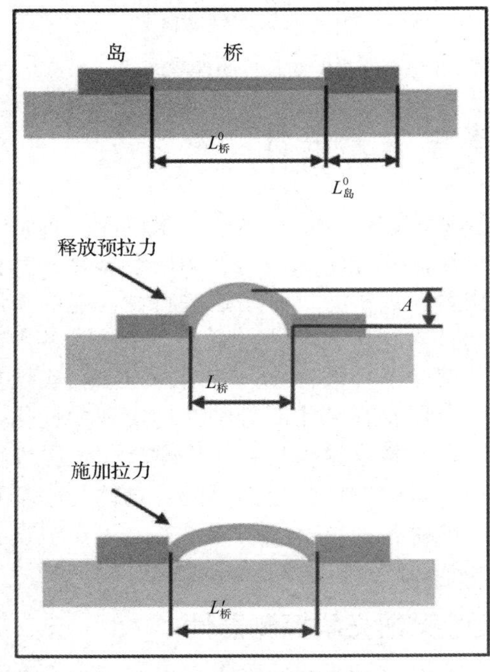

（c）岛桥柔性结构

（d）典型的硅基电子器件的岛桥柔性结构电路

图 8.33　柔性结构示例

8.4.2　基于新型柔性材料的柔性微纳光学探测器件

业界在探索传统半导体材料和特殊的柔性微纳结构的同时，也全面开展基于新型柔性材料的研究。常见的新型柔性材料包括水凝胶、液态金属、导电聚合物材料、纳米材料等。水凝胶是一种网状结构的亲水性聚合物材料，亲水性聚合物链通过交联而形成三维固体，其中的水充当分散介质。水凝胶具有极高的吸水性，其质地通常很软但不够柔韧。需要通过定向设计，使水凝胶变得很有韧性。除此之外，水凝胶具有极好的生物兼容性和离子传送能力，在仿生材料和人造组织等医学领域有很高的应用价值。作为柔性材料，水凝胶最大的优点是具有非常高的粘接强度。在图 8.34（a）中，水凝胶黏结在玻璃基材上，两者之间的界面韧性达到了 $1000J/m^2$（人肌腱和骨头之间的界面韧性大约为 $800J/m^2$）。在水凝胶中加入碳纳米管、石墨烯、金属纳米线和聚苯胺等材料，可制备导电水凝胶。导电水凝胶与柔性衬底结合，可制备拉伸性能非常好的柔性结构电路。液态金属是具有很高应用价值的新型金属合金材料，如图 8.34（b）所示。在接近室温条件下，只有钫、铯、铷、汞和镓为液态。钫具有放射性，铯、铷在室温条件下会和空气发生剧烈反应。汞作为一种常见且成本低廉的液态金属，过去在电路、电池中曾被广泛使用。但是由于其具有很高的毒性和很大的表面张力，因此逐渐被其他金属材料取代。镓铟合金和镓铟锡合金具有很好的导电性、不易汽化和低毒性的优点，广泛应用于电子器件领域。镓合金表面会形成一层氧化层，可为合金提供保护层且在制备过程中更易成型。液态金属用于柔性电子器件中，其最大的优点是不因外力的拉伸作用而断裂。导电聚合物材料具有导电功能（包括半导电性、金属导电性和超导电性），电导率在 10^6 S/m 以上，如图 8.34（c）所示。导电聚合物材料具有密度小、易加工、耐腐蚀、可大面积成膜及电导率可在 10 多个数量级范围内调节等特点。常见的导电聚合物材料有 PEDOT: PSS, PAni, polypyrrole(PPy), poly(3-hexylthiophene)(P3HT), polyacetylene(PA), polythiophene(PTh)等。PEDOT:PSS 材料已经商业化，它具有非常高的导电性、透明性、化学稳定性、生物相容性、易降解等优点。该材料已经被广泛用于制备可拉伸薄膜太阳能电池、发光二极管和场效应管等。该材料用于柔性电子器件的最大优点是，不再依赖硅基材，可直接用于制备器件，缺点是器件性能和稳定性还有待进一步提高。纳

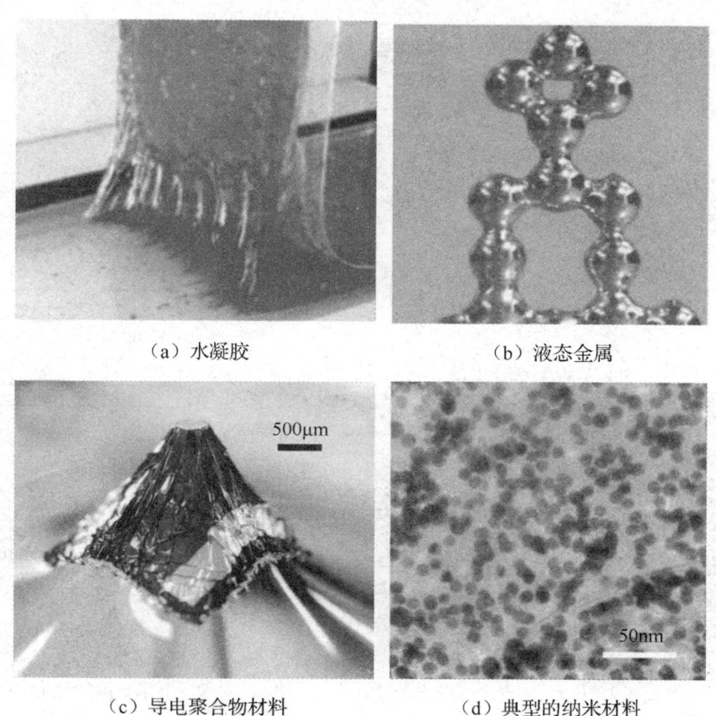

（a）水凝胶　（b）液态金属

（c）导电聚合物材料　（d）典型的纳米材料

图 8.34　新型柔性材料

米材料在柔性材料领域也具有很高的应用价值，典型的纳米材料如图 8.34（d）所示。纳米材料的量子限域效应使它具有很多宏观材料所不具备的特性。把纳米材料掺杂到聚合物材料中可制备柔性光电器件，如柔性掺铒光波导放大器、光探测器、场效应管和发光二极管等。不仅是纳米材料，在前面章节中所介绍的二维半导体材料、用于表面等离激元的贵金属纳米材料和微纳结构等都可用于制备柔性电子器件。

8.4.3 柔性微纳光学探测器件在仿生方面的应用

2008 年，美国伊利诺伊大学等机构联合报道了基于柔性微纳光学探测器件阵列的半球形仿生视觉传感器，如图 8.35 所示。其中，图 8.35（a）为单晶硅光电二极管结构示意，铬金电极采用铬-金-铬三层结构，该硅光电二极管的中央是一个由普通 PN 结组成的二极管，用于控制电流的流向，这两个二极管的电路如图 8.35（b）中的左上角图片所示。整个器件用聚酰亚胺封装。图 8.35（c）是可压缩焦平面仿生视觉传感器在半球形 PDMS 转移单元表面上的光学显微图像，图 8.35（d）是部分仿生视觉传感器的扫描电子显微图像，可知该传感器的可伸缩性是通过岛桥柔性结构实现的。整个制作过程可以概括如下：先采用岛桥技术将硅基光学探测器件集成在柔性衬底上，再用半球形 PDMS 转移单元将整个探测器件阵列以真空负压吸附的方式，贴合在具有一定弧度的玻璃基材表面上，以形成凹面视觉传感器阵列。图 8.35（e）为在有光照（虚线）和无光照（实线）情况下单个探测单元的伏安特性曲线（其中的插图为正向偏压部分的伏安特性曲线放大图）。从该曲线可以看出，该光电二极管具有非常好的光电响应且当其他器件为反向偏压时，漏电对所测器件的影响很小。

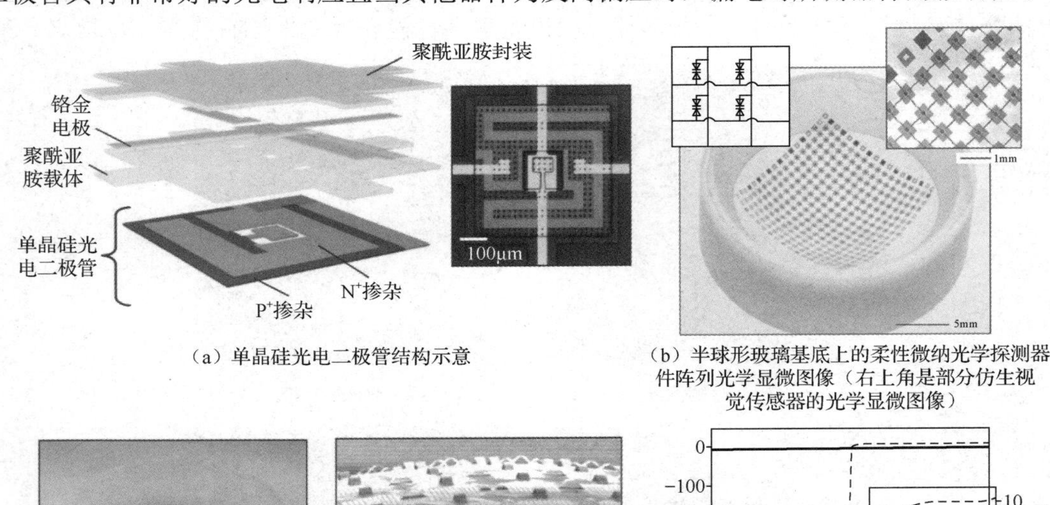

（a）单晶硅光电二极管结构示意

（b）半球形玻璃基底上的柔性微纳光学探测器件阵列光学显微图像（右上角是部分仿生视觉传感器的光学显微图像）

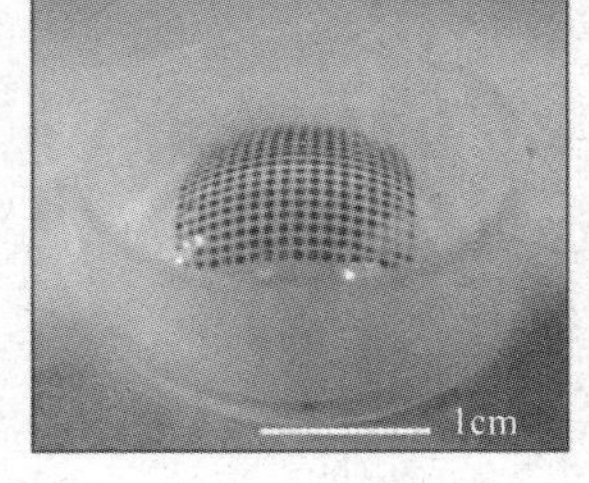

（c）可压缩焦平面仿生视觉传感器在半球形PDMS转移单元表面上的光学显微图像

（d）部分仿生视觉传感器的扫描电子显微图像

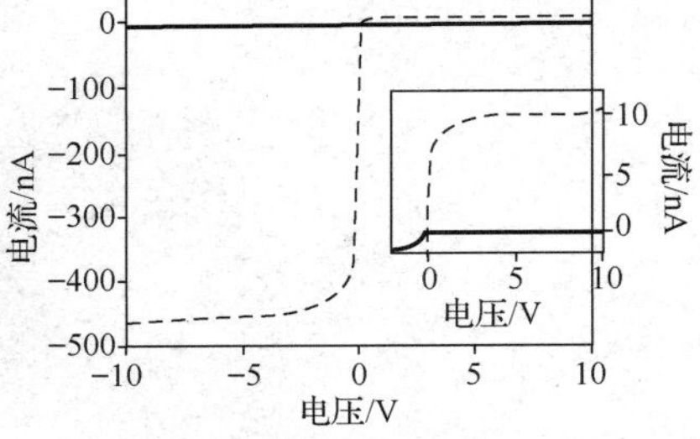

（e）在有光照（虚线）和无光照（实线）情况下单个探测单元的伏安特性曲线

图 8.35 基于柔性微纳光学探测器件阵列的半球形仿生视觉传感器

接下来对上述器件进行集成。在图 8.36（a）中，半球形仿生视觉传感器集成在片上且在其上方安装成像透镜（侧视图），形成一个类似于人眼的光学传感结构。图 8.36（b）是从成像透镜直视半球形仿生视觉传感器的光学显微图像，可以看到放大的 3×3 阵列。

（a）半球形仿生视觉传感器集成在片上且在其上方安装成像透镜（侧视图）

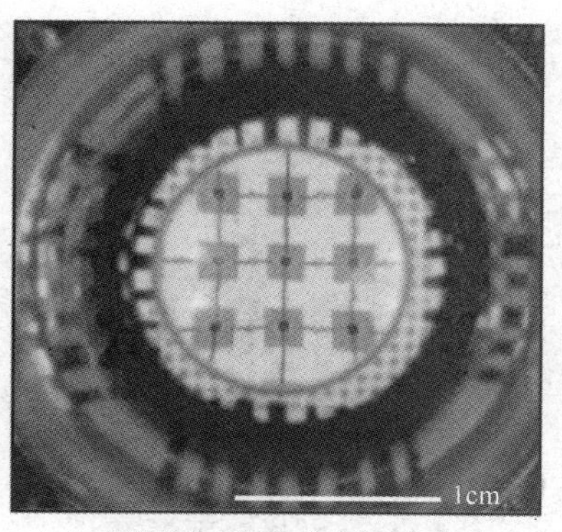

（b）从成像透镜直视半球形仿生视觉传感器的光学显微图像

图 8.36　半球形仿生视觉传感器的集成示例

图 8.37 是用成像的点与光线轨迹采样的光学装置得到的成像点和焦面曲率半径。在图 8.37（a）中，直线表示经过成像透镜的光线轨迹，以及在成像透镜的最佳焦面上成像的点和半球形仿生视觉传感器上成像的点。实验中的光源为非准直光源，通过在印有图案的纸后面用卤素灯和大数值孔径的平凸透镜进行照明，形成一个有图案的光源。然后通过滤光片把光波长范围限制在 620～700 nm，以减少色散造成的影响。图 8.37（b）是成像透镜最佳焦面曲率半径 r 的预测，其中的圆点是计算得到的点，带圆点的曲线是抛物线拟合得到的曲线，光滑曲线表示半球形仿生视觉传感器的曲面，直线表示用于参考的面阵列 CCD（简称平面探测器件）的焦面。从该图中的曲线可知，成像透镜的最佳焦面曲率半径和半球形仿生视觉传感器曲率半径比较接近。

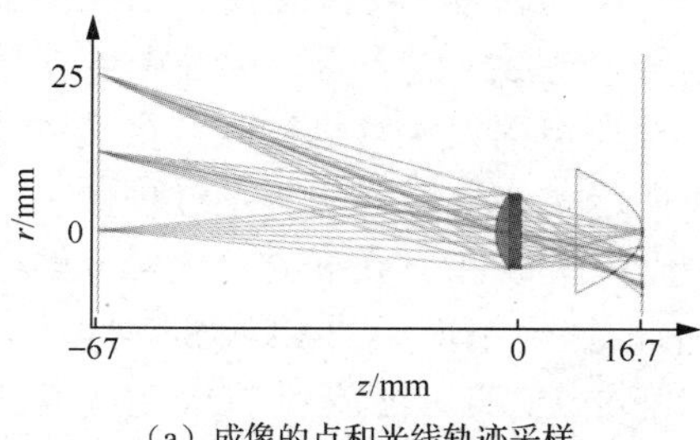

（a）成像的点和光线轨迹采样

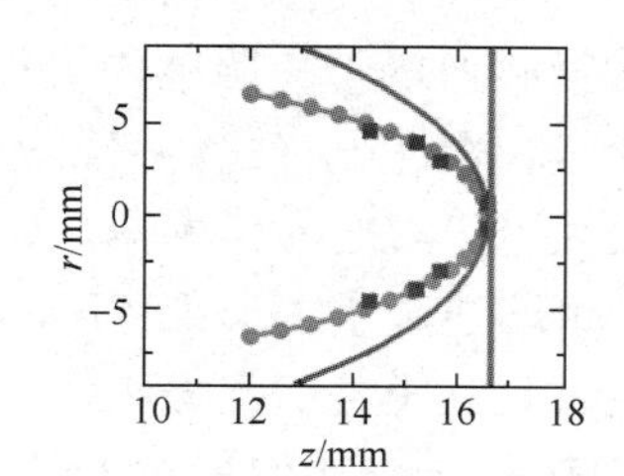

（b）成像透镜最佳焦面曲率半径r的预测

图 8.37　用成像与光线轨迹采样的光学装置得到的成像点和焦面曲率半径

图 8.38（a）是使用平面探测器件在不同的焦面位置 z 获得的高分辨率图像。左侧为 $z = 14.40$ mm，右侧为 $z = 16.65$ mm，也就是图 8.37（b）中平面探测器件的位置。$z = 16.65$ mm 所对应的最佳焦面位置应该在图像中央；当 z 减小到 14.4mm 时，最佳焦面位置从中间向平面边沿移动。根据光线追踪理论和一系列图像可以确定实际的最佳焦面即图 8.37（b）中 6 个方块点，与预测值吻合得很好。图 8.38（b）和图 8.38（c）分别是使用平面探测器件与半球形仿生视觉传感器在镜头沿光轴 $z = 16.65$ mm 位置的高分辨率图像。从图 8.38 可以看

出，半球形仿生视觉传感器和传统的面阵列 CCD 相比，具有更加一致的聚焦性能、更小的几何畸变、更均匀的光场强度等。

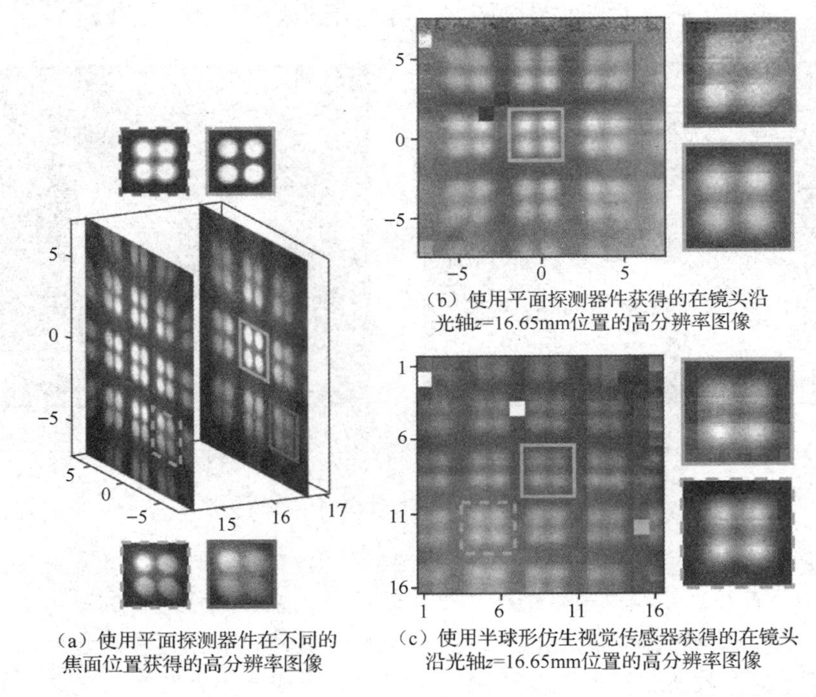

（a）使用平面探测器件在不同的焦面位置获得的高分辨率图像

（b）使用平面探测器件获得的在镜头沿光轴z=16.65mm位置的高分辨率图像

（c）使用半球形仿生视觉传感器获得的在镜头沿光轴z=16.65mm位置的高分辨率图像

图 8.38　使用平面探测器件和半球形仿生视觉传感器获得的高分辨图像对照

8.4.4　柔性微纳光学探测器件在传感和显示方面的应用

包含柔性微纳光学探测器件的柔性传感器在生物医学、工业控制、航空航天、环境监测等领域得到广泛应用。柔性传感器有非常多种类，按照用途可分为柔性压力传感器、柔性气体传感器、柔性温度传感器、柔性湿度传感器、柔性应变传感器、柔性磁阻抗传感器和柔性热流量传感器等；按照感知机理可分为柔性电阻式传感器、柔性电容式传感器、柔性压磁式传感器和柔性电感式传感器等。2010 年，斯坦福大学等机构联合报道了基于 PDMS 微纳结构的柔性电容式压力传感器，如图 8.39 所示。该传感器的制备过程如下：首先，在硅基模具上刻蚀四边金字塔形锥体凹陷阵列，把 PDMS 和交联剂的己烷稀释溶液旋涂在硅基模具上，经过真空脱气和部分硫化，形成带有四边金字塔形的 PDMS 薄膜；其次，把镀有氧化铟锡（ITO）导电层的聚对苯二甲酸乙二醇酯（PET）覆盖到 PDMS 薄膜上，在 70℃温度下加压硫化 3 小时。图 8.39（a）是金字塔形 PDMS 微纳结构阵列的扫描电镜显微图像，其中的插图为放大的侧面视图。从该图可以看出，阵列整体结构呈完整的线性，没有缺陷和损坏；从插图可以看出，使用硅基模具制备的四边金字塔形锥体凹陷也非常完整。图 8.39（b）是线型结构的 PDMS 薄膜的扫描电镜显微图像，从该图可以看出，线型结构的 PDMS 薄膜在微米的尺度上表现出与四边金字塔形锥体凹陷阵列相同的均匀性和规律性。图 8.39（c）是 PDMS 微纳结构被复制和转移到镀铝的 PET 薄膜上的照片，每张 PET 薄膜可携带很多个微纳结构阵列。图 8.39（d）对由 PDMS 微纳结构组成的探测器件进行大角度弯折，该探测器件也没有脱落，表明该探测器件具有很好的柔韧性。

（a）金字塔形PDMS微纳结构阵列的扫描电镜显微图像

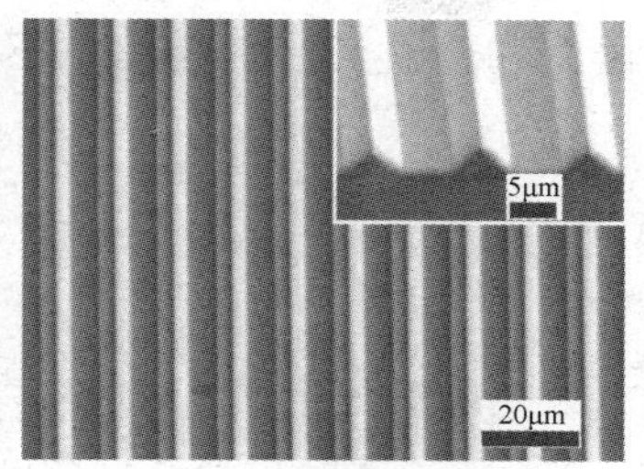

（b）线型结构的PDMS薄膜的扫描电镜显微图像

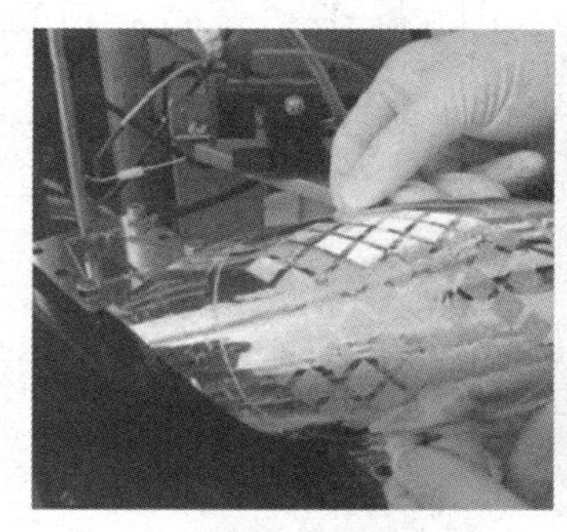

（c）PDMS微纳结构被复制和转移到镀铝的PET薄膜上

（d）对由PDMS微纳结构组成的器件进行大角度弯折

图 8.39 基于 PDMS 微纳结构的柔性电容式压力传感器

灵敏度是传感器最关键的性能参数。相对电容变化量和压强变化量的比值就是电容式压力传感器的灵敏度。相对电容变化量是指在某个压强下测量得到的电容值与没有压强时的电容值之差和没有压强时的电容值的比值。图 8.40（a）是 15kPa 压强下相对电容变化曲线，其中实心正三角形表示无微纳结构膜，空心正三角形表示无微纳结构膜时连续测量值；斜实心三角形表示 6μm 宽度线型结构膜，斜空心三角形表示 6μm 宽度线型结构膜连续测量值；实心菱形表示 6μm 金字塔形微纳结构膜，空心菱形表示 6μm 金字塔形微纳结构膜连续测量值。从图 8.40（a）可以看出，无微纳结构膜的灵敏度只有 0.02kPa^{-1}，线型微纳结构膜的灵敏度达到 0.1kPa^{-1}，金字塔形微纳结构膜的灵敏度达到 0.55kPa^{-1}。利用（6×6）μm^2 金字塔形微纳结构薄膜可以检测到一个蓝头苍蝇（质量为 20mg）降落和起飞时的压力变化。利用金字塔形微纳结构膜探测蓝头苍蝇降落和起飞时的压力所得到的电容响应曲线如图 8.40（b）所示，从该图可以看出，上述传感器对这样小的压力依然具有非常好的灵敏度。

柔性微纳光学显示器件可作为柔性显示器件，如图 8.41 所示。2009 年，伊利诺伊大学等机构联合报道了基于无机材料发光二极管（ILEDs）和柔性 PET 衬底的结合，实现了柔性透明显示。当使用橡胶柔性衬底时，该柔性显示器件不仅能够承受弯曲应变，还可以承受拉伸载荷。在图 8.41（a）中，柔性显示器件的发光单元为 GaAs 基材上生长 AlInGaP 的发光二极管。柔性显示器件阵列通过环氧树脂粘贴到柔性 PET 衬底上，形成具有显示功能且具有柔性的透明薄膜。图 8.41（b）是该显示器件的显示效果和柔性效果，由 16×16 ILEDs 阵列组成的柔性显示器件放在人体模型的手指上，其半径约为 8mm，其中的插图为该柔性显示器件贴在玻璃圆柱上的显示效果，其半径约为 12mm。实验中得到的最小弯曲曲率半径为 7mm，该显示器件经过几百次弯折后依然可以正常工作，说明该显示器件具有很好的显示效果，同时也具有很好的柔性。在柔性显示器件已经产业化的今天，还有更多更好的柔性显示设备正在研究和开发当中。相信在不远的将来，可折叠柔性智能设备将成为便携式智能设备的主流。

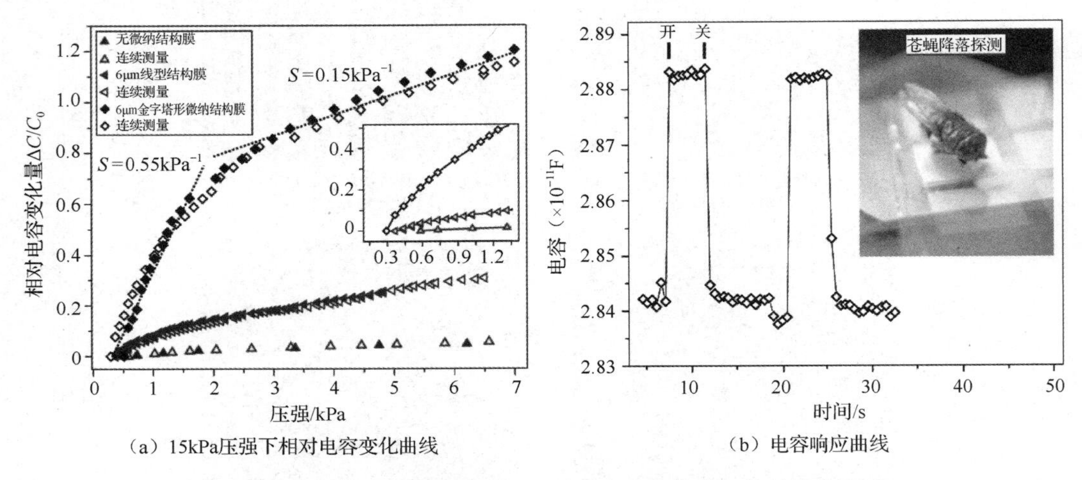

（a）15kPa压强下相对电容变化曲线 （b）电容响应曲线

图 8.40 基于 PDMS 微纳的柔性电容式压力传感器的灵敏度测试

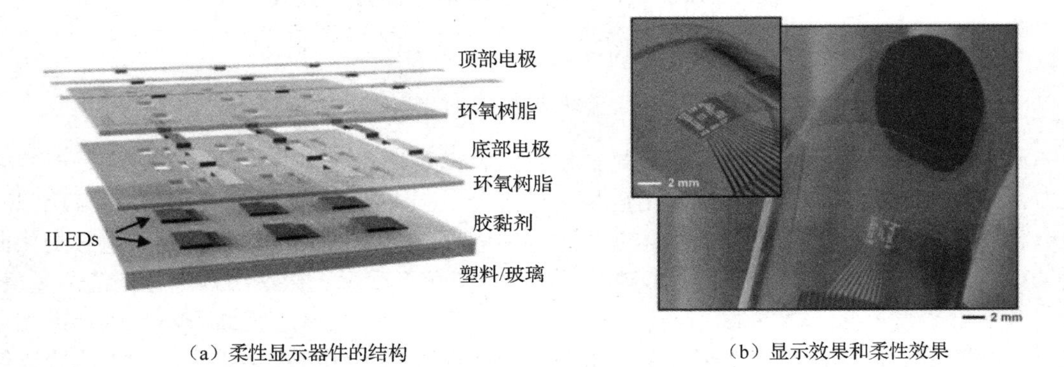

（a）柔性显示器件的结构 （b）显示效果和柔性效果

图 8.41 柔性显示器件应用示例

思考与练习

8-1 为什么微腔增强型光学探测器件的可探测波长范围非常小？

8-2 光学微腔作为生物传感器的主要传感方式是什么？

8-3 是什么效应使得 MoS_2 随着厚度减小其能带从间接带隙转变为直接带隙？

8-4 二维光电二极管和二维肖特基结型光学探测器件相比具有什么优势？

8-5 表面等离激元的光场调控作用表现在哪些方面？

8-6 周期性金属微纳圆孔阵列中的异常透射现象的异常体现在哪几个方面？

8-7 基于传统无机半导体材料的柔性电子器件和基于柔性材料的柔性电子器件各有哪些优缺点？

8-8 半球形仿生视觉传感器和传统的面阵列 CCD 相比具有哪些优势？

第 9 章　典型光电探测系统

本章是前面各章知识的综合应用，主要以光电探测理论为基础，充分发挥光电探测技术非接触、高精度、快速响应等优点，重点介绍以下 5 个方面内容：

（1）瞬态表面高温光电探测系统和动态校准系统的设计和应用。前者解决了高温传感的工程标定关键技术，后者填补了我国温度动态校准计量技术的空白。

（2）创伤弹道研究专用激光光幕靶光电探测系统的设计和应用。

（3）原子发射双谱线光电测温系统。针对武器膛内恶劣环境下瞬态高温的测量需求，构建了以紫铜特征双谱线和固态光电倍增管为核心的光电测温系统，为进一步小型化现场测试提供可行方案。

（4）吸收光谱技术，如红外吸收光谱检测技术、可调谐半导体激光吸收光谱技术和光声光谱技术。

（5）其他光电探测系统，如归一化植被指数光电探测系统、光纤传像元件光学特性光电探测系统等。

9.1　瞬态表面高温光电探测系统和校准系统

9.1.1　瞬态表面高温光电探测系统

在航空、航天、核工业和化学爆炸（简称化爆）实验中，需要测量研究对象随时间快速变化的瞬态温度，如枪炮膛内火药气体的温度、火炮身管内外壁的瞬态温度、膛口气流温度、自动武器导气室内的气体温度、火箭及导弹燃气射流温度、高能燃烧剂及静态破裂剂的燃烧温度、爆炸与爆轰温度、侵彻过程弹头温度等。这些瞬态温度的共同特点是温度高、变化快、测量条件恶劣，常伴有高压或高速气流流动，多为不可重复的一次性过程。因此，测量条件非常困难，相关光电探测技术难度很高。

蓝宝石光纤具有特殊的光学、物理性能，可用于制作测量瞬态温度的器件。基于蓝宝石光纤的黑体腔传感器的瞬态表面高温光电探测系统具有更高的灵敏度、准确性和可靠性。这种探测系统具有传统热电偶无法比拟的高温稳定性和瞬态响应特性，在瞬态表面高温测量领域具有很好的应用前景。例如，可应用于冶金、热能工程、武器、航空、航天等涉及瞬态表面高温测量领域，以及科研和工业生产中某些特殊环境下的温度测量。

1. 蓝宝石光纤黑体腔温度传感器设计

1）蓝宝石光纤黑体腔设计

蓝宝石是人工生长的氧化铝（Al_2O_3）单晶，其热稳定性好、强度高、透光性良好，熔点高达 2045℃，而且工作波长范围宽，在 0.14～6.5μm 波长范围内有良好的透射性，可与光电探测器件的光谱响应范围匹配。蓝宝石光纤是一种优良的近红外线耐高温光学材料，它既具有蓝宝石的优良性能又有光波导的特点，是目前在高温环境下最适用的光波导材料之一。目前，制作蓝宝石光纤探头的主要两种方法如下：一种是在蓝宝石光纤的一端蒸镀一层铂膜或铱膜，构成体积微小的黑体腔（热传感头），为防止金属在高温下挥发，再蒸镀一层 Al_2O_3 保护膜，这一方法制作成本较高；另一种是在蓝宝石光纤的一端涂覆高发射率的感温介质（陶瓷）膜层，并经高温烧结形成一个微型的光纤黑体腔，这种感温介质必须能满足耐高温、高温稳定性好且与蓝宝石光纤基体结合牢固等一系列苛刻的要求。可以合理地把蓝宝石光纤黑体腔看作一个等温圆柱形漫射空腔，由关于空腔热辐射的古费（Gouffe）理论可知，等温圆柱形漫射空腔的有效发射率为

$$E_0 = \frac{\varepsilon[1+(1-\varepsilon)(0.25g-0.1875g^2)]}{\varepsilon+(1-\varepsilon)(0.25g-0.125g^2)} \tag{9-1}$$

式中，$g=\dfrac{D}{L}$，L 为圆柱形漫射空腔的长度，这里也指光纤黑体腔的长度；D 为圆柱形漫射空腔的直径，这里也指光纤黑体腔的直径；ε为感温介质膜层材料的发射率。式（9-1）表明，蓝宝石光纤黑体腔的有效发射率不仅取决于感温介质膜层材料的发射率，而且还和光纤黑体腔的长度 L 和直径 D 密切相关。

图 9.1 为光纤黑体腔的有效发射率理论计算结果，从图 9.1 可以看出，当选择的光纤黑体腔感温介质膜层材料的发射率ε大于 0.5 且黑体腔的长径比 $\dfrac{L}{D}$ 大于 10 时，其有效发射率 E_0 非常接近 1，而且是一个稳定的值。实验测定了光纤黑体腔在 820nm 波段（带宽为 30nm）的辐射强度随温度的变化值与理论值一致。用一般的接触式辐射温度计测量温度时，由于被测物的发射率往往随温度、波长、表面形状等条件的不同而有很大变化，因此很难测量被测物温度的准确值。而蓝宝石光纤黑体腔温度传感器通过光纤黑体腔的热辐射探测所处环境的温度，具有很高的测温精度和测温灵敏度。

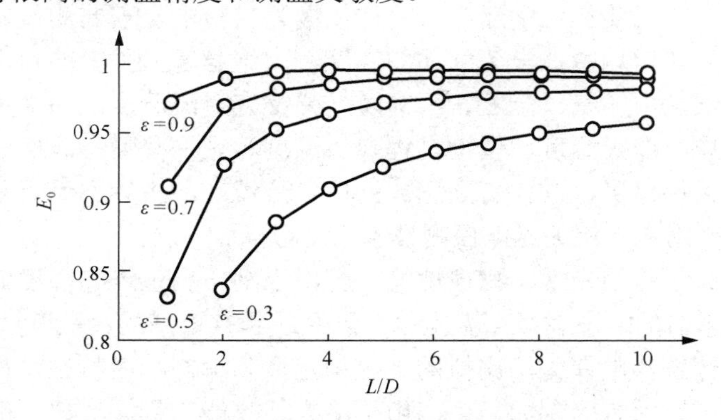

图 9.1　光纤黑体腔的有效发射率理论计算结果

2）蓝宝石光纤黑体腔温度传感器结构

蓝宝石光纤黑体腔温度传感器结构如图 9.2 所示。当黑体腔深入热源时，黑体腔与周围气体迅速达到热平衡，黑体腔辐射的光信号经蓝宝石光纤传输，该光纤直径为 D，其值一般不超过 1mm，热容量极小，因而可在瞬间使黑体腔与被测热源处于热平衡状态，有很好的瞬态响应特性。又由于黑体腔的长度 L 足够小（长径比 $\dfrac{L}{D}=10$），因此可认为处于热平衡状态下的黑体腔是一个等温腔。腔内表面的热辐射相当于空腔的热辐射。由于蓝宝石光纤

本身只吸收和再发射黑体腔产生的热辐射，因此可以认为黑体腔产生的热辐射为沿光纤轴向传输的一维传导光。

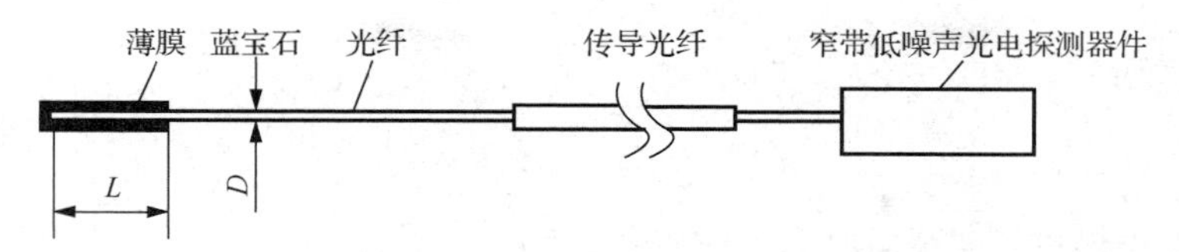

图 9.2 蓝宝石光纤黑体腔温度传感器结构

3）黑体腔数学模型的建立

黑体腔的温度随时间变化的规律是非稳定传热问题，求解非稳定传热问题，就是求解被测物任何点上的温度和传递的热量随时间变化的关系，归根到底就是在给定的单值条件下求传热微分方程的特解。但是实际的不稳定传热过程很复杂，被测物复杂的形状及其边界上复杂的换热情况，使求解传热微分方程的特解变得很困难。因此，往往要做某些假设，近似求解或数值求解。

在蓝宝石光纤黑体腔中，温度的敏感元件是镀在光纤外表面上的膜层材料。当膜层材料的导热系数足够大时，由于蓝宝石光纤黑体腔在高温下的导热性能很差，因此努塞特（Nusselt）数非常小，可以近似地把蓝宝石光纤黑体腔内部假设为绝热材料，此时膜层材料成为典型的集中热容物体。因此，黑体腔的传热模型如下：

（1）膜层传热，腔内绝热，可以认为此时的黑体腔为等温腔，可用集中热容法计算。

（2）假设传热沿垂直于膜面方向进行，即忽略其他方向的导热，将其视为一维导热体系。

（3）忽略热损耗。

黑体腔模型结构如图 9.3 所示。

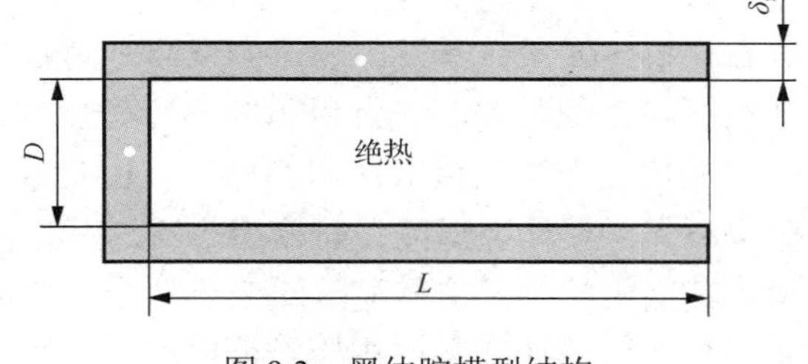

图 9.3 黑体腔模型结构

4）传热方程的建立

（1）模型的单值条件。

① 几何条件。从图 9.3 可以看出，传热物体是个圆柱形空腔。假设该空腔的长度为 L，直径为 D，膜层厚度为 δ_f。同时假设黑体腔的体积为 V，表面积为 A。

② 物性条件。假设膜层材料的密度和比热容都为常数，分别用 ρ_f 和 C_f 表示。

③ 时间条件。假设开始时刻（$\tau=0$），黑体腔与周围气体的温度相等，并且都记为 T_0。

④ 边界条件。第一类边界条件：黑体腔的温度必随时间变化，因此可假设在 τ 时刻，黑体腔的温度 $T=T(\tau)$；第二类边界条件：假设周围气体与黑体腔的导热系数为 h。

（2）微分方程的建立。初始时刻黑体腔与周围气体的温度都为 T_0，现在将周围气体温度跃变为 T_g，并且 $T_g > T_0$，那么在 $\mathrm{d}\tau$ 时间内，周围气体传给黑体腔的热量为 $\mathrm{d}Q_1$，同侧黑体腔升温所需的热量（黑体腔内能的变化）为 $\mathrm{d}Q_2$。由傅里叶公式可知

$$\mathrm{d}Q_1 = hA(T_g - T)\mathrm{d}\tau$$

由热容变化公式可知

$$dQ_2 = \rho_f C_f V \frac{dT}{d\tau} d\tau$$

由能量守恒定律可知，$dQ_1 = dQ_2$，即

$$hA(T_g - T) = \rho_f C_f V \frac{dT}{d\tau}$$

又因为黑体腔膜层沿母线展开后的形状是个底面面积为A、高为δ_f的长方体，那么黑体腔体积

$$V = A\delta_f$$

$$\frac{\rho_f C_f \delta_f}{h} \frac{dT}{d\tau} = T_g - T$$

令

$$\tau_c = \frac{\rho_f C_f \delta_f}{h}，则 \tau_c \frac{dT}{d\tau} + T = T_g \tag{9-2}$$

式（9-2）是个一阶线性非齐次微分方程，可用常数变易法求解式（9-3）。

$$\frac{T(\tau) - T_0}{T_g - T_0} = 1 - \exp\left(-\frac{\tau}{\tau_c}\right) \tag{9-3}$$

式中，τ_c为黑体腔的特征响应时间常数，它表示膜层的温升$T(\tau) - T_0$达到环境温度跃变幅值$T_g - T_0$的63%所需时间。

5）蓝宝石光纤黑体腔温度传感器响应时间的测量

蓝宝石光纤黑体腔温度传感器的热响应主要由形成光纤黑体腔的感温介质膜层厚度和感温介质膜层材料的热导率决定，感温介质膜层材料可以为耐高温金属膜或高温陶瓷涂层，厚度一般为几微米至几十微米。金属膜光纤黑体腔热响应快；高温陶瓷涂层的光纤黑体腔制作方便，抗氧化性好，热响应比金属膜光纤黑体腔稍差，能满足大多数测温场合的要求。蓝宝石光纤黑体腔温度传感器的响应时间测量装置示意如图 9.4 所示，在该图中，阶跃上升的高功率 CO_2激光器发出的激光束经过倾斜角为 45° 的反射镜反射后，聚焦到涂敷一定厚度高温陶瓷的蓝宝石光纤黑体腔温度传感器，成为周期性的热信号，感温介质膜层吸收激光束能量后产生热辐射，用存储示波器记录窄带低噪声光电探测器件的输出值，分别得到蓝宝石光纤黑体腔温度传感器甲、乙、丙的响应时间波形图，如图 9.5（a）～图 9.5（c）所示。其输出的电压信号随阶跃激光信号变化而变化，信号下降到稳定值的 63%所需时间为蓝宝石光纤黑体腔温度传感器的响应时间τ_c。也可以用这种方法测量感温介质膜层厚度约为 50μm 的高温陶瓷光纤黑体腔温度传感器的响应时间，该传感器可分辨高达 3kHz 频率的热信号变化。

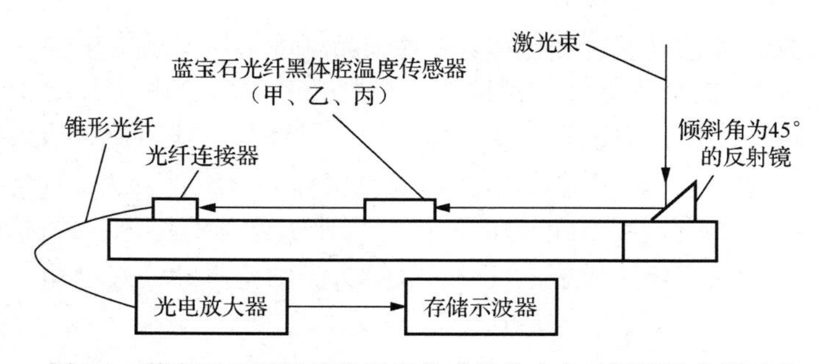

图 9.4　蓝宝石光纤黑体腔温度传感器的响应时间测量装置示意

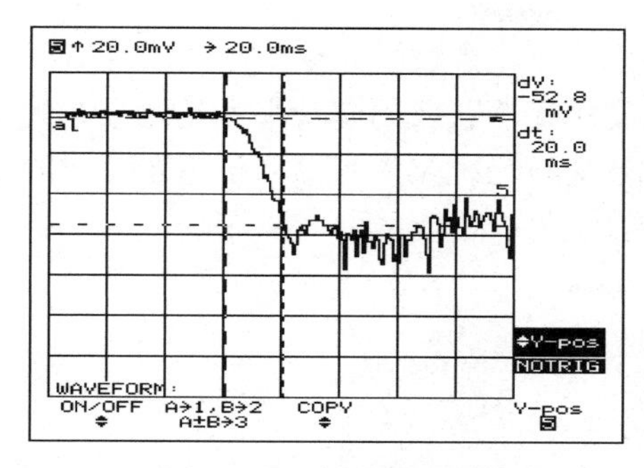

（a）蓝宝石光纤黑体腔温度传感器甲的响应时间波形图（$\tau_c = 20.0$ms）

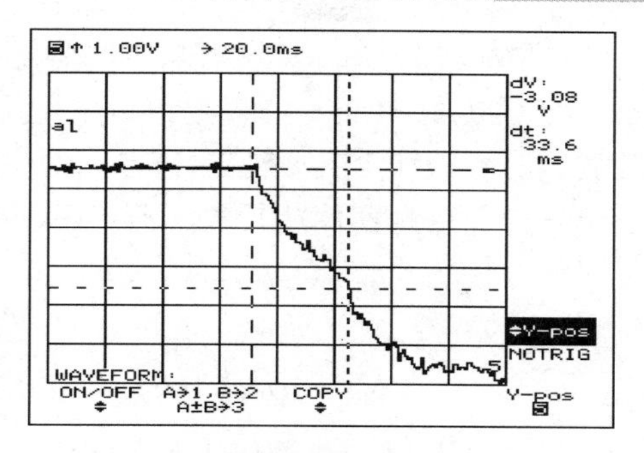

（b）蓝宝石光纤黑体腔温度传感器乙的响应时间波形图（$\tau_c = 33.6$ms）

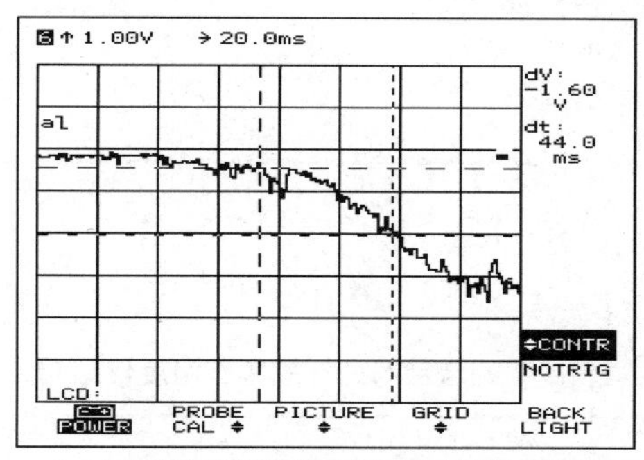

（c）蓝宝石光纤黑体腔温度传感器丙的响应时间波形图（$\tau_c = 44.0$ms）

图 9.5 窄带低噪声光电探测器件输出的传感器响应时间波形图

2. 测温原理

将蓝宝石光纤黑体腔温度传感器置于温度为 T 的被测区域，波长为 λ 的单色辐射通量 $\Phi_e(\lambda,T)$ 由普朗克公式计算，它是温度 T 的单值函数，可预测黑体温度，只须测出黑体在给定波长附近的单色辐射通量即可。辐射光信号通过光纤传至带尾纤的窄带低噪声光电探测器件，实践证明，这里采用硅光电探测器件最合适。辐射光信号经光纤传输到上述窄带低噪声光电探测器件后输出的电压信号可表示为

$$V(\lambda_0,T) = K\int_{\lambda_0-\Delta\lambda/2}^{\lambda_0+\Delta\lambda/2} \Phi_e(\lambda,T)\mathrm{d}\lambda = KR(T) \tag{9-4}$$

式中，λ 与 $\Delta\lambda$ 分别为所探测的波长和带宽；$R(T)$可由数值积分得到；K 取决于辐射光信号传输过程中各种光纤传输、耦合和其他光学元件的插入损耗，此处作为窄带低噪声光电探测器件灵敏度的系数，若忽略温度变化引起的损耗和发射率随温度的改变，则它是与温度无关的装置系数，可通过静态标定得到。由于装置系数 K 与温度无关，只须在一个温度下标定即可。

设干涉型滤光片的中心波长 $\lambda_0 = 830\text{nm}$，带宽 $\Delta\lambda = 10\text{nm}$，当 T 分别为 1000K、1300K、1400K、1600K、1800K、3000K、3300K 时，得到的 $R(T)/a$ -T 曲线如图 9.6 所示。其中，a 为蓝宝石光纤的半径。

当 $K = 2.65\text{V/mW}$ 时，蓝宝石光纤直径 $2a$=0.7mm 时不同温度下的蓝宝石光纤黑体腔温度传感器的输出电压见表 9-1。

由 $R(T)/a$ -T 曲线可知，随着温度的升高，蓝宝石光纤黑体腔温度传感器的输出电压急

剧上升，从 1173～2273K，其输出电压的变化超过 3 个数量级。因此，在设计时，既要保证在最高温度 2273K 时（蓝宝石光纤黑体腔温度传感器获取的光功率为毫瓦级）光电探测器件及其放大器不饱和，又要使在 1173K 时（蓝宝石光纤黑体腔温度传感器获取的光功率仅为 μW 级）光电探测器件及其放大器有很好的信噪比。

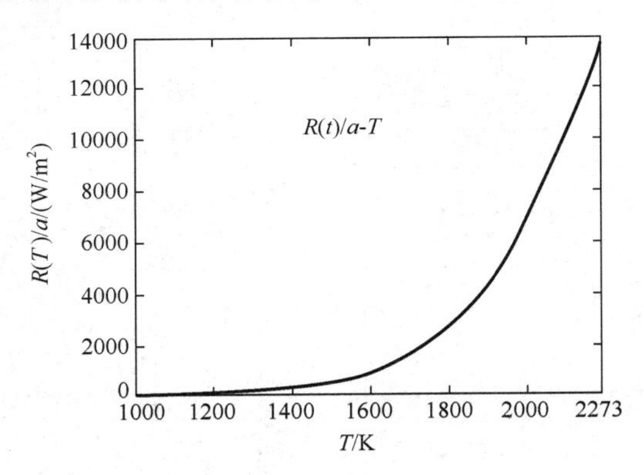

图 9.6　$R(T)/a$ -T 曲线

表 9-1　不同温度下的蓝宝石光纤黑体腔温度传感器的输出电压

温度 T/K	1173	1273	1473	1673	1873	2073	2273
$R(T)$/μW	1.25	4.02	26.2	108.26	332.47	819.9	1725
输出电压 V/mV	3.31	10.65	69.43	286.89	881.05	2172.74	4571.25

需要说明的是，由于系统采用的模数转换精度仅为 12 位，无法覆盖整个量程，因此在保证能测量 2273K（2000℃）的情况下，数据采集模块能探测的温度下限为 1173K（900℃）。

可在如图 9.7 所示的装置上进行标定，用计量部门标定的钨铼热电偶精确控制金属传热体的温度，经标定的钨铼热电偶可测温度范围为 1000～2000℃，将它和蓝宝石光纤黑体腔温度传感器置于高功率 CO_2 激光器（热源）所形成的确定温度的区域，即将蓝宝石光纤黑体腔光纤温度传感器与钨铼热电偶一起置于金属传热体的恒温区，以保证标定精度。已知经标定的钨铼热电偶的输出电压，根据分度表可得出其对应的温度 T，利用温度 T 及式(9-4)可求出标定的装置系数 K，由相应处理软件得到被测温度值。

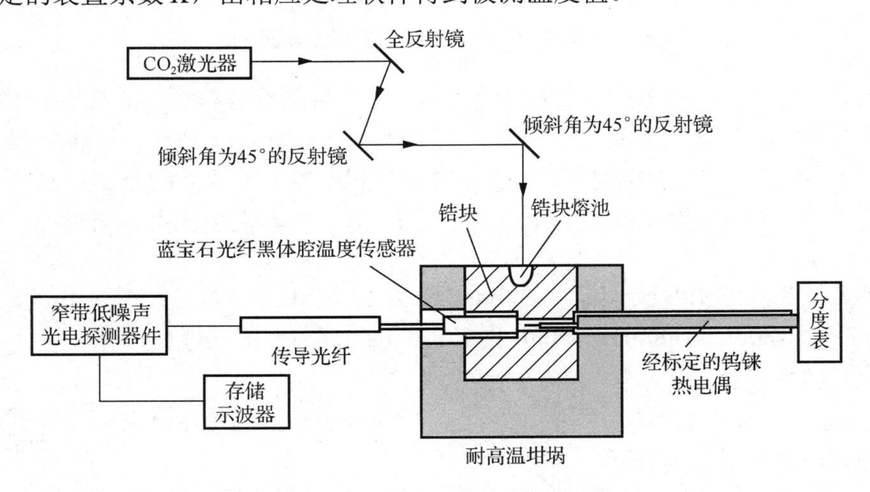

图 9.7　静态标定装置结构示意

为了保证装置系数 K 的标定精度，采用有限元分析（ANSYS）软件对金属传热体（锆块）的内部温度场分布进行稳态热分析和模拟仿真，分析其内部温度场的分布情况，在距离热源多远的地方能形成一个多大的恒温区，以满足实验的要求。

对锆块进行有限元分析得到的锆块内部温度场分布情况如图 9.8 所示，选择锆块内部不同的恒温位置，就可得到相应的恒温区。

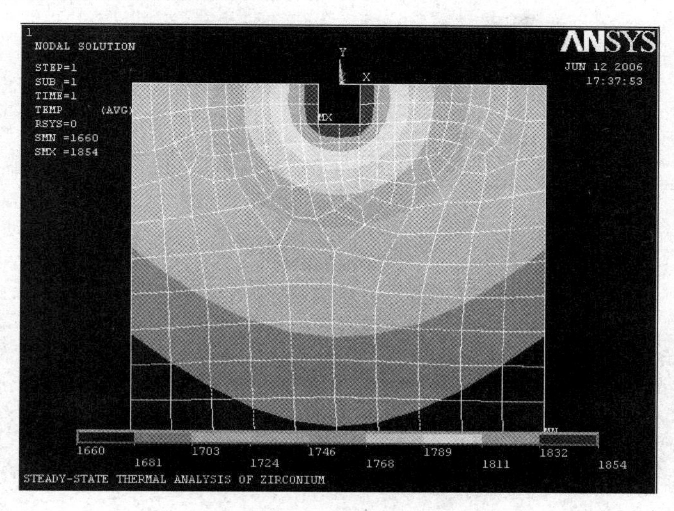

图 9.8　锆块内部温度场分布情况

3. 应用示例——某导弹发射箱前框的瞬态高温测量

1）高温测量系统的组成

高温测量系统由蓝宝石光纤黑体腔温度传感器、光纤连接器、锥形光纤、光纤连接器、传导光纤、用于测量温度的光电放大器、数据采集模块及计算机上的测温软件等部分组成，如图 9.9 所示。

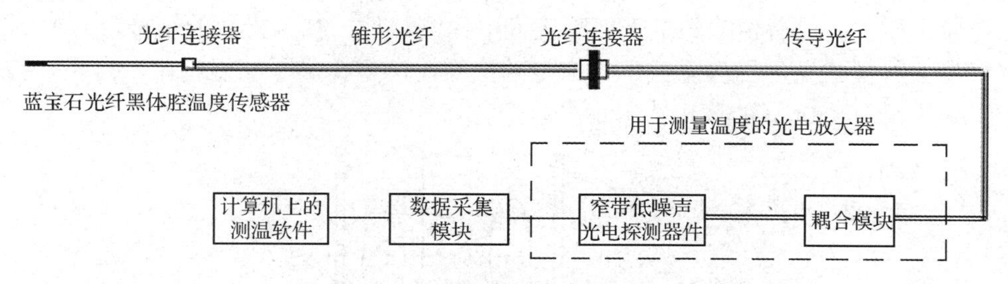

图 9.9　高温测量系统的组成

蓝宝石光纤黑体腔温度传感器置于温度测量点上，该传感器通过螺纹可靠连接。该传感器被充有隔热材料的金属保护套包住，以防止高速、高压燃气气流的烧蚀作用。波长为 λ 的单色辐射通量 $\Phi_{\rm e}(\lambda,T)$ 由普朗克公式计算，辐射的光信号通过直径为 0.8mm 的蓝宝石光纤，经大端直径为 0.9mm、小端直径为 0.2mm 的锥形光纤与直径为 0.2mm 的传导光纤耦合，锥形光纤一方面与蓝宝石光纤耦合，以传输能量，另一方面与普通光纤耦合，便于远距离传输。在较高温度区域需要固定弯曲半径的区域，传导光纤外表有耐高温的隔热材料保护层，外层为铠装不锈钢保护套。辐射的光信号由光纤传导后经耦合模块传输到带尾纤的窄带低噪声光电探测器件。该光电探测器件将光信号转变为电信号，由数据采集模块采集电信号，这些电信号经过计算机上的测温软件处理后形成温度-时间曲线。

为了能在恶劣环境、狭小空间中工作，可将蓝宝石光纤装在不锈钢螺塞状的紧凑壳体中，用耐高温有机硅涂料填补间隙防止漏光，光信号通过 ST 型（由定位销旋转定位）光纤连接器与锥形光纤相连。图 9.10 所示为蓝宝石光纤黑体腔温度传感器结构，图 9.11 所示为蓝宝石光纤黑体腔温度传感器实物及其铠装不锈钢保护套。

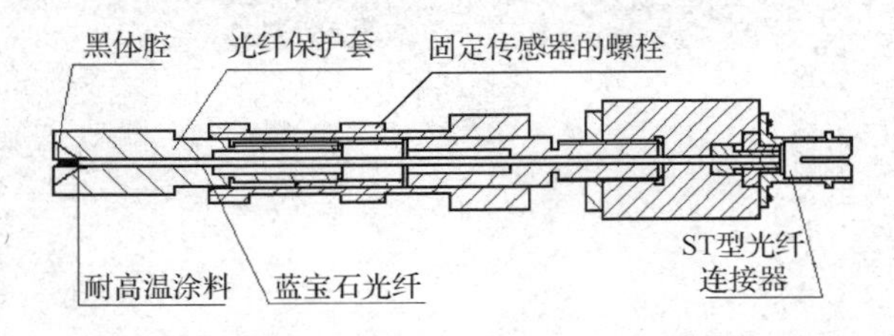

图 9.10　蓝宝石光纤黑体腔温度传感器结构

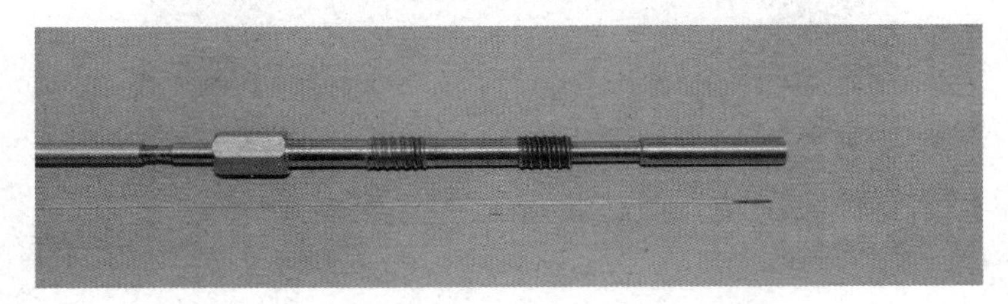

图 9.11　蓝宝石光纤黑体腔温度传感器实物及其铠装不锈钢保护套

2）温度测量光电放大器

温度测量光电放大器由耦合模块和窄带低噪声光电探测器件组成。为了提高耦合效率，减少衰减幅度，使光信号最大限度地远距离传输，设计了耦合模块。该模块包含两个透镜，首先辐射的光信号由其中的一个透镜变成平行光后，经窄带干涉型滤光片通过另一个透镜聚集到传导光纤中，最后传输到窄带低噪声光电探测器件。耦合模块的结构示意如图 9.12 所示。窄带干涉型滤光片虽然降低了光信号的信噪比，但提高了测温精度。这里，按照要求选择中心波长为 830nm 的截止式窄带干涉型滤光片。

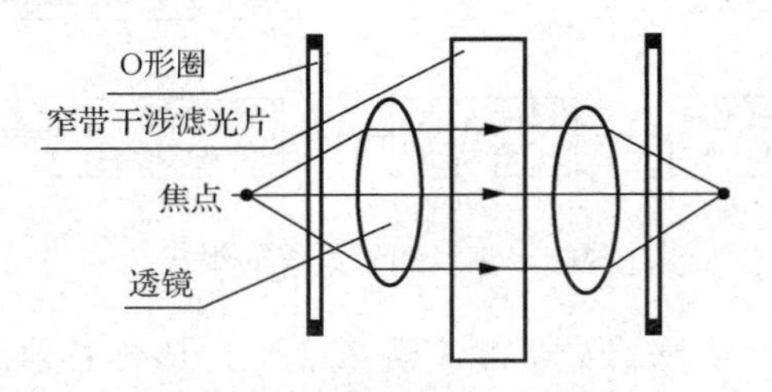

图 9.12　耦合模块的结构示意

本例中选用 PIN 结型硅光电二极管与一个以场效应管（FET）为前端的低噪声放大器混合集成的窄带低噪声光电探测器件，这种探测器件是一个包含小面积、小电容的光电二极管与高输入阻抗的场效应管前置放大器的组合体，其中的引线长度及杂散电容都非常小。由于电容小、输入阻抗高，因此可以大大降低热噪声。这种器件还具有供电电压低、工作十分稳定、使用方便等特点。

图 9.13 为该光电探测器件的光电转换原理，图 9.14 为该光电探测器件的相对光谱响应度。

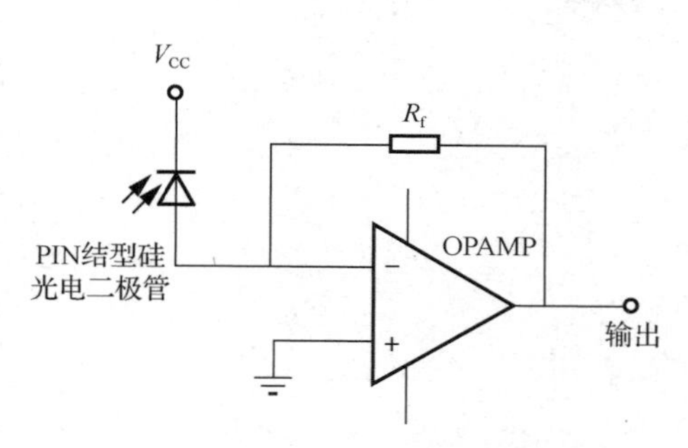

图 9.13 窄带低噪声光电探测器件的光电转换原理

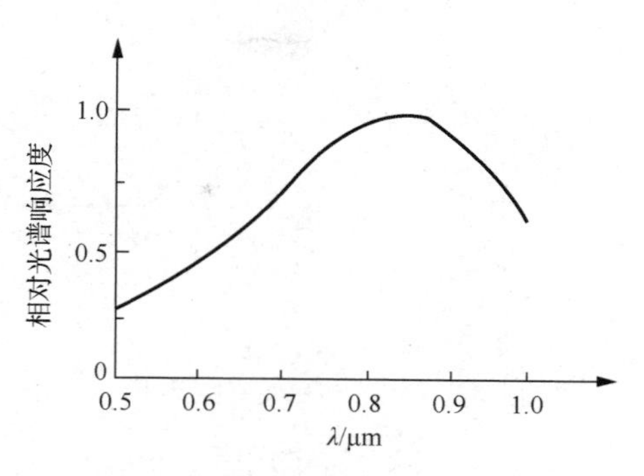

图 9.14 窄带低噪声光电探测器件的相对光谱响应度

3）实验结果

（1）装置系数 K 的标定。在静态标定中，调节图 9.7 中 CO_2 激光器的输出功率，根据钨铼热电偶的输出值，在 1500℃温度点上，对窄带低噪声光电探测器件的输出电压进行测量。此时其输出电压值为 118mV，根据式（9-4）即可求得装置系数 K。由存储示波器测得的静态标定波形如图 9.15 所示。

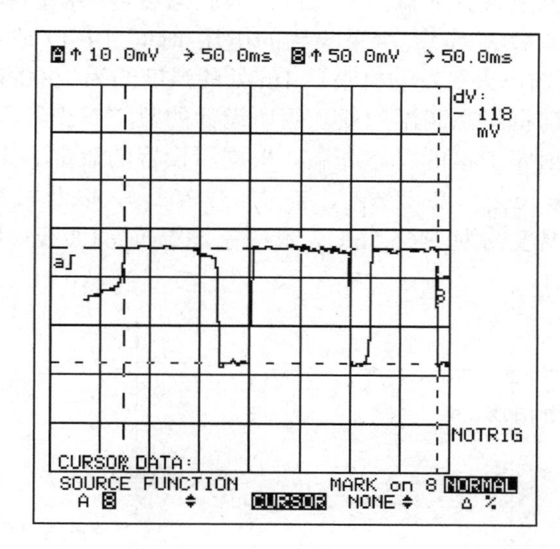

图 9.15 静态标定波形

（2）乙炔焰温度的测量。资料显示，乙炔在氧气中燃烧，温度可达 3600℃以上，在本实验中以乙炔焰为高温热源对所设计的系统进行测试。实验装置比较简单，首先将蓝宝石光纤黑体腔温度传感器固定在金属支架上，在点燃乙炔并调节乙炔气体和氧气的比例后，手持乙炔枪迅速扫过蓝宝石光纤黑体腔温度传感器，所测温度波形如图 9.16 所示。从图 9.16 可知，所测温度达 1960℃，响应时间小于 120ms。在本实验中，调节燃烧乙炔气体和氧气的比例，以及调节乙炔焰与蓝宝石光纤黑体腔温度传感器的距离非常重要，因为焰心的温度超过 2000℃，极易在实验中烧坏蓝宝石光纤黑体腔温度传感器。

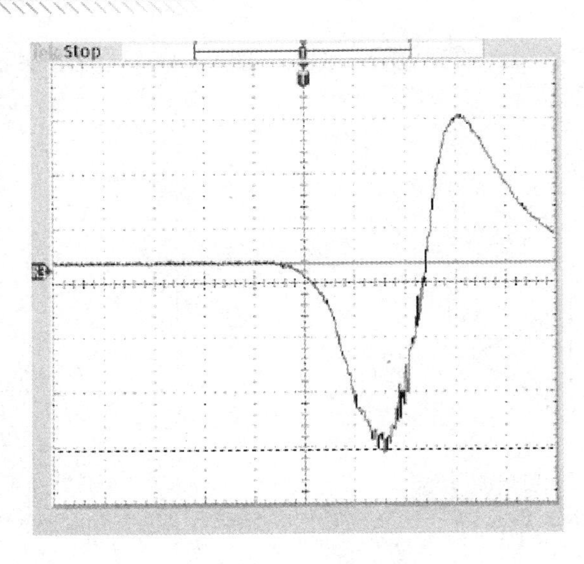

图 9.16　乙炔焰温度波形

（3）火箭发动机喷口温度的测量。利用火箭发动机产生的高温、高压、高冲击力对所设计的蓝宝石光纤黑体腔温度传感器进行性能测试。把该传感器放在距离火箭发动机喷口约 1m 处，一方面保证能检测到喷口的温度，另一方面避免损坏该传感器。测试结果证明，该传感器工作正常。根据所设置的蓝宝石光纤黑体腔温度传感器的各个系数（如面积、波长 λ_0、带宽 $\Delta\lambda$、装置系数 K 等），所采集到的电压-时间（V-t）曲线和温度-时间（T-t）曲线如图 9.17 所示。可知，火箭发动机喷口 1m 处的温度约为 1900.56℃。

（4）某导弹发射箱前框瞬态高温测量。用所设计的蓝宝石光纤黑体腔温度传感器测量某导弹在发射过程中发射箱前框的瞬态高温。根据所设置的蓝宝石光纤黑体腔温度传感器的各个系数（如面积、波长 λ_0、带宽 $\Delta\lambda$、装置系数 K 等），以及相应测温软件可知，某导弹发射箱前框表面瞬态温度约为 1465.56℃，其瞬态高温-时间曲线如图 9.18 所示。

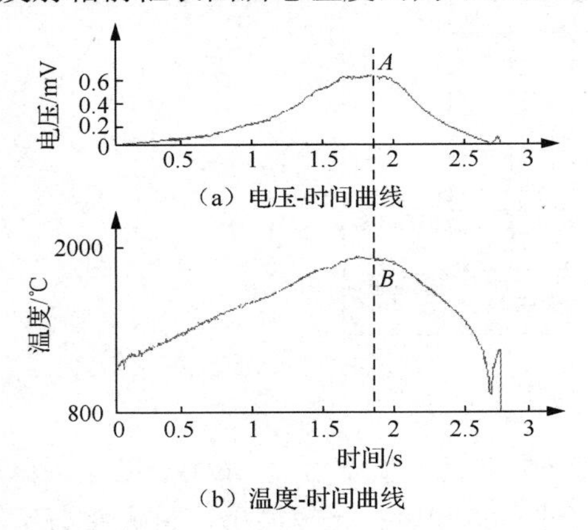

图 9.17　电压-时间曲线和温度-时间曲线

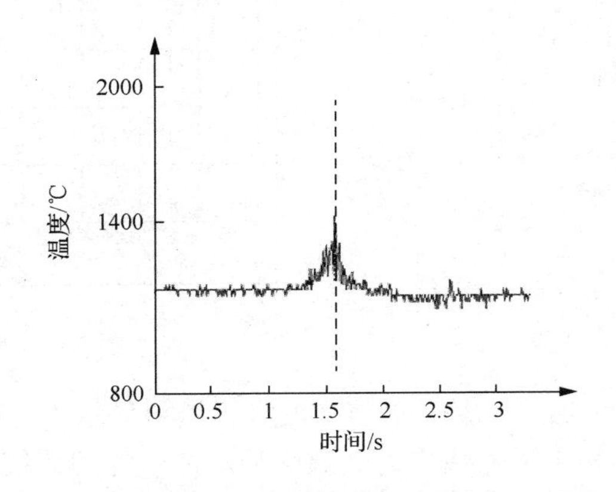

图 9.18　某导弹发射箱前框瞬态高温-时间曲线

4. 结论

（1）影响该传感器响应时间 τ_c 的因素是膜层材料的密度、比热容、与周围气体的导热系数 h 以及膜层的厚度。选定膜层材料后，再选定参数 ρ_f、C_f 和 h，那么蓝宝石光纤黑体腔温度传感器的响应时间就只与膜层厚度有关了，并且随着δ_f的减小而减小。也就是说，要提高蓝宝石光纤黑体腔温度传感器的响应时间，就应该在镀膜时使膜层厚度尽量地小。

（2）解决了蓝宝石光纤黑体腔温度传感器工程应用中的标定、光纤传输等关键技术，利用该传感器已成功地测得乙炔焰、某火箭发动机喷口和某导弹发射箱前框的瞬态高温，为恶劣环境下高温的测试提供了一种可靠的方法。

（3）在整个高温测试系统中，光电传感模块的设计是一个重要的环节，它直接影响整个系统的响应时间、灵敏度等因素。因此，选择适合蓝宝石光纤黑体腔高温测试系统的光电探测器件及其性能的测试尤为重要。

固态光电倍增管（Solid-state Photomultiplier，SSPM）是一种新型的光电探测器件，与普通光电倍增管相比，它具有低噪声、快速响应、体积小、避免电磁干扰、低工作电压等特性，在近红外线波段也有较高的光子探测率，能完整地探测到实验中的辐射信号。固态光电倍增管广泛应用于温度测试和触发系统光纤输出信号的输出，以及激光雷达、生物光子探测等领域。因此，除了图 9.13 中用到的光电探测器件，还可选择 SSPM 作为蓝宝石光纤黑体腔温度传感器的光电探测器件。

9.1.2 瞬态表面温度传感器可溯源校准系统

1. 系统组成及工作原理

为了解决瞬态表面温度传感器校准以及溯源难题，在充分考虑设计原则的前提下，本书提出了瞬态表面温度传感器可溯源校准的技术方案。其动态校准的过程如下：首先借助脉冲激光器产生一个前沿陡峭的窄脉冲温度信号，同时以被校准传感器和红外探测器件对此温度信号进行对比测量，记录两者所测的温度-时间曲线。由于红外探测器件的频响特性远优于被校准传感器，因此可将红外探测器件的响应作为被校准传感器的输入信号，而把被校准传感器的响应曲线作为输出信号，以前者校准后者的动态响应特性。

在瞬态表面温度传感器可溯源校准系统中，为了使被校准传感器瞬间达到高温，用于加热的热源必须要有足够的功率；为了适应对温度快速（如毫秒级时间常数）变化的表面温度传感器进行校准，热源应具备高频调制的能力。本系统采用大功率高频调制 CO_2 激光器作为热源，以实现被校准传感器的现场动态校准。由于所用 CO_2 激光器的平均输出功率稳定，并且输出激光频率较高，因此可以把它作为近似连续激光器对辐射温度计（红外探测器件）静态标定。

被校准传感器可溯源校准系统组成原理如图 9.19 所示，辐射温度计和被校准传感器分别置于光学聚焦系统的两个焦点上，为避免两者直接辐射热传递，在它们之间加入一个隔热块。光学聚焦系统是一个以球面玻璃为基材、正面镀金属膜（如金、银、铝）的球面反射镜，正面镀金属膜的目的是为了增加红外线的反射率。球面反射镜上留有激光入射窗，其孔径要保证有一个不小于 3Sr（球面度）有效收集激光的立体角。本系统选用的辐射温度计为光导型碲镉汞红外探测器件，其灵敏波长为 3～5μm，该波长是对应大多数情况下表面温度范围的最大波长。考虑到光导型碲镉汞红外探测器件受长时间热辐射会被损坏，因此在辐射温度计前面安装了快门，该快门通常处于关闭状态，以保护光导型碲镉汞红外探测器件。为了充分利用 CO_2 激光器的能量，安装了全反射镜和聚光镜，CO_2 激光器能量被这两个镜汇集后输入被校准传感器。

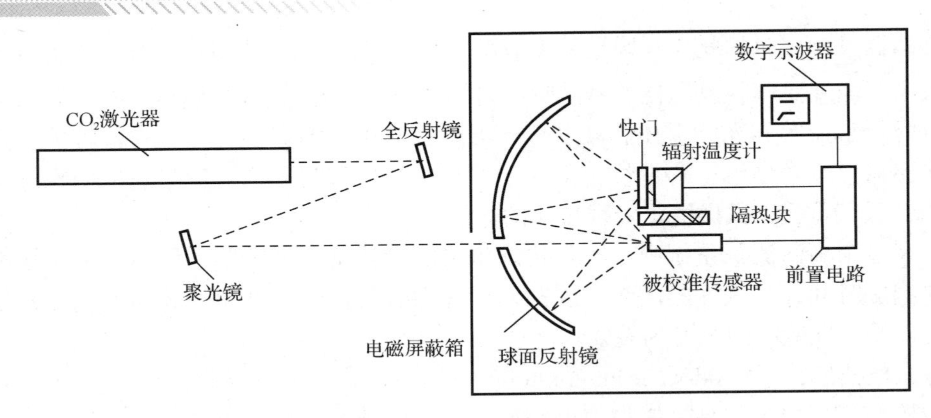

图 9.19　被校准传感器可溯源校准系统组成原理

为减少来自激光电源和其他电磁装置对信号调理电路与记录仪器的干扰，将上述校准系统（除了 CO_2 激光器）用电磁屏蔽箱屏蔽并良好接地，保证校准的精度。

瞬态表面温度传感器可溯源校准系统装置如图 9.20 所示。其中，高功率 CO_2 激光器作为整个系统发生温度跃变的装置，由它发出的激光束首先经过光隔离器，然后被与激光束成 45° 的平面反射镜反射。此反射光线输入凹面反射镜（焦距为 1.5m），经过聚集的激光束通过电磁屏蔽箱的激光入射窗，给被校准传感器连续加热或使温度跃变。经过聚集的激光能量密度已经很高，能够使被校准传感器的温度达到 2000℃以上，满足瞬态高温校准的要求。

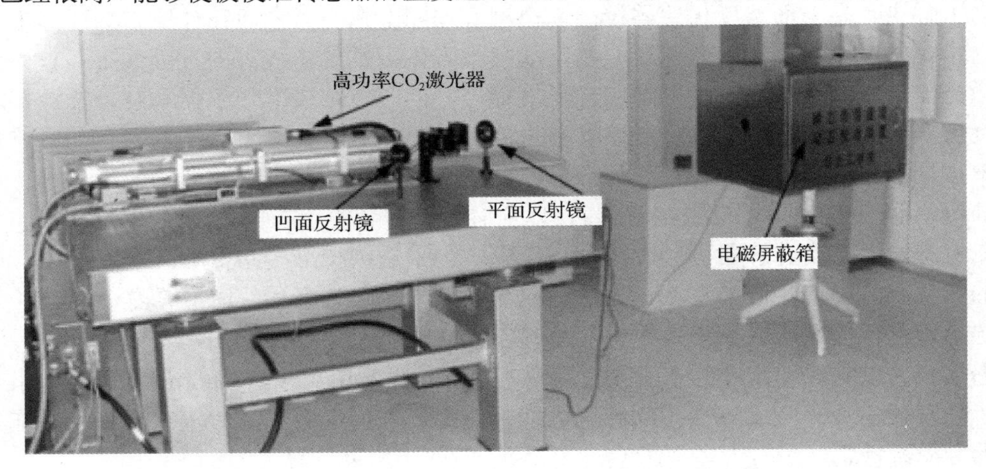

图 9.20　瞬态表面温度传感器可溯源校准系统装置

瞬态表面温度传感器可溯源静态校准系统的工作原理如图 9.21 所示。可溯源校准过程包括静态校准和动态校准两部分，可分为以下 3 个步骤。

1）辐射温度计的静态校准

静态校准包括被校准传感器和辐射温度计的静态校准，其目的是为了确定静态测试系统的输入量与输出量之间的对应关系。首先，在恒温炉中用标准热电偶校准瞬态表面温度传感器，得出被校传感器的温度-电压（*T-V*）曲线。然后将已校准的传感器和辐射温度计分别置于球面反射镜的两个共轭焦点处，使高功率 CO_2 激光器发出的一定时间长度的连续激光通过入射窗辐射到已校准的传感器表面上，表面吸收热量后温度上升且向内部传热，其温度变化情况在示波器上显示为电压值（通过这个电压值即可知其对应的温度值），同时，已校准的传感器表面产生的红外热辐射经球面反射镜聚焦于辐射温度计上。当达到热平衡时，快门迅速打开或关闭，使辐射温度计在快门打开瞬间接收聚焦的辐射信号，从而得出辐射温度计的温度-电压（T-V）曲线，实现对辐射温度计的静态校准。

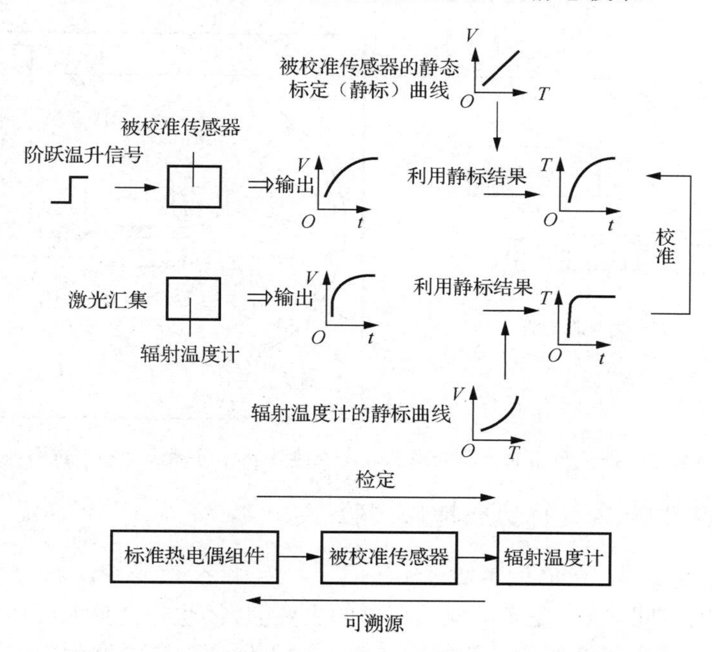

图 9.21 瞬态表面温度传感器可溯源静态校准系统的工作原理

2）辐射温度计和瞬态表面温度传感器的动态校准

从某时刻开始用重复频率足够高的激光脉冲加热被校准传感器，发生温度跃变。被校准传感器温度升高后产生的红外热辐射经球面反射镜聚焦成像。此时，在球面反射镜另一个共轭焦点的辐射温度计也会产生一个相应的温度变化（此时不需要使用快门）。用双通道记录仪记录被校准传感器和辐射温度计的输出电压，即可得出在某一温度下辐射温度计和被校传感器的电压-时间（V-t）曲线。

3）瞬态温度的动态校准

在上述静态和动态校准结果的基础上，分别根据被校准传感器和辐射温度计的温度-电压（T-V）曲线与电压-时间（V-t）曲线，得出其相应的温度-时间（T-t）曲线。由于辐射温度计的频响特性远优于被校准传感器，因此可将辐射温度计的响应作为被校准传感器的输入信号，而把被校准传感器的响应曲线作为输出信号，以前者校准后者的动态响应特性，即用辐射温度计的温度-时间曲线校准瞬态表面温度传感器的温度-时间曲线。

将辐射温度计的温度-时间曲线作为输入信号 $x(t)$，被校准传感器的温度-时间曲线作为输出信号 $y(t)$，对它们分别进行拉普拉斯变换后可得 $X(s)$ 和 $Y(s)$。这样，就可以通过式(9-5)得出动态校准系统的传递函数 $H(s)$，即

$$H(s)=\frac{Y(s)}{X(s)} \tag{9-5}$$

需要说明的是，在静态校准过程中，随着温度的降低，红外线辐射信号的幅值变小，而伴随的噪声却很大。因此，低温时辐射温度计的输出信号的信噪比很小，无法分辨有效

信号的幅值。为解决这一难题，可以考虑在动态校准系统中加入锁相放大器，以增大信噪比，拓宽静态校准的温度下限。基于锁相放大器的瞬态表面温度传感器可溯源动态校准系统如图 9.22 所示。

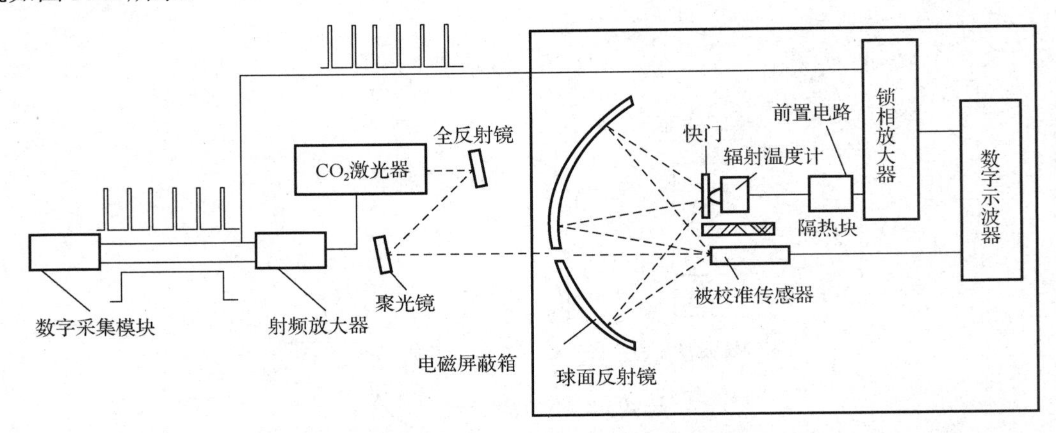

图 9.22　基于锁相放大器的瞬态表面温度传感器可溯源动态校准系统

2. 热电偶温度传感器的动态特性实验

1）热电偶温度传感器的时间常数

温度传感器的时间常数 τ 是影响测温速度的主要因素，也是衡量温度传感器动态特性的重要指标。因此，确定温度传感器的时间常数，对于保证动态温度测量的准确性具有非常重要的意义。在工农业生产、航天、环保、国防和科研等领域，对温度传感器的时间常数都有具体的要求。

对于热电偶温度传感器，其时间常数 τ 可以表示为

$$\tau = WVC/hA \tag{9-6}$$

式中，W 为热电偶材料的密度；V为体积；C 为比热容；h为导热系数；A为热电偶温度传感器周围流体薄膜的面积；WVC 项表示该热电偶温度传感器测量接点的热容量的大小，hA 项表示向热电偶温度传感器热接点传热的速率。

式（9-6）表明，热电偶温度传感器的时间常数是由热电偶温度传感器的材料、结构形式及测温环境等因素决定的。由于热电偶温度传感器材料的比热容、密度随温度变化而显著变化，因此即使同一支热电偶温度传感器处于同一工况的介质中，其时间常数 τ 也不是常量，它还与测量端的温度有关，特别是测量端温度变化范围很大时，其时间常数变化相当显著。时间常数作为常量是有条件的，对于一支确定的热电偶温度传感器来说，时间常数不仅是该传感器本身的特性，而且还包括测量对象在内的特性。因此，在说明一支热电偶温度传感器的时间常数时，同时必须说明什么介质，以及该介质处于什么工况下的时间常数，否则，没有意义。

2）热电偶温度传感器时间常数测量实验及分析

由于影响时间常数的因素很多且复杂，难以用理论计算的方法获得准确的数值，因此在实际应用中都采用实验方法测定。一般按输入信号为阶跃信号对其进行动态校准实验，从输出响应曲线上直接获得时间常数。然而，目前用实验方法测定毫秒级及更小数量级热电偶温度传感器的时间常数十分困难，主要问题是缺乏有效的手段，难以获得与之相适应

的、较为理想的温度跃变幅值。因此，研究一种利用合适的温度跃变法准确地测定热电偶温度传感器时间常数的方法十分有意义。

在瞬态表面温度传感器可溯源校准系统中，采用一种激光脉冲法对热电偶温度传感器的时间常数进行测量，通过其升温过程曲线求时间常数。热电偶温度传感器的时间常数测量系统原理如图 9.23 所示。在该系统中，CO_2 激光器提供瞬时激励信号，由数字示波器记录热电偶温度传感器的响应波形，根据响应波形的数据求 τ 值（对应热电偶温度传感器阶跃响应曲线上升幅值的 63%）。

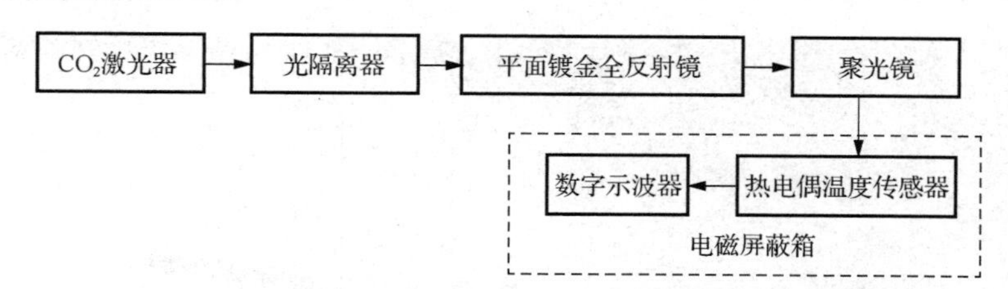

图 9.23 热电偶温度传感器的时间常数测量系统原理

对于热电偶温度传感器的时间常数的测量，温度跃变时的脉冲上升时间应远小于该传感器的时间常数，才能使测得的结果具有较好的准确性。采用美国相干公司的 K500 型 CO_2 激光器，经测试其激光脉冲上升时间为 72μs，脉宽可调（2～1000μs），并且可连续加热，是测量从亚毫秒级至秒级的热电偶温度传感器时间常数的理想热源。此外，被测热电偶温度传感器对温度跃变幅值响应终止点的选取决定总的温度跃变幅值，也直接影响 τ 值，将热电偶温度传感器按一阶系统分析，其温度跃变幅值与 CO_2 激光器加热时间的关系（响应特性）见表 9-2。

表 9-2 温度跃变幅值与 CO_2 激光器加热时间的关系

CO_2 激光器加热时间 t	τ	2τ	3τ	4τ	5τ
$(T-T_0)/(T_g-T_0)$（%）	63	86.5	95.0	98.2	99.3
CO_2 激光器加热时间 t	6τ	7τ	8τ	9τ	10τ
$(T-T_0)/(T_g-T_0)$（%）	99.8	99.9	99.97	99.988	99.995

根据表 9-2 以及大量的实践可知，当 $t \geqslant 5\tau$ 时，可按 $T=T_g$ 处理，即在 5τ 时间后温度跃变幅值趋于平衡，因此将 CO_2 激光器加热时间确定为热电偶温度传感器时间常数的 5 倍以上，以获得准确的时间常数。

在瞬态表面温度传感器可溯源校准系统中，对不同类型的热电偶温度传感器进行了大量的动态特性实验，测量了它们的时间常数。通过实验测量的 6 种类型热电偶温度传感器的时间常数见表 9-3。

表 9-3 通过实验测量的 6 种类型热电偶温度传感器的时间常数

类型	时间常数	温度跃变幅值/℃
W-Re3/25	1.14s	2000
B 型	2.00s	1217
J 型	41.6ms	190
普通 K 型	11.6s	950
薄膜 K 型	61.8μs	200

由表 9-3 可知，该瞬态表面温度传感器可溯源校准系统可以测量从亚毫秒级至秒级的时间常数。实验结果也表明，高功率 CO_2 激光器提供的温度跃变幅值覆盖常温到高温（达 2000℃以上）的宽广温度范围。

下面，以对美国 OMEGA 公司的 CHAL-005-BW 型热电偶温度传感器的时间常数测量为例，说明如何在该系统中通过实验求时间常数值。该热电偶温度传感器实物如图 9.24 所示，其时间常数曲线如图 9.25 所示，其中通道 1（CH1）为热电偶温度传感器响应曲线，通道 3（CH3）为激光脉冲波形。

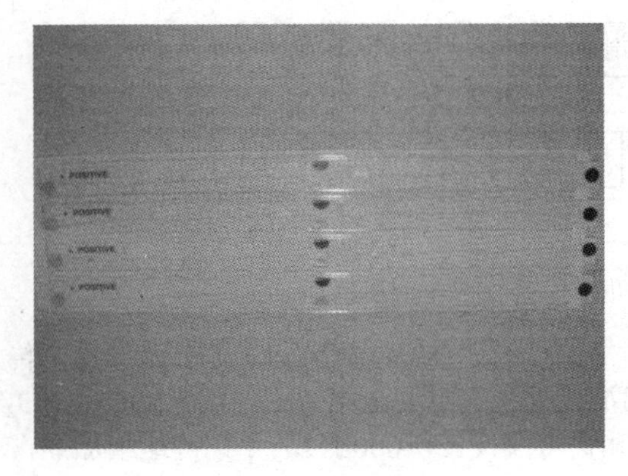

图 9.24　CHAL-005-BW 型热电偶温度传感器实物

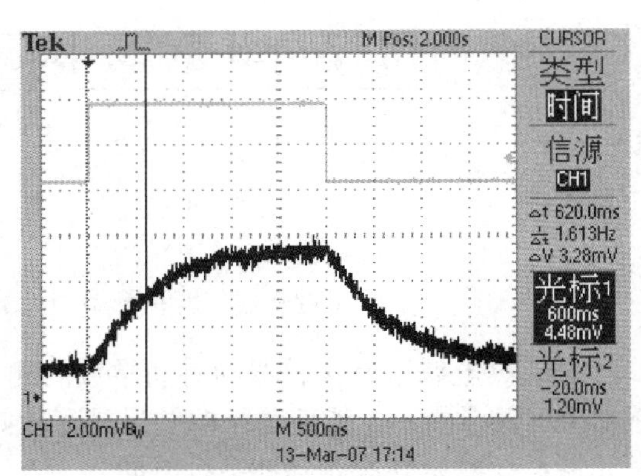

图 9.25　CHAL-005-BW 型热电偶温度传感器的时间常数曲线

对该热电偶温度传感器进行多次动态特性测试，每次都可以求出其时间常数 τ_g 、时间常数的平均值 $\overline{\tau}_g$ 、均方根差 σ 、动态重复性 R_d 、不确定度 U 。其中 A 类不确定度 U_A 由 σ 构成，B 类不确定度 U_B 主要由数字示波器的分辨率（能有效辨别的最小示值 ξ，在本次实验中其值为 1ms）导致。以上各参数的计算公式见式（9-7）～式（9-11）。

这里特别指出，在实验中，根据热电偶热电势测量值，可从分度表中查出相应温度，但是，必须注意，分度表是在热电偶参考端温度为 0℃时制定的。因此，使用分度表时，必须使热电偶参考端恒定在 0℃，或者通过修正到参考端温度为 0℃时再查分度表，查出相应温度。由于实验中并没有保证热电偶参考端温度恒定在 0℃，因此，在使用分度表前必须对热电偶热电势测量值进行修正。修正的依据为中间温度定律。

利用中间温度定律对实验中热电偶热电势测量值进行修正，然后查分度表获得温度跃变幅值。本次实验中热电偶参考端处于室温条件下，室温为 12℃，查分度表，可知其对应热电势为 0.477mV，将测量值加上 0.477mV，即可得到热电势修正值。

对该型号热电偶温度传感器进行 5 次时间常数测量，测量结果见表 9-4。

表 9-4　CHAL-005-BW 型热电偶温度传感器时间常数测量结果

实验次数	热电势测量值/mV	热电势修正值/mV	温度跃变幅值/℃	时间常数/ms
1	4.96	5.437	133	660
2	5.12	5.597	137	620
3	5.04	5.517	135	600
4	4.64	5.117	125	640
5	5.04	5.517	135	660

将测量结果代入式（9-7）～式（9-11），

$$\overline{\tau}_{g}=\frac{1}{n}\sum_{i=1}^{n}\tau_{i} \tag{9-7}$$

$$\sigma=\left[\frac{1}{n-1}\sum_{i=1}^{n}(\tau_{i}-\overline{\tau}_{g})^{2}\right]^{\frac{1}{2}} \tag{9-8}$$

$$R_{d}=\left(\frac{\sigma}{\overline{\tau}_{g}}\right)\times 100\% \tag{9-9}$$

$$U_{B}=1\times\frac{\xi}{2\sqrt{3}} \tag{9-10}$$

$$U=\sqrt{U_{A}^{2}+U_{B}^{2}} \tag{9-11}$$

计算得到

$$\overline{\tau}_{g}=636\text{ms} \qquad \sigma\approx 26\text{ms} \qquad R_{d}=4.09\% \qquad U\approx 26\text{ms}$$

根据平均值和不确定度，可以得出该型号热电偶温度传感器时间常数的最终计算结果，即$\tau_{g}=(636\pm 26)\text{ms}$。需要指出的是，这一计算结果是该热电偶温度传感器在温度跃变幅值为133℃（5次测量的平均温度跃变幅值）左右时的时间常数。

在多次测量的基础上得出的时间常数可信度是较高的，并且从动态重复性计算结果可以看出，在对该热电偶温度传感器进行的5次时间常数测量实验中，重复性得到了保证。

3）热电偶温度传感器校准实验及分析

（1）CHAL-010型热电偶温度传感器的时间常数。选用美国OMEGA公司的CHAL-010型热电偶温度传感器进行校准实验。首先对CHAL-010型热电偶温度传感器的时间常数进行测量，测量结果见表9-5。将5次测量的时间常数及$\xi=0.01\text{ s}$代入式（9-7）～式（9-11），可得CHAL-010型热电偶温度传感器时间常数的最终计算结果，即$\tau=(1.88\pm 0.01)\text{s}$，这里同样需要指出，这一计算结果是该热电偶温度传感器在温度跃变幅值为242℃左右时的时间常数。

表9-5　CHAL-010型热电偶温度传感器的时间常数测量结果

实验次数	热电势测量值/mV	热电势修正值/mV	温度跃变幅值/℃	时间常数/s
1	8.2	8.677	214	1.88
2	10.4	10.877	263	1.88
3	8.0	8.477	209	1.92
4	10.4	10.877	263	1.80
5	10.2	10.677	262	1.90

（2）CHAL-010型热电偶温度传感器的静态校准。CO_2激光器输出的激光脉冲的脉宽为30μs，周期为8000μs。当连续输出此脉冲一段时间，待该热电偶温度传感器输出电压幅值稳定后，记录此时的输出电压幅值，打开快门，就可以得到辐射温度计对应的输出电压幅值。然后多次调节激光脉宽，重复上述步骤，就可以获得一段温度范围内该热电偶温度传感器的静态校准数据（见表9-6）。用MATLAB软件对表9-6中的静态校准数据进行最小二乘拟合，在三次拟合时，拟合效果最佳。温度对电压的最小二乘三次拟合公式为

$$T(V)=6.0716V^{3}-62.8692V^{2}+252.1276V+199.1268 \tag{9-12}$$

表 9-6　CHAL-010 型热电偶温度传感器的静态校准数据

热电势修正值/mV	分度表对应温度/℃	辐射温度计对应的输出电压幅值/V
7.979	196	0.104
9.131	225	0.126
10.066	248	0.182
10.937	269	0.254
12.023	296	0.348
12.974	319	0.476
13.987	343	0.624
15.182	371	0.84
16.147	394	1.04
17.317	422	1.40
18.469	449	1.56
19.491	473	1.64
19.861	482	1.82
21.094	511	1.94
21.729	526	2.3
22.149	535	2.46
22.489	543	2.74
23.489	567	3.44
24.167	583	3.84
25.03	603	4.28

通过 MATLAB 软件得到的 CHAL-010 型热电偶温度传感器的静态校准数据拟合曲线如图 9.26 所示。

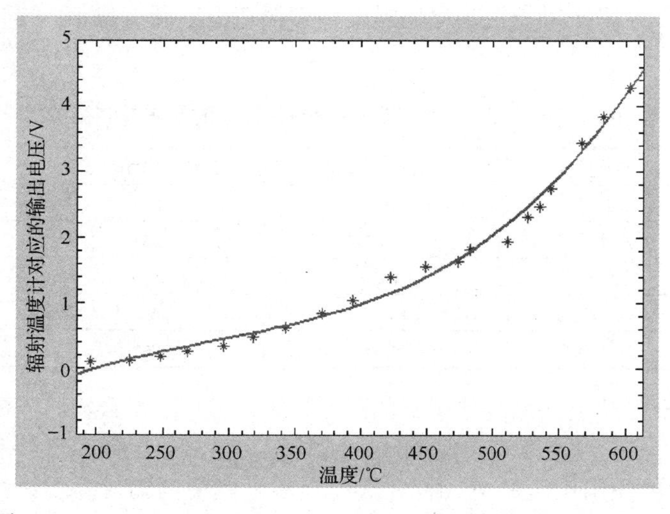

图 9.26　CHAL-010 型热电偶温度传感器的静态校准数据拟合曲线

（3）CHAL-010 型热电偶温度传感器的动态校准。CHAL-010 型热电偶温度传感器的动态校准曲线如图 9.27 所示，通道 1（CH1）为热电偶温度传感器输出电压波形，通道 2（CH2）为红外探测器件（辐射温度计）输出电压波形，通道 3（CH3）为激光脉冲波形。实验中，激光脉冲的脉宽为 500μs，周期为 1000μs，激光输出时间为 30ms。由数字示波器的波形数据可知，热电偶温度传感器的输出电压幅值为 5.2mV，修正后（热电偶参考端温度为 12℃），其输出电压幅值为 5.677mV，查 K 型热电偶的分度表可知，对应温度为 138℃。求该热电偶温度传感器表面真实温度时，可以将辐射温度计的输出电压幅值 0.336V 代入式（9-12），也可以根据由 MATLAB 软件得到的静态校准数据拟合曲线，直接读取其表面真实温度值（见图 9.28），其表面真实温度约为 277℃。

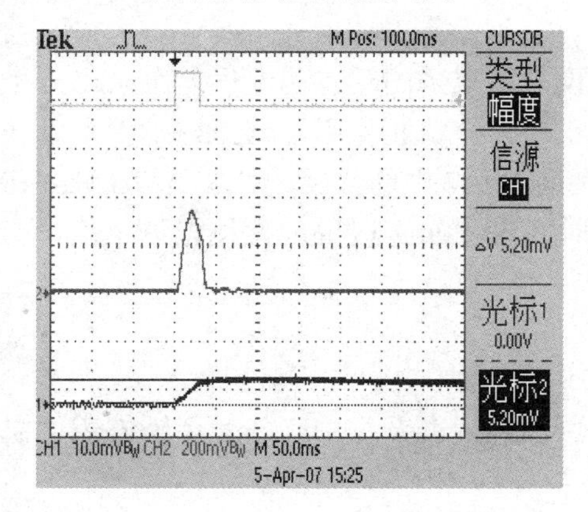

图 9.27 CHAL-010 型热电偶温度传感器的动态校准曲线

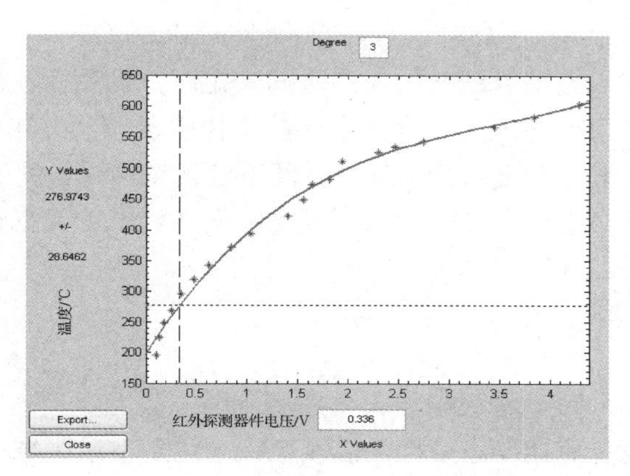

图 9.28 动态校准时 CHAL-010 型热电偶温度传感器表面真实温度

由此可知，该热电偶温度传感器所测温度（138℃）与其表面真实温度（277℃）有误差，即产生了所谓的动态测温误差。动态测温误差可由以下公式计算得出：

$$\Delta t = t_{实} - t_{被} \tag{9-13}$$

式中，$t_{实}$ 为辐射温度计测量的温度；$t_{被}$ 为被校准热电偶温度传感器所测温度。

将 $t_{实}=277$ ℃及 $t_{被}=138$ ℃代入式（9-13），可得 Δt =139℃。这样，就可利用动态测温误差 Δt 对该热电偶温度传感器的动态测温结果进行修正，使之更接近于真实的温度信号。CHAL-010 型热电偶温度传感器的一组动态校准数据见表 9-7。

表 9-7 CHAL-010 型热电偶动态校准数据

激光脉冲设置		热电势修正值/mV	分度表对应温度/℃	辐射温度计对应的输出电压幅值/V	对应温度/℃	动态测温误差/℃
脉宽/周期/μs	激光输出时间/ ms					
100/400（占空比为 25%）	20	3.6	88	0.168	240	152
	30	4.8	117	0.256	260	143
160/400（占空比为 40%）	10	1.8	45	0.150	235	190
	20	3.8	93	0.188	244	151
200/400（占空比为 50%）	10	1.8	45	0.152	236	191
	20	4	98	0.224	252	154
500/1000（占空比为 50%）	10	1.6	40	0.144	234	194
	20	4	98	0.224	252	154
	30	5.7	138	0.336	277	139
	40	6.4	157	0.368	283	126
	50	8.8	217	0.360	282	65

本组动态校准数据是在 3 种占空比（25%、40%、50%）、4 种激光脉冲脉宽及周期条件下得到的，其中的激光输出时间代表激光加热引起温度跃变的作用时间。由该表中的实验数据可以得出如下结论：引起温度跃变的作用时间的长短对热电偶温度传感器的动态测温误差大小有明显的影响。在热电偶输出的热电势未达到平衡之前，温度跃变的作用时间越长，其动态测温误差越小。例如，在激光脉冲的脉宽为 500μs、周期为 1000μs 的条件下，当激光输出时间分别为 10ms、20 ms、30 ms、40 ms 和 50 ms 时，对应的动态测温误差分别为 194℃、154℃、139℃、126℃和 65℃。

当温度跃变的作用时间一定时，利用多次动态校准所得到的动态测温误差可求出一个平均值并把它作为热电偶温度传感器的动态测温修正值，该修正值用于修正热电偶温度传感器在温度跃变的作用时间下的测试结果。例如，利用表 9-7 中的数据，可求出 CHAL-010 型热电偶温度传感器在温度跃变（>200℃）的作用时间为 20ms 时的动态测温修正值，即 152.75℃。

4. 结论

（1）将锁相放大器应用到瞬态表面温度传感器可溯源校准系统中，拓宽了瞬态表面温度传感器静态校准的温度范围（达到常温区域）。

（2）瞬态表面温度传感器可溯源校准系统可以对量程在常温至高温范围内、时间常数在亚毫秒级的表面温度传感器进行动态校准，获得其动态测温修正值。例如，CHAL-010 型热电偶温度传感器在温度跃变(>200℃)的作用时间为 20ms 时的动态测温修正值为 152.75℃。

（3）为了能够使被校准传感器瞬间被加热到更高的温度，所用热源需要有更高的功率；为了能够实现对快速响应（如微秒级时间常数）温度传感器的校准，所用热源还需具备更快的响应时间。例如，可考虑选用大功率且快速响应的半导体激光器和光纤激光器。

9.1.3 瞬态高温测量的外推方法

尽管蓝宝石的熔点（2050℃）很高，还是无法满足在 3000℃高温下长期工作的要求，目前还没有测温范围超过 1900℃的相关产品。然而，对航空/航天发动机、核工业和化学爆炸实验中的瞬态超高温测量而言，虽然温度超过蓝宝石的熔点，但作用时间短，只要求蓝宝石光纤黑体腔膜层能够承受 3000℃的高温。该膜层厚度合理，使得在持续加热时间内，传导到膜层与蓝宝石光纤结合面的热量仍小于使蓝宝石熔化的阈值，而且有足够的响应速度。根据蓝宝石光纤输出端测得的辐射信号与耐高温膜层界面的温度，用外推方法得到被测物的瞬态高温，如图 9.29 所示。

在图 9.29 中，蓝宝石光纤黑体腔膜层所用材料能够承受 3000℃以上的高温。当膜层外部温度达到 T_g 时，由于该温度作用时间很短，蓝宝石光纤黑体腔没有达到热平衡，其膜层内侧温度为 T_p（$T_p < T_g$），该温度没有达到蓝宝石光纤的熔点。根据蓝宝石光纤输出端测得的电压信号，可以确定温度-时间曲线。此时的温度为膜层内侧温度 $T_p(t)$。选择高温陶瓷（或金属）材料内侧为等温面 X_p 层，高温陶瓷（或金属）材料的导温系数为 a，膜层厚度为 δ_f，初始温度为 T_0，X_p 层温度 $T_p(X,t)=T_p(t)$。根据以上参数，利用分离变量法和数值求解法外推出膜层外侧温度 $T_g(t)$。这样，既可拓宽测量温度的范围，又可降低对测量仪器动态特性的要求。

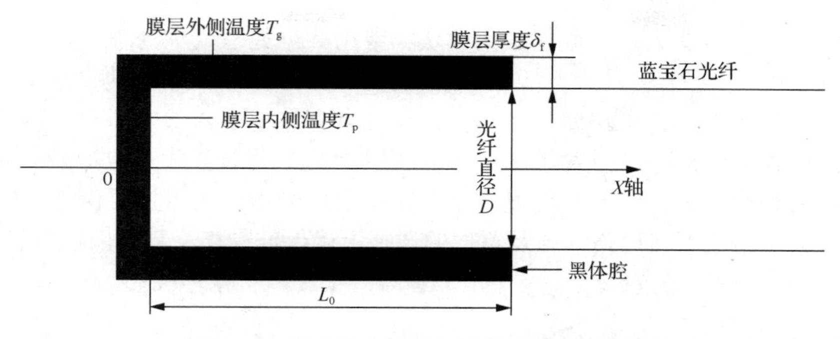

图 9.29 用外推方法得到被测物的瞬态高温

9.2 激光光幕靶光电探测系统及校准

高速运动物体（如被发射的弹丸）的测速法很多，常用的测速法有区截测速法、多普勒测速法和照相测速法。各种测速法原理和所用测量仪器也有较大差异，各有优缺点。例如，利用微波测速雷达和多普勒激光雷达，可对弹丸多点速度进行实时非接触式测量，测速精度高，但测量仪器结构复杂、设备庞大、价格昂贵，并且不适于小口径弹丸速度的测量。照相测速法简单直观、精度较高，并且可同时记录弹丸的飞行姿态。使用传统的相机测速时，需要冲卷、洗卷，工序烦琐，周期较长。目前，广泛使用电子成像技术，用高速CCD 相机记录弹丸高速飞行姿态，但该相机价格昂贵。区截测速法因原理简单、技术成熟而被广泛采用。该测速法所用的网靶可靠性好，但对弹丸速度及其飞行姿态有较大影响，测速精度差；对于线圈靶，需要事先磁化或在弹丸中安装钢芯，易受外界电磁场的干扰；天幕靶易受天气条件及周围环境的限制。相比之下，激光光幕靶采用激光作为光源，利用光电探测器件实现非接触式测速，并且不受天气的影响，具有测速精度高等优点。

利用激光光幕靶可以测量高速飞行的弹丸穿过两个激光光幕靶间距的时间间隔t及两个激光光幕靶的间距s，从而获得其中点的平均速度。如果弹丸速度恒定，那么两个激光光幕靶的间距可以任意调整，两者的间距越大，测量的精确度越高。如果弹丸速度是变化的，那么两者的间距应足够小，使间距中心点的平均速度与起始点和终止点的速度相差不多。激光光幕靶光电探测系统结构如图 9.30 所示。为了提高测试结果的可靠性，激光光幕靶间距中点的系统常由两个区截激光光幕靶组成，即Q_1与T_1、Q_2与T_2分别形成两个区截激光光幕靶，Q_1与Q_2、T_1与T_2靶光电探测的间距确定且相等。弹丸穿过各个激光光幕靶时，分别阻挡部分光线，光电探测器件将变化的光通量转化成电流信号，该电流信号经光电放大器放大到 3～5V，以此作为弹丸过靶信号，由四通道数据采集模块采集信号并输送到计算机。精确测得Q_1与T_1、Q_2与T_2两者靶距s_1和s_2，通过专用数据处理软件即可根据过靶信号波形的特点合理选择计时时刻，得到对应的速度值v_1和v_2。由于两个启动激光光幕靶间距与两个停止激光光幕靶间距相等，因此由两个区截激光光幕靶获得的速度值实际上是同一中心点的平均速度值，系统可根据v_1与v_2的一致性进行自比对，以确保测量数据的可靠性。同时，两套区截装置同时工作，可避免某一激光光幕靶因未知原因而未捕获到数据时导致的实验失败，尤其适用于实验成本高的测速场合。实验前，为了确保系统状态正常，计算机发送一定宽度的自检脉冲调制激光光源，使输出光强有微弱变化，光电探测器件检测到该变化，经过光电放大器、数据采集模块、专用数据处理软件处理，使整个系统的各个环节都得到自检。

系统中选用半导体二极管作激光光源，该光源具有体积小、效率高、成本低、不需要高压电源、寿命长等优点；选用大面积的 PIN 结型光电二极管作为光电探测器件，以确保在实现大面积有效靶区的同时，聚焦光斑全部被接收。光电放大器主要由电流电压转换放大电路及主放大器组成，在电路设计及器件的选择上确保低噪声、高响应速度和灵敏度。

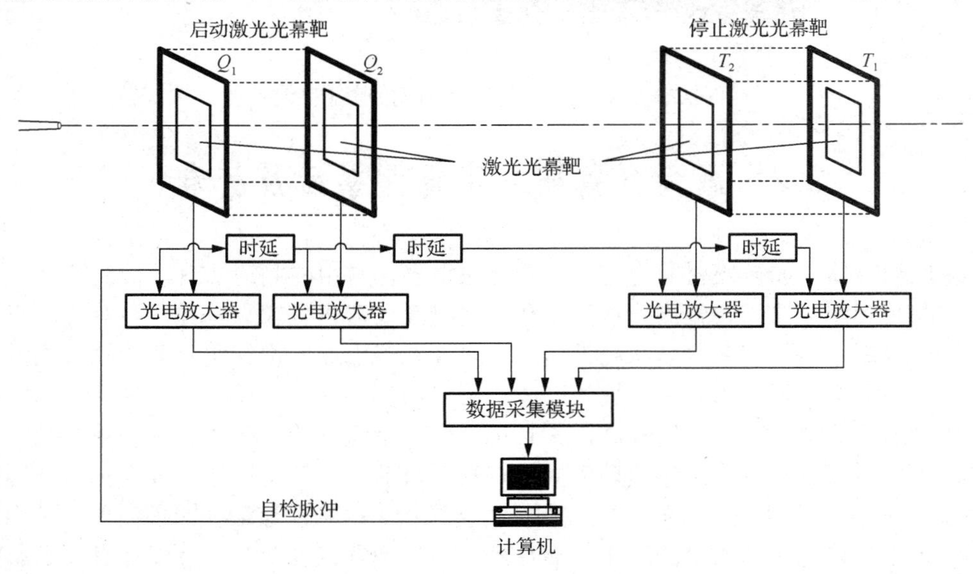

图 9.30　激光光幕靶光电探测系统结构

9.2.1　整体框架型激光光幕靶

1. 有效靶区的形成

为了避免由于弹道散布范围过大等意外原因损坏激光光幕靶，迫切需要研制一种大靶框尺寸、有效靶区位于靶框中央的大面积激光测速靶。对于大面积靶区的形成，可采用椭圆弧柱面反射镜，大面积靶区的形成示意如图 9.31 所示。若图 9.31 中的 E 点和 F 点为该反射镜的双共轭焦点，根据椭圆弧柱面反射镜的特点，则置于 E 点的理想点光源发出的光经反射后必将无像差地聚集于 F 点。半导体二极管 VD 发出的激光被准直后经半透射半反射柱面透镜分束，其中反射光束由光电二极管 VD_1 接收，透射光束经柱面透镜扩束成扇形光幕，垂直于椭圆弧柱面反射镜母线入射光束经过椭圆弧柱面反射镜反射后聚集在光电二极管 VD_2 上，F 点与 E 点相共轭。这样，当弹丸通过有效靶区$\triangle AEH \cup \triangle BFH \cup \triangle AHB$ 时，投射到光电二极管 VD_2 上的光通量就会发生变化。但从实弹测试安全考虑，为避免射中靶框架，将有效靶区定义为靶框架中间的区域，即图 9.31 中的剖面线区域。该系统中所设计的有效靶区面积为 500mm×500mm，靶框架的面积为 1000mm×1000mm，椭圆弧柱面反射镜的圆弧半径为 1138mm，激光扩束角度为 52°，E 点和 F 点分别位于线段 CD 的两个三等分点。

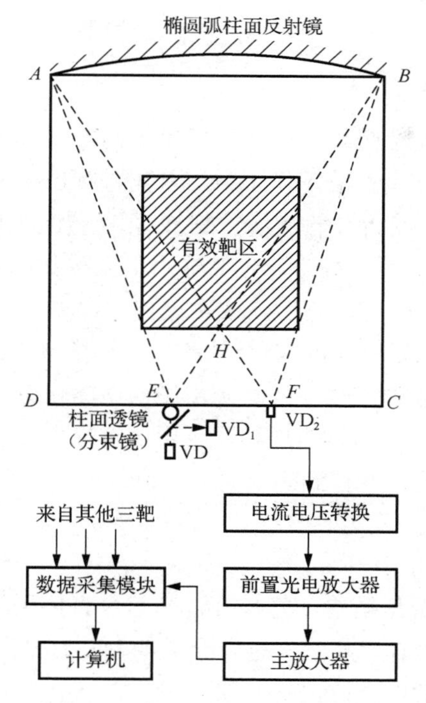

图 9.31 大面积靶区的形成示意

2. 前置光电放大器的设计

由于实际激光光源并非理想点光源，又由于椭圆弧柱面反射镜加工精度的影响，在光电接收位置上会造成一定的像差，即聚焦光斑直径较大。本系统中为确保有效靶区内的激光都能被光电二极管接收，选用了大面积光电二极管实现光电转换。

前置光电放大器采用差动输入方式，其电路如图 9.32 所示。在图 9.32 中，用两个光电二极管分别接收柱面透镜（分束镜）和椭圆弧柱面反射镜的反射光束，避免了光电二极管 VD_2 因接收光的光强太大而造成前置光电放大器饱和，以至于无法探测过靶信号。调整分束镜的透射率，使前置光电放大器输出一定大小的直流电压，模拟开关 SW 和电阻 R_1 用于改变前置光电放大器的增益，由模拟开关的控制端 IN 的控制增益大小。在系统自检时，使用改变前置光电放大器增益的方法，使前置光电放大器输出的直流电压发生变化。

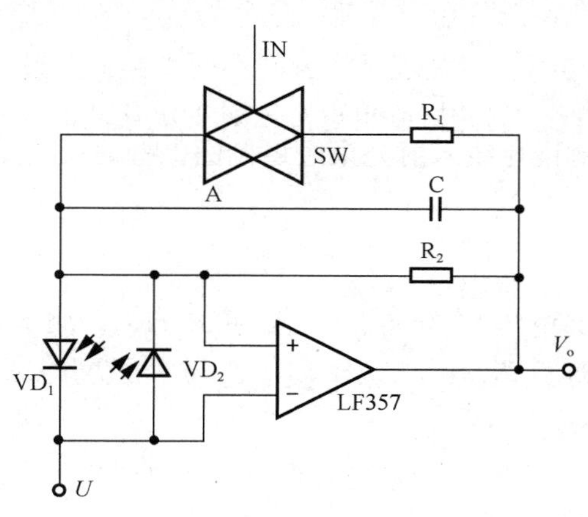

图 9.32 前置光电放大器电路

3. 自检系统

实弹测试时，区截激光光幕靶的靶体位于靶道，为安全起见，计算机及测试人员都必须在安全操作室内。为确保整个系统工作正常，首先进行自检。计算机发出一定宽度的自检脉冲（见图 9.30）通过 50m 长的传输电缆控制 Q_1 靶前置光电放大器的模拟开关导通，改变该光电放大器的放大倍数（见图 9.32），使其输出电压按脉冲变化，用于模拟弹丸过靶信号。计算机发出的自检脉冲经一定时延后，依次控制 Q_2、T_2、T_1 各靶的模拟开关。这样，数据采集模块就能采集到有一定时序的 4 个脉冲信号，模拟弹丸依次穿过各靶后所获得的过靶信号，并对其进行数据处理。由于各时延由硬件电路保证，各靶的间距确定，因此每次自检后计算机显示器上显示的速度值均相同。由此可知，在自检时，如果计算机显示器上显示采集到的 4 个脉冲信号，并得到确定的速度值，就说明自检成功。

4. 数据处理软件

本系统通过四通道数据采集模块，将弹丸过靶信号直接采集并输送到计算机中，在计算机显示器上显示。然后利用计算机程序选择合适的触发时刻，进行数据处理。

数据处理软件的基本功能如下：

（1）显示并保存弹丸过靶信号波形。

（2）利用游标可以读出每个采样点的电压值。

（3）可在现场或事后处理数据。

（4）可选择不同的触发沿及触发电平，进行时间测量。

（5）对于不同的靶间距和弹丸速度，优化采样频率。

（6）利用报表功能统计实验数据，可统计出弹丸的平均速度 $\bar{v}$、弹丸速度的标准偏差 δ_v、弹丸穿过前后两个靶的速度 v_1 与 v_2 的差值 Δv、该速度差值的平均值 $\Delta\bar{v}$ 及标准偏差 $\delta_{\Delta v}$ 等。

（7）计算机控制并实现系统的自检。

（8）把异常数据自动剔除。

弹丸的几何形状和过靶姿态决定了过靶信号的波形。一般的枪炮弹丸垂直于靶面过靶时，其波形后沿陡峭，因此可选择后沿跌落到信号峰值一半的时刻计算时间间隔 Δt 的触发模式。这样，因激光的光功率、弹丸过靶位置的不同引起各个过靶信号幅度有差别而造成的 Δt 误差可降至很小。因此，测速精度也更高；对于单兵武器这类特殊的弹丸过靶信号波形，可根据实际情况选择前沿或后沿触发模式。

5. 实弹测试结果

利用 56 式步枪对 7.62mm 口径弹丸进行初步实弹测试。测试条件如下：人工瞄准靶中心区域进行射击，枪口距离 Q_1 靶 7m，Q_1 与 Q_2、T_2 与 T_1 的间距都为 0.5m，Q_2 与 T_2 的间距为 3m，采样频率为 1448Hz。

7.62mm 口径弹丸穿过 4 个激光光幕靶时形成的典型过靶信号波形如图 9.33 所示。一组弹丸速度的统计数据见表 9-8。

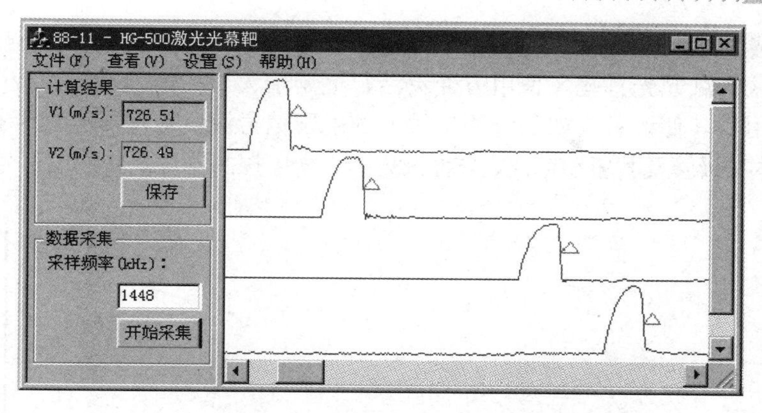

图 9.33 7.62mm 口径弹丸穿过 4 个激光光幕靶时形成的典型过靶信号波形

表 9-8 一组弹丸速度的统计数据

单位：m/s

弹次	v_1	v_2	Δv	$\bar{v}$	δ_v	$\Delta\bar{v}$	$\delta_{\Delta v}$
1	726.60	726.62	−0.02	724.56	2.04	−0.005	0.02
2	722.60	722.62	−0.02				
3	725.26	725.26	0.00				
4	726.14	726.12	0.02				
5	726.46	726.43	0.03				
6	726.51	726.49	0.02				
7	725.91	725.94	−0.03				
8	723.34	723.36	−0.02				
9	721.64	721.65	−0.01				
10	721.14	721.16	−0.02				

6. 结论

实弹测试结果表明，上述新型激光光幕靶的有效靶区大，测速精度高，可直接获取弹丸过靶信号波形。

9.2.2 分离型激光光幕靶

采用玻璃圆弧柱面反射镜形成大面积有效靶区，可提高激光反射效率，减小像差，对光源的功率和光电探测器件的敏感面积等没有特殊的要求，能保证足够的信号灵敏度。其最大的缺点是大尺寸玻璃圆弧柱面反射镜的加工难度大，成功率很低，因此加工周期长，而且玻璃圆弧柱面反射镜基于传统的镜面反射，为确保系统的稳定性，对系统框架结构设计、框架材料的力学性能及工作环境（如不可频繁搬动）等提出苛刻要求，增加光路调整的工作量；同时，以上要求还可能进一步降低系统抵抗大口径弹丸穿过激光光幕靶时的振动冲击能力。基于以上考虑，采用微珠玻璃原向反射片（又称苏格兰片）组成大面积有效靶区。

1. 光电探测系统组成及工作原理

分离型激光光幕靶（FL-JG）由启动激光光幕靶主机和微珠玻璃原向反射片组成，其光电探测系统组成示意如图 9.34 所示。它采用半导体二极管作为激光光源，经光学系统形成大面积有效靶区的激光光幕靶，使用方便灵活，适用于大口径或弹道散布较大的弹丸速度的测量，也可用作其他设备（如狭缝相机等）的触发信号源。启动激光光幕靶主机内安装了电源、半导体二极管及其驱动电路、球面反射镜、光电探测器件及相应的信号处理电路等。

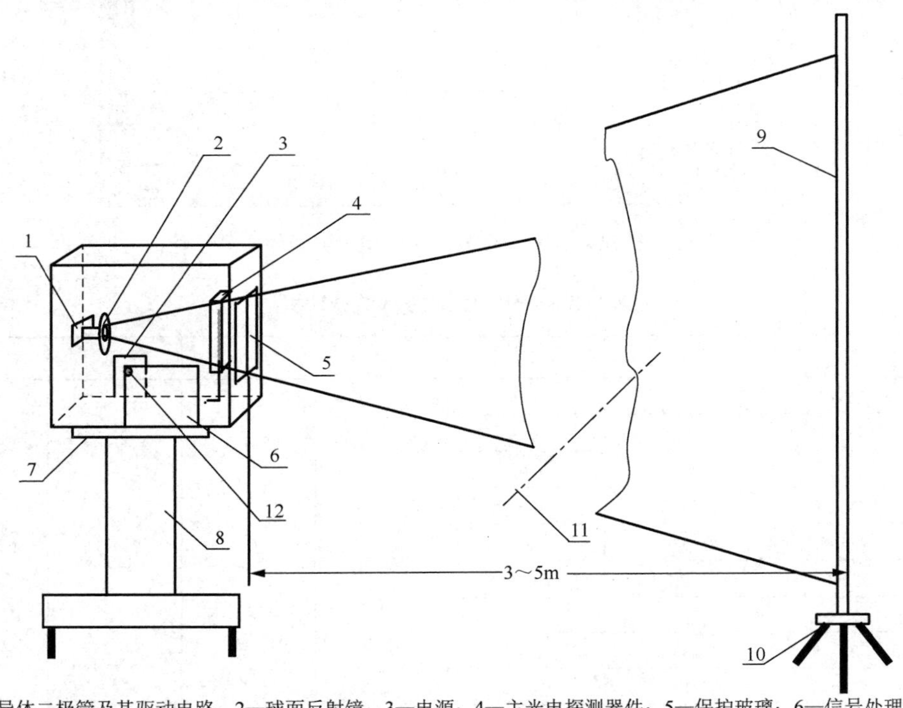

1—半导体二极管及其驱动电路；2—球面反射镜；3—电源；4—主光电探测器件；5—保护玻璃；6—信号处理电路；7—可转动的水平机座；8—电动升降台；9—原向反射片；10—原向反射片支架；11—弹道线；12—辅光电探测器件

图 9.34 分离型激光光幕靶光电探测系统组成示意

2. 微珠玻璃原向反射片工作原理

先把微珠玻璃涂敷在压敏胶膜上，再把该压敏胶膜粘贴到平板上，就可构成微珠玻璃原向反射片。微珠玻璃折射示意如图 9.35 所示。根据单球面折射率的物像公式：

$$f' = \frac{n'r}{n'-n} \tag{9-14}$$

式中，n' 为微珠玻璃的折射率，n 为物空间介质折射率。由于物空间介质为空气，可近似认为该折射率值为是 1，因此，当 $n'=2$ 时，由式（9-14）可知：

$$f' = \frac{n'r}{n'-1} = 2r \tag{9-15}$$

入射的平行光束经球面折射后与光轴的交点即像方焦点，正好落在微珠玻璃的后表面。当入射角 I 大于临界角 I_C 时，就会发生全反射，微珠玻璃全反射示意如图 9.36 所示。也就是说，入射的平行光束在微珠玻璃的后表面上相互交换位置后沿原入射方向返回。临界角由式（9-16）计算得到，即

$$I_C = \arcsin\frac{1}{n'} = \arcsin\frac{1}{2} = 30^\circ \tag{9-16}$$

$I > I_C$ 的光束原向返回，$I < I_C$ 的光束部分透过微珠玻璃。因此，若投射到微珠玻璃的光通量为 Φ_0 时，则原向返回的光通量为

$$\Phi = \Phi_0 \frac{4\pi r^2(1-\cos^2 30°)}{4\pi r^2} = 0.25\Phi_0 \tag{9-17}$$

理论上的原向反射率（忽略界面损失）为

$$\eta = \frac{\Phi}{\Phi_0} = 25\% \tag{9-18}$$

经测试，实际原向反射率仅为 7.7%。由此可见，其反射率是比较低的（与角隅棱镜相比）。为了在触发信号源中采用微珠玻璃原向反射片，对其工作原理进行理论分析和特性测试尤为重要，以此作为光学系统设计的依据。

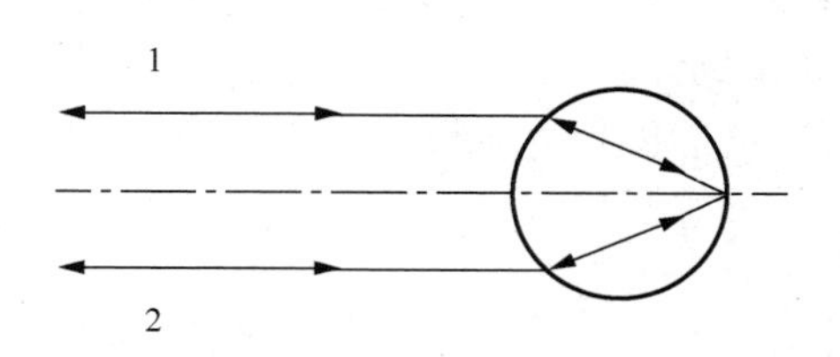

图 9.35 微珠玻璃折射示意

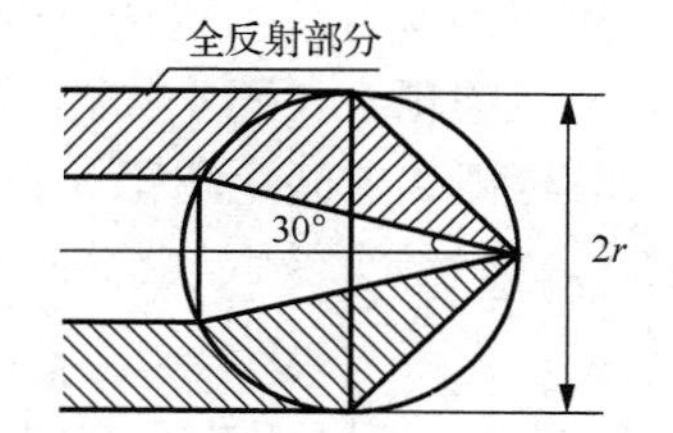

图 9.36 微珠玻璃全反射示意

3. 光电转换电路的设计

光电探测系统采用如图 9.37 所示的差动光电转换电路，半导体二极管发出的单色光经透镜聚焦、柱面镜扩束后展成具有一定发散角的扇形光幕，光幕由微珠玻璃原向反射屏反射后，再经球面反射镜聚焦到主光电探测器件 F_2 上。为了补偿环境光的影响，利用辅光电探测器件 F_1 获取环境光信号，与主光电探测器件 F_2 的信号在前置光电放大器中进行差分。当弹丸穿过该激光光幕靶的有效靶区时，阻挡部分光线，等弹丸穿过后光信号又恢复正常。主光电探测器件 F_2 将变化的光通量转换成电流信号，经放大后得到弹丸过靶的电压信号。该信号经过处理后，可满足不同的使用要求。在系统自检时，从 IN 端（见图 9.37）输入一定宽度的自检脉冲信号，利用模拟开关 SW 的通、断使前置光电放大器输出的直流和电压发生变化，形成一个脉冲信号，模拟弹丸的过靶信号，用来检测后级信号处理电路工作是否正常。

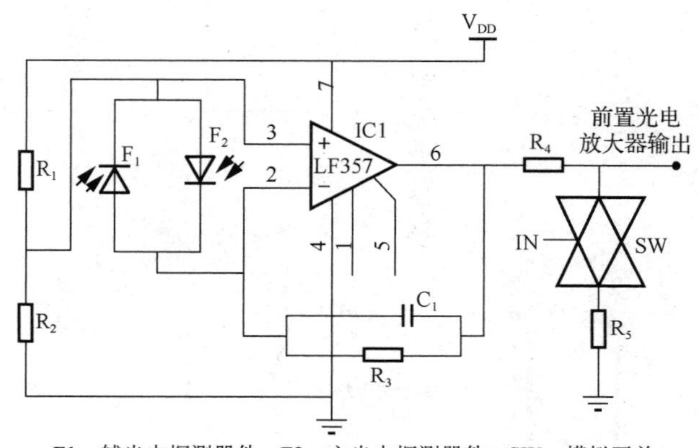

F1：辅光电探测器件 F2：主光电探测器件 SW：模拟开关

图 9.37 差动光电转换电路

4. 信号处理电路设计

图 9.38 所示为信号处理流程图。其中，前置光电放大器要实现电流电压转换，并有一定的放大作用，是信号处理的前一级，其性能的好坏直接影响整个系统性能的优劣。主光电放大器的作用是将前置光电放大器输出的微弱信号进一步放大，使之能达到 1～2V 的输出幅值，从而获取过靶信号波形。这样，便于分析在测试中出现的异常现象，以便进一步研究。从主光电放大器输出的信号由开关控制分为两路，一路为弹头触发模式；另一路为弹底触发模式。两种触发模式使系统的灵活性大大提高。如果把启动激光光幕靶（如图 9.39 中的靶 1 和靶 2）作为被控设备或仪器的启动信号，那么可选择弹头触发模式；如果利用两个启动激光光幕靶组成一个区截激光光幕靶进行测速，那么可选择弹底触发模式，以提高测速精度。可采用两套仪器构成同中心的两个区截激光光幕靶同时进行测速，剔除异常的测速结果。一般把靶 1 和靶 4（停止激光光幕靶）连接到计时仪 1，把靶 2 和靶 3 连接到计时仪 2。靶 1 与靶 2 的间距和靶 3（停止激光光幕靶）与靶 4 的间距一般都为 1m（至少大于一个弹长），激光光幕靶布置示意如图 9.39 所示。

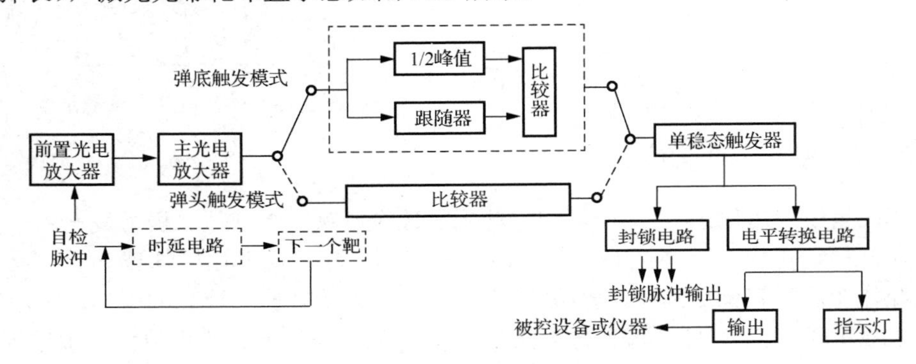

图 9.38　信号处理流程图

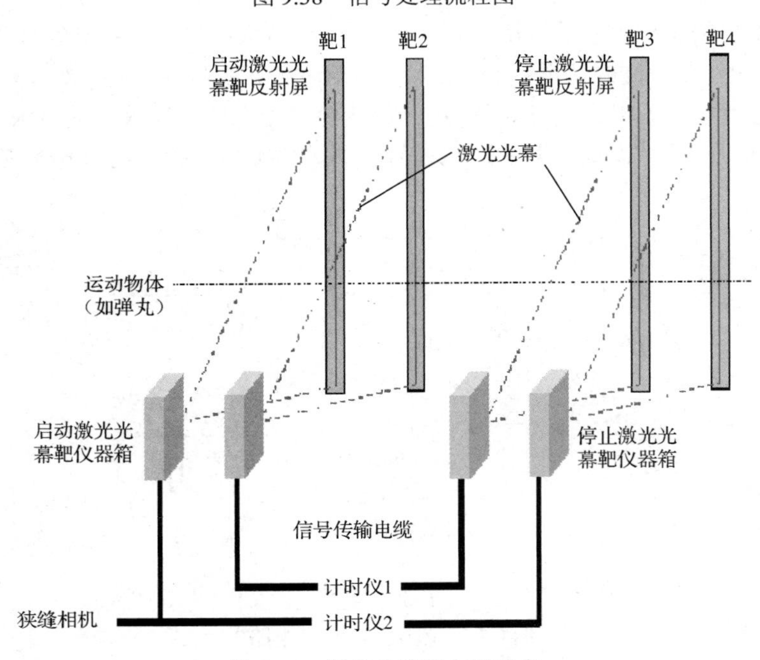

图 9.39　激光光幕靶布置示意

1）触发模式

（1）弹头触发模式。弹头触发模式是指将弹丸过靶电压信号和一个电压阈值进行比较，可根据信号幅值调节阈值。由于有用信号上总是叠加着噪声，因此，若选用单一阈值比较器，将会在阈值附近来回翻转多次，从而产生误触发。为了抑制噪声影响，选用滞回比较器触发单稳态触发器，从而产生启动信号。在弹头触发模式下，比较器的阈值确定后，触发信号的输出时刻取决于过靶信号幅值的大小。

（2）弹底触发模式。弹丸在穿过激光光幕靶过程中，产生触发计时脉冲的时刻应当丝毫不受过靶信号幅值的影响。这样，在测量弹丸速度时，根据两个激光光幕靶触发计时脉冲之间的时间差及两个激光光幕靶间距就能获得弹丸速度。因此，只有保证两个激光光幕靶触发计时脉冲时间差的准确性，才能确保测速精度。选择过靶信号的哪一点作为计时仪的触发点是非常重要的，因为计时误差主要来源于此。一般枪、炮的弹丸垂直于靶面过靶时，过靶信号波形后沿陡峭，过靶信号中变化最快的一段就是后沿，即弹尾离开激光光幕靶瞬间产生的信号波形。对常规过靶信号的处理，有时采用前沿触发，有时采用后沿信号二次微分的零值点作为触发点的。前者因信号波形的斜率较小，触发误差较大，而后者在过靶信号噪声较大时，经二次微分，高频噪声影响变大。本系统中采用弹丸过靶信号由峰值跌落到一半时作为触发点，以此产生触发计时脉冲，一方面因为制式弹的弹尾截面陡峭，当其穿过激光光幕靶时，获得的过靶信号后沿斜率大，下降速度快；另一方面所采用的这种触发模式灵敏度较高且噪声影响也相对减少。典型的弹丸过靶信号波形如图 9.40 所示。

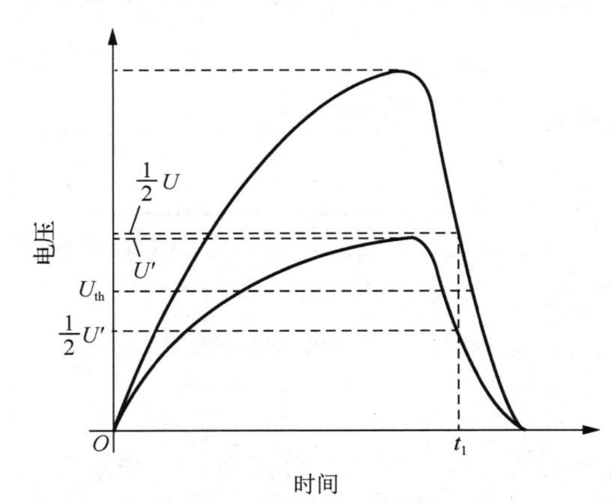

t_1—弹底触发点对应的时间；U—弹丸 A 的过靶信号波形峰值；U' —弹丸 B 的过靶信号波形峰值；U_{th}（阈值）：—弹头触发点对应的阈值

图 9.40　典型的弹丸过靶信号波形

选择峰值跌落一半时产生触发计时脉冲，可以使得由弹丸着靶位置不同及激光光源和电子器件不稳定引起的过靶信号幅值的变化不会影响触发计时脉冲产生的时刻，使时间差误差降到最小，从而大大提高测速精度。

2）输出信号的电平转换电路

单稳态触发器的输出信号是一个 TTL 电平信号，在设计中利用三极管的开关状态进行电平转换，使其输出信号为 12V；为了确保输出信号的远距离传输，利用三极管组成射极输出器，使输出信号经过 100m 电缆传输后不衰减。

3）封锁电路

如果弹丸穿过两个激光光幕靶期间有其他异常情况产生，例如，某种昆虫飞过激光光幕靶所引起的大脉冲就可能提前产生触发信号。为此设计了弹丸过靶期间干扰脉冲的封锁电路，其封锁原理如图 9.41 所示。在弹丸第一次过靶信号的上升沿一定电平处，同时触发 3 个单稳态电路（可选用 74221 等单稳态触发器），利用单稳态电路的定时输出脉宽封锁弹丸第 2、3、4 次过靶触发信号的输出。在封锁脉冲期间，即使有干扰脉冲信号出现，也不至于产生输出信号。封锁结束，在选定的特征点处才能输出触发信号。炮口到靶 1 的封锁脉冲由计算机发送，其脉宽 t_1 可根据炮口到靶 1 的距离和弹丸速度由单稳态电路外接的阻容器件预先设定，对靶 1 分别到靶 2、靶 3、靶 4 的封锁时间 t_2、t_3、t_4，均可按上述方法设定。封锁时间不宜过长，以免目标过靶时，因封锁还未结束而捕捉不到弹丸的过靶信号。

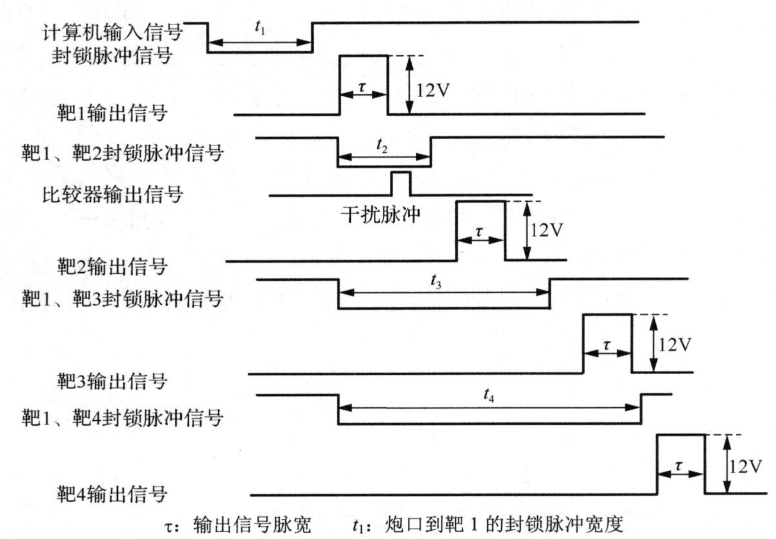

图 9.41　干扰脉冲封锁原理

4）自检电路

在实弹射击前，为确保系统工作正常，应首先自检。系统自检原理如图 9.42 所示。由计算机输入一定宽度（如 1ms）的自检脉冲信号，以控制靶 1 前置光电放大器模拟开关的 IN 端（参考图 9.37），使前置光电放大器的输出信号为脉冲信号，用于模拟弹丸过靶信号。由计算机输入的自检脉冲信号经过 T ms 时延后，依次控制靶 2、靶 3、靶 4 的模拟开关。每隔时间 T 如果计算机能采集到经各靶信号处理电路后输出的反馈信号，说明这些电路能正常工作。若不采用计算机发送脉冲自检，则可利用投掷物体过靶自检。当被投掷的物体过靶时，输出端应有脉冲信号输出，同时指示灯亮，由此可以判断各靶是否正常工作。

5. 实弹测试

利用光电探测器件和信号处理电路，使用 7.62mm 口径弹丸进行实弹射击实验。所用激光器为 20mW、650nm 的半导体激光器，激光经柱面镜扩束成光幕，光幕厚 1mm。示波器所显示的 7.62mm 口径弹丸过靶信号波形如图 9.43 所示，图 9.43（a）为弹头触发模式，图 9.43（b）为弹底触发模式，通道 A 为前置光电放大器输出的、经放大后的弹丸过靶信号，通道 B 为经信号处理电路后输出的电压为 12V、脉宽为τms 的启动信号。

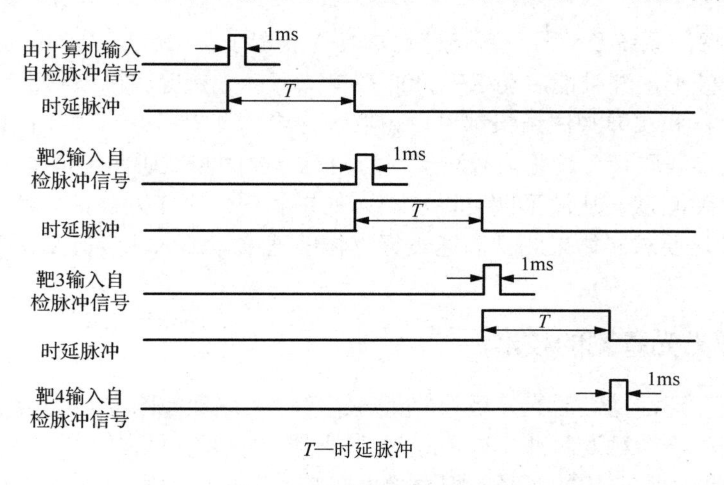

图 9.42 系统自检原理

经多发射击，弹丸过靶信号波形未发生明显变化，该实验的重复性很好。由两套靶之间的弹丸过靶信号波形图中的时间求得的 10 发弹丸速度列于表 9-9 中。测试条件如下：枪口与靶 1 的间距为 1.5m，靶 2、靶 3 的间距为 1.830m，靶 1、靶 4 的间距为 4.002m。由于本次实验中读取时间间隔时存在人为误差，因此统计的速度略有差异。

表 9-9 一组实弹射击数据统计 单位：m/s

弹次		1	2	3	4	5	6	7	8	9	10
弹丸速度	v_1	726.19	737.90	732.00	737.90	743.90	726.19	743.90	737.90	732.00	737.90
	v_2	732.97	732.97	730.29	727.63	725.00	735.66	727.63	727.63	730.29	725.00
	$\bar{v}$	732.54									

注：对表中数据未进行空气动力修正。

v_1—靶 2 和靶 3 之间的弹丸速度；v_2—靶 1 和靶 4 之间的弹丸速度；$\bar{v}$—弹丸平均速度

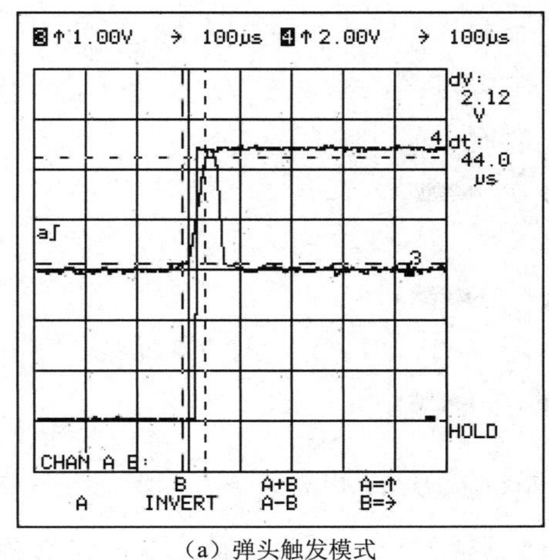

（a）弹头触发模式

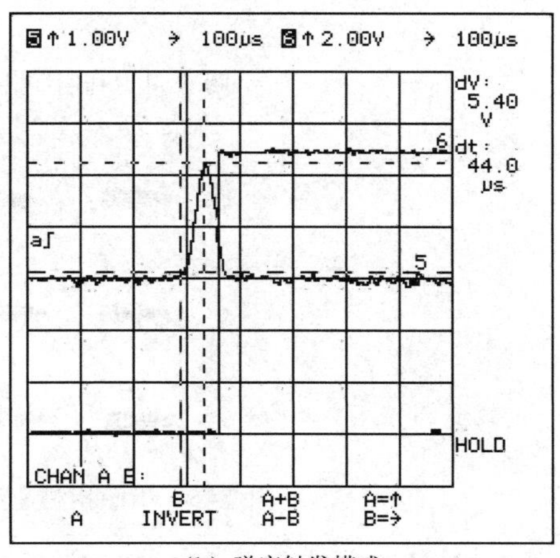

（b）弹底触发模式

图 9.43 7.62mm 口径弹丸过靶信号波形

6. 结论

（1）该光电探测系统及信号处理电路已成功地获取了 7.62mm 口径弹丸、信号弹及运动弓弩的过靶信号波形，并且能启动 XF-2000 型单、双镜头狭缝相机顺利工作。

（2）理论分析和实弹测试结果都可以说明该光电探测系统具有大靶区面积、低噪声等优点，并且可直接获取弹丸过靶信号波形，为相关方面的测试研究提供了一种可靠的参考。

（3）经过实弹测试，从波形图可以看出，如果利用该靶作为被控仪器或设备的启动信号，那么可以满足要求；如果测试高速飞行物体的速度，那么应选择后沿触发，提高触发精度。

9.2.3 激光光幕靶的校准

可采用照相测速法标定激光光幕靶的测速精度，其原理如图 9.44 所示。弹丸穿越激光光幕靶的瞬间产生一个触发脉冲，以控制 N_2 激光器，拍摄下此时弹丸的位置，并记录激光光幕靶产生触发脉冲与照相的时延，根据弹丸在胶片上显示的脱靶量（见图 9.45），就可以精确地求出弹丸速度。

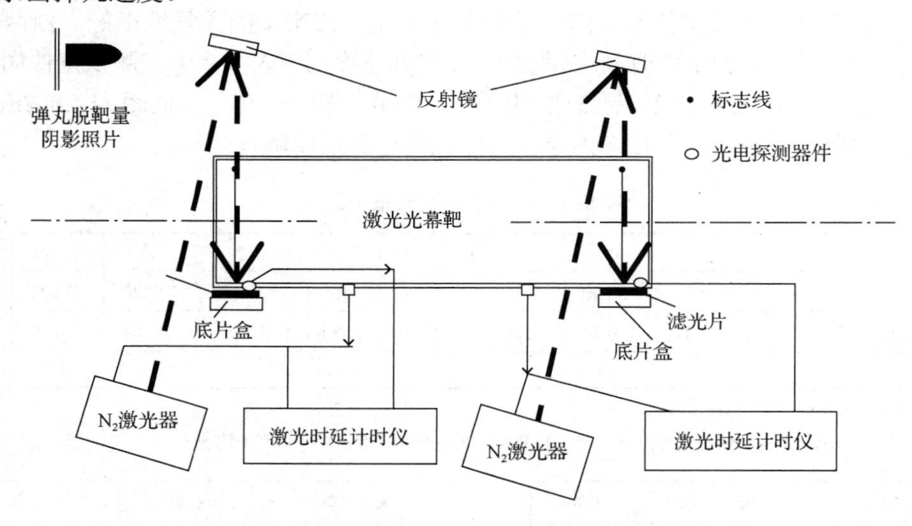

图 9.44 利用照相测速法标定激光光幕靶原理

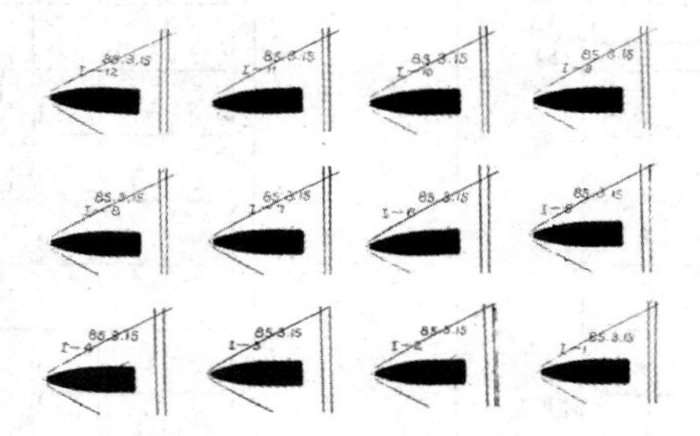

图 9.45 用照相测速法拍摄的弹丸飞行姿态及脱靶量

通过脉冲阴影照相系统精确地拍摄弹丸穿过激光光幕靶时刻的脱靶量，从而对其测速精度进行校准。然后，利用激光光幕靶与被计量装置对同一点的弹丸速度同时进行测试，根据两个系统测试结果的差值，给出被计量装置的测速精度。激光光幕靶校准示意如图 9.46 所示。

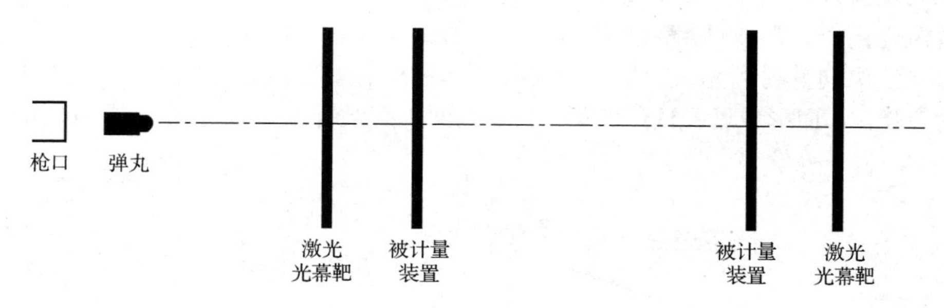

图 9.46 激光光幕靶校准示意

9.2.4 激光光幕靶的应用拓展

1. 破片速度激光光幕靶结构及原理

利用破片进行杀伤和摧毁各种目标，因此，破片速度可作为评定毁伤效能的重要参数之一。由于破片数量多、形状不规则、速度高、飞行方向任意、散布范围大、测试环境恶劣等因素，因此破片速度测试困难很大。传统的通断靶或梳状靶等接触式测试方法存在测试面积小、只能单次使用、对破片飞行姿态影响大、只能根据多点位置测得的飞行时间推算炸点的破片速度、测速精度较低等缺点。为了解决破片测速中存在的问题，采用半导体激光器、大面积光电二极管和原向反射片以形成大面积光电传感区域，研制成功分体式破片速度激光光幕靶结构，如图 9.47 所示。

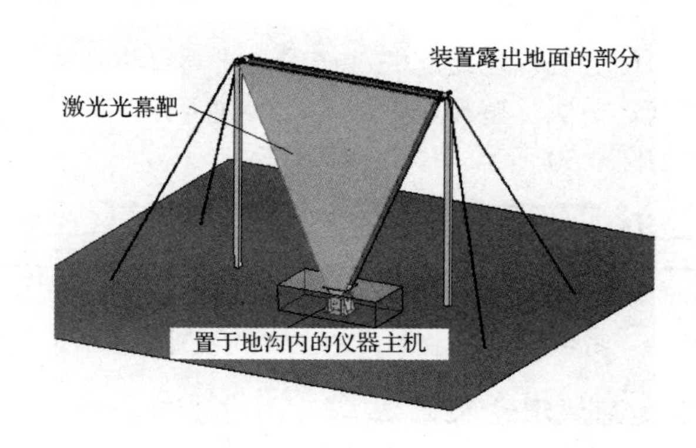

图 9.47 分体式破片速度激光光幕靶结构

由图 9.47 可知，在测试时，由置于地沟内的仪器主机发射并形成两个平行的扇形激光光幕靶，激光照射到原向反射片后沿原向返回。当破片先后穿过两个激光光幕靶时，引起光通量的变化，引起仪器主机中的光电探测器件响应并进行信号处理，从而形成两个过靶信号波形，由数据采集模块采集并输送到计算机中进行数据处理。该系统不仅可以对破片的速度进行测试，而且可以应用于一般的枪、炮测试。

2. 具有大面积有效靶区的激光光幕靶光电探测系统组成

具有大面积有效靶区的激光光幕靶光电探测系统组成如图 9.48 所示，该系统主要包括半导体激光器、由中心位置带有激光出射孔的大面积光电二极管组成的光电探测器件、微珠玻璃原向反射片。半导体激光器在其驱动电路的驱动下发射的激光准直后经柱面透镜扩束，穿过激光出射孔形成扇形激光光幕靶，入射到微珠玻璃原向反射片上。带有剩余发散角的反射光线原向反射到光敏面上。当飞行物体通过有效靶区时，光电探测器件探测到该光通量的变化，从而形成过靶信号波形。具有大面积有效靶区的激光光幕靶如图 9.49 所示。

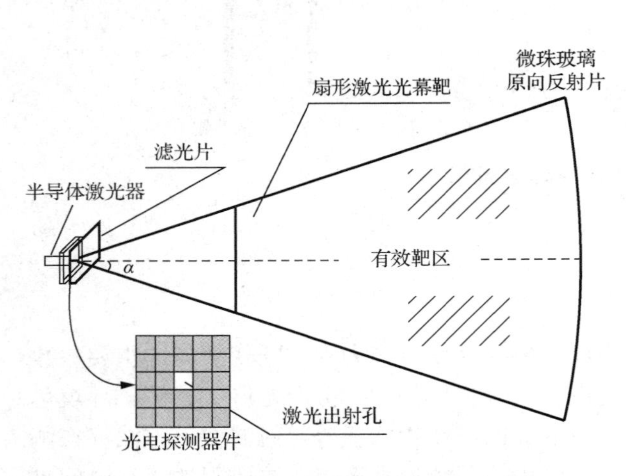

图 9.48 具有大面积有效靶区的激光光幕靶光电探测系统组成

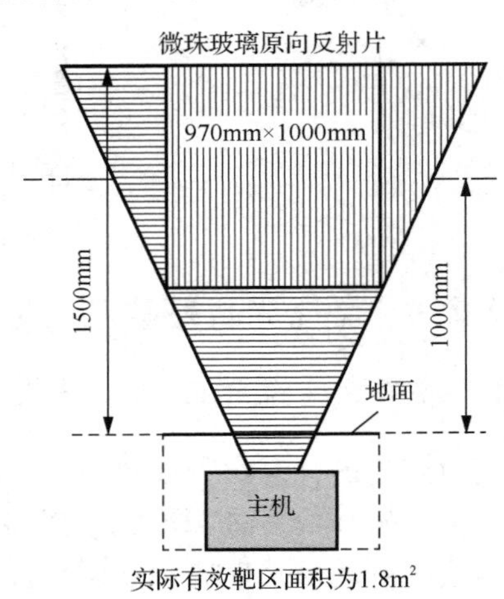

图 9.49 具有大面积有效靶区的激光光幕靶

3. 信号处理电路设计

在光电探测系统中，信号处理电路起关键作用。它需要将破片穿过有效靶区引起的光通量的变化进行光电转换、放大、整形、滤波，然后输入计算机进行数据处理。光电探测系统中的信号处理流程如图 9.50 所示。

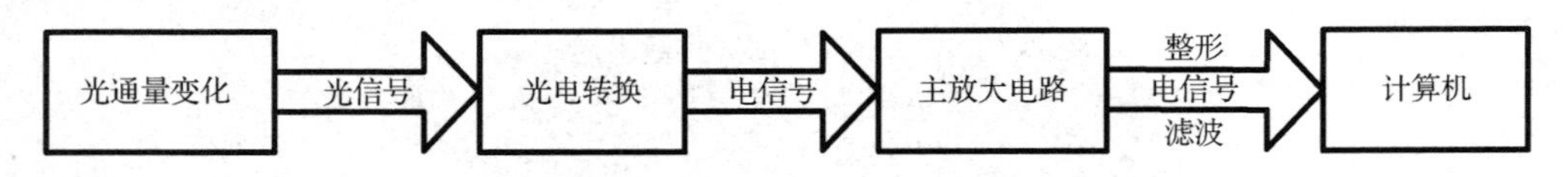

图 9.50 光电探测系统中的信号处理流程

4. 多个破片的速度测试理论及方法

在测试中会同时采集到多个破片的过靶信号波形，在系统软件中采用互相关算法识别哪两个波形是同一个破片穿过两个激光光幕靶时所对应的过靶信号，继而确定时间间隔以便进行速度计算。

不同形状的破片通过激光光幕靶时会产生不同形状的过靶信号波形，而同一个破片先后通过靠得很近且形状一样的两个平行的激光光幕靶时，得到的过靶信号波形十分相似，但存在一定的时延，该时延就是破片通过两个激光光幕靶的时间间隔。因此，可以通过考察两个过靶信号波形（函数）相对时移过程中的相关性，进行破片过靶信号波形的识别和时间间隔的计算。

设两个能量有限的信号分别为 $x(t)$ 和 $y(t)$，它们的相关函数被定义为

$$R_{xy}(\tau)=\int_{-\infty}^{\infty}x(t)y(t+\tau)\mathrm{d}t=\int_{-\infty}^{\infty}y(t)x(t-\tau)\mathrm{d}t \tag{9-19}$$

显然，式（9-19）所示的相关函数是两个信号时差τ的函数。把启动激光光幕靶所采集的某个破片的过靶信号波形与停止激光光幕靶的信号进行相关函数分析，可知最大$R_{xy}(\tau)$值所对应时刻上的波形即该破片穿过停止激光光幕靶的过靶信号波形，对应的时差τ值即该破片穿过两个激光光幕靶的时间间隔，据此对多个破片过靶信号波形进行识别和速度计算。也就是说，若$x(t)$和$y(t)$的波形完全不同，则相关函数为零；若$x(t)$和$y(t)$波形相似，则相关函数在某一τ值时取得极大值。

若 n 个破片通过两个激光光幕靶的信号分别为$x_1(t), x_2(t), x_3(t)\cdots x_i(t)\cdots x_n(t)$和$y_1(t)$, $y_2(t), y_3(t)\cdots y_j(t)\cdots y_n(t)$，5 个破片的过靶信号如图 9.51 所示，则在有限时间内它们的相关函数的估计值为

$$\left[R_{x,y}(\tau)\right]_{i,j}=\frac{1}{\Delta T}\int_0^{\Delta T}x_i(t)y_j(t-\tau)\mathrm{d}t \tag{9-20}$$

式中，τ为两个信号的时差；ΔT为测量得到的时间间隔（过靶信号的脉冲宽度）。由于不同破片的形状及飞行姿态各异，其相关性较同一破片的波形弱，因此，比较不同的i和j值对应的$R_{xy}(\tau)$的最大值。其中，最大值的一组对应的波形必是同一个破片产生的，两个信号的时差τ即该破片穿过两个激光光幕靶的时间。根据这个原理，就可以从多个无序的破片过靶信号中，识别出属于同一个破片的信号。

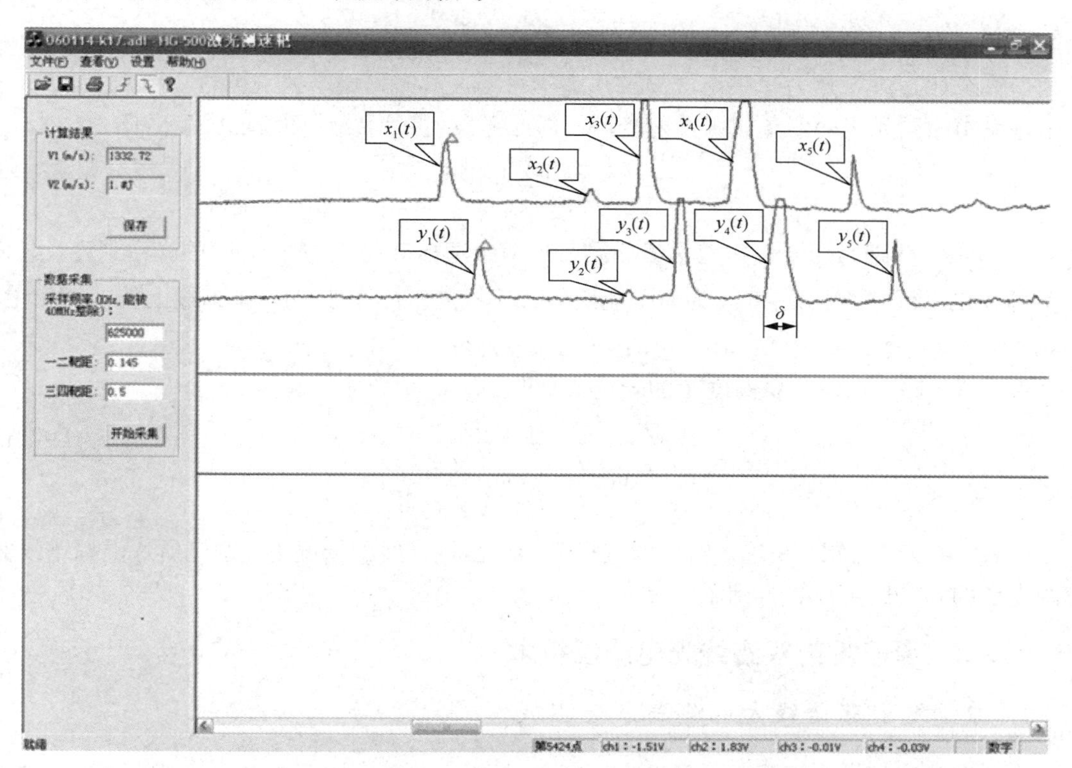

图 9.51　5 个破片的过靶信号

在测得破片的过靶速度后，通过测速软件可以得到破片的过靶信号波形，而破片的过靶信号波形反映其穿过激光光幕靶的时间，图 9.51 中的δ即破片穿过激光光幕靶的时间，

根据测得的破片的速度v，利用式（9-21）可估算破片弹道线的长度l，即

$$l = v\delta \tag{9-21}$$

9.3 原子发射双谱线光电测温系统

9.3.1 原子发射双谱线光电测温原理

原子发射双谱线光电测温原理基于原子发射光谱的激发温度和光谱强度建立的关系。原子在受激能量条件下，原子核外电子会在i和j两个能级之间进行跃迁，在跃迁过程中原子发射的光谱强度为I_{ij}，此时处于激发态原子数为N_i，由此可得光谱强度I_{ij}的表达式，即

$$I_{ij} = N_i A_{ij} h\nu_{ij} \tag{9-22}$$

在热力学平衡或局部热力学平衡条件下，激发态原子数N_i和基态原子数N_0服从玻耳兹曼分布，即

$$N_i = N_0 (g_i / g_0) \mathrm{e}^{-\frac{E_i}{kT}} \tag{9-23}$$

将式（9-22）代入式（9-23），可得原子发射光谱强度公式，即

$$I_{ij} = \frac{g_i}{g_0} A_{ij} h\nu_{ij} N_0 \mathrm{e}^{-\frac{E_i}{kT}} \tag{9-24}$$

当一个体系满足热力学平衡或局部热力学平衡条件时，结合式（9-23）和式（9-24），选用体系中相同元素的两条原子发射光谱，即原子发射双谱线，两者的强度之比为

$$\frac{I_{\lambda_1}}{I_{\lambda_2}} = \frac{A_1 g_1 \lambda_2}{A_2 g_2 \lambda_1} \mathrm{e}^{-\frac{E_1 - E_2}{kT}} \tag{9-25}$$

式中，I_{λ_1}和I_{λ_2}分别为原子发射双谱线测温所选两条温标谱线λ_1与λ_2对应的光谱强度；A_1和A_2为原子的跃迁概率；g_1和g_2为原子能级的统计权重；E_1和E_2为两条谱线上的能级能量，k为玻耳兹曼常数，$k = 1.38 \times 10^{-23}\,\mathrm{J/K}$；$T$为激发温度。

由式（9-25）可得体系温度T的表达式，即

$$T = \frac{1}{k} \frac{E_2 - E_1}{\ln\left(\frac{I_{\lambda 1}}{I_{\lambda 2}}\right) - \ln\left(\frac{A_1 g_1 \lambda_2}{A_2 g_2 \lambda_1}\right)} \tag{9-26}$$

由式（9-26）可知，在选定特定的温标元素及温标谱线的情况下，通过所选温标谱线对应的光谱的强度比可计算得到激发温度。

9.3.2 原子发射双谱线光电测温技术

1. 原子发射双谱线光电测温系统组成

原子发射双谱线光电测温系统组成如图 9.52 所示，该系统主要由光学模块、光电转换模块及数据采集模块三部分组成。光学模块用来采集瞬态高温温度场温标元素所发射的两条原子发射光谱；光电转换模块将光学模块采集的两条特定波长的温标谱线对应的光谱强

度转换为电压值；数据采集模块对硅光电倍增管（SiPM）转换的电压信号进行采集存储。原子发射双谱线光电测温系统采用电压为5V的锂电池供电，采集的电压信号在计算机端读取，最后利用测温公式计算出温度值。

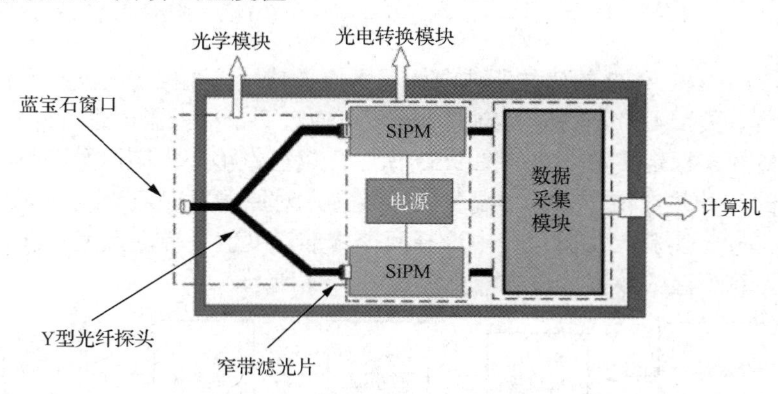

图 9.52 原子发射双谱线光电测温系统组成

2. 原子发射双谱线光电测温系统测温常数值的静态标定

根据原子发射光谱测温相关理论，在热力学平衡或局部热力学平衡条件下，由玻耳兹曼分布及爱因斯坦辐射理论，可得到同一种元素两条原子谱线对应的光谱强度之比，即

$$\frac{I_{\lambda_1}}{I_{\lambda_2}}=\frac{A_1 g_1 \lambda_2}{A_2 g_2 \lambda_1}\mathrm{e}^{-\frac{E_1-E_2}{kT}} \tag{9-27}$$

式中，I_{λ_1}和I_{λ_2}为温标谱线波长λ_1与λ_2对应的光谱强度；A_1与A_2、g_1与g_2、E_1与E_2分别为原子的跃迁概率、统计权重和激发电位，这些参数均与原子本身固有的性质特点有关。由于在进行温度测量之前，温标元素及温标谱线波长已定，因此这些参数可视为常数。将（$I_{\lambda_1}/I_{\lambda_2}$）乘以一个系数进行校正并对式（9-27）等号两边求对数，即

$$\ln\left(N\frac{I_{\lambda_1}}{I_{\lambda_2}}\right)=\ln\left(\frac{A_1 g_1 \lambda_2}{A_2 g_2 \lambda_1}\right)+\frac{E_2-E_1}{kT} \tag{9-28}$$

令

$$A=\ln\left(\frac{A_1 g_1 \lambda_2}{A_2 g_2 \lambda_1 N}\right),\quad B=\frac{E_2-E_1}{k} \tag{9-29}$$

由式（9-28）和式（9-29）可以得到原子发射双谱线测温的基本公式，即

$$T=\frac{B}{\ln\left(\frac{I_{\lambda_1}}{I_{\lambda_2}}\right)-A} \tag{9-30}$$

在测温中由SiPM测得的双通道最大电压之比等于所选温标谱线对应光谱强度之比，因此式（9-30）可改写为

$$T=\frac{B}{\ln\left(\frac{U_1}{U_2}\right)-A} \tag{9-31}$$

由式（9-31）可知，在静态标定实验中选择两个不同的标准温度值T_1和T_2，在T_1标准

温度下测得的双通道最大电压之比为$U_{1,2}$，在T_2标准温度下测得的双通道最大电压之比为$U'_{1,2}$。由此可得光电测温系统测温常数A和B的值，即

$$A=\frac{T_1\ln U_{1,2}-T_2\ln U'_{1,2}}{T_1-T_2}\quad B=\frac{T_1T_2}{T_2-T_1}(\ln U_{1,2}-\ln U'_{1,2})\tag{9-32}$$

在式（9-32）中，A和B的值与所选温标元素原子特性、温标谱线波长及测温系统的光传递系数等因素有关，A和B的值为定值，一般可通过两个标准温度进行标定。

测温常数值静态标定实验方案如图9.53所示，以氢氧焰作为高温激发热源，利用由计量部门检定过的红外热像仪作为标准温度测量装置，对原子发射双谱线光电测温系统进行测温常数值静态标定实验。实验过程中选择两个标准温度值及标准温度下温标谱线对应的光谱强度之比计算测温常数值，该实验流程如图9.54所示。

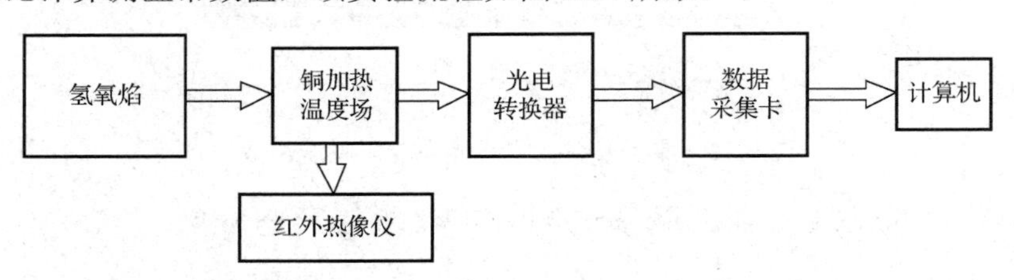

图9.53　测温常数值静态标定实验方案

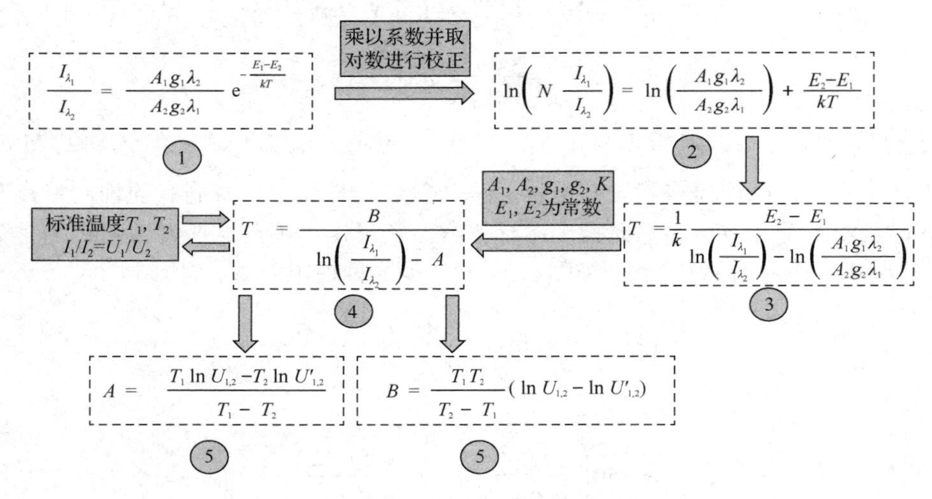

图9.54　测温常数值静态标定实验流程

3. 原子发射双谱线光电测温系统模拟实验结果

实验中，采用如图9.7所示的模拟高温测量系统。选用双氢氧焰喷口激发热源（温度≤2800℃），对放有150g紫铜块的碳化硅石墨坩埚进行加热，获取紫铜双谱线信息。碳化硅石墨坩埚的熔点为3000℃，耐温上限为2000℃。铜原子雾化的最低温度为1390℃，为保证铜原子充分激发，并且考虑上述坩埚的耐温上限，把用于计算测温常数值的标准温度设为1500℃及1700℃，在红外热像仪接近1400℃时，温度每升高约50℃记录一次电压值。

设定$T_1=1700$℃，$T_2=1500$℃，由式（9-32）计算得到的测温常数值分别为A=0.2878，B=1380.8895。将计算得到的测温常数值及所采集的电压值代入相关公式，得出的测量温度为T_1，红外热像仪测得的标准温度为T_2。温度测量结果对比见表9-10。

表 9-10 温度测量结果对比

测量温度 T_1/℃	标准温度 T_2/℃	绝对误差/℃	相对误差（%）
1306	1416	−110	7.8
1376	1462	86	5.9
1518	1574	56	3.6
1731	1635	−78	4.7
1583	1685	−102	6.1
1829	1732	97	5.6

由表 9-10 可知，测量温度值与标准温度值最大相对误差为 7.8%，在不确定度范围内可信，验证了测温常数值静态标定实验及原子发射双谱线光电测温系统的可行性。本实验误差来源主要包括以下 4 个方面。

（1）所采用的滤光片峰值波长透过间隙较大，由于原子发射光谱存在一定的宽度，导致有些谱线无法完全透过滤光片，进而对实验结果造成误差。

（2）本实验未对 Y 型光纤探头光谱入射视场角进行深入分析，导致没有确定 Y 型光纤探头的最佳光谱采集角度，最终对测量结果造成误差。

（3）构建的铜加热温度场的温度变化不够稳定，在计算测温常数值时产生了误差。

（4）红外热像仪发射率误差带来了实验误差。

9.4 吸收光谱技术

9.4.1 红外吸收光谱检测技术

大多数材料会吸收红外线光谱区中波长为 0.8～14 μm 的电磁辐射波，这些波长与材料分子结构的特征对应。因此，红外吸收光谱检测技术成为鉴别物质和分析物质结构的必要手段。早期的红外吸收光谱技术应用代表是棱镜式色散型红外光谱仪，之后相继推出光栅式色散型红外光谱仪和干涉型红外光谱仪。傅立叶变换红外光谱仪是干涉型红外光谱仪的代表，它具有宽的测量范围、高测量精度、极高的分辨率及极快的测量速度。20 世纪 70 年代末出现的红外激光光谱能量高，单色性好，灵敏度极高，这种可调激光既可作为光源又省去了分光部件，逐渐成为重要的发展方向。目前，红外吸收光谱检测技术已用于气体、液体、粉末、薄膜和表面的定性或定量无损分析，以及分子间和分子内部相互作用的探究。

1. 红外吸收光谱检测技术原理

目前红外吸收光谱技术可实现定性或定量的分析。定性分析时，要将测量得到的图谱与已知样品的图谱或标准图谱进行比对；定性分析时，一般从高频区到低频区进行分析，即采用在基团频率区找证明、在指纹光谱区找根据的办法，主要与分子在中、远红外线光谱区存在的大量指纹光谱进行比对（见图 9.55）。然而，同一化合物在固态下和在溶液中的红外吸收光谱并不完全相同，而且在不同溶液中的光谱有时也有差异，固体样品的红外吸收光谱可能因晶形不同也会显现出差异。此外，浓度、温度、样品纯度、仪器的分辨率等因素对红外吸收光谱分析结果也有影响，因此测量时需要综合考虑。

近年来，利用红外吸收光谱定性分析实现了计算机检索和辅助光谱解析，尤其随着人工智能的快速发展，人们开始研究辅助红外吸收光谱解析的方法。利用这种方法能够根据未知物图谱中吸收带的特征频率、强度及形状等信息，在计算机中进行演绎推理，完成对未知物官能团的分析，能够极大地提升分析效率与精确度。

进行红外吸收光谱定量分析时主要借助朗伯-比尔（Lambert-Beer）定律：当一束特定波长的光通过吸收介质后光强发生衰减，这样根据吸收谱峰的位置及强度，就可以推断出物质的浓度等信息。朗伯-比尔定律原理示意如图 9.56 所示，在一定条件下，吸收谱峰的吸光度和物质浓度变化遵循朗伯-比尔定律，这为红外吸收光谱技术的绝对定量测量提供了理论依据。与发射光谱法相比，利用红外吸收光谱技术可以直接测量出基态物质的数密度。朗伯-比尔定律的数学表达式见式（9-33）：

$$I_t = I_0 e^{-\alpha l} = I_0 e^{-\sigma N l} \tag{9-33}$$

式中，I_t 为透射光强；I_0 为入射光强；l 为吸收程长；α 为吸收系数；σ 为吸收截面；N 为粒子数密度。

对吸收截面等系数，可从美国国家标准技术研究院（NIST）光谱数据库中查询，并且其中有大量的数据资源可借鉴。由此，可借助式（9-33）测得物质的数密度。

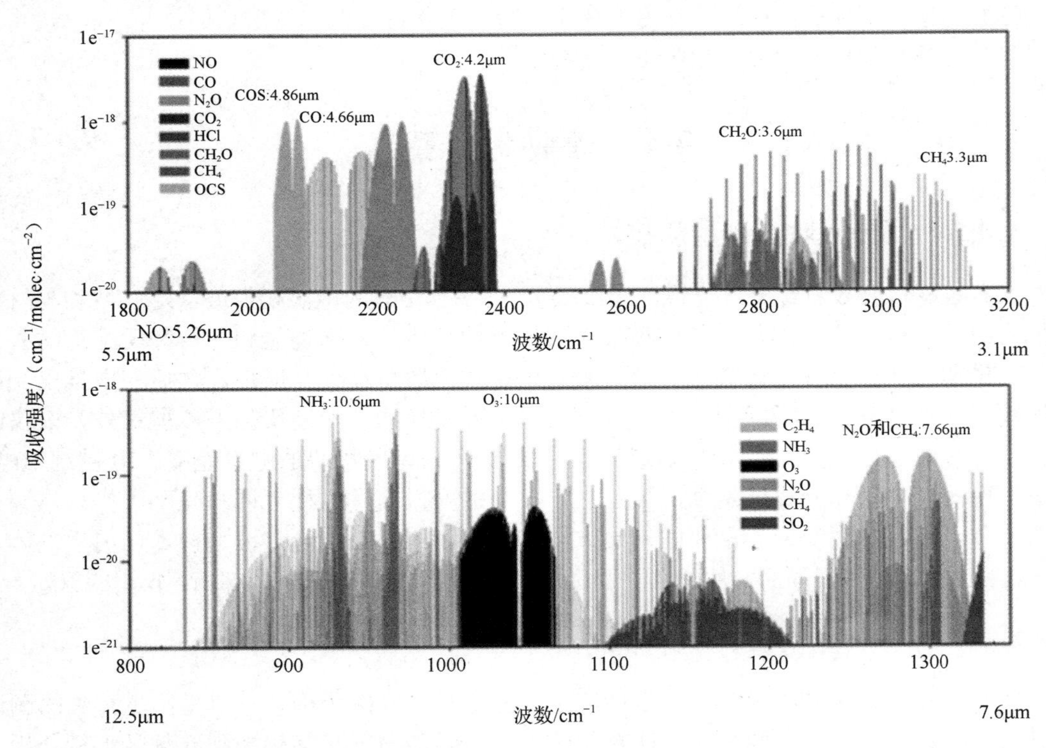

图 9.55　HITRAN 数据库的中、远红外线光谱区常见的分子指纹光谱

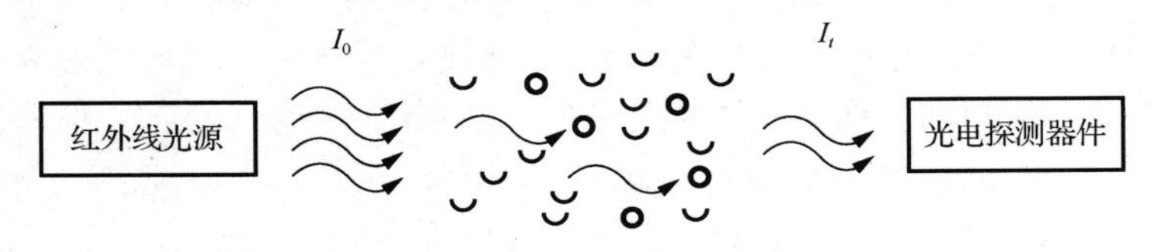

图 9.56　朗伯-比尔定律原理示意

在红外吸收光谱定量分析中，对于组分不多且组分间都有不受其他组分吸收谱峰干扰的独立谱峰的混合物，可用池内-池外法、工作曲线法、内标法、比例法等方法进行分析。对于多组分的混合物，由于各组分相互干扰，独立谱峰的选择变得困难。若各组分在溶液中遵守朗伯-比尔定律，则可利用吸光度的加和性进行定量分析。随着计算机技术的发展，多组分同时定量分析方法也逐渐成熟。

2. 红外光谱仪及其应用

目前，成熟的红外光谱仪包括光栅式分散型红外光谱仪、傅里叶变换红外（FTIR）光谱仪及基于滤光片的非分散型红外（NDIR）光谱仪。光栅式分散型光谱仪一般使用光栅分散和分离宽带光的波长，使用光电探测器件和旋转光栅组件，或者固定光栅组件和光电探测器件阵列，以实现宽光谱的分析与探测。该光谱仪的优势是简单易用，可实现硬件小型化和宽光谱扫描的能力。但是，与 FTIR 光谱仪或 NDIR 光谱仪相比，只有少部分入射光落在光电探测器件上。因此，它不适用于低光子能量的中红外线光谱区，适用范围受限。下面介绍 3 种红外光谱仪。

1）傅里叶变换红外光谱仪

傅里叶变换红外光谱仪是指将迈克尔逊（Michelson）干涉仪、调制技术与计算机技术相结合的一种新型光谱仪，其核心部分是迈克尔逊干涉仪光源发出的光（入射光）在其内部产生双光束干涉，采样后得到干涉图，对信号进行傅里叶变换得到吸收光谱图。图 9.57 所示为傅里叶变换红外光谱仪原理示意。使用分束器（部分反射镜）将入射光分成两个相同的光束。这些光束都经过不同的路径，并且在到达光电探测器件之前被重新组合。每个光束传播的距离之差（路径差），会使它们之间产生相位差。该重新组合的光束是干涉图，即作为路径差的函数的调制信号。对干涉图进行傅立叶变换后，可得到入射光的光谱。

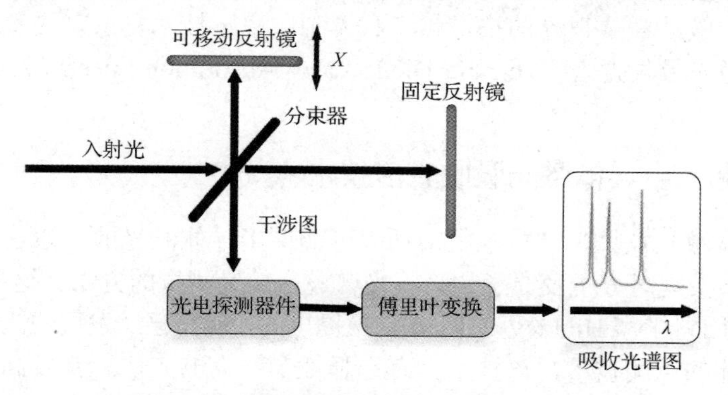

图 9.57 傅里叶变换红外光谱仪原理示意

相比传统的分散型光谱仪，傅里叶变换红外光谱仪优势明显，具体表现在以下 3 个方面：

（1）可以在很宽的波长范围内进行快速测量，会覆盖 2～16μm 的整个中红外线波长范围。

（2）傅里叶变换红外光谱仪不使用狭缝控制仪器的波长分辨率。在相同条件下，傅里叶变换红外光谱仪产生的光谱通常比分散型光谱仪产生的光谱“更陡峭”，能够提升信噪比。

（3）傅里叶变换红外光谱仪通常使用激光控制可移动反射镜的位置和速度，并且在整个扫描过程中触发数据点的收集。因此具有非常高的单元间可重复性，而无须进行麻烦且昂贵的单个单元校准。在大气探测和遥感领域，傅里叶变换红外光谱仪已用于测量大气红外线波段吸收和发射研究。

2）非分散型红外光谱仪

非分散型红外光谱仪是针对特定应用场合而设计的基于滤波器的仪器。该光谱通常不是捕获波长并生成光谱，而是捕获与被测化学物质相关的离散波长的吸收光谱，通过采用在选定的窄带区域透射光的光学滤波器实现。一般采用一个红外线光源，以解决红外线辐射强度不相同的问题。利用多次反射式测量室增加光程，提高系统对低浓度气体的监测能力。一般采用气体滤波相关技术消除吸收带内的其他共存分子的吸收干扰，以提高测量精度。虽然气体滤波相关技术可以提高非分散型红外光谱仪的测量精度，但是不可能完全消除背景气体的干扰。

3）红外激光吸收光谱仪

红外线波段是分子的振动和转动光谱区，谱线非常密集。傅里叶变换红外光谱仪和非分散型红外光谱仪是使用宽带光源的光谱仪，光谱分辨率一般达不到很高。高的光谱分辨率是满足强选择性、高灵敏度检测的前提，需要分辨特定分子的振动-转动结构，从而在大气痕量分子的检测中排除其他分子（如 H_2O 和 CO_2）的干扰。由于不需要使用额外的分光装置，因此该光谱仪可以直接用于光谱检测，从而实现检测仪器小型化。

目前，根据激光器的不同驱动形式，红外激光吸收光谱仪的检测方法可以分为直接吸收法和调制吸收法。使用直接吸收法时，需要锁定激光器驱动电流，无须加载谐波信号，结构简单，成本低，但容易受干扰，尤其是低频干扰，因此灵敏度相对低些。使用调制吸收法时，需要给激光器输入锯齿波驱动电流信号，同时需要加载谐波信号到驱动电流信号上，结构相对复杂一些，成本比直接吸收法高一些，但是灵敏度高，能够避开低频干扰。调制吸收法又可分为波长调制吸收法和频率调制吸收法，波长调制吸收法需要更大的调谐范围，频率调制吸收法需要很高的扫描频率和调制频率，技术复杂，灵敏度更高。这也使得可调谐半导体激光吸收光谱（Tunable Diode Laser Absorption Spectroscopy，TDLAS）技术应运而生。

9.4.2 可调谐半导体激光吸收光谱技术

可调谐半导体激光吸收光谱技术是指利用可调谐半导体激光的窄谱线宽和波长随注入电流改变的特性，实现对分子及原子的吸收光谱进行精确测量的方法。这种测量方法是 20 世纪 80 年代由美国科学家 Hinkley 与 Reid 首次提出的，现在已经发展成为非常灵敏和常用的大气中痕量气体的监测技术，该技术具有选择性单一、响应快、精度高、多组分同时测量等优点，是近年来非常热门的研究领域之一。

1. TDLAS 技术用于检测气体浓度与温度的基本原理

TDLAS 技术用于检测气体浓度和温度时，激光器发出特定波长的激光并穿过被测气体分子，若激光波长与该气体分子吸收光谱中的一个吸收谱峰对应，则待测气体分子将受激吸收光子，产生能级跃迁现象。对于二极管激光器，此过程意味着能量被吸收和衰减，经过衰减的光强最终由光电探测器件探测[1]。

TDLAS 技术用于检测气体浓度和温度的基本原理示意如图 9.58 所示。在测量过程中，先将函数信号发生器产生的低频锯齿波输入二极管激光器的电流控制器，通过电流的线性变化，实现对二极管激光器波长的调制。调制后的激光经过中性密度的滤波片衰减之后，由分束器将激光分为两路：一路输入波长计，由其实时地监测精确的波长；另一路经过放电区域后，通过光电二极管完成对光强信号的探测，最后将光电二极管转化的电信号输入数字示波器，对信号进行实时监测和处理，对测得的谱线进行拟合，从而计算出待测气体的浓度。

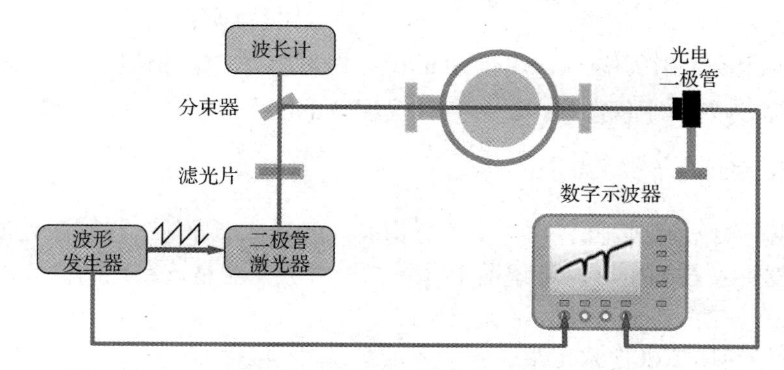

图 9.58 TDLAS 技术用于检测气体浓度和温度的基本原理示意

综上可知，TDLAS 技术的优点如下：

（1）高灵敏度和高选择性。可调谐半导体激光的谱线宽约为 10^{-4}cm^{-1}，而一般分子的吸收谱线宽约为 $10^{-2}\ \text{cm}^{-1}$，将二极管激光器的输出波长调谐到选定的分子吸收谱峰中心频率，可以有效地避开其他气体组分的干扰。为了实现最高的选择性，在低气压下测量时，吸收谱线不会因压力而加宽，检测限可达到纳克级（ppb 级）。

（2）响应快速与原位检测。该技术可以利用脉冲式调制方式，二极管激光器的脉冲上升时间能达到纳秒级，能够快速响应；无须采样及预处理过程，可以实现原位监测。

（3）多组分测量。可调谐半导体激光的波长覆盖大多数气体的吸收谱峰，因而可以检测的气体种类非常多，只要更换激光器，用其他同样的设备可以实现多种气体的监测。

（4）宽范围远距离监测。利用激光发散角小的特点，借助准直、聚焦等手段，结合开放式光路和长光程设计，可以监测几百米甚至几千米区域的气体浓度信息，无须接触式测量，实现远距离监测。

气体温度的测量原理主要是利用原子的多普勒（Doppler）展宽计算。由于多普勒效应，发射或吸收光子的原子与光电探测器件之间的相对速度会引起谱线观测频率的位移，从而造成整个粒子群频率响应展宽。当气体热运动速度服从麦克斯韦速度分布规律时，该气体原子的辐射谱线轮廓为高斯线型且只与被测气体温度有关，其表达式如下：

$$g_{\text{D}}(\nu)=\frac{2}{\Delta\nu_{\text{D}}}\left(\frac{\ln 2}{\pi}\right)^{1/2}\text{e}^{-\left[\frac{4\ln 2(\nu-\nu_0)^2}{\Delta\nu_{\text{D}}^2}\right]} \tag{9-34}$$

式中，$\Delta\nu_{\text{D}}$ 为多普勒展宽，其表达式如下：

$$\Delta\nu_{\text{D}}=2\nu_0\sqrt{\frac{2kT_{\text{g}}}{mc^2}\ln 2} \tag{9-35}$$

式中，ν_0 为吸收谱线的中心频率；k 为玻耳兹曼常数；T_{g} 为被测气体温度；c 为光在真空中的速度；m 为原子质量。

与碰撞展宽不同，多普勒展宽属于非均匀展宽，每个发射或吸收光子的原子只对谱线内与它的中心频率响应的部分起作用。在低气压下，多普勒展宽占主导，函数的形状主要由气体温度决定。因此，利用可调谐半导体激光吸收光谱技术，测量出吸收光谱轮廓，并利用高斯线型对吸收光谱拟合，求出其多普勒展宽，进而可以较为精确地计算出体系内的气体温度。用波长表示时，多普勒展宽与气体温度关系式如下：

$$\Delta\lambda_{\mathrm{D}}=\frac{2\lambda_0}{c}\sqrt{\frac{2\ln 2RT_{\mathrm{g}}}{M}}=7.16\times10^{-7}\lambda_0\sqrt{\frac{T_{\mathrm{g}}}{M}} \tag{9-36}$$

式中，λ_0为吸收谱线的中心波长，单位为nm；c为光在真空中的速度；M为相对原子量，单位为g/mol；R为气体摩尔常数；T_{g}为气体温度，单位为K。

2. TDLAS测试系统的组成

TDLAS测试系统的主要部件由4个部分构成：可调谐半导体二极管激光器、样品吸收池、光电探测器件及控制电路。可调谐半导体二极管激光器是该系统的核心部件，也决定着性能的优劣。

1）可调谐半导体二极管激光器

激光光源原理，可调谐半导体二极管激光器主要分为法珀（Fabry-Perot Laser，FP）激光器、分布反馈式（Distributed Feedback Laser，DFB）激光器、垂直腔面发射（Vertical Cavity Surface Emitting Laser，VCSEL）激光器等；按照波长，分为近红外线激光器和中红外线/远红外线激光器；按照是否内置半导体制冷器（TEC），分为内置TEC激光器和无内置TEC激光器两种；按照封装形式，分为TO（晶体管外形）封装和蝶形封装等。

FP激光器的输出功率较大（可达到瓦级），一般为多模输出，并且因为谱线宽较宽，难以满足对精度要求高的痕量气体分析需求。VCSEL激光器的优点是谱线宽较窄(0.1 nm级)，并且波长对温度漂移的影响较小，但它只能实现0.76～2.4μm的部分波长。DFB激光器的输出功率比FP激光器小很多（最多几十毫瓦），但是输出的谱线宽较窄（0.01nm级），并且能够通过温度调谐提供有限的波长调谐（几个波数）。DFB激光器是目前市面上TDLAS测试系统中最常见的激光器，尤其在近年反馈式量子级联激光器（DFB-QCL）的发展使TDLAS技术应用范围被极大拓展。目前反馈式量子级联准直激光发射模块可覆盖3～13μm及以上的中红外线波段，可实现宽调谐和高功率（百毫瓦级）输出，而且性价比较高。

2）样品吸收池

按照使用方式的不同，样品吸收池分为开放光路和闭合池两种。开放光路一般用于实现原位安装式或遥测式吸收池。原位安装式吸收池一般用于管道、烟道等工况的在线监测。遥测式吸收池主要用于可燃气泄漏、大气污染物监测等。闭合池主要分为单通道式吸收池、怀特池、赫里奥特池等，也有其他形式的各种谐振腔。闭合池的主要优势是可以在较小的体积内实现很长的光程，如几米到几十米甚至上百米，有的谐振腔甚至能实现数千米的光程。

单通道式吸收池是最简单的气室结构，简单、稳定、成本低是其最大优点，缺点是无法实现长光程检测。两种长光程气体流通池结构示意如图9.59所示。怀特池和赫里奥特池（Herriott Cell）都可以在较小的空间内实现较长的光程，一般可以实现几米到几十米的光程，更长的光程受反射镜反射率、结构稳定性、条纹干涉等影响，实现难度大。其中，赫里奥特池的物理长度为20cm，激光在这种吸收池两端的反射镜（这两个反射镜M_1和M_2内表面之间的距离即基线长度 d）之间来回多次反射后进入光电探测器件。激光在该吸收池内来回反射 40 余次，光程达到 8.93m。赫里奥特池的使用极大地增加了气体吸收的光程，使甲烷测量分辨率达到百亿分之一，也使测量仪器更加小型轻便。

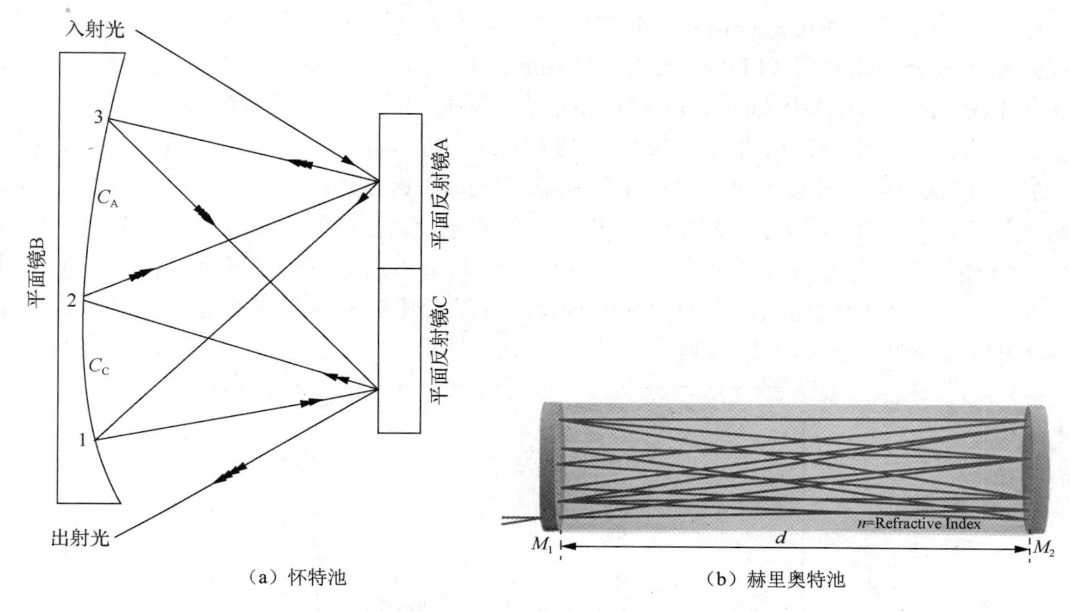

（a）怀特池　　（b）赫里奥特池

图 9.59　长光程气体流通池结构示意

3）光电探测器件

TDLAS 测试系统所用的光电探测器件主要有硅光电池、铟镓砷光电二极管、锗光电二极管等，硅光电池主要在近红外线光谱区有较强响应，铟镓砷光电二极管在中红外线光谱区有较强的响应。

4）控制电路

为了获得更高的检测性能，TDLAS 测试系统的控制电路相对复杂，主要包括激光驱动、温度控制、锁相解调等关键部分。常见的激光气体分析方法包括直接吸收法和二次谐波法。直接吸收法一般用于吸收强度较大且所检测信号能产生明显畸变的情况。二次谐波法利用锁相放大器，可以实现更高的检测灵敏度。

激光驱动部分主要实现激光器的高精度电流扫描，一般使用周期性三角波或锯齿波。如果 TDLAS 测试系统使用二次谐波法，那么需要在三角波或锯齿波上叠加正弦波。温度控制部分主要用于对激光器进行高精度温度控制，一般要求温度控制稳定性优于 0.05℃，如此高的温度控制稳定性要求使得 TDLAS 测试系统的环境温度适应性受到限制。

3. TDLAS 技术的发展与应用

自从 1998 年美国 General Monitor 公司成功研制世界上第一台使用波长为 1550nm 的激光器作为光源的 TDLAS 气体探测器件以来，基于 TDLAS 技术研发气体探测装置的研究逐步增多。近年来，TDLAS 技术已经十分成熟，主要研究工作聚焦在信号的解算与读出方面。

2021 年，华南理工大学研究团队在不增加装置和系统复杂性的前提下，提出了以 $2f$ 背景信号平均峰的峰值替代 $2f$ 背景信号峰值建立气体浓度反演模型，以修正 $2f$ 背景信号基线漂移的方法，有效地消除了 TDLAS-WMS 在线检测系统在长期连续检测过程中 2*f* 背景信号基线漂移对气体浓度反演结果的不利影响。该团队搭建了系统，验证了上述方法的有效性，相对误差均方值由基线漂移修正前的 24.39%下降到了 9.99%。

山东省光学重点实验室提出了一种新的痕量气体测量信号分析方法，该方法结合时分多模技术和频分多路复用（FDM）技术对锁相放大器（LIA）的输入信号进行解调。该方法与传统 FDM 技术的主要区别在于以 LIA 参考信号随时间的变化检测多组分气体。

大连理工大学将该方法引入等离子体诊断领域，利用前文图 9.58 所示的装置测量了氩气及氩气-碳氟混合气体放电过程中产生的亚稳态 $1s_5$ 和 $1s_3$ 的数密度（见图 9.60）。该方法灵敏度较高，非常适用于低密度原子（ppb 级）的测量。而且，利用多普勒展宽测量了等离子体的气体温度，并通过发射光谱与吸收光谱技术测量了亚稳态的密度及其轴向分布。同时分析了亚稳态数密度随放电参数变化的规律，并结合相应的速率模型进一步探究了该放电体系中亚稳态的产生和损失机制。

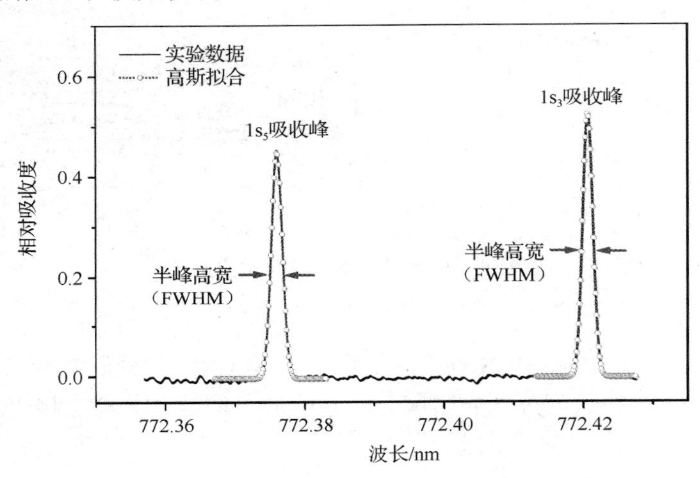

图 9.60　氩气的亚稳态 TDLAS 光谱图及高斯拟合线型

国内主要从 20 世纪 90 年代末期开始研究 TDLAS 技术，发展较快，特别是近十年来，国内科研机构在工业过程监测控制、环境监测、发动机燃烧诊断、生态测量等方面进行了大量的研究。TDLAS 技术在气体检测方面的应用最为突出，见表 9-11。

表 9-11　TDLAS 技术在气体检测方面的应用

应用	气体种类
工业过程监测控制	Ar，CO，CO_2，H_2O，NH_3 等
环境监测气体分析	CO，CH_4，CO_2，O_3，NH_3，NO 等
机动车尾气测量	CO，CO_2，NH_3 等
天然气泄漏及有毒、有害气体监测	CH_4，H_2S，HF，HCN 等

在工业过程监测控制方面，TDLAS 技术在石油、化工、冶金、半导体加工工艺等重要工业过程都有成熟的应用。这些方面的应用多采用原位测量的方法，即对测量截面采用对射结构进行测量。典型的应用如加热炉中的燃烧测控以及脱硝工程中逃逸氨的测量等。

在环境监测气体分析方面，TDLAS 技术应用于大气质量的监测。大气中痕量气体的含量一般较小，例如，甲烷的平均浓度约为 1.7ppm，采用普通的分析方法显然无法测量其浓度，而采用可调谐的半导体激光器和怀特池气室，先使激光信号经多次反射及吸收，再辅以噪声抑制技术，可以使激光气体分析仪的检测限达到 ppb 级，可满足痕量气体的监测要求。目前，基于 TDLAS 技术已经实现了对大气中的甲烷、一氧化碳、臭氧等气体的监测。

在机动车尾气测量及天然气泄漏等安全检测方面，TDLAS 技术属于非接触式测量方法，并且灵敏度较高，适用于危险场合的气体泄漏遥测。

燃气和天然气管道的泄漏检测也大量使用基于 TDLAS 技术的泄漏检测仪（Remote Methane Leak Detector，RMLD），其有效检测距离可达到 30m 左右。RMLD 通常采用一个较大功率的半导体激光器，对检测目标区域发出激光信号，从目标区域反射的激光信号经透镜聚焦后传输到光电探测器件中，在光程中因燃气泄漏而产生的吸收信号被分析并输出，从而达到安全检测的目的。

9.4.3 光声光谱技术

贝尔于 1880 年通过通信实验发现以下现象：当物质受到光照时，物质因吸收光能而被激发，然后通过非辐射消除激发，使吸收的光能（全部或部分）转变为热量，从而导致物质内部某些区域结构和体积发生变化。如果照射的光束经过周期性的强度调制，那么在物质内部会产生周期性的温度变化。这部分物质及其邻近媒质的热胀冷缩也会产生周期性的应力变化，因而产生声信号，这种现象称为光声（Photoacoustic）效应，其原理示意如图 9.61 所示。光声信号的频率与光调制频率相同，其强度和相位决定于物质的光学、热学、弹性和几何特性。由于在光声效应测试中，检测对象是被物质吸收的光能与物质相互作用后产生的声能，因此利用光声效应检测物质的组分和特性是非常灵敏的。

然而，由于理论及技术的限制，光声效应的应用在此后的半个多世纪并未得到有效发展，直到近年来激光器的发展才使光声光谱技术得到迅速发展。采用光声光谱技术时无须像吸收光谱技术那样计算透射光强度，因此不要求样品具有透光性。同时光声光谱技术还继承了吸收光谱技术高灵敏度、快速响应、样品可不经预处理等优点，被广泛应用于测量高散射样品、不透光样品、吸收光强与入射光强的比值很小的弱吸收样品和低浓度样品，而且样品无论晶体、粉末、胶体等均可被测量，极大地补充了吸收光谱技术检测对象。

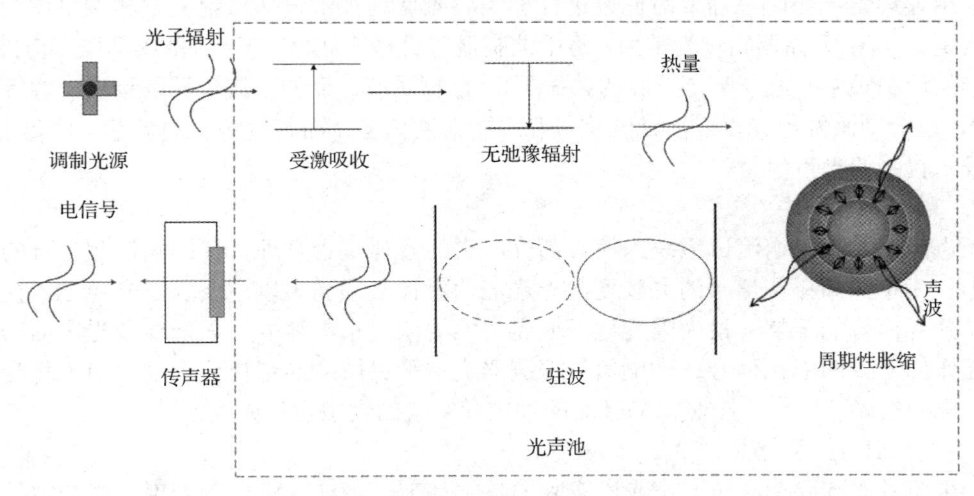

图 9.61　光声效应原理示意

1. 光声光谱技术原理

光声光谱技术的基本原理是光声效应。一束强度可调制的单色光入射到密封于光声池中的样品上，使样品吸收光能释放的热能，从而导致介质产生周期性压力波动。这种压力波动可用灵敏的传声器（如压电陶瓷传声器）检测，并通过放大得到光声信号。若入射单色光波长可变，则可检测到随波长变化的光声信号图谱，这就是光声光谱技术。如果将入射光聚焦成光斑，使其有规律地扫描样品，则能记录到光声信号随样品位置变化而变化的信号，这就是光声成像技术。

2. 光声光谱测试系统的组成

与 TDLAS 测试系统类似，光声光谱测试系统也由 4 个部分组成，即光源、调制器、光声池和光声信号探测器。

1）光源

根据光源的种类，光源一般分为普通光源和激光光源两类。然而，以钨丝灯、高压氙灯、卤素灯为代表的普通光源尽管波长范围宽、价格低廉，但分辨率较低。因此，这类光源在光声光谱测试系统中逐渐被激光光源代替。

常用激光光源包括气体激光器（如 Ar 离子激光器、He-Ne 激光器、CO_2 激光器）、半导体激光器、可调染料激光器及新发展的一种量子级联激光器。在光声光谱的实验中，要求其脉冲频率一定要在声频（50～1200Hz）范围内。采用气体激光器作为光源的光声光谱技术虽然在检测灵敏度方面能够满足实际应用的需要，但是，由于光源体积大，不仅移动性和便携性较差，并且需要高压电源、水冷却系统，而且操作复杂，极大地限制了这类光声光谱技术在现场测量中的应用范围。半导体激光器、量子级联激光器、泵浦光参量振荡器及共振式光声池相继得到实验检验。

2）调制器

光声池中光声信号的产生对应于气体分子对激光的周期性吸收，因此，需要对激光器进行调制，以产生光声信号。一般情况下，对于脉冲光源，不需要特别调制即可直接使用，但在使用连续谱光源时，需要对光束进行调制。光调制技术包括振幅调制和频率调制（或波长调制），其中振幅调制较为常用，所用调制器有机械斩波器、声光调制器和电光调制器。激光器的调制频率一般与声谐振腔的共振频率 f_0 相对应，例如，波长调制频率一般等于 f_0 或 $f_0/2$，以分别激发出光声一次谐波信号和二次谐波信号；而强度调制的频率一般等于 f_0，以激发出较强的光声信号。

3）光声池

光声池是光声光谱测试系统的核心部分，它的设计是否合理直接影响探测信号的灵敏度大小。为了提高探测信号的灵敏度，光声池的设计必须满足以下要求：光声池内光声信号不受外界信号的干扰；最大限度地降低光声池内激光束与池壁、入射窗及光声信号探测器相互作用产生的干扰信号；光电信号探测器类型和灵敏度的选择要合理；最大化光声池内来自样品的光声信号；按照待测样品的种类和实验的类型设计光声池。

4）光声信号探测器

光声信号的准确探测是光声光谱实验的重要环节。当前，应用于光声光谱的常见声波传感器主要包括电动式/电容式传声器、石英音叉和激光干涉型声压传感器。每种类型的光声信号探测器都有各自的优缺点：电动式传声器通过声膜切割磁感线实现声电转换，它是最早被用于光声光谱测试系统的声波传感器，但其频率响应有限；电容式传声器主要通过静电感应实现声电转换，其结构更为紧凑，应用更为广泛，但由于其较宽的频率响应，因此这类声波传感器容易受到环境声学噪声的影响，很难实现高灵敏度声波探测；基于石英音叉的光声光谱技术是光声气体传感领域的重大革新，采用石英音叉替代传声器探测声波，用敏锐的声波（赫兹级谐振带宽）共振器件替代共振光声池，以积累声波能量，但当前的商用石英音叉无法检测低弛豫率的气体分子，而且对光源的光束质量要求较高。总之，在光声光谱实验中，要根据具体样品的类型和所用激光光源的情况，选择较为合适的光声信号探测器。

3. 光声光谱技术发展及应用

在 20 世纪 40 年代，苏联学者 Veingerov 基于光声效应使用电热丝炉作为红外线波段的辐射源，对混合气体中的 CO_2 和 CH_4 的浓度进行研究。之后，其他学者也对光声效应的理论研究进行研究，但整体而言，由于黑体辐射源功率不高且不稳定，非共振光声谐振腔的信号较弱，以及缺乏高灵敏度的传感器和成熟的电子技术，使光声效应的理论研究仍处于缓慢发展的状态。随着微纳加工技术的发展，以及光电子器件的进步，光声光谱技术得到快速发展。近年来，该技术领域的研究人员主要围绕提升声光信号探测灵敏度开展工作，在辐射源功率提升及光声信号探测方面进行了大量的研究。

在辐射源功率提升方面，采用多光程声谐振腔增加激光的有效吸收路径的方法，提升光声光谱气体传感器的灵敏度。多光程声谐振腔可以有效地积累光能，以激发出较强的光声信号，通过优化腔体设计可以将光能积累的倍数进一步提高几十倍。中国科学技术大学利用柱面镜形成的多光程声谐振腔实现了 114 次激光往返，将腔内激光放大了 45 倍。之后，为了减小腔体体积，研究者们采用反馈技术将激光器的出射波长与线形增强腔（法布里-珀罗谐振腔）的腔模式锁定，在法布里-珀罗谐振腔内积累激光能量，利用强度调制激发光声信号，实现了对光声信号 100 倍的增强效果。

在光声池制造方面，2018 年聊城大学使用 3 个光声池串联方法，实现了对水蒸气分子的测量（见图 9.62）。将 3 个相同材料、结构、尺寸的光声池分开放置并使它们工作在同一共振频率下，这种结构充分利用了辐射源功率，避免了光损耗，最低检测限达到 479 ppb。

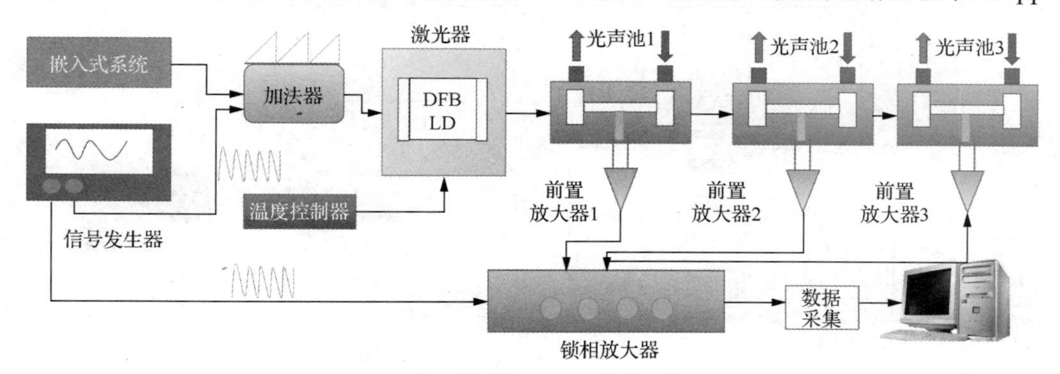

图 9.62 光声池串联式气体检测系统

在光声谐振腔的制备方面，随着微机电（MEMS）技术和 3D 打印技术的成熟，微型光声谐振腔的制造成为可能。微型光声谐振腔的尺寸达到毫米级，共振频率达到 10 kHz 以上，可有效降低系统噪声，提升灵敏度，减小体积。

美国莱斯大学首次采用毫米尺寸的石英音叉（最小体积为 3 mm^3）替代聚声腔和传声器聚集光声能量，并将其作为声波探测器件。2014 年，意大利最大的国立科研机构——意大利国家研究委员会结合腔增强吸收光谱技术和石英音叉，设计了小型蝶形增强腔（总体积约为 12cm^3），通过压电陶瓷调节腔体长度，将增强腔的模式锁定在激光器波长上。该技术巧妙地利用了压电陶瓷的有限反馈带宽，使激光器的慢速扫描和快速调制均可由加载于激光器上的电流驱动。2019 年，山西大学首次设计并制备了具有强压电耦合、高品质因子、宽振臂间距等特点的新型音叉式石英晶振，解决了中红外线激光等光束质量较差的光源用于石英增强光声光谱技术时背景噪声较大的应用难题。基于上述结构新颖的自制音叉，研发了以中红外线量子级联激光器为光声信号激发光源的痕量一氧化碳（CO）传感器，对 CO 气体实现了十亿分之一数量级（ppb 级）的高精度监测。

2018 年，大连理工大学利用单模光纤和纳米级厚度的聚对二甲苯隔膜，设计了一种高灵敏度、低频率的光导纤维声敏元件，用于代替传统的传声器，并且使用红外热辐射源和非共振光声池搭建了一套光声光谱多组分气体检测系统，在不同谱线照射下对混合气体（C_2H_2，CH_4，C_2H_6，C_2H_4，CO，CO_2）进行测量。该声敏元件极大地提升了传声器的灵敏度，把系统检测限降低至 ppb 级。

除了精度提升，多物种同步测量也是本领域研究工作重点之一。2017 年，中国科学院合肥物质科学研究院安徽光学精密机械研究所发明了多通道光声光谱技术，实现使用单个探测器件同时探测 3 个声学谐振腔。多通道光声光谱实验装置示意如图 9.63 所示。在这项新的光声光谱技术中，单个光声池内设有 3 个不同共振频率的声学谐振腔，使各个声学谐振腔的光声信号互不干扰，而且仅用一个传声器就可同步探测各个声学谐振腔中的信号。多通道光声光谱技术的可行性通过同时探测水汽、二氧化碳和甲烷得到验证，最小可探测系数达到 10^{-9} $cm^{-1}W/Hz^{1/2}$。

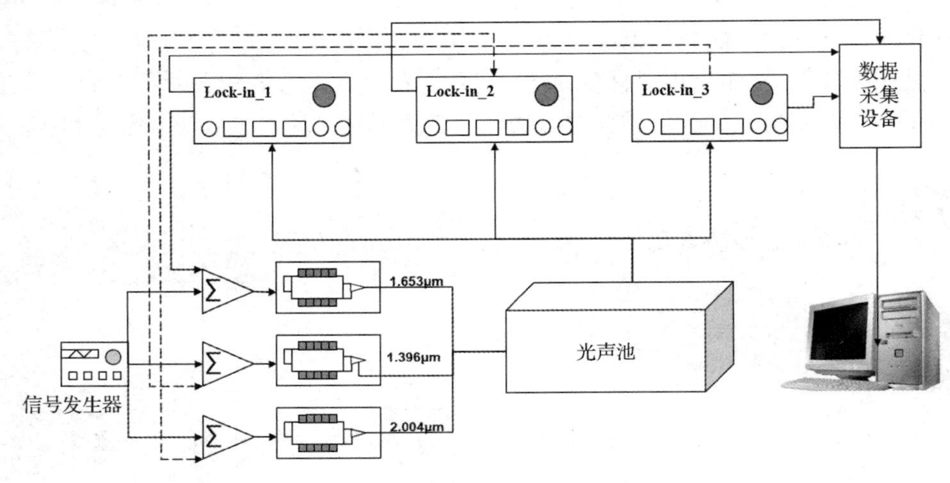

图 9.63　多通道光声光谱实验装置示意

在信息解算方面，随着信息技术和计算机技术的发展，依托具有强大计算能力的软件技术和算法，出现了多种基于数字处理技术的多组分气体定量分析方法，如主成分回归

（PCR）方法、主成分分析（PCA）方法、独立成分分析（ICA）方法，极大地改变了对检测波段的选择要求苛刻这一现状。

按气体种类和检测谱线分类，混合气体的光声定量分析方法选择原则如下：当含有CO_2的混合气体时，光声信号呈现非线性，可采用最小均值（LMF）算法分析；当各气体组分的检测谱线无交叉重叠或弱交叉现象时，可将混合气体检测转化为单组分单谱线检测，采用线性拟合、最小二乘法、线性回归及PCR等方法对检测结果进行定量处理；对于检测谱线重叠的情况，需要采用ICA方法检测。

未来，光声光谱技术逐渐向大范围和小体积方向发展具体表现如下：

（1）多组分气体实时测量。由于目前各种激光光源的工作波长不同，因此采用单一激光光源的光声光谱测试系统很难实现多组分气体的快速精确检测。近年来，国外对多组分气体的检测进行了大量研究，主要方向是发展多激光光源型光声光谱测试系统，通过设定不同激光光源的工作波长，实现多组分气体的检测。

（2）激光光源型光声光谱设备的小型化、集成化发展。随着激光器、光声池与声传感器等重要元件尺寸的不断缩小，以及微机电工艺技术的快速发展，未来，激光光源型光声光谱测试系统的小型集成化程度将得到进一步提高。

9.5 其他光电探测系统

9.5.1 归一化植被指数光电探测系统

合理施用氮肥是使农作物增产的重要手段之一，对农作物来说，氮是蛋白质、核酸和叶绿素的重要成分，与其细胞增长和新细胞形成有密切关系。农作物缺氮时，叶片中的叶绿素含量下降，叶色呈浅绿或黄色，光合作用也随之减弱，从而使碳水化合物的合成量减少，导致农作物生长缓慢，植株矮小。当农作物吸收的氮过多时，常常表现为组织柔软，叶色浓绿，茎叶徒长，贪青迟熟，容易遭病虫危害，最终也会造成减产。因此，合理施用氮肥是降低生产成本，提高农作物产量的关键因素之一。

归一化植被指数（Normalized Difference Vegetation Index，NDVI）能反映农作物生长情况，该指数最早在使用遥感技术进行粮食生长情况分析及估产中得到应用。根据氮肥优化算法，由测得的NDVI值和预测的谷物可能产量等参数，可算出氮肥需要量，用于指导用户实时变量精准施肥。

目前，主要由研究人员背负价格昂贵、质量约为10kg的地物光谱仪到田间获取植被光谱反射率曲线，从植被光谱反射率曲线提取红外线波段和近红外线波段的光谱反射率，据此计算得出NDVI值。本书介绍的NDVI测量装置质量小（0.6kg）、体积小（160mm×100mm×80mm）、成本低，适合手持，在现场测试时能直接获取NDVI值。

1. 测量原理

NDVI的定义式为

$$\mathrm{NDVI}=\frac{R_{\mathrm{IR}}-R_{\mathrm{R}}}{R_{\mathrm{IR}}+R_{\mathrm{R}}} \tag{9-37}$$

式中，R_{IR}为某波段近红外线特征波长处的植被光谱反射率；R_R为某波段红外线特征波长处的植被光谱反射率。

测量原理示意如图 9.64（a）所示。以日光作为光源，通过 4 个具有特殊光谱响应特性的光电探测器件，在近红外线和红外线两个特征波长处，分别对入射光与植被的反射光进行探测，测得 4 个参数。这些参数经模数转换后，由单片机控制器进行处理并得到 NDVI 值，所得结果由液晶显示器（LCD）显示。图 9.64（b）是测量装置结构示意，它采用电池供电，便于在田间操作。用于测量近红外线和红外线特征波长处入射光信号的光电探测器件在使用时应垂直向上，用于测量近红外线和红外线特征波长处的植被反射光信号的光电探测器件在使用时应垂直向下。

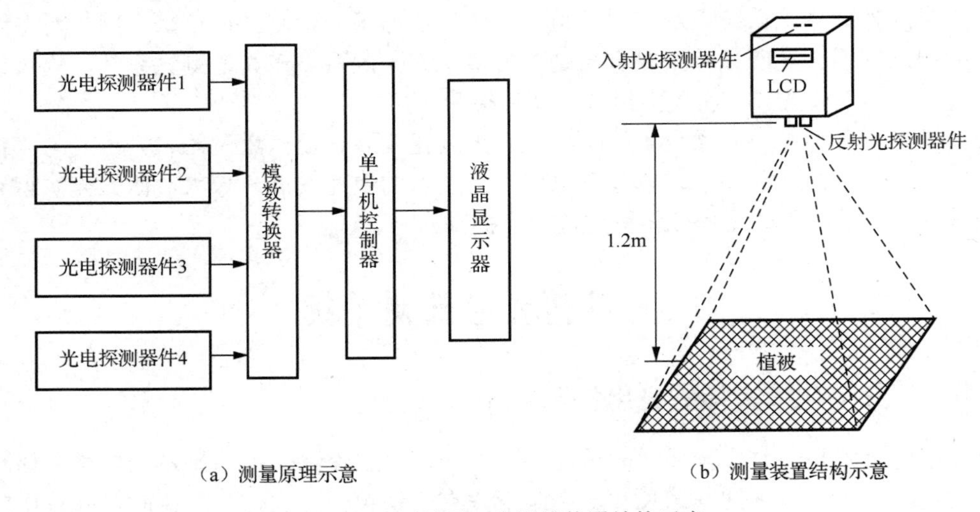

（a）测量原理示意　　（b）测量装置结构示意

图 9.64　测量原理和测量装置结构示意

2. 光电探测器件的设计

为了减小日光入射角对光电探测器件信号幅度造成的影响，在该探测器件前设有毛玻璃或乳白玻璃的漫射体，此漫射体的下方是相应波长的窄带干涉型滤光片和硅光电二极管[见图 9.65（a）]。在反射光探测器件的下方是相应波长的窄带干涉型滤光片，它的上面没有物镜，合理设计视场角（FOV），使 NDVI 测量装置所要求的探测范围（如 1m×1m）在测量装置离植被一定距离处（如 1.2m 处）成像在物镜上的硅光电二极管光敏面上[见图 9.65（b）]。两个窄带干涉型滤光片的中心波长分别位于植被光谱反射率曲线斜率最大处两侧的近红外线波段（0.77～0.86μm）和红外线波段（0.62～0.68μm），红外线波段为植被叶绿体吸收峰区域，应保证窄带干涉型滤光片在通带内的光谱反射率没有明显变化，以此保证 NDVI 值的测量精度。硅光电二极管在近红外线和红外线特征波长处具有较高的光谱灵敏度，要保证其光敏面尺寸在不同的日光照射条件下有足够大的输出信号和线性度。

植被共有的特征是叶片丰富的含水量和叶绿素等色素，因此植被在可见光波段和近红外线波段呈现特有的光谱反射率特性。图 9.66 所示为植被光谱反射率曲线，它可由植被光谱仪测得。该图中的 1 表示叶绿体吸收峰区域，2 表示水吸收峰区域，3 表示红外线特征波长，4 表示近红外线特征波长，在这两个特征波长处的植被光谱反射率与植被含氮量密切相关。

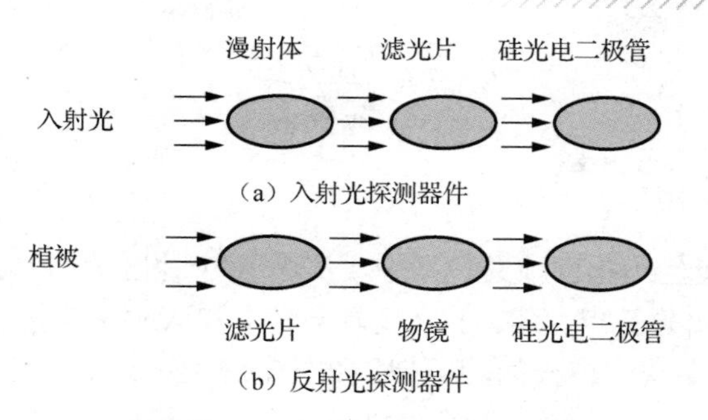

图 9.65　光电探测器件结构示意

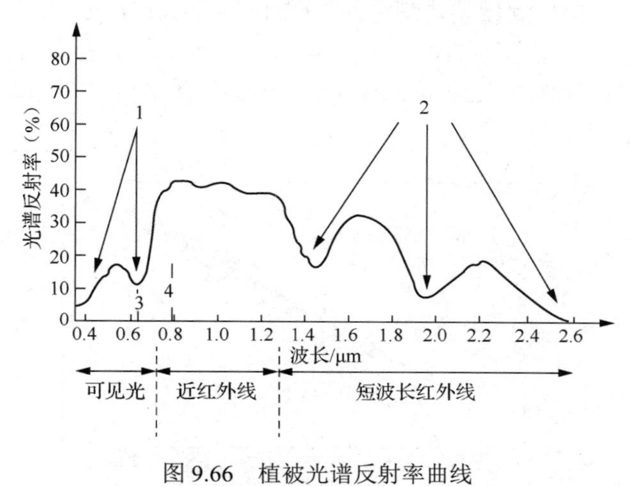

图 9.66　植被光谱反射率曲线

3. 光电探测系统的标定

若 NDVI 测量装置测得的红外线特征波长处的入射光信号为 E_{R}，对应波长的植被反射光信号为 E_{RR}，近红外线特征波长处的入射光信号为 E_{IR}，对应波长的植被反射光信号为 E_{IRR}，则

$$R_{\mathrm{R}} = k_{\mathrm{R}} \frac{E_{\mathrm{RR}}}{E_{\mathrm{R}}} \qquad R_{\mathrm{IR}} = k_{\mathrm{IR}} \frac{E_{\mathrm{IRR}}}{E_{\mathrm{IR}}}$$

式中，k_{R} 和 k_{IR} 为比例常数，其值由 NDVI 测量装置中的光学系统、光电探测器件及其适配放大器的特性参数决定。

若令 $k_{\mathrm{IR}} = k_{\mathrm{R}} k$ ，则

$$\mathrm{NDVI} = \frac{k_{\mathrm{IR}} \dfrac{E_{\mathrm{IRR}}}{E_{\mathrm{IR}}} - k_{\mathrm{R}} \dfrac{E_{\mathrm{RR}}}{E_{\mathrm{R}}}}{k_{\mathrm{IR}} \dfrac{E_{\mathrm{IRR}}}{E_{\mathrm{IR}}} + k_{\mathrm{R}} \dfrac{E_{\mathrm{RR}}}{E_{\mathrm{R}}}} = \frac{k E_{\mathrm{IRR}} E_{\mathrm{R}} - E_{\mathrm{RR}} E_{\mathrm{IR}}}{k E_{\mathrm{IRR}} E_{\mathrm{R}} + E_{\mathrm{RR}} E_{\mathrm{IR}}} \tag{9-38}$$

式（9-38）表明，只要确定 NDVI 测量装置的待定特征常数 k，就可由 4 个光电探测器件测得的信号求得 NDVI 值。

上述 NDVI 测量装置的待定特征常数 k 可通过对在近红外线和红外线两个特征波长处的光谱反射率相等的参考板标定，参考板的尺寸应与仪器探测范围相符。由于 $R_{\mathrm{R}} = R_{\mathrm{IR}}$，NDVI=0，根据式（9-38）就可得到待定特征常数的计算公式，即

$$k = \frac{E_{RR} E_{IR}}{E_R E_{IRR}} \tag{9-39}$$

4. 实验结果和结论

利用 NDVI 测量装置在北京顺义、昌平、房山 3 个地区的国家农业信息化工程技术研究中心的 21 个冬小麦实验基点，测定了植被冠层光谱和 NDVI 测量装置的 NDVI 值。同时，进行农学取样，测定了冬小麦植株的叶面积指数（Leaf Area Index，LAI），以及叶绿素含量、全氮、可溶性糖等生化组分。

在图 9.67 中，把 NDVI 测量装置测定的 NDVI 值和由 ASD FR2500 型地物光谱仪换算得到的 NDVI 值的统计散点进行比较（其中，y 为拟合曲线，R^2 为复相关系数，n 为测量点数），可以看出，由 NDVI 测量装置测定的 NDVI 值与通过 ASD FR2500 型地物光谱仪换算得到的 NDVI 值十分接近。

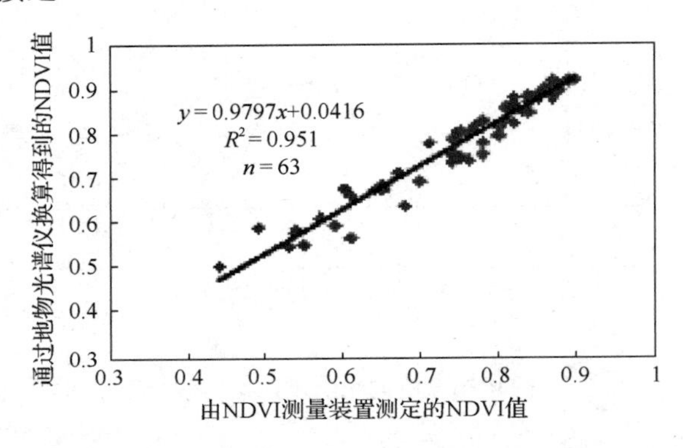

图 9.67　由 NDVI 测量装置测定的 NDVI 值与通过地物光谱仪换算得到的 NDVI 值对比结果

分析 NDVI 测量装置的测量数据和农学测量数据，发现 NDVI 值与 LAI 和叶绿素密度的相关性非常高（见图 9.68 和图 9.69），这表明利用 NDVI 测量装置的测量数据预测 LAI 和叶绿素密度是可靠的。

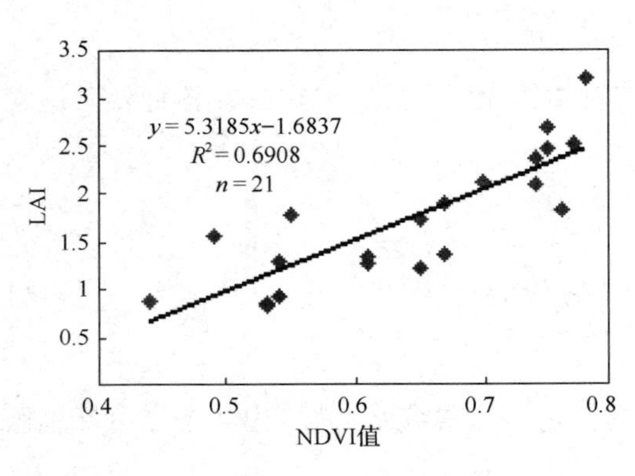

图 9.68　利用 NDVI 测量装置测定的 NDVI 值预测 LAI

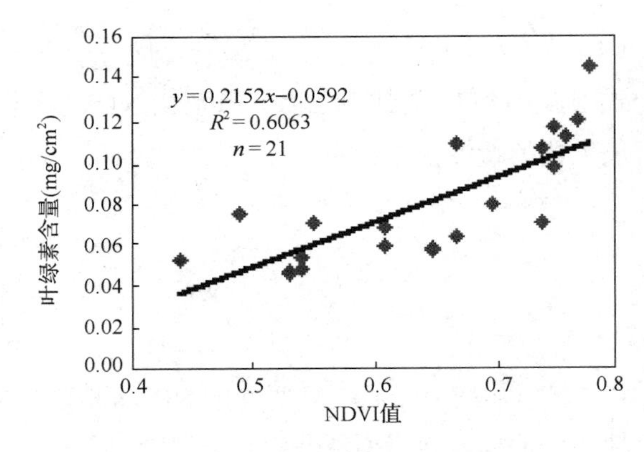

图 9.69　利用 NDVI 测量装置测定的 NDVI 值预测叶绿素密度

同时，颜色科学与工程国家专业实验室对用该装置测量过的植被叶片，进行波长为 780nm 和 670nm 的光谱反射率测试，并且把 NDVI 计算值与实测值进行比较（见表 9-12）。

表 9-12 NDVI 计算值与实测值比较

次数	R_{IR}	R_R	NDVI 计算值	NDVI 实测值
1	52.263	5.8743	0.7979	0.774
2	52.764	5.9988	0.7958	0.772
3	51.176	4.7659	0.8296	0.813
4	52.432	5.3564	0.8146	0.790
5	51.604	5.1228	0.8194	0.799

经国家农业信息化工程技术研究中心、颜色科学与工程国家专业实验室检测表明，该测量技术能准确地反映植物的颜色特征及植被叶绿素的反射特性，该测量装置可用以取代昂贵、笨重的地物光谱仪，直接获取被测目标的归一化植被指数值，与地物光谱仪测试结果的不重合度小于 5%。此外，用户可以根据自己的需求，利用 NDVI 值进行其他用途的研究，如农作物的长势评价、产量预测、肥水管理等。

9.5.2 光纤传像元件光学特性光电探测系统

光纤面板、光纤光锥、光纤倒像器等光纤传像元件均由成千上万根光学纤维经规则排列、加热、加压融合、扭转、拉锥等一系列工艺制成，其中每根纤维由高折射率的芯玻璃和低折射率的包皮玻璃构成并作为一个像素，依据光学全反射原理导引光从纤维的一端传输到另一端。

1. 工作原理及系统组成

光纤传像元件光学特性光电探测系统以光为媒介，以光电探测器件为手段，将各种待检测量转变成电量（如电流、电压或频率）。光纤传像元件光学特性光电探测系统方案如图 9.70 所示。

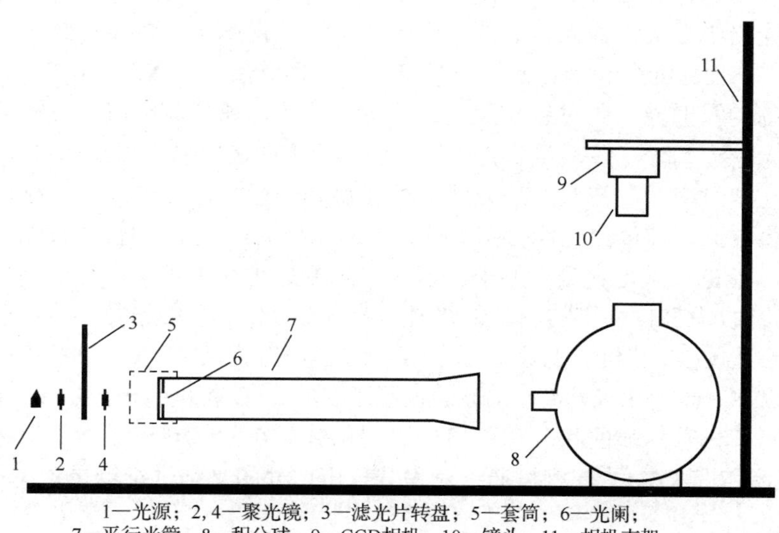

1—光源；2, 4—聚光镜；3—滤光片转盘；5—套筒；6—光阑；
7—平行光管；8—积分球；9—CCD相机；10—镜头；11—相机支架；

图 9.70 光纤传像元件光学特性光电探测系统方案

在图 9.70 中，光源 1 发出的光通过聚光镜 2 聚集后投射到滤光片转盘 3 上。滤光片转盘由 9 个不同中心波长的滤光片和一个空孔组成，通过转动滤光片转盘，可以让特定波长的光通过，当转至空孔的位置时，通过的光即白光。

从滤光片转盘 3 出射的光通过聚光镜 4 聚集到平行光管 7 的入口处。当要求采用漫射光照射被测物时，拆下平行光管 7 前端的光阑 6，在平行光管 7 前端装上套筒 5，可以提高光源的辐射效率；当要求采用平行光照射被测物时，将平行光管 7 前端的套筒 5 拆下，在平行光管 7 入口处装上光阑 6，这样，从平行光管 7 出射的光即平行光。

用漫射光或平行光照射光纤传像元件，利用 CCD 相机对被照射的光纤传像元件进行图像采集，利用图像的灰度信息对光纤传像元件（包括光纤光锥、光纤面板、光纤倒像器）的漫射光或平行光透过率进行综合测量。此外，利用分辨率板、显微物镜等辅助设备，还可以对光纤传像元件的枕/桶形失真、放大率、分辨率和光斑进行测试。

CCD 相机放在标有刻度的相机支架 11 上，通过旋转固定 CCD 相机的手轮，可以使 CCD 相机在支架上垂直移动，并且可以读出其移动的距离。

2. 光学系统设计

光学系统设计流程如图 9.71 所示。整个光学系统中的首要元件是光源，光源不仅提供必要的照射光，而且其辐射效率、光谱功率分布、稳定性等参数或特性直接影响光学系统的工作状况。由于光纤传像器件的参数测试系统是通过测量被测物的像测量被测物的某些特征参数的，因此需要根据实际情况选用卤钨灯。

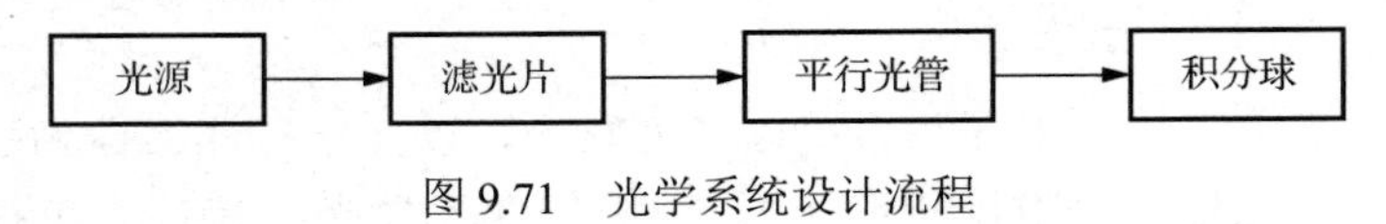

图 9.71　光学系统设计流程

测量透过率、光斑、放大率时，需要通过光匹配处理得到均匀的漫射光对被测物进行照射。此时，光路中最关键的光学器件是积分球。通过将滤光片转盘转到空孔位置和对平行光管进行改装，使滤光片和平行光管在光路中不发挥作用。由光源发出的光入射积分球，出射的光即均匀的漫射光，此时将被测光纤传像元件放在积分球出口处，即可满足测量要求。测量漫射光透过率时，只须转动滤光片转盘，让不同波段的光通过即可。

测量平行光透过率时，需要通过光匹配处理得到平行光，用平行光照射被测光纤传像元件。此时，将被测光纤传像元件放在平行光管的出口处，CCD 相机对被测光纤传像元件进行图像采集，理论上满足了测量要求。但在实际测量过程中发现，对平行光管出射的光斑进行采集时，通过 CCD 相机的图像传感器物镜成像，使入射的平行光聚焦在该物镜的焦平面上，即聚焦在 CCD 相机的光敏面上，从而使光强超出了 CCD 相机的测量范围，进入了 CCD 相机的饱和区，此时更换功率小的光源也不能满足 CCD 相机的测量要求。若将被测光纤传像元件置于平行光管后端的积分球入口处，则积分球在此起到将光强均匀化的作用，与 CCD 相机的照度相匹配。CCD 相机通过对积分球出口处的光强进行测量，完成测试任务。

3. 测量结果

1）漫射光透过率

在所要求的光谱覆盖范围（这里可理解为白光）内的漫射光照射下，光纤传像元件的出入射光谱辐射通量之比即漫射光透过率。

由于光纤传像元件在使用过程中很少用到边缘部分，所以在求漫射光透过率时需选定光纤传像元件的有效区域。光纤传像元件有效区域平均灰度值与其本底图像的有效区域平均灰度值之比即光纤传像元件的漫射光透过率。平均灰度值是指某区域内所有像素点的灰度值之和与此区域内像素点的个数之比，即

$$\overline{i(k)} = \frac{\sum_{k=1}^{k=n} i(k)}{n}$$

其中，$\overline{i(k)}$ 为像素平均值；$i(k)$ 为像素 k 的灰度值；n 为像素个数。

光纤传像元件的漫射光透过率图像处理流程如图 9.72 所示。

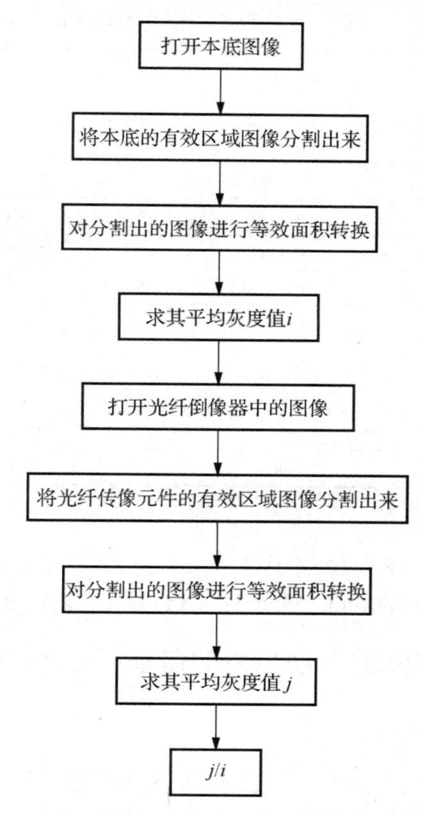

图 9.72 光纤传像元件的漫射光透过率图像处理流程

光纤传像元件的漫射光透过率测量结果见表 9-13。

表 9-13 漫射光透过率测量结果

编号 i	电流/A	本底（灰度）	端面（灰度）	透过率（%）	修正系数 ξ	修正透过率 τ_i（%）	δ（%）
1	8	209.66	143.75	68.56	0.9692	66.45	2.2
2	8	219.38	149.10	67.96	0.9692	65.87	1.3
3	8	197.88	135.16	68.30	0.9692	66.20	1.8
4	8	229.79	157.55	68.56	0.9692	66.45	2.2

续表

编号 i	电流/A	本底（灰度）	端面（灰度）	透过率（%）	修正系数 ξ	修正透过率 τ_i （%）	δ（%）
5	8	208.36	141.22	67.77	0.9692	65.68	1.0
6	8	228.44	155.49	68.06	0.9692	65.96	1.5
7	8	203.46	138.00	67.81	0.9692	65.72	1.1

注：$\delta=\left|\frac{\tau_i-\tau_P}{\tau_P}\right|$为与 PHOTONIS 公司对同一产品的测量结果（$\tau_P=65\%$，该值为标准中性滤光片的测量结果，修正系数 0.9692 由光源卤钨灯、标准中性滤光片和 CCD 相机的光谱特性得到）的相对误差。

2）平行光透过率测量结果

光纤传像元件的平行光透过率测量结果见表 9-14。

表 9-14　光纤传像元件的平行光透过率测量结果

编号 i	修正透过率 τ_i （%）	修正系数 ξ	$\tau_{\min}$ （%）	$\delta=\left|\frac{\tau_i-\bar{\tau}}{\bar{\tau}}\right|$ （%）
1	74.90	0.9692	72.59	0.096
2	75.27	0.9692	72.95	0.399
3	75.23	0.9692	72.91	0.344
4	74.76	0.9692	72.46	0.275
5	75.21	0.9692	72.89	0.317
6	74.49	0.9692	72.20	0.633
7	75.15	0.9692	72.84	0.248
8	74.83	0.9692	72.53	0.179
9	75.07	0.9692	72.76	0.138
10	74.76	0.9692	72.46	0.275

注：$\tau_{\min}$ 表示透过率测量结果中的最小值。

测量结果表明，修正透过率与标准中性滤光片（经黑龙江计量科学研究院计量）在 3 个计量波长处（400nm、500nm、600nm）的平行光透过率平均值$\bar{\tau}$的最大相对误差为 0.633%。

9.5.3　基于位置传感器的自动步枪的自动机运动参数光电探测系统

1. 工作原理及系统组成

自动步枪的自动机运动十分剧烈，因此自动步枪的自动机的开锁、后坐到位、闭锁、复进到位等机构的运动都会产生撞击动作，引起速度的突变，其运动速度最高可达 15m/s 左右；在枪机框的复进阶段，上述机构的运动曲线的变化又比较平缓。从自动步枪的自动机各机构的行程大小来看，短后座武器的枪管行程只有 10mm 左右，拨弹滑板的行程为几十毫米，而枪机框的行程可达 200mm 左右。

基于位置传感器的自动步枪的自动机运动参数光电探测系统由半导体激光器、光学系统（包括滤光片和镜头等）、位置传感器（PSD）及其适配电路、数据采集模块、数据处理软件和计算机等部分组成，其工作原理如图 9.73 所示。把经扩束后的一字线半导体激光器作为光源照射自动步枪的自动机，并且使光源完全覆盖该自动机的整个运动区间；在该自动机的某一端贴上 5mm×15mm 的原向反射片，确保在该自动机整个运动周期内原向反射片不脱离；通过光路调整使经原向反射片反射的光经过透镜成像后，入射到放在适当距离处的 PSD 上，形成一个光斑。光斑落在 PSD 光敏面上的不同位置，将引起 PSD 两个输出端输出信号的变化。通过记录 PSD 的输出信号，可以获取该自动机的运动曲线。

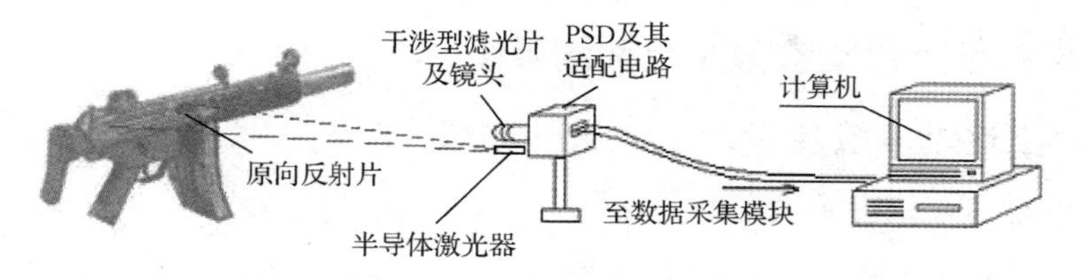

图 9.73　基于位置传感器的自动步枪的自动机运动参数光电探测系统工作原理

2. 光学系统设计

自动步枪的自动机运动范围一般为 150mm 左右，而 PSD 有效测量范围为 34mm，远小于被测物的位移范围。所设计的光学系统利用透镜成像原理扩大了被测物的测量范围，使用普通单反相机作为成像设备，把 PSD 置于曝光口垂直中心所在位置；根据原向反射片的特性，为了使 PSD 能够响应足够的光强，在单反相机的镜头前安装半导体激光器固定架，激光束经准直、扩束后照射到安装在镜头前固定架上的窄条玻璃反射镜，正好垂直于轴线自动机运动轨迹处，形成条形光斑。在自动机上粘贴窄原向反射条，其反射光通过镜头成像在 PSD 光敏面上。半导体激光器应有足够的出射功率，确保在射击尘土飞扬的环境中，原向反射条的反射光能够通过干涉型滤光片及镜头清晰地成像在 PSD 的光敏面上。射击时原向反射条随自动机一起运动，其位置随时间变化，轨迹形成一条线段，通过 PSD 探测该轨迹。

3. 某自动步枪的自动机运动规律测试

实验条件：物距（测量仪镜头距离安装在自动步枪机构上的原向反射片的距离）为 500mm，自动机运动范围 135mm。

五连发自动机运动的位移-时间曲线与速度-时间曲线如图 9.74 所示。测得的自动机平均最大位移量为 136mm，开锁点、到位点、闭锁点的速度分别为 7.67m/s、3.08m/s 和−5.02m/s，射频为 663.13 发/min。

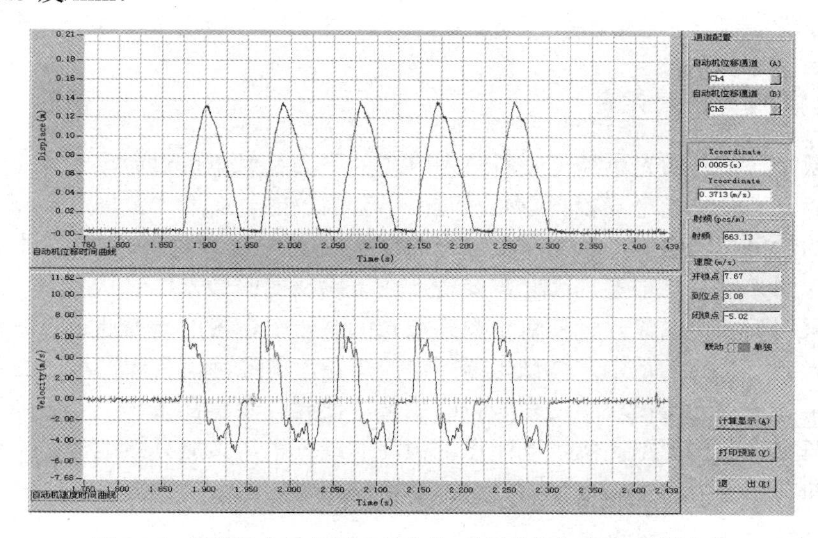

图 9.74　五连发自动机运动的位移-时间曲线与速度-时间曲线

自动机运动速度最高可达 15m/s 左右，如果每移动 0.5mm 采集一次数据，按最大速度运动计算，那么需要频率响应达到 30kHz 以上才能采集数据。

9.5.4 导弹轨上运动参数光电探测系统

1. 导弹轨上运动参数测量原理及系统组成

导弹轨上运动参数的测量是指，采用光电探测、数字存储测试（黑匣子）技术，测量导弹在发射箱中运动的位移-时间曲线和速度-时间曲线，由此获得导弹的弹动时刻、离轨时刻和出筒时刻。导弹轨上运动参数光电探测系统主要由半导体激光器、光电二极管和存储电路等组成，如图 9.75 所示。该系统将半导体激光器发射的激光准直后，照射到一组由微珠玻璃原向反射片组成的条码上，如图 9.76 所示。该条码垂直于导弹轴线按一定的间距沿导弹发射方向粘贴在导弹表面上，当运动的条码掠过光束时，通过光电探测器件获取微珠玻璃原向反射片反射的信号，就可精确地得到弹动时刻、离轨时刻及其位移-时间曲线，并由一体化的光电发射、探测式数字存储测试装置将此信号记录下来。实验完毕，由数字存储测试装置的接口读取数据，先利用最小二乘拟合处理得到导弹在轨运动的位移-时间曲线，再经微分处理，得到速度-时间曲线，并由此获得导弹的弹动时刻、离轨时刻、出筒时刻及离轨速度等参数。

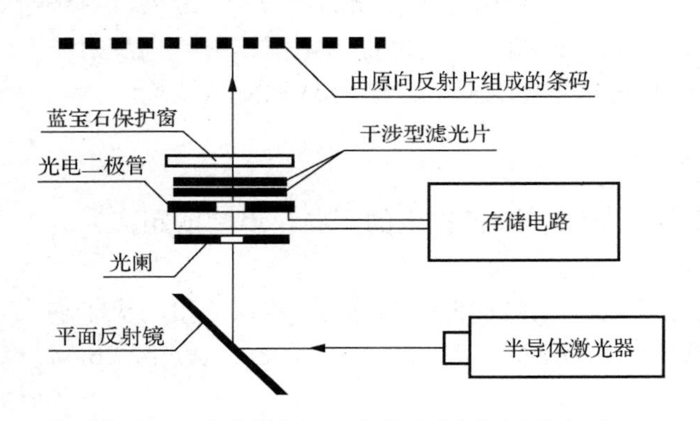

图 9.75 导弹轨上运动参数光电探测系统组成

图 9.76 由微珠玻璃原向反射片组成的条码

2. 光电探测器件的设计

半导体激光器发射的光束经过倾斜角为 45° 的平面反射镜反射后，光阑对光斑进行限制。这样，当光斑穿越光电二极管中心孔时，不会因散射光而增大数据存储测试装置中的前置放大器的输出直流电平，从而降低信号的变化幅度。由于导弹发射过程中存在火光，而火光中包含的光谱范围很宽，因此需要将上述条码反射的激光信号从火光光谱中分离出来。为此，采用干涉型滤光片，使包含激光波长的某一窄带内的光谱通过，确保既能有效地滤除火光光谱，又能满足半导体激光器因电流、温度等原因而引起的波长变化。该系统可通过调整半导体激光器模块中的聚光镜的位置，使光斑聚集在条码上。导弹发射时环境温度很高，蓝宝石保护窗耐高温，既能保证很高的透过率，又能有效地保护黑匣子内的器件免受高温冲击。

3. 信号处理电路的设计

导弹轨上运动参数光电探测系统信号处理电路的核心是单片机，其内部集成放大器、模数转换器、比较器和存储器，分别用于数据采集和时统信号的监测等功能。光电二极管探测到的信号经电流电压转换并放大到一定的幅度，由单片机将其进行模数转换和存储。同时，单片机还监测手动通电控制端的状态确保可靠通电。时统控制端为整个系统提供一个开始采集信号的触发上升沿，测量完毕，自动切断电源。

4. 实验与结论

测量得到的电压-时间曲线如图 9.77 所示。设两个条码之间的距离为 5mm，测得的通过两个条码的时间为 0.25ms，则速度为 20m/s。

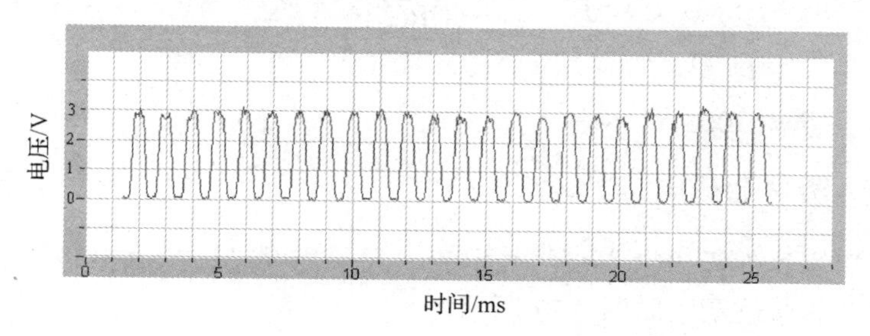

图 9.77 测量得到的电压-时间曲线

9.5.5 纯镁或镁合金燃点比色测温系统

1. 比色测温原理

纯镁或镁合金燃点测温系统的原理如图 9.78 所示，该系统包括蓝宝石保护窗、透镜组（物镜和场镜）、被粘贴两个不同波长的窄带干涉型滤光片的二象限探测器件、放大电路、数据采集模块。这些器件被封装在坚固的不锈钢外壳内。

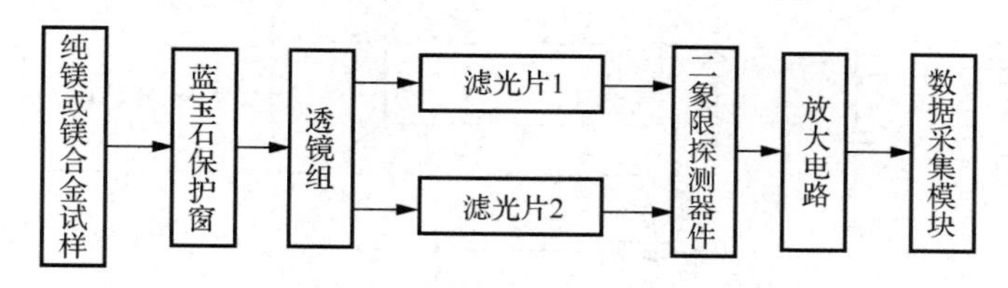

图 9.78 纯镁或镁合金燃点测温系统的原理

纯镁或镁合金燃烧时发出的光通过蓝宝石保护窗，经透镜组中的物镜和场镜调整方向，均匀平行地照射在二象限探测器件的光敏面上，产生光电流。光电流信号由放大电路放大后被数据采集模块采集，在主机上进行读取。

二象限探测器件接收的两个波段内的光转换成两路光电流，即 $I_1(T)$和 $I_2(T)$：

$$R(T)=\frac{I_1(T)}{I_2(T)}=\frac{S(\lambda_1)\times\psi(\lambda_1)\times\tau(\lambda_1)\times\int_{\lambda_1-\Delta\lambda/2}^{\lambda_1+\Delta\lambda/2}\varepsilon(\lambda_1,T)M_1(\lambda,T)\mathrm{d}\lambda}{S(\lambda_2)\times\psi(\lambda_2)\times\tau(\lambda_2)\times\int_{\lambda_2-\Delta\lambda/2}^{\lambda_2+\Delta\lambda/2}\varepsilon(\lambda_2,T)M_2(\lambda,T)\mathrm{d}\lambda} \tag{9-40}$$

式中，$S(\lambda)$、$\psi(\lambda)$、$\tau(\lambda)$ 和 $\varepsilon(\lambda,T)$ 分别是透镜组函数、二象限探测器件的响应特性函数、

滤光片波长透过率相关函数、发射率函数。令

$$K_o = \frac{S(\lambda_1)\times\psi(\lambda_1)\times\tau(\lambda_1)\times\varepsilon(\lambda_1,T)}{S(\lambda_2)\times\psi(\lambda_2)\times\tau(\lambda_2)\times\varepsilon(\lambda_2,T)}$$

$$R_1(T) = \frac{\int_{\lambda_1-\Delta\lambda/2}^{\lambda_1+\Delta\lambda/2} M_1(\lambda,T)\mathrm{d}\lambda}{\int_{\lambda_2-\Delta\lambda/2}^{\lambda_2+\Delta\lambda/2} M_2(\lambda,T)\mathrm{d}\lambda}$$

那么

$$R(T) = K_o R_1(T)$$

对该系统进行静态标定时，若不考虑发射率，则 K_o 是常数。对以上公式进行变换并对式（9-40）两边取对数，得

$$T(℃) = \frac{B}{\ln A - \ln\dfrac{R(T)}{K_o}} - 273.16$$

其中，$A = 3.828$，$B = 5208$。

2. 光电传感器件的设计

由于二象限探测器件输出微安级的光电流，因此需要设计放大电路。所设计的两个放大电路完全对称，其原理示意如图 9.79 所示。

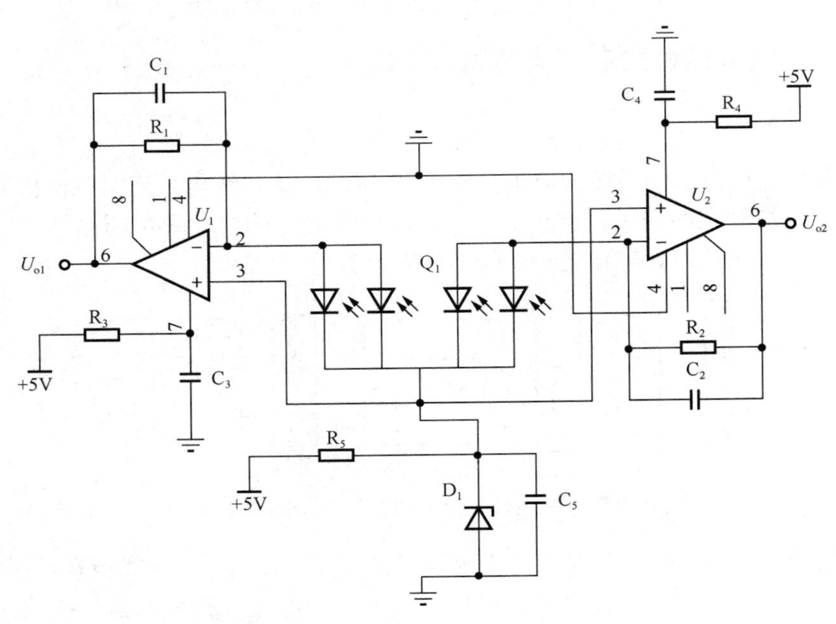

图 9.79　所设计的两个放大电路原理示意

3. 实验与结论

纯镁燃点测温系统的三路输出电压曲线如图 9.80 所示。其中，CH1 和 CH2 分别对应滤光片波长为 650nm 和 850nm 的输出电压，CH3 为工业级高速光纤红外线变送器 OS4000 的输出电压。

利用软件对 CH1 输出电压进行低通滤波，得到的波形如图 9.81 所示。通过光标读数可知，在 21.8945s 时上述波形的变化率开始增大，因此判定在这个时刻纯镁起燃。通过 OS4000 和上述比色测温系统在该时刻的输出值，可得到它们各自测得的纯镁起燃温度，纯镁燃点测量结果见表 9-15。

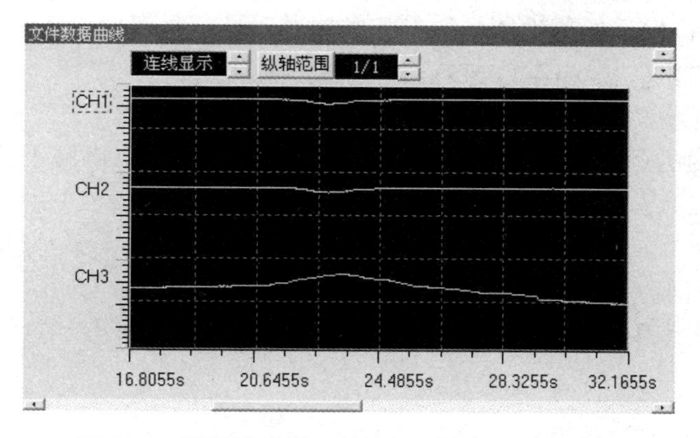

图 9.80 纯镁燃点测温系统的三路输出电压曲线

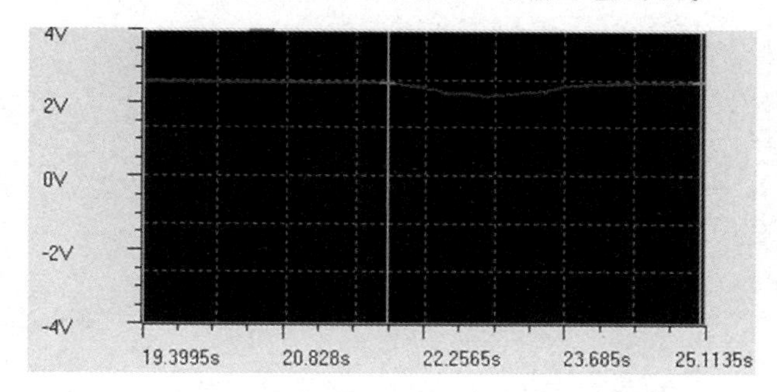

图 9.81 对 CH1 输出电压进行低通滤波得到的波形

表 9-15 纯镁燃点测量结果

CH1/V	CH2/V	R（T）	CH3/V	T_{OS4000}	T_C/℃	δ（%）
2.487	2.180	0.269	1.710	616.780	626.222	1.53

思考与练习

9-1 蓝宝石光纤黑体腔传感器的工作原理是什么？

9-2 试说明在蓝宝石光纤黑体腔传感器的静态标定中，为什么恒温区温度越高，标定精度就越高。

9-3 在瞬态表面温度测量中，为什么要考虑温度传感器的响应时间？为什么要进行动态校准？可溯源动态校准的含义是什么？

9-4 在瞬态表面温度可溯源动态校准系统中，光学系统是如何设计的？对辐射温度计有何要求？

9-5 整体框架型激光光幕靶和分离型激光光幕靶各适用于什么场合？在测速系统中为

什么要选择合适的特征点作为触发计时脉冲？

9-6　微珠玻璃原向反射片的工作原理是什么？什么是剩余发散角？

9-7　整体框架型激光光幕靶和分离型激光光幕靶的光电探测系统是如何设计的？

9-8　NDVI 测量装置中的光电探测系统是如何标定的？

9-9　衡量光纤传像元件的性能指标有哪些？试设计一种漫射光透过率的测试系统。

9-10　本章中的位置传感器（PSD）的工作原理是什么？

9-11　试说明导弹轨上运动参数光电探测系统的设计思想。

9-12　比色测温的原理是什么？为什么采用比色测温方法可以减小测温系统误差？

9-13　利用 TDLAS 技术进行气体浓度与温度的高灵敏测量时，对样品有哪些要求？

9-14　激光光声光谱技术与 TDLAS 技术有什么异同点？重点从原理、结构、方法及测试目标 4 个方面进行阐述。

9-15　试列举本章中用到的光电探测器件有哪些，使用时需要注意哪些问题。

第 10 章　光电探测新技术及应用

光电探测是获取信息的一种先进技术，其原理是用光探测温度、应力、速度、烟气、辐射、电、磁、化学等物理和化学参量，将其转换为电信号并输入计算机进行信息处理分析与控制。光电探测技术是信息科学的一个分支，是传统光学技术与现代微电子技术及计算机技术紧密结合的结果，也是获取光电信息或借助光电信息提取其他信息的重要手段。通过光电探测技术得到的信息有利于传输、光电转换与处理，具有无损、非接触、可在线、快速、可实时获取、精度可达光波长量级的优点。随着新一代信息技术的迅猛发展，光电探测新技术也在飞速发展，新器件不断涌现，新的应用爆炸式发展。下面介绍其中的激光散斑测量技术和太赫兹技术。

10.1　激光散斑测量技术及应用

激光散斑是由激光的高度相干性引起的。当激光照射光学粗糙表面时，经粗糙介质的无规则散射后，其散射场呈现无规则分布的斑纹结构，这就是散斑。从可见光的波长尺度看，一般物体表面都是很粗糙的，这样的表面可以看作由无规则分布的大量面元构成。当具有相干性的激光照射这样的表面时，每个面元相当于一个衍射单元，而整个表面则相当于由无规则分布的大量衍射单元构成的“位相光栅”。由表面上不同面元透射或反射的光振动在空间相遇时发射干涉。由于面元无规则分布而且数量很大，因此随着观察点的改变，干涉效果急剧而无规则地变化，从而形成具有无规则分布的颗粒状结构的衍射图样，这就是散斑。波长为 405nm 的激光经过散射片后由 CCD 相机拍摄的散斑图样如图 10.1 所示。

图 10.1　散斑图样

激光散斑测量技术具有非接触、高精度和全场实时测量等优点，被大量应用于表面测量。迄今为止，激光散斑测量技术经历了两个发展阶段。第一阶段（1965—1978 年）是以纯光学的相干测量技术为主的发展阶段。在这一阶段，激光光源提供的光场优良相干性使相干测量的潜能被充分发掘，形成一系列纯光学的全息散斑测量方法。对测量机理的解释，主要是用传统的干涉测量理论，以几何光学光程差的定量分析为基础，辅以波动光学和统计光学的定性解释。第二阶段是由 20 世纪 70 年代末期微电子技术的发展开始的，是以光电结合的精密测量技术为主的发展阶段。在这一阶段，计算机软硬件技术的不断普及及其与纯光学测量技术的结合，使全息散斑测量技术向高精度、高速度及自动化方向发展。人们对全息散斑测量机理的认识也发生了深刻的变化，发展出了用统计学方法解释的新理论，该理论更适合描述空间随机分布光场。

10.1.1 散斑的数学描述

按照光场的标量衍射理论，一个单色光场的传播过程可由一个简单的叠加积分表示。具体地说，如果已知单色光场在 x_0、y_0 平面上的复振幅分布函数 $A_0(x_0,y_0)$，以及光场由 x_0、y_0 平面到与之平行的 x、y 平面这一传播过程的权函数 $h(x,y;x_0,y_0)$，那么 x、y 平面上光场的复振幅分布函数可表示为

$$A(x,y)=\iint_s A_0(x_0,y_0)h(x,y;x_0,y_0)\mathrm{d}x\mathrm{d}y \tag{10-1}$$

式中，积分域 s 在光场通过自由空间传播的条件下，由 x_0、y_0 平面上的光场分布范围决定；在成像条件下，由成像系统的振幅点扩散函数的宽度决定。可用叠加积分描述散斑现象。这时，$A_0(x_0,y_0)$ 可以是相干光源照射的粗糙表面在其极邻近平面 x_0、y_0 上形成的光场，也可以是任一平面 x_0、y_0 上给定的散斑光场。$A(x,y)$ 则表示 $A_0(x_0,y_0)$ 光场平面 x、y 上形成的散斑光场。当 $h(x,y;x_0,y_0)$ 表示球面波或平面波时，$A(x,y)$ 相应地表示近场或远场散斑复振幅分布函数；当 $h(x,y;x_0,y_0)$ 表示成像系统的振幅点扩散函数时，$A(x,y)$ 表示像面散斑的复振幅分布函数。

10.1.2 激光散斑测量方法

1970 年，Leenderz 开创了以干涉方法实现光学粗糙表面检测的方法，称为散斑干涉测量。它的记录和再现本质上与全息散斑干涉测量相同，在形式上更加灵活，不仅可以用光学方法实现，还可以用电子学和数字方法实现。在光学方法中，原始散斑用光学胶片记录，用光学信息处理技术提取信息。在电子学和数字方法中，原始散斑用光电探测器件（通常是 CCD）记录，用电子学和数字信息处理技术实现信息的提取。习惯上，将光学方法称为散斑干涉测量方法，将电子学和数字方法称为电子散斑干涉测量方法或数字散斑干涉测量方法。在散斑干涉测量中，信息的记录方法众多。按记录光路的特点，可分为参考光束型、双光束型、双光阑型和剪切型 4 种基本方法，其他记录方法都是在这 4 种基本方法的基础上演变来的。下面介绍参考光束型散斑干涉测量方法、电子散斑干涉测量方法和激光散斑干涉测量方法。

1. 参考光束型散斑干涉测量方法

使用参考光束型散斑干涉测量方法记录的光路是一种迈克尔逊（Mechelson）干涉仪式光路。相干光源的光波被分束镜分为两束，分别照射被测物表面及与被测物表面具有类似特性的参考物表面，由这两个表面散射的光场在其共轭像面上叠加形成原始散斑场干涉。激光散斑测量原理如图 10.2 所示。

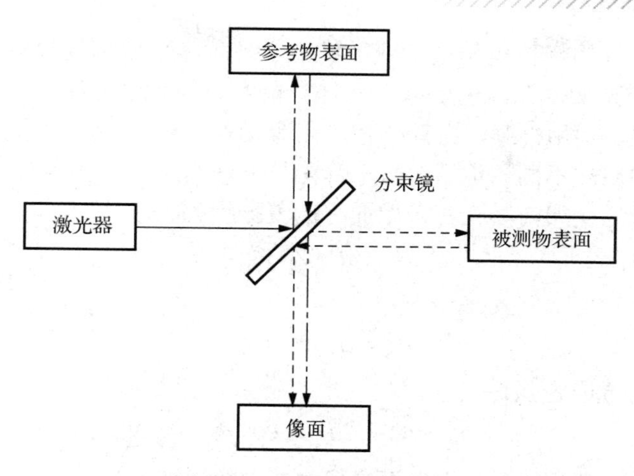

图 10.2　激光散斑测量原理

以 $A_{ij}(r)$ 表示像面上 r 处的光场状态，其中，$i=1,2$，分别对应被测物光场和参考物光场；$j=1,2$，分别表示被测物表面变形前后的两种光场状态。

被测物表面变形前像面上的散斑干涉场光强为

$$I_1(r)=\left|A_{11}(r)+A_{21}(r)\right|^2 \tag{10-2}$$

被测物表面变形后像面上的散斑干涉场光强为

$$I_2(r)=\left|A_{12}(r)+A_{22}(r)\right|^2 \tag{10-3}$$

由于被测物表面变形前后参考物光场不变，因此 $A_{22}(r)=A_{21}(r)$。被测物表面光场在变形前后的关系式为

$$A_{012}(r_0)=A_{011}\left[r_0-d_2(r_0)\right]\mathrm{e}^{\mathrm{j}\delta(r_0)} \tag{10-4}$$

式中，r_0 为被测物表面坐标；$d_2(r_0)$ 为被测物表面变形的面内分量；$\delta(r_0)$ 为由被测物表面变形引起的相位变化。

由于光源光束的光瞳较大，成像系统的振幅点扩散函数扩展范围很小，因此像面光场在被测物表面变形前后的关系被认为与被测物表面相同，即

$$A_{12}(r)=A_{11}\left[r-d_2(r)\right]\mathrm{e}^{\mathrm{j}\delta(r)} \tag{10-5}$$

与被测表面的不同在于像面光场为由成像光瞳函数确定的像面散斑光场，被测物表面变形前后两次曝光的总光强为

$$I(r)=\left|A_{11}(r)+A_{21}(r)\right|^2+\left|A_{11}[r-d_2(r)]\mathrm{e}^{\mathrm{j}\delta(r)}+A_{21}(r)\right|^2 \tag{10-6}$$

展开式（10-6）并化简，得

$$\langle I(r)\rangle=\langle I_{11}(r)\rangle+\langle I_{11}[r-d_2(r)]\rangle+2\langle I_{21}(r)\rangle \tag{10-7}$$

因 A_{11} 和 A_{21} 由不同平面产生而不相关，可消去相位变化 $\delta(r)$。对面内分量 $d_2(r)$，利用散斑照相方法处理。为了提取散斑干涉信息，可采用实时法、图像相减法或衍射法处理。

2. 电子散斑干涉测量方法

随着计算机技术的高速发展，电子散斑干涉测量方法已成为全息散斑测量方法中最有实用价值的方法之一。在电子散斑干涉测量中，原始的散斑干涉场由光电探测器件转换成

电信号而被记录下来。用模拟电子技术或数字电子技术实现信息的提取，形成的散斑干涉场可直接显示在图像监示器上，也可以存入计算机中。与光学方法相比，电子散斑干涉测量方法具有操作简单、实用性强、自动化程度高等优点，可以进行静态和动态测量。此外，两者获取变形信息的原理不同，电子散斑干涉测量方法基于图像相减技术获取变形信息。

若被测物表面光场变形前其光场在像面上的复振幅为

$$A_{11} = a_{11} \exp \mathrm{j}\phi_{11} \tag{10-8}$$

参考物表面光场像面上的复振幅为

$$A_{21} = a_{21} \exp \mathrm{j}\phi_{21} \tag{10-9}$$

则在该振幅点的合成光强为

$$I = a_{11}^2 + a_{21}^2 + 2a_{11}a_{21}\cos(\phi_{11} - \phi_{21}) \tag{10-10}$$

被测物表面光场变形后，参考物表面光场的复振幅不变，即 $A_{22} = A_{21}$。被测物表面的光场在其表面发生变形时的离面位移造成的被测物表面光场的复振幅总相位变化量为 $\Delta\phi$，因此

$$A_{12} = a_{11} \exp \mathrm{j}(\phi_{11} + \Delta\phi) \tag{10-11}$$

变形后的合成光强为

$$I_2 = a_{11}^2 + a_{21}^2 + 2a_{11}a_{21}\cos(\phi_{11} - \phi_{21} + \Delta\phi) \tag{10-12}$$

比较式（10-10）和式（10-11）可以发现，引入参考物表面光场后，光强由余弦函数调制。当相位变化量为 2π 的整数倍时，变形前后散斑干涉图样不变。当相位变化量为 $(2n+1)\pi$ 时，变形前后合成光强的变化量最大。

由上述分析可知，当相位变化量为 2π 的整数倍时，得到的变形前后散斑干涉图样不变，采用图像相减技术可以消除散斑干涉图样；当相位变化量为 $(2n+1)\pi$ 时，采用图像相减技术可以消除变形前后相同的散斑底纹，而留下由变形引起的散斑干涉图样，从而得到最大的散斑对比度。

利用图像相减技术得到的散斑干涉场表示为

$$I(r) = \left[\left| A_{12}(r) + A_{22}(r) \right|^2 - \left| A_{11}(r) + A_{21}(r) \right|^2 \right]^2 \tag{10-13}$$

整理并化简，得到散斑干涉场平均值：

$$I(r) = 2\langle I_0 \rangle^2 \left[1 + 2K - \mu^2 \left[d_2(r) \right] - 2K\mu \left[d_2(r) \right] \cos\delta(r) \right] \tag{10-14}$$

式中，K 为参考物表面光场和被测物表面光场的光强比；〈 〉符号表示平均光强；μ 为相关系数。上式所表示的条纹对比度明显高，有利于探测信号。

3. 激光散斑干涉测量方法

激光散斑干涉测量的基本过程包括散斑干涉图样数据的获取和图像处理两部分。被测物表面变形前后所形成的散斑干涉图样由 CCD 相机采集并通过 A/D 转换器离散成数字图像，然后存入计算机中，再对数字图像进行滤波、二值化及数据处理，通过寻找它们之间的相关最大点，以确定位移或变形量。

激光散斑干涉测量方法在很多领域都有较好的应用前景，如微小位移的高精度测量、微尺度温度场测量、瞬态温度的测量等。电子技术、计算机技术和激光技术的发展，将促使激光散斑测量技术向实时、高速度及自动化方向发展。

10.2 太赫兹技术及应用

10.2.1 太赫兹波及特点

太赫兹（THz）波是频率介于微波和红外线波段之间的电磁波，其频段为0.1～10THz。由于太赫兹波具有比微波高1～4个数量级的带宽特性和比光波高的能量转换效率，因此它在超高速率空间通信、超高分辨率武器制导、医学成像、物质太赫兹光谱特征分析、安全检查、材料检测等领域都具有重要的科研价值和广泛的应用前景。

图10.3所示为电磁频谱中的太赫兹频段。太赫兹频段包括其邻近的频段（如毫米波频段、亚毫米波频段和远红外线频段）。这些频段的定义如下：

（1）毫米波（Millimeter Wave，MMW）：1～10mm，30～300GHz，0.03Hz～0.3THz。

（2）亚毫米波（Submillimeter Wave，SMMW）：0.1～1mm，0.3～3THz。

（3）远红外线（Far infrared Radiation，Far-IR）：（25～40）～（200～350）μm；（0.86～1.5）THz～（7.5～12）THz。

（4）亚太赫兹波：0.1～1THz。

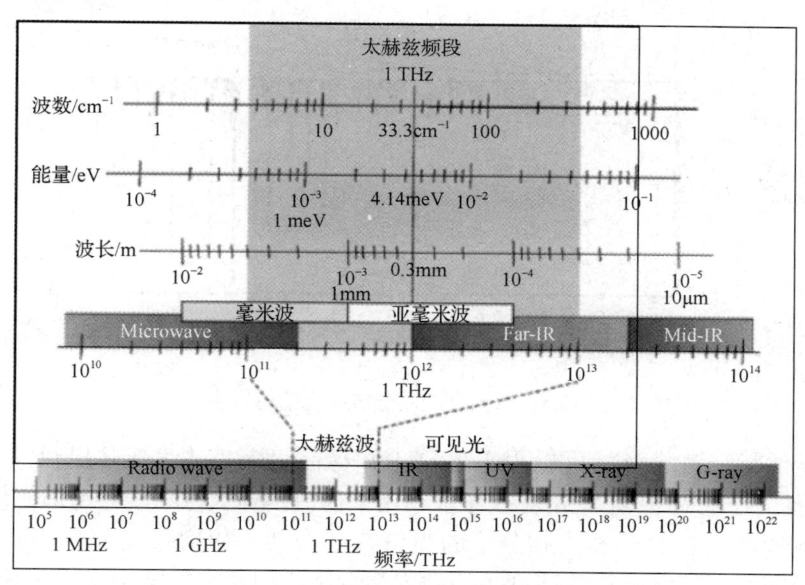

图10.3 电磁频谱中的太赫兹频段

太赫兹频段聚集了无数的频谱特征，这些频谱特征与基本的物理过程，如分子的转动跃迁、有机化合物的大振幅振动、固体的晶格振动、半导体的带内跃迁、超导体的能带带隙相关。太赫兹技术充分利用了材料对太赫兹辐射响应的独有特性。

与邻近频段的无线电波和红外线相比，由于大气组成分子的旋转谱线，因此太赫兹频段呈现极高的大气不透明度，电磁波的大气光谱透射率如图10.4所示。特别地，水蒸气吸收是大气中太赫兹波衰减的主要过程。水蒸气的高分辨率光谱透射率如图10.5所示。实际设计太赫兹技术应用的工作方案时，水蒸气吸收是一个必须考虑的重要因素。

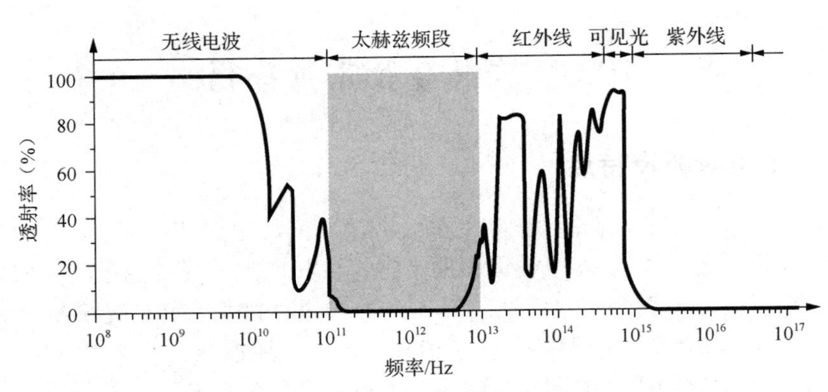

图 10.4　电磁波的大气光谱透射率

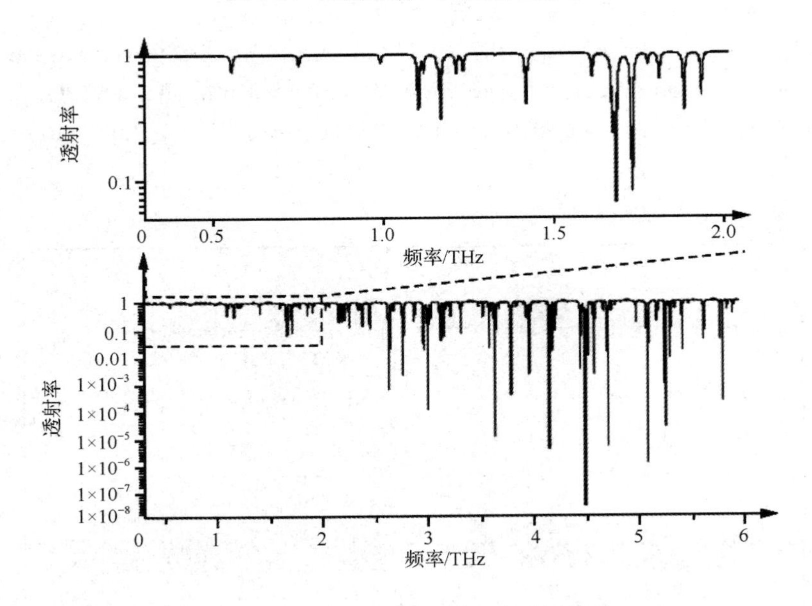

图 10.5　水蒸气的高分辨率光谱透射率

每种分子的特征谱线形状可以用于鉴别未知样品，特征谱线形状提供了分子碰撞微观机理的重要信息。高分辨率太赫兹频段已用于监测地球大气和观察星际媒质的分子。

太赫兹频段的有机分子和生物分子的光谱特征与其大幅度振动和分子间的互作用相关。利用太赫兹频段能够分析这些分子的动力学特性，因此它能够用于炸药和违禁药品的检测、药品的实验、蛋白质结构的分析等。

根据太赫兹频段的光学特性，凝聚体主要分为 3 类：水、金属和介质。水作为一种极性很强的液体，在太赫兹频段其吸收性非常强。金属因其高电导率而在太赫兹频段具有很强的反射特性。非极性和非金属材料即介质，如纸、塑料、衣服、木头和瓷器等，介质在光学频段是不透明的，但对于太赫兹波来说是透明的。太赫兹频段凝聚体的光学特性见表 10-1。

表 10-1　太赫兹频段凝聚体的光学特性

材料类型	光学属性
液态水	高吸收率（在 1Hz 处，$\alpha \approx 250\text{cm}^{-1}$）
金属	高反射率（在 1Hz 处，$R > 99.5\%$）
塑料	低吸收率（在 1Hz 处，$a < 0.5\text{cm}^{-1}$）
	低反射系数（$n \approx 1.5$）
半导体	低吸收率（在 1Hz 处，$a < 1\text{cm}^{-1}$）
	高反射系数（$n \approx 3 \sim 4$）

10.2.2　太赫兹波成像技术的应用

不同材料在太赫兹频段的光学特性的严格差别使其在诸多成像应用中非常有效。例如，常规包装材料是介质，太赫兹波成像技术可以用于密封包装的无损检测，可用来甄别隐藏在常规包裹和包装材料中的武器、爆炸物与违禁药品。太赫兹频段对水的高吸收性和高灵敏性，容易将水合物与干的物质区分开，使其在医学方面也非常有用，因为生物系统中含水量的改变表明该区域可能出现了问题。由于金属目标的高反射性和完全的不透明性也使其容易分辨，因此太赫兹波成像技术同样适用于需要对金属进行探测的安全场合。

太赫兹波可以作为物体成像的信号源。自从美国的 Hu 和 Nuss 等人在 1995 年首次建立世界上第一套太赫兹成像装置以来，许多科学家相继开展了电光取样成像、层析成像等技术研究。太赫兹波成像与 X 射线成像相比，太赫兹波的光子能量较低（只有几毫电子伏特），可以用来对人体或物品进行无损检测。太赫兹光谱及其成像技术已经被应用于从基础科学实验到商业领域的很多场合。

1. 密封包装的无损检测

太赫兹波可以深入无极性非金属材料中，如纸、塑料、衣服、木头和陶瓷等。这些材料是普通的包装材料，对于光波通常是不透明的，因此太赫兹波成像技术可用于密封包装的无损检测。图 10.6 所示是一个密封硬纸板箱中的一些金属和塑料物体的太赫兹波成像。采用光学探测器件无法透视硬纸板箱，但采用太赫兹波成像技术能使硬纸板箱中的物体全部显现出来。

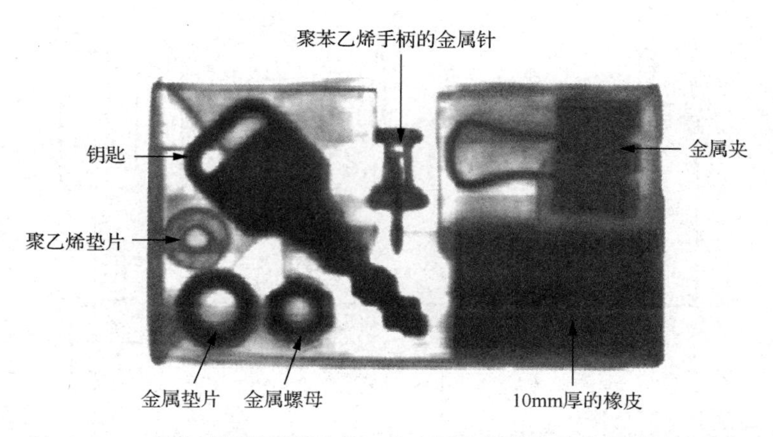

图 10.6　一个密封硬纸板箱中的一些金属和塑料物体的太赫兹波成像

金属物体在太赫兹频段的趋肤深度很浅且具有高反射率，因此金属物体完全阻碍了太赫兹辐射，而塑料物体是部分透明的。金属和塑料物体间的清晰对比有利于检查塑料封装的电路。图 10.7 所示是内含金属电路的智能遥控卡的太赫兹波成像。其中，塑料几乎不吸收太赫兹波，但是金属电路完全不透明。

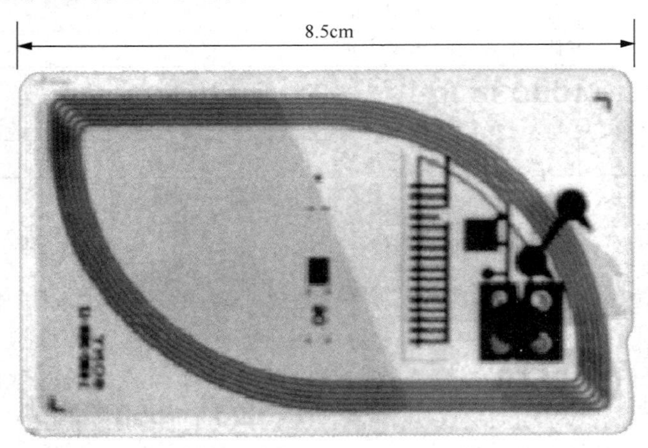

图 10.7　内含金属电路的智能遥控卡的太赫兹波成像

2. 实时太赫兹 2D 图像成像

光栅扫描成像的一个缺点是图像获取过程非常慢，至少需要几分钟，但利用 2D 的电光（EO）采样可以极大地提高成像的速度。图 10.8 所示为实时太赫兹 2D 图像成像系统原理框图，该框图描述了利用 2D 的电光采样进行实时成像的方案。实时成像需要高的太赫兹辐射功率，因此所用光源是从激光放大器输出的高功率飞秒脉冲，其脉冲能量至少达到 1mJ。目前最高效的高功率太赫兹发射器是大孔径光导发射器。一种可选的高功率太赫兹脉冲产生方式是大面积 EO 晶体中的光整流，可以通过调节太赫兹波束的大小以覆盖整个目标物体。目标物体处在透镜或成像系统的焦平面处，太赫兹波束将图像传输至大面积 EO 晶体（ZnTe 晶体）。线性极化探测波束和太赫兹波束合并一起在检测晶体中传播。太赫兹场在大面积 EO 晶体中引起瞬时双折射，然后对线性极化探测进行调制。只有垂直于探测波束初始偏振方向的调制部分才能通过偏光镜 2，并被 CCD 相机检测到。

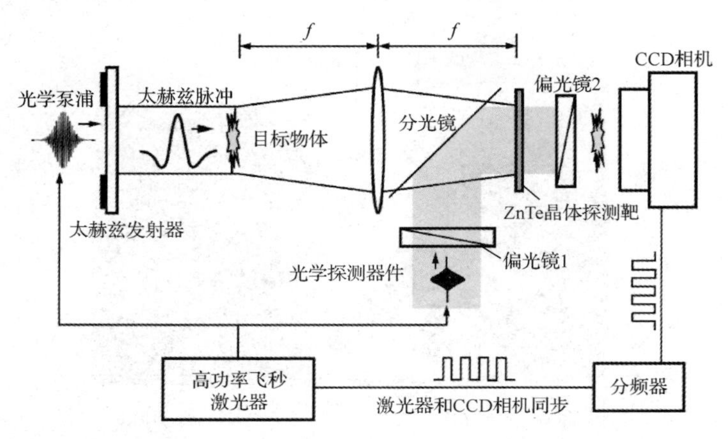

图 10.8　实时太赫兹 2D 图像成像系统原理框图

图 10.9 所示是由实时太赫兹 2D 图像成像系统捕获的图像，其中的样品是一个带有星形孔径的金属薄片，光源（光学泵浦）是 1kHz 的掺钛蓝宝石正反馈放大器，太赫兹发射器是具有 15mm 间隙的大孔径光导发射器。EO 晶体是一个 2mm 厚的晶面为<110>的 ZnTe 晶体。CCD 相机拍摄速度为每秒 30 帧或更低。由于探测波束和 EO 晶体在空间分布不均匀，因此，对未处理的 CCD 成像可以通过消除背景进行校正，而且，对样品的成像数据可以进行归一化处理，把处理后的太赫兹波成像与样品的光学成像进行对比。

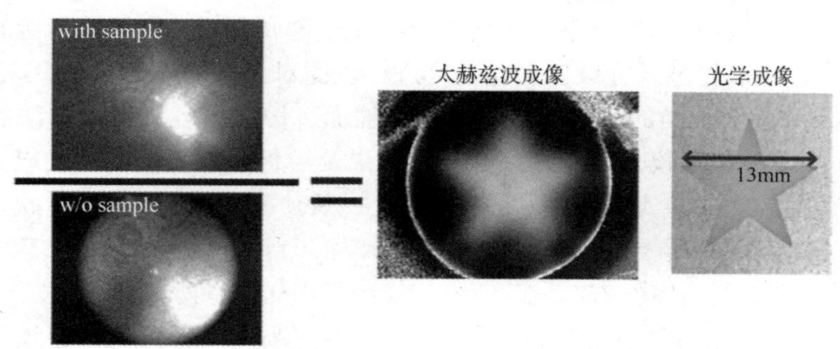

图 10.9 由实时太赫兹 2D 图像成像系统捕获的图像

实时太赫兹 2D 图像成像系统以每秒 10 帧的帧频捕获一个移动目标的图像该移动目标是一种称为捕蝇草的食肉植物，上述成像系统捕获了捕蝇草的两片叶子的动作，起初其叶子是张开的，但被镊子触碰后就合拢在一起了。太赫兹波成像显示了捕蝇草叶片的最早和最后一帧的动作，并把它们与光学成像进行对比（见图 10.10）。

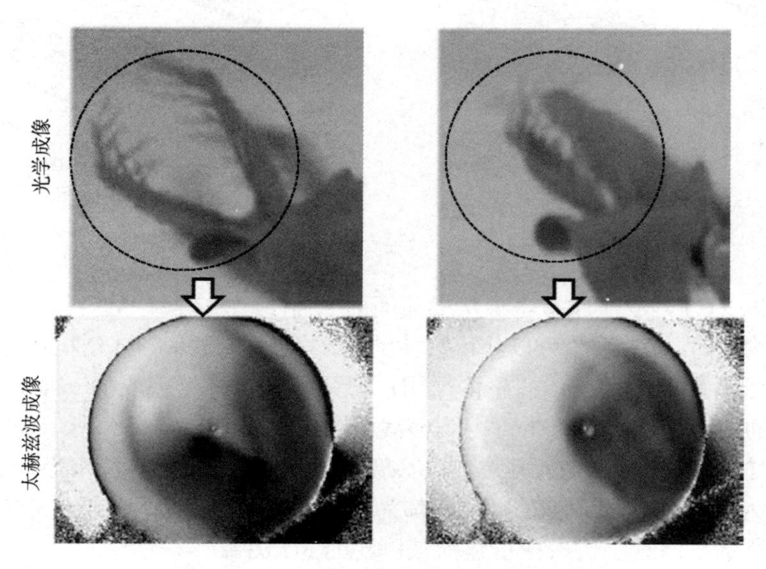

图 10.10 显示移动目标的太赫兹波成像

3. 层析成像

层析成像涉及 3D 物体内部结构的薄切片截面成像。完整的 3D 物体结构可以通过堆叠其 2D 图像切片而获得，层析成像技术通过应用太赫兹波范围内非极性非金属材料的高透明性得到了发展。层析成像主要有反射层析成像和计算机层析（CT）成像两种。

反射层析成像可以直接用于测量多层结构物体的深度轮廓。当一束短太赫兹脉冲入射到物体表面时，反射波由一系列从物体表面边界上反射的脉冲组成，脉冲（波形）的飞行时间能够映射物体内部层结构。由于太赫兹脉冲的时间分辨率是微秒级的，飞行时间能够以微秒级的分辨率确定交界面的位置。对于媒质的折射率，也能够通过分析交界面处的反射率获得。反射层析成像示例如图 10.11 所示，该图显示剃刀片的两个反射层析成像效果，图 10.11（a）是太赫兹飞行时间层析成像效果，图 10.11（b）是电场幅度成像。剃刀片附着在一个金属镜上，两者组成 3 个不同高度的反射面：金属支架、剃刀片和金属镜。对太赫兹飞行时间成像，可以通过区分成像表面高度进行表面对比。在幅度成像中，3 个表面看上去几乎一样，因为金属表面的反射率几乎为 1。然而，散射损耗“台阶”边缘很明显。图 10.12 所示是一个 3.5 英寸软盘的太赫兹波成像效果及层析成像效果，这些成像效果是通过分析多层目标返回的太赫兹飞行时间得到的。由全反射功率形成的 3.5 英寸软盘的太赫兹波成像效果如图 10.12（a）所示。图 10.12（b）所示为 y=15mm 处（3.5 英寸软盘中心附近）的横截面深度轮廓的层析成像效果。在图 10.12（a）图中虚线对应的每个水平位置 x 处，对太赫兹波形进行测量，通过频域滤波处理，获得精度更高的飞行时间。通过将处理后的太赫兹波形组合进行重建，从而得到层析成像效果，该软盘主要部分表面、前后罩、磁盘及金属轮毂等清晰可见。

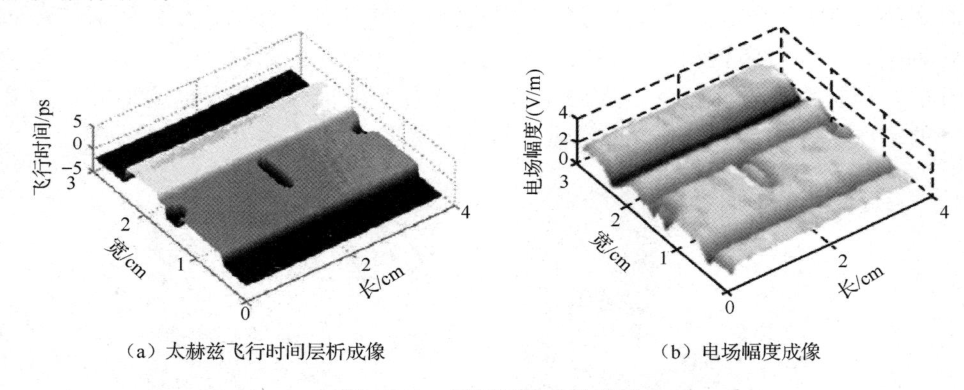

（a）太赫兹飞行时间层析成像　　（b）电场幅度成像

图 10.11　反射层析成像示例

计算机层析（CT）成像通常是指从横截面的 X 射线图像产生 3D 图像的成像技术。当在转盘上旋转物体时，CT 系统可以获得物体的 2D 投影图像。将 3D 结构压缩到 2D 平面上的单一投影图像不足以显示物体的整体结构，但是在转轴附近获取的一系列投影图像包含足够的信息，通过专业的数学分析可得到横截面图像。图 10.13（a）所示的被测物由 3 个厚度为 1.5mm 的聚乙烯棒组成，其厚度与入射的太赫兹脉冲的波长相当这 3 个聚乙烯棒排放在以转轴为中心的圆上，它们的厚度都为 1.5mm，宽度分别为 2mm、3.5mm 和 2.5mm。图 10.13（b）所示是通过层析成像重建的被测物的 3D 图像。

4. 毫米波成像

太赫兹波成像和感测技术在安全领域的应用引发了广泛关注。安全领域的敏感材料在太赫兹波范围内表现出了明显的光学特性。金属是高反射性的，爆炸物和违禁药品在太赫兹波范围内有光谱指纹，但是，典型的包装和封装材料，如衣服、纸箱和塑料被太赫兹波辐射时是透明的。而且，非电离太赫兹波辐射对人体没有伤害。例如，美国运输安全管理局（TSA）早在 2008 年就发起了一项实验项目，用毫米波成像技术检测乘客携带的危险品。此后，毫米波成像技术用于许多机场检测乘客衣服下藏匿的武器和爆炸物。图 10.14 所示是藏匿在乘客衣服下的陶瓷刀和金属手枪的毫米波成像效果，说明人体和武器之间大约 1K 的温差是可以识别的，而且很明显。这个成像效果是利用单个测辐射热计通过光栅扫描获得的，整个扫描过程大约耗时 2min。

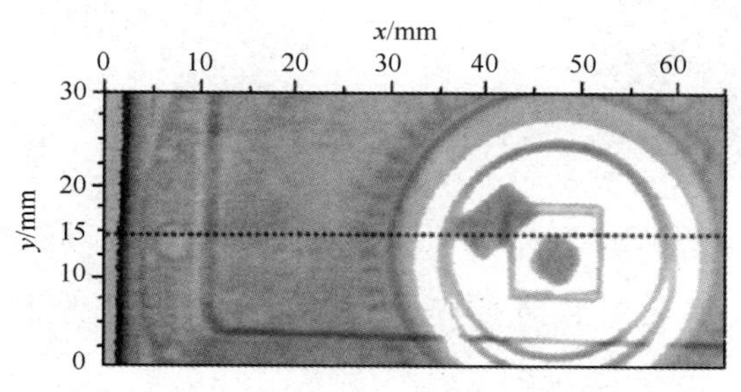

（a）由全反射功率形成的3.5英寸软盘的太赫兹波成像效果

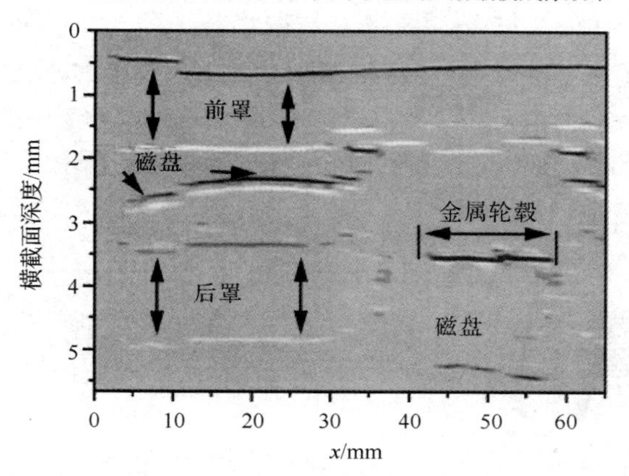

（b）$y=15$mm处的横截面深度轮廓的层析成像效果

图 10.12 3.5 英寸软盘的太赫兹波成像效果及层析成像效果

（a）被测物结构

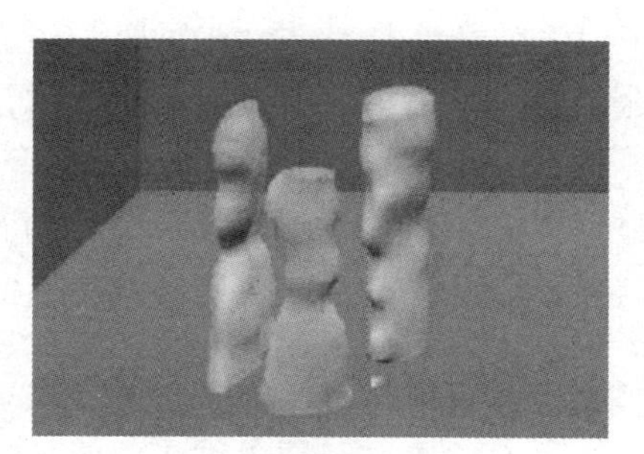

（b）被测物的3D图像

图 10.13 被测物结构及其 3D 图像

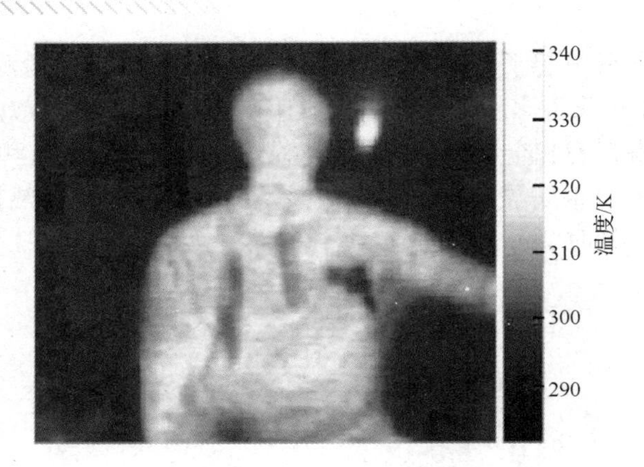

图 10.14 藏匿在乘客衣服下的陶瓷刀和金属手枪的毫米波成像效果

5. 太赫兹波成像技术在其他方面的应用

因为水在太赫兹波范围内是高吸收性的，与周围其他物质相比，含水物质在太赫波成像中呈现出很大的差异。图 10.15（a）是薄荷科植物叶子的太赫兹波成像效果，该图可以显示叶子中的水分含量。该图中的光亮度（灰度）色标与叶子中的水分含量有关，颜色越暗，表明叶子中的水分越多。给薄荷科植物浇水后，其叶子吸收的水分逐渐增多。分别在该植物被浇水后的 10min、60min、190min 与 470min 对叶片进行光栅扫描，扫描得到的叶子透射率如图 10.15（b）所示。因为较多水分被叶子结构吸收，所以叶茎所在处的透射率下降。

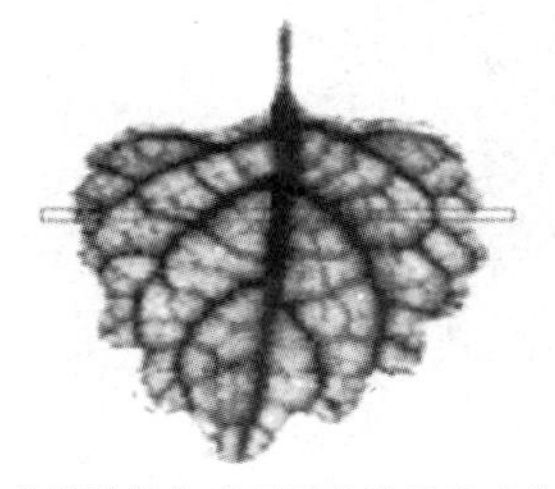

（a）薄荷科植物叶子的太赫兹波成像效果

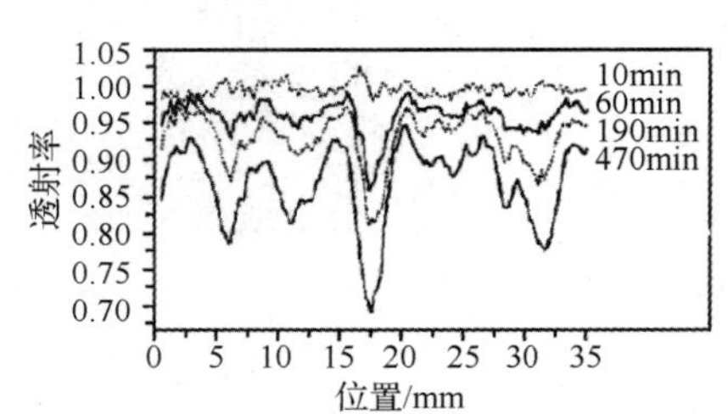

（b）薄荷科植物被浇水后在不同时间段的叶子透射率

图 10.15 薄荷科植物叶子的太赫兹波成像效果及其透射率

水分子对太赫兹波具有非常强的吸收能力，而太赫兹波对塑料、纸箱等有很强的穿透力，利用这些特性可以对已包装的货物成像，特别是通过测量水分控制货物品质。例如，对用塑料薄膜包装的食品，可以用食品反射的太赫兹波辐射强度测量食品表面水分的含量，以确定其新鲜程度。在对肉制品的检测中，瘦肉吸收太赫兹波，而脂肪对太赫兹波是几乎透明的，利用这些特性可以对肉制品进行质量检测。

太赫兹波成像技术在医疗领域将产生巨大的作用。太赫兹波成像技术使用无害、非电离、非接触式探测器件，因此，基于太赫兹波的医学成像器件对人体没有伤害。到目前为止，太赫兹波成像技术已经用于肿瘤的定位、表征烧伤、检测蛀牙等医学研究中。例如，在皮肤癌的诊断中，病变组织中的水分含量与正常组织中的水分含量是不同的，太赫兹波显微镜的分辨率可以达到几十微米，能清晰地显示皮肤中的肿瘤，以便医生进行皮肤癌诊断。另外，太赫兹波成像技术还可用于检测大气污染。关于这些技术的应用，国内外研究人员正在积极进行探索和研究。

除了金属和水，还有很多物质有太赫兹频段的光谱特征，也可以通过太赫兹波成像技术进行检测。在这种情况下，用于国防和安全领域的太赫兹波成像和传感技术正在被深入研究。太赫兹波成像器件可以有效地检测和识别隐藏在各种遮盖物下的武器、爆炸物和生化作用剂。目前，太赫兹波成像系统已经实现小型化，而连续的太赫兹波辐射技术也将使太赫兹波成像技术不再依赖飞秒激光器。随着科学技术的发展，太赫兹波成像技术的应用前景非常广阔。

思考与练习

10-1　激光散斑干涉测量方法有哪些？

10-2　请举例说明太赫兹技术的应用有哪些？

参考文献

[1] 张永林，狄红卫. 光电子技术[M]. 北京：高等教育出版社，2012.

[2] （英）S. O. KASAP. 光电子学与光子学——原理与实践[M]. 2 版. 罗风光 译. 北京：电子工业出版社，2013.

[3] 赵思宇，张祥，卢伶，等. 具有聚集诱导发光性质的热活化延迟荧光材料综述[J]. 材料导报, 2020, 34(17), 17155-17167.

[4] 田野，杨银川，鲁勇，等. 一种高斯型 ASE 光源研究[J]. 导航定位与授时, 2019, 006(002): 87-91.

[5] 王万德，陈小娟，杨博. 高功率低偏振度光纤陀螺光源技术[J]. 导航与控制, 2020，19(02): 70-76.

[6] 杨未强，宋锐，韩凯，等. 超连续谱激光光源研究进展[J]. 国防科技大学学报, 2020, 42(01): 4-12.

[7] 谌鸿伟. 基于光子晶体光纤的高功率全光纤超连续谱光源[D]. 长沙：国防科学技术大学, 2014, 1-15.

[8] 曾光宇，张志伟，张存林. 光电检测技术[M]. 4 版. 北京：清华大学出版社, 2018.

[9] 王庆有. 光电传感器应用技术[M]. 2 版. 北京：机械工业出版社, 2021.

[10] 李伟. 高分辨率电子工业用数字化 X 射线检测系统[J]. 应用光学. 2012(4): 654-659.

[11] 付芸，王思博. 三通道微光夜视仪光学系统总体设计[J]. 长春理工大学学报, 2013(4): 408-410.

[12] 陈钰钰，唐登攀，胡孟春. 双脉冲法精确测量 PMT 脉冲线性电流的实验设计[J]. 原子能科学技术, 2014, 48(8): 1486-1489.

[13] 李晓峰，常乐，邱永生，等. 微通道板近紫外量子效率测量及成像研究[J]. 光子学报, 2021, 49(3), 169-175.

[14] 徐浪，曾忠，等. 机器视觉在印刷缺陷在线检测中的应用与研究[J]. 计算机系统应用, 2013, 22(3): 186-190.

[15] 高航，张继春，等. 利用轻气炮进行侵彻试验的高速摄影法探索[J]. 弹道学报, 2011, 23 (01): 75-79.

[16] 周军，冯伟利，等. 激光等离子体闪光高速摄影法实验研究[J]. 应用光学, 2011, 32(05): 1027-1031.

[17] 许俊恺. 同步扫描条纹相机的扫描电路研究[D]. 西安：中国科学院西安光学精密机械研究所, 2017: 2.

[18] 唐家业，王葵，迟晨，等. 条纹管超高速探测器件和组件研究[J]. 光电子技术, 2019, 39(04): 225-231+237.

[19] 韦玮，张艳娜，张孟，等. 高分一号卫星宽视场成像仪多场地高频次辐射定标[J]. 光子学报, 2018, 47(2): 148-155.

[20] 韩启金，傅俏燕，张学文，等. 高分一号卫星宽视场成像仪的高频次辐射定标[J]. 光学精密工程, 2014, 22(7): 1707-1714.

[21] National Institute of Standards and Technology [DB]. Available on line at: http: //physics. nist. gov/PhysRefData/ASD/lines_form. html

[22] JANISCH C, SONG H, ZHOU C, et al. MoS2 monolayers on nanocavities: enhancement in light-matter interaction [J]. 2D Mater. 2016, 3(2): 025017.

[23] SHIM J, PARK H Y, KANG D H, et al. Electronic and optoelectronic devices based on two - dimensional materials: from fabrication to application [J]. Advanced Electronic Materials, 2017, 3(4): 1600364.

[24] CHHOWALLA M, JENA D, ZHANG H. Two-dimensional semiconductors for transistors [J]. Nature Reviews Materials, 2016, 1(11): 1-15.

[25] ISLAM A, LEE J, FENG P X L. Atomic Layer GaSe/MoS2 van der Waals Heterostructure Photodiodes with Low Noise and Large Dynamic Range [J]. ACS Photonics, 2018, 5(7): 2693-2700.

[26] LEE H S, AHN J, SHIM W, et al. 2D WSe2/MoS2 van der Waals heterojunction photodiode for visible-near infrared broadband detection [J]. Applied Physics Letters, 2018, 113(16): 163102.

[27] SALAMIN Y, MA P, BAEUERLE B, et al. 100 GHz plasmonic photodetector [J]. ACS photonics, 2018, 5(8): 3291-3297.

[28] BALYKIN V I. PLASMON NANOLASER: current state and prospects [J]. Physics-Uspekhi, 2018, 61(9): 846.

[29] MEJÍA-SALAZAR J R, OLIVEIRA JR O N. Plasmonic biosensing: Focus review[J]. Chemical reviews, 2018, 118(20): 10617-10625.

[30] ZHOU J, TAO F, ZHU J, et al. Portable tumor biosensing of serum by plasmonic biochips in combination with nanoimprint and microfluidics [J]. Nanophotonics, 2019, 8(2): 307-316.

[31] WANG C, HUANG Z, et al. Materials and structures toward soft electronics [J]. Advanced Materials, 2018, 30(50): 1801368.

[32] YUK H, ZHANG T, PARADA G A, et al. Skin-inspired hydrogel - elastomer hybrids with robust interfaces and functional microstructures [J]. Nature communications, 2016, 7(1): 1-11.

[33] LIU W Y, ZHU A M, LI X S, et al. Determination of plasma parameters in a dual-frequency capacitively coupled CF4 plasma using optical emission spectroscopy[J]. Plasma Science and Technology, 2013, 15(9): 885.

[34] KRISHNA Y, O. BYRNE S. Tunable diode laser absorption spectroscopy as a flow diagnostic Tool: a review[J]. Journal of the Indian Institute of Science, 2016, 96(1): 17-28.

[35] LIU W Y, DU Y Q, LIU Y X, et al. Spectroscopy diagnostic of dual-frequency capacitively coupled CHF3/Ar plasma[J]. Physics of Plasmas, 2013, 20(11): 1135011-1135017.

[36] LIU W Y, XU Y, LIU Y X, et al. Absolute CF2 density and gas temperature measurements by absorption spectroscopy in dual-frequency capacitively coupled CF4/Ar plasmas[J]. Physics of Plasmas, 2014, 21(10): 1035011-1035018.

[37] PATIMISCO P, SCAMARCIO G, TITTEL F K, et al. Quartz-enhanced photoacoustic spectroscopy: a review[J]. Sensors, 2014, 14(4): 6165-6206.

[38] BAGESHWAR D V, PAWAR A S, KHANVILKAR V V, et al. Photoacoustic spectroscopy and its applications—a tutorial review[J]. Eurasian Journal of Analytical Chemistry, 2017, 5(2): 187-203.

[39] ADATO R, ALTUG H. In-situ ultra-sensitive infrared absorption spectroscopy of biomolecule interactions in real time with plasmonic nanoantennas[J]. Nature communications, 2013, 4(1): 1-10.

[40] YANG Y W, HAO X J, ZHANG L L, et al. Application of Scikit and Keras Libraries for the Classification of Iron Ore Data Acquired by Laser-Induced Breakdown Spectroscopy (LIBS)[J]. Sensor, 2020. 20(5): 1-11.

[41] LIU X D, HAO X J, XUE B, et al. Two-Dimensional Flame Temperature and Emissivity Distribution Measurement Based on Element Doping and Energy Spectrum Analysis[J]. IEEE Access, 2020, 8: 200863-200874.

[42] XUE B, HAO X J, LIU X D, et al. Simulation of an NSGA-III Based Fireball Inner-Temperature-Field Reconstructive Method[J]. IEEE ACCESS, 2020, 8: 43908-43919.

[43] REN L, HAO X, TANG H, et al. Spectral characteristics of laser-induced plasma under the combination of Au-nanoparticles and cavity confinement[J]. Results in Physics, 2019, 15: 102791-102797.

[44] 时建，梁静秋，陈成，等. MOEMS 集成波长选择开关的设计及研究[J]. 微纳电子技术, 2017, 54(09): 597-604+626.

[45] LU Q , WANG Y , WANG X, et al. Review of micromachined optical accelerometers: from mg to sub- μ g[J]. Opto-Electronic Advances, 2021, 4(3): 20004501-20004515.

[46] JIA P G, WANG D H, YUAN G, et al. An active temperature compensated fiber-optic Fabry－Perot accelerometer system for simultaneous measurement of vibration and temperature[J]. IEEE Sensors Journal, 2013, 13(6): 2334-2340.

[47] KRAUSE A G, WINGER M, BLASIUS T D, et al. A high-resolution microchip optomechanical accelerometer[J]. Nature Photonics, 2012, 6(11): 768-772.

[48] SORRENTINO C, TOLAND J R E. Ultra-sensitive chip scale Sagnac gyroscope based on periodically modulated coupling of a coupled resonator optical waveguide[J]. Optics Express, 2012, 20(1): 354-363.

[49] TRAN M A, KOMLJENOVIC T, HULME J C, et al. Integrated optical driver for interferometric optical gyroscopes[J]. Optics Express, 2017, 25(4): 3826-3840.

[50] QIAN K, TANG J, GUO H, et al. Under-coupling whispering gallery mode resonator applied to resonant micro-optic gyroscope[J]. Sensors, 2017, 17(1): 1001-1007.

[51] LI J , SUH M G , VAHALA K . Microresonator Brillouin gyroscope[J]. Optica, 2017, 4(3): 346.

[52] KHIAL P P, WHITE A D, HAJIMIRI A. Nanophotonic optical gyroscope with reciprocal sensitivity enhancement[J]. Nature Photonics, 2018, 12(11): 671-675.

[53] ZHU J, LIU W, PAN Z, et al. Combined frequency-locking technology of a digital integrated resonator optic gyroscope with a phase-modulated feedback loop[J]. Applied Optics, 2019, 58(36): 9914-9920.

[54] XING T, PAN Z, TAO Y, et al. Ultrahigh sensitivity stress sensing method near the exceptional point of parity-time symmetric systems[J]. Journal of Physics D: Applied Physics, 2020, 53(20): 205102.

[55] NIU J, LIU W, PAN Z, et al. Reducing backscattering and the Kerr noise in a resonant micro-optic gyro using two independent lasers[J]. Applied Optics, 2021, 60(10): 2761-2766.

[56] ZHOU Y, ZHAO Y, ZHANG D, et al. A New Optical Method for Suppressing Radial Magnetic Error in a Depolarized Interference Fiber Optic Gyroscope[J]. Scientific Reports, 2018, 8(1): 1-8.

[57] WU B, YU Y, ZHANG X. Mode-assisted Silicon integrated interferometric optical Gyroscope[J]. Scientific Reports, 2019, 9(1): 1-7.

[58] CHANG L, PFEIFFER M H P, VOLET N, et al. Heterogeneous integration of lithium niobate and silicon nitride waveguides for wafer-scale photonic integrated circuits on silicon[J]. Optics Letters, 2017, 42(4): 803-806.

[59] BIAN L, WEN Y, WU Y, et al. A resonant magnetic field sensor with high quality factor based on quartz crystal resonator and magnetostrictive stress coupling[J]. IEEE Transactions on Electron Devices, 2018, 65(6): 2585-2591.

[60] JIANG S, GONG X, GUO X, et al. Potential application of graphene nanomechanical resonator as pressure sensor[J]. Solid State Communications, 2014, 193(7): 30–33.

[61] DOLLEMAN R J, DAVIDOVIKJ D, CARTAMIL-BUENO S J, et al. Graphene squeeze-film pressure sensors[J]. Nano Letters, 2016, 16(1): 568-571.

[62] JAHNS R, ZABEL S, MARAUSKA S, et al. Microelectromechanical magnetic field sensor based on effect[J]. Applied Physics Letters, 2014, 105(5): 031101-1681.

[63] WANG Z, JIA H, ZHENG X, et al. Black phosphorus nanoelectromechanical resonators vibrating at very high frequencies[J]. Nanoscale, 2015, 7(3): 877-884.

[64] ZHENG X Q, LEE J, FENG X L. Hexagonal boron nitride nanomechanical resonators with spatially visualized motion[J]. Microsystems & Nanoengineering, 2017, 3(1): 1-8.